普通高等教育"十三五"规划教材

# 有机化学

## （环境类专业适用）

常雁红　编著

北　京

冶金工业出版社

2023

## 内 容 提 要

  本书以现代有机化学的基础知识为主体，以有机化合物的官能团为纲，以其结构和反应为主线，采用了脂肪族、芳香族化合物混合编排的方式，系统地介绍了有机化学中各代表性有机化合物的基本结构特点和物化性质。为拓宽学生的知识面，本书在各章节内容的基础上，结合环境及其相关专业的特点及后续课程的需要，有针对性地介绍了对应的环境污染物，阐明其对环境的污染、对人体健康的危害性，以及相应的处理方法等。此外，本书在每章最后还增加了与该章内容相关的最新研究成果，有利于读者的拓展学习及最新研究动向的掌握。

  本书适合作为环境及相关专业的本科和研究生的专业基础课教材，也可供其他专业的广大工作者和科技人员阅读和参考。

**图书在版编目（CIP）数据**

有机化学/常雁红编著．—北京：冶金工业出版社，2016.9（2023.12 重印）
普通高等教育"十三五"规划教材
ISBN 978-7-5024-7271-9

Ⅰ．①有…　Ⅱ．①常…　Ⅲ．①有机化学—高等学校—教材　Ⅳ．①O62

中国版本图书馆 CIP 数据核字（2016）第 190568 号

**有机化学**

| | | | |
|---|---|---|---|
| **出版发行** | 冶金工业出版社 | **电　话** | （010）64027926 |
| **地　址** | 北京市东城区嵩祝院北巷 39 号 | **邮　编** | 100009 |
| **网　址** | www.mip1953.com | **电子信箱** | service@mip1953.com |

责任编辑　于昕蕾　美术编辑　彭子赫　版式设计　彭子赫
责任校对　禹 蕊　责任印制　窦 唯
北京建宏印刷有限公司印刷
2016 年 9 月第 1 版，2023 年 12 月第 4 次印刷
787mm×1092mm　1/16；22.25 印张；539 千字；342 页
**定价 49.00 元**

投稿电话　（010）64027932　投稿信箱　tougao@cnmip.com.cn
营销中心电话　（010）64044283
冶金工业出版社天猫旗舰店　yjgycbs.tmall.com
（本书如有印装质量问题，本社营销中心负责退换）

# 前　言

在 21 世纪全球科技迅猛发展和激烈竞争中，有机化学仍然是一门十分重要的学科，并且将越来越深入到环保、医药、化工、卫生、农业、生物等领域，孕育着新的生机。该学科在环境保护事业发展中的地位和作用尤为重要，是环境工程、环境科学及相关专业本科学生的一门重要的专业基础课。

与其他化学课程相比，有机化学具有较强理论性和应用性。具有与许多专业课程（如环境化学、水污染控制等）关系密切而又相对成独立体系的特点，因此其教材质量对后续专业课程的学习将产生重要的影响。针对上述问题，作者根据环境专业特点和高等院校学生的实际情况，参照有机化学教学大纲，对丰富的有机化学材料进行了仔细筛选，查阅了大量有机污染物文献，并在多年教学实践的基础上，编写了这本适合于高等院校环境专业使用的《有机化学》教材。

编写中，我们贯彻以有机化学的基本知识、基本反应、基本理论为主的指导思想，采用了脂肪族、芳香族化合物混合编排的方式。以官能团为纲，以结构和反应为主线，阐明各类官能团化合物的结构和性质之间的关系。此外，为拓宽学生的知识面，本书还结合环境专业的特点及后续课程的需要，有针对性介绍了相关的环境污染物，阐明其对环境的污染和人体健康的危害性，与相应处理方法等。本书还适当介绍了与各章节内容相关的最新研究成果，力求在开拓学生视野的同时，为其今后进一步开展研究提供良好专业基础知识。

本书的出版得到了北京科技大学校级"十二五"规划教材项目、国家级特色专业建设点（环境工程 TS12533）、北京科技大学教育教学改革与研究项目（JG2012Z03、JG2014M04）、2012 年度北京市支持中央在京高校人才培养共建项目（GJ-201205）、北京科技大学教材出版基金的资助！在编写过程中，得到了李天昕老师、陈月芳老师、马鸿志老师、汪群慧老师和林海老师的帮助与支持，在此表示衷心的感谢！

限于水平，加之时间紧迫，本书中难免存在错误及不足之处，恳请读者批评指正。

作　者
2016 年 5 月

# 目　录

# 1 绪 论

---

**本章要点：**
(1) 有机化学、有机化合物的定义；
(2) 有机化合物区别于无机化合物的特点；
(3) 共价键理论的要点及重要参数；
(4) 有机化合物的特点及有机反应类型。

---

## 1.1 有机化学与有机化合物

有机化学（Organic Chemistry）是化学学科的一个分支，研究有机化合物的来源、制备、结构、性能以及应用，它的研究对象是有机化合物。按物质的来源分类，早期化学家把从生物体（植物或动物）中获得的物质定义为有机化合物，无机化合物则被认为是从非生物或矿物中得到的。当然，我们知道现在绝大多数有机物已不是从天然的有机体内取得的，但是由于历史和习惯的关系，仍保留着"有机"这个名词。现在将有机化合物定义为含碳化合物，所以有机化学就是研究碳化合物的化学。有机化合物的另一个定义是碳氢化合物及其衍生物，体现有机化合物在结构上的相互联系，所以有机化学也可以称作研究碳氢化合物及其衍生物的化学。

有机化学与人类生活密切相关，自从有机化学成为一门学科以后，人们系统地了解了有机分子的结构，并可以按照具有某一性能的分子结构，合成与之完全相同或与之类似的分子，后者的性能可以与原来的分子完全相同或更好一些。自从我们掌握了物质世界的转换技术以后，物质世界发生了一场大革命，特别是近一个世纪以来，许多新型有机化合物如塑料、合成橡胶、合成纤维、医药、农药等给人类的文明带来了新的光彩，同时促进了国民经济的迅猛发展。但与此同时部分有机化合物在其生产、使用及废弃的整个生命周期过程中产生的"三废"（废液、废渣、废气）对环境的污染也日益加剧，对人类健康也带来了严重的威胁，同时也严重地制约着经济和社会的可持续发展。如果人类对污染问题不给予应有的重视和加以严格控制，我们将会把这个有生命的星球带回到亿万年以前那个荒凉死寂的情形中去。因此，有机化学还面临着一个极其迫切的重要课题：能不能将这些有毒分子转化成无毒分子？能不能有效地从"三废"中回收有用的物质？这类问题虽然已有不少得到了解决，但是从总体来看，工作还只是刚刚开始，尤其是存在于环境中的、难以转化的有毒有机物的污染问题，亟待研究解决。

因此，21世纪有机化学的研究任务主要是在发现新现象（新的有机物，有机物新的来源、新的合成方法、合成技术，新的有机反应等）；研究新的规律（结构与性质的关系，反应机理等）；提供新材料（提供新的高科技材料，推动国民经济和科学技术的发展）；探索生命的奥秘（生命与有机化学的结合）等的同时，更要力求使这些新方法、新材料有利于环境保护，有利于人类的发展。

# 1.2 有机化学发展简史

"有机化学"这一名词于 1806 年首次由贝采里乌斯提出。当时是作为"无机化学"的对立物而命名的。由于当时科学条件限制，有机化学研究的对象只能是从天然动植物有机体中提取的有机物。因而许多化学家都认为，在生物体内由于存在所谓"生命力"，才能产生有机化合物，而在实验室里是不能由无机化合物合成的。

1824 年，德国化学家维勒从氰经水解制得草酸；1828 年他无意中用加热的方法又使氰酸铵转化为尿素。氰和氰酸铵都是无机化合物，而草酸和尿素都是有机化合物。维勒的实验结果给予"生命力"学说第一次冲击。此后，乙酸等有机化合物相继由碳、氢等元素合成，"生命力"学说才逐渐被人们抛弃。

由于合成方法的改进和发展，越来越多的有机化合物不断地在实验室中合成出来，其中，绝大部分是在与生物体内迥然不同的条件下合成出来的。"生命力"学说渐渐被抛弃了，但"有机化学"这一名词却沿用至今。

从 19 世纪初到 1858 年提出价键概念之前是有机化学的萌芽时期。在这个时期，已经分离出许多有机化合物，制备了一些衍生物，并对它们作了定性描述，认识了一些有机化合物的性质。

法国化学家拉瓦锡发现，有机化合物燃烧后，产生二氧化碳和水。他的研究工作为有机化合物元素定量分析奠定了基础。1830 年，德国化学家李比希发展了碳、氢分析法，1833 年法国化学家杜马建立了氮的分析法。这些有机定量分析法的建立使化学家能够求得一个化合物的实验式。

当时在解决有机化合物分子中各原子是如何排列和结合的问题上，遇到了很大的困难。最初，有机化学用二元说来解决有机化合物的结构问题。二元说认为一个化合物的分子可分为带正电荷的部分和带负电荷的部分，两者靠静电力结合在一起。早期的化学家根据某些化学反应认为，有机化合物分子由在反应中保持不变的基团和在反应中起变化的基团按异性电荷的静电力结合，但这个学说本身有很大的矛盾。

类型说由法国化学家热拉尔和洛朗建立。此学说否认有机化合物是由带正电荷和带负电荷的基团组成，而认为有机化合物是由一些可以发生取代的母体化合物衍生的，因而可以按这些母体化合物来分类。类型说把众多有机化合物按不同类型分类，根据它们的类型不仅可以解释化合物的一些性质，而且能够预言一些新化合物。但类型说未能回答有机化合物的结构问题。这个问题成为困扰人们多年的谜团。

从 1858 年价键学说的建立，到 1916 年价键的电子理论的引入，才解开了这个不解的谜团，这一时期是经典有机化学时期。

1858 年，德国化学家凯库勒和英国化学家库珀等提出价键的概念，并第一次用短划"—"表示"键"。他们认为有机化合物分子是由其组成的原子通过键结合而成的。由于在所有已知的化合物中，一个氢原子只能与一个别的元素的原子结合，氢就选作价的单位。一种元素的价数就是能够与这种元素的一个原子结合的氢原子的个数。凯库勒还提出，在一个分子中碳原子之间可以互相结合这一重要的概念。

1848 年巴斯德分离到两种酒石酸结晶，一种半面晶向左，一种半面晶向右。前者能使平面偏振光向左旋转，后者则使之向右旋转，角度相同。在对乳酸的研究中也遇到类似现象。为此，1874 年法国化学家勒贝尔和荷兰化学家范托夫分别提出一个新的概念：同分异构体，圆满地解释了这种异构现象。

他们认为：分子是个三维实体，碳的四个价键在空间是对称的，分别指向一个正四面体的四个顶点，碳原子则位于正四面体的中心。当碳原子与四个不同的原子或基团连接时，就产生一对异构体，它们互为实物和镜像，或左手和右手的手性关系，这一对化合物互为旋光异构体。勒贝尔和范托夫的学说，是有机化学中立体化学的基础。

1900 年第一个自由基——三苯甲基自由基被发现，这是个长寿命的自由基。不稳定自由基的存在也于 1929 年得到了证实。

在这个时期，有机化合物在结构测定以及反应和分类方面都取得很大进展。但价键只是化学家从实践经验得出的一种概念，价键的本质尚未解决。

现代有机化学时期在物理学家发现电子，并阐明原子结构的基础上，美国物理化学家路易斯等人于 1916 年提出价键的电子理论。

他们认为：各原子外层电子的相互作用是使各原子结合在一起的原因。相互作用的外层电子如从一个原子转移到另一个原子，则形成离子键；两个原子如果共用外层电子，则形成共价键。通过电子的转移或共用，使相互作用的原子的外层电子都获得惰性气体的电子构型。这样，价键的图像表示法中用来表示价键的短划"—"，实际上是两个原子共用的一对电子。

1927 年以后，海特勒和伦敦等用量子力学，处理分子结构问题，建立了价键理论，为化学键提出了一个数学模型。后来马利肯用分子轨道理论处理分子结构，其结果与价键的电子理论所得的大体一致，由于计算简便，解决了许多当时不能回答的问题。

20 世纪 60 年代起，由于各波段各种分子光谱的应用，为分子结构的测定提供了有力的手段，对共轭体系总结出了分子轨道对称守恒原理，使有机化学发展到了一个重要的阶段。

经过最近 200 年的发展过程，有机化学犹如从脆弱的婴儿成长为成熟而健壮的巨人。目前，随着计算机的广泛应用，使得有机合成路线的设计、有机化学物结构、性质的测定等更趋于系统化与逻辑化。近些年每年出现的新化合物在 15 万种以上，这个数字是惊人的。结构的测定、分析、合成和理论掺和在一起，使有机化学的复杂性上升到了一个新的高度。未来有机化学将在能源和资源的有效开发利用、新型有机催化剂等方面得到进一步完善与发展。

# 1.3　化学键与分子结构

讨论分子结构就是讨论原子如何结合成分子，原子的连接顺序，分子的大小及立体形状以及电子在分子中的分布等问题。首先涉及的就是将原子结合在一起的电子的作用，即化学键。

化学键的两种基本类型，就是离子键与共价键。离子键是由原子间电子的转移形成的，共价键则是原子间共用电子形成的。

无机物大部分是以离子键形成的化合物。如氯化钠是典型的离子化合物，在氯化钠晶体中，每一个钠离子被六个氯离子包围；同样，每一个氯离子又被六个钠离子包围着。"NaCl"这个式子，只代表在晶体中有等量的正离子（$Na^+$）及负离子（$Cl^-$），即只代表其组成而不是氯化钠的分子式。

有机分子中的原子主要是以共价键相结合的。一般说来，原子核外未成对的电子数，也就是该原子可能形成的共价键的数目。例如，氢原子外层只有一个未成对的电子，所以它只能与另一个氢原子或其他一价的原子结合形成双原子分子，而不可能再与第二个原子结合，这就是共价键有饱和性。

量子力学的价键理论认为，共价键是由参与成键原子的电子云重叠形成的，电子云重叠越多，则形成的共价键越稳定，因此电子云必须在各自密度最大的方向上重叠，这就决定了共价键有方向性。

共价键的饱和性和方向性决定了每一个有机分子都是由一定数目的某几种元素的原子按待定的方式结合形成的，所以它们不同于氯化钠晶体，每一个有机分子都有其特定的大小及立体形状。分子的立体形状与分子的物理、化学以至生理活性都有很密切的关系。

相同元素的原子间形成的共价键没有极性。不同元素的原子间形成的共价键，由于共用电子对偏向于电负性较强的元素的原子而具有极性。

# 1.4　共价键的键参数

在描述以共价键形成的分子时，常要用到键长、键角、键能、键的极性等表征共价键性质的物理量，叫做共价键的键参数。

## 1.4.1　键长

形成共价键的两个原子之间的核间距，称为键长。不同原子组成的共价键具有不同的键长。相同的共价键虽然会受到分子中其他键的影响而稍有差异，但基本上相同。键长的单位通常用 nm 表示。$1nm = 10^{-9}m$，键长越短，键能大，键就越稳定；键长越长，键能小，键就越不稳定。一些常见共价键的键长见表 1-1。

表 1-1　一些常见共价键的键长

| 共价键 | C—C | C—H | C—N | C—O | C—F | C—Cl | C—Br | C—I | C=C | C≡C |
|---|---|---|---|---|---|---|---|---|---|---|
| 键长/nm | 0.154 | 0.109 | 0147 | 0.143 | 0.141 | 0.177 | 0.191 | 0.212 | 0.134 | 0.120 |

## 1.4.2　键角

分子中某一原子与另外两个原子形成的两个共价键在空间形成的夹角，称为键角。在不同化合物中由同样原子形成的键角不一定完全相同（图 1-1）。这主要是由于分子中各原子或基团相互影响所致的。

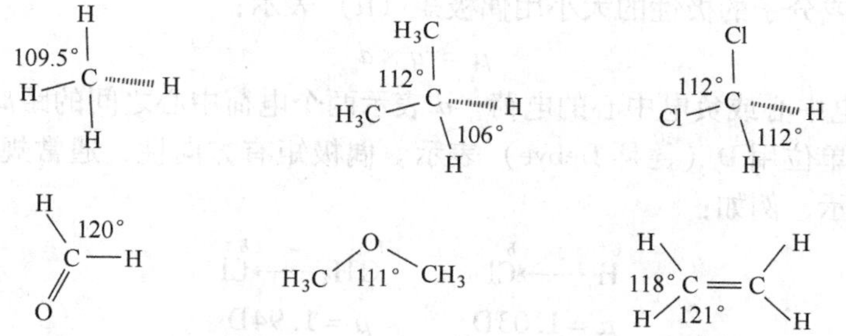

图 1-1 某些分子的键角

### 1.4.3 键能

形成或断开共价键时，体系放出或吸收的能量，称为键能。键能高，即成键时，体系放出的能量多，则体系内含有的能量就低，体系就越稳定。注意：键能并不完全等于键的离解能。键的离解能：在标准状况下（101325Pa、298K），1mol 气态分子完全离解为气态原子所吸收的能量。对于双原子分子而言，键的离解能等于键能，对于多原子分子而言，键能与键的离解能并不一致，它是指特定的键。

应注意键能与离解能在概念上的区别，多原子分子中共价键的键能是指同一类的共价键的离解能的平均值。如甲烷的四个 C—H 的离解能是不同的：

$$CH_4 \longrightarrow \cdot CH_3 + H \qquad \Delta H = 435kJ/mol$$

$$CH_3 \longrightarrow \cdot CH_2 + H \qquad \Delta H = 443kJ/mol$$

$$\cdot CH_2 \longrightarrow \cdot CH + H \qquad \Delta H = 443kJ/mol$$

$$\cdot CH \longrightarrow \cdot C \cdot + H \qquad \Delta H = 339kJ/mol$$

这四个共价键离解能的平均值为 415kJ/mol，称为 C—H 键的键能，因此键能和离解能并不一样。键能反映出两个原子的结合程度，结合越牢固，强度越大，键能也越大。常见共价键的键能见表 1-2。

表 1-2 常见共价键的键能

| 共价键 | C—C | C—H | C—N | C—O | C—F | C—Cl | C—Br | C—I | C=C | C≡C |
|---|---|---|---|---|---|---|---|---|---|---|
| 键能/kJ·mol$^{-1}$ | 347 | 415 | 305 | 360 | 485 | 339 | 285 | 218 | 611 | 837 |

### 1.4.4 偶极矩

偶极矩是用来衡量键极性的物理量，当两个不同原子结合成共价键时，由于两原子的电负性不同而使得形成的共价键的一端带电荷多些，而另一端带电荷少些，这种由于电子云不完全对称而呈极性的共价键叫做极性共价键，可用箭头表示这种极性键，也可以用 $\delta^+$、$\delta^-$ 标出极性共价键的带电情况。例如：

$$\overset{\delta^+}{H} \longrightarrow \overset{\delta^-}{Cl} \qquad \overset{\delta^+}{CH_3} \longrightarrow \overset{\delta^-}{Cl}$$

一个共价键或分子的极性的大小用偶极矩（$\mu$）表示：

$$\mu = q \times d$$

式中，$q$ 表示正电中心或负电中心的电荷；$d$ 表示两个电荷中心之间的距离。

偶极矩 $\mu$ 的单位用 D（德拜 Debye）表示。偶极矩有方向性，通常规定其方向由正到负，用箭头→表示，例如：

$$\overset{\delta^+}{H} \longrightarrow \overset{\delta^-}{Cl} \qquad \overset{\delta^+}{CH_3} \longrightarrow \overset{\delta^-}{Cl}$$

$$\mu = 1.03D \qquad\qquad \mu = 1.94D$$

键的极性及分子的极性对化合物的物理、化学性质有明显的影响，一些常见共价键的偶极矩参见表 1–3。

表 1–3　一些常见共价键的偶极矩

| 共价键 | H—C | H—N | H—O | C—N | C—O | C—F | C—Cl | C—Br | C—I | C=O | C≡N |
|---|---|---|---|---|---|---|---|---|---|---|---|
| 偶极矩/D | 0.40 | 1.31 | 1.51 | 0.22 | 0.74 | 1.41 | 1.94 | 1.38 | 1.19 | 2.30 | 3.50 |

双原子分子中键的极性就是分子的极性，键的偶极矩就是分子的偶极矩。对多原子分子来说，分子的偶极矩是各键偶极矩的向量和（与键的极性和分子的对称性有关）。图 1–2 为某些分子的偶极矩。

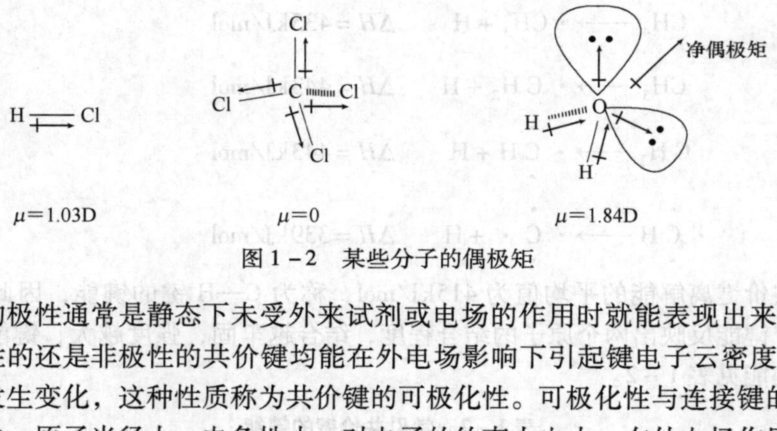

图 1–2　某些分子的偶极矩

共价键的极性通常是静态下未受外来试剂或电场的作用时就能表现出来的一种属性。但不论是极性的还是非极性的共价键均能在外电场影响下引起键电子云密度的重新分布，从而使极性发生变化，这种性质称为共价键的可极化性。可极化性与连接键的两个原子的性质密切相关，原子半径大，电负性小，对电子的约束力也小，在外电场作用下就会引起电子云较大程度的偏移，可极化性就大。如碳—卤键的可极化性大小顺序为 C—I > C—Br > C—Cl。因为键的可极化性是在外电场存在下产生的，因此，这是一种暂时性质，一旦外电场消失，可极化性也就不存在了，键恢复到原来的状态。

# 1.5　分子间的力

化学键是分子内部原子与原子间的作用力，这是一种相当强的作用力，一般的键能每摩尔至少有一百多千焦。化学键是决定分子化学性质的重要因素。

除了高度分散的气体外，分子之间也存在一定的作用力，称为分子间力，也叫范德华力。但这种作用力较弱，要比化学键键能至少小一个数量级。范德华力是决定物质物理性质（如沸点、熔点、溶解度等）的重要因素。

分子间的作用力从本质上说都是静电作用力，主要来自于分子的偶极间的相互作用，分子间作用力有以下三种。

### 1.5.1 偶极—偶极作用力

偶极—偶极作用力产生于具有永久偶极矩的极性分子之间作用力。极性分子之间以正、负相吸定向排列，所以这种力也叫定向力。例如 $CH_3I$：

$$\overset{\delta+}{CH_3}-\overset{\delta-}{I} \cdots\cdots \overset{\delta+}{CH_3}-\overset{\delta-}{I} \cdots\cdots \overset{\delta+}{CH_3}-\overset{\delta-}{I}$$

### 1.5.2 色散力

非极性分子内由于电子的运动在某一瞬间，分子内的电荷分布可能不均匀，而产生一个很小的暂时偶极。由暂时偶极引起的分子间的作用力称为色散力，有时常将色散力叫做范德华力。

极性分子间也同样存在色散力。这主要是由于电子处在不断的运动状态之中，所以在任一瞬间它的电荷分配可能变形而形成一个小的瞬时偶极。这种暂时的偶极会影响其附近的另一个分子，偶极的负端排斥电子，正端吸引电子，因此，感应另一个分子产生方向相反的偶极。虽然瞬时偶极和感应偶极都不断在变，但总的结果是在分子之间产生了作用。这种作用也只有在分子比较接近时才会存在，其强弱与分子间表面接触的大小和分子本身极化率的大小有关，在非极性分子和极性分子中都存在，它没有饱和性和方向性问题。

### 1.5.3 氢键

当氢原子与一个原子半径较小、而电负性又很强并带未共用电子对的原子 Y（Y 主要是 F、O 和 N）结合时，由于 Y 极强的吸电子作用，使得 H—Y 间电子密度主要集中在 Y 一端，而使氢原子几乎成为裸露的质子而显正电性。这样，带部分正电荷的氢便可与另一分子中电负性强的 Y 相互吸引而与其未共用电子对以静电引力相结合，这种分子间的作用力叫做氢键，氢键以虚线---或连点…表示，如：

$$H-\ddot{\underset{..}{F}}:---H-\ddot{\underset{..}{F}}:---H-\ddot{\underset{..}{F}}:$$

$$H-\overset{H}{\underset{H}{\ddot{O}}}:---H-\overset{H}{\underset{H}{\ddot{O}}}:---H-\overset{H}{\underset{H}{\ddot{O}}}:$$

$$H-\overset{H}{\underset{H}{\ddot{N}}}:---H-\overset{H}{\underset{H}{\ddot{N}}}:---H-\overset{H}{\underset{H}{\ddot{N}}}:$$

氢键是分子间作用力最强的，特定情况下分子内也能形成氢键。氢键的存在对有机化合物的性质和有机化学反应的进行都有重要的、不可忽视的影响。它的形成不像共价键那样需要严格的条件，键长、键角和方向性等结构参数也可在一定范围内变化，有相当适应性和灵活性，在分子不断运动变化的条件下可不断地形成和断裂。

# 1.6　有机化合物的一般特点

有机化学作为一门独立的学科，其研究的对象有机化合物与无机化合物在性质上存在着一定的差异。有机化合物一般具有如下特性。

## 1.6.1　组成和结构上的特点

### 1.6.1.1　种类繁多，数目庞大

构成有机化合物的元素种类较少。除碳和氢两种主要元素外，还有氧、氯、硫、磷、卤素及某些金属元素（如 Fe、Mg、Co、Cu 等），但构成的有机化合物数目庞大且分子结构复杂。到目前为止，已知的有机化合物已有约 3000 万种，而且这个数目还在不断增长，新合成的有机化物每年有近 30 万个。例如，由氧氢两种元素组成的化合物至今只有 $H_2O$ 与 $H_2O_2$ 两种，而由碳氢两种元素组成的有机物，已知的就至少有 3000 种。

有机化合物的分子结构有的非常复杂，如 1972 年合成的维生素 B12，它的分子式 $C_{63}H_{88}CoN_{14}O_{14}P$，参加研究的工作者包括 19 个国家的一百多位化学家，历时 11 年才完成。其原因就在于组成有机物的主体元素——碳原子结构的特殊性。碳原子间以共价键相连接，并且相互结合能力特别强。此外，碳原子还可以通过共价键与其他原子相结合，从而形成数目众多、结构复杂、性质各异的有机化合物，使它成为地球上一切生物的支架。因此，有机化合物在结构上的基本特点，可以概括为以碳为基础的共价化合物。

### 1.6.1.2　同分异构现象普遍存在

同分异构现象是有机化学中极为普遍而又很重要的问题，也是造成有机化合物数目繁多（现已知有机化合物约有 3000 万种以上）的主要原因之一。所谓同分异构现象是指具有相同分子式，但结构不同，从而性质各异的现象。例如，乙醇和甲醚，分子式均为 $C_2H_6O$，但它们的结构不同，互为同分异构体。分子的结构决定分子的性质，所以它们的物理和化学性质也不相同。

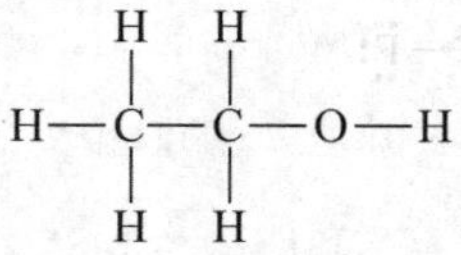

乙醇　（沸点78.5℃）　　　　　　　　甲醚　（沸点-25℃）
与金属钠反应产生$H_2$　　　　　　　　不与金属钠反应

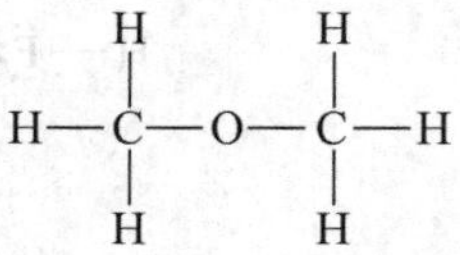

由于在有机化学中普遍存在同分异构现象，故在有机化学中不能只用分子式来表示某一有机化合物，必须使用构造式或构型式。

## 1.6.2　物理性质方面的特点

### 1.6.2.1　挥发性大，熔点、沸点低

很多典型的无机物是离子化合物，它们的结晶是由离子排列而成的，晶格能较大，若

要破坏这个有规则的排列，则需要较多的能量，故熔点、沸点一般较高。而有机物多以共价键结合，它的结构单元往往是分子，其分子间的作用力较弱。

大多数有机化合物的熔点一般在400℃以下，而且它们的熔点、沸点随着相对分子质量的增加而逐渐增加。一般地说，纯粹的有机化合物都有固定的熔点和沸点。因此，熔点和沸点是有机化合物的重要物理常数，人们常利用熔点和沸点的测定来鉴定有机化合物。

#### 1.6.2.2　难溶于水，易溶于有机溶剂

水是一种强极性物质，所以以离子键结合的无机化合物大多易溶于水，不易溶于有机溶剂。而有机化合物一般都是共价键型化合物，极性很小或无极性，所以大多数有机化合物在水中的溶解度都很小，但易溶于极性小的或非极性的有机溶剂（如乙醚、苯、烃、丙酮等）中，这就是"相似相溶"的经验规律。正因为如此，有机反应常在有机溶剂中进行。

### 1.6.3　化学性质方面的特点

#### 1.6.3.1　易燃烧，易受热分解

碳氢化合物，燃烧的最终产物是二氧化碳和水。除少数有机物外，一般的都易燃。大多数无机物不能着火，也不能烧尽。可利用这个性质来初步区别有机物和无机物。我们日常食用的糖和盐可以看成是有机物和无机物的两个典型代表。糖加热发烟、变黑、烧焦，而盐是烧不焦的。

大多数有机物都易燃，例如酒精、棉花、石油等。在实验室中可采用灼烧来区别有机物和无机物，即将样品放到金属片或坩埚盖上慢慢用火焰加热，有机物将炭化燃烧至尽，不留残渣，无机物则不易燃烧。

此外，许多有机化合物在200～300℃就分解，这是因为有机物多以共价键结合，它的结构单元往往是分子，其分子间的作用力较弱，易受热分解。

#### 1.6.3.2　反应速度慢

无机反应是离子型反应，一般反应速度都很快。如 $H^+$ 与 $OH^-$ 的反应，$Ag^+$ 与 $Cl^-$ 生成 $AgCl$ 沉淀的反应等都是在瞬间完成的。

有机反应大部分是分子间的反应，反应过程中包括共价键旧键的断裂和新键的形成，所以反应速度比较慢。一般需要几小时，甚至几十小时才能完成。为了加速有机反应的进行，常采用加热、光照、搅拌或加催化剂等措施。随着新的合成方法的出现，改善反应条件，也可促使有机反应速度的加快。

#### 1.6.3.3　反应复杂，副反应多

有机化合物的分子大多是由多个原子结合而成的复杂分子，所以在有机反应中，反应中心往往不局限于分子的某一固定部位，常常可以在不同部位同时发生反应，得到多种产物。反应生成的初级产物还可继续发生反应，得到进一步的产物。因此在有机反应中，除了生成主要产物以外，还常常有副产物生成。

为了提高主产物的收率，控制好反应条件是十分必要的。由于得到的产物往往是混合物，故需要通过分离、提纯等步骤，以获得较纯净的目的产物。

# 1.7　有机反应的基本类型

有机化合物发生化学反应时，总是伴随着旧的化学键的断裂和新的共价键的形成，共价键的断裂方式包括：均裂、异裂和协同反应。

## 1.7.1　均裂

共价键断裂时，成键的一对电子平均分给两个原子或原子团，生成两个自由基，如下所示：

$$A:B \longrightarrow A \cdot + B \cdot$$

$A \cdot$ 和 $B \cdot$ 是带有一个电子的基团叫自由基，在有机反应中，按均裂进行的反应叫做自由基反应。自由基反应一般是在光或热的作用下进行的。

## 1.7.2　异裂

异裂是共价键的另一种断裂方式，这种方式是成键的一对电子在断裂时分给某一原子和原子团，生成正负离子，具体对碳来讲就是碳正离子和碳负离子。

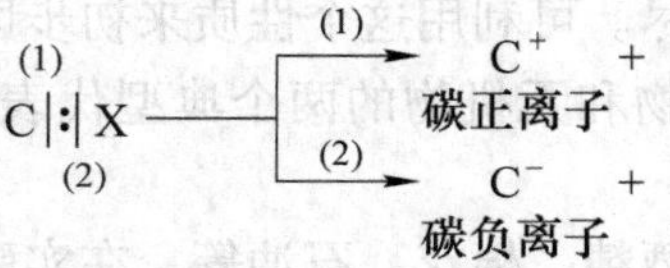

$$C \,|\!:\!| \, X \longrightarrow \begin{cases} (1) \quad C^+ \; + \; X^- \\ \qquad \text{碳正离子} \\ (2) \quad C^- \; + \; X^+ \\ \qquad \text{碳负离子} \end{cases}$$

在有机反应中，异裂反应一般在酸、碱的催化下，或在极性溶剂中进行。异裂生成的碳离子除极少数外，一般不能稳定存在。按异裂方式发生的反应称为离子型反应。在离子型反应中又分为亲电反应和亲核反应两种，由亲电试剂进攻而引发的反应叫亲电反应，由亲核试剂进攻而引发的反应叫亲核反应。亲电试剂是在反应过程中接受电子的试剂，亲核试剂是指在反应过程中能提供电子而进攻反应物中带部分正电荷的碳原子的试剂。

在这两大类型反应中，又根据反应进行的方式分为取代反应、加成反应、消除反应等，分别称为亲核取代、亲电取代、亲核加成、亲电加成、亲核消除和亲电消除等。

## 1.7.3　协同反应

有些有机反应过程没有明显分步的共价键均裂或异裂，只是通过一个环状的过渡态，旧化学键的断裂和新化学键的生成同时完成而得到产物。

# 1.8　有机化合物的研究方法

研究有机化合物，一般要通过下列步骤。

## 1.8.1　分离提纯

天然存在或人工合成的有机物并非都以纯净状态存在，但是研究任何有机物的结构和性质都需要纯品，所以首先必须进行分离提纯，使其达到一定纯度。常用来分离提纯固体有机物的方法有重结晶、升华等；液体有机物可用蒸馏、分馏和减压蒸馏等。此外，目前广泛应用的层析法也是极有效的分离提纯手段。

### 1.8.2 实验式与分子式的确定

得到一个纯的有机物之后，就需要知道它是由哪些元素组成的，各占多少比例，求出实验式，再测得相对分子质量后就可以确定分子式了。

最常用的元素定性分析法是钠熔法。把少量样品与金属钠混合熔融，使有机物分解变为无机物，然后按照无机定性方法，确定样品中除碳、氢外还会有哪些元素。

元素定量分析现在仍采用 19 世纪李比希提出的燃烧法，即将有机油充分燃烧后完全转变为 $CO_2$ 和 $H_2O$，分别以吸附剂吸收，求出生成的 $CO_2$ 和 $H_2O$ 的质量，从而计算出该有机物所含碳、氢的比例；若无其他元素即可确定它的实验式。

实验式仅表明组成该分子各元素原子的比例。因此，必须测定相对分子质量，才能确定分子式，以表明该分子所含各种元素原子的总数。相对分子质量的测定方法很多，如蒸气密度法、凝固点下降法等，现在采用质谱仪来测定，更为准确、迅速。

### 1.8.3 结构式的确定

对于一种化合物，只确定它的分子式还远远不够。因为有机物中普遍存在同分异构现象。因此，还必须根据化合物的化学性质以及应用现代的物理分析方法如 X 射线分析、电子衍射法、紫外吸收光谱、红外吸收光谱、核磁共振谱和质谱等来确定有机化合物的结构。现代物理分析方法能够准确、快速地确定有机化合物的结构，因此在近二三十年来得到广泛的应用。

## 1.9  有机化合物的分类

数以千万计的有机物，可以按照它们的结构分成许多类。一般的分类方法有两种，即根据分子中碳原子的连接方式（碳的骨架），或按照决定分子主要化学性质的特殊原子或基团（官能团）来分类。

### 1.9.1 按碳架分类

按碳原子结合方式不同，有机化合物可以分成三大类。

#### 1.9.1.1 开链化合物

这类化合物分子中的碳原子连接成链状，又因为这类化合物最初是由脂肪中获得的，所以又称脂肪族化合物。例如：

$$H_3C-CH_2-CH_2-CH_2-CH_3 \qquad H_3C-CH_2-\underset{\underset{CH_3}{|}}{CH}-CH_3$$

戊烷                  2-甲基丁烷

#### 1.9.1.2 碳环化合物

这类化合物分子中含有由碳原子组成的环状结构。它又可以分成三类：

（1）脂环族化合物。性质与脂肪族化合物相似，在结构上也可看做是由开链化合物闭环而成的。例如：

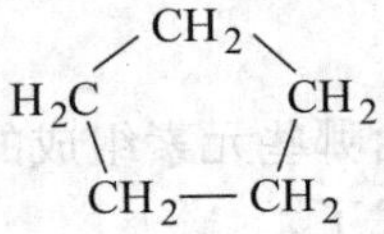

$$H_2C \begin{matrix} CH_2 \\ \\ CH_2 \end{matrix}$$ 环戊烷 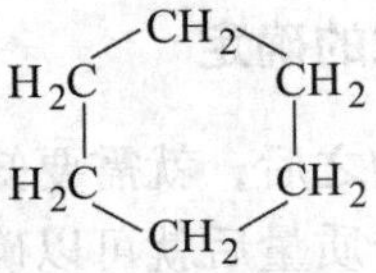   环己烷

（2）芳香族化合物。这类化合物分子中部含有一个由碳原子组成的在同一平面内的闭环共轭体系，它们在性质上与脂肪族化合物有较大区别。其中一大部分化合物分子中都含有一个或多个苯环。例如：

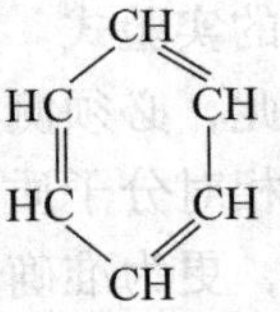

苯 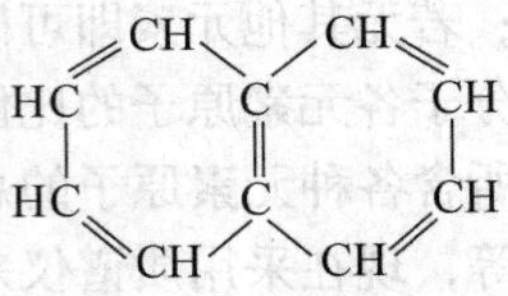   萘

（3）杂环化合物。这类化合物分子中的环是由碳原子和其他元素的原子组成的。例如：

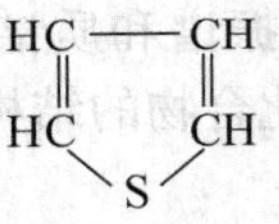

噻吩 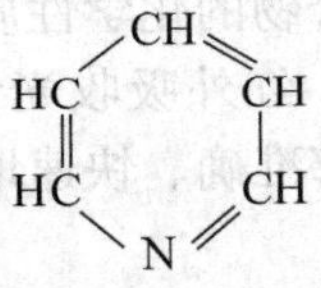   吡啶

## 1.9.2 按官能团分类

官能团是指有机化合物分子中能起化学反应的一些原子和原子团，官能团可以决定化合物的主要性质。因此，我们可采用按官能团分类的方法来研究有机化合物。常见的重要官能团有双键、叁键、羟基、羰基、羧基等。表1-4是一些常见官能团及对应化合物的类别。

表1-4 一些常见官能团及对应化合物的类别

| 化合物类别 | 官能团及名称 | | 具体化合物（名称） | |
|---|---|---|---|---|
| 烯 | $C{=}C$ | 碳碳双键 | $CH_2{=}CH_2$ | 乙烯 |
| 炔 | $-C{\equiv}C-$ | 碳碳三键 | $HC{\equiv}CH$ | 乙炔 |
| 卤代烃 | $-X$（F、Cl、Br、I） | 卤原子 | $CH_3-X$ | 卤代甲烷 |
| 醇 | $-OH$ | 羟基 | $CH_3CH_2-OH$ | 乙醇 |
| 酚 | $-OH$ | 羟基 | 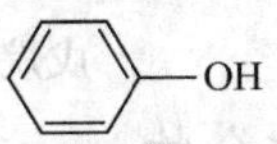 ⬡$-OH$ | 苯酚 |
| 醚 | $(C)-O-(C)$ | 醚键 | $CH_3-O-CH_3$ | 甲醚 |

| 化合物类别 | 官能团及名称 | | 具体化合物（名称） | |
|---|---|---|---|---|
| 醛 | $\overset{O}{\underset{}{-C-H}}$ | 醛基 | $CH_3-\overset{O}{\underset{}{C}}-H$ | 乙醛 |
| 酮 | $\overset{O}{\underset{}{-C-}}$ | 酮基 | $CH_3-\overset{O}{\underset{}{C}}-CH_3$ | 丙酮 |
| 羧酸 | $\overset{O}{\underset{}{-C-OH}}$ | 羧基 | $CH_3-\overset{O}{\underset{}{C}}-OH$ | 乙酸 |
| 胺 | $-NH_2$ | 氨基 | $CH_3-NH_2$ | 甲胺 |
| 硫醇 | $-SH$ | 巯基 | $CH_3CH_2-SH$ | 乙硫醇 |
| 硫酚 | $-SH$ | 巯基 | ⬡$-SH$ | 苯硫酚 |
| 腈 | $-CN$ | 氰基 | $CH_3CH_2-CN$ | 乙腈 |
| 磺酸 | $-SO_3H$ | 磺酸基 | ⬡$-SO_3H$ | 苯磺酸 |
| 硝基化合物 | $-NO_2$ | 硝基 | $CH_3CH_2-NO_2$ | 硝基乙烷 |
| 亚硝基化合物 | $-NO$ | 亚硝基 | ⬡$-NO$ | 亚硝基苯 |

在实际应用过程中，一般是将这两种分类方法结合起来。本书根据此法将所论述的内容大致分为三个部分：（1）母体部分，包括开链烃、碳环烃、芳烃等，它们可看做是有机物结构的最基本组成；（2）衍生物部分，包括卤代烃、醇、酚、醚、醛、酮、羧酸和胺等，它们可看做是母体中的氢原子被官能团取代，或碳原子被其他原子取代而形成的衍生物；（3）天然有机化合物，包括碳水化合物、蛋白质、核酸、类脂等，它们广泛存在于动植物中，一般来说是结构比较复杂，含有多种官能团的有机物。

## 习　题

1-1　名词解释：
　　（1）有机化合物；（2）键能；（3）极性键；（4）官能团；
　　（5）实验式；（6）构造式；（7）均裂；（8）异裂。

1-2　NaCl 与 KBr 各 1mol 溶于水中所得的溶液与 NaBr 及 KCl 各 1mol 溶于水中所得溶液是否相同？如将 $CH_4$ 及 $CCl_4$ 各 1mol 混在一起，与 $CHCl_3$ 及 $CH_3Cl$ 各 1mol 的混合物是否相同？为什么？

1-3　醋酸分子式为 $CH_3COOH$，它是否能溶于水？为什么？

1-4　下列分子中哪些可以形成氢键？
　　（1）$H_2$；（2）$CH_3CH_3$；（3）$SiH_4$；（4）$CH_3NH_2$；（5）$CH_3CH_2OH$；（6）$CH_3OCH_3$。

1-5　根据官能团区分下列化合物，哪些属于同一类化合物？称为什么化合物？如按碳架分，哪些同属一族？属于什么族？

(1) 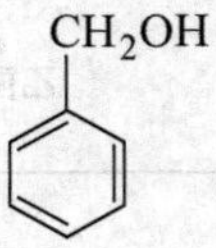 CH₂OH〔苯基〕 ；(2) COOH〔苯基〕 ；(3) ⌐OH〔异丙醇〕 ；(4) OH〔环己烷〕 ；(5) COOH〔环丙烷〕 ；

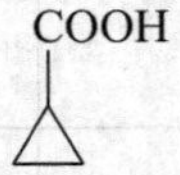

(6) 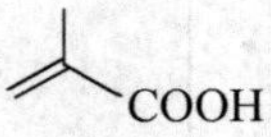 〔甲基丙烯酸〕 CH₂=C(CH₃)COOH ；(7) 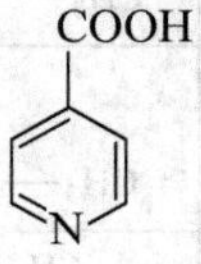 COOH〔吡啶〕 ；(8) CH₂=CHCH₂OH〔烯丙醇〕 ；(9) CH₃CH₂CH₂CH₂COOH〔戊酸〕。

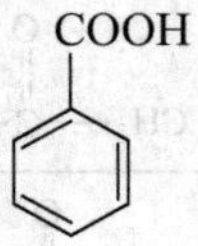

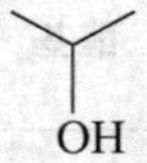

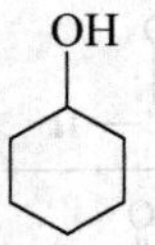

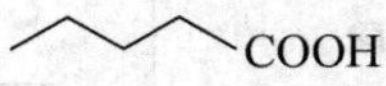

# 2 饱和脂肪烃

**本章要点：**

（1）烷烃的同系列、同分异构和构造异构；

（2）烷烃的结构、$sp^3$ 杂化和 σ 键；

（3）烷烃的化学性质；

（4）烷烃污染物。

分子中只有碳和氢两种元素形成的有机物叫做烃，也叫碳氢化合物。根据分子中的碳原子连接方式，可以把烃分成开链烃与环烃两大类。开链烃是指分子中的碳原子相连成链状（非环状）而形成的化合物，开链烃也叫脂肪烃；根据分子中碳原子间的结合方式，又可分为饱和烃和不饱和烃，烃的分类如下所示：

$$
烃
\begin{cases}
开链烃(脂肪烃)
\begin{cases}
烷烃\\
烯烃、二烯烃\\
炔烃
\end{cases}\\
环状烃(脂环烃)
\begin{cases}
脂环烃\\
芳香烃
\end{cases}
\end{cases}
$$

分子中的碳除以碳碳单键相连外，碳的其他价键都为氢原子所饱和的烃叫做烷烃，也叫做饱和烃。饱和意味着分子中的碳原子与其他原子的结合达到了最大限度。

## 2.1 同系列及同分异构

### 2.1.1 烷烃的同系列

最简单的烷烃是甲烷，依次为乙烷、丙烷、丁烷等，它们的分子式、构造式、构造简式见表 2－1。

表 2－1　甲烷、乙烷、丙烷、丁烷的分子式、构造式、构造简式

| 名　称 | 分子式 | 构造式 | 构造简式 |
|--------|--------|--------|----------|
| 甲　烷 | $CH_4$ | 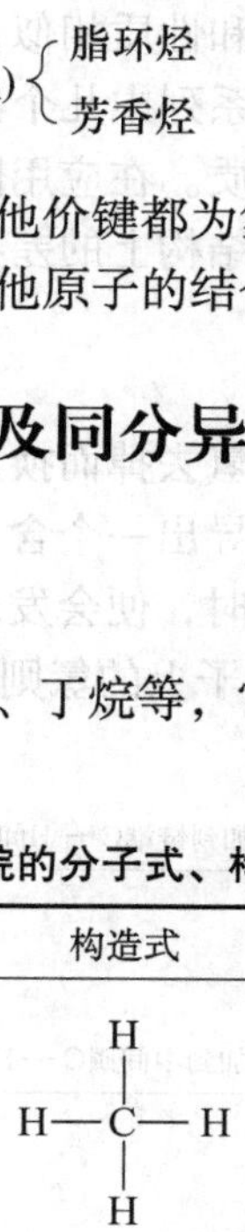 $\begin{matrix} & H & \\ H- & C & -H \\ & H & \end{matrix}$ | $CH_4$ |

| 名　称 | 分子式 | 构造式 | 构造简式 |
|---|---|---|---|
| 乙　烷 | $C_2H_6$ | 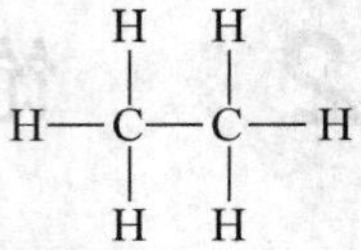 | $CH_3CH_3$ |
| 丙　烷 | $C_3H_8$ | 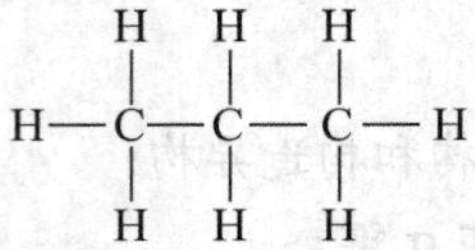 | $CH_3CH_2CH_3$ |
| 丁　烷 | $C_4H_{10}$ | 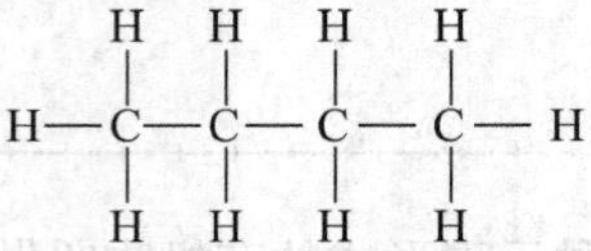 | $CH_3CH_2CH_2CH_3$ |

从甲烷开始，每增加一个碳原子，就相应地增加两个氢原子。由此可见，链状烷烃的组成都是相差一个或几个—$CH_2$—（亚甲基）而连成碳链，碳链的两端各连一个氢原子。所以烷烃的通式为 $C_nH_{2n+2}$。

这种结构和化学性质相似，组成上相差一个或多个—$CH_2$—的一系列化合物称为同系列。同系列中的化合物互称为同系物。

由于同系列中同系物的结构和性质相似，其物理性质也随着分子中碳原子数目的增加而呈规律性变化，所以掌握了同系列中几个典型的有代表性的成员的化学性质，就可推知同系列中其他成员的一般化学性质。在应用同系列概念时，除了注意同系物的共性外，还要注意它们的个性，要根据分子结构上的差异来理解性质上的异同。

### 2.1.2　烷烃的同分异构现象

如果把甲烷分子中的任一个氢去掉而换成碳，这个碳上其余的价键再与氢相连，就得到乙烷。用同样方法从乙烷可以导出一个含三个碳原子的烷烃叫做丙烷。但从丙烷再按这种方法导出含四个碳原子的丁烷时，便会发现，碳取代第一个或第三个碳原子上的任一个氢，得到（a），而取代中间碳原子上的氢则得（b），其过程如下所示：

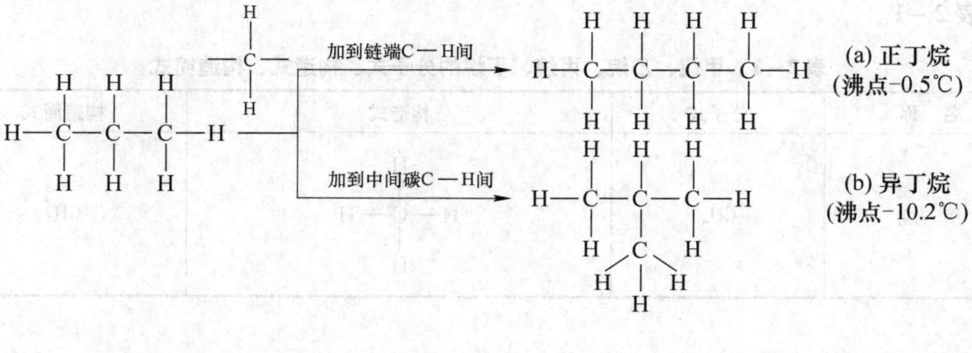

（a）和（b）的分子式相同，而原子连接次序不同，这种分子式相同而构造式不同的化合物称为同分异构体，这种现象称为构造异构现象。

由两种丁烷两个异构体通过主链延长法导出三种戊烷的同分异构体：

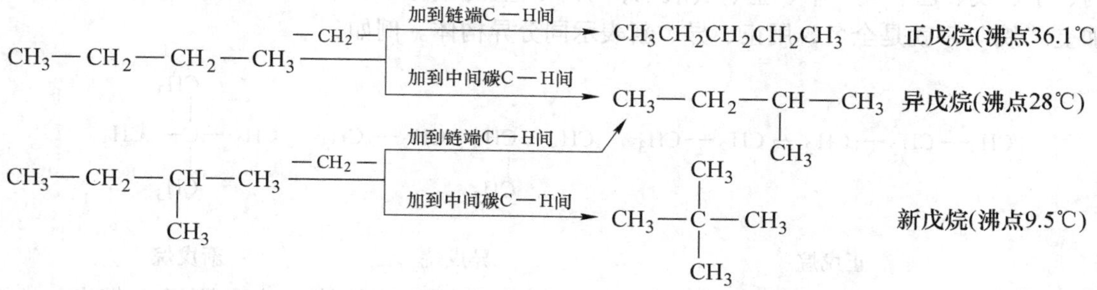

构造异构现象是有机化学中普遍存在的异构现象的一种，这种异构是由于碳链的构造不同而形成的，故又称为碳链异构，随着碳原子数目的增多，异构体的数目也增多。

### 2.1.3 伯、仲、叔、季碳原子

在烃分子中，按照碳原子与所连碳原子的不同，可分为四类：

仅与一个碳相连的碳原子叫做伯碳原子（或一级碳原子，用1°表示）；

与两个碳相连的碳原子叫做仲碳原子（或二级碳原子，用2°表示）；

与三个碳相连的碳原子叫做叔碳原子（或三级碳原子，用3°表示）；

与四个碳相连的碳原子叫做季碳原子（或四级碳原子，用4°表示）。

例如：

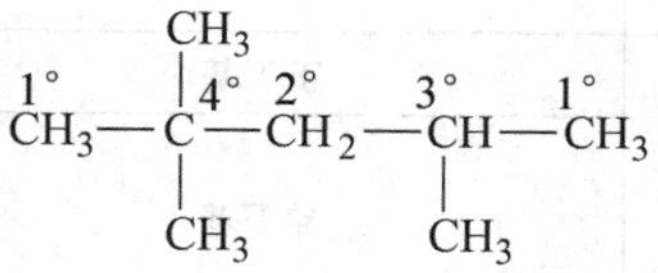

与伯、仲、叔碳原子相连的氢原子，分别称为伯、仲、叔氢原子（表示为1°H、2°H、3°H），不同类型的氢原子的反应性能有一定的差别。

## 2.2 烷烃的命名

由于有机化合物的数目繁多，而且很多化合物的结构又很复杂，为了便于有机化学工作者的交流，并避免造成混乱，自1892年以来，国际化学联合会等国际化学组织对有机化合物的命名原则进行过多次讨论、修订与补充。目前为各国普遍采用的是国际纯化学与应用化学联合会（International Union of Pure and Applied Chemistry）于1979年公布的命名原则，简称IUPAC原则。一般书刊中使用的有普通命名法也有系统命名法（亦称IUPAC命名法）。对于某些天然产物以及用系统名称过于复杂的化合物则习惯采用俗名（根据来源或某种性质命名）。烷烃常用的命名法有普通命名法和系统命名法两种。

## 2.2.1 普通命名法

　　根据烷烃分子中碳原子数的多少称为"某烷"，碳原子数十个以内的依次用甲、乙、丙、丁、戊、己、庚、辛、壬、癸表示，十个以上的碳原子数目用十一，十二，…表示，加上"烷"字就是全名，用正、异、新表示同分异构体。例如：

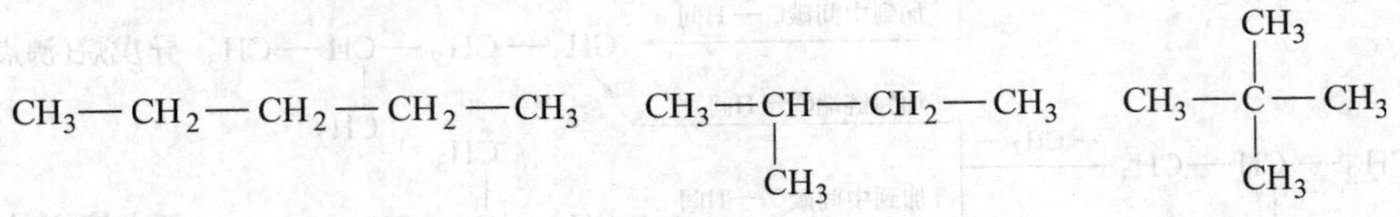

$$CH_3-CH_2-CH_2-CH_2-CH_3 \qquad CH_3-\underset{\underset{CH_3}{|}}{CH}-CH_2-CH_3 \qquad CH_3-\underset{\underset{CH_3}{|}}{\overset{\overset{CH_3}{|}}{C}}-CH_3$$

　　　　　　　正戊烷　　　　　　　　　　　异戊烷　　　　　　　　新戊烷

　　一般"正"代表不含支链的化合物，分子中碳链一端的第二位碳原子上带有一个—$CH_3$ 的化合物用"异"字表示，而"新"字是指具有叔丁基（表 2-2）结构的含五个或六个碳原子的链烃。这种命名方法，除"正"字可用来表示所有不含支链的烷烃外，"异"和"新"二字只适用于少于七个碳原子的烷烃。

**表 2-2　某些烷基的表示方法**

| 烷　　基 | 名　　称 | 通常符号 |
|---|---|---|
| $CH_3-$ | 甲 基 | Me |
| $CH_3CH_2-$ | 乙 基 | Et |
| $CH_3CH_2CH_2-$ | 丙 基 | n-Pr |
| $-\underset{\underset{CH_3}{|}}{CH}-CH_3$ | 异丙基 | i-Pr |
| $CH_3CH_2CH_2CH_2-$ | 正丁基 | n-Bu |
| $-CH_2-\underset{\underset{CH_3}{|}}{CH}-CH_3$ | 异丁基 | i-Bu |
| $-\underset{\underset{CH_3}{|}}{CH}-CH_2-CH_3$ | 仲丁基 | s-Bu |
| $-\underset{\underset{CH_3}{|}}{\overset{\overset{CH_3}{|}}{C}}-CH_3$ | 叔丁基 | t-Bu |

　　普通命名法简单方便，但只能适用于构造比较简单的烷烃。对于比较复杂的烷烃必须使用系统命名法。

## 2.2.2 烷基

　　烷基是烷烃分子中去掉一个氢原子而剩下的原子团称为烷基（表 2-2）。

　　烷基的通式为 $C_nH_{2n+1}$，通常用 R 表示。此外，还有"亚"某基，"次"某基，如亚甲基为—$CH_2$—，次甲基为=CH—。

### 2.2.3 系统命名法（IUPAC 命名法）

目前我国现用系统命名法是根据 IUPAC 规定的原则，再结合我国汉字的特点而制定的。烷烃系统命名法规则如下。

直链烷烃的系统命名法与普通命名法相同，只是把"正"字取消。对应支链烷烃按以下规则命名：

（1）选择主链。在分子中选择一条最长的碳链作主链，根据主链所含的碳原子数目称为某烷，将主链以外的其他烷基看做是取代基（支链）；若有几条等长的最长碳链时，选取取代基多者为主链。

例如：

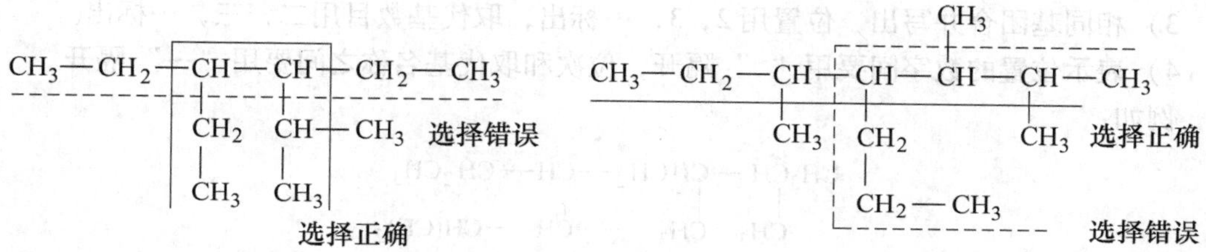

（2）碳原子的编号：

1）由距离支链近的一端开始，将主链上的碳原子用 1，2，3，…编号，支链所在的位置就以它所连接的碳原子的号数表示。

例如：

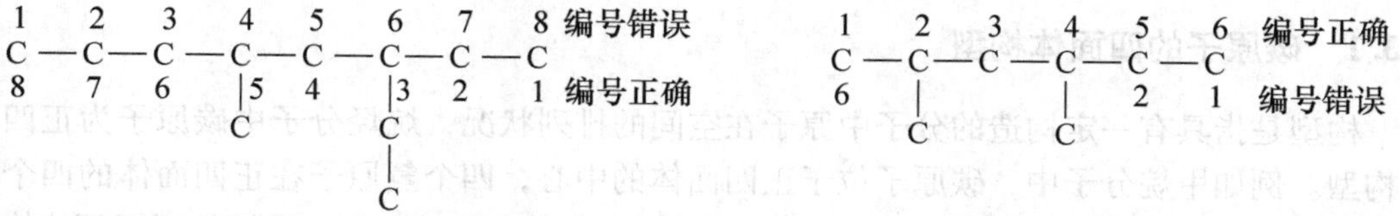

2）若两端距支链等距时，则按"最低系列"规则编号。"最低系列"是指从主链的两端分别编号，逐个比较两种编号法中表示取代基位置的数字，最先遇到位次较小者，为"最低系列"。

例如：

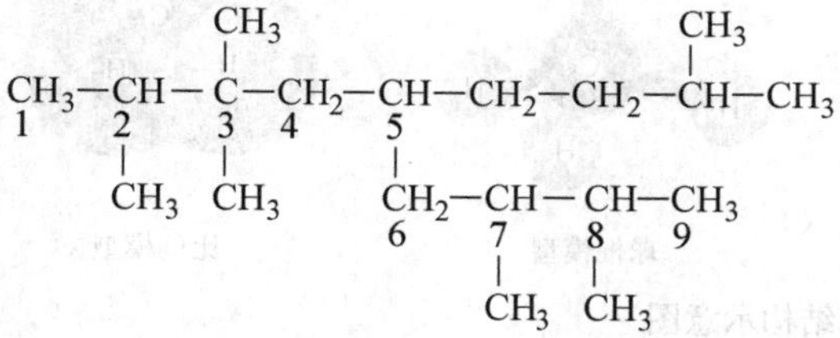

2，3，3，7，8-五甲基-5-异戊基壬烷　　　　　　2，3，7，7，8-五甲基-5-异戊基壬烷
　　　　编号正确　　　　　　　　　　　　　　　　　编号错误

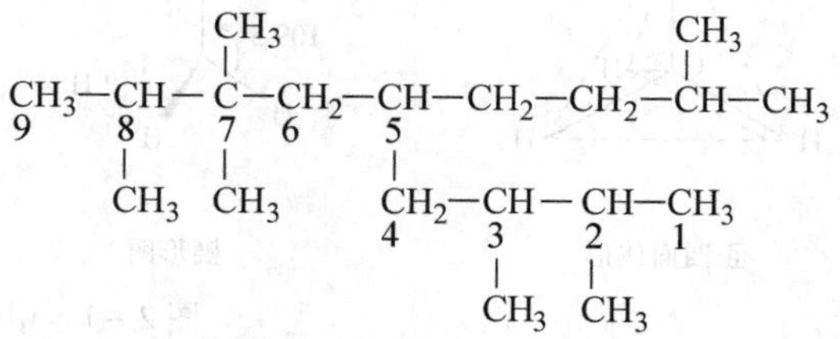

按照左边的顺序编号时，五个甲基的位置分别为 2，3，3，7，8；而按右边的顺序编号，

则五个甲基的位置分别为2，3，7，7，8；逐个比较每个取代基的位置，第一、二个均为2，3，但第三个取代基在前一种编号中为3，而在第二种编号中为7，故应取左边的编号法。

（3）烷烃的名称：

1）将支链（取代基）写在主链名称的前面。

2）取代基按"次序规则"，位置优先的基团优先放在最后写出。

次序规则是指各取代基按先后次序排列的规则。各取代基中与主链母体直接相连的原子，其原子序数大的为较优基团。如与母体相连的第一个原子相同，则比较与该原子相连的第二原子的原子序数，大者为较优基团；若第二个原子也相同，则比较第三个，依此类推。

烷基的大小次序：甲基＜乙基＜丙基＜丁基＜戊基＜己基＜异戊基＜异丁基＜异丙基。

3）相同基团合并写出，位置用2，3，…标出，取代基数目用二，三，…标出。

4）表示位置的数字间要用"，"隔开，位次和取代基名称之间要用"—"隔开。

例如：

$$CH_3CH—CHCH_2—CH—CH_2CH_3$$
$$\quad\ \ \ |\qquad\quad|\qquad\ |$$
$$\quad\ \ CH_3\quad CH_3\qquad CH_2—CH(CH)_2$$

2，3，7-三甲基-5-乙基辛烷

# 2.3　烷烃的结构

## 2.3.1　碳原子的四面体构型

构型是指具有一定构造的分子中原子在空间的排列状况，烷烃分子中碳原子为正四面体构型。例如甲烷分子中，碳原子位于正四面体的中心，四个氢原子在正四面体的四个顶点上，四个 C—H 键长都为 0.109nm，所有∠H—C—H 都是 109.5°，甲烷的正四面体构型的各种表示方法如图 2-1 所示。

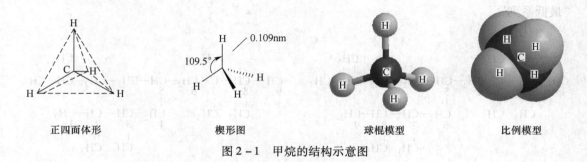

| 正四面体形 | 楔形图 | 球棍模型 | 比例模型 |

图 2-1　甲烷的结构示意图

## 2.3.2　碳原子的 sp³ 杂化

甲烷的正四面体结构必须由碳原子轨道的杂化来加以解释。碳原子的基态电子排布是

（$1s^2$、$2s^2$、$2p_x^1$、$2p_y^1$、$2p_z$），按未成键电子的数目，碳原子应是 2 价的，但在烷烃分子中碳原子却是 4 价的，且四个价键是完全相同的。这是因为，在有机物分子中碳原子都是以杂化轨道参与成键的，在烷烃分子中碳原子是以 $sp^3$ 杂化轨道成键的，即由一个 s 轨道与三个 p 轨道进行杂化，具体过程如下：

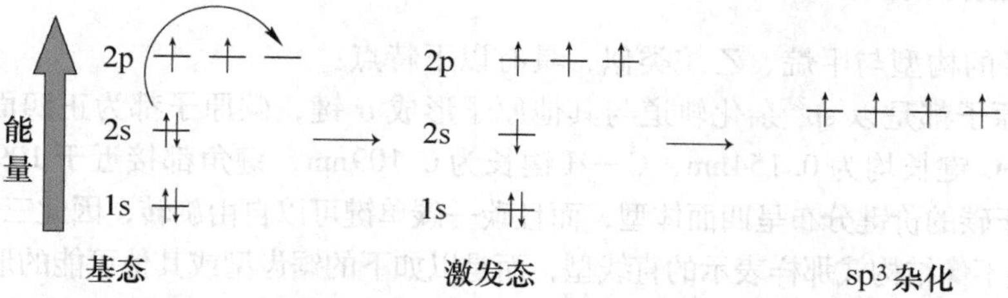

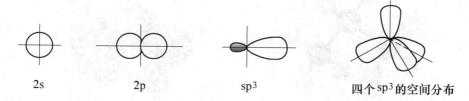

杂化后形成四个能量相等的轨道称为 $sp^3$ 杂化轨道，这种杂化方式称为 $sp^3$ 杂化，每一个 $sp^3$ 杂化轨道都含有 1/4 s 成分和 3/4 p 成分。

四个 $sp^3$ 轨道对称地分布在碳原子的四周，对称轴之间的夹角为 109.5°，这样可使价电子尽可能彼此离得最远，相互间的斥力最小，有利于成键。$sp^3$ 轨道有方向性，图形为一头大，一头小，示意图如下：

2s        2p        $sp^3$        四个 $sp^3$ 的空间分布

## 2.3.3 烷烃分子的形成

烷烃分子形成时，碳原子的 $sp^3$ 轨道沿着对称轴的方向分别与碳的 $sp^3$ 轨道或氢的 1s 轨道相互重叠。甲烷的形成示意图为：

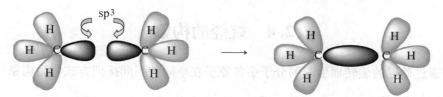

乙烷分子中的 C—C 键是由两个 $sp^3$ 杂化轨道形成的，其示意图为：

像甲烷、乙烷分子中 C—H 键或 C—C 键中成键原子的电子云是沿着轴向重叠的，这样形成的键叫 σ 键。σ 键有如下几个的特点：

（1）电子云沿键轴呈对称分布；

（2）可自由旋转而不影响电子云重叠的程度；

（3）结合得较牢固，其中 C—H 键，键能为 415.3kJ/mol；C—C 键，键能为 345.6kJ/mol。

### 2.3.4　其他烷烃的构型

其他烷烃的构型与甲烷、乙烷类似，具有以下特点：

（1）碳原子都是以 $sp^3$ 杂化轨道与其他原子形成 σ 键，碳原子都为正四面体结构。

（2）C—C 键长均为 0.154nm，C—H 键长为 0.109nm，键角都接近于 109.5°。

（3）由于碳的价键分布呈四面体型，而且碳—碳单键可以自由旋转，因此三个碳以上烷烃分子中的碳链不像结构式那样表示的直线型，而是以如下的锯齿型或其他可能的形式存在：

$$
\begin{array}{ccc}
& \overset{\displaystyle CH_2}{\diagdown} & \overset{\displaystyle CH_2}{\diagup}\ \overset{\displaystyle CH_3}{} \\
\overset{\displaystyle CH_2}{\diagup\diagdown} & & \\
CH_3 \quad CH_3 & CH_3 \quad CH_2 & CH_3 \quad CH_2 \quad CH_3
\end{array}
$$

丙烷　　　　　　丁烷　　　　　　　戊烷

其中丙烷与丁烷的球棍、比例模型如图 2-2 所示。

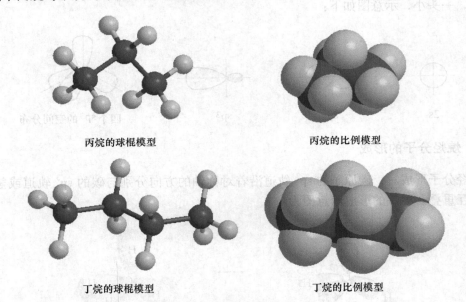

丙烷的球棍模型　　　　　　　　　　　丙烷的比例模型

丁烷的球棍模型　　　　　　　　　　　丁烷的比例模型

图 2-2　丙烷与丁烷的模型

所以所谓"直链"烷烃中的"直链"二字的含意仅指不带有支链。

## 2.4　烷烃的构象

分子通过单键的旋转而引起的分子中各原子在空间的不同排列方式称为构象。

### 2.4.1　乙烷的构象

理论上讲，乙烷分子中碳碳单键的自由旋转可以产生无数种构象，但极限构象只有两种，即交叉式和重叠式。构象通常用透视式或纽曼（Newman）投影式表示如下：

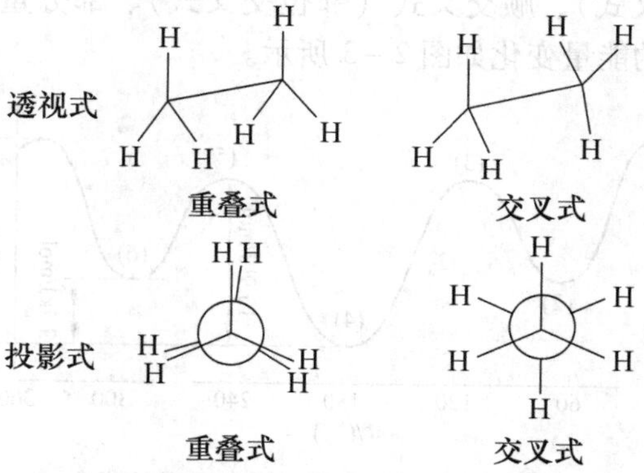

透视式

重叠式　　　　　　交叉式

投影式

重叠式　　　　　　交叉式

交叉式构象为乙烷的优势构象。交叉式构象中两个碳原子上的氢原子距离最远，原子间的斥力最小，内能最低。而在重叠式构象中，两个碳原子上的氢原子为两两相对，距离最近，相互间斥力最大，内能最高，因而最不稳定。重叠式与交叉式的内能虽不同，但相差较小，重叠式比交叉式的能垒（扭转能）高 12.5kJ/mol。在室温时，乙烷分子中的 C—C 键能迅速地旋转，因此不能分离出乙烷的某一构象。在低温时，交叉式增加（如乙烷在 -170℃时，基本上是交叉式）。

### 2.4.2　丁烷的构象

以丁烷的 $C_2$—$C_3$ 键的旋转来讨论丁烷的构象，固定 $C_2$，把 $C_3$ 旋转一圈来看丁烷的构象情况。在转动时，每次转 60°，直到 360°复原需经过 6 步，其过程如下：

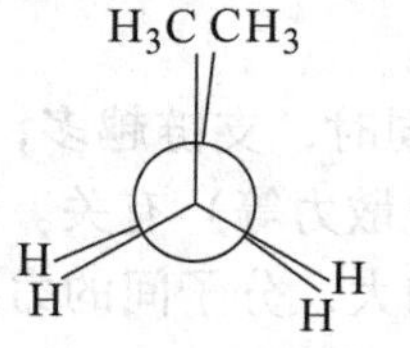

$\Phi=0°$　$\Phi=360°$
全重叠式
+sp　-sp
(1)

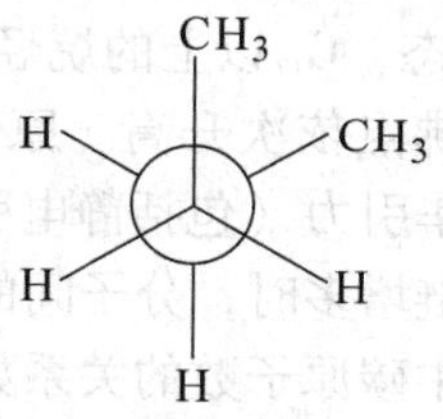

$\Phi=60°$
顺交叉式
+sc
(2)

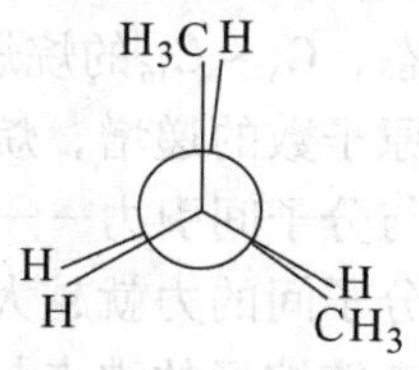

$\Phi=120°$
部分重叠式
+ac
(3)

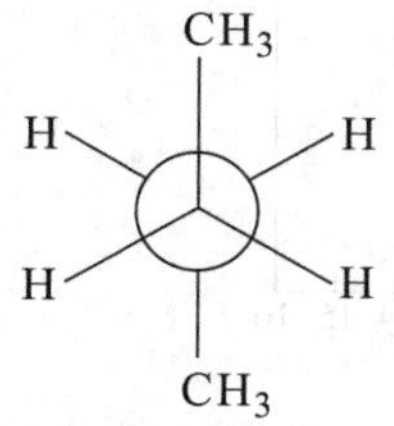

$\Phi=180°$
反交叉式
+ap　-ap
(4)

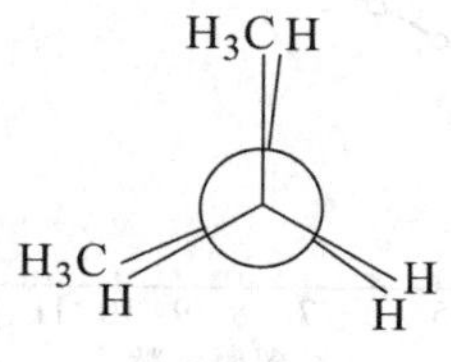

$\Phi=240°$
部分重叠式
-ac
(5)

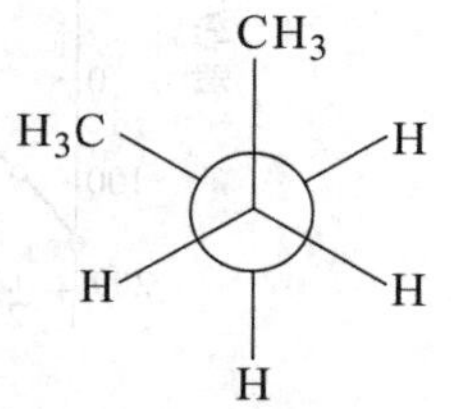

$\Phi=300°$
顺交叉式
-sc
(6)

在上述六种构象中，（2）与（6）相同，（3）与（5）相同，所以实际为四种典型构象：反交叉式（对位交叉式）、顺交叉式（邻位交叉式）、部分重叠式、全重叠式。丁烷经过 6 步形成四种构象的能量变化如图 2 - 3 所示。

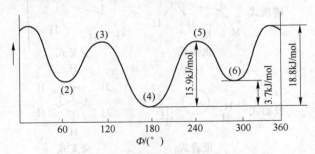

图 2 - 3 丁烷各种构象的内能变化

由此可见，这几种构象的稳定性次序为：反交叉式 > 顺交叉式 > 部分重叠式 > 全重叠式。但它们之间的能量差别仍不大，因此也不能分离出构象异构体。室温时，反交叉式约占 70%，顺交叉式占 30%，其他两种极少。

由于反交叉式构象最稳定，所以三个碳以上的烷烃应以锯齿形为最稳定。

## 2.5 烷烃的物理性质

纯物质的物理性质在一定条件下都有固定的数值，所以也常把这些数值称作物理常数，通过物理常数的测定，可以鉴定物质的纯度，或鉴别个别的化合物。

一般来说，同系列中各物质的物理常数是随相对分子质量的增加而递变的。$C_1 \sim C_4$ 的烷烃为气态，$C_5 \sim C_{16}$ 的烷烃为液态，$C_{17}$ 以上的烷烃为固态。

随着碳原子数的递增，烷烃的沸点依次升高。原子数相同时，支链越多，沸点越低。沸点的高低与分子间引力——范德华引力（包括静电引力和色散力等）有关。烃的碳原子数目越多，分子间的力就越大。支链增多时，分子间的距离增大，分子间的力减弱，因而沸点降低。直链烷烃的沸点与分子中碳原子数的关系如图 2 - 4 所示。

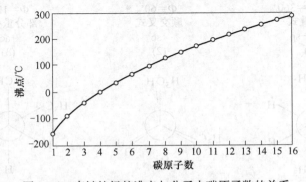

图 2 - 4 直链烷烃的沸点与分子中碳原子数的关系

碳原子数目增加，烷烃的熔点升高。分子的对称性越大，熔点越高。烷烃的相对密度都小于 1，随着分子质量的增加而增加，最后接近于 0.8（20℃）。烷烃不溶于水及其他极性强的溶剂，易溶于某些有机溶剂如氯仿、乙醚、四氯化碳、苯等弱极性或非极性溶剂中，尤其是烃类中。部分烷烃的物理常数如表 2 - 3 所示。

表 2 - 3　部分烷烃的物理常数

| 名　称 | 结构式 | 沸点/℃ | 熔点/℃ | 相对密度 |
|---|---|---|---|---|
| 甲　烷 | $CH_4$ | -161.7 | -182.6 | 0.466(-164℃) |
| 乙　烷 | $CH_3CH_3$ | -88.6 | -172.0 | 0.572(-100℃) |
| 丙　烷 | $CH_3CH_2CH_3$ | -42.1 | -187.1 | 0.582(-45℃) |
| 丁　烷 | $CH_3(CH_2)_2CH_3$ | -0.5 | -138.0 | 0.579 |
| 戊　烷 | $CH_3(CH_2)_3CH_3$ | 36.1 | -129.0 | 0.626 |
| 己　烷 | $CH_3(CH_2)_4CH_3$ | 68.7 | -95.0 | 0.659 |
| 庚　烷 | $CH_3(CH_2)_5CH_3$ | 98.4 | -90.5 | 0.684 |
| 辛　烷 | $CH_3(CH_2)_6CH_3$ | 125.6 | -56.8 | 0.703 |
| 壬　烷 | $CH_3(CH_2)_7CH_3$ | 150.7 | -53.7 | 0.718 |
| 癸　烷 | $CH_3(CH_2)_8CH_3$ | 174.0 | -29.7 | 0.730 |
| 十六烷 | $CH_3(CH_2)_{14}CH_3$ | 280.0 | 18.1 | 0.775 |
| 十七烷 | $CH_3(CH_2)_{15}CH_3$ | 292.0 | 22.0 | 0.777 |
| 十八烷 | $CH_3(CH_2)_{16}CH_3$ | 308.0 | 28.0 | 0.777 |

# 2.6　烷烃的化学性质

烷烃的化学性质稳定（特别是正烷烃）。在一般条件下（常温、常压），与大多数试剂如强酸、强碱、强氧化剂、强还原剂及金属钠等都不起反应，或反应速度极慢。这是因为在烷烃分子中，共价键都为 σ 键，键能大，分子中的共价键不易极化。但在一定条件下（如高温、高压、光照、催化剂），烷烃也能起一些化学反应。

## 2.6.1　氯代反应

烷烃的氢原子被氯取代生成氯代烃的反应称为氯代反应。

### 2.6.1.1　甲烷的氯代反应

甲烷于室温并在黑暗中与氯气不反应，但在强光的直射下，反应极为剧烈，以致发生爆炸产生碳与氯化氢：

$$CH_4 + Cl_2 \begin{cases} \xrightarrow{\text{黑暗中}} \text{不发生反应} \\ \xrightarrow{\text{强烈日光}} 4HCl + C \quad \text{猛烈反应} \end{cases}$$

但在紫外光漫射或高温下，甲烷易与氯发生取代反应：

$$CH_4 + Cl_2 \xrightarrow{\text{漫射光}} CH_3-Cl + HCl$$

甲烷的卤代反应较难停留在一取代阶段，氯甲烷还会继续发生氯化反应，生成二氯甲烷、三氯甲烷和四氯化碳：

$$CH_4 + Cl_2 \xrightarrow{\text{光照}} CH_3Cl + HCl$$
（一氯甲烷）

$$CH_3Cl + Cl_2 \xrightarrow{\text{光照}} \underset{\text{(二氯甲烷)}}{CH_2Cl_2} + HCl$$

$$CH_2Cl_2 + Cl_2 \xrightarrow{\text{光照}} \underset{\text{(三氯甲烷)}}{CHCl_3} + HCl$$

$$CHCl_3 + Cl_2 \xrightarrow{\text{光照}} \underset{\text{(四氯化碳)}}{CCl_4} + HCl$$

事实上，产物中除了上述四种甲烷的氯代产物外，还含有乙烷、乙烷的氯代产物，甚至有时还含有碳原子数更多的烷烃以及它们的氯代产物。

但若控制一定的反应条件和原料的用量比，可得其中一种氯代烷为主要的产物。比如：

甲烷：氯气 = 10:1（400～450℃时），$CH_3Cl$ 占 98%；

甲烷：氯气 = 1:4（400℃时），主要为 $CCl_4$。

#### 2.6.1.2　其他烷烃的氯代反应

其他烷烃的氯代反应的反应条件与甲烷的氯代相同，但产物更为复杂，因氯可取代不同碳原子上的氢，得到各种一氯代产物或多氯代产物。

### 2.6.2　烷烃的氯代反应历程

从上面甲烷氯代的反应式中无法看出反应物是经历什么途径转化为生成物的，也无法解释为什么会有上述这些产物生成，这就是反应历程（或称反应机理、反应机制）所要解决的问题。所谓反应历程是对由反应物至产物所经历的途径的详细描述，它是在大量同一类型的实验事实基础上总结出的一种理论假设，这种假设必须符合并能说明已经发现的实验事实。一种反应机理只适用于某一类型的反应。

#### 2.6.2.1　甲烷的氯代历程

实验证明，甲烷的氯代反应为自由基历程，其过程分为三个步骤，如下所示：

$$Cl : Cl \xrightarrow{h\nu \text{ or } \triangle} 2Cl\cdot \qquad \text{链引发}$$

$$
\left.
\begin{array}{l}
CH_4 + Cl\cdot \longrightarrow CH_3\cdot + HCl \\
CH_3\cdot + Cl_2 \longrightarrow CH_3-Cl + Cl\cdot \\
CH_3-Cl + Cl\cdot \longrightarrow \cdot CH_2-Cl + HCl \\
\cdot CH_2-Cl + Cl_2 \longrightarrow CH_2-Cl_2 + Cl\cdot \\
\cdots\cdots \qquad\qquad \cdots\cdots \\
\cdots\cdots \qquad\qquad \cdots\cdots
\end{array}
\right\} \text{链增长阶段}
$$

$$
\left.
\begin{array}{l}
Cl\cdot + Cl\cdot \longrightarrow Cl_2 \\
CH_3\cdot + \cdot CH_3 \longrightarrow CH_3-CH_3 \\
\cdot CH_3 + Cl\cdot \longrightarrow CH_3-Cl
\end{array}
\right\} \text{链终止阶段}
$$

从上可以看出，一旦有自由基生成，反应就能连续地进行下去，这样周而复始，反复不断地进行反应，故自由基反应又称为链锁反应或链式反应。

凡是自由基反应，都是经过链的引发、链的增长、链的终止三个阶段来完成的。

#### 2.6.2.2　过渡态理论

过渡状态理论认为每一个反应的反应进程分为三个阶段：始态、过渡态和终态。即一个反应由反应物到产物的转变过程中，需要经过一个过渡状态，反应通式如下所示：

$$反应物（始态）\Longleftrightarrow 过渡态\Longleftrightarrow 产物（终态）$$

用字母表示则为：$A + B—C \underset{过渡态}{\Longleftrightarrow} [A{\cdots}B{\cdots}C] \Longleftrightarrow A—B + C$

反应进程中体系能量的变化如下所示：

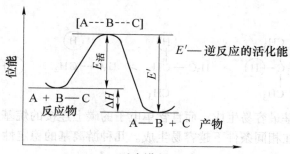

过渡态处在反应进程位能曲线上的最高点，也就是反应所需要克服的能垒。过渡态与反应物分子基态之间的位能差，称为反应的活化能，用（$E_活$）表示。其中 $\Delta H$ 是反应热。活化能是发生一个化学反应所需要的最低限度的能量。决定反应速度的是 $E_活$ 而不是 $\Delta H$，即使反应是放热反应，其反应的发生仍需要一定的活化能。这可从甲烷的一氯代反应中两步反应的能量变化看出：

$$Cl{\cdot} + H—CH_3 \Longleftrightarrow \overset{\delta^-\qquad\quad\delta^+}{[Cl{\cdots}H{\cdots}CH_3]} \Longleftrightarrow HCl + {\cdot}CH_3$$

$$\qquad 435.1 \qquad\qquad 过渡态 I \qquad\qquad 431$$

$$\Delta H_1 = 4.1\,kJ/mol$$

$$E_1 = 16.7\,kJ/mol$$

$$CH_3{\cdot} + Cl—Cl \Longleftrightarrow \overset{\delta^-\qquad\quad\delta^+}{[Cl{\cdots}Cl{\cdots}CH_3]} \Longleftrightarrow CH_3Cl + Cl{\cdot}$$

$$\qquad 242.5 \qquad\qquad 过渡态 II \qquad\qquad 351.4$$

$$\Delta H_2 = -108.9\,kJ/mol$$

$$E_2 = 4.2\,kJ/mol$$

因此，甲烷的一氯代反应进程 – 位能曲线图可表示为：

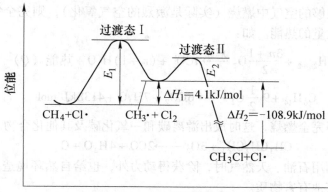

一个反应的活化能越高，反应越难进行，如溴与甲烷进行卤代的活化能 $[E_活(F)=9.8kJ/mol;E_活(Cl)=16.7kJ/mol;E_活(Br)=75.3kJ/mol;E_活(I)>138kJ/mol]$ 比与氯反应的活化能高得多，故溴代反应要在127℃、光照下才能发生。

### 2.6.2.3  烷基自由基的稳定性

烷烃对氯代反应的相对活性与烷基自由基的稳定性有关。与不同烷基连接氢的活泼性为：

$$H_3C-\underset{\underset{CH_3}{|}}{\overset{\overset{CH_3}{|}}{C}}-\textcircled{H}\ >\ H_3C-\underset{\underset{CH_3}{|}}{CH}-\textcircled{H}\ >\ H_3C-CH_2-\textcircled{H}\ >\ \textcircled{H}-CH_3$$

因此，叔碳自由基最容易生成。而且含单电子的碳上连接的烷基越多，这样的游离基越稳定。越稳定的，在相同条件下越容易生成。几种游离基的稳定性为：

$$H_3C-\underset{\underset{CH_3}{|}}{\overset{\overset{CH_3}{|}}{C}}\cdot\ >\ CH_3-\underset{\underset{CH_3}{|}}{HC}\cdot\ >\ CH_3-H_2C\cdot\ >\ H_3C\cdot$$

## 2.6.3  氧化和燃烧

在无机化学中，以电子的得失或价态的变化来衡量氧化还原反应，但有机反应中，在有机分子中加入氧或去掉氢叫做氧化；反之，加入氢或去掉氧则叫做还原。

在催化剂存在下，烷烃在其着火点以下，可以被氧气氧化。氧化的结果是，碳链在任何部位都有可能断裂，生成含碳原子数较原来烷烃为少的含氧有机物如醇、醛、酮、酸等。反应产物复杂，不能用一个完整的反应式来表示，只能分别简单表示如下：

$$RCH_2CH_2R'+O_2\longrightarrow \underset{醇}{RCH_2OH}+\underset{醇}{R'CH_2OH}$$

$$RCH_2CH_2R'+O_2\longrightarrow \underset{酸}{R\overset{\overset{O}{\|}}{C}OH}+\underset{酸}{R'\overset{\overset{O}{\|}}{C}OH}$$

烷烃在高温和足够的空气中燃烧（实际是激烈的空气氧化），则完全氧化，生成二氧化碳和水，并放出大量的热能。如：

$$C_nH_{2n+2}+\frac{3n+1}{2}O_2\xrightarrow{燃烧}nCO_2+(n+1)H_2O+热能（Q）$$

$$C_6H_{14}+9\frac{1}{2}O_2\longrightarrow 6CO_2+7H_2O+4138kJ/mol$$

若空气不足则不完全燃烧，这时放出游离碳和一氧化碳及其他化合物。如：

$$CH_3CH_2CH_3+3O_2\longrightarrow 2CO+4H_2O+C$$

所以，人类在利用石油、天然气时，除获得动力外，也给自然环境造成了污染，产生出大量温室气体及其他有害物质。

烷烃的另一个氧化反应的途径是生物氧化。烷烃在好氧条件下，能够被某些微生物氧化。反应是通过许多步才能完成的，在生物学上，一般的直链烷烃，是依下列生物降解途径进行的：

$$R—CH_2—CH_3 \longrightarrow RCH_2—CH_2OH \rightarrow RCH_2—CHO \longrightarrow RCH_2COOH \longrightarrow \beta \text{ 氧化}$$

烷烃类物质的 β 氧化在某些环境中会受到阻碍，特别是一些带支链的烷烃类物质，这时就可能发生 ω 氧化，即在 β 氧化受阻的时候，微生物在烃链的另一端的末端将甲基氧化。当然 ω 氧化在偶尔的情况下也会与 β 氧化同时发生，即在烷烃链的两端被同时氧化。

烷烃在微生物的作用下，可以被氧化为烷基过氧化物，烷基过氧化物又被转化成脂肪酸，再经 β 氧化而被降解。如下所示：

$$R—CH_2—CH_3 \longrightarrow [R—CH_2—CH_2OOH] \longrightarrow RCH_2—COOH \rightarrow \beta \text{ 氧化}$$

上述几种降解途径是在有氧的环境中进行的，通过微生物的代谢活动，使烷烃物质被氧化。然而，在缺氧的环境中，烷烃类物质也可被降解，在脱氢菌的作用下形成烯烃，再在双键处形成伯醇，而后进一步代谢。这时如果脂肪酸继续处于缺氧环境，则发生还原脱羧作用。

微生物降解烷烃的第一步是非常慢的，它涉及氧气分子进攻烷烃链端碳原子以生成醇的反应。继续氧化，烷烃最终转变成了二氧化碳和水，微生物从这一过程中同时获得能量。这一反应过程在环境中非常普遍。正是利用这一生物过程，环境中石油烃的污染可利用微生物净化，其反应可表示如下：

$$2CH_3CH_2CH_2CH_3 + O_2 \xrightarrow{\text{微生物}} 2CH_3CH_2CH_2CH_2OH$$

$$2CH_3CH_2CH_2CH_3 + 13O_2 \xrightarrow{\text{微生物}} 8CO_2 + 10H_2O$$

## 2.6.4 裂化

裂化也叫裂解，裂解过程是大分子变成小分子的过程，该过程可以通过两种途径完成：热裂解和催化裂解。热裂解是按照均裂机理完成的，即化学键均裂形成自由基的机理。烷烃隔绝空气加热到较高温度时，碳链断裂生成较小的分子，这种反应叫热裂化，例如：

$$CH_3CH_2CH_2CH_3 \xrightarrow{\text{隔绝空气加热}} \begin{cases} CH_4 + CH_2{=}CH—CH_3 \\ CH_3CH_3 + CH_2{=}CH_2 \\ CH_3CH{=}CH—CH_3 + H_2 \end{cases}$$

高级烷烃裂化时，碳链可以在分子中任意一处断裂，生成较小的分子，工业上利用这一反应从重油或原油生产 $C_2 \sim C_4$ 的烯烃。一般来说温度越高，裂化越彻底，裂化产物与反应条件有密切关系。

催化裂解过程需要酸性催化剂，通常使用的酸性固体催化剂有二氧化硅-氧化铝、沸石等。在酸催化条件下易发生化学键的异裂现象，通常生成碳正离子和氢化物负离子，它们都是不稳定的基团，易发生 D 重排或氢的转移反应。催化裂解与热裂解虽然机理不同，但反应产物基本相类似，都会生成小分子烷烃、烯烃、氢气、碳等。石油工业中通常利用催化裂解的方法以重油炼制汽油。

# 2.7　自然界烷烃

烷烃大量存在于石油、天然气、沼气中。石油的成分非常复杂，但主要是各种烷烃的复杂混合物，也含有环烷烃和芳香烃，含量因产地而异。石油通过分级蒸馏可得到各种沸点不同的烷烃，可以用做燃料、溶剂、化工原料等。

天然气中约含 75% 的甲烷，15% 的乙烷和 5% 的丙烷，其余则为较高级的烷烃。甲烷是沼气的主要成分（占总体积的 50% ~ 70%），沼气中的甲烷是由腐烂的植物在微生物的作用下产生的，可用做气体燃料。甲烷也是一种多用途的化工原料，可用于生产甲醇、甲醛、甲酸、炭黑、乙炔、合成气等。

石油和天然气是动植物长期埋藏在地下受地热和地壳引力作用，经一系列化学变化而形成的。它们是重要的能源，同时也是十分重要的化工原料。

生物体中烷烃含量很少，但有其独特的功能。有些植物的叶子和果皮上的蜡质层中含有少量高级烷烃，如苹果皮上的蜡含有十七烷及二十九烷，烟叶上的蜡含二十七烷及三十一烷。这些烷烃对植物表面起着保护作用。某些动物身上也可以分泌出一些烷烃，例如，有一种蚁通过分泌一种有气味的物质来传递警戒信息，这种有气味的物质中含有十一烷和三十烷。又如，有一种雌虎蛾能分泌 2 - 甲基十七烷，雌虎蛾用它来引诱雄蛾，因此，人们可利用它来诱捕雄蛾。人工合成性引诱剂来诱杀害虫，可以使害虫断种绝代，这是新兴的第三代农药，有着广阔的发展前景。

烷烃除能被少数细菌或微生物代谢外，绝大部分生物是不能吸收或使它们代谢的，这和烷烃对大多数试剂的相对稳定性是一致的。

# 2.8　烷烃污染物

烷烃污染物是伴随着石油产品的开发、应用而出现的，也有少量来源于高等植物角质蜡层的排放以及悬浮的孢子、微生物和昆虫等。

在大气中，烷烃主要存在于煤炭矿坑的空气中、天然气及石油气中、各种工业可燃气体应用场合的空气中、石油炼制和加工场合的空气中。此外，随着经济的快速发展，城市大气污染物中，烷烃的种类也在增加。在水体中，在石油采集、炼制废水中含有大量的烷烃。水上原油运输、输送过程中漏油和溢油造成的地面水污染，如处理不当，将直接导致地下水烷烃含量超标；另外城市路面冲刷等，均使得污水中含有一定量的烷烃类物质。在土壤中，烷烃的污染主要是因采油、炼油、石油的应用过程造成的，也有一部分通过地下水迁移或含烷烃的污水灌溉造成土壤污染。

烷烃虽然是有机化合物中最不活泼的一类物质，但却具有麻醉作用和痉挛作用，而且正构烷烃的麻醉作用大于异构化合物。正构烷烃尤其是当碳数大于 16 时，随着碳数的增加，正构烷烃能损伤皮肤，甚至有产生皮肤癌的危险。因此，在空气中烷烃浓度极高时或在一般浓度范围内暴露的时间过长时，对动物都能够产生麻醉、痉挛作用，并引起皮肤损伤。

近年来，随着室内装饰业的兴起，室内空气污染问题也变得日益突出，严重的室内空气污染可引发头痛、恶心、胸闷、眼睛疼痛等不良症状。据研究，挥发性有机物是室内空气的重要污染物，在这些挥发性有机物中，其中烷烃多达40余种。城市中大气颗粒物在大气环境中发挥着重要的作用。烷烃是颗粒物的重要组成成分之一，而大气颗粒物中的烷烃具有一定的生物毒性效应，给城市居民带来健康危害。矿坑中如喷出甲烷，当其浓度（体积分数）达到10%时，可观察到呕吐、头痛、软弱、苍白、血压降低等中毒症状。

高级烷烃，挥发性差，但在高温下可产生气溶胶。例如大量吸入高温下产生的石蜡气溶胶，会使动物反应迟缓、呼吸稀少、食欲和嗅觉缺失，且可导致皮肤癌等。

# 新研究进展

烷烃是石油、天然气等化石资源的重要组成体，是量大价廉的基础化工原料。随着页岩气大规模发掘和开采，烷烃产量大幅增长。目前烷烃的主要用途是作为燃料，通过燃烧与氧气反应产生能量并释放二氧化碳，使用价值有限；不同于不饱和烃如烯炔和芳香化合物，烷烃在合成化学中的应用鲜有报道。这主要由烷烃的化学惰性所决定：烷烃由高键能、非极性的碳碳键和$sp^3$碳氢键组成，其转化具有活化能高、选择性低、转化率低的特点。发展新催化体系，实现高选择性控制，将简单易得的烷烃直接转化为高价值化学品，具有重要的科学意义和应用价值。

直接将甲烷转化为高级烃的技术可利用天然气生产化学品原料。然而，反应时需要强氧化条件断开碳氢键。研究人员发明了一种高温非氧化途径，使用催化剂激活甲烷的第一个碳氢键，同时抑制完整的脱氢反应，避免过氧化。研究人员将铁离子嵌入硅基催化剂催化甲烷反应生成乙烯和芳烃。反应首先由催化生成的甲基自由基启动，然后进行系列气化反应。另外，催化剂由于没有相邻的铁离子，可以防止碳碳偶联，不会造成焦炭沉积。在温度为1363K（1089.85℃）的条件下，甲烷的最大转化效率达到48.1%，其中48.4%转化为乙烯，超过99%转化为烃类。

上海有机所黄正课题组发展了一类新型的PSCOP螯钳型铱金属有机配合物，该配合物在烷烃脱氢反应中表现出至今为止最高的催化活性，在环辛烷脱氢反应中，转化率超过99%，催化转化数值高达6000次。然而在直链烷烃脱氢过程中，由于催化剂具有烯烃异构活性，反应在后期阶段不可避免地生成内烯烃混合物作为主要产物。

烷基硅是合成有机硅橡胶、航空润滑油、有机硅黏合剂、防粘涂料等的重要原料。现在工业上主要通过铂催化端烯烃的反马氏硅氢化制备烷基硅。该工艺不仅消耗大量的昂贵铂金属，而且端烯烃远不如烷烃价廉易得。因此实现烷烃直接高选择性转化生成烷基硅具有重要意义。最近，黄正课题组利用双金属催化一锅两步法进行烷烃末端高区域选择性硅基化，实现烷烃至直链烷基硅的高效催化转化。催化体系包括由该课题组发展的PSCOP螯钳型铱配合物作为烷烃脱氢催化剂，将烷烃脱氢生成内烯烃混合物，吡啶二亚胺铁配合物作为串联烯烃异构和端烯烃硅氢化催化剂。该转化的关键在于催化剂协同作用下，烷烃高效脱氢，所生成的烯烃产物快速异构，并通过对端烯烃选择性硅氢化促使内烯烃向端烯烃转化。采用类似策略，该课题组还发展了烷烃末端高区域选择性硼化生成烷基硼酸酯化合物。该工作为烷烃选择性官能团化提供了新思路，为价廉量大烃类物质的高值化提供了新方法。

习 题

**2-1** 用系统命名法命名下列化合物：

(1) 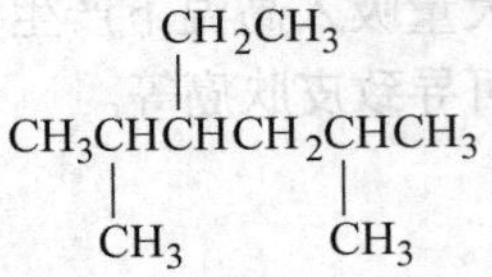 $CH_3CHCHCH_2CHCH_3$ ； (2) $(C_2H_5)_2CHCH(C_2H_5)CH_2CHCH_2CH_3$ ；

（上方：$CH_2CH_3$；下方：$CH_3$、$CH_3$）  （下方：$CH(CH_3)_2$）

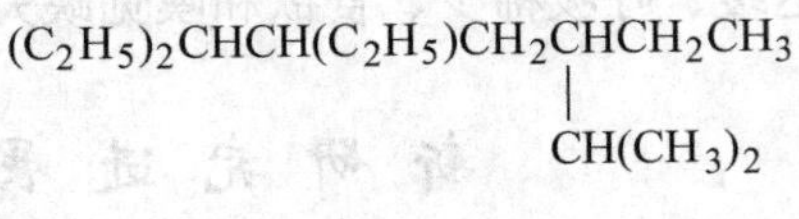

(3) $CH_3CH(CH_2CH_3)CH_2C(CH_3)_2CH(CH_2CH_3)CH_3$ ；(4) 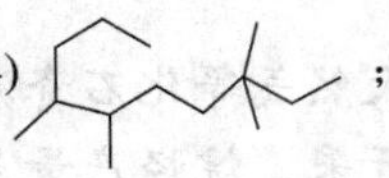 ；(5) 。

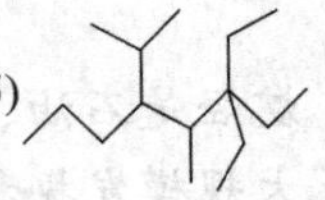

**2-2** 写出下列化合物的构造式，并用系统命名法命名之。

(1) $C_5H_{12}$ 仅含有伯氢，没有仲氢和叔氢的；

(2) $C_5H_{12}$ 仅含有一个叔氢的；

(3) $C_5H_{12}$ 仅含有伯氢和仲氢。

**2-3** 写出下列化合物的构造简式：

(1) 2，2，3，3-四甲基戊烷；

(2) 由一个丁基和一个异丙基组成的烷烃；

(3) 含一个侧链和相对分子质量为 86 的烷烃；

(4) 相对分子质量为 100，同时含有伯、叔、季碳原子的烷烃。

**2-4** 分子式为 $C_8H_{18}$ 的烷烃与氯在紫外光照射下反应，产物中的一氯代烷只有一种，写出这个烷烃的结构。

**2-5** 写出下列各化合物的结构式，假如某个名称违反系统命名原则，予以更正。

(1) 3，3-二甲基丁烷；               (2) 2，4-二甲基-5-异丙基壬烷；

(3) 2，4，5，5-四甲基-4-乙基庚烷；  (4) 3，4-二甲基-5-乙基癸烷；

(5) 2，2，3-三甲基戊烷；           (6) 2，3-二甲基-2-乙基丁烷；

(7) 2-异丙基-4-甲基己烷；          (8) 4-乙基-5，5-二甲基辛烷。

**2-6** 下列哪一对化合物是等同的？（假定 C—C 单键可以自由旋转）

(1) 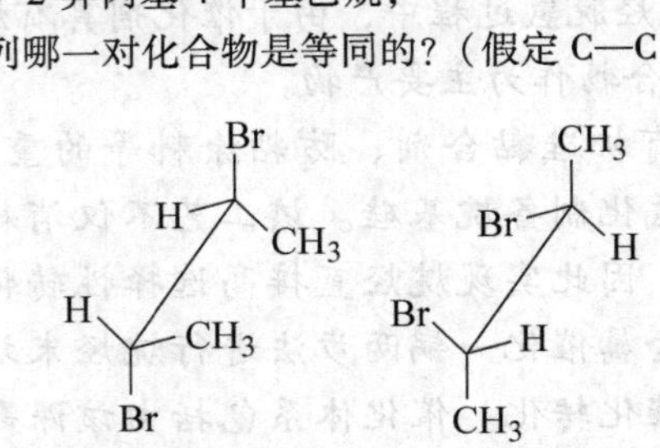  ；  (2)

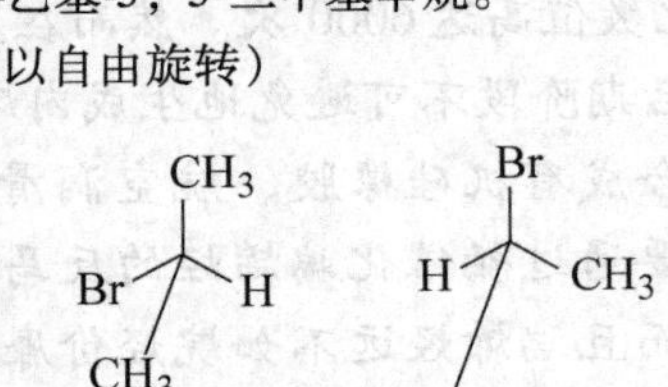

**2-7** 试估计下列烷烃按其沸点的高低排列成序（把沸点高的排在前面）。

(1) 2-甲基戊烷；(2) 正己烷；(3) 正庚烷；(4) 十二烷。

**2-8** 写出在室温时，将下列化合物进行一氯代反应预计得到的全部产物的构造式。

(1) 正己烷；(2) 异己烷；(3) 2，2-二甲基丁烷。

**2-9** 根据以下溴代反应事实，推测相对分子质量为 72 的烷烃异构体的构造简式。

(1) 只生成一种溴代产物；(2) 生成三种溴代产物；(3) 生成四种溴代产物。

2-10　甲烷分子不是以碳原子为中心的平面结构，而是以碳原子为中心的正四面体结构，其原因之一是甲烷的平面结构式解释不了下列事实（　　）。

（1）$CH_3Cl$ 不存在同分异构体；（2）$CH_2Cl_2$ 不存在同分异构体；

（3）$CHCl_3$ 不存在同分异构体；（4）$CH_4$ 是非极性分子。

2-11　将下列化合物绕 C—C 键旋转时哪一个化合物需要克服的能垒最大？（　　）

（1）$CH_2ClCH_2Br$；（2）$CH_2ClCH_2I$；（3）$CH_2ClCH_2Cl$；（4）$CH_2ICH_2I$。

2-12　写出乙烷氯代（日光下）反应生成氯乙烷的历程。

2-13　将下列游离基按稳定性由大到小排列：

（1）$CH_3CH_2CH_2\overset{\cdot}{C}HCH_3$；　　（2）$CH_3CH_2CH_2CH_2CH_2\cdot$；　　（3）$CH_3CH_2\underset{\underset{CH_3}{|}}{\overset{\cdot}{C}}{-}CH_3$ 。

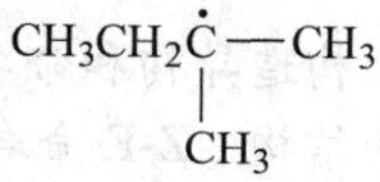

# **3** 不饱和脂肪烃

**本章要点：**
(1) 烯烃的构造异构和命名；
(2) 烯烃的结构、Z-E 命名法和次序规则；
(3) 烯烃的化学性质；
(4) 炔烃的结构、命名及化学性质；
(5) 共轭二烯的结构和共轭效应及其化学反应；
(6) 不饱和烃的污染。

不饱和烃是针对饱和烃而言的，是指其分子中的碳原子与其他原子的结合未达到最大限度，还可以与另外原子结合生成饱和烃。本章涉及的不饱和烃主要包括烯烃、炔烃、二烯烃等。

## 3.1 烯 烃

烯烃是指分子中含有一个碳碳双键的开链不饱和烃，烯烃双键通过 $sp^2$ 杂化轨道成键。碳碳双键是烯烃的官能团，因此和烷烃相比，相同碳原子的烯烃比烷烃少两个氢原子，通式为 $C_nH_{2n}$，如：

$$CH_2=CH_2 \qquad CH_3-CH=CH_2 \qquad CH_3-CH_2-CH=CH_2$$
乙烯      丙烯       1-丁烯

$$CH_3-\underset{\underset{CH_3}{|}}{C}=CH_2 \qquad\qquad CH_3-CH_2-CH=CH-CH_3$$
2-甲基丙烯         2-戊烯

### 3.1.1 乙烯的结构

最简单的烯烃是乙烯，我们以乙烯为例来讨论烯烃双键的结构。

#### 3.1.1.1 双键的结构

乙烯的共价键参数与模型如图 3-1 所示。

$\diagdown C = C \diagup$ 键能为 610kJ/mol，C—C 键能为 346kJ/mol，由键能看出碳碳双键的键能不是碳碳单键的两倍，说明碳碳双键不是由两个碳碳单键构成的。事实证明碳碳双键是由一

乙烯的共价参数与结构　　　乙烯的球棍模型　　　乙烯的比例模型

图 3 – 1　乙烯的双键结构与模型

个 σ 键和一个 π 键构成的。现代物理方法证明：乙烯分子的所有原子在同一平面上。

### 3.1.1.2　sp² 杂化

杂化轨道理论认为，碳原子以双键和其他原子结合时，其价电子采取 sp² 杂化方式，即由一个 s 轨道与两个 p 轨道进行杂化，形成三个完全等同的 sp² 杂化轨道。这种杂化过程如下：

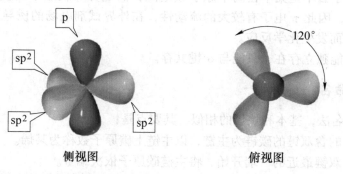

碳原子的三个 sp² 化轨道的轴在一个平面上，键角为 120°，剩余的一个 p 轨道保持原状，垂直于 sp² 杂化轨道平面，其空间结构如下所示：

侧视图　　　　　　　　　　　俯视图

### 3.1.1.3　烯烃分子中化学键的形成

形成烯键的两个碳原子为 sp² 杂化，它们各用一个 sp² 杂化轨道以"头碰头"方式重叠形成碳碳 σ 键；每个碳原子余下的两个 sp² 轨道分别与其他原子或基团结合形成两个 σ 单键；这样而形成的五个 σ 键均处同一平面上，两个碳原子各剩余一个未参与杂化的 p 轨道，并垂直于该平面，且互相平行，从而侧面重叠形成 π 键，也可以描述为以"肩并肩"方式形成 π 键。所以碳碳双键相当于由一个碳碳 σ 键和一个碳碳 π 键组成，平均键能为 610kJ/mol，其中碳碳 σ 键的平均键能为 346kJ/mol，π 键的键能为 264kJ/mol，π 键的键能较 σ 键的小。

### 3.1.1.4　乙烯分子的形成方式

乙烯分子中，所有的原子都在同一平面上，π 键的电子云分布在分子平面的上、下两侧，即 π 键垂直于 σ 键所形成的平面。π 键限制了相连的碳原子的自由旋转。

乙烯分子的成键方式见图 3 – 2。

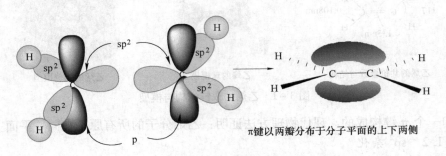

π键以两瓣分布于分子平面的上下两侧

图 3 – 2　乙烯分子中碳碳双键的形成方式

### 3.1.1.5　π 键的特点

与 σ 键相比，π 键与 σ 键有明显区别，由此决定了烯烃的化学性质，π 键的特点如下：

（1）π 键以"肩并肩"方式重叠，碳碳之间的连线还不是轴对称，因此以双键相连的两个原子之间不能再以碳碳之间连线为轴自由旋转，如果吸收一定的能量，克服 p 轨道的结合力，才能围绕碳碳之间连线旋转，结果使 π 键破坏。

（2）π 键由两个 p 轨道侧面重叠而成，重叠程度比一般 σ 键小，键能小，不如 σ 键牢固，容易发生反应。

（3）π 键电子云不是集中在两个原子核之间，而是分布在上下两侧，原子核对 π 电子的束缚力较小，因此 π 电子有较大的流动性，在外界试剂电场的诱导下，电子云变形，导致 π 键被破坏而发生化学反应。

（4）π 键不能独立存在，只能与 σ 键共存。

## 3.1.2　烯烃的命名

烯烃系统命名法，基本和烷烃的相似。其要点是：

（1）以最长的含双键的碳链为主链，以主链上碳原子数称为某烯。

（2）由距离双键最近的一端开始，将主链碳原子依次编号。

（3）以双键所在碳原子的号数较小的一个来注明双键的位置，并写在母体名称之前。

（4）其他同烷烃的命名原则。

例如：

$$CH_3 \underset{4}{} — CH_2 \underset{3}{} — CH \underset{2}{} = CH_2 \underset{1}{}$$

1-丁烯

$$CH_3 \underset{4}{} — CH \underset{3}{} = CH \underset{2}{} — CH_3 \underset{1}{}$$

2-丁烯

$$CH_3 \underset{6}{} — CH_2 \underset{5}{} — \overset{CH_3}{\underset{4}{CH}} — \overset{CH_3}{\underset{3}{CH}} — CH \underset{2}{} = CH_2 \underset{1}{}$$

3,4-二甲基-1-己烯

$$CH_3 — CH_2 — CH_2 — \overset{}{\underset{3}{C}} = CH \underset{2}{} — CH_3 \underset{1}{}$$
$$\underset{4}{CH_2} — \underset{5}{CH_2} — \underset{6}{CH_2} — \underset{7}{CH_3}$$

3-丙基-2-庚烯

烯烃去掉一个氢原子后剩下的基团就是烯基，常见的烯基有：

$$CH_2=CH-$$ 　　　　乙烯基

$$CH_3CH=CH-$$ 　　　丙烯基(1-丙烯基)

$$CH_2=CH-CH_2-$$ 　烯丙基(2-丙烯基)

$$CH_2=\underset{\underset{CH_3}{|}}{C}-$$ 　　　异丙烯基

### 3.1.3 烯烃的异构

烯烃的同分异构现象比烷烃的要复杂，除碳链异构外，还有由于双键的位置不同引起的位置异构和双键两侧的基团在空间的位置不同引起的顺反异构等。烯烃的异构主要包括：

$$烯烃异构\begin{cases}构造异构\begin{cases}碳链异构\\官能团位置异构\end{cases}\\立体异构\begin{cases}构象异构\\构型异构：顺反异构\end{cases}\end{cases}$$

以四个碳的烯烃为例：

（1） $CH_3-CH_2-CH=CH_2$ 　　　1-丁烯

（2） $CH_3-C(CH_3)=CH_2$ 　　　2-甲基丙烯

（3） $CH_3-CH=CH-CH_3$ 　　　2-丁烯

其中（1）与（2）为碳链异构，（1）与（3）为官能团位置异构，它们都属于构造异构。除构造异构外，还有一种异构称之为立体异构，立体异构是由于分子中各原子或基团在空间的不同排列产生的。"构型"与"构象"都是用来描述立体异构现象的，但其含义不同。构象异构体可以通过单键的旋转而相互转化，转化不需要很高的能量，一般不能分离得到单一的异构体；而构型异构体之间的转化要通过键的断裂和再形成，转化需要一定的活化能，所以，不同构型的分子可以稳定存在。

#### 3.1.3.1 顺反异构

烯烃中由于双键不能自由旋转，而双键碳上所连接的四个原子或基团是处在同一平面的，当双键的两个碳原子各连接两个不同的原子或基团时，就能产生顺反异构体，也称几何异构。例如：

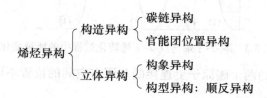

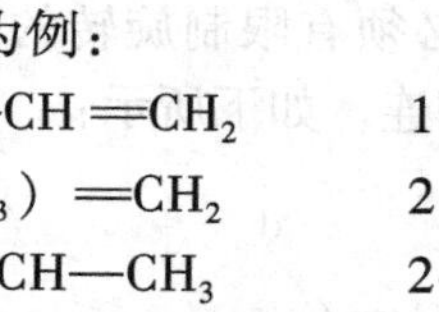

顺-2-丁烯　　　　　　　　　反-2-丁烯

其中，顺-2-丁烯与反-2-丁烯转化过程中的能量变化（图3-3）非常高，需达到 284kJ/mol。

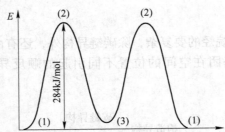

π键破坏，能量升高

其过程能量变化为：

图 3-3　顺-2-丁烯与反-2-丁烯转化过程中的能量变化

　　这种由于组成双键的两个碳原子上连接的基团在空间的位置不同而形成的构型不同的现象称为顺反异构现象。

　　产生顺反异构体的必要条件是：（1）分子中必须有限制旋转的因素；（2）以双键相连的两个碳原子，必须和两个不同的原子或基团相连，如下所示：

有顺反异构现象　　　　　　　　　　　无顺反异构现象

　　在含双键的化合物中，如相同的基团在双键的同侧，叫做顺式异构体，如顺-2-丁烯，若相同的基团在双键的反侧，称之为反式异构体，如反-2-丁烯。

　　顺反异构体的命名可在系统名称前加一"顺"或"反"字，例如：

顺-2-戊烯　　　　　　　　　　　反-3-甲基-3-己烯

　　但顺反命名法有局限性，即在两个双键碳上所连接的两个基团彼此应有一个是相同的，彼此无相同基团时，则无法命名其顺反。例如：

　　为解决顺反命名法的局限性，IUPAC 规定，用 Z-E 命名法来标记顺反异构体的构型。

### 3.1.3.2　Z-E 命名法

**A　次序规则**

顺序规则的要点：

（1）比较与双键碳原子直接连接的原子的原子序数，按大的在前、小的在后排列。

例如：$I > Br > Cl > S > P > F > O > N > C > D > H$

　　　　$—Br > —OH > —NH_2 > —CH_3 > H$

（2）如果与双键碳原子直接连接的基团的第一个原子相同时，则要依次比较第二、第三顺序原子的原子序数，来决定基团的大小顺序。

例如：$CH_3CH_2— > CH_3—$（因第一顺序原子均为 C，故必须比较与双键碳相连基团的大小）；

$CH_3—$中与双键碳相连的是 C（H、H、H）；

$CH_3CH_2—$中与双键碳相连的是 C（C、H、H），所以 $CH_3CH_2—$优先。

同理：$(CH_3)_3C— > CH_3CH(CH_3)CH— > (CH_3)_2CHCH_2— > CH_3CH_2CH_2CH_2—$。

（3）当取代基为不饱和基团时，则把双键、三键原子看成是它与多个某原子相连。

例如：

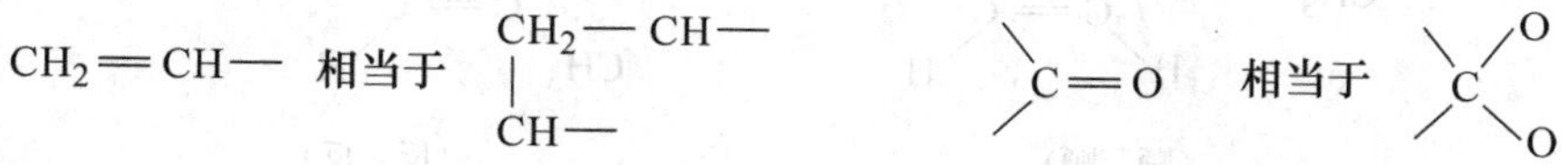

$$CH_2=CH— \quad 相当于 \quad \begin{matrix} CH_2—CH— \\ | \\ CH— \end{matrix} \qquad C=O \quad 相当于 \quad \begin{matrix} O \\ C \\ O \end{matrix}$$

**B　具体内容**

Z-E 命名法的具体内容是：一个化合物的构型是 Z 型还是 E 型，要由"次序规则"来决定，分别将两个双键碳原子上的取代基团按"次序规则"排出的先后顺序，如果两个双键碳上排列顺序优先的基团位于双键的同侧，则为 Z 构型，反之为 E 构型。Z 是德文 Zusammen 的字头，是同一侧的意思。E 是德文 Entgegen 的字头，是相反的意思。例如，当 a > b，d > e 时，碳碳双键的构型为：

$$\begin{matrix} a \\ \diagdown \\ C=C \\ \diagup \quad \diagdown \\ b \qquad\quad e \end{matrix} \qquad\qquad \begin{matrix} a \qquad\quad e \\ \diagdown \quad \diagup \\ C=C \\ \diagup \\ b \end{matrix}$$

Z型　　　　　　　　E型

Z-E 命名的实例如下：

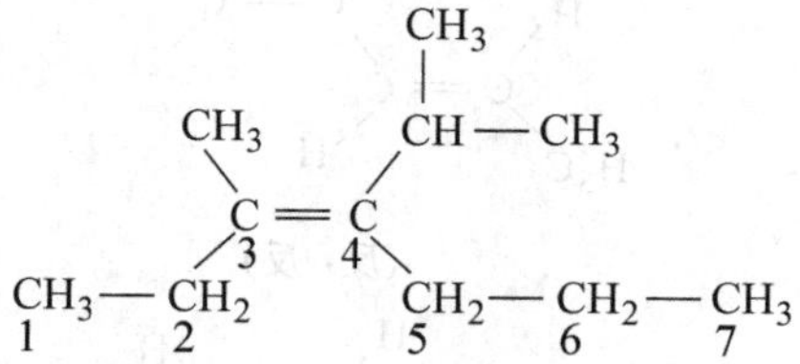

(E)-3-甲基-4-异丙基-3-庚烯

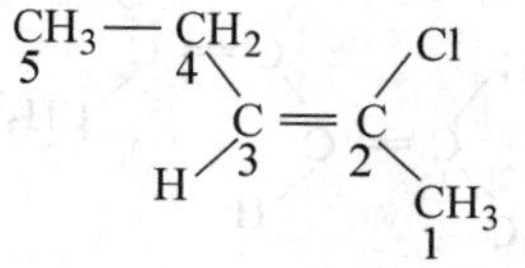

(Z)-2-氯-2-戊烯

如果烯烃分子中有一个以上双键，而且每个双键上所连基团都有 Z、E 两种构型，在必要时则需标出所有这些双键的构型。如：

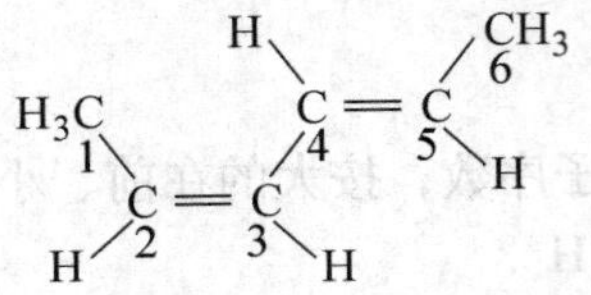

$$\text{H}_3\text{C}\overset{1}{\underset{\underset{\text{H}}{\overset{\text{C}}{\parallel}}{\text{C}}}{\text{C}}\overset{\text{H}}{\underset{\underset{\text{H}}{\overset{\text{C}}{\parallel}}{\text{C}}}{\text{C}}}$$

(2Z，4E) -2，4-己二烯

需要说明的是，顺反命名和 Z-E 命名是不能一一对应的。

### 3.1.3.3　顺反异构体的数目

顺反异构体的数目（$N$）与分子中所含双键数目（$n$）有关，它们之间的关系是 $N \leqslant 2^n$。上面的一些例子如2-丁烯分子中只含有一个 C＝C 双键，所以只有两个顺反异构体。

如果分子中含有两个或两个以上 C＝C 双键，而每个双键都可以产生顺反异构体，这个分子就可以有 $2^n$（$n$＝双键数）个异构体。例如2，4-庚二烯（不对称的多烯）就有四个顺反异构体：

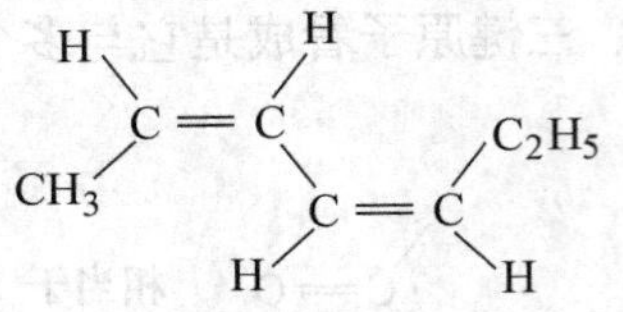

（顺，顺） 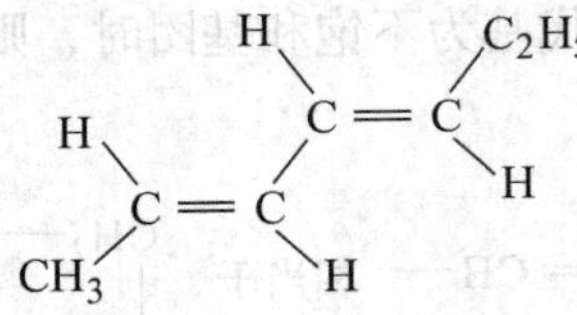　　　　　　　　　　（反，反）

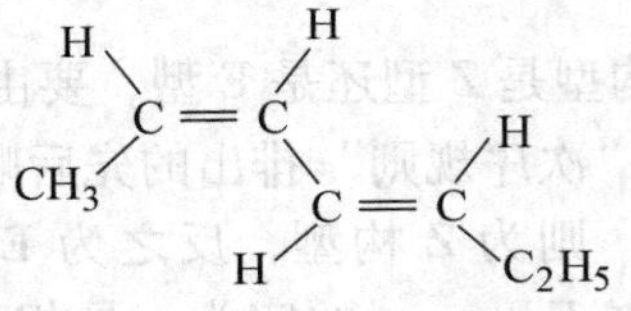

（顺，反） 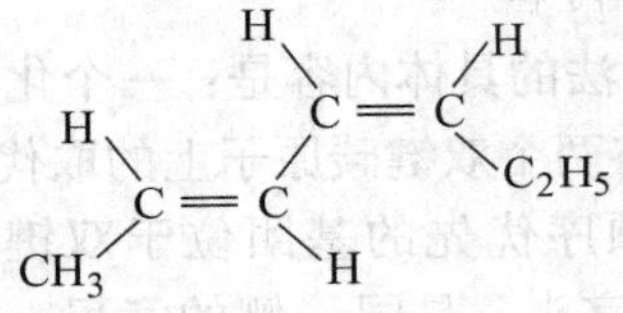　　　　　　　　　　（反，顺）

如果两个双键上连有相同的原子或原子团时，则异构体数目就要减少。如把上面化合物中的乙基换成甲基，所得化合物为2，4-己二烯（对称的多烯），其顺反异构体数就要由四个减少为三个：

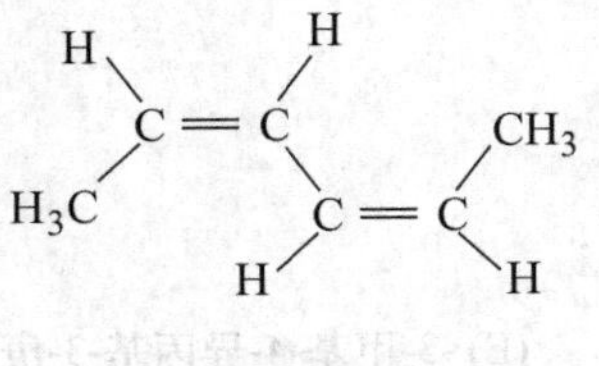

（顺，顺） 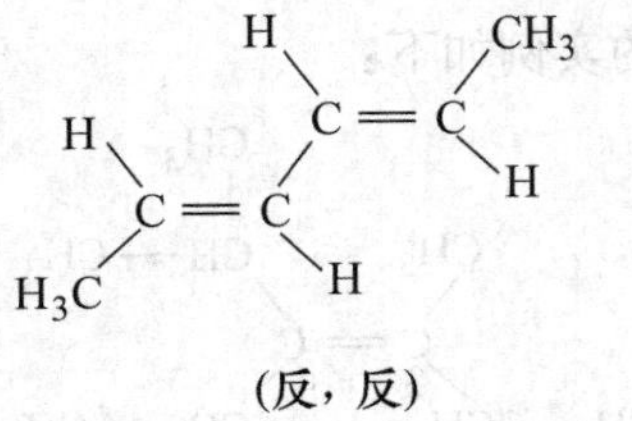　　　　　　　　　　（反，反）

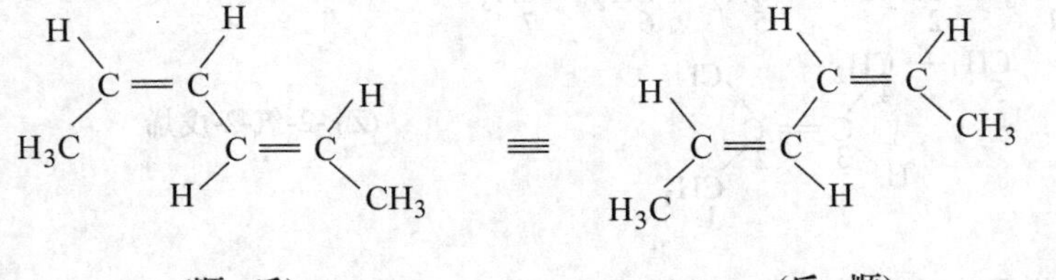

（顺，反）　　　＝＝＝　　　（反，顺）

### 3.1.4 烯烃的物理性质

在常温下，$C_2 \sim C_4$ 的烯烃为气体，$C_5 \sim C_{16}$ 的为液体，$C_{17}$ 以上为固体。烯烃的沸点、熔点、相对密度都随分子质量的增加而上升，相对密度都小于 1，都是无色物质，溶于有机溶剂，不溶于水。

顺、反异构体之间差别最大的物理性质是偶极矩，一般反式异构体的偶极矩较顺式小，或等于零，这是因为在反式异构体中两个基团和双键碳相结合的键，它们的极性方向相反可以抵消，而顺式中则不能。

在顺、反异构体中，顺式异构体因为极性较大，沸点通常较反式高。又因为它的对称性较低，较难填入晶格，故熔点较低。部分烯烃的物理常数见表 3 – 1。

表 3 – 1 部分烯烃的物理常数

| 名 称 | 沸点/℃ | 熔点/℃ | 相对密度 （20℃） |
|---|---|---|---|
| 乙 烯 | – 103. 9 | – 169. 5 | 0. 569 （– 103. 9℃） |
| 丙 烯 | – 47. 7 | – 185. 1 | 0. 514 |
| 1-丁烯 | – 6. 5 | – 185. 4 | 0. 594 |
| 顺-2-丁烯 | 3. 5 | – 139. 3 | 0. 621 |
| 反-2-丁烯 | 0. 9 | – 105. 5 | 0. 604 |
| 异丁烯 | – 6. 9 | – 139. 0 | 0. 631 （10℃） |
| 1-戊烯 | 30. 1 | – 138. 0 | 0. 641 |
| 1-己烯 | 63. 5 | – 139. 8 | 0. 673 |
| 1-庚烯 | 93. 3 | – 119. 0 | 0. 697 |
| 1-辛烯 | 121. 3 | – 101. 7 | 0. 715 |
| 1-十八烯 | 180 （2000Pa） | 17. 6 | 0. 788 |

### 3.1.5 烯烃的化学性质

烯烃的化学性质很活泼，可以和很多试剂作用。碳碳双键是烯烃的官能团，是其化学活性中心。由于 π 键的重叠程度比 σ 键差，受原子核作用小，容易受到缺电子的亲电试剂的作用，从而打开 π 键，生成饱和的化合物，即发生亲电加成反应。加成反应是烯烃的主要反应。此外，由于双键的影响，与双键直接相连的碳原子上的氢也可发生一些反应。

加成反应是在一个分子中加入一个小分子的反应，在反应中 π 键断开，双键上两个碳原子和其他原子团结合，形成两个 σ 键。

#### 3.1.5.1 加成反应

A 与卤化氢加成

在烯烃分子中，由于 π 电子的流动性，易被极化，因而烯烃具有供电子性能，易受到缺电子试剂（亲电试剂）的进攻而发生反应，这种由亲电试剂的作用（进攻）而引起的加成反应称为亲电加成反应。加成方式是 HX 加到碳碳双键上：

$$C=C \quad + \ HX \quad \longrightarrow \quad \underset{H \quad X}{C-C}$$

**a 与卤化氢加成的机理**

烯烃与卤化氢加成在第一步中氢离子与烯烃形成正碳离子；在第二步中碳正离子与碱 $X^-$ 结合。第一步是困难的，它的速率基本上或完全控制着整个加成反应的速率。这个反应是亲电加成反应。亲电试剂可以是质子 $H^+$ 也可以是其他缺电子的分子（Lewis 酸）。

$$C=C \quad + \ H-X \quad \xrightarrow{\text{慢}} \quad CH-C^+ + X^- \quad \xrightarrow{\text{快}} \quad \underset{X}{CH-C}$$
亲电试剂

在卤化氢中，加成反应的活性随卤化氢的离解能递减而增大，即 HI > HBr > HCl。

**b 区域选择性**

乙烯是一个对称的分子，当它与卤化氢进行加成时只能生成一种产物。当不对称烯烃与卤化氢加成时，有可能形成两种产物，两种产物的份额不同，而具有区域选择性，如：

$$CH_3-CH=CH_2 + HX \longrightarrow \begin{cases} CH_3-\underset{X}{CH}-CH_2 & \text{主} \\ CH_3-CH-CH-X & \text{次} \end{cases}$$

不对称烯烃加成卤化氢时，主要产物是卤原子加在含氢较少的双键碳原子上所生成的化合物。此规律由俄国 V. M. Markovnikov（马尔可夫尼可夫）于 1870 年首次总结得到，称为马氏规律。

要对马氏规则进行解释，用电子效应和碳正离子的稳定性是比较方便的。

（1）电子效应。实验证明，与不饱和碳原子相连的甲基（或烷基）与氢相比，甲基或烷基是给电子的基团，所以在丙烯分子中，甲基将双键上一对流动性较大的 p 电子推向箭头所指的一方：

$$\underset{3}{CH_3}-\underset{2}{CH}=\underset{1}{CH_2}$$

从而使得 $C_1$ 上的电子密度较高，而 $C_2$ 上的电子密度较低，所以和卤化氢加成时，$H^+$ 必然加到电子密度较高的 $C_1$ 上。这种由于电子密度分布对物质性质产生的影响叫电子效应。

（2）碳正离子的稳定性：

$$CH_3CH=CH_2 + H^+ \longrightarrow \begin{cases} CH_3\overset{+}{C}HCH_3 & (\text{I}) \\ CH_3CH_2\overset{+}{C}H_2 & (\text{II}) \end{cases}$$

对于碳正离子（I）来说，其正电荷受到两个甲基的推电子作用而得到分散，而在碳正离子（II）中，其正电荷只受到一个推电子的乙基的影响。碳正离子上所连烷基越多，正电荷分散程度越高，稳定性越高（图 3-4），所以（I）的稳定性要比（II）高。因此生成（I）比较有利，也就是氢加到含氢较多的碳原子上。在一般情况下，不对称烯烃与亲电试剂的加成都遵守马氏规律。

$$R_2-\overset{R_1}{\underset{R_3}{\overset{|}{\underset{|}{C^+}}}} > R_2-\overset{R_1}{\underset{H}{\overset{|}{\underset{|}{C^+}}}} > H-\overset{R_1}{\underset{H}{\overset{|}{\underset{|}{C^+}}}} > H-\overset{R_1}{\underset{H}{\overset{|}{\underset{|}{C^+}}}}$$

图 3-4 碳正离子的稳定性

c 碳正离子重排

由于碳正离子稳定性不同，因此会出现碳正离子重排现象。例如：

$$(CH_3)_2CHCH=CH_2 + HCl \longrightarrow (CH_3)_2CHCHCH_3 + (CH_3)_2CCH_2CH_3$$

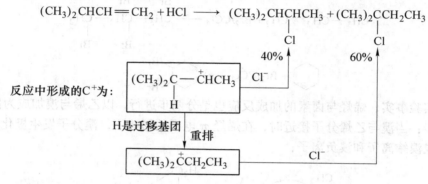

B 与水的加成

在酸（常用硫酸或磷酸）催化下，烯烃与水直接加成生成醇。不对称烯烃与水的加成反应也遵从马氏规则。例如：

$$CH_2=CH_2 + HOH \xrightarrow[300℃,\ 7MPa]{H_3PO_4/硅藻土} CH_3CH_2OH$$

$$CH_3-CH=CH_2 + HOH \xrightarrow[200℃,\ 2MPa]{H_3PO_4/硅藻土} CH_3\underset{OH}{\overset{|}{CHCH_3}}$$

$$(CH_3)_2C=CHCH_3 + H_2O \xrightarrow{50\% H_2SO_4} (CH_3)_2\underset{OH}{\overset{|}{CCH_2CH_3}}$$

烯烃与水的加成反应也是醇的工业制法之一，称为直接水合法。此法简单、便宜，但设备要求较高。其反应机理如下：$H^+$ 与水中氧上未共用电子对结合成水合质子 $H_3O^+$，烯烃与 $H_3O^+$ 作用生成碳正离子，碳正离子再与水作用得到质子化的醇，最后质子化的醇与水交换质子而得到醇及水合质子：

**C 与卤素的加成**

烯烃能与卤素发生加成反应，不同的卤素反应活性不同。氟与烯烃的反应太剧烈，往往使碳链断裂；碘与烯烃难于起反应。故烯烃的加卤素实际上是指加氯或加溴。氯与烯烃反应较氟缓和，但也要加溶剂稀释；溴与烯烃可正常反应，将乙烯通入溴的四氯化碳溶液中，溴的红棕色迅速退去，生成 1，2-二溴乙烷。实验室中常用此法鉴别碳碳双键的存在。

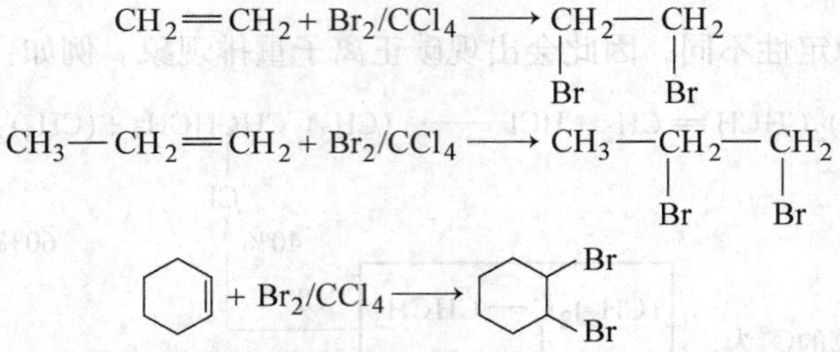

$$CH_2\!\!=\!\!CH_2 + Br_2/CCl_4 \longrightarrow CH_2\!-\!CH_2$$
$$\underset{Br}{|}\quad\underset{Br}{|}$$

$$CH_3\!-\!CH_2\!\!=\!\!CH_2 + Br_2/CCl_4 \longrightarrow CH_3\!-\!CH_2\!-\!CH_2$$
$$\underset{Br}{|}\quad\underset{Br}{|}$$

$$\bigcirc\!\!=\!\! + Br_2/CCl_4 \longrightarrow \bigcirc\!\!\genfrac{}{}{0pt}{}{Br}{Br}$$

根据实验事实，烯烃与卤素的加成反应也是分两步进行，以乙烯与溴加成为例：

第一步：当溴与乙烯分子接近时，在烯烃 π 电子的影响下，溴分子发生极化，并与乙烯作用生成溴鎓离子和溴负离子；

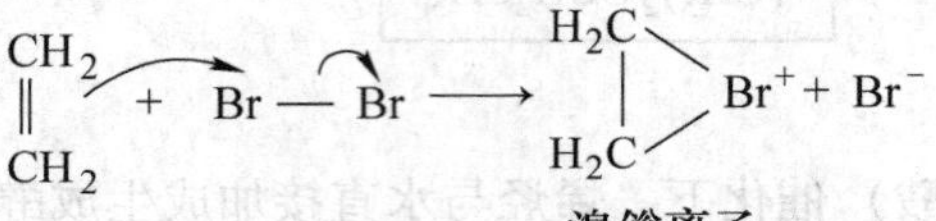

$$\underset{CH_2}{\overset{CH_2}{\|}} + Br\!-\!Br \longrightarrow \underset{H_2C}{\overset{H_2C}{\diagdown}}Br^+ + Br^-$$

溴鎓离子

第二步：溴鎓离子与溴负离子反应，生成 1，2-二溴乙烷。

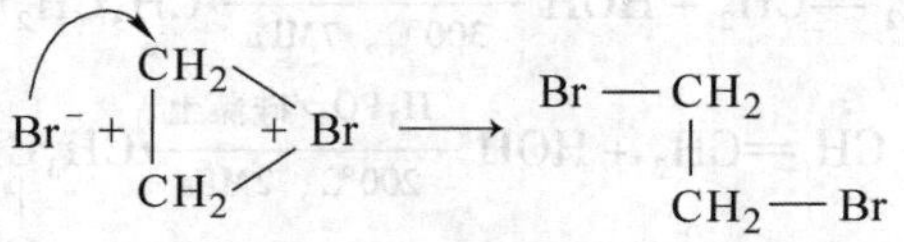

$$Br^- + \underset{CH_2}{\overset{CH_2}{|}}\!+\!Br \longrightarrow \underset{CH_2\!-\!Br}{\overset{Br\!-\!CH_2}{|}}$$

从上述机理看，如果 C≕C 连有—CH₃ 越多，π 电子越容易极化，有利于亲电试剂进攻，反应速度快。溴鎓离子所连烷基越多，使溴鎓离子正电性越分散，越稳定，越易形成，反应速度越快。按以上机理，乙烯与溴的氯化钠水溶液加成时就应得到三个产物：

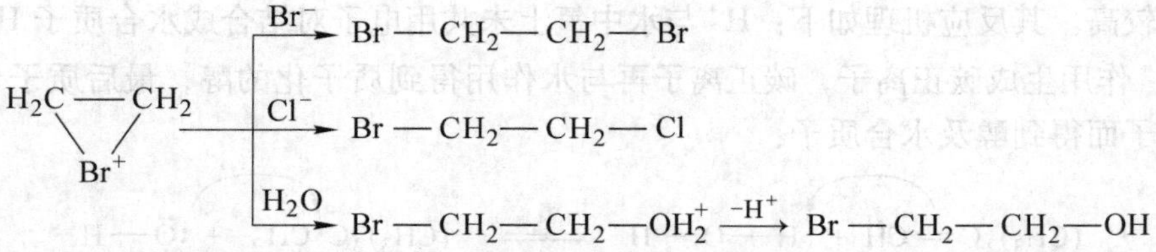

$$\underset{Br^+}{\overset{H_2C\diagup CH_2}{}}\begin{cases} \xrightarrow{Br^-} Br\!-\!CH_2\!-\!CH_2\!-\!Br \\ \xrightarrow{Cl^-} Br\!-\!CH_2\!-\!CH_2\!-\!Cl \\ \xrightarrow{H_2O} Br\!-\!CH_2\!-\!CH_2\!-\!OH_2^+ \xrightarrow{-H^+} Br\!-\!CH_2\!-\!CH_2\!-\!OH \end{cases}$$

实验结果与理论相符，说明反应是分两步进行的，若一步完成，则应只有一种产物 1，2-二溴乙烷。加水可加速反应的进行，说明水使溴分子发生了极化，从而使烯烃易与溴发生亲电加成反应。

**D 与次卤酸加成**

烷烃与溴（或氯）的加成在水溶液中进行时，相当于烯烃与次卤酸（卤水等）起加成反应。可以得到副产物溴醇（或氯醇），在适当情况下，溴醇（或氯醇）可以作为主要产物生成。

$$CH_3-CH=CH_2 + Br-Br(H_2O) \longrightarrow CH_3-\underset{OH}{CH}-\underset{Br}{CH_2}$$

$$CH_3-CH=CH_2 + HOBr \longrightarrow CH_3-\underset{OH}{CH}-\underset{Br}{CH_2}$$

$$CH_2=CH_2 + \underset{(Cl_2+H_2O)}{HOCl} \longrightarrow \underset{OH}{CH_2}-\underset{Cl}{CH_2}$$
氯乙醇

$$CH_3CH=CH_2 + HOCl \longrightarrow CH_3-\underset{OH}{CH}-\underset{Cl}{CH_2}$$

反应中烯烃先与卤素生成卤鎓离子，然后卤鎓离子再与水生成质子化的卤醇，继而脱去质子。此反应不是先制得次卤酸（HOX），再与烯烃加成，但由反应产物看，可以认为是烯烃与次卤酸的加成。在次卤酸分子中氧原子的电负性较强，使之极化，卤原子成为了带正电荷的试剂，形成 HO⁻ 与及 X⁺，加成同样遵守马氏规则。

**E　与烯烃加成**

在酸催化下，一分子烯烃可以对另一分子烯烃加成。例如两分子异丁烯可以生成二聚异丁烯。

$$\underset{\underset{CH_2}{||}}{H_3C-\underset{\overset{CH_3}{|}}{C}} + H_2C=\underset{\overset{CH_3}{|}}{C}-CH_3 \xrightarrow[70℃]{60\% H_2SO_4} H_3C-\underset{\overset{CH_3}{|}}{\underset{CH_3}{C}}-CH_2-\underset{\overset{CH_3}{|}}{C}=CH_2 + H_3C-\underset{\overset{CH_3}{|}}{\underset{CH_3}{C}}-CH=\underset{\overset{CH_3}{|}}{C}-CH_3$$

二聚异丁烯

异丁烯

$$\downarrow Ni\ |\ H_2$$

$$H_3C-\underset{\overset{|}{CH_3}}{\underset{|}{C}}-CH_2-\underset{\overset{|}{}}{CH}-CH_3$$
"异辛烷"

生成的二聚异丁烯是两种异构体的混合物，经催化加氢后都得到同一产物"异辛烷"。

反应的历程是一分子烯烃的 π 电子首先与 H⁺ 结合形成叔丁基正离子，叔丁基正离子与另一分子烯烃的 π 电子结合又产生另一个新的碳正离子。碳正离子不稳定，它可以继续与烯烃反应，重复以上步骤形成更复杂的碳正离子，同时也可以由 a 或 b 两个碳上脱去 H⁺ 而形成稳定的烯烃，从而得到两个二聚异丁烯：

反应机理图（略）

反应最终产物（由b和由a两种途径）：

$$
\text{(由b)} \quad H_3C-\underset{\underset{CH_3}{|}}{\overset{\overset{CH_3}{|}}{C}}-CH=\overset{\overset{CH_3}{|}}{C}-CH_3
$$

$$
\text{(由a)} \quad H_3C-\underset{\underset{CH_3}{|}}{\overset{\overset{CH_3}{|}}{C}}-CH_2-\overset{\overset{CH_3}{|}}{C}=CH_2
$$

**F　与 $H_2SO_4$ 的加成**

烯烃能和硫酸加成，生成可以溶于硫酸的烷基硫酸氢酯。反应很容易进行，只要将烯烃与硫酸一起摇荡，便可得到一清亮的加成产物的溶液。

$$
CH_2=CH_2 + H-O-SO_3H \xrightarrow{0\sim15℃} CH_3-CH_2-OSO_3H \xrightarrow[90℃]{H_2O} CH_3CH_2OH
$$
$$
\text{硫酸氢乙酯}
$$

烷基硫酸氢酯和水一起加热，则水解为相应的醇。对于某些不易直接与水加成的烯烃，则可通过与硫酸加成后再水解而得到醇。

不对称烯烃与硫酸加成的反应取向符合马氏规则。例如：

$$
CH_3CH=CH_2 + H_2SO_4 \xrightarrow{\text{约1MPa}} CH_3-\underset{\underset{OSO_2OH}{|}}{CH}-CH_3 \xrightarrow[\triangle]{H_2O} CH_3-\underset{\underset{OH}{|}}{CH}-CH_3
$$
$$
\text{硫酸氢异丙酯}
$$

无论加水或与硫酸的加成都遵守马氏规律，因此由丙烯只能得到异丙醇，而不能制备正丙醇。

**G　硼氢化反应（与乙硼烷的加成）**

乙硼烷是甲硼烷的二聚体，反应时乙硼烷离解成甲硼烷：$B_2H_6 \rightleftharpoons 2BH_3$。

烯烃甲硼烷产物为三烷基硼，是分步进行加成而得到的：

$$
CH_3CH=CH_2 \xrightarrow{1/2B_2H_6} CH_3CH_2CH_2BH_2 \xrightarrow{CH_3CH=CH_2} (CH_3CH_2CH_2)_2BH
$$
$$
\text{一烷基硼} \qquad\qquad\qquad \text{二丙基硼}
$$
$$
\xrightarrow{CH_3CH=CH_2} (CH_3CH_2CH_2)_3B
$$
$$
\text{三丙基硼}
$$

烷基硼与过氧化氢（$H_2O_2$）的氢氧化钠（NaOH）溶液作用，立即被氧化，同时水解为醇：

$$
(RCH_2CH_2)_3B \xrightarrow[OH^-]{H_2O_2} (RCH_2CH_2O)_3B \xrightarrow{3H_2O} 3RCH_2CH_2OH + B(OH)_3
$$

此反应由反应最终产物来看，甲硼烷与烯烃的加成是反马氏规律的，这是由硼氢化反应的历程与烯烃加水反应的历程不同所致的。该反应是用末端烯烃来制取伯醇的好方法，其操作简单，副反应少，产率高，在有机合成上具有重要的应用价值。硼氢化反应是美国化学家布朗（Brown）于 1957 年发现的，由此布朗获得了 1979 年的诺贝尔化学奖。

H　催化氢化

烯烃与氢加成，要打开一个 π 键及一个 H—H 键，生成两个 C—H 键。反应是放热的，但即使是放热反应，无催化剂时，反应也很难进行，这说明反应的活化能很高。

$$R—CH{=\!=}CH_2 + H_2 \xrightarrow{\text{催化剂}} R—CH_2—CH_3 + \Delta H$$

在催化剂作用下，烯烃与氢可顺利加成，所以加氢反应常叫催化氢化。常用的催化剂有 $PtO_2$、$Pd/C$、$Pd/BaSO_4$、R-Ni、Pt 黑等。显然，催化剂的作用是降低了反应的活化能，简单地说，催化剂将氢与烯烃都吸附在其表面，从而促进反应的进行（图 3-5）。

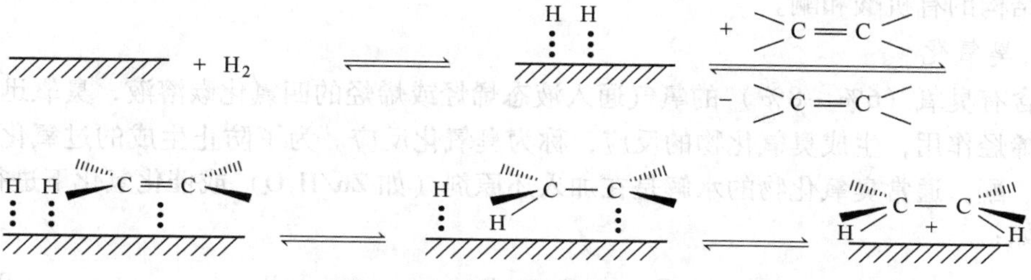

图 3-5　烯烃催化加氢示意图

凡是分子中含有碳碳双键的化合物，都可在适当条件下进行催化氢化。加氢反应是定量完成的，所以可以通过反应吸收氢的量来确定分子中含有碳碳双键的数目。

1mol 不饱和化合物氢化时放出的热量称为氢化热。氢化热越大，分子内能越高，其稳定性越差，因此，从氢化热的大小可比较烯烃的稳定性。下面给出了一些烯烃氢化热的数据（kJ/mol）：

| 乙烯 | 丙烯 | 丁烯 | 顺-2-丁烯 | 异丁烯 | 反-2-丁烯 |
|---|---|---|---|---|---|
| 137.2 | 125.1 | 126.8 | 119.7 | 118.8 | 115.5 |

从上述数据看出，连接在双键碳原子上的烷基数目越多的烯烃越稳定，因此，烯烃的稳定性一般如下：

$$H_2C{=\!=}CH_2 < RCH{=\!=}CH_2 < RCH{=\!=}CHR < R_2C{=\!=}CHR < R_2C{=\!=}CR_2$$

### 3.1.5.2　氧化

A　与 $KMnO_4$ 的反应

（1）用稀的碱性 $KMnO_4$ 氧化，可将烯烃氧化成邻二醇。例如：

$$3RCH{=\!=}CH_2 + 2KMnO_4 + 4H_2O \xrightarrow[\text{或中性}]{\text{碱性}} 3R—\underset{\underset{OH}{|}}{CH}—\underset{\underset{OH}{|}}{CH_2} + 2MnO_2\downarrow + 2KOH$$

反应中 $KMnO_4$ 退色，且有 $MnO_2$ 沉淀生成。故此反应可用来鉴定不饱和烃。此反应生成的产物为顺式-1，2-二醇，可看成是特殊的顺式加成反应。也可以用 $OsO_4$ 代替 $KMnO_4$ 进行反应，反应结果是一样的。

（2）用酸性 $KMnO_4$ 或加热情况下氧化。在酸性或加热条件下氧化，反应进行得更快，产物是在碳碳双键处断裂后生成羧酸或酮。例如：

$$R-CH=CH_2 \xrightarrow[H_2SO_4]{KMnO_4} R-COOH + HCOOH$$
$$\text{羧酸} \qquad \longrightarrow CO_2 + H_2O$$

$$\begin{matrix} R' \\ | \\ R \end{matrix} C=CHR'' \xrightarrow[H_2SO_4]{KMnO_4} \begin{matrix} R' \\ | \\ R \end{matrix} C=O + R''-COOH$$
$$\qquad\qquad\qquad\qquad\qquad \text{酮} \qquad\quad \text{羧酸}$$

即当以双键相连的碳原子连有两个烷基的部分，氧化断裂的产物为酮，以双键相连的碳原子上只有一个烷基的部分，氧化断裂后生成羧酸。通过一定的方法，测定所得酮及（或）羧酸的结构，则可推断烯烃的结构。因此，此反应既可以用来鉴别烯烃，也可以制备一定结构的有机酸和酮。

**B　臭氧化**

将含有臭氧（6% ~8%）的氧气通入液态烯烃或烯烃的四氯化碳溶液，臭氧迅速而定量地与烯烃作用，生成臭氧化物的反应，称为臭氧化反应。为了防止生成的过氧化物继续氧化醛、酮，通常臭氧化物的水解是在加入还原剂（如 $Zn/H_2O$）或催化氢化下进行的。

例如：

$$\begin{matrix} R_1 \\ | \\ R_2 \end{matrix} C=C \begin{matrix} R_3 \\ | \\ R_4 \end{matrix} \xrightarrow{O_3} \begin{matrix} R_1 \\ R_2 \end{matrix} C \underset{O-O}{\overset{O}{<}} C \begin{matrix} R_3 \\ R_4 \end{matrix} \xrightarrow[Zn]{H_2O} \begin{matrix} R_1 \\ R_2 \end{matrix} C=O + O=C \begin{matrix} R_3 \\ R_4 \end{matrix}$$

当不饱和碳原子上连接两个烷基时，所得羰基化合物是酮，如上述分子中的 R 是 H，则产物为醛。臭氧化物断裂以后所得的两个羰基化合物分子中的氧，是分别连接在原来烯烃中以双键相连的两个碳上的。如果通过一定的方法测得所得羰基化合物的结构，便可以推测出原来烯烃的结构。

例如：臭氧化还原水解产物的结构为：$CH_3COCH_3$，$OCHCH_2CHO$，$HCHO$，根据此可以推测原烯烃的结构为：$CH_3-\underset{\underset{CH_3}{|}}{C}=CHCH_2CH=CH_2$

其他实例如：

$$(CH_3)_2C=O + O=CH_2 \Longrightarrow (CH_3)_2C=CH_2$$

$$\begin{matrix} CH=O \\ CH=O \end{matrix} \Longrightarrow \bigcirc$$

**C　环氧乙烷的生产**

将乙烯与空气或氧气混合，在银催化下，乙烯被氧化生成环氧乙烷，这是工业上生产环氧乙烷的主要方法。

$$2CH_2=CH_2 + O_2 \xrightarrow[250℃]{Ag} 2CH_2-CH_2 \atop \qquad\quad O$$

环氧乙烷是重要的有机合成中间体。

### 3.1.5.3 聚合反应

烯烃在少量引发剂或催化剂作用下，键断裂而互相加成，形成高分子化合物的反应称为聚合反应。

例如，乙烯的聚合：

$$H_2C = CH_2 \begin{cases} \xrightarrow[200℃,\ 200MPa]{O_2} + CH_2CH_2\frac{}{\ }_n \quad 自由基反应，生成高压聚乙烯 \\ \xrightarrow[TiCl_4/Et_3Al]{60\sim75℃,\ 1\sim10MPa} + CH_2CH_2\frac{}{\ }_n \quad 非自由基反应，生成低压聚乙烯 \end{cases}$$

聚乙烯是一个电绝缘性能好、耐酸碱、抗腐蚀、用途广的高分子材料（又称塑料）。

丙烯可在 $TiCl_4$-Al（$C_2H_5$）$_3$ 催化剂催化下生成聚丙烯。聚丙烯的透明度比聚乙烯好，并有耐热及耐磨性，除可作日用品外，还可制作汽车部件、纤维等。

$$n\,CH_3CH = CH_2 \xrightarrow[50℃,\ 10MPa]{TiCl_4\text{-}Al(C_2H_5)_3} + CH - CH_2\frac{}{\ }_n$$
$$\underset{\text{聚丙烯}}{\overset{|}{CH_3}}$$

$TiCl_4$-Al（$C_2H_5$）$_3$ 称为齐格勒（Ziegler，德国人）-纳塔（Natta，意大利人）催化剂。

1959 年齐格勒、纳塔利用此催化剂首次合成了立体定向高分子——人造天然橡胶，为有机合成做出了巨大的贡献。为此，两人共享了 1963 年的诺贝尔化学奖。

### 3.1.5.4 α 氢原子的反应

双键是烯烃的官能团，官能团的邻位统称为 α 位，α 位（α 碳）上连接的氢原子称为 α-H（又称为烯丙氢）。α-H 由于受双键的影响，α-H 键离解能减弱，故 α-H 比其他类型的氢易起反应。

有 α-H 的烯烃与氯或溴在高温下（500~600℃），也可发生与烷烃一样的取代反应，即 α-H 原子被卤原子取代，而不是加成反应。例如：

$$CH_3 - CH = CH_2 + Cl_2 \xrightarrow{>500℃} \underset{\overset{|}{Cl}}{CH_2} - CH = CH_2 + HCl$$

卤代反应中 α-H 的反应活性为：3°α-H > 2°α-H > 1°α-H。例如：

$$\underset{\text{主要产物}}{CH_3 - \overset{\overset{\displaystyle CH_3}{|}}{\underset{\underset{\displaystyle Br}{|}}{C}} - CH = CH - CH_3} + \underset{\text{次要产物}}{CH_3 - \overset{\overset{\displaystyle CH_3}{|}}{\underset{}{CH}} - CH = CH - \overset{}{\underset{\underset{\displaystyle Br}{|}}{CH_2}}}$$

CH$_3$—CH—CH=CH—CH$_3$+Br$_2$ $\xrightarrow{>500℃}$

这里要注意的是：双键的加成是按离子历程进行的反应，在常温下，不需光照即可进行；而烷烃的卤代则是按自由基历程进行的反应，需要高温或光照。因此烯烃的 α 卤化反应必须在高温下才能进行。

# 3.2  炔    烃

分子中含有碳碳三键（—C≡C—）的烃，叫做炔烃。如：

HC≡CH    CH₃—C≡CH    CH₃—CH₂—C≡CH    CH₃—C≡C—CH₃

乙炔            丙炔            1-丁炔                  2-丁炔

炔烃也属于不饱和烃，它们比相应的烯烃又少两个氢。炔烃的官能团是碳碳三键，它的通式为 $C_nH_{2n-2}$。

### 3.2.1  乙炔的结构

最简单也是最重要的炔烃是乙炔。现代物理方法证明，乙炔分子是一个线性分子，分子中四个原子排在一条直线上，其键参数与模型见图3-6。

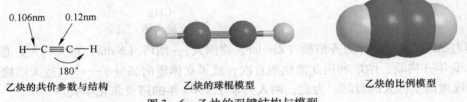

图 3-6    乙炔的双键结构与模型

杂化轨道理论认为乙炔分子中碳原子成键时采用了 sp 杂化方式，sp 杂化轨道的形成过程如下：

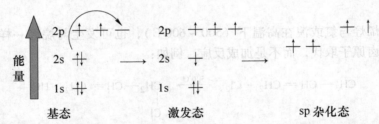

杂化后形成两个 sp 杂化轨道（含 1/2 s 和 1/2 p 成分），剩下两个未杂化的 p 轨道。两个 sp 杂化轨道成180°分布，两个未杂化的 p 轨道互相垂直，且都垂直于 sp 杂化轨道轴所在的直线，如下所示：

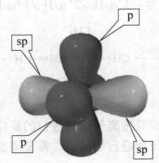

乙炔三键的形成过程如下：两个碳原子各用一个 sp 杂化轨道以"头碰头"方式重叠形成碳碳 σ 键；每个碳原子余下的一个 sp 杂化道分别与氢原子结合形成一个 σ 单键；所以乙炔分子中原子都在一条直线上，键角为 180°。两个碳原子各剩余两个未参与杂化的 p 轨道，从侧面重叠以"肩并肩"方式形成两个 π 键。因碳碳三键相当于由一个碳碳 σ 键和两个碳碳 π 键组成，π 电子云呈水桶形分布。乙炔分子的成键方式见图 3−7。

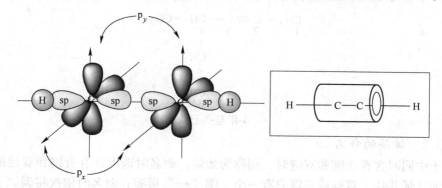

图 3−7　乙炔分子中碳碳三键的形成方式

### 3.2.2　碳原子的杂化方式

碳原子的杂化方式主要包括 3 类：$sp^3$ 杂化、$sp^2$ 杂化和 sp 杂化。首先，

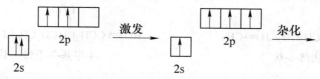

其杂化方式的异同见表 3−2。

表 3−2　碳原子的杂化方式

| 杂化方式 | 轨道数 | 形状 | 夹角/(°) | 轨道构型 | 实例 |
|---|---|---|---|---|---|
| $sp^3$ <br> $sp^3$ | 4 | 梨形 | 109.5 | | 甲烷 |
| $sp^2$ <br> $sp^2$ $sp^2$ $sp^2$ <br> 2p <br> $sp^2$ | 3（1p） | 梨形 | 120 | | 乙烯 |
| sp <br> sp sp <br> p <br> sp | 2（2p） | 梨形 | 180 | 180° | 乙炔 |

### 3.2.3　炔烃的异构与命名

四个碳以上的炔烃，有碳链异构与碳碳三键位置异构。

#### 3.2.3.1　炔烃的命名

炔烃的命名与烯烃相似，只需将"烯"改为"炔"即可，例如：

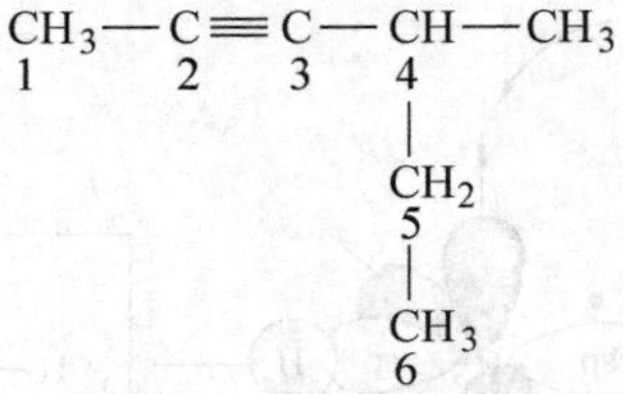

$$CH_3 - \underset{2}{C} \equiv \underset{3}{C} - \underset{4}{CH} - CH_3$$

$$\underset{5}{CH_2}$$

$$\underset{6}{CH_3}$$

4-甲基-2-己炔

#### 3.2.3.2　烯炔的命名

若分子中同时含有叁键和双键时，则称为烯炔。命名时选出含有叁键和双键的最长的链，词尾为几烯几炔，双键或三键只有一个，则"一"可省；命名时依次将碳原子编号并使表示烯炔位次的两个数字之和最小，若位次相同，则编号选择时给双键以最低编号。如：

$$H_2C = CH - CH_2 - C \equiv CH \qquad CH_3 - CH = CH - C \equiv CH$$

1-戊烯-4-炔　　　　　　　3-戊烯-1-炔(不叫2-戊烯-4-炔)

$$HC \equiv CCH_2CH_2CH_2CH = CH_2 \qquad HC \equiv CCH_2CHCH_2CH_2CH = CHCH_3$$

$$CH_3$$

1-庚烯-6-炔　　　　　　　　　4-甲基-7-壬烯-1-炔

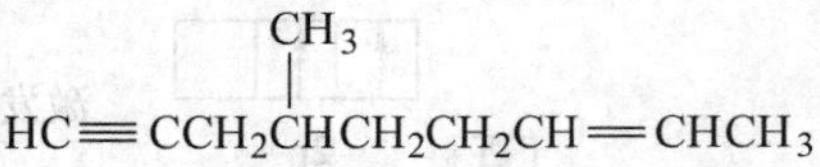

### 3.2.4　炔烃的物理性质

炔烃的物理性质与烷烃、烯烃相似，炔烃的沸点比对应的烯烃高 10~20℃，密度比对应的烯烃稍大，4 个碳以下是气体。炔烃比水轻，有微弱的极性，不易溶于水，但比烷和烯烃大些。易溶于石油醚、乙醚等有机溶剂。常见炔烃的物理常数见表 3-3。

表 3-3　常见炔烃的物理常数

| 名　称 | 沸点/℃ | 熔点/℃ | 相对密度（20℃） |
|---|---|---|---|
| 乙　炔 | -75.0 | -81.8 | 0.618（-82℃） |
| 丙　炔 | -23.2 | -101.5 | 0.691（-40℃） |
| 1-丁炔 | 9.0 | -122.0 | 0.678 |
| 2-丁炔 | 27.0 | -24.0 | 0.694 |
| 1-戊炔 | 40.2 | -98 | 0.690 |
| 2-戊炔 | 55.0 | -101 | 0.714 |
| 3-甲基-1-丁炔 | 29.4 | -89.7 | 0.665 |
| 1-己炔 | 72.0 | -124.0 | 0.719 |
| 2-己炔 | 84.0 | -92.0 | 0.730 |
| 3-己炔 | 81.0 | -51.0 | 0.725 |

### 3.2.5　炔烃的化学性质

#### 3.2.5.1　炔烃的酸性

由于炔烃的碳原子为 sp 杂化，与烷烃、烯烃相比，杂化轨道中的 s 成分增加，p 成分减少，导致炔烃 C—H 键上氢的酸性增强（图 3-8）。

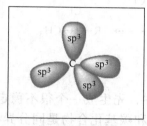 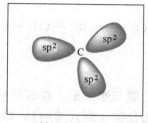 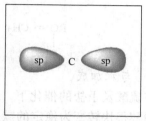

烷烃碳原子的杂化　　　　烯烃碳原子的杂化　　　　炔烃碳原子的杂化

s 成分增加，使得键长缩短
s 成分增加，使得 C 的电负性变大
s 成分增加，使 C—H 键上氢的酸性增强

酸性：$H_3C—CH_3$　　$<$　　$H_2C=CH_2$　　$<$　　$HC\equiv CH$

图 3-8　不同杂化方式与 C—H 键上氢的酸性的关系

三键碳上的氢原子具有微弱酸性（$pK_a = 25$），可被金属取代。例如，在氨溶液中可被银离子、亚铜离子取代，生成金属炔化物。

$$R—C\equiv C—H \begin{cases} \xrightarrow{\text{Ag(NH}_3)_2^+} R—C\equiv C—Ag \quad \text{炔银(白↓)} \\ \xrightarrow{\text{Cu(NH}_3)_2^+} R—C\equiv C—Cu \quad \text{炔铜(棕红↓)} \end{cases}$$

炔烃被金属离子取代的反应机理如下：

$$RC\equiv CH + M^+ \longrightarrow RC^+\!\!=\!\!C\!\!<^{M}_{H} \longrightarrow RC\equiv CM + H^+$$

生成炔银、炔铜的反应很灵敏，现象明显，可用来鉴定乙炔和端基炔烃，此反应可以推测炔烃的结构，可用于鉴定末端炔烃和链中炔烃。因为只有 $C\equiv C$ 在末端时才能连有氢，分子中其他碳原子上的氢没有这种反应。

但要注意的是干燥的炔银或炔铜受热或震动时易发生爆炸生成金属和碳。因此，实验完毕，应立即加盐酸将炔化物用酸分解，以免发生危险。

#### 3.2.5.2　加成反应

A　与卤化氢加成

炔烃可以与一分子或两分子卤化氢加成，分别得到卤代烯烃或卤代烷。

$$R—C\equiv C—R' + HX \xrightarrow{HgCl_2} R—CH=\!\!\underset{\underset{X}{|}}{C}—R' \xrightarrow{HX} R—\underset{\underset{H}{|}}{\overset{\overset{H}{|}}{C}}—\underset{\underset{X}{|}}{\overset{\overset{X}{|}}{C}}—R'$$

R—C≡C—H 与 HX 等加成时，遵循马氏规则。炔烃的亲电加成比烯烃困难，所以有时要用催化剂。

炔烃与卤化氢加成的反应历程如下：

$$RC \equiv CH + HCl \longrightarrow RC^+ = CH_2 + Cl^- \longrightarrow \underset{Cl}{RC} = CH_2$$

$$RC = CH_2 + HCl \longrightarrow RC^+ - CH_3 + Cl^- \longrightarrow R - \overset{Cl}{\underset{Cl}{C}} - CH_3$$

**B  与水加成**

在硫酸及汞盐的催化下，炔烃能与水加成。在该反应中，先生成一个很不稳定的烯醇，烯醇很快转变为稳定的羰基化合物（酮式结构）。烯醇和羰基化合物是同分异构体，这种异构现象称为酮醇互变异构。

$$\underset{OH}{\overset{}{C}} = C \rightleftharpoons -C-C \overset{}{\underset{O}{\big\|}}$$

**烯醇式(不稳定)            酮式(稳定)**

炔烃与水加成为醛（乙炔）或酮（其他炔），例如：

$$H_3C(H_2C)_5C \equiv CH + H_2O \xrightarrow{H_2SO_4, HgSO_4} H_3C(H_2C)_5\underset{O}{\overset{}{C}} - CH_3$$

$$HC \equiv CH + H_2O \xrightarrow{H_2SO_4, HgSO_4} H_3CCH = O$$

炔烃与水加成其反应历程如下：

$$RC \equiv CH + H - \overset{+}{\underset{H}{O}} - H \longrightarrow RC^+ = CH_2 + H_2O \longrightarrow \underset{H_2O^+}{RC} = CH_2$$

$$\xrightarrow{H_2O} \underset{OH}{RC} = CH_2 + H_3O^+ \rightleftharpoons R - \underset{O}{\overset{}{C}} - CH_3$$

**C  硼氢化反应**

一元取代乙炔通过硼氢化的方法，可制得醛，如下式所示。硼烷和一元取代乙炔反应，得乙烯基硼烷，该加成反应是反马氏规则的（与烯烃加成相似）。乙烯基硼烷在碱性过氧化氢中氧化得烯醇，异构化后生成醛：

$$RC \equiv CH \xrightarrow[(2)H_2O_2, OH^-]{(1)B_2H_6} \underset{OH}{RCH} = CH \longrightarrow RCH_2 - \underset{O}{\overset{}{C}}H$$

**D 与 HCN 加成**

乙炔在氯化亚铜及氯化铵的催化下，可与氢氰酸加成而生成丙烯腈，这是一般碳碳双键不能进行的反应：

$$HC \equiv CH + HCN \xrightarrow[NH_4Cl]{Cu_2Cl_2} H_2C = CHCN$$

**E 催化加氢**

催化加氢常用的催化剂为 Pt、Pd、Ni，但一般难控制在烯烃阶段。如使用林德拉（Lindlar）催化剂，可使炔烃只加一分子氢而停留在烯烃阶段，且得顺式烯烃。Lindlar 催化剂是用醋酸铅及喹啉处理过的钯，醋酸铅及喹啉的作用是使钯降低活性。

$$R - C \equiv C - R' + H_2 \xrightarrow{Ni} R - CH = CH - R' \xrightarrow{H_2, Ni} R - CH_2 - CH_2 - R'$$

**F 氧化反应**

炔烃经高锰酸钾或臭氧氧化，可发生碳碳三键的断裂生成邻二酮或两个羧酸，例如：

$$RC \equiv CR' \longrightarrow
\begin{cases}
\xrightarrow{KMnO_4(冷,稀,H_2O,pH5\sim7)} \underset{RC - CR'}{\overset{O \quad O}{\| \quad \|}} \\
\xrightarrow{KMnO_4(H_2O,100℃或H^+)} RCOOH + R'COOH \\
\xrightarrow{KMnO_4(OH^-,25℃)} RCOOH + R'COOH \\
\xrightarrow{(1)O_3;(2)H_2O,Zn} RCOOH + R'COOH
\end{cases}$$

$$R - C \equiv C - H \xrightarrow[(K_2Cr_2O_7/H^+)]{KMnO_4/H^+} RCOOH + CO_2$$

炔烃与高锰酸钾的反应，使高锰酸钾很快退色，可用于鉴别炔烃。和烯烃的氧化一样，可由所得产物的结构推知原炔烃的结构。

# 3.3 二 烯 烃

分子中含有两个碳碳双键的烃类化合物称为二烯烃。例如：

$$CH_2 = C = CH_2 \qquad H_2C = CH - CH = CH_2 \qquad H_2C = CH - CH_2 - \underset{\underset{CH_3}{|}}{C} = CH_2$$

　　　丙二烯　　　　　　　1,3-丁二烯　　　　　　2-甲基-1,4-戊二烯

根据两个双键的相对位置可把二烯烃分为三类：

$$二烯烃
\begin{cases}
累积二烯烃： & -C = C = C- \\
共轭二烯烃： & -C = CH - CH = CH- \\
孤立二烯烃： & -C = CH(CH_2)_nCH = C- \quad (n \geqslant 1)
\end{cases}$$

双烯烃的通式与含一个 C≡C 的炔烃相同，所以含碳原子数相同的双烯烃与炔烃互为同分异构体，这种异构体间的区别在于所含官能团不同，叫做官能团异构。

孤立二烯烃的性质和单烯烃相似，累积二烯烃的数量少且实际应用也不多。最重要的双烯是共轭双烯，这类双烯具有特殊的反应性能。

二烯烃的命名和烯烃的命名一样称为某几烯，同时要标出双键的位置，例如：

$$CH_3CH=CH-C=CH_2 \qquad \text{2-甲基-1,3-戊二烯}$$
$$\underset{CH_3}{|}$$

多烯烃的顺反异构也要标出（每一个双键的构型均应标出）。例如：

(2Z, 4Z)-3, 5-二甲基-2, 4-庚二烯

共轭二烯烃还存在着不同的构象，1，3-丁二烯分子中两个双键可以在碳原子 2、3 之间的同一侧或在相反的一侧，这两种构象式分别称为 s-顺式或 s-反式（s 表示连接两个双键之间的单键）。这两种构象间的能量差不大，室温下即能相互转化。

s-顺式                              s-反式

### 3.3.1   1，3-丁二烯烃的结构

1，3-丁二烯分子中碳原子都以 $sp^2$ 杂化轨道相互重叠或与氢的轨道重叠成键，所有的原子都在同一平面上，键角都接近于 120°。此外，每个碳原子上未参与杂化的轨道均垂直于上述平面，四个轨道的对称轴互相平行侧面重叠，形成了包含四个碳原子的四电子共轭体系，如下所示：

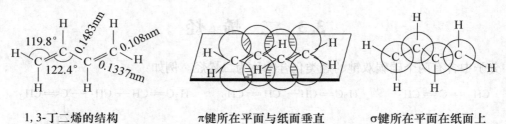

1, 3-丁二烯的结构          π键所在平面与纸面垂直          σ键所在平面在纸面上

### 3.3.2   共轭效应

从 1，3-丁二烯的分子轨道看出，在其共轭体系中，四个 π 电子是在四个碳原子的分子轨道中运动，这种离域的结果，使其电子云密度的分布有所改变，从而使其内能更小，分子更稳定，键长趋于平均化，这样由于共轭产生的效应叫做共轭效应。在分子结构中，含有三个或三个以上相邻且共平面的原子时，这些原子中相互平行的轨道之间相互交盖连

在一起，从而形成离域键（大键）体系，称为共轭体系。1，3-丁二烯是由两个 π 键相邻形成的共轭体系，称为 π-π 共轭。

凡是由三个或三个以上 p 轨道组成的 π 键，称为大 π 键。在含有大 π 键的体系中，π 电子已经不局限于两个 C 原子之间，而是分布于整个分子轨道之中的现象，称为 π 电子的离域。

### 3.3.2.1 共轭效应产生的必要条件

共轭效应产生的必要条件：

（1）共轭体系中各个 σ 键都在同一平面内。

（2）参加共轭的 p 轨道互相平行。如果共平面性受到破坏，p 轨道的相互平行就发生偏离，减少了它们之间的重叠，共轭效应就随之减弱，或者消失。

### 3.3.2.2 共轭效应的具体表现

共轭效应的具体表现：

（1）参与共轭体系的各原子都在同一平面上，其形成的大 π 键的 p 轨道均垂直于该平面。

（2）键长趋于平均化。由于电子云密度分布的改变，在链状共轭体系中，共轭链越长，则双键及单键的键长越接近。

（3）折光率较高。光线穿过真空的速度与穿过透明物质的速度之比称为该物质的折光率。实际测定时以空气为相对标准，即光线在空气中的速度与在透明物质中的速度之比称为该物质的折光率。光在物质中减速是由受分子中电子，特别是结合得不太紧的价电子的干扰而引起的。而这种干扰是与分子的极化直接相联的。分子越极化，折光率越高，由于共轭体系 π 电子云易极化，因此它的折光率也比相应的孤立二烯烃高。

（4）共轭二烯烃分子稳定性高。因为它们分子中 4 个 π 电子处于离域的 π 轨道中，共轭的结果使共轭体系具有较低的内能，分子稳定。测定体系的能量高低的方法之一是测量氢化热，氢化热越低，分子内能越低。1，3-戊二烯与 1，4-戊二烯氢化热的比较见图3－9。

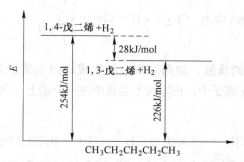

图3－9 1，3-戊二烯与 1，4-戊二烯氢化热的比较

## 3.3.3 共轭二烯烃的性质

共轭二烯烃具有烯烃的通性，但由于是共轭体系，故又具有共轭二烯烃的特有性质。

### 3.3.3.1  1，2-加成与1，4-加成

共轭二烯烃进行加成时，既可1，2加成，也可1，4加成，例如：

$$CH_2 = CH - CH = CH_2$$

经 $Br_2$：

$$CH_2 - CH - CH = CH_2 \quad + \quad CH_2 - CH = CH - CH_2$$
$$\ \ \ |\quad\ \ |\qquad\qquad\qquad\qquad\ |\qquad\qquad\qquad\ |$$
$$\ \ Br\quad Br\qquad\qquad\qquad\qquad Br\qquad\qquad\qquad Br$$

1，2-加成产物          1，4-加成产物

经 HX：

$$CH_2 - CH - CH = CH_2 \quad + \quad CH_2 - CH = CH - CH_2$$
$$\ \ \ |\quad\ \ |\qquad\qquad\qquad\qquad\ |\qquad\qquad\qquad\ |$$
$$\ \ H\quad\ Br\qquad\qquad\qquad\qquad\ H\qquad\qquad\qquad Br$$

1，2-加成和1，4-加成是同时发生的，哪一反应占优，取决于反应的温度、反应物的结构、产物的稳定性和溶剂的极性。

极性溶剂，较高温度有利于1，4-加成；非极性溶剂，较低温度有利于1，2-加成。

共轭双烯与 $Br_2$、HBr 的加成机理是亲电加成，以1，3-丁二烯与 HBr 加成反应为例：

第一步：$H^+$ 首先进攻一个碳碳双键，形成碳正离子：

$$CH_2 = CH - CH \overset{a}{\underset{b}{\rightleftharpoons}} CH_2 + H^+$$

a → $CH_2 = CH - \overset{+}{CH} - CH_3$
　　　烯丙基碳正离子（Ⅰ）

b → $CH_2 = CH - CH_2 - \overset{+}{CH_2}$
　　　伯碳正离子（Ⅱ）

其中：

烯丙基碳正离子（Ⅰ）的结构为　$CH_2 - CH - CH \cdots CH_3$ （p空，H）

伯碳正离子（Ⅱ）的结构为　$CH_2 - CH - CH_2 - \overset{+}{C} \cdots$ （H，H）

因碳正离子的稳定性的缘故，故第一步主要生成烯丙基碳正离子。

第二步：在烯丙基碳正离子中，正电荷不是集中在一个碳上，而是通过共轭如下分布的：

$$CH_2 = CH \rightarrow \overset{+}{CH} - CH_3 \longrightarrow \overset{\delta^+}{CH_2} = CH \rightarrow \overset{\delta^+}{CH} - CH_3 \equiv \overset{\oplus}{CH_2 = CH = CH} - CH_3$$

这样，$Br^-$ 离子既可加到 $C_2$ 上，也可加到 $C_4$ 上。加到 $C_2$ 得1，2-加成产物，加到 $C_4$ 上得1，4-加成产物。反应条件不同，产率不同是由速度控制与平衡控制造成的。1，2-加成产物的稳定性比较差，但加成反应的活化能低，为速度控制（动力学控制）产物，故低温主要为1，2-加成。1，4-加成产物的稳定性比较大，但反应的活化能较高，逆反应的活化能更高，一旦生成，不易逆转，故在高温时为平衡控制（热力学控制）的产物，主要生成1，4-加成产物。1，3-丁二烯的1，2-加成和1，4-加成位能曲线如下：

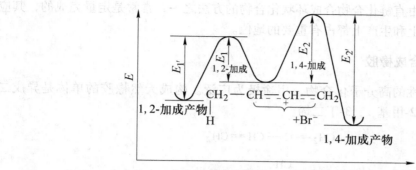

#### 3.3.3.2 双烯合成

1928 年，德国化学家狄尔斯（O. Diels）和阿尔德（K. Alder）发现，共轭二烯烃与含有双键或三键的化合物能发生 1，4-加成反应，生成六圆环状化合物，这类反应称为 Diels-Alder 反应，又称双烯合成。例如：

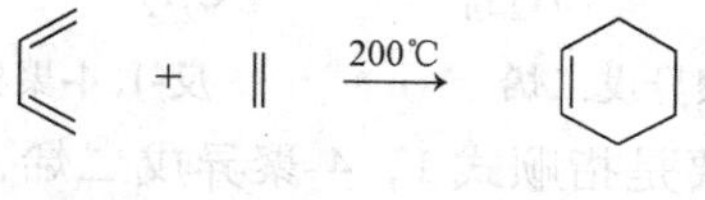

+ ‖ $\xrightarrow{200℃}$

1，3-丁二烯　乙烯　　　环己烯

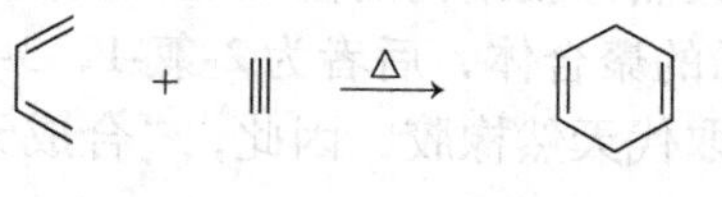

+ ‖ $\xrightarrow{\triangle}$

1，3-丁二烯　乙炔　　　1，4-环己二烯

在这类反应中，既不需要游离基引发剂，也不需要酸或碱的催化。经研究证明，这类反应不属于游离基反应，也不属于离子型反应，没有活性中间体（碳正离子或自由基等）生成，这是另一种类型的反应，其特点是分子之间电子的重新排列，旧键的断裂与新键的生成同时进行，反应是一步完成的，所以这类反应叫做协同反应。

双烯合成反应中，通常将共轭二烯烃称为双烯体，与双烯体反应的不饱和化合物称为亲双烯体。实践证明，亲双烯体上连有吸电子取代基（如硝基、羧基、羰基等）和双烯体上连有给电子取代基时，反应容易进行：

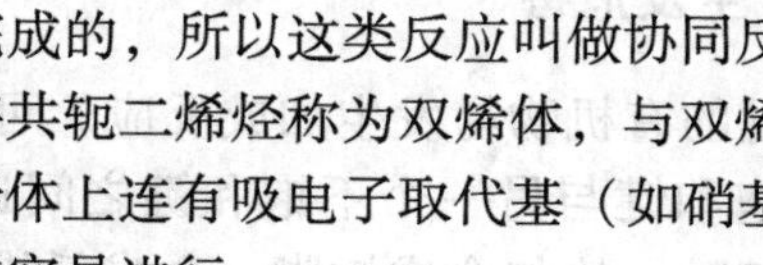

+ R — → R

例如，R = —CHO，—COOH，—CN，—COOR，—NO$_2$，—COR，反应如下：

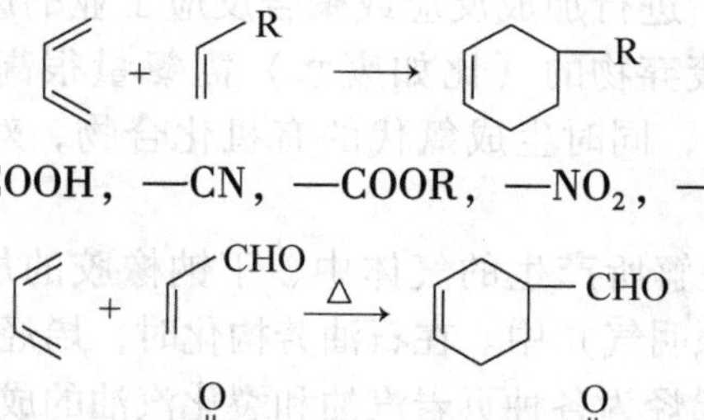

+ CHO $\xrightarrow{\triangle}$ CHO

+ $\xrightarrow{\triangle}$

双烯合成反应是由直链化合物合成环状化合物的方法之一，常常是定量完成的，其应用范围广泛，在理论上和生产上都占有重要的地位。

### 3.3.4 天然橡胶和合成橡胶

橡胶是具有高弹性的高分子化合物，用途极为广泛。构成天然橡胶的单体是异戊二烯，其系统命名应为 2-甲基-1，3-丁二烯。

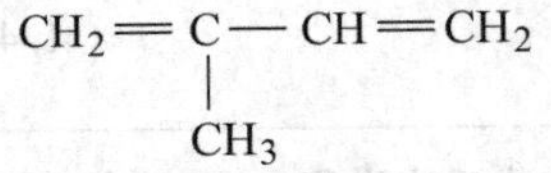

$$CH_2 = C - CH = CH_2$$
$$|$$
$$CH_3$$

异戊二烯

20 世纪初，世界上只有天然橡胶，它主要来源于野生的或人工种植的橡胶树。它的化学成分是顺式或反式 1，4-聚异戊二烯：

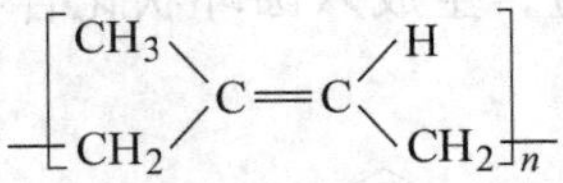

顺-1，4-聚异戊二烯 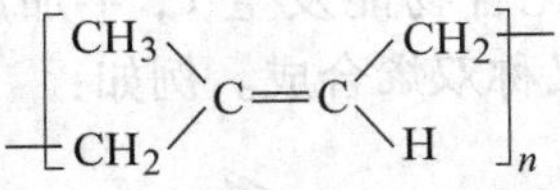　　　　反-1，4-聚异戊二烯

人们通常说的天然橡胶主要是指顺式 1，4-聚异戊二烯，它具有优良的弹性、力学性能、抗曲挠性、气密性和绝缘性。反式的橡胶各种性能均不及顺式的。

为了工业的需求，人们在天然橡胶结构的基础上，发展了合成橡胶，如顺丁橡胶、氯丁橡胶等，前者为 1，3-丁二烯的聚合体，后者为 2-氯-1，3-丁二烯的聚合体。但在某些性能方面，合成橡胶并不能完全取代天然橡胶，因此，"合成天然橡胶"也是一项重要的研究任务。

# 3.4　不饱和烃的污染及其危害

### 3.4.1 环境中不饱和烃的产生及危害

一般来说，含有不饱和键的有机物易发生加成反应，可以与其他小分子加成，也可以自身进行加聚反应，或不饱和键与另一个不饱和键之间进行聚合反应，生成聚合物。这种反应是许多工业生产的基础，比如合成树脂、合成纤维、合成橡胶、合成洗涤剂等都是基于这种反应进行的。进行加成反应或聚合反应工业的废弃物中一定富有一些不饱和键，这些不饱和键使得废弃物的（比如废水）需氯量很高（水处理过程中使用氯气处理时，需要更多的氯气），同时生成氯代的有机化合物，对人体健康和环境造成潜在的危害。

烯烃主要存在于石油裂解所产生的气体中、丁钠橡胶的加工过程中、脂肪酸的合成中、各种燃料气体（包括照明气）中。在石油芳构化时，烯烃存在于液体的低沸点馏分中（为不饱和烃的混合物）。烯烃为各种页岩汽油和裂化汽油的成分，乙烯是用于烹饪、照明等蓝焰煤气的主要成分。烯烃有麻醉作用，但是比烷烃的小，其作用随着碳原子数目的增加而增加。烯烃在水和血液中的溶解度系数比烷烃的大，因而当浓度较小时，也会产生更大的毒性。日常生活中乙烯气体常用作水果和蔬菜的催熟剂，也用于牙科麻醉剂，这是因为烯烃的相对毒性较小的缘故。

在开链的脂肪烃中，炔烃的相对毒性最小，麻醉作用很弱，但在水和血液中溶解度最大。因此，乙炔还是能够引起神经系统障碍方面的疾患。

### 3.4.2 烯烃产生的二次污染物

通常大气中的低浓度烯烃本身并不是严重的空气污染物，但作为一次污染物的某些烃类一旦排入大气，在太阳光照射下，能与氮氧化合物发生光化学反应而产生与烃类性质完全不同的二次污染物——光化学氧化剂。这些氧化剂造成许多有害影响，甚至形成大规模公害事件。

例如在光化学烟雾的形成过程中，大气中的烯烃起着重要的作用。

已经证实光化学烟雾的发生是由 $NO_2$ 的光分解开始的。污染源排出的氮氧化合物绝大部分为 NO，它在大气中向 $NO_2$ 转化的速度很快，不能用普通的氧化反应来解释。通过研究认识到，是大气中存在的羟基（—OH）与烃等发生链式反应，加速了 NO 向 $NO_2$ 的转化。$NO_2$ 吸收太阳光的紫外辐射后，发生下列光化学反应：

$$NO_2 + h\nu \longrightarrow NO + O \text{（3p）}$$
$$2NO_2 + O_2 + h\nu \longrightarrow 2NO$$

所生成的三重态氧原子 O（3p）与周围空气中的 $O_2$ 反应生成 $O_3$（臭氧），生成的 $O_3$ 和 O（3p）等再与大气的烃，特别是其中的烯烃发生化学反应，生成醛、有机酸、过氧乙酰硝酸酯、过氧丙酰硝酸酯、过氧苯甲酰硝酸酯，以及自由基、自由氧原子等中间产物。其中典型反应是 $C_3H_6$—$NO_x$ 混合物在空气中受紫外光照射发生的化学反应。

#### 3.4.2.1 臭氧与烯烃的反应

$O_3$ 和烯烃的反应一般按下式进行：

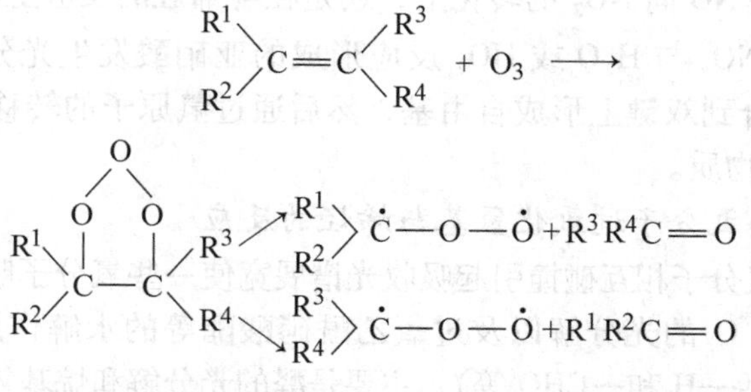

然后双自由基发生分解。随着双自由基相对分子质量的增大，振动自由度就会增加，容易逸散过多的能量，其分解的比例就越来越小。通常还会出现更复杂的机制，产生醛、醇、酮和自由基等多种物质。其中还会产生 α-羰基氢氧化物，这是对植物有剧毒的物质。近年来，在 $O_3$ 和烯烃的反应中又发现一种新型的化合物——二氧杂环甲烷。这种化合物的发现，提出了一种新的光化学烟雾模式。

#### 3.4.2.2 三重态氧原子与烯烃的反应

主要是 O（3p）加合在烯烃的双键上形成双自由基，然后进一步分解：

$$CH_3 \diagdown C=C \diagup C_2H_5 \; + O(3p) \longrightarrow \left[ CH_3 \diagdown \overset{\displaystyle \cdot}{\underset{\displaystyle \cdot O}{C}}-\overset{\displaystyle C_2H_5}{\underset{\displaystyle H}{C}} \right]^*$$

$$\longrightarrow \left[ \underset{H}{CH_3}\,C\underset{O}{\diagup}C\,\overset{C_2H_5}{\underset{H}{}} \right]^* \longrightarrow$$

分解

$$M \longrightarrow \underset{H}{CH_3}\,C\underset{O}{\diagup}C\,\underset{H}{C_2H_5} \qquad 顺式或反式$$

$$\longrightarrow \left[ CH_3-\overset{\cdot}{\underset{\underset{O}{\parallel}}{C}}\,CH_2-C_2H_5 \right]^* \longrightarrow$$

分解

$$M \longrightarrow CH_3-\underset{\underset{O}{\parallel}}{C}-CH_2-C_2H_5$$

$$\longrightarrow \left[ H-\overset{CH_3}{\underset{\underset{O}{\parallel}}{C}}-CH-C_2H_5 \right]^* \longrightarrow$$

分解

$$M \longrightarrow H-\underset{\underset{O}{\parallel}}{C}-\overset{CH_3}{\underset{}{CH}}-C_2H_5$$

值得提出的是，某些反应过程中会产生单功基含氧杂环物质。这类产物已被证明对某些动物有明显的致癌作用。

### 3.4.2.3　氢氧基与烯烃的反应

OH 基无论在加速 NO 向 $NO_2$ 的转化上，还是在与烯烃的反应上都是相当重要的。OH 基在对流层中主要是 $NO_x$ 与 $H_2O$ 或 $HO_2$ 反应形成的亚硝酸发生光分解而产生的。OH 与烯烃的反应是 OH 加合到双键上形成自由基，然后通过氢原子的转移并进一步与空气中的 $O_2$ 起作用生成醛类等物质。

### 3.4.2.4　单重态氧分子过氧化氢基与烯烃的反应

在对流层中，大气分子相互碰撞引起吸收光谱展宽使一些氧分子吸收紫外辐射。另外激发态 NO 的能量转移，$O_3$ 的光分解以及过氧乙酰硝酸酯等的水解作用都会产生单重态 $O_2$（1△g）。而 $HO_2$（包括—H 和—CHO 等），主要是醛的光分解和烷基氧的氧化作用产生的。

$O_2$（1△g）和 $HO_2$ 都可以与烯烃反应。$O_2$（1△g）与烯烃的反应速度常数同 $O_3$ 与烯烃的反应速度常数相当，而比 O（3p）与烯烃的反应低得多。$O_2$（1△g）的寿命较长，是对人体健康有害的氧化剂。$HO_2$ 与烯烃的反应速度较 OH 基与烯烃的反应低得多，但 $HO_2$ 在 NO 向 $NO_2$ 转化反应中起一定的作用。

### 3.4.2.5　氮氧化物与烯烃在大气条件下的反应

通常在大气中存在着 $O_3$ 与烯烃的反应产物双自由基，它与 $O_2$ 和 $NO_2$ 相继反应产生过氧乙酰硝酸酯类物质。反应如下：

$$R - \overset{\cdot}{C}H - O - \overset{\cdot}{O} + O_2 \longrightarrow R - \overset{\overset{O}{\|}}{C} - O - \overset{\cdot}{O} + \overset{\cdot}{O}H$$

$$R - \overset{\overset{O}{\|}}{C} - O - \overset{\cdot}{O} + NO_2 \longrightarrow R - \overset{\overset{O}{\|}}{C} - O - O - NO_2$$

此外，在大气中会产生 $NO_3$：

$$NO_2 + O_3 \longrightarrow NO_3 + O_2$$

$$N_2O_5 \rightleftharpoons NO_2 + NO_3$$

$NO_3$ 进一步可与烯烃反应最终会产生一种叫做 2，3-丁二醇二硝酸酯的物质：

$$CH_3CH = CHCH_3 + NO_3 \longrightarrow CH_3 - CH - \overset{\cdot}{C}HCH_3 \xrightarrow{+O_2}$$
$$\overset{|}{ONO_2}$$

$$CH_3 - CH - \underset{\underset{O\overset{\cdot}{O}}{|}}{CH} - CH_3 \xrightarrow{+NO} CH_3 - CH - \underset{\underset{\overset{\cdot}{O}}{|}}{CH} - CH_3 \xrightarrow{+NO_2}$$
$$\overset{|}{ONO_2} \qquad\qquad\qquad \overset{|}{ONO_2}$$

$$CH_3 - CH - CH - CH_3$$
$$\overset{|}{ONO_2} \quad \overset{|}{ONO_2}$$

如上所述，关于形成二次污染物——光化学氧化剂的光化学反应机理的大致情况，通过国内外的大量研究，人们已有了一定的认识。但是，在现实的大气环境、气象条件下，为了抑制光化学氧化剂的产生，应具体采取哪些手段或措施，采用到什么程度，以及能否采取，其间的因果关系非常复杂，尚须进行大量研究。

作为环境污染的烃，由于它的种类是多种多样的，人们对它的研究还很不够。比如，关于烃类化合物对人体的危害及毒性方面的研究资料不多，目前正在逐渐深入。过去有关烃类毒性的资料大多属于职业病或生产中偶然事故方面的，人们一直认为烃类毒性较低，无慢性影响，但近年来随着其使用频率增加，则已发现慢性毒性影响，例加，正已烷能引起多发性神经炎。有的烃类是致癌物质，严重影响人类健康，如氯乙烯引起肝血管肉瘤，苯引起白血病等。

# 新 研 究 进 展

α-烯烃是生产线性低密度聚乙烯、表面活性剂、润滑剂及增塑剂等化工产品的重要原料。乙烯齐聚是合成 α-烯烃最先进的技术路线，催化剂包括烷基铝、Cr 系、Zr/Al 系、茂金属系、后过渡金属系等，其中，后过渡金属镍配合物催化剂在 Shell 公司的 SHOP 工艺中首次得到应用。1995 年 Brookhart 小组发现 2-亚胺镍配合物的催化活性后，使镍基烯烃聚合催化剂的开发再次成为研究热点。镍配合物由于具有活性高、反应条件温和及选择性高等优点，在 α-烯烃的合成方面已显示出良好的应用前景。近年来，乙烯齐聚镍配合物催化剂的研究工作主要围绕改变配体的种类、配体取代基和反应条件展开。

亚胺吡啶镍配合物催化剂对 α-烯烃的选择性可达 99%，齐聚产物主要为丁烯，同时对己烯、辛烯以及 $C_{10+}$ 高碳数烯烃也有一定的选择性。反应条件对产物碳数分布和 α-烯烃选择性有着重要影响，然而利用反应条件对碳数分布和 α-烯烃选择性的调节作用十分有限，而通过调节催化剂配体骨架可以得到更多的高碳烯烃。此外，催化剂的活性受配体骨架、取代基空间位阻和电子效应的影响，根据取代基与催化活性中心相对位置的不同，空间位阻发挥的作用有所不同。

吡唑配体镍配合物的 α-烯烃选择性一般在 80% 左右，催化产物多为丁烯和己烯，$C_8$ 以上烯烃含量非常少。相比其他配体镍配合物催化体系，傅克烷基化反应在吡唑为配体的镍配合物催化体系中问题更加突出，由此可知，吡唑基团对乙烯齐聚体系中的傅克烷基化反应起着重要作用。由于吡唑为配体的镍配合物催化剂易于合成，催化剂结构具有多样性，因此吡唑配体镍催化剂仍具有很大的开发潜力。

尽管可用作乙烯齐聚镍配合物催化剂的配体种类很多，然而筛选和开发新物质作为乙烯齐聚镍催化剂的配体仍是一项具有挑战性的工作，2014 年，有研究者利用树枝状大分子与水杨醛反应，制备出树枝状大分子镍配合物，用于乙烯齐聚产物 $C_{10+}$ 可达76.7%。通常镍配合物催化产物为低碳烯烃，而后过渡金属功能化的树枝状大分子用于乙烯齐聚具有树枝状效应，产物多为高碳烯烃。近年来，也有人合成了不同结构的树枝状大分子镍配合物催化剂，齐聚产物为 $C_{10} \sim C_{16}$ 烯烃，高代的树枝状大分子镍催化剂催化产物碳数分布达到 $C_{22+}$，这是因为树枝状大分子外围的密集结构抑制了 β-H 消除反应，更有利于链增长反应。

开发具有新型化学结构的烯烃聚合催化剂一直是烯烃聚合领域的研究重点，目前国内外科研工作者从改变配体、配位原子、配体取代基和计算化学等方法来研究乙烯齐聚镍配合物催化剂的活性和 α-烯烃选择性。虽然目前镍配合物用于乙烯齐聚反应的产物多为低碳 α-烯烃，但通过对部分催化剂精细结构的调变，在高碳 α-烯烃的选择性方面已得到改善，产物包括 1-己烯、1-辛烯和 $C_{10}$ 以上 α-烯烃。

## 习 题

3-1 用系统命名法命名下列化合物：

(1) $(CH_3CH_2)_2C = CH_2$；

(2) $CH_3CH_2CH_2 \overset{\parallel}{\underset{CH_2}{C}} CH_2(CH_2)_2CH_3$；

(3) $CH_3C = CHCHCH_2CH_3$
$\qquad\ \ \underset{C_2H_5}{\big|}\quad\ \underset{CH_3}{\big|}$；

(4) $(CH_3)_2CHCH_2CH = C(CH_3)_2$；

(5) $(CH_3)_2CHC \equiv CC(CH_3)_3$；

(6) $CH_3\underset{CH_3}{\overset{|}{C}}HCH_2CH\underset{CH=CHCH_3}{\overset{|}{C}} = CH$。

3-2 用 Z, E-标记法命名下列各化合物：

(1) $\underset{CH_3}{\overset{Cl}{\big\backslash}} C = C \underset{Cl}{\overset{CH_3}{\big/}}$；

(2) $\underset{Cl}{\overset{F}{\big\backslash}} C = C \underset{CH_2CH_3}{\overset{CH_3}{\big/}}$；

(3) $\begin{array}{c}F \\ Cl\end{array}C\!=\!C\begin{array}{c}Br \\ I\end{array}$ ；

(4) $\begin{array}{c}H \\ CH_3\end{array}C\!=\!C\begin{array}{c}CH_2CH_2CH_3 \\ CH(CH_3)_2\end{array}$ 。

3-3　碳正离子：a. $R_2C\!=\!CH\!-\!C^+R_2$；b. $R_3C^+$；c. $RCH\!=\!CHC^+HR$；d. $RC^+\!=\!CH_2$，稳定性次序为（　　）。

A. a>b>c>d；　　B. b>a>c>d；　　C. a>b≈c>d；　　D. c>b>a>d

3-4　下列游离基中相对最不稳定的是（　　）。

A.（$CH_3$）$_3C$；　　B. $CH_2\!=\!CHCH_2$；　　C. $CH_3$；　　D. $CH_3CH_2$

3-5　完成下列反应式，写出产物或所需试剂。

(1) $CH_3CH_2CH\!=\!CH_2 \xrightarrow{H_2SO_4}$

(2) （$CH_3$）$_2C\!=\!CHCH_3 \xrightarrow{HBr}$

(3) $CH_3CH_2CH\!=\!CH_2 \longrightarrow CH_3CH_2CH_2CH_2OH$

(4) $CH_3CH_2CH\!=\!CH_2 \longrightarrow \underset{\underset{OH}{|}}{CH_3CH_2CH}\!-\!CH_3$

(5) （$CH_3$）$_2C\!=\!CHCH_2CH_3 \xrightarrow[Zn,\ H_2O]{O_3}$

(6) $CH_2\!=\!CHCH_2OH \longrightarrow \underset{\underset{OH}{|}}{ClCH_2CH}\!-\!CH_2OH$

(7) ⬡ $+ CH_2\!=\!CH\!-\!CN \longrightarrow$

(8) ⬡—$CH_3 \xrightarrow[1mol]{HCl}$

3-6　写出下列反应物的构造式：

(1) $C_2H_4 \xrightarrow[H_2O]{KMnO_4,\ H^+} 2CO_2 + 2H_2O$

(2) $C_6H_{12} \xrightarrow[(2)\ H^+]{(1)\ KMnO_4,\ OH^-,\ H_2O} (CH_3)_2CHCOOH + CH_3COOH$

(3) $C_6H_{12} \xrightarrow[(2)\ H^+]{(1)\ KMnO_4,\ OH^-,\ H_2O} (CH_3)_2CO + C_2H_5COOH$

(4) $C_6H_{10} \xrightarrow[(2)\ H^+]{(1)\ KMnO_4,\ OH^-,\ H_2O} 2CH_3CH_2COOH$

(5) $C_8H_{12} \xrightarrow[H_2O]{KMnO_4,\ H^+} (CH_3)_2CO + HOOCCH_2CH_2COOH + CO_2 + H_2O$

(6) $C_7H_{12}$ 
$\xrightarrow{2H_2,Pt} CH_3CH_2CH_2CH_2CH_2CH_2CH_3$
$\xrightarrow[NH_4OH]{AgNO_3} C_7H_{11}Ag$

**3-7** 完成下列转化：

(1) $CH_3CH{=}CH_2 \longrightarrow CH_3CH_2CH_2Br$

(2) $CH_3CH_2CH_2CH_2OH \longrightarrow CH_3CH_2\underset{\underset{Br}{|}}{C}ClCH_3$

(3) $(CH_3)_2CHCHBrCH_3 \longrightarrow (CH_3)_2\underset{\underset{OH}{|}}{C}CHBrCH_3$

(4) $CH_3CH_2CHCl_2 \longrightarrow CH_3CCl_2CH_3$

(5) 

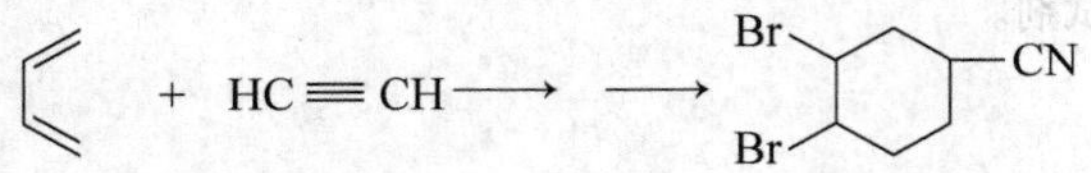

(6) $CH_3C{\equiv}CH \longrightarrow \quad \longrightarrow ClCH_2\underset{\underset{OH}{|}}{C}H\underset{\underset{OH}{|}}{C}H_2$

**3-8** 由指定原料合成下列各化合物（常用试剂任选）：

(1) 由 1-丁烯合成 2-丁醇

(2) 由 1-己烯合成 1-己醇

(3) 

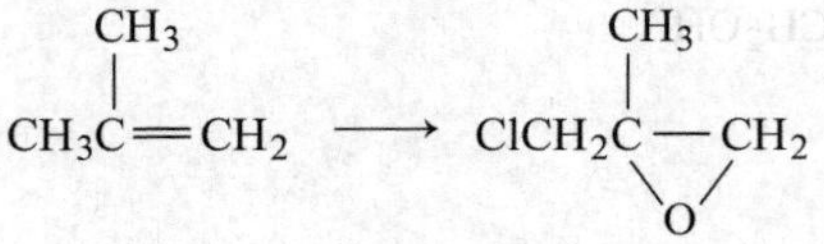

(4) 由乙炔合成 3-己炔

(5) 由 1-己炔合成正己醛

(6) 由乙炔和丙炔合成丙基乙烯基醚

**3-9** 用简单并有明显现象的化学方法鉴别下列各组化合物：

(1) 正庚烷　1,4-庚二烯　1-庚炔；

(2) 1-己炔　2-己炔　2-甲基戊烷。

**3-10** 写出下列反应的可能历程：

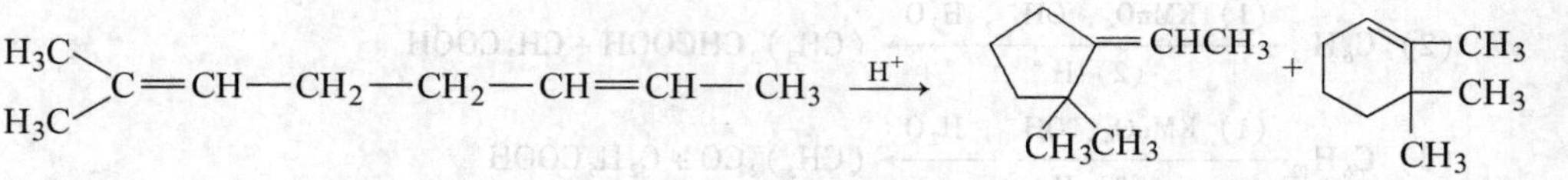

**3-11** 化合物 A 和 B 的分子式都为 $C_5H_8$，都能使溴的四氯化碳溶液退色。A 与硝酸银氨溶液作用生成沉淀，A 经 $KMnO_4$ 氧化得到 $CO_2$ 和 $CH_3{-}\underset{\underset{CH_3}{|}}{C}H{-}COOH$。B 不与硝酸银氨溶液作用，B 经氧化得丙二酸（$HOOCCH_2COOH$）及 $CO_2$，试推断 A、B 的结构，并写出推断过程。

**3-12** 某化合物的相对分子质量为 82，每摩尔该化合物可吸收 $2mol\ H_2$，当它和硝酸银氨溶液作用时，没有沉淀生成，当它吸收 $1mol\ H_2$ 时，产物为 2,3-二甲基-1-丁烯，写出该化合物的构造式与推断过程。

3-13 有 A 和 B 两个化合物，它们互为构造异构体，都能使溴的四氯化碳溶液退色。A 与 Ag(NH$_3$)$_2$NO$_3$ 反应生成白色沉淀，用 KMnO$_4$ 溶液氧化生成丙酸（CH$_3$CH$_2$COOH）和二氧化碳；B 不与 Ag(NH$_3$)$_2$NO$_3$ 反应，而用 KMnO$_4$ 溶液氧化只生成一种羧酸。试写出 A 和 B 的构造式及各步反应式。

# 4 环 烃

**本章要点:**

（1）脂环烃的结构和性质；
（2）芳香烃及其衍生物的命名、结构特征；
（3）苯及其同系物的化学性质；
（4）取代基定位规律；
（5）环烃污染物。

环烃是由碳和氢组成的环状化合物，分为脂环烃和芳香烃。

## 4.1 脂 环 烃

在结构上具有环状碳骨架，而性质和脂肪烃相似的烃类，叫做脂环烃。脂环烃的结构式常用键线式表示。脂环烃的分类如下所示：

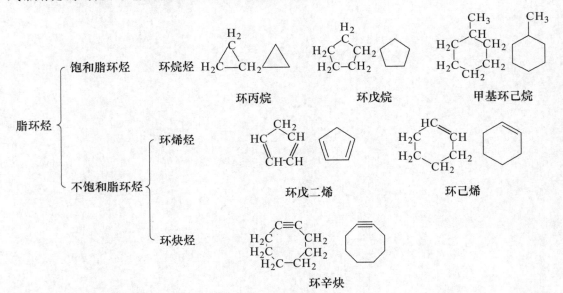

按环的大小又将脂环烃分为：小环（3~4元）脂环烃，普通环（5~7元）脂环烃，中环（8~12元）脂环烃和大环（十二碳以上）脂环烃。

按环的多少可将脂环分为：单环化合物和多环（桥环、螺环）化合物。

环烷烃的通式为 $C_nH_{2n}$，环单烯烃的通式为 $C_nH_{2n-2}$。

### 4.1.1 脂环烃的命名

#### 4.1.1.1 单环烃的命名

单环烃的命名与相应脂肪烃相似，并在名称前加"环"字。当环上有两个或两个以上取代基时，编号应使取代基的数字尽可能小。取代基不同时，较优基团应有较大的编号。环上的不饱和键应以最小的编号表示。如果取代基为较长碳链，则将环作为取代基，作为烷烃衍生物命名。例如：

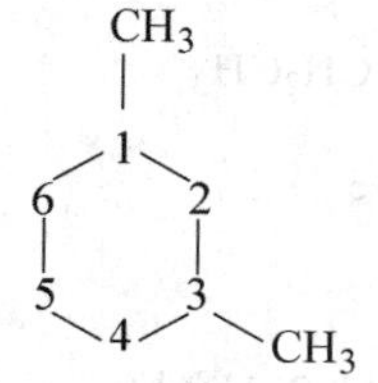

1,3-二甲基环己烷 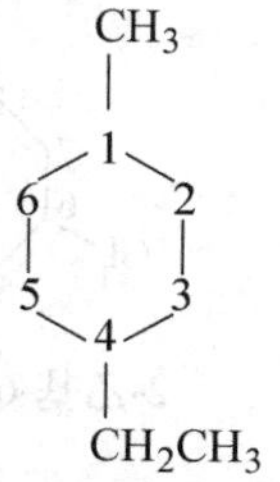　　1-甲基-4-乙基环己烷 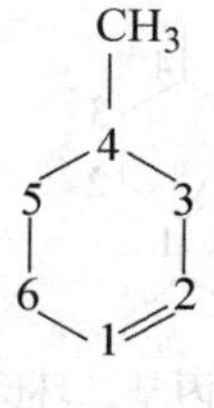　　　4-甲基环己烯

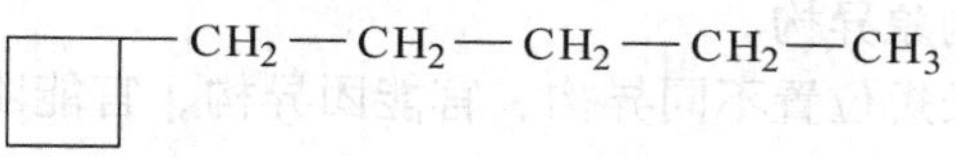

1-环丁基戊烷 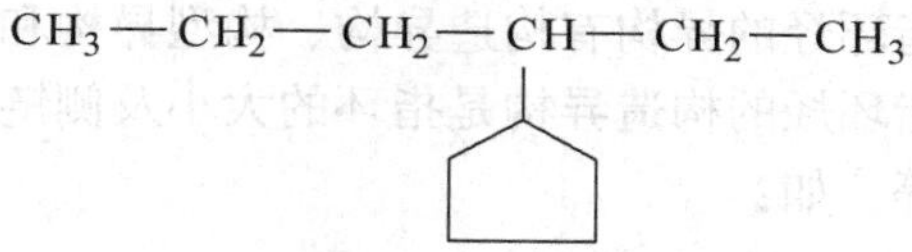　　　　　　　　　　　3-环戊基己烷

#### 4.1.1.2 多环化合物的命名

螺环、桥环化合物是常见的多环化合物，它们的命名方法如下。

A　螺环化合物

螺环化合物是两个环共用一个碳原子的环烷烃称为螺环烃。螺环化合物分为单螺环化合物与多螺环化合物。下面以单螺环化合物为例，说明其命名原则。单螺环化合物的编号从较小环中与螺原子相邻的一个碳原子开始，经过小环到螺原子，再沿大环至所有环碳原子。根据成环碳原子的总数命名为"某烷"，加上词头"螺"，再把各碳环中除螺碳原子以外的碳原子数目（小的数目在前，大的在后），写在"螺"和"某烷"之间的方括号中，其他与烷烃的命名相同，例如：

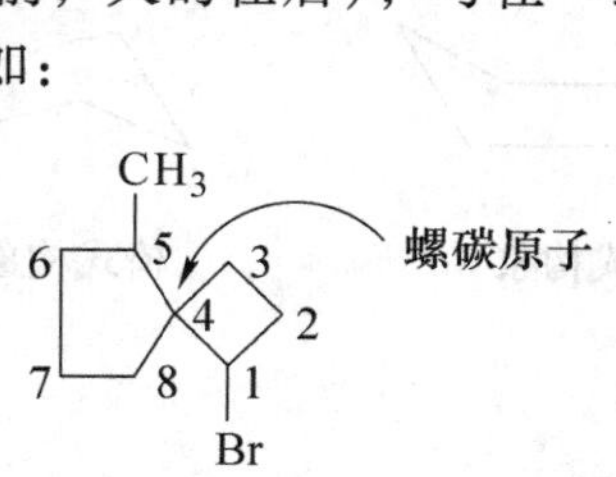

1-溴-5-甲基螺[3,4]辛烷

B　桥环化合物

在分子中含有两个或多个碳环的多环化合物中，把两个环共用两个或多个碳原子的化合物称为桥环化合物。桥环化合物根据组成环的数目可分为二环烃、三环烃、四环烃等。其中含两个环的桥环化合物的命名原则：编号从桥头的一端开始，沿最长桥编到桥的另一

端，再沿次长桥到始桥头，最短的桥最后编号。命名时根据成环碳原子总数目称为"某烷"，加上词头"二环"，在"二环"字后面的方括号中标出除桥头碳原子外的桥碳原子数（大的数目排在前，小的排在后），其他与环烷烃的命名相同。例如：

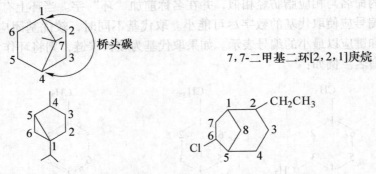

7,7-二甲基二环[2,2,1]庚烷

4-甲基-1-异丙基二环[3,1,0]己烷          2-乙基-6-氯二环[3,2,1]辛烷

### 4.1.2 脂环烃的异构

脂环烃的异构有构造异构、构型异构和构象异构。

脂环烃的构造异构是指环的大小及侧链长短位置不同异构、官能团异构、官能团位置异构等。如：

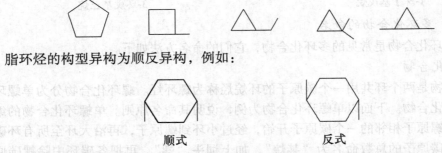

脂环烃的构型异构为顺反异构，例如：

顺式                                    反式

脂环烃的构象异构主要是指环己烷及其衍生物的船式、椅式两种构象。

船式构象                                椅式构象

### 4.1.3 环烷烃的结构

#### 4.1.3.1 环丙烷的结构

环丙烷分子中三个碳原子必然要在一个平面上，这样 C—C—C 键角就应该是 60°。环烷中的碳也是 $sp^3$ 杂化的，而正常的 $sp^3$ 杂化轨道之间的夹角应为 109.5°，因此在环丙烷中碳原子核之间的连线与正常的 $sp^3$ 杂化轨道之间角度偏差的结果是，C—C 之间的电子云不可能在原子核连线的方向上重叠，也就是没有达到最大程度的重叠，这样形成的键就没有正常的 σ 键稳定。所以环丙烷的稳定性比烷烃要差很多，通常叫做分子内存在着张力。这种张力是由键角的偏差引起的，所以也叫做角张力。角张力是影响环烃稳定性的几种张力因素之一。

现代物理方法测定，环丙烷分子中：碳原子两个杂化轨道的夹角为 105.5°；H—C—H 的夹角为 114°。所以环丙烷分子中碳原子之间的 $sp^3$ 杂化轨道是以弯曲键（香蕉键）的形式相互交盖的，其形态如下所示：

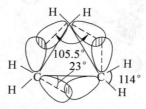

由以上分析可见，环丙烷分子中存在着较大的张力（角张力和扭张力），是一个张力很大的环，所以易开环，易发生加成反应，环丙烷的结构图如下：

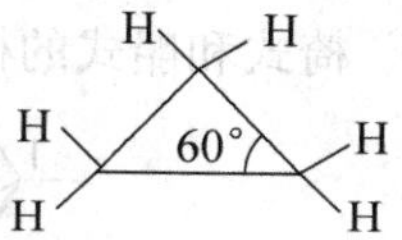

### 4.1.3.2　环丁烷的结构

与环丙烷相似，环丁烷分子中也存在着张力，但比环丙烷的小，因在环丁烷分子中的四个碳原子不在同一平面上，环丁烷是以折叠式构象存在的，这种非平面型结构可以减少 C—H 的重叠，使扭转力减小。环丁烷分子中 C—C—C 键角为 111.5°，角张力也比环丙烷的小，所以环丁烷比环丙烷要稳定些。环丁烷的构象如下所示：

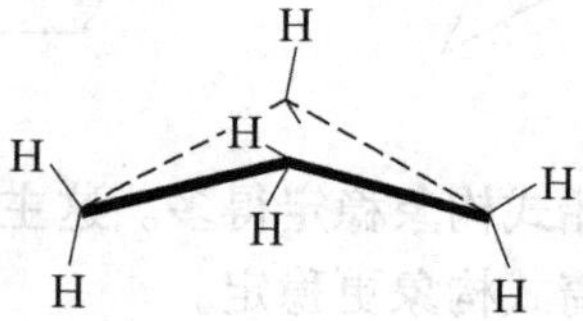

### 4.1.3.3　环戊烷的构象

环戊烷分子中，C—C—C 夹角为 108°，接近 $sp^3$ 杂化轨道间夹角 109.5°，环张力甚微，是比较稳定的环。现代结构分析表明，环戊烷是以折叠式构象存在的，为非平面结构，其中有四个碳原子在同一平面，另外一个碳原子在这个平面之外，这个结构很像信封，故将这种结构称为信封式构象。这种构象的张力很小，因此，环戊烷的化学性质很稳定。环戊烷的构象如下所示：

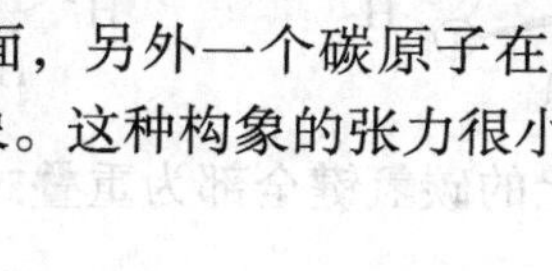

0.05nm

### 4.1.3.4　环己烷的结构

环己烷也不是平面结构，在环己烷分子中，六个碳原子不在同一平面内，C—C—C 键之间的夹角可以保持 109.5°，此环很稳定。环己烷有两种构象：椅式和船式，两种构象之间可以转化，椅式和船式的球棍模型如下所示：

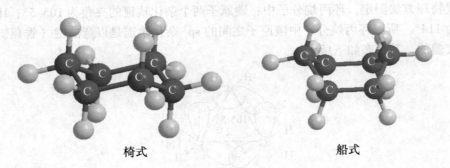

椅式　　　　　　　　　　　　　　船式

### 4.1.4　环己烷及其衍生物的构象

#### 4.1.4.1　椅式和船式构象

椅式和船式是环己烷的两种构象。椅式和船式的构象如下所示：

椅式　　　　　　　　　　　　　船式

它们可以用如下的键线式表示：

椅式　　　　　　　　　　　船式

可以明显看出，椅式构象比船式构象稳定得多。这主要是在椅式构象中，相邻碳原子上的碳氢键全部为交叉式，因此椅式构象更稳定。

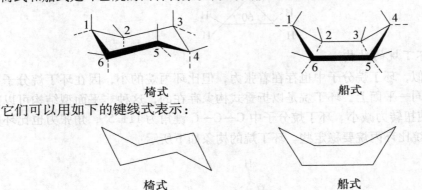

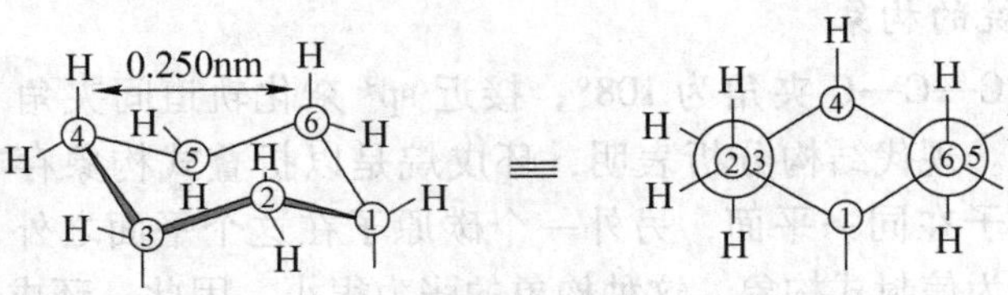

在船式构象中，相邻碳原子上的碳氢键全部为重叠式，故船式构象不稳定。

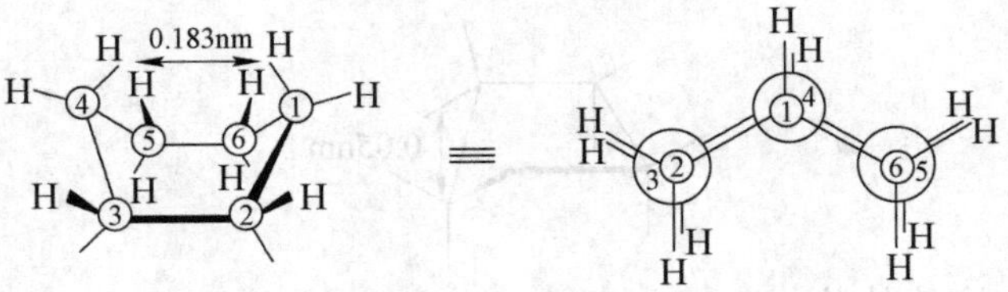

#### 4.1.4.2　平伏键（e 键）与直立键（a 键）

在椅式构象中 C—H 键分为两类。第一类六个 C—H 键与分子的对称轴平行，叫做直立键或 a 键（其中三个向环平面上方伸展，另外三个向环平面下方伸展）；第二类六个 C—H 键与直立键形成接近109.5°的夹角，平伏着向环外伸展，叫做平伏键或 e 键。如下图所示：

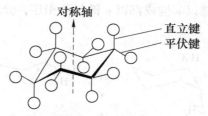

**环己烷的直立键和平伏键**

在室温时，环己烷的椅式构象可通过 C—C 键的转动，由一种椅式构象变为另一种椅式构象，在互相转变中，原来的 a 键变成了 e 键，而原来的 e 键变成了 a 键。如下图所示：

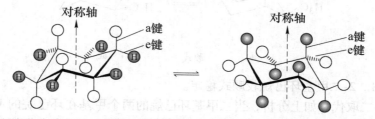

当六个碳原子上连的都是氢时，两种构象是同一构象。连有不同基团时，则构象不同。

### 4.1.4.3 取代环己烷的构象

**A 一元取代环己烷的构象**

一元取代环己烷中，取代基可占据 a 键，也可占据 e 键，由于 a 键取代基结构中的原子间斥力比 e 键取代基的大，所以占据 e 键的构象更稳定。例如：甲基占据 e 键比甲基占据 a 键的构象更稳定，内能小于 75.3kJ/mol，在平衡系统中占93%。如下所示：

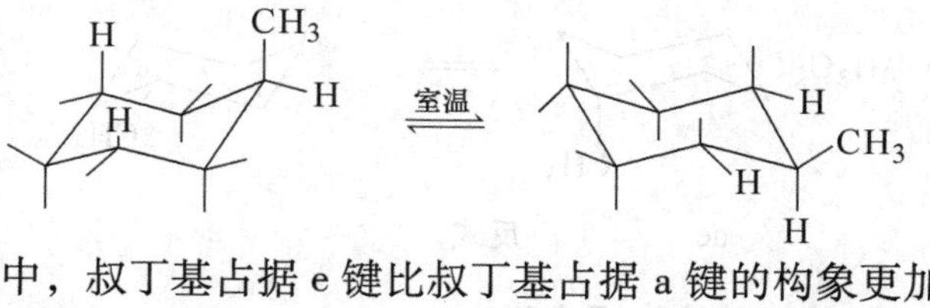

在叔丁基环己烷中，叔丁基占据 e 键比叔丁基占据 a 键的构象更加稳定，在平衡系统中占99%以上。如下所示：

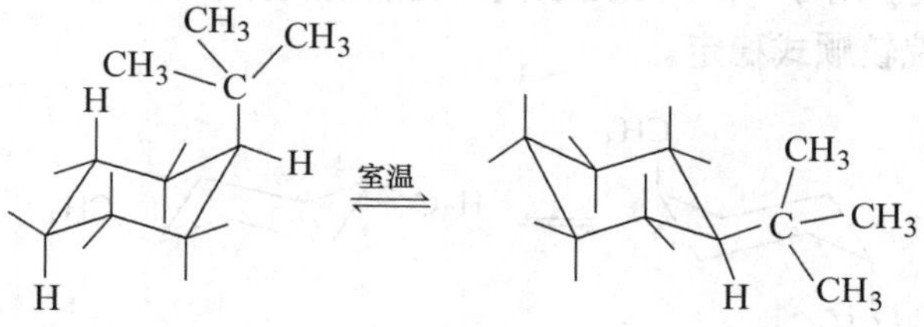

**B 二元取代环己烷的构象**

当环己烷上有两个或两个以上取代基时，根据取代基在环面的同侧或反侧，则可以产生几何异构体。

（1）1，2-二取代。如1，2-二甲基环己烷，即有顺式与反式两个异构体。由构象式可以看出，顺式异构体的两个甲基一个以 a 键，另一个以 e 键与环相连，这种构象叫 ae 型，而反式异构体的两个甲基可都以 a 键或都以 e 键与环相连，分别叫做 aa 型或 ee 型，但 ee 型为占优势的构象。

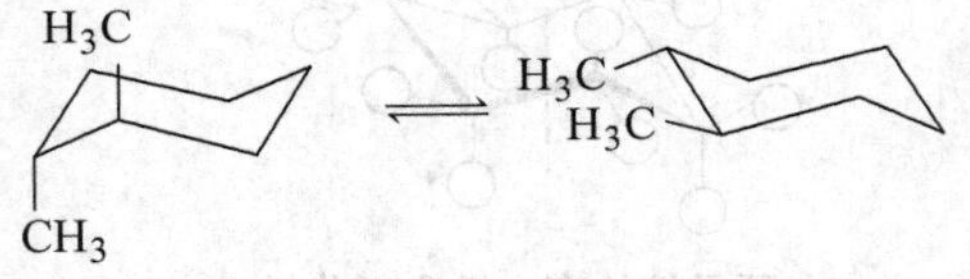

aa　　　　反式　　　　ee(优势构象)

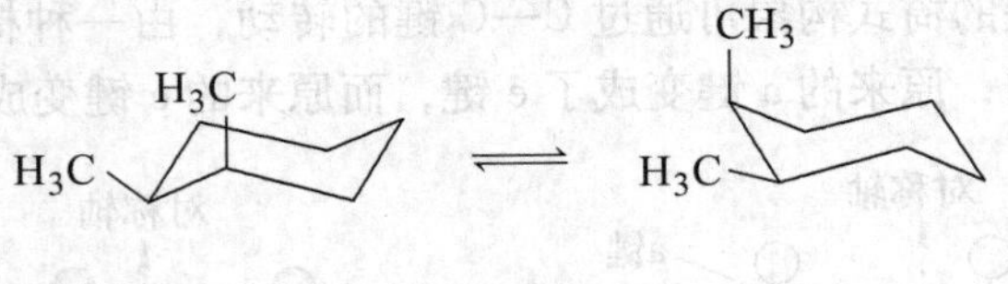

ae　　　　顺式　　　　ae

因此，反-1，2-二甲基环己烷较顺式稳定。

（2）1，3-二取代。如上分析，当二甲基环己烷的两个甲基在环己烷的 1、3 位时，由于顺式异构体的两个甲基可都以 a 键或 e 键与环相连，其中 ee 型为占优势的构象，因此，顺-1，3-二甲基环己烷较反式稳定。

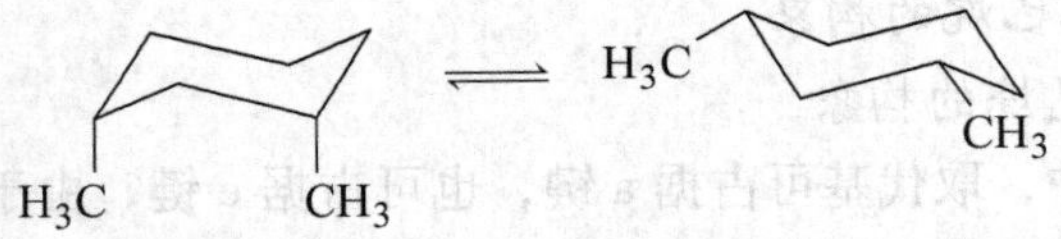

aa　　　　顺式　　　　ee(优势构象)

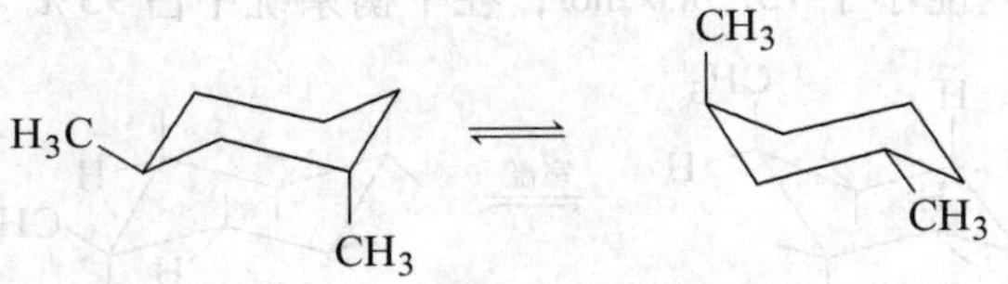

ae　　　　反式　　　　ae

因此，顺-1，3-二甲基环己烷较反式稳定。

（3）1，4-二取代。对于1，4-二元取代环己烷的构象，如1，4-二甲基环己烷，同理，反-1，4-二甲基环己烷较顺式稳定。

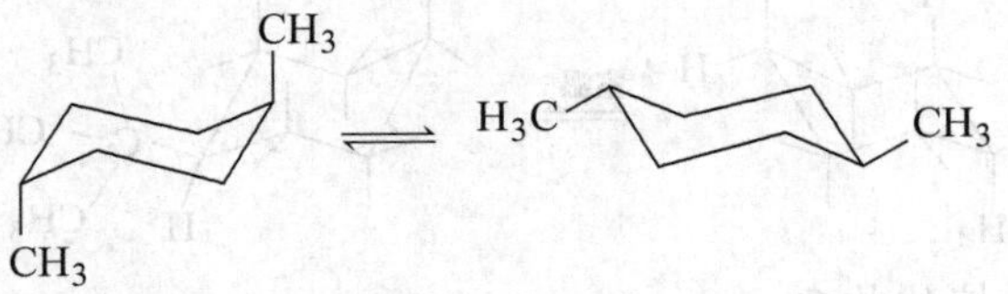

aa　　　　反式　　　　ee(优势构象)

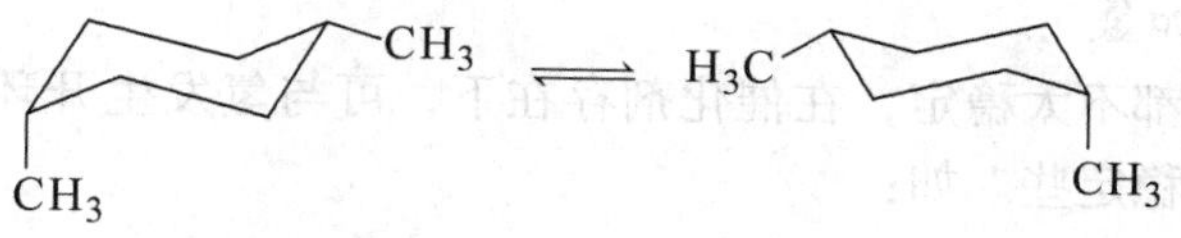

由上述实例可以看出，环己烷有两种极限构象（椅式和船式），椅式为优势构象；一元取代基主要以 e 键和环相连为主。多元取代环己烷最稳定的构象是 e 键上取代基最多的构象。如果环上有不同取代基时，大的取代基在 e 键上构象最稳定。用此方法可以分析其他二元、三元等取代环己烷的稳定构象，如：

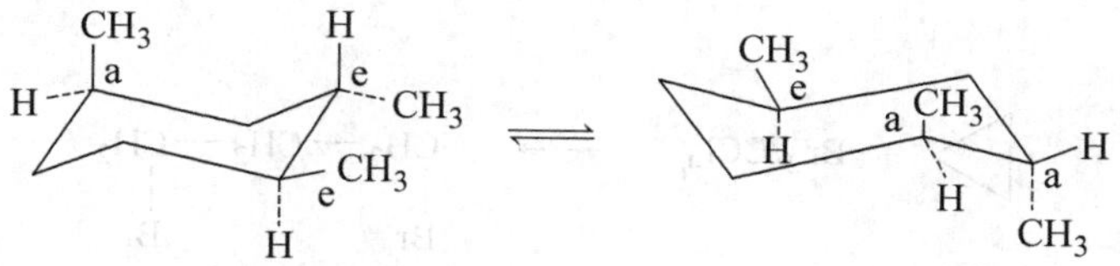

优势构象

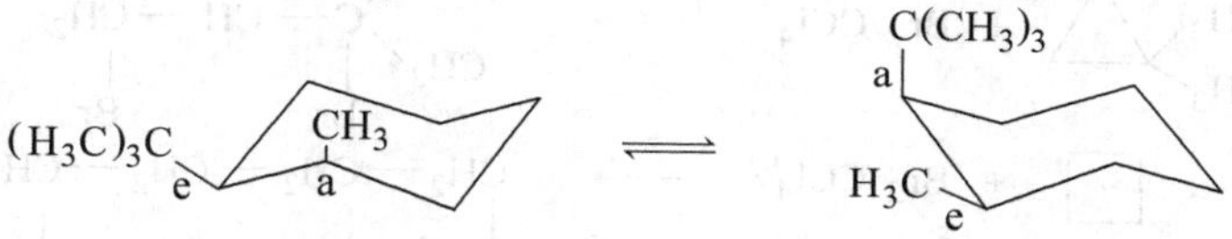

优势构象

## 4.1.5 脂环烃的性质

脂环烃的熔点、沸点和密度都较含同数碳原子的开链烷烃高，但仍比水轻，原因是环烷烃排列比开链烷烃紧密一些。常见环烷烃的物理常数见表 4 – 1。

表 4 – 1　常见环烷烃的物理常数

| 名　称 | 熔点/℃ | 沸点/℃ | 相对密度（20℃） |
|--------|--------|--------|----------------|
| 环丙烷 | – 127.6 | – 32.9 | 0.720（– 79℃） |
| 环丁烷 | – 90.0 | 12.0 | 0.703（0℃） |
| 环戊烷 | – 93.0 | 49.3 | 0.745 |
| 环己烷 | 6.5 | 80.8 | 0.779 |
| 环庚烷 | – 8.0 | 118.0 | 0.810 |
| 环辛烷 | 4.0 | 148.0 | 0.836 |

脂环烃的化学性质与相应的开链烷烃类似。但由于具有环状结构，且环有大有小，故还有一些环状结构所具有的特性。大环脂环烃和链状烷烃的化学性质很相像，对一般试剂表现得不活泼。小环脂环烃比较容易发生开环，它与氢、卤素、卤化氢都可以发生开环作用，因此，小环可以比作一个双键。五元、六元脂环烃，即使在相当强烈的条件下也不开环。

#### 4.1.5.1 催化加氢

三元环和四元环都不太稳定，在催化剂存在下，可与氢发生开环反应，生成开链烷，但四元环比三元环要稳定些。如：

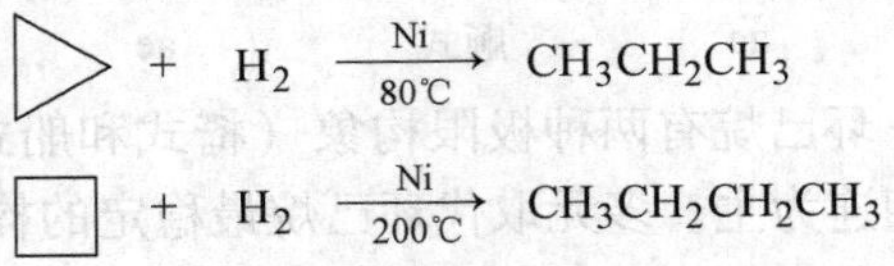

$$\triangleright + H_2 \xrightarrow[80℃]{Ni} CH_3CH_2CH_3$$

$$\square + H_2 \xrightarrow[200℃]{Ni} CH_3CH_2CH_2CH_3$$

#### 4.1.5.2 与溴作用

环丙烷于室温及暗处就能和溴加成，生成1，3-二溴丙烷，而环丁烷必须在加热下才与溴作用：

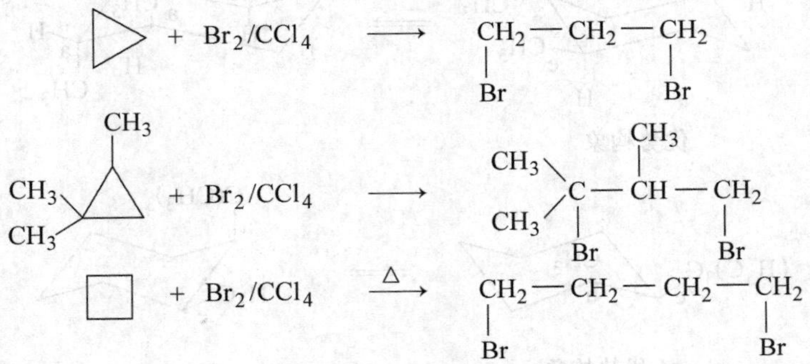

因此，溴褪色可用于鉴别三元和四元脂环烃。

对于五元、六元环或高级环烷，它们与溴不发生加成，在光照下可以进行取代反应。

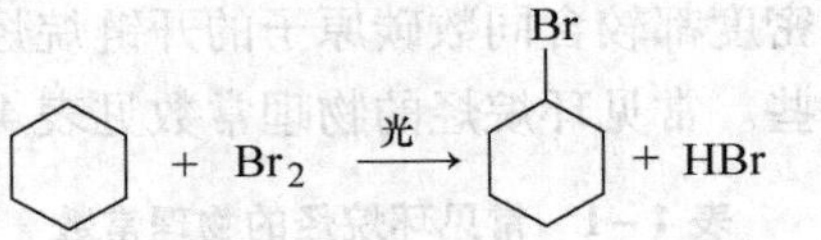

#### 4.1.5.3 与溴化氢、硫酸的加成

环丙烷及环丁烷可与溴化氢、硫酸发生加成反应，所以可以用来鉴定小环脂环烃。

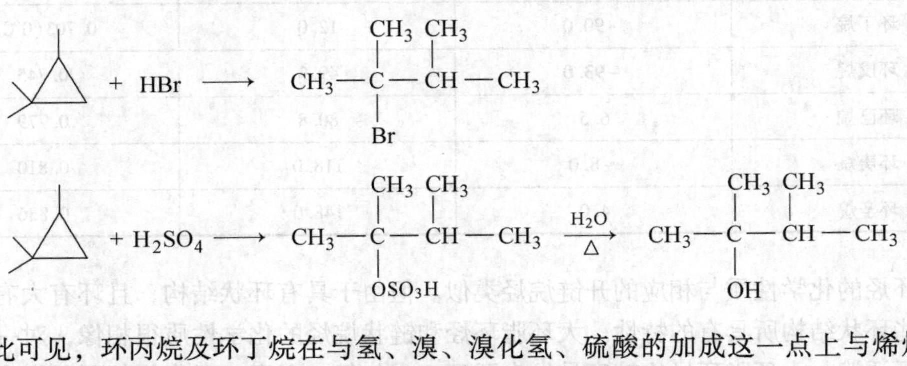

由此可见，环丙烷及环丁烷在与氢、溴、溴化氢、硫酸的加成这一点上与烯烃相似，但不如烯烃活泼，而且它们也不像烯烃那样容易被高锰酸钾氧化。

环烯烃或环炔烃中的不饱和键具有一般不饱和键的通性。

# 4.2 芳 香 烃

芳香烃，也叫芳烃，一般是指分子中含苯环结构的碳氢化合物。芳香二字的由来，最初是指从天然树脂（香精油）中提取而得、具有芳香气的物质。现代芳烃的概念是指具有芳香性的一类环状化合物，它们不一定具有香味，也不一定含有苯环结构。芳香烃具有其特征性质——芳香性（易取代，难加成，难氧化）。

## 4.2.1 芳香烃分类和命名

芳香烃按其结构可分类如下：

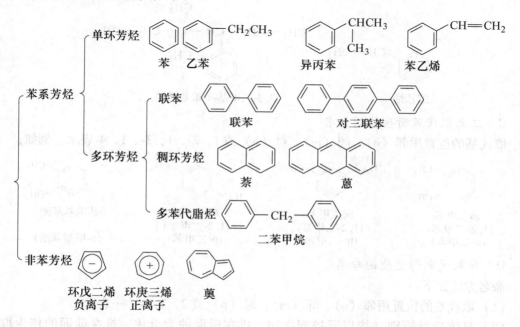

### 4.2.1.1 单环芳烃
单环芳烃包括苯、苯的同系物和苯基取代的不饱和烃。

A 基本概念

芳烃分子去掉一个氢原子所剩下的基团称为芳基（Aryl），用 Ar 表示。重要的芳基有：

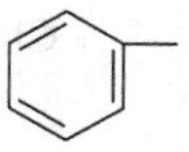

苯基，用Ph或Φ表示

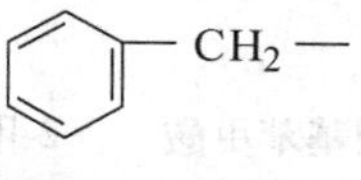

$CH_2$— (C_6H_5CH_2—)苄基(苯甲基),用Bz表示

B 一元取代苯衍生物的命名

（1）当苯环上连的是烷基 R—，—$NO_2$，—X 等基团时，则以苯环为母体，叫做某基苯。例如：

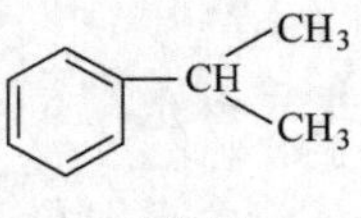

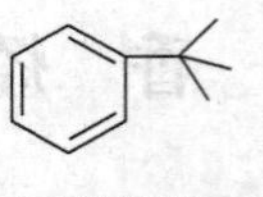

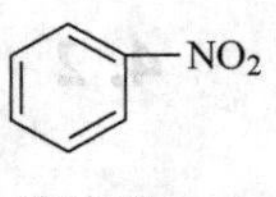

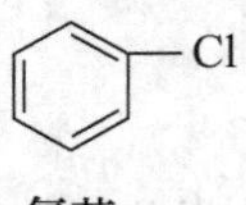

异丙基苯     叔丁基苯     硝基苯     氯苯

（2）当苯环上连有—COOH，—SO$_3$H，—NH$_2$，—OH，—CHO，—CH＝CH$_2$ 或 R 较复杂时，则把苯环作为取代基。例如：

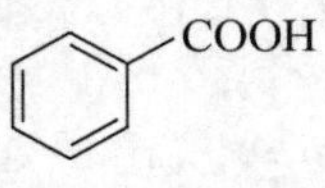

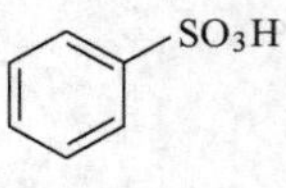

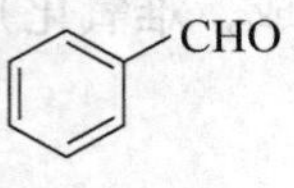

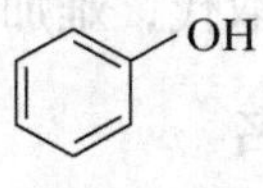

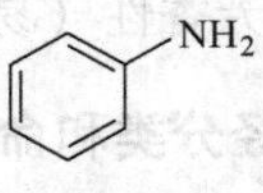

苯甲酸     苯磺酸     苯甲醛     苯酚     苯胺

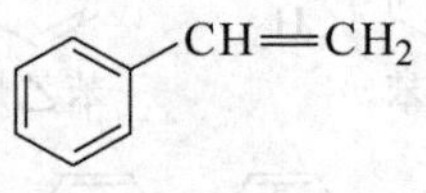

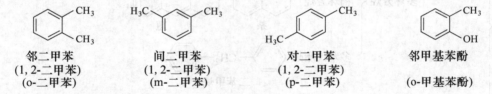

苯乙烯 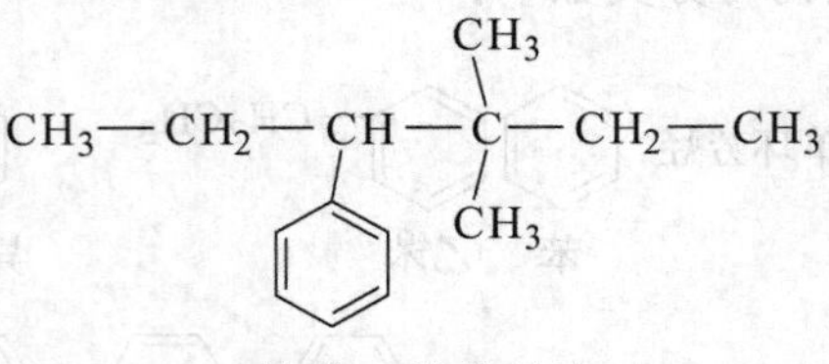          3,3-二甲基-4-苯基己烷

**C   二元取代苯衍生物的命名**

取代基的位置用邻（o）、间（m）、对（p）或1，2-、1，3-、1，4-表示。例如：

邻二甲苯     间二甲苯     对二甲苯     邻甲基苯酚
(1,2-二甲苯)   (1,2-二甲苯)   (1,2-二甲苯)
(o-二甲苯)    (m-二甲苯)    (p-二甲苯)    (o-甲基苯酚)

**D   多取代苯衍生物的命名**

命名方法如下：

（1）取代基的位置用邻（o）、间（m）、对（p）或2，3，4，…表示。

（2）母体选择原则（按以下排列次序，排在后面的为母体，排在前面的作为取代基）。

选择母体的顺序如下：—NO$_2$、—X、—OR（烷氧基）、—R（烷基）、—NH$_2$、—OH、—COR、—CHO、—CN、—CONH$_2$（酰胺）、—COX（酰卤）、—COOR（酯）、—SO$_3$H、—COOH、—N$^+$R$_3$ 等。例如：

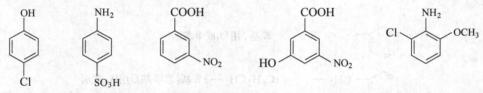

对氯苯酚    对氨基苯磺酸    间硝基苯甲酸    3-硝基-5-羟基苯甲酸    2-甲氧基-6-氯苯胺

**4.2.1.2   多环芳烃**

分子中含有一个以上苯环的化合物称为多环芳香烃。多环芳香烃可根据苯环的连接方式分为联苯类、多苯代脂肪烃和稠环芳香烃三类。

（1）联苯：苯环之间以一单键相连。例如：

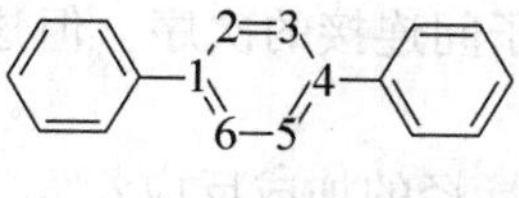

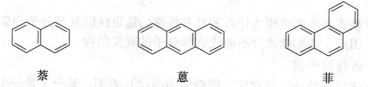

1,4-联三苯 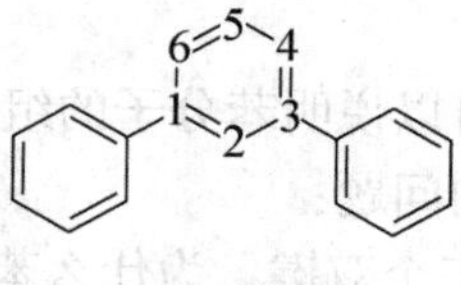　　　　　　　　　1,3-联三苯

（2）多苯代脂肪烃：脂肪烃中的氢被苯环取代。例如：

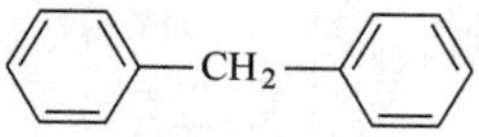

二苯甲烷 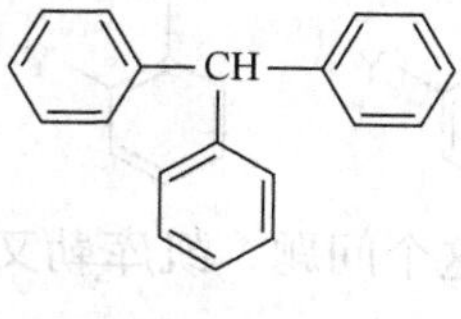　　　　　　三苯甲烷 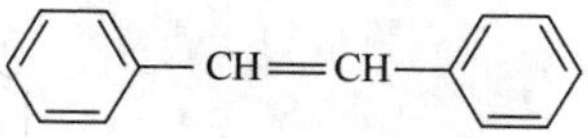　　　　　　1,2-二苯乙烯

（3）稠环芳香烃：苯环彼此共用两个相邻碳原子。例如：

萘　　　　　　　　　　蒽　　　　　　　　　　菲

本章只对单环芳烃与稠环芳烃进行讨论说明。

## 4.2.2　单环芳烃

### 4.2.2.1　苯的结构

A　苯的凯库勒式

苯加氢可以生成环己烷，说明苯具有六碳环的骨架，而苯的一元取代物只有一种，证明苯分子中六个氢原子是等同的。因此，1865年凯库勒从苯的分子式出发，提出了苯的环状结构：

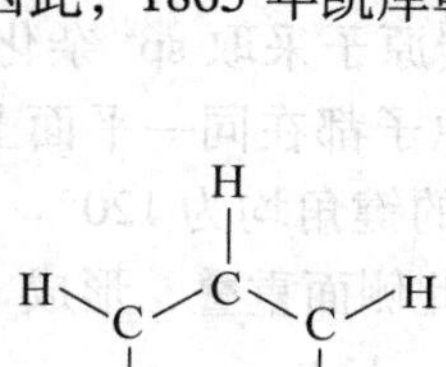

为了保持碳的4价，凯库勒在环内加上了三个双键，便是苯的凯库勒式：

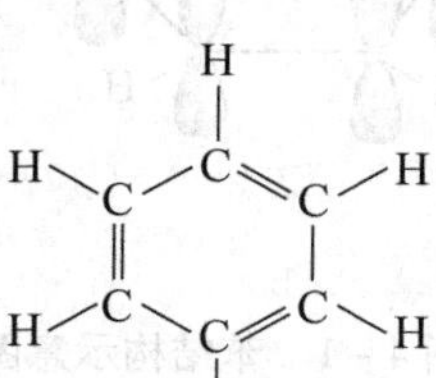

简写为：⬡。

这个式子虽然可以说明苯分子的组成以及原子间连接的次序，但这个式子仍存在着缺点，它不能说明下列问题：

（1）既然含有三个双键，为什么苯不起类似烯烃的加成反应？

（2）根据上式，苯的邻二元取代物应当有两种：

然而实际上只有一种。为了解释这个问题，凯库勒又假定，苯分子中的双键不是固定的，而是不停地迅速来回移动：

但是，凯库勒式并不能说明为什么苯具有特殊的稳定性以及苯分子中碳碳键的键长完全等同等事实。因此，凯库勒式并不能代表苯分子的真实结构。

**B　苯分子结构的价键**

现代物理方法（射线法、光谱法、偶极矩的测定）表明，苯分子是一个平面正六边形构型，键角都是 120°，碳碳键长都是 0.1397nm，如下所示：

正六边形结构
所有的原子共平面
C —— C键长均为0.1397nm
C —— H键长均为0.110nm
所有键角都为120°

根据杂化轨道理论，分子中的碳原子采取 sp² 杂化，以三个 sp² 杂化轨道分别与碳和氢形成三个 σ 键。苯分子中的所有原子都在同一平面上，六个碳原子组成一个正六边形，碳碳键长全相等（图 4 – 1a），所有的键角均为 120°。六个碳原子上未参与杂化的 p 轨道都垂直于碳环平面（图 4 – 1b），彼此侧面重叠，形成"环闭共轭体系"，环状离域的 π 电子云分布在平面的上、下两侧（图 4 – 1c）。

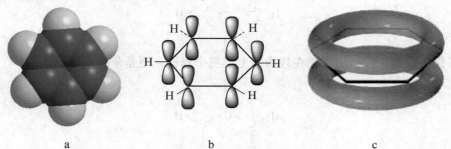

a　　　　　　　　　b　　　　　　　　　c

图 4 –1　苯结构示意图

a—苯的比例模型；b—苯中的 p 轨道；c—环状离域的 π 电子云分布

由于共轭效应使 π 电子高度离域，电子云完全平均化，故无单双键之分。因此，苯的结构也常用下式表示：

C 苯的特征

苯的分子式是 $C_6H_6$，碳氢比为 1:1，说明苯分子不饱和程度非常高，但不存在一般意义上的碳碳双键，所以它不具备烯烃的典型性质。苯环相当稳定，不易被氧化，不易进行加成，而容易发生取代反应，这些是芳香族化合物共有的特点，常把它叫做"芳香性"，这是从化学性质上来阐明芳香性。从结构上来说，具有芳香性的分子中，碳原子以 $sp^2$ 杂化形成环状化合物；成环原子共平面；形成闭合环状大 π 键，基态时 π 电子处于成键轨道，π 电子数符合 $4n+2$ 规则（$n$ 为 0，1，2，3，…），这个规则叫做休克尔（Hückel）规则。也就是说一个具有共平面、环状闭合、共轭体系的单环多烯化合物，只有当其 π 电子数符合 $4n+2$（$n=0$，1，2，3，…）时，才可能有芳香族的稳定性。因此并非含有苯环的化合物才有芳香性，某些不含苯环的环状化合物，如果它的结构符合休克尔规则，则也具有芳香性。

### 4.2.2.2 单环芳烃的物理性质

单环芳烃一般为无色有芳香味的液体，不溶于水，而易溶于石油醚、醇、醚等有机溶剂。相对密度在 $0.86 \sim 0.93$，是良好的溶剂，燃烧带黑烟，有一定的毒性。单环芳烃的物理常数见表 4-2。

表 4-2 单环芳烃的物理常数

| 名　称 | 沸点/℃ | 熔点/℃ | 相对密度 |
|---|---|---|---|
| 苯 | 80.1 | 5.5 | 0.877 |
| 甲　苯 | 110.6 | −95.0 | 0.867（−164℃） |
| 乙　苯 | 136.2 | −95.0 | 0.867 |
| 丙　苯 | 159.2 | −99.5 | 0.862 |
| 异丙苯 | 152.4 | −96.0 | 0.862 |
| 邻-二甲苯 | 144.4 | −25.2 | 0.880（−10℃） |
| 间-二甲苯 | 139.1 | −47.9 | 0.864 |
| 对-二甲苯 | 138.3 | 13.3 | 0.861 |

### 4.2.2.3 单环芳烃的化学性质

芳烃的化学性质主要是芳香性，由于苯环中离域的 π 电子云分布在分子平面的上、下两侧，这就与烯烃中的 π 电子一样，它们对亲电子试剂都能起提供电子的作用，所不同的是，烯烃容易进行亲电加成，而芳烃的化学性质主要是芳香性，即具有保持稳定的共轭体系的倾向，即易进行取代反应，而难进行加成和氧化反应。

A 取代反应

a 卤代反应

苯与氯、溴在一般情况下不发生取代反应，但在铁或相应的铁盐等的催化下加热，苯环上的氢可被氯或溴原子取代,生成相应的卤代苯,并放出卤化氢。

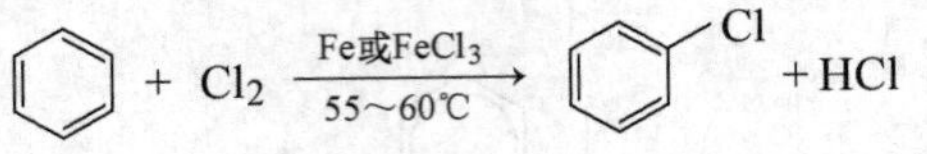

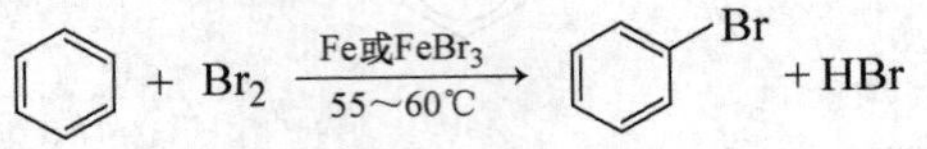

$$\text{(苯)} + Cl_2 \xrightarrow[55\sim60℃]{Fe或FeCl_3} \text{(Cl-苯)} + HCl$$

$$\text{(苯)} + Br_2 \xrightarrow[55\sim60℃]{Fe或FeBr_3} \text{(Br-苯)} + HBr$$

苯与溴的反应历程如下:

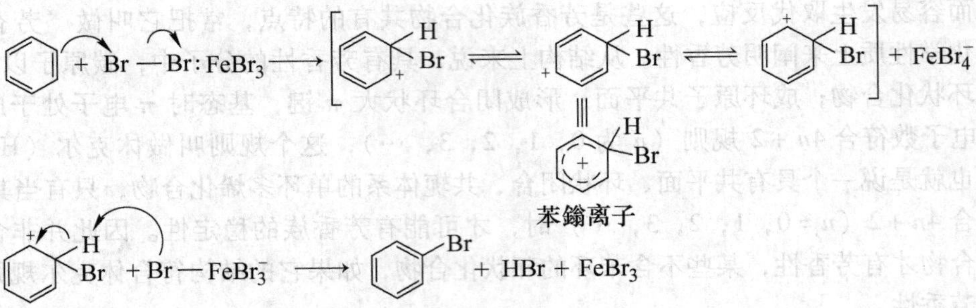

$$\text{(苯)} + Br-Br:FeBr_3 \longrightarrow \left[ \text{苯鎓离子} \right] + FeBr_4^-$$

苯鎓离子

$$\text{(中间体)} + Br-FeBr_3^- \longrightarrow \text{(Br-苯)} + HBr + FeBr_3$$

**b　硝化反应**

以浓硝酸和浓硫酸(或称混酸)与苯共热,苯环上的氢原子能被硝基(—NO_2)取代,生成硝基苯。

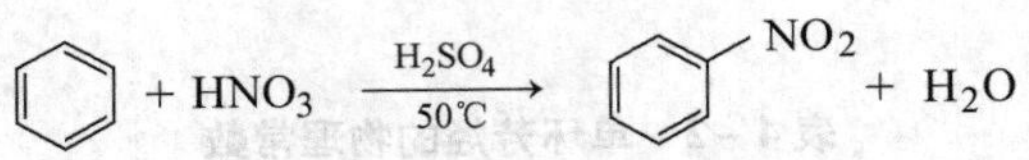

$$\text{(苯)} + HNO_3 \xrightarrow[50℃]{H_2SO_4} \text{(NO_2-苯)} + H_2O$$

反应中浓 $H_2SO_4$ 的存在能促使 $NO_2^+$ 离子(硝鎓离子)的生成。

$$HNO_3 \begin{cases} \xrightarrow{\text{水中}} H^+ + NO_3^- \\ \xrightarrow{H_2SO_4中} NO_2^+ + H_3O^+ + HSO_4^- \end{cases}$$

苯的硝化反应历程:

$$\text{(苯)} + \text{(}NO_2^+\text{)} \longrightarrow \left[ \text{中间体} \right]$$

$$\longrightarrow \text{(NO_2-苯)} + H^+$$

**c　磺化反应**

苯和发烟硫酸共热,环上的氢可被磺酸基(—SO_3H)取代,产物是苯磺酸。

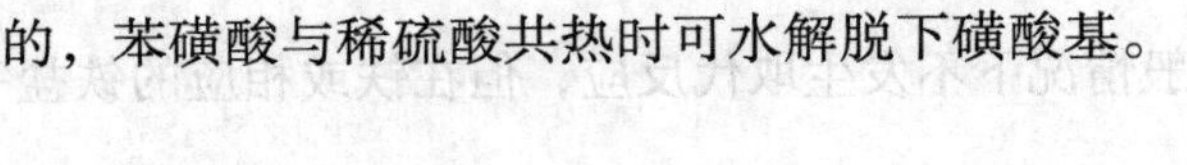

$$\text{(苯)} + H_2SO_4(7\%SO_3) \xrightarrow{\triangle} \text{(SO_3H-苯)} + H_2O$$

磺化反应是可逆的,苯磺酸与稀硫酸共热时可水解脱下磺酸基。

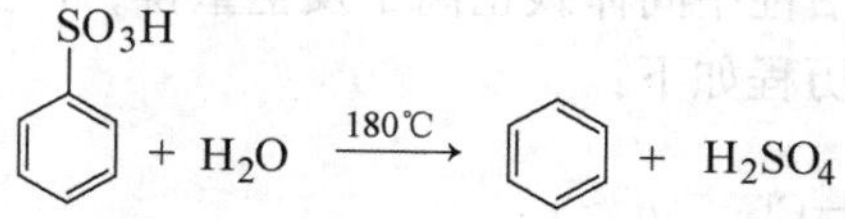

$$\underset{\text{SO}_3\text{H}}{\bigcirc} + \text{H}_2\text{O} \xrightarrow{180℃} \bigcirc + \text{H}_2\text{SO}_4$$

此反应常用于有机合成上控制环上某一位置不被其他基团取代，或用于化合物的分离和提纯。

苯的磺化反应历程：

$$2\text{H}_2\text{SO}_4 \rightleftharpoons \text{SO}_3 + \text{H}_3\text{O}^+ + \text{HSO}_4^-$$

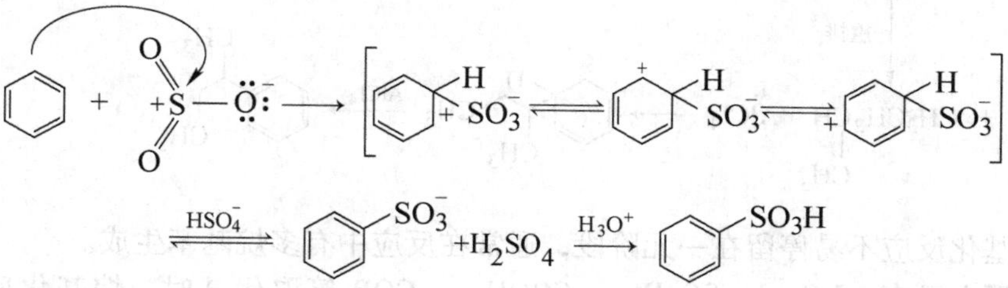

d 傅氏反应

1877 年法国化学家傅瑞德和美国化学家克来福特发现了制备烷基苯和芳酮的反应，简称为傅氏反应（Friedel-Crafts Reaction）。前者叫傅氏烷基化反应，后者叫傅氏酰基化反应。

（1）烷基化反应。苯与烷基化剂在路易斯酸的催化下，生成烷基苯的反应称为傅氏烷基化反应。

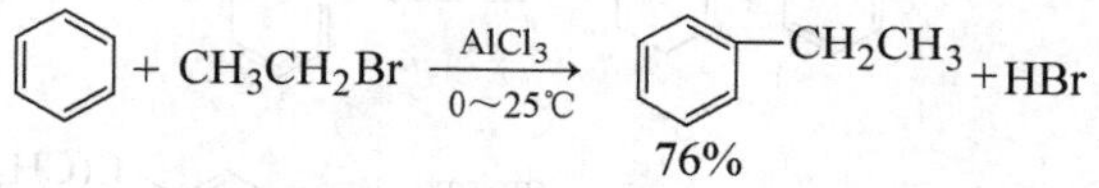

$$\bigcirc + \text{CH}_3\text{CH}_2\text{Br} \xrightarrow[0\sim25℃]{\text{AlCl}_3} \underset{76\%}{\bigcirc\!\!-\!\text{CH}_2\text{CH}_3} + \text{HBr}$$

其反应历程为：

$$\text{CH}_3\text{CH}_2\text{Br} + \text{AlCl}_3 \longrightarrow \text{CH}_3\overset{\delta^+}{\text{CH}_2}\text{-}\text{-}\overset{\delta^-}{\text{Br}}\cdots\text{AlCl}_3 \longrightarrow \text{CH}_3\overset{+}{\text{CH}}_2 + [\text{AlCl}_3\text{Br}]^-$$

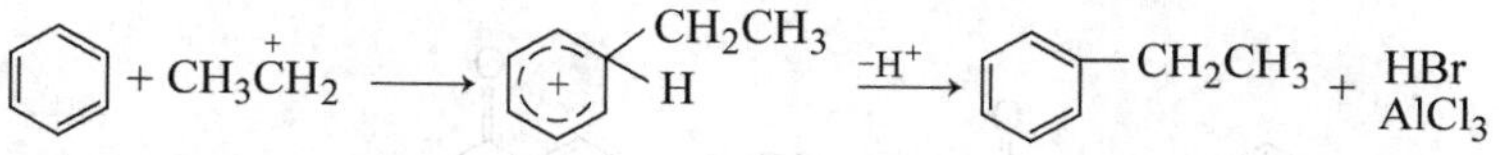

此反应中应注意以下几点：

1）常用的催化剂是无水 AlCl₃，此外还有 FeCl₃、BF₃、无水 HF、SnCl₄、ZnCl₂、H₃PO₄、H₂SO₄ 等。

2）当引入的烷基为三个碳以上时，引入的烷基会发生碳链异构现象。

例如：

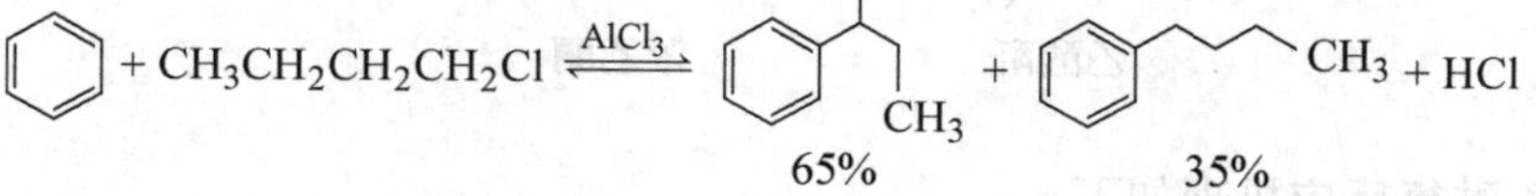

$$\bigcirc + \text{CH}_3\text{CH}_2\text{CH}_2\text{CH}_2\text{Cl} \xrightarrow{\text{AlCl}_3} \underset{65\%}{\bigcirc} + \underset{35\%}{\bigcirc\!\!-\!\text{CH}_2\text{CH}_2\text{CH}_3} + \text{HCl}$$

这主要是因为反应中的活性中间体碳正离子发生重排，产生更稳定的碳正离子后，再进攻苯环形成产物，其反应历程如下：

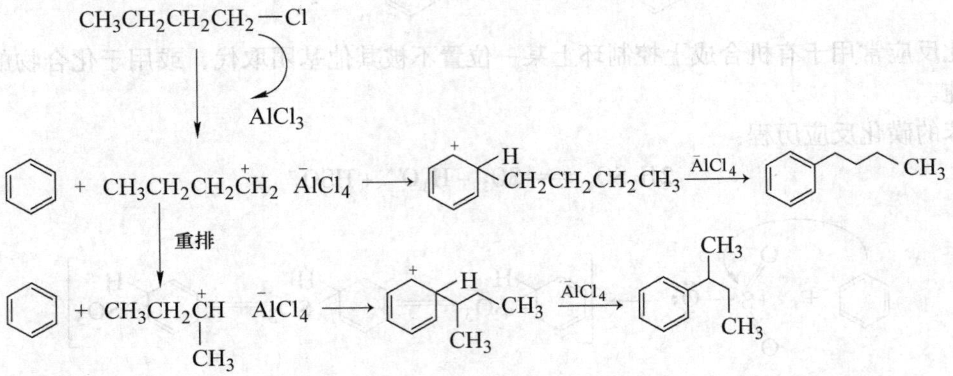

3）烷基化反应不易停留在一元阶段，通常在反应中有多烷基苯生成。

4）苯环上已有—$NO_2$、—$SO_3H$、—COOH、—COR 等取代基时，烷基化反应不易发生。因这些取代基都是强吸电子基团，降低了苯环上的电子云密度，使亲电取代不易发生。例如，硝基苯就不能起傅氏反应，但可用硝基苯作溶剂来进行烷基化反应。

5）由于进攻试剂是碳正离子，所有除卤代烃外，其他能产生碳正离子的化合物可以作为烷基化试剂，如烯烃、醇等。例如：

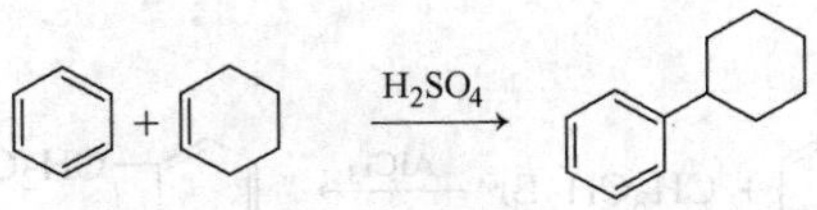

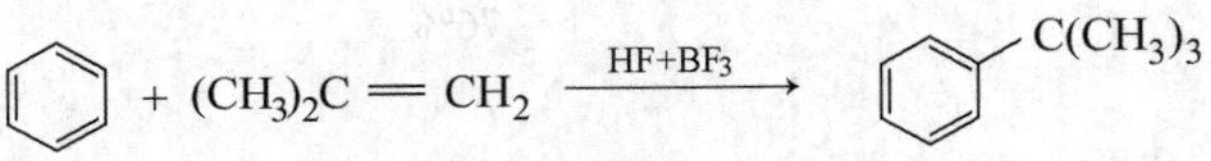

（2）酰基化反应。在无水三氯化铝催化下，苯还能与酰氯（或酸酐）进行类似的反应得到酮。

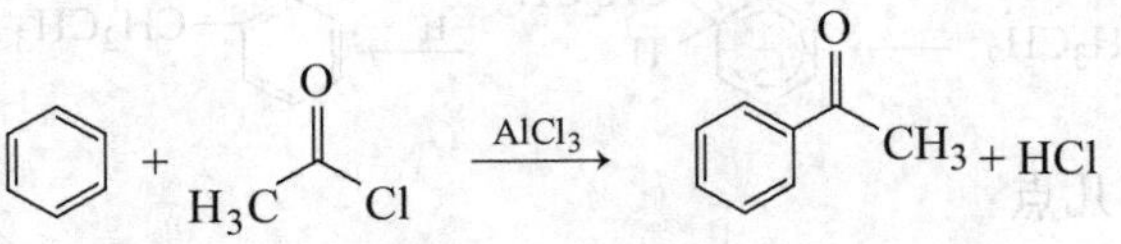

乙酰氯　　　　苯乙酮

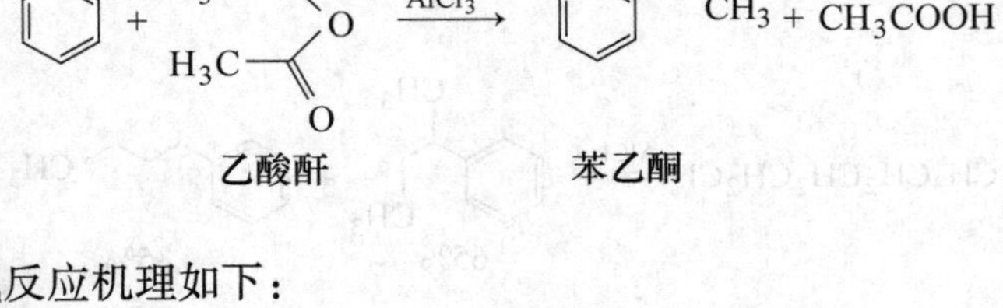

乙酸酐　　　　苯乙酮

其中与乙酰氯反应机理如下：

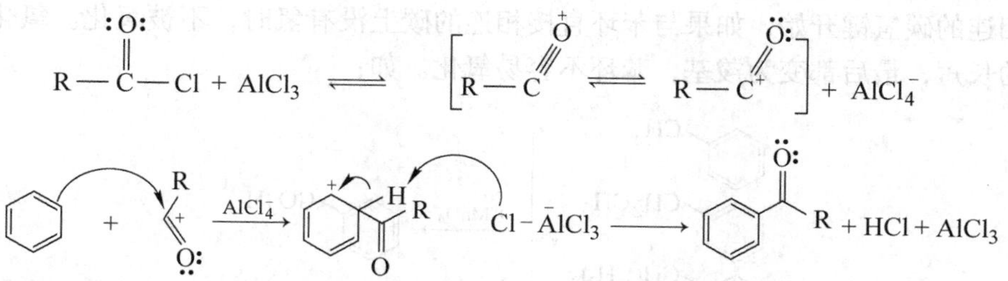

$$R-\overset{\overset{\displaystyle :O:}{|}}{C}-Cl + AlCl_3 \rightleftharpoons \left[ R-\overset{+}{C}\overset{\displaystyle O}{\equiv} \rightleftharpoons R-\overset{+}{C}\overset{\overset{\displaystyle \ddot{O}:}{}}{} \right] + AlCl_4^-$$

傅氏酰基化反应，是制备芳香酮的主要方法。傅氏酰基化反应的特点是产物纯、产量高（因酰基不发生异构化，也不发生多元取代）。

e  苯环的亲电取代反应历程

苯的卤代、硝化、磺化及傅氏反应都为亲电取代反应，其历程可用通式表示如下：首先亲电试剂与电子密度较高的苯环接近时，与苯环形成一个不稳定的碳正离子中间体；然后由碳正离子中间体消去一个 H$^+$，恢复稳定的苯环结构。

在此反应中，进攻试剂可以是正离子，也可以是偶极分子；其机理为加成—消去历程；苯环加成为反应的限速步骤。

B   加成反应

芳烃容易发生取代反应而难于加成，这就是化学家早期在实践中反复观察到的"芳香性"，但在一定条件下，仍可与氢、氯等加成，生成脂环烃或其衍生物。一般情况下苯的加成不停留在生成环己二烯或环己烯的衍生物阶段，这进一步说明苯环中六个 p 电子形成了一个整体，不存在三个孤立的双键。

（1）催化加氢：

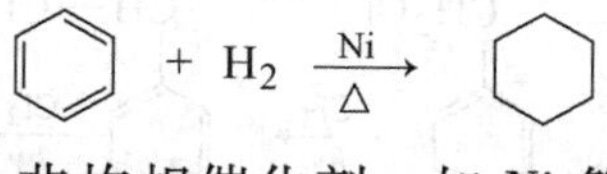

苯催化加氢的催化剂包括：非均相催化剂，如 Ni 等；均相催化剂，如铑的配合物——三（三苯基膦）氯化铑 $[(Ph_3P)_3RhCl]$。

（2）加氯：

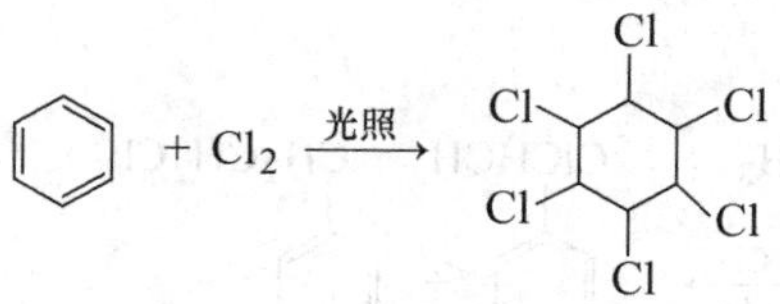

1, 2, 3, 4, 5, 6-六氯代环己烷(六六六)

六六六是过去曾大量使用的一种杀虫剂，由于它的毒性及对环境的污染，现已被禁止使用。

C   氧化反应

a   苯环侧链的氧化

烃基苯侧链可被高锰酸钾或重铬酸钾在酸性或碱性溶液或稀硝酸中所氧化，并在与苯环直接相连的碳氢键开始，如果与苯环直接相连的碳上没有氢时，不被氧化。氧化时，不论烷基的长短，最后都变为羧基，苯环不容易氧化。如：

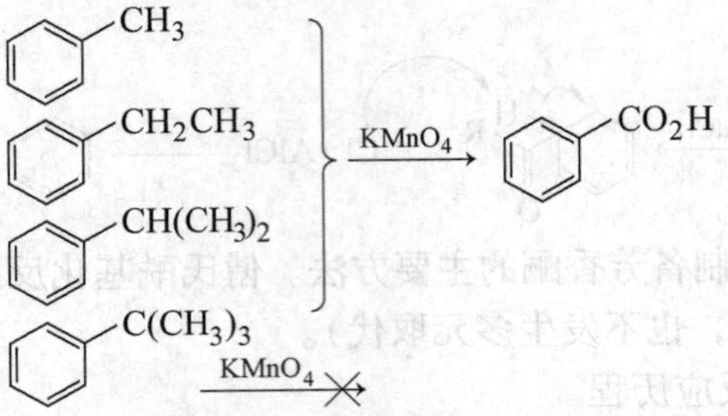

当苯环上含有两个不等长的碳链取代基时，碳链较长的先被氧化。

b  苯环的氧化

在较高的温度及特殊催化剂作用下，苯可被空气中的氧氧化开环，生成顺丁烯二酸酐。

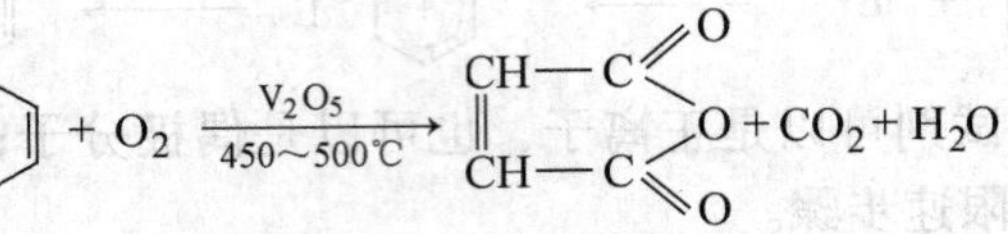

顺丁烯二酸酐

D  烷基侧链的卤代

在没有铁盐存在时，烷基苯与氯在高温或经紫外光照射，则卤代反应发生在烷基侧链上，而不是发生在苯环上，例如：

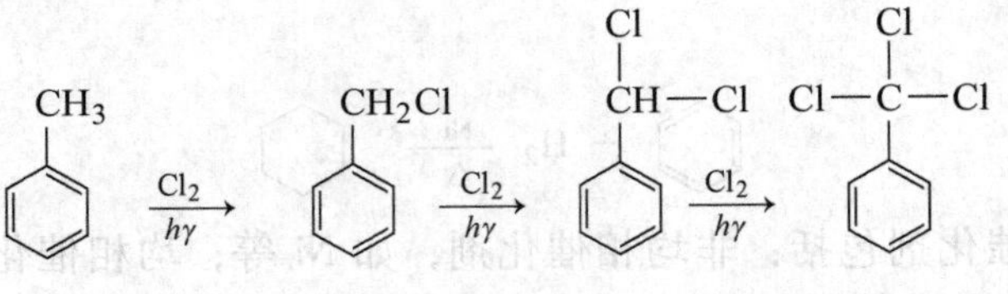

该反应是按游离基历程进行的反应。通过这一反应，进而说明了反应条件的重要性。甲苯以外的其他烷基苯，在同样条件下，主要是与苯环相连的碳原子上的氢被卤素取代。例如：

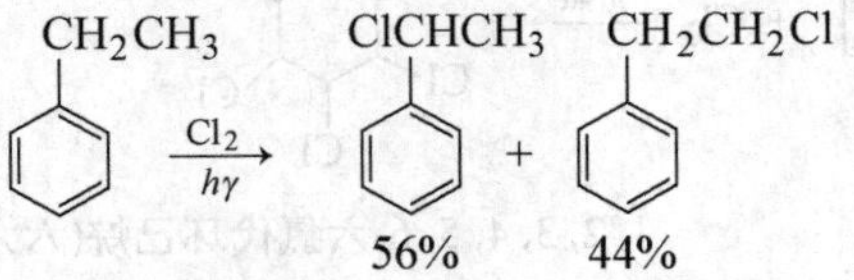

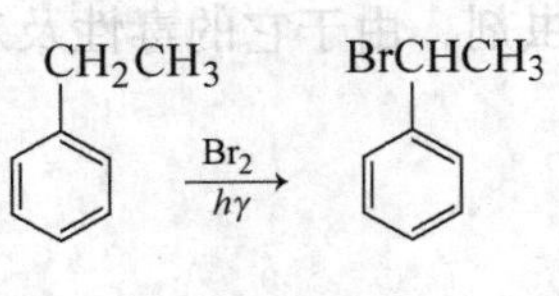

这主要是由游离基的稳定性决定的，因为：

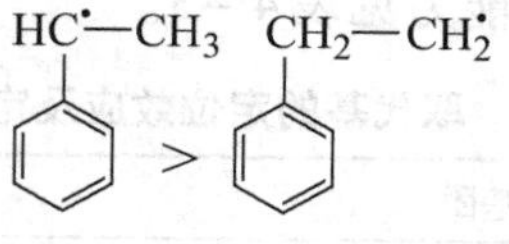

$$HC^{\cdot}-CH_3 \quad CH_2-CH_2^{\cdot}$$

$$\bigcirc > \bigcirc$$

### 4.2.2.4 苯环上亲电取代反应的定位规律

一元取代苯有两个邻位、两个间位和一个对位，再发生亲电取代反应时，都可接受亲电试剂进攻，如果取代基对反应没有影响，则生成物中邻、间、对位产物的比例应为2:2:1。但原有取代基不同，发生亲电取代反应的难易就不同，第二个取代基导入苯环的相对位置也不同，例如：

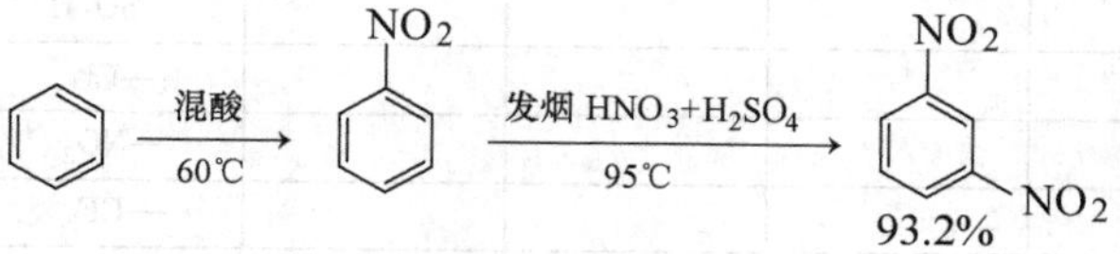

硝基苯的硝化比苯困难，新引入的取代基主要进入原取代基的间位

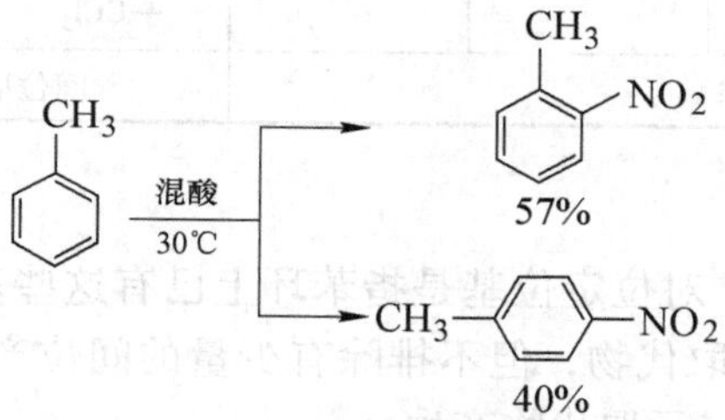

甲苯的硝化比苯容易，新引入的取代基主要进入原取代基的邻对位

可见，苯环上原有取代基决定了第二个取代基导入苯环位置的作用，也影响着亲电取代反应的难易程度。我们把原有取代基决定新引入取代基导入苯环位置的作用称为取代基的定位效应。

**A 两类定位基**

根据原有取代基对苯环亲电取代反应的影响，将新引入取代基导入的位置分为两类。

（1）邻、对位定位基。使新引入的取代基主要进入原取代基团邻位和对位（邻对位产物之和大于60%），这类定位基大多数能使苯环变得更容易进行亲电取代反应，也就是它们对苯环有致活作用，使取代反应比苯易进行。如：

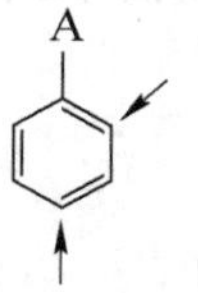

A 的定位能力次序大致为（从强到弱）：

$$—O^-, —NR_2, —NHR, —NH_2, —OH, —OR, —NHCOR,$$

$$—OCOR, —R, —CH_3$$

还有一些邻、对位定位基，主要是指卤素及—CH$_2$Cl 等，它们使新引入的取代基主要进入原取代基团的邻位和对位，但使苯环略微钝化，取代反应比苯难进行。

（2）间位定位基。使新引入的取代基主要进入原取代基团的间位（间位产物大于50%），对苯环的亲电取代有致钝作用，当这些基团连在苯环上以后，则使苯环较难进行亲电取代反应。如：

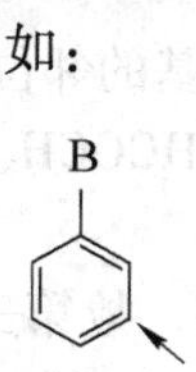

B 的定位能力次序大致为（从强到弱）：

$$—\overset{+}{N}R_3, —NO_2, —CF_3, —CCl_3, —CN, —SO_3H,$$

$$—CHO, —COR, —COOH, —CONH_2$$

各种取代基的定位效应及定位能力见表4-3。

表4-3　取代基的定位效应及定位能力

| 性　质 | 活化基团 | | | | 钝化基团 | | |
|---|---|---|---|---|---|---|---|
| 强　度 | 最强 | 强 | 中 | 弱 | 弱 | 强 | 最强 |
| 取代基 | —O$^-$ | —NR$_2$ | —OCOR | —NHCOH | —F | —COR | —N$^+$H$_3$ |
| | | —NHR | —NHCOR | —C$_6$H$_5$ | —Cl | —CHO | —N$^+$R$_3$ |
| | | —HN$_2$ | | —CH$_3$ | —Br | —COOR | |
| | | —OH | | —CR$_3$ | —I | —CONH$_2$ | |
| | | —OR | | | —CH$_2$Cl | —COOH | |
| | | | | | | —SO$_3$H | |
| | | | | | | —CN | |
| | | | | | | —NO$_2$ | |
| | | | | | | —CF$_3$ | |
| | | | | | | —CCl$_3$ | |
| 性　能 | 邻对位取代基 | | | | 间位取代基 | | |

应该注意:

1) 取代基的定位效应不是绝对的。邻、对位定位基是指苯环上已有这些基团的其中之一后,引入第二个基团时主要为邻、对位取代物,但不排除有少量的间位产物。同样,间位定位基存在时,也会有少量的邻、对位二元取代物产生。

2) 同一个一元取代苯在不同反应中,得到二元取代物的比例是不同的。

3) 同一个一元取代苯即使是进行同一反应,但反应条件不同,所得的二元取代物比例也不同。

**B　二元取代苯的定位规律**

如苯环上已有两个取代基,再进行亲电取代反应时,第三个基团进入的位置要取决于已有的两个基团的定位效应。如果只考虑定位效应,需注意:两个基团的定位效应一致,则第三个基团进入对应的位置;如果两个基团的定位效应不一致,按致活能力强的,确定第三个基团进入位置。此外,还需考虑相对位置、空间体积等因素。以下几个例子对上述因素作些简单说明:

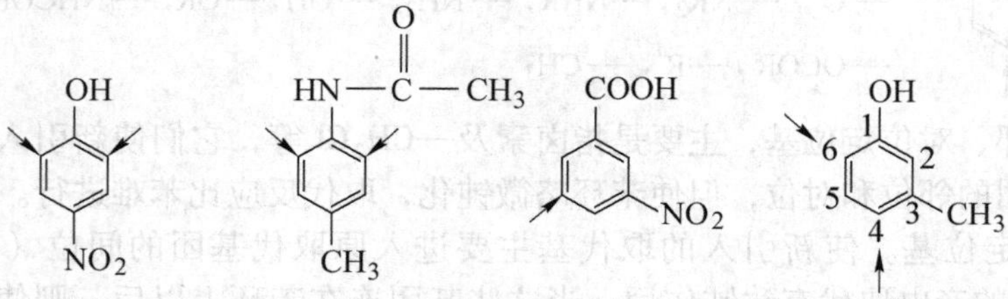

在(a)中,羟基与硝基的定位作用都导致第三个基团进入羟基的邻位。

在(b)中,环上的两个基团都是邻、对位定位基,但—NHCOCH$_3$的致活作用比—CH$_3$强,所以第三个基团主要进入—NHCOCH$_3$的邻位。

在(c)中,两个间位定位基处于间位,它们的作用是一致的,故第三个基团应进入它们的间位。

在（d）中，两个邻、对位定位基处于间位，它们的定位作用也是一致的，即第三个基团可以进入 2，4，6 位，但 2 位正处于两个基团之间，对第三基团的进入有位阻作用，所以第三个基团以进入 4 或 6 位为主。

C　定位规律的解释

原子或基团取代苯环上的氢后，会对苯环活性产生活化或钝化的作用，这是因为取代基的给电子或吸电子特性使苯环上电子云密度分布发生了改变。苯环上取代基的定位规律，可用电子效应解释。

影响苯环活性的电子效应有：

电子效应 ⎧ 诱导效应　　I (Inductive Effect)
　　　　 ⎩ 共轭效应　　C (Conjugative Effect)

a　诱导效应

在不同原子间形成的共价键，由于它们电负性的不同，共用的电子对偏向电负性较强的原子而使共价键带有极性。在多原子分子中，一个键的极性可以通过静电作用力沿着与其相邻的原子间的 σ 键继续传递的作用称为诱导效应。如：

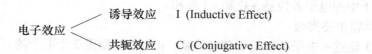

在上述分子中，由于卤原子的电负性比碳强，所以碳—卤键中的电子对偏向于卤原子，而使卤原子带有部分负电荷，碳原子 $C_\alpha$ 带部分正电荷。正是由于 $C_\alpha$ 带有部分正电荷，所以它吸引 $C_\alpha$—$C_\beta$ 间的共用电子对，使得电子对偏向 $C_\alpha$，致使 $C_\beta$ 带有部分正电荷，按照同样道理，这种静电作用力，可以继续沿着与相邻原子间的 σ 键传递下去，但随距离的加大而迅速减弱，一般至 $C_\gamma$ 就已经很弱了。这种吸引电子的诱导效应叫做亲电子诱导效应。与此相反的是给电子诱导效应。甲基是给电子基团，它对相邻的 σ 键上的共用电子对有排斥作用。

一个原子或基团是亲电子效应还是给电子效应，一般是以氢为标准，电负性大于氢的原子或基团为亲电基，小于氢的叫给电基。以 –I 表示吸电子，+I 表示给电子。

b　共轭效应

在 1，3-丁二烯中已经讲到，共轭效应是由于相邻 p 轨道的重叠而产生的，除 π-π 共轭外，还有 p-π 共轭及超共轭。

p-π 共轭是由 π 键与相邻原子的 p 轨道重叠而产生的，如氯乙烯（图 4–2）。

氯乙烯分子中，所有的 σ 键都在同一平面内，氯原子的未共用电子对之一所占据的 3p 轨道，能与 π 键的 2p 轨道相互平行重叠而形成 p-π 共轭体系（图 4–2a），共轭的结果使 Cl 上 p 电子向 π 键偏转（图 4–2b），但在氯乙烯分子中，Cl 元素的电负性较大，又有诱导效应。诱导效应使该分子上的电子密度偏向 Cl，而共轭效应则使电子密度往 π 键偏移，所以整个体系的最终效应是诱导效应与共轭效应之和。

共轭效应以 C 表示，也有给电子和吸电子之分。给电子的为 +C，吸电子的为 –C。

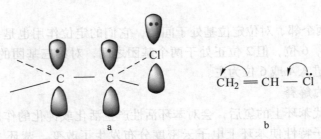

图 4 - 2　氯乙烯分子中 p-π 共轭体系示意图

a—氯乙烯 p 轨道；b—氯乙烯 p 电子向 π 键偏转

氯乙烯分子中的电子效应是 +C 和 −I 总和。

p-π 共轭主要类型：

（1）3 轨道 4 电子的富电子共轭体系：p 轨道能提供 2 个电子的，如氯乙烯：

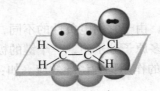

与其类似的分子有：

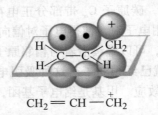

（2）3 轨道 2 电子的缺电子共轭体系：p 轨道中无电子的，如烯丙基正离子：

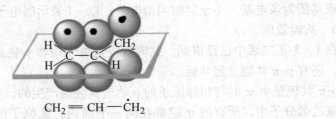

$$CH_2 = CH \overset{+}{-} CH_2$$

（3）3 轨道 3 电子的共轭体系：p 轨道能提供 1 个电子的，如烯丙基自由基：

$$CH_2 = CH - \overset{\cdot}{C}H_2$$

p-π 共轭后，自由基或离子稳定性都得到了增强，如：

$$CH_2 = CH - CH_2^+ > CH_3 - CH_2 - CH_2^+$$

$$CH_2 = CH - CH_2 \cdot > CH_3 - CH_2 - CH_2 \cdot$$

$$CH_2 = CH - CH_2^- > CH_3 - CH_2 - CH_2^-$$

超共轭效应视其电子转移作用分为 σ-π、σ-p 和 σ-σ 三种，其中以 σ-π 最为常见。σπ超共轭体系是指当 $sp^3$-s 轨道形成的 C—H 的 σ 键与碳碳双键直接相连时，σ 轨道与 π 轨道也有很小程度的重叠，使 C—H 键的 σ 电子向 π 轨道离域，出现微弱的共轭效应，使体系较稳定。例如在丙烯分子中的甲基可绕碳碳 σ 键旋转，旋转到某一角度时，甲基中的 C—H 的 σ 键与 C≡C 的 π 键在同一平面内，C—H 的 σ 键轴与 π 键 p 轨道近似平行，形成 σ-π 共轭体系。丙烯与甲苯的 σ-π 共轭体系示意图如下：

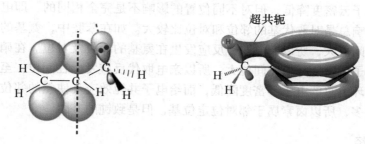

丙烯的σ-π共轭体系示意图　　　　　　甲苯的σ-π共轭体系示意图

由前面的分析可知，π-π 共轭、p-π 共轭及超共轭的相对稳定性如下：

$$\pi\text{-}\pi \text{ 共轭} > p\text{-}\pi \text{ 共轭} > \sigma\text{-}\pi \text{ 超共轭}$$

c　电子效应与反应活性的关系

芳环上亲电取代反应的活性与芳环上的 π 电子云密度有关，电子云密度受芳环上取代基的影响，其影响主要通过诱导效应和共轭效应来作用。两种效应的方向可以相同，也可以相反，若总效应使芳环上电子云密度相对苯而言增加，则有利于亲电取代反应的进行，称为致活基团；若是减少，则不利于亲电取代反应的进行，称为致钝基团。

当苯环上连有邻、对位定位基时，对苯环总体是起给电子作用，使苯环上的电子密度增高，有利于亲电取代反应，如苯胺：

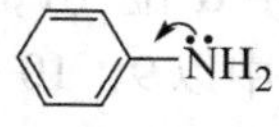

由于氨基中的氮原子电负性比碳强，所以有 $-I$ 效应。但氮上的未共用电子对可与苯环形成 p-π 共轭，表现为 $+C$ 效应，而且 $+C > -I$。总体上，氨基对苯环表现出给电子效应，使苯环上的电子云密度比没有氨基的苯要高，因此苯胺比苯更易进行亲电取代反应。

苯环上连有间位定位基时，它对苯环起吸电子效应，使苯环电子云密度降低，不利于亲电取代反应进行，如硝基苯：

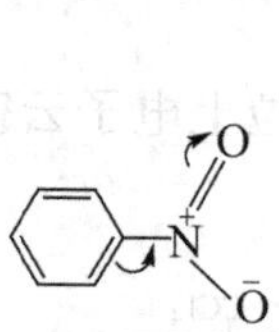

硝基中 N≡O 的 π 键与苯环上 π 键形成 π-π 共轭，而且氧和氮的电负性均比碳大，诱导效应和共轭效应都表现为吸电子效应。因此，硝基苯比苯难以发生亲电取代反应。

用分子轨道法，可以近似计算出取代苯环上不同位置的有效电荷分布。如以无取代基的苯环上各位置的有效电荷为零，则苯胺、硝基苯及氯苯分子中，在取代基的邻、间及对位的有效电荷分布如下：

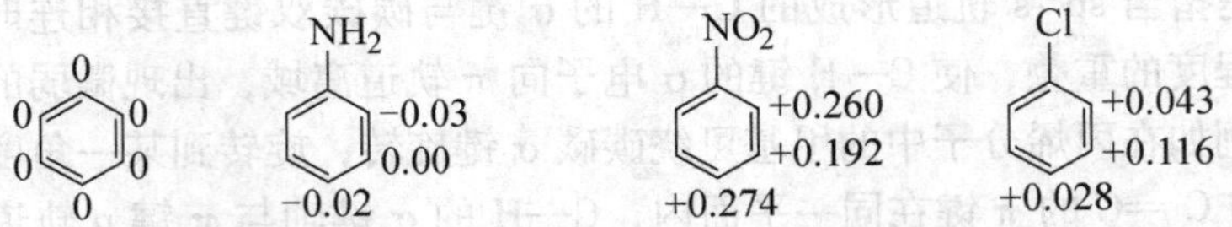

从以上有效电荷分布的数据可以看出，氨基使苯环上电子云密度增加，而硝基和氯原子则使苯环上电子云密度降低，但对不同位置的影响不是完全相同的，即电子云密度是交替分布的，其影响总是对取代基的邻位和对位比较大。如在苯胺中，氨基的邻位及对位电子云密度增高比间位大，所以亲电取代反应发生在氨基的邻位及对位。在硝基苯中，硝基的邻位及对位电子云密度降低比间位大，所以亲电取代反应发生在间位。至于氯苯，吸电子诱导效应使苯环上总的电子云密度降低，而给电子共轭效应又使氯的邻位和对位电子云密度增高较间位多，所以卤素属于邻对位定位基，但是致钝的基团。

## 4.2.3　稠环芳烃

两个或两个以上苯环共用两个相邻的碳原子而组成的多环体系称为稠环芳烃。典型的稠环芳烃有萘、蒽、菲，它们是合成染料、药物等重要的原料。

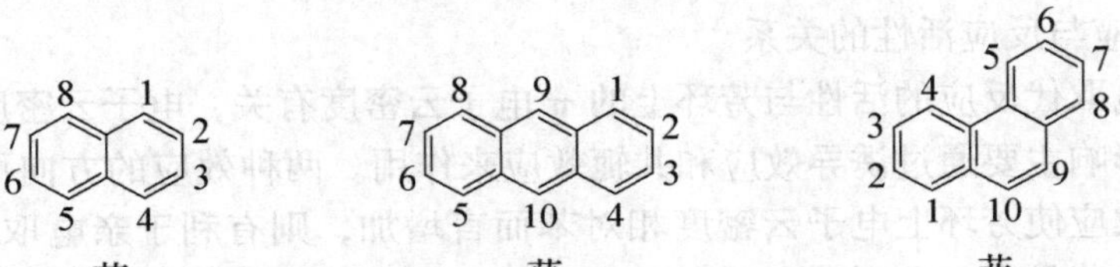

稠环芳烃也是平面分子，所有碳原子上的 p 轨道都平行重叠形成环闭共轭体系，但芳香性不如苯典型。而且各个 p 轨道的重叠程度不完全相同，键长不完全相等，电子云密度未完全平均化，反应活性不同，如：萘中 α 位（1，4，5，8）电子云密度最高，β 位（2，3，6，7）次之，9，10 位最低；蒽和菲中以 9，10 位电子云密度最高。而亲电取代反应也就发生在电子云密度最高的位置。

### 4.2.3.1　萘的性质

萘是白色结晶体，熔点为 80.2℃，沸点为 218℃，易升华，不溶于水而溶于乙醇、乙醚、苯等有机溶剂，有特殊气味。

萘的化学性质比苯活泼，能发生与苯类似的反应。

A　亲电取代反应

萘比苯容易发生亲电取代反应，α 位上电子云密度最高，所以主要取代在 α 位上：

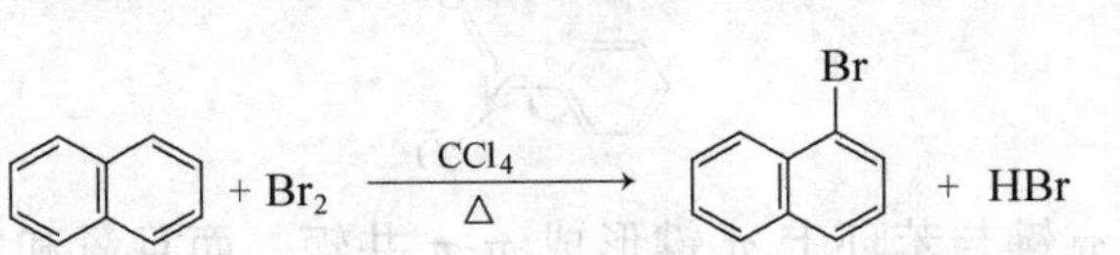

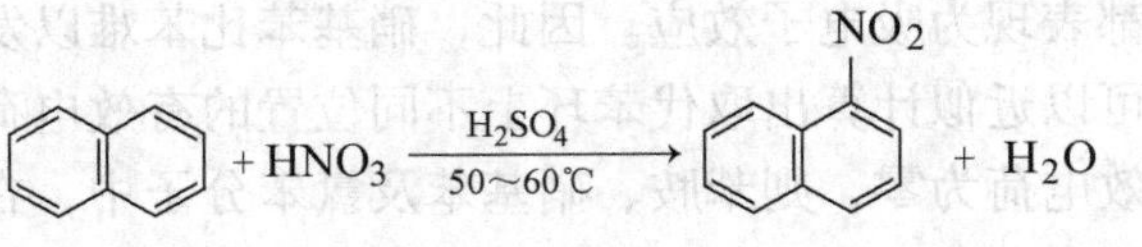

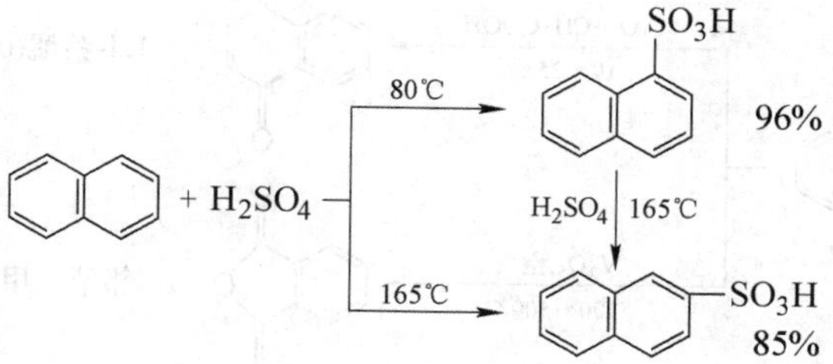

萘的溴代不需要路易斯酸催化，硝化的速度比苯快 750 倍。磺化时低温生成 α-萘磺酸，高温生成 β-萘磺酸。把 α-萘磺酸与硫酸加热至 165℃ 即可转变为 β-萘磺酸。

一元取代萘再进行取代反应时，第二个基团进入哪个环及哪个位置，也同样取决于原有基团的性质，如环上有邻对位定位基时，由于邻对位定位基的致活作用，所以取代发生在同环。如果这个基团在 1 位，则第二个基团优先进入 4 位，但如这个基团在 2 位，则第二基优先进入 1 位，如甲基萘的磺化与硝化反应：

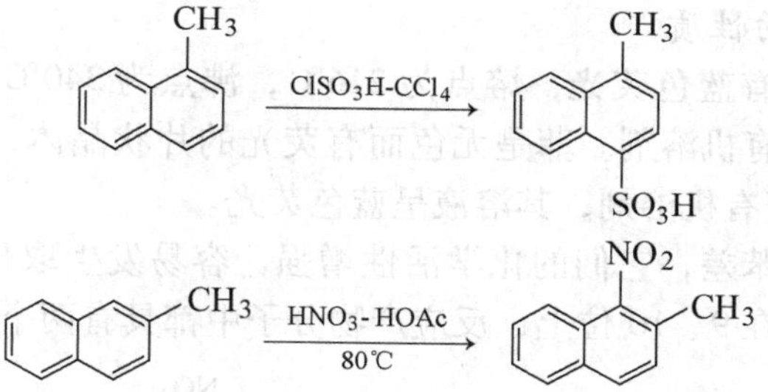

当一个环上有一个间位定位基时，由于间位定位基的致钝作用，取代反应主要发生在异环的 5 位或 8 位上：

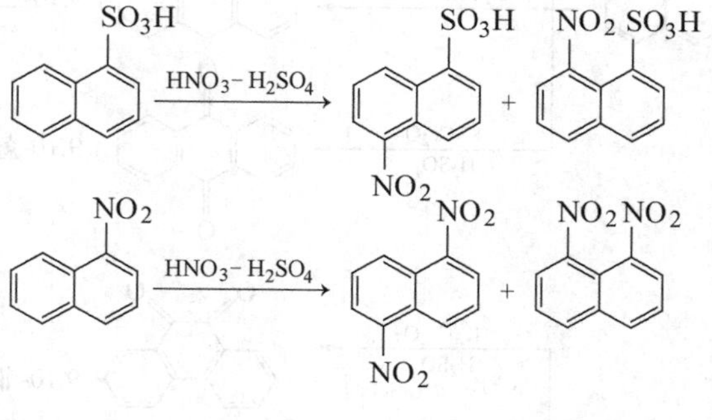

萘的取代反应是极为复杂的，前面只是简单的讨论，实际上萘或其一元取代衍生物在不同反应或不同条件下，得到的产物往往是不同的，不可一概而论。

B 氧化反应

萘容易被氧化，随反应条件不同生成不同的氧化产物。例如：

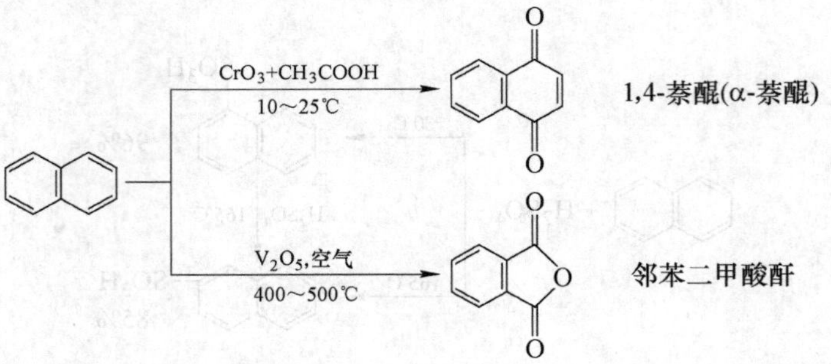

**C　加氢反应**

萘比苯容易进行加成反应，用金属钠和醇作用产生的新生氢就可以使萘部分还原为四氢化萘，进一步加氢须催化氢化，还原为十氢化萘。

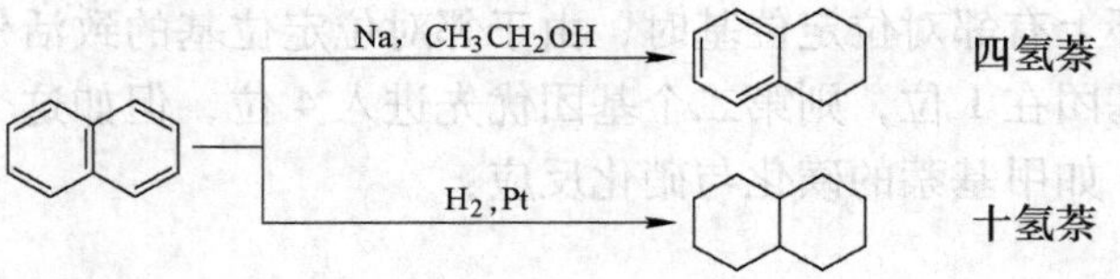

### 4.2.3.2　蒽、菲的性质

蒽是片状结晶，具有蓝色荧光，熔点为 216℃，沸点为 340℃，不溶于水，难溶于乙醇和乙醚，能溶于苯等有机溶剂。菲是无色而有荧光的片状晶体，熔点为 100℃，沸点为 340℃，不溶于水而溶于有机溶剂，其溶液呈蓝色荧光。

蒽和菲的芳香性比苯差，它们的化学活性增强，容易发生取代、加成、氧化等反应，但无论哪类反应都发生在 9、10 位上，反应产物分子中都具有两个完整的苯环。例如：

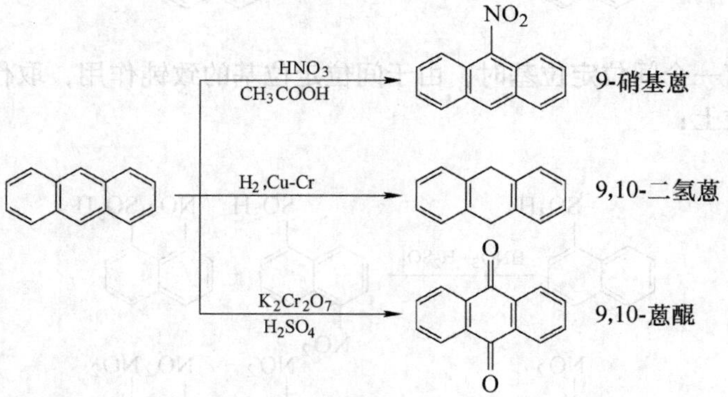

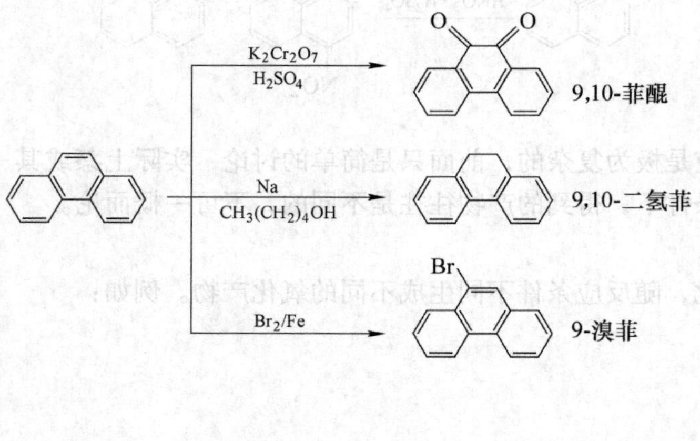

### 4.2.3.3 其他稠环芳烃

稠环芳烃除萘、蒽、菲外，在煤焦油中还含有茚、芘、3，4-苯并芘等。

茚　　　　　　芘　　　　　3,4-苯并芘　　　5,10-二甲基-1,2-苯并蒽

目前已确认，许多稠环芳烃如3，4-苯并芘、5，10-二甲基-1，2-苯并蒽都是很强的致癌物质。3，4-苯并芘进入人体后能被氧化成活泼的环氧化物，后者与细胞的 DNA 结合，引起细胞变异。因此，3，4-苯并芘是强烈的致癌物质。煤、石油、木材、烟草等不完全燃烧时都产生这种致癌烃。在环境监测项目中，空气中苯并芘的含量是监控的重要指标之一。

## 4.3 $C_{60}$

$C_{60}$是碳的一种新的同素异形体，也称为富勒烯（图4-3），于1985年由石墨合成。$C_{60}$与金刚石和石墨不同，具有固定的分子式，即$C_{60}$。它是由 12 个五元环和 20 个六元环组成的 32 面体笼状结构，分子呈高度对称的球形。$C_{60}$分子中含有的 30 个 $C＝C$ 双键构成球壳上的三维共轭体系。$C_{60}$的性质与平面稠环芳烃不同，"芳香性"也不明显。但它的碳碳双键可以与自由基、亲核试剂、还原剂、双烯体以及零价过渡金属配合物等发生反应。因此，$C_{60}$既能接受电子，又能释放电子，表现出供、受电子体的双重性质。现在研究表明，$C_{60}$及其衍生物在超导、光电导及催化特性等方面有较广阔的应用前景。

图 4-3　$C_{60}$

## 4.4　环烃污染物及其危害

### 4.4.1　脂环烃及单环芳烃的毒性

一般烃类的毒性以芳烃最大，而后按环烯烃、环烷烃、链烃顺序依次减小。用烃蒸气对大麦和胡萝卜进行试验，其毒性依次为：苯 > 环己烯 > 环己烷 > 己烯 > 己烷。

#### 4.4.1.1　脂环烃类的毒性

脂环烃在生物学方面属于惰性，相对分子质量较大的气体能引起头昏、丧失神志等中枢神经症状，具有麻醉作用。一般而言，链的长度越长，麻醉作用越大，而且环烯烃的麻醉作用比环烷烃强。

#### 4.4.1.2　单环芳烃类的毒性

单环芳烃类在生物学方面属于活性物质，大都具有麻醉作用及抑制造血机能的毒性。皮肤反复接触引起皮炎；吸入液体引起水肿和肺出血；暴露在高浓度芳烃蒸气中引起头痛、头晕、困倦、严重痉挛、丧失神志以致死亡，对黏膜的刺激比脂肪烃强。当芳环中氢被氨基、硝基、亚硝基及偶氮基取代时，毒性则会增大。芳香烃化合物大多数可对神经产生毒性作用，且含硝基的化合物的毒性作用较含氨基的化合物更强；而当有羧基、磺基或乙酰基存在时，可显著减轻物质毒性。例如，苯是引起慢性中毒的物质，破坏骨髓造血机能，引起造血功能障碍，出现再生不良性贫血和血小板减少症（即白血病）。由于末梢血液中血球成分降低，以及伴随着不断出血造成的对污染的抵抗力降低，可引起皮肤化脓、败血症。甲苯的急性中枢神经作用比苯强，严重时引起神经错乱。二甲苯的急性毒性类似甲苯，高浓度的二甲苯是一种麻醉剂，慢性接触可影响造血，引起白细胞减少和贫血，但发生的机会比苯少。苯乙烯具有急性毒性，对黏膜有刺激作用，对神经系统有损伤，可能出现困倦、衰弱、头痛、精神错乱、健忘等症状；而且动物实验验明，苯乙烯具有致癌性。

### 4.4.2　多环芳烃的来源、分布、危害

由于人类对石化产品的不断开发利用，环境中多环芳烃（PAHs）污染物浓度在逐年增加，近年来的大量调查研究表明，空气、土壤、水体及生物体等都受到了多环芳烃的污染。生物毒性实验表明多种多环芳烃具有致畸、致癌和致突变性，已经威胁到人类的身体健康。以下将对多环芳烃的来源、分布、危害进行简单阐述。

#### 4.4.2.1　多环芳烃的来源

**A　天然源**

多环芳烃在自然界本来就存在，主要是通过火山活动和微生物内源合成（好氧生物合成和厌氧生成），比如火山爆发，植物及细菌在好氧生长过程中能生成多环芳烃，未开采的煤、石油中含很多的多环芳烃。

**B　人为源**

环境中的多环芳烃主要是由石油、煤炭、木材、气体燃料、纸张、作物秸秆等不完全燃烧以及在还原状态下热分解而产生的；特别是化石燃料的燃烧是环境多环芳烃的主要来源。每年因人类生产、生活活动向地球上各种环境系统中释放的多环芳烃有成千上万吨，远远超过了环境的自净能力。如果再不采取措施防治，其后果是严重的。

#### 4.4.2.2　环境中多环芳烃的存在状态、行为及迁移变化

**A　环境中多环芳烃的迁移变化**

多环芳烃在环境中大多数是以吸附态和乳化态形式存在的，一旦进入环境，便受到各种自然界固有过程的影响，发生变迁。它们不断通过复杂的物理迁移、化学及生物转化反

应，在大气、水体、土壤、生物体等系统中不断变化改变它们的分布状况。处在不同状态、不同系统中的多环芳烃则表现出不同的变化行为。多环芳烃进入大气后，可通过化学反应、扩散与稀释、降尘、降雨、降雪等过程进入土壤及水体中，使其浓度减少。

### B 环境中多环芳烃的存在状态

#### a 土壤中的多环芳烃的污染状况

由于多环芳烃是一类半挥发性的有机物，随着相对分子质量的增加，其挥发性逐渐降低，其存在形态逐渐由气态转为颗粒态。低相对分子质量的多环芳烃易被挥发、光解至大气环境中，而高相对分子质量的多环芳烃则更倾向分布于土壤颗粒上。土壤中的多环芳烃主要来源于大气中的直接沉降和降水降雪。一般来说，土壤中的多环芳烃浓度按照无人的郊区、农村地区、城市地区、工业化地区的顺序逐渐增加，并且浓度差别很大。

土壤还是环境中多环芳烃的储库和中转站，土壤沉积物中颗粒物来源、大小、理化性质都将影响其对多环芳烃的吸附能力。一般表层土壤的输入比率要高于移动和传输的比率。影响多环芳烃在土壤和植物中分布的因素除多环芳烃本身的理化性质外，土壤的理化性质、植物种类和环境条件同时起重要的作用。此外，有机质含量高的土壤会吸附或固定大量的疏水性有机物，从而降低其生物可给性。而且土壤温度和土壤水分也将影响土壤对多环芳烃的吸附能力。多环芳烃相对分子质量越大，在土壤中的半衰期越长，影响土壤中多环芳烃的降解速度的因素还有多环芳烃的浓度、土壤结构、土壤是否种植作物等。

#### b 水体生态系统中多环芳烃的污染状况

多环芳烃可以通过大气直接沉降，雨水冲刷以及生物合成等途径进入水体生态系统。研究结果表明，大气干湿沉降输入使水体表层多环芳烃量比水体下层中高得多，而接近水底多环芳烃的量比表层水中高得多，这主要是因为沉积物颗粒的再悬浮作用。此外，土壤及地面上的多环芳烃可以通过雨水冲刷进入水体，而且水底沉积物中生物合成也可以产生多环芳烃。江河湖海，特别是各国近海及海湾区域沉积物富集了大量的多环芳烃。水生生态系统中，水生生物中的底栖动物体内多环芳烃含量随沉积物含量增加而增加，但富集系数却随沉积物多环芳烃含量增加而减小，这表明底栖动物对多环芳烃的排泄作用高于吸收作用。

#### c 大气中多环芳烃的污染及分布状况

目前，世界各国的空气普遍受到多环芳烃化合物污染，其主要污染源是煤燃烧产物。我国空气多环芳烃污染也主要是燃煤型污染，其污染程度与城市功能区类型、季节、交通流量及燃料种类等诸因素有关。空气中的多环芳烃总浓度具有高度相关性，风速具有一定的负相关性。多环芳烃总量的季节性变化表现为：冬季 > 秋季 > 春季 > 夏季，且随颗粒物粒径减小，含量逐渐增大，燃煤取暖与低温是导致冬季多环芳烃污染增高的主要因素。

### 4.4.2.3 多环芳烃的毒性及危害

现已公认多环芳烃是对包括人类在内的动物界危害很大的一类污染物。多环芳烃是有毒、难降解的有机污染物，特点是毒性大，成分复杂，化学耗氧量高，一般微生物对其几乎没有降解效果。如果这些物质不加治理地向环境排放，多环芳烃将在其生成、迁移、转化和降解过程中对人体形成危害。多环芳烃是通过三种途径侵入人体、动物体的，即直接吸入被污染的气体；食用烟熏食物及饮用被污染水；皮肤直接与烟灰、焦油及各种石油产品等接触。如果多环芳烃通过呼吸道、皮肤、消化道进入人体，将极大地威胁着人类的健康，产生很强的致畸、致癌、致突变作用。

多环芳烃对人体造成危害的主要部分是呼吸道和皮肤。人们长期处于多环芳烃污染的环境中，可引起急性或慢性伤害。多环芳烃的毒性还表现在，它们能使一些生物的生长受到抑制，以及光诱导毒性；使包括人类在内的动物界体内细胞的生长繁殖速度失控，基因突变，畸形繁殖，引发肿瘤或癌变。

多环芳烃种类繁多，每一类在与细胞接触时，进攻破坏的方式有所差异，所以多环芳烃引发的癌变是多种类型的，其中肺癌居多。多环芳烃毒性的另一个表现是，光诱导毒性。多环芳烃的光诱导毒性大小与化合物分子结构、成链轨道与反键轨道能级差、化学稳定性等内部因素及辐射光波长、辐射强度等外部因素有关。

### 4.4.3  多环芳烃的防治

多环芳烃的防治措施可分为两个方面：一个是制定具体的排放标准，用政策法规来限制多环芳烃的排放，如为了减少多环芳烃在环境中的污染，各国都开始制定严格的排放标准。另一个是采用生物或化学的方法来处理已经造成污染的多环芳烃，但由于利用生物及化学的方法来减少多环芳烃的污染的工作多处于研究阶段，在工程上的应用甚少，所以多环芳烃的净化实用新技术有待进一步开发。

多环芳烃在大气中含量虽少，但由于其分布广泛、致癌性强的特点而对自然环境及人类健康造成很大的危害。因此，随着人们重视程度的提高以及科学工作者的深入研究，各国已经开始制定多环芳烃的含量排放标准，并提出了多种有效的防治措施，从而有助于人们更好地保护环境，维护人类健康。

## 新 研 究 进 展

苯酚是一种重要的有机化工原料，在小分子化学品以及聚合物合成等方面具有广泛的应用。目前苯酚的工业生产方法主要是异丙苯法，但该工艺流程复杂、反应步骤多并且其发展受平行产物丙酮的制约。近年来，由于绿色化学观念的普及，基于可持续发展战略，人们从提高原子经济性和节能环保等方面着手，将注意力逐渐转移到将苯直接催化羟基化制备苯酚上。苯直接催化羟基化制备苯酚，工艺简单、反应步骤短、污染小，是一种环境友好的催化合成过程，工业开发和应用前景十分广阔。

在苯直接羟基化制备苯酚的研究中，$O_2$、$N_2O$ 和 $H_2O_2$ 是应用较广泛的氧化剂。其中$O_2$（空气）来源最广，但是难以催化活化，在 $O_2$ 存在下，含铁催化剂催化苯制备苯酚的收率一般较低，研究相对较少；以 $N_2O$ 为氧化剂，苯酚的选择性高达 90% 以上，但其来源较少且价格较贵；用 $H_2O_2$ 作氧化剂，反应副产物为水，不存在二次环境污染等问题，且 $H_2O_2$ 也较易得，氧化能力比 $O_2$ 和 $N_2O$ 强，使用条件比较温和，以 $H_2O_2$ 为氧化剂的新技术路线享有"清洁工艺"之美誉，是当今的研究热点。

迄今为止，铁催化的亲核加成反应、取代反应、还原反应、氧化反应等已经实现。自从人们发现 Fenton 试剂可以有效催化苯羟基化制备苯酚后，大量关于含铁催化剂催化苯直接羟基化的研究被报道。

过渡金属配合物具有过渡金属成键形式的多样性、配体的多样性、过渡金属价态的可变性、过渡金属配位数的可变性等特点。与简单的铁盐与双氧水形成的 Fenton 体系相比，一些含铁配合物催化苯羟基化制备苯酚，反应条件温和，催化活性高，且可以通过改变配体的结构和性能来提高催化剂的稳定性和活性。血红素铁酶和非血红素铁酶及其模型配合物由于具有键合和活化氧的能力，也应用于苯的均相催化羟基化反应中。

配合物成本一般比较高，在均相催化条件下难回收和重复利用，另外在催化过程中，催化剂容易流失，对环境造成污染，同时也容易污染产品。为解决这一问题，化学家将配合物负载到载体上形成多相催化剂。负载型催化体系不但可解决均相催化过程中催化剂与产物的分离问题，而且载体可以对催化剂的活性中心进行修饰，并使催化剂的结构发生一定变化，影响催化性能。目前苯羟基化制备苯酚的负载型铁催化剂所使用的载体主要有分子筛、硅藻土、海泡石等天然矿物以及金属氧化物等。

上述含铁催化剂的结构性能、作用方式、催化效果各不相同，虽各有特点，但尚未成为工业化应用的优良催化剂。铁配合物及仿生催化剂催化活性高，苯酚的收率较高，但用于均相催化时催化剂的回收问题难解决，合成成本高，催化剂易流失；分子筛负载铁催化剂催化活性高，催化剂便于从反应体系分离，但是分子筛的合成周期长，成本较高；而以氧化物及天然矿物作为载体的铁催化剂的合成成本较低，反应活性较高，且反应后产物和催化剂易于分离，具有一定的工业应用前景。

## 习　题

4-1　苯环上的亲电取代反应的历程是（　　）。

A. 先加成—后消去；　　B. 先消去—后加成；　　C. 协同反应；　　D. 自由基反应

4-2　环烷烃的环上碳原子是以哪种轨道成键的？（　　）

A. $sp^2$ 杂化轨道；　　B. s 轨道；　　C. p 轨道；　　D. $sp^3$ 杂化轨道

4-3　环烷烃的稳定性可以从它们的角张力来推断，下列环烷烃哪个稳定性最差？（　　）

A. 环丙烷；　　B. 环丁烷；　　C. 环己烷；　　D. 环庚烷

4-4　下列 1，4-二甲基环己烷异构体中最稳定的是（　　）。

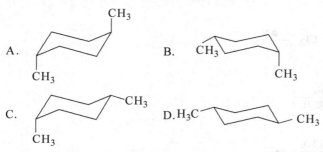

4-5　下列化合物分子中哪个不是所有原子共平面的？（　　）

A. 苯乙炔；　　B. 苯乙烯；　　C. 甲苯；　　D. 1，3-丁二烯

4-6　$S_N2$ 反应的特征是（　　）。

（Ⅰ）生成碳正离子中间体；（Ⅱ）立体化学发生构型翻转；（Ⅲ）反应速率受反应物浓度影响，

与亲核试剂浓度无关；（Ⅳ）在亲核试剂的亲核性强时容易发生。

　　A. Ⅰ、Ⅱ； 　　　　　　　B. Ⅲ、Ⅳ； 　　　　　　C. Ⅰ、Ⅲ； 　　　D. Ⅱ、Ⅳ

**4-7** 卤代烷的烃基结构对 $S_N1$ 反应速度影响的主要原因是（　　　）。

　　A. 空间位阻； 　　　　B. 碳正离子的稳定性；C. 中心碳原子的亲电性

**4-8** 写出分子式符合 $C_5H_{10}$ 的所有脂环烃的异构体（包括顺反异构）并命名。

**4-9** 命名下列化合物：

(1) 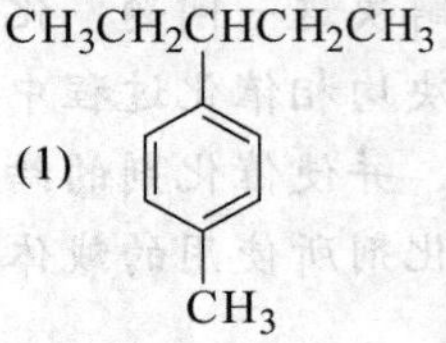 ；(2) 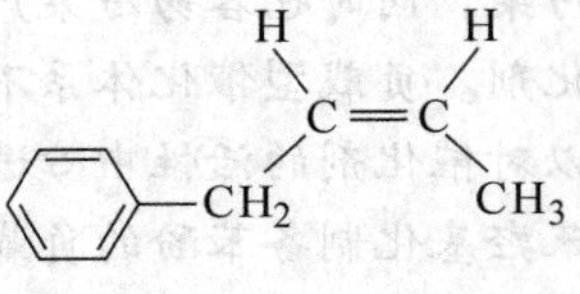 ；(3) 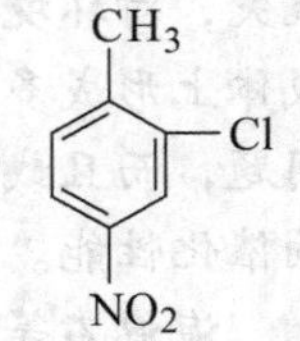 ；

(4) 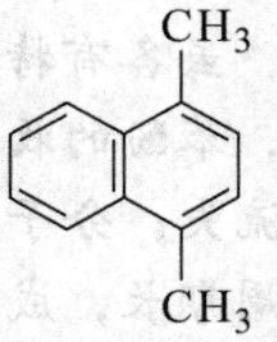 ；(5) 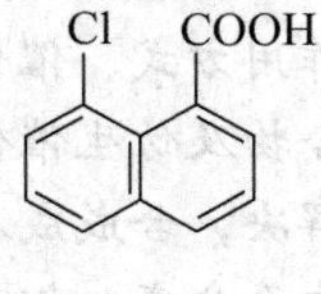 ；(6) 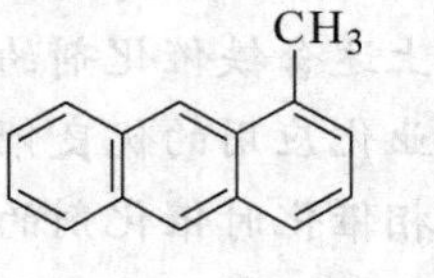 ；

(7) 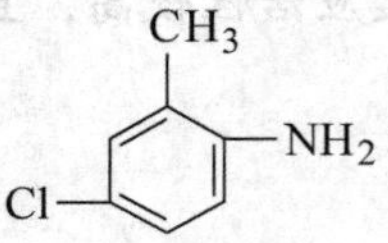 ；(8) 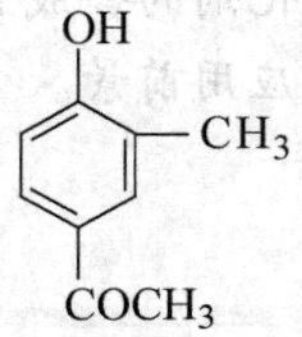 ；(9) 。

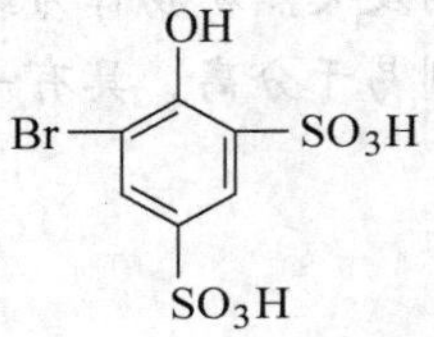

**4-10** 写出下列反应的主产物：

(1) 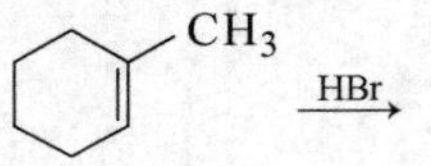 $\xrightarrow{HBr}$

(2) 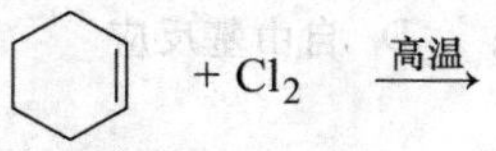 $+ Cl_2$ $\xrightarrow{高温}$

(3) 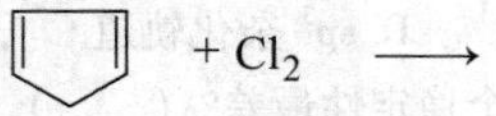 $+ Cl_2$ $\longrightarrow$

(4) 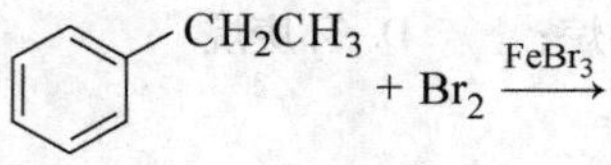 $+ Br_2$ $\xrightarrow{FeBr_3}$

(5) 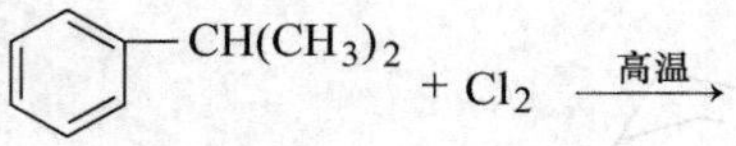 $+ Cl_2$ $\xrightarrow{高温}$

(6) 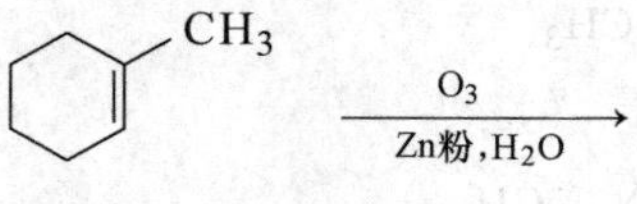 $\xrightarrow[Zn粉,H_2O]{O_3}$

(7) 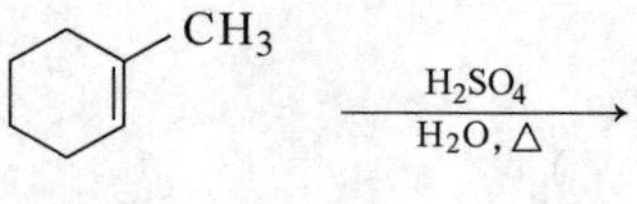 $\xrightarrow[H_2O,\triangle]{H_2SO_4}$

(8) 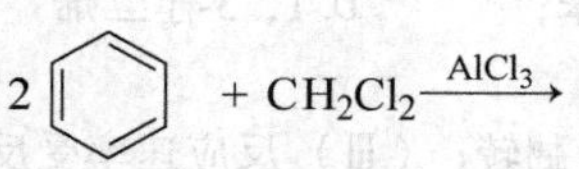 $2$ $+ CH_2Cl_2$ $\xrightarrow{AlCl_3}$

(9) 

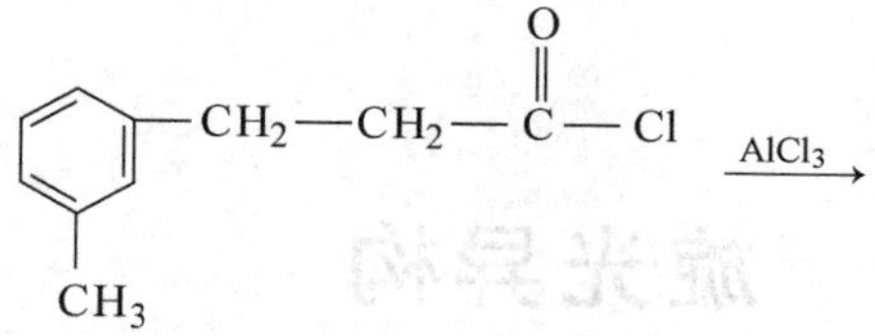

$\xrightarrow{AlCl_3}$

**4-11** 写出下列化合物进行一元卤代的主要产物：

(1) 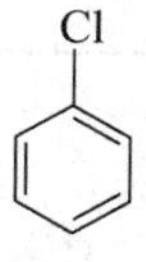 
；(2) 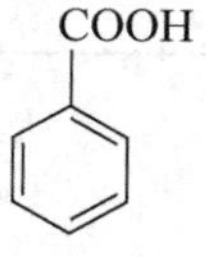 
；(3) 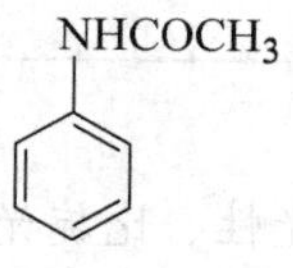 
；

(4) 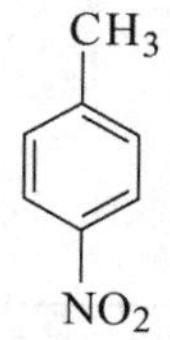 
；(5) 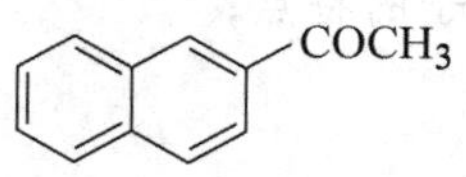 
；(6) 
。

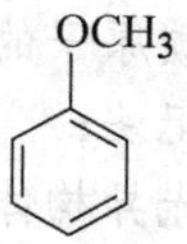

**4-12** 由苯或甲苯及其他无机试剂制备下列化合物：

(1) 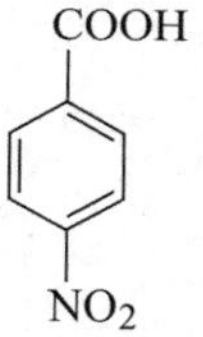 
；(2) 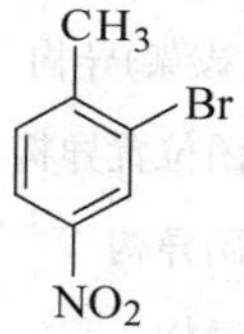 
；(3) 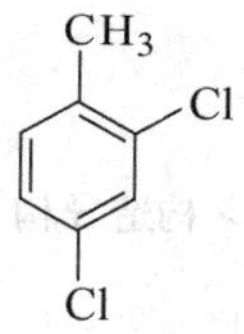 
；(4) 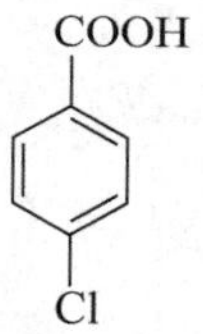 
；(5) 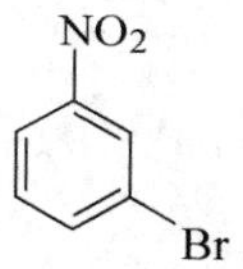 
；

(6) 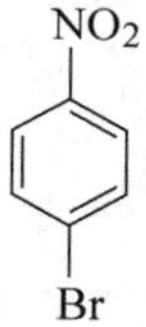 
；(7) 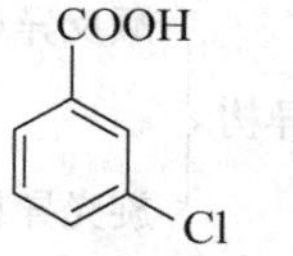 
；(8) 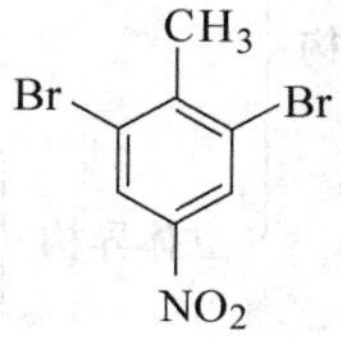 
；(9) 
。

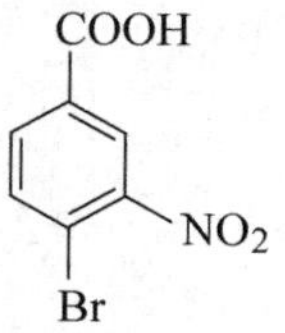

**4-13** 写出下列反应的可能历程：

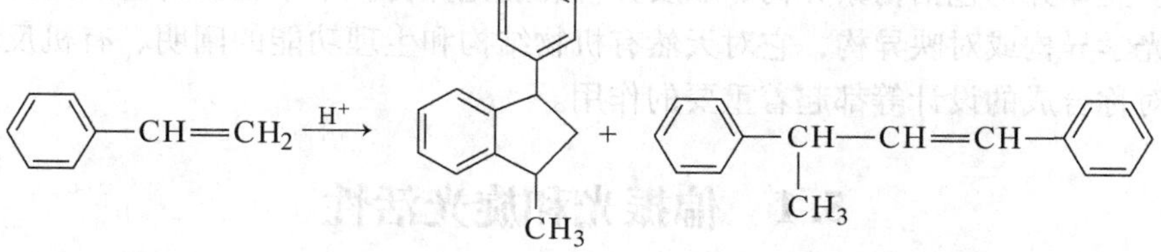

**4-14** 化合物 A 和 B 的分子式都为 $C_7H_{14}$，A 与高锰酸钾溶液加热可生成

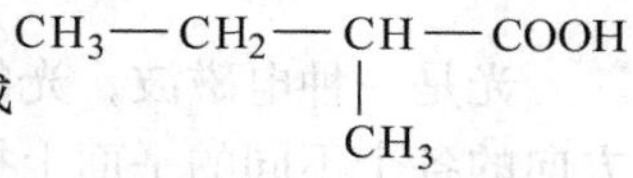

$$CH_3-CH_2-CH-COOH$$
$$\quad\quad\quad\quad\quad | \quad$$
$$\quad\quad\quad\quad\quad CH_3$$

和乙酸。B 与加热的溴的四氯化碳溶液及高锰酸钾溶液都不反应，B 分子中含有二级碳原子 5 个，一级和三级碳原子各 1 个，推断 A、B 的结构。

**4-15** 溴苯氯代后分离得到两个分子式为 $C_6H_4ClBr$ 的异构体 A 和 B，将 A 溴代得到几种分子式为 $C_6H_3ClBr_2$ 的产物，而 B 经溴代得到两种分子式为 $C_6H_3ClBr_2$ 的产物 C 和 D。A 溴代后所得产物之一与 C 相同，但没有任何一个与 D 相同。推测 A、B、C、D 的结构式，写出各步反应。

# 5 ◆ 旋光异构

**本章要点：**
（1）旋光异构、旋光性、比旋光度的概念；
（2）分子的手性、对称性与旋光活性的关系；
（3）有一个和两个手性碳原子的手性分子的特点；
（4）手性分子的构型标记法；
（5）不含手性中心的旋光异构体。

异构现象是有机化学中存在着的极为普遍的现象。其异构现象可归纳如下：

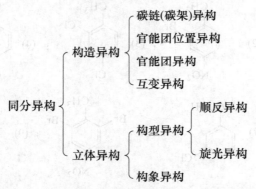

其中分子的构造相同，但分子中原子或基团在空间的排列方式不同产生的异构现象称立体异构。立体异构包括构象异构、顺反异构和旋光异构。本章主要讨论旋光异构。旋光异构又称光学异构或对映异构，它对天然有机物结构和生理功能的阐明、有机反应机理的研究、不对称合成的设计等都起着重要的作用。

## 5.1 偏振光和旋光活性

光是一种电磁波，光的振动方向与其前进的方向相垂直。普通光可在垂直于它的传播方向的各个不同的平面上振动。若使普通光通过一个尼科尔棱镜，则一部分光线被阻挡，只有在与棱镜镜轴平行的平面上振动的光线才能通过。这种通过棱镜后在一个平面上振动的光称为平面偏振光，简称偏振光或偏光（图5-1）。

当偏振光通过某物质时，该物质对偏振光没有作用，则透过该物质的偏振光仍在原方向上振动；而有的物质却能使偏振光的振动方向发生旋转。这种能使偏振光的振动方向发生旋转的性质称为旋光性或光学活性（图5-2）。具有旋光性的物质称为旋光性物质或光学活性物质。

图 5 - 1 偏振光的产生

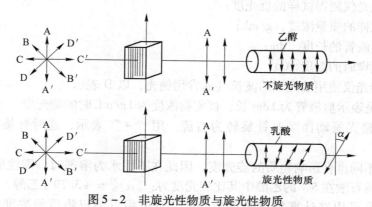

图 5 - 2 非旋光性物质与旋光性物质

能使偏振光振动平面向右旋转的物质称为右旋体，能使偏振光振动平面向左旋转的物质称为左旋体，使偏振光振动平面旋转的角度称为旋光度，用 $\alpha$ 表示。

## 5.2 旋光仪与比旋光度

### 5.2.1 旋光仪

测定化合物的旋光度是用旋光仪，旋光仪主要部分是由两个尼可尔棱镜（起偏棱镜和检偏棱镜），一个盛液管和一个刻度盘组装而成。测定时，若前后两个尼科尔棱镜的镜轴平行，从目镜中可观察到最大的光量，以此为零点。然后把被测物质（液体或溶液）放入盛液管中。如仍能从目镜中观察到最大光量，该物质是无旋光性的。如从目镜中出现的光量减弱，光线变暗，说明该物质有旋光性，必须将检偏器向右或向左旋转若干角度，使光线完全透过检偏器（目镜中重新出现最大光量），此时刻度盘标明的旋转角度，就是这个物质的旋光度 $\alpha$（图 5 - 3）。

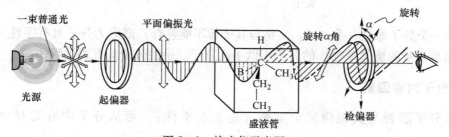

图 5 - 3 旋光仪示意图

### 5.2.2　比旋光度

旋光性物质的旋光度的大小取决于该物质的分子结构，并与测定时溶液的浓度、盛液的长度、测定温度、所用光源波长等因素有关。为了比较各种不同旋光性物质的旋光度的大小，一般用比旋光度来表示。比旋光度与从旋光仪中读到的旋光度关系如下：

$$[\alpha]_\lambda^t = \frac{\alpha}{\rho l}$$

式中　$\alpha$——旋光仪测得试样的旋光度；

　　　$\rho$——试样的质量浓度，g/mL；

　　　$l$——盛液管的长度，dm；

　　　$t$——测样时的温度，℃；

　　　$\lambda$——旋光仪使用的光源的波长（通常用钠光，以 D 表示）。

比旋光度是表示盛液管为 1dm 长，被测物浓度为 1g/mL 时的旋光度。

物质使偏振光振动面顺时针旋转为右旋，用"＋"表示，逆时针旋转为左旋，用"－"表示。

所用溶剂不同也会影响物质的旋光度。因此在不用水为溶剂时，需注明溶剂的名称，例如，右旋的酒石酸在 5% 的乙醇中其比旋光度为：$[\alpha]_D^{20} = +3.79$（乙醇，5%）。

上面公式既可用来计算物质的比旋光度，也可用以测定物质的浓度或鉴定物质的纯度。

# 5.3　分子的手性、对称性与旋光性

### 5.3.1　手性

人的两只手，可以比喻为"实物"与"镜影"的关系，它们之间的区别就在于五个手指的排列顺序恰好相反，因此左手与右手是不能完全重叠的：

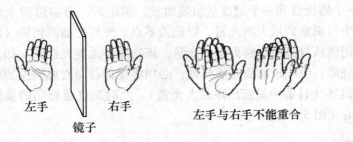

　　　左手　　镜子　　右手　　　　　　左手与右手不能重合

如果一个分子像左右手一样，实物与其镜像不能叠合，则称为分子具有手性。具有手性（不能与自身的镜像重叠）的分子叫做手性分子。手性分子具有旋光活性。

### 5.3.2　分子对称因素

物质分子能否与其镜像完全重叠（是否有手性），可从分子中有无对称因素来判断。

### 5.3.2.1 对称面

假设分子中有一平面能把分子切成互为镜像的两半，该平面就是分子的对称面，例如：

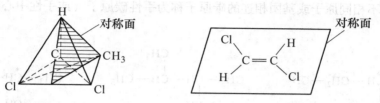

### 5.3.2.2 对称中心

若分子中有一点，通过该点画任何直线，如果在离此点等距离的两端有相同的原子，则该点称为分子的对称中心。例如：

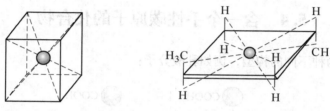

### 5.3.2.3 对称轴

以设想直线为轴旋转 $360°/n$，得到与原分子相同的分子，该直线称为 $n$ 重对称轴（又称 $n$ 阶对称轴）。例如：

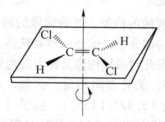

### 5.3.2.4 四重交替对称轴（旋转反映轴）

如果一个分子沿轴旋转 $90°$，再用一面垂直于该轴的镜子将分子反射，所得的镜像如能与原物重合，此轴即为该分子的四重交替对称轴（用 S4 表示）。例如：

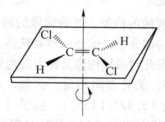

（Ⅰ）　　　　　　　　（Ⅱ）　　　　　　　　（Ⅲ）

其中，（Ⅰ）旋转 $90°$ 后得（Ⅱ），（Ⅱ）的镜像为（Ⅲ），（Ⅲ）与（Ⅰ）相同。

已知凡是有对称面、对称中心、交替对称轴的分子均可与其镜像重叠，是非手性分子；反之，为手性分子。但一般对称轴并不能作为分子是否具有手性的判据。大多数非手性分子都有对称轴或对称中心，只有交替对称轴而无对称面或对称中心的化合物是少数。

因此，既无对称面也没有对称中心的，一般可判定为是手性分子。

### 5.3.3 手性碳原子

与四个各不相同原子或基团相连的碳原子称为手性碳原子（或手性中心）用 C* 表示。例如：

$$CH_3—\overset{*}{C}H—CH_2—CH_3 \qquad CH_3—\overset{*}{C}H—\overset{|}{C}H—CH_3 \qquad CH_3—\overset{*}{C}H—COOH$$
$$\underset{Br}{|} \qquad\qquad \underset{OH}{|} \overset{CH_3}{\underset{}{|}} \qquad\qquad \underset{OH}{|}$$

分子的手性是物质具有旋光性的根本原因，而使有机分子具有手性的最普遍因素是手性碳原子。凡是含有一个手性碳原子的有机化合物分子都具有手性，是手性分子。

## 5.4　含一个手性碳原子的化合物

一个 C* 就有两种不同的构型，例如乳酸分子：

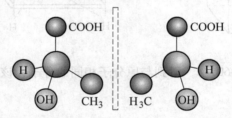

乳酸是手性分子，有其互为镜像的构型。互为镜像的两种构型异构体称为对映异构体，简称对映体。显然，乳酸的两种构型分子，就是一对对映体。对映异构体都有旋光性，其中一个是左旋的，一个是右旋的。因此对映异构体又称为旋光异构体或光学异构体。

对映体的比旋光度大小相等，旋光方向相反。例如，左旋乳酸的比旋光度为 – 3.82°（15℃），右旋乳酸的比旋光度为 + 3.82°（15℃）。由于（ + ）-乳酸和（ – ）-乳酸的旋光能力相等，旋光方向相反，如果将左旋乳酸和右旋乳酸等量混合，旋光性就消失了，这种由等量的对映体混合得到的混合物称作外消旋体，用符号（ ± ）表示。外消旋体不仅无旋光性，其物理性质也往往与单纯的旋光体不同。但它与一任意两种物质的混合物不同，有自己固定的物理常数。

## 5.5　对映体构型的表示法

旋光异构体在结构上的差别是由分子中原子或基团在空间排列顺序不同所造成的。有机化学中常用透视式和费歇尔（E. Fischer）投影式表示。

### 5.5.1 透视式

透视式是用三种类型的线条表示的构型式。在透视式中，假定手性碳原子位于纸平面上，楔形线表示伸向纸平面前方的键，实线表示在纸平面上的键，虚线表示伸向纸平面后方的键。图 5-4 为乳酸的透视式。用透视式表示构型直观明了，但不利于书写，对于结构较复杂的分子就更为麻烦。现在广为使用的是费歇尔投影式。

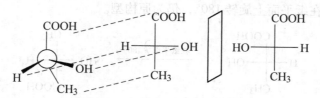

图 5-4 乳酸的透视式

## 5.5.2 费歇尔投影式

为了便于书写和进行比较，对映体的构型常用费歇尔投影式表示：

乳酸对映体的费歇尔投影式

费歇尔投影式书写原则：

（1）横、竖两条直线的交叉点代表手性碳原子，位于纸平面。

（2）横线表示与 C* 相连的两个键指向纸平面的前面，竖线表示指向纸平面的后面。

（3）将含有碳原子的基团写在竖线上，编号最小的碳原子写在竖线上端。

使用费歇尔投影式应注意的问题：

（1）基团的位置关系是"横前竖后"；

（2）可以沿纸面旋转，但不能离开纸面翻转。如：

（3）只能在纸面上平移或旋转 180°。

（4）不能在纸平面上旋转 90°或 270°。

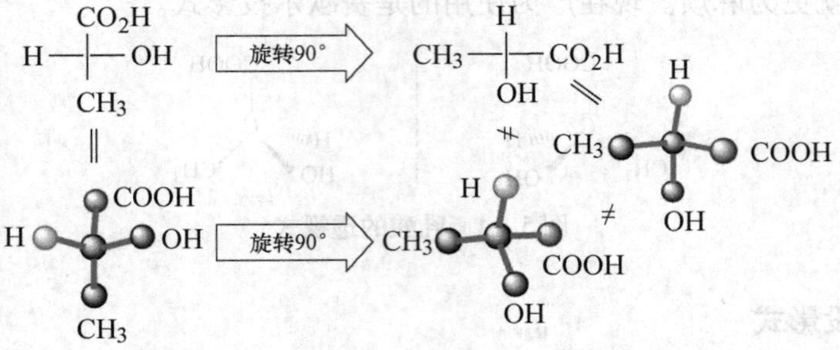

判断不同投影式是否是同一构型的方法：

（1）将投影式在纸平面上旋转 180°，仍为原构型。

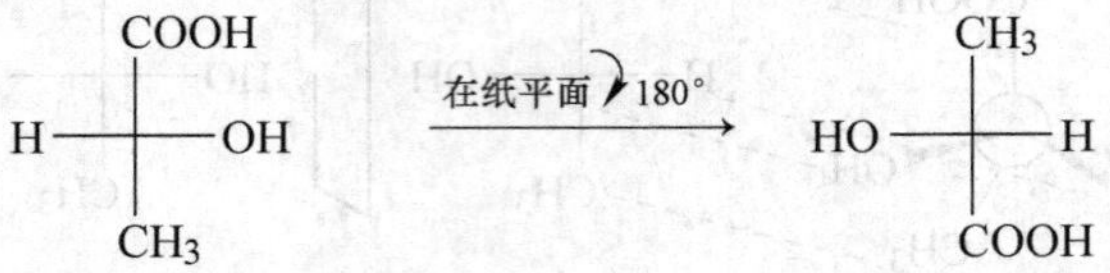

（2）任意固定一个基团不动，依次顺时针或反时针调换另三个基团的位置，不会改变原构型。

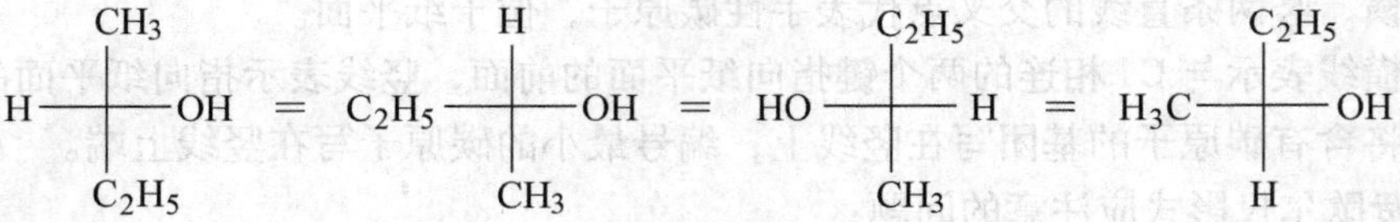

（3）对调任意两个基团的位置，对调偶数次构型不变，对调奇数次则为原构型的对映体。例如：

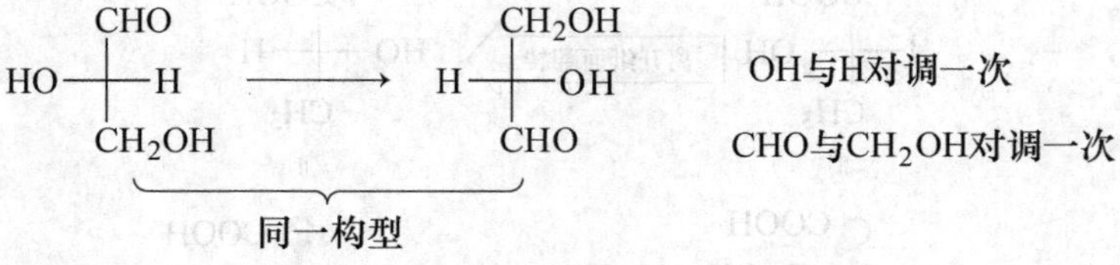

OH与H对调一次

CHO与CH₂OH对调一次

同一构型

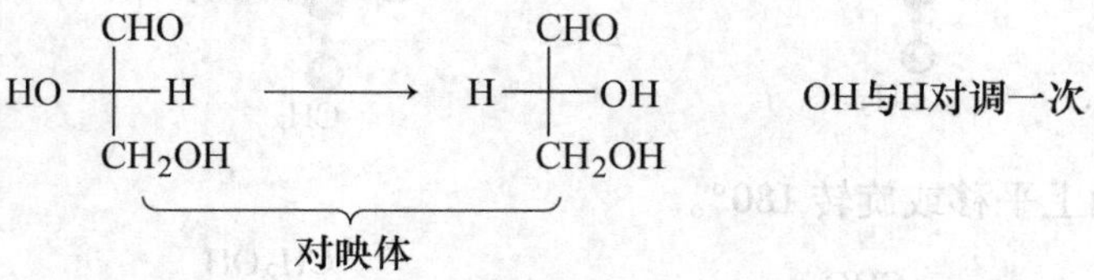

OH与H对调一次

对映体

## 5.6　构型的标记

构型的标记法有多种，过去常用的是 D-L 标记法，现在广泛采用的是 R-S 标记法。

## 5.6.1 D-L 标记法

D-L 标记法是以甘油醛的构型为参照标准来进行标记的。

人为规定：甘油醛中 C* 上—OH 在右边为 D 型，C* 上—OH 在左边为 L 型。构型与 D-甘油醛相同的化合物，都叫做 D 型，而构型与 L-甘油醛相同的，都叫做 L 型。"D" 和 "L" 只表示构型，不表示旋光方向。命名时，若既要表示构型又要表示旋光方向，则旋光方向用"（＋）"和"（－）"分别表示右旋和左旋。如左旋乳酸的构型与右旋甘油醛（即 D-甘油醛）相同，所以左旋乳酸的名称为 D-（－）-乳酸，相应的，右旋乳酸就是 L-（＋）-乳酸。

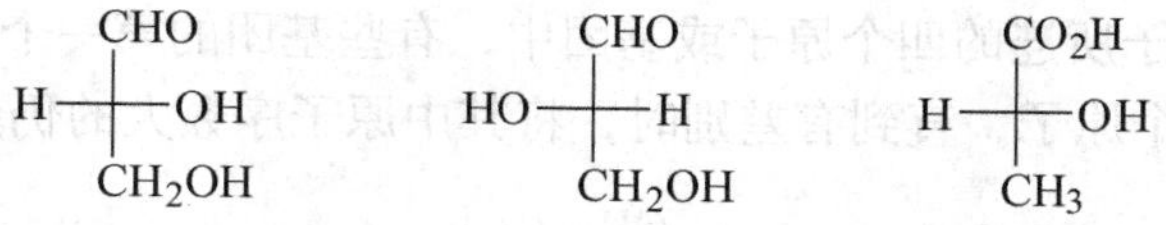

D-(+)-甘油醛     L-(−)-甘油醛     D-(−)-乳酸

D-L 标记法使用已久，对具有一个手性碳原子的分子表示比较方便，但对含有多个手性碳原子的化合物该方法却并不合适。目前，主要在糖类与氨基酸类化合物中采用 D-L 标记法。

## 5.6.2 R-S 标记法

1970 年国际上根据 IUPAC 的建议，构型的命名采用 R-S 法，这种命名法根据化合物的实际构型或投影式就可命名。

R-S 命名规则：

（1）将 C* 上原子或原子团按照次序规则，确定大小次序 a＞b＞c＞d。

（2）将最小的原子或原子团置于距观察者最远处。

（3）观察其余三个原子或原子团由大到小的排列方式。若是顺时针方向，则其构型为 R（R 是拉丁文 Rectus 的字头，是右的意思）；若是逆时针方向，则构型为 S（Sinister，左的意思）。

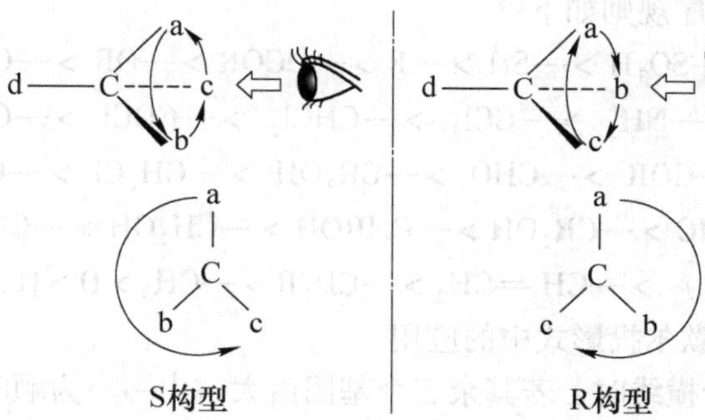

S构型        R构型

对于乳酸来说，四个基团的顺序是 OH ＞ COOH ＞ CH₃ ＞H，不同乳酸透视式中的构型如下所示：

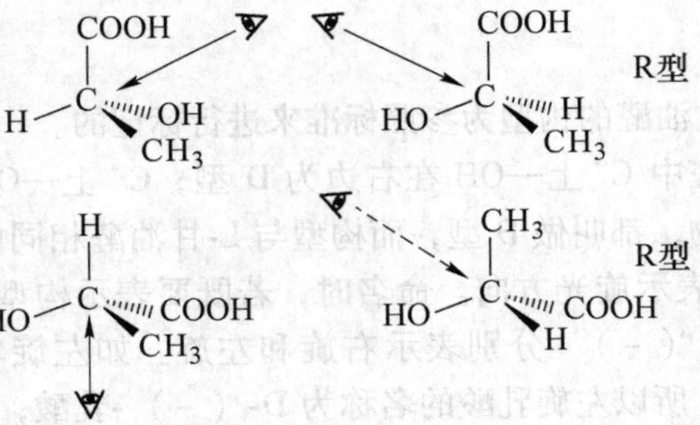

需要注意的是：

（1）当手性碳原子所连的四个原子或基团中，有些基团的第一个原子相同时，则要依次看第二个甚至第三个原子，直到有差别时，将其中原子序数大的仍然排列在前。例如：

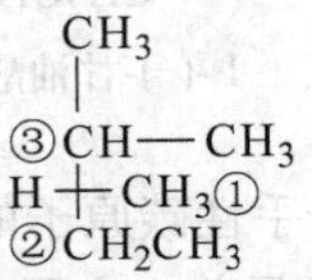

① H、H、H ；② H、H、C ；③ H、C、C

③ ＞ ② ＞ ①

（2）若手性碳原子上连有的基团含有双键或三键，则可看成连接两个或三个相同的原子。例如：

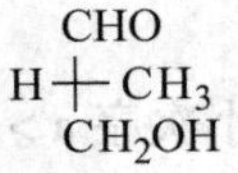

—CHO 、—CH₂OH 哪个大？

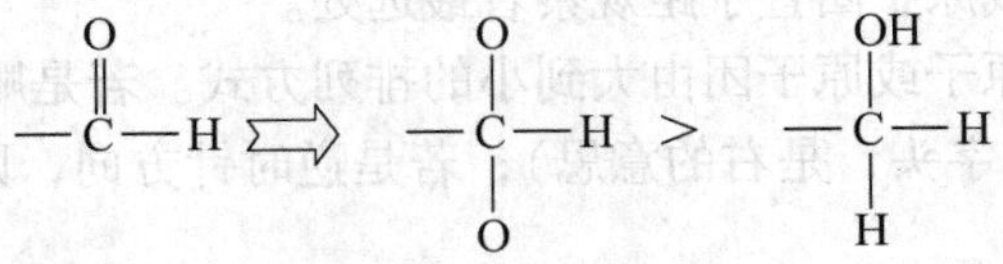

不同原子或基团的次序规则如下：

—I ＞ —Br ＞ —Cl ＞ —SO₃H ＞ —SH ＞ —F ＞ —OCOR ＞ —OR ＞ —OH ＞ —NO₂ ＞ —NR₂ ＞ —NHCOR ＞ —NHR ＞ —NH₂ ＞ —CCl₃ ＞ —CHCl₂ ＞ —COCl ＞ —CH₂Cl ＞ —COOR ＞ —COOH ＞ —CONH₂ ＞ —COR ＞ —CHO ＞ —CR₂OH ＞ —CH₂Cl ＞ —COOR ＞ —COOH ＞ —CONH₂ ＞ —COR ＞ —CHO ＞ —CR₂OH ＞ —CHROH ＞ —CH₂OH ＞ —CN ＞ —C₆H₅ ＞ —C≡CH ＞ —CHR₂（R≠—CH₃） ＞ —CH＝CH₂ ＞ —CH₂R ＞ —CH₃ ＞ D ＞ H ＞ 未共用电子对。

R-S 构型标记法在费歇尔投影式中的应用：

（1）当最小基团位于横线时，若其余三个基团由大→中→小为顺时针方向，则此投影式的构型为 S，反之为 R。

（2）当最小基团位于竖线时，若其余三个基团由大→中→小为顺时针方向，则此投影式的构型为 R，反之为 S。例如：

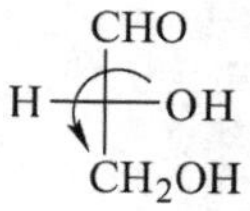

$$
\begin{array}{c}
\text{CHO}\\
\text{H}\!-\!\!\!\!-\!\!\!\!-\!\text{OH}\\
\text{CH}_2\text{OH}
\end{array}
$$

基团次序OH>CHO>CH$_2$OH>H
最小基团(H)位于横线
R-构型

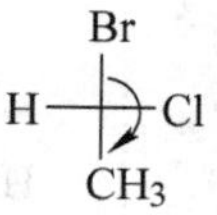

$$
\begin{array}{c}
\text{Br}\\
\text{H}\!-\!\!\!\!-\!\!\!\!-\!\text{Cl}\\
\text{CH}_3
\end{array}
$$

基团次序Br>Cl>CH$_3$>H
最小基团(H)位于横线
S-构型

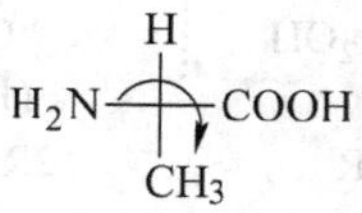

$$
\begin{array}{c}
\text{H}\\
\text{H}_2\text{N}\!-\!\!\!\!-\!\!\!\!-\!\text{COOH}\\
\text{CH}_3
\end{array}
$$

基团次序NH$_2$>COOH>CH$_3$>H
最小基团(H)位于竖线
R-构型

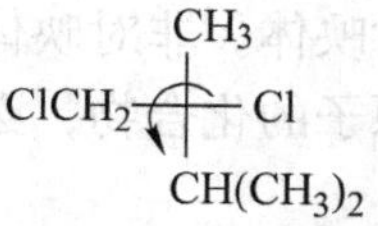

$$
\begin{array}{c}
\text{CH}_3\\
\text{ClCH}_2\!-\!\!\!\!-\!\!\!\!-\!\text{Cl}\\
\text{CH}(\text{CH}_3)_2
\end{array}
$$

基团次序Cl>CH$_2$>CH—CH$_3$>CH$_3$
最小基团(CH$_3$)位于竖线
S-构型

含两个以上 C$^*$ 化合物的构型或投影式，也用同样方法对每一个 C$^*$ 进行 R-S 标记，然后注明各标记的是哪一个手性碳原子。例如：

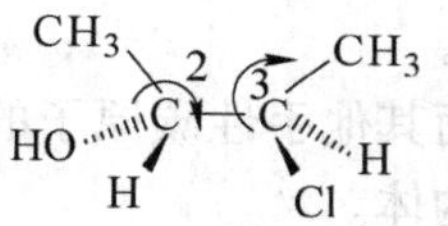

基团次序 C$_2^*$ OH>CHCH$_3$>CH$_3$>H
C$_3^*$ Cl>CHCH$_3$>CH$_3$>H

(2R,3R)3-氯-2-丁醇

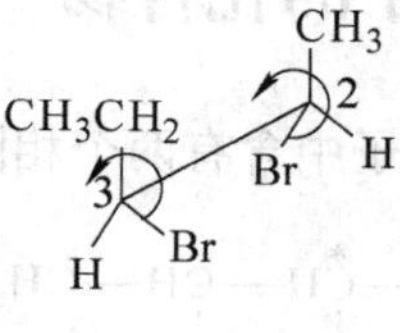

基团次序 C$_2^*$ Br>CHCH$_2$CH$_3$>CH$_3$>H
C$_3^*$ Br>CHCH$_3$>CH$_3$>H

(2S,3S) 2,3-二溴戊烷

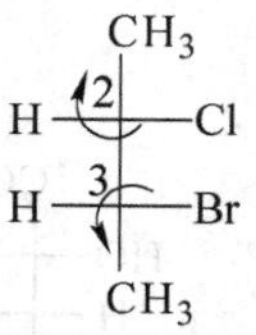

基团次序 C$_2^*$ Cl>CHCH$_3$>CH$_3$>H
C$_3^*$ Br>CHCH$_3$>CH$_3$>H

(2S,3R)2-氯-3-溴丁烷

注意：无论是 D-L 还是 R-S 标记方法，都不能通过其标记的构型来判断旋光方向。因为旋光方向是化合物的固有性质，而对化合物的构型标记只是人为的规定。目前从一个化合物的构型仍无法准确地判断其旋光方向，还是依靠测定。

## 5.7　含两个不同手性碳原子的化合物

以 2，3，4-三羟基丁醛为例，其分子中有两个不相同的手性碳原子，结构式为：

$$\overset{4}{CH_2}-\overset{3}{\underset{*}{C}}H-\overset{2}{\underset{*}{C}}H-\overset{1}{CHO}$$

（结构式中OH在各碳下方）

它有四个旋光异构体，可组成四种不同构型的分子：

$$
\begin{array}{cccc}
CHO & CHO & CHO & CHO \\
H-\overset{2}{\boxed{\phantom{}}}-OH & HO-\boxed{\phantom{}}-H & HO-\boxed{\phantom{}}-H & H-\boxed{\phantom{}}-OH \\
H-\overset{3}{\boxed{\phantom{}}}-OH & HO-\boxed{\phantom{}}-H & H-\boxed{\phantom{}}-OH & HO-\boxed{\phantom{}}-H \\
CH_2OH & CH_2OH & CH_2OH & CH_2OH \\
(\text{I}) & (\text{II}) & (\text{III}) & (\text{IV}) \\
2R,3R & 2S,3S & 2S,3R & 2R,3S
\end{array}
$$

其中 I 和 II、III 和 IV 分别组成两对对映体。I 和 II 或 III 和 IV 等量混合，均可组成外消旋体。而 I 和 III、IV，II 和 III、IV 是旋光异构体，但它们不能互为镜像，故不是对映体，这种不是镜像的立体异构体称非对映异构体，简称非对映体。非对映体混合在一起时，可用其物理性质的不同将它们分离。对于含多个手性碳原子的化合物，必须逐个注明每个手性碳原子的构型。

分子中有两个手性碳原子，最多可产生四个旋光异构体，组成两个外消旋体。对于含 $n$ 个手性碳原子的化合物，最多有 $2^n$ 个旋光异构体，可组成 $2^{n-1}$ 个外消旋体。

含两个手性碳的分子，若在费歇尔投影式中，两个 H 或其他相同基团在同一侧，称为赤式（如 I 和 II），在不同侧，称为苏式（如 III 和 IV）。

差向异构体是指只有一个手性碳原子构型相反，而其他手性碳原子的构型均相同的两种异构体。如 I 和 III、IV，II 和 III、IV，都是差向异构体。

## 5.8    含两个相同手性碳原子的化合物

2，3-二羟基丁二酸（酒石酸）、2，3-二氯丁烷等分子中含有两个相同的手性碳原子。

$$HOOC-\underset{OH}{\overset{*}{C}H}-\underset{OH}{\overset{*}{C}H}-COOH \qquad\qquad CH_3-\underset{Cl}{\overset{*}{C}H}-\underset{Cl}{\overset{*}{C}H}-CH_3$$

例如，酒石酸可以写出四种对映异构体：

$$
\begin{array}{cccc}
COOH & COOH & COOH & COOH \\
H-\boxed{\phantom{}}-OH & HO-\boxed{\phantom{}}-H & H-\boxed{\phantom{}}-OH & HO-\boxed{\phantom{}}-H \\
H-\boxed{\phantom{}}-OH & HO-\boxed{\phantom{}}-H & HO-\boxed{\phantom{}}-H & H-\boxed{\phantom{}}-OH \\
COOH & COOH & COOH & COOH \\
(\text{I}) & (\text{II}) & (\text{III}) & (\text{IV}) \\
2R,3S & 2S,3R & 2R,3R & 2S,3S
\end{array}
$$

（I）= （II）

III 和 IV 是对映体，I 和 II 好像也是对映体。事实上，I 和 II 能相互重叠，因而是同一种化合物。这是由于在 I 中存在一对称因素（对称面），因此分子无手性。这种虽然含有手性碳原子，但由于分子中存在对称因素，分子并无手性的化合物叫内消旋体，常用 meso 或 m 表示。内消旋体虽无旋光性，但同外消旋体不同。内消旋体是纯粹的化合物，而外消旋体是混合物，可以拆分。酒石酸的旋光异构体中有一内消旋体，因此它只有三个异构体，但这三个异构体的理化性质也不相同（表 5−1）。

表 5−1　酒石酸的三个异构体的理化性质

| 名　称 | 熔点/℃ | $[\alpha]_D$（水） | 溶解度/g·(100mL)$^{-1}$ | $pK_{a_1}$ | $pK_{a_2}$ |
|---|---|---|---|---|---|
| （+）-酒石酸 | 170 | +12.0 | 139 | 2.98 | 4.23 |
| （−）-酒石酸 | 170 | −12.0 | 139 | 2.98 | 4.23 |
| （±）-酒石酸（dl） | 206 | 0 | 20.6 | 2.96 | 4.24 |
| meso-酒石酸 | 140 | 0 | 125 | 3.11 | 4.80 |

对于含相同手性碳原子的化合物，旋光异构体的数目都小于 $2^n$，外消旋体的数目小于 $2^{n-1}$。由此可见，手性碳原子是分子产生手性的因素之一，但具有手性碳原子的分子不一定都有手性。

## 5.9　不含手性中心化合物的旋光异构现象

手性碳原子只是使分子产生手性的因素之一。内消旋酒石酸分子虽然含有手性碳原子，但整个分子不具有手性。但另一方面，具有手性的分子，也不一定含有手性碳原子。因此分子中是否含有手性碳原子并不是分子具有手性的充分必要条件。判断一个化合物是否具有手性，关键是看分子能否与其镜像重合。下面介绍两种不含手性碳原子化合物的旋光异构体。

### 5.9.1　联苯型的旋光异构体

联苯分子中两个苯环通过一个单键相连。当苯环邻位上连有体积较大的取代基时，两个苯环之间单键的旋转受到阻碍，使它们不能处于同一平面上。此时，如果同一苯环上所连的两个原子或基团不同，该分子就不能与其镜像叠合，分子有旋光性。这种由于位阻太大引起的旋光异构体称为位阻异构体。例如：

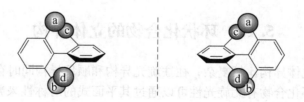

a、b、c、d 为联苯苯环上所连的原子或基团，若 a ≠ b、c ≠ d 且（a+c）的半径或（b+d）的半径大于 0.29nm，上述分子具有旋光性。

某些原子或基团的半径（nm）如下：

| H | COOH | $CH_3$ | F | Cl | Br | I | OH | $NH_2$ | $NO_2$ |
|---|---|---|---|---|---|---|---|---|---|
| 0.094 | 0.156 | 0.173 | 0.138 | 0.189 | 0.211 | 0.220 | 0.145 | 0.156 | 0.192 |

6，6′-二硝基联苯-2，2′-二甲酸就是这类化合物中首先拆分得到的旋光性对映体。

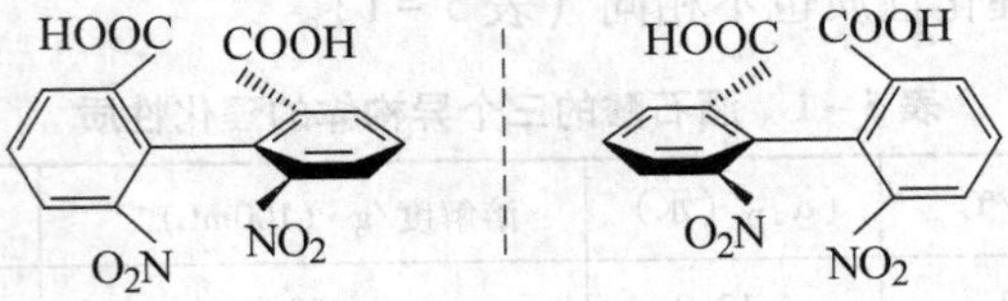

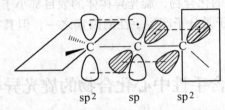

### 5.9.2 丙二烯的衍生物

丙二烯分子中，$C_1$、$C_3$ 原子是 $sp^2$ 杂化，$C_2$ 是 $sp$ 杂化。$C_2$ 的两个互相垂直的 $p$ 轨道分别与 $C_1$ 和 $C_3$ 的 $p$ 轨道形成两个垂直的 $\pi$ 键，$C_1$ 和 $C_3$ 上的两个 C—H 键也分别处于两个互相垂直的平面上，其示意图如下：

如任意一端的碳原子上连有两个相同的基团，该化合物有对称面，分子无旋光性。如果丙二烯两端碳原子上各连两个不同基团时，由于所连四个基团两两各在相互垂直的平面上，分子就没有对称面和对称中心，因而有手性。如 2，3-戊二烯就已分离出对映异构体：

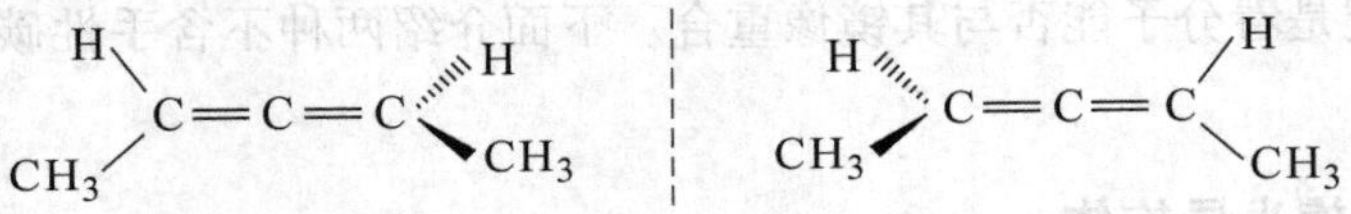

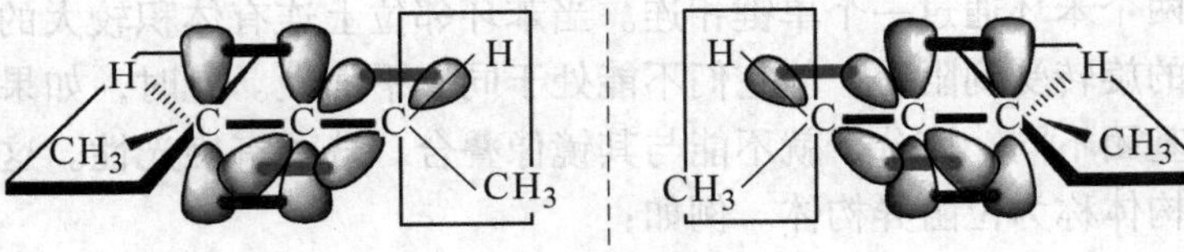

## 5.10   环状化合物的立体异构

环状化合物的立体异构比较复杂，往往旋光异构和顺反异构同时存在。

实验证明：单环化合物有无旋光性可以通过其平面式的对称性来判别，凡是有对称中心和对称平面的单环化合物无旋光性，反之则有旋光性。

如环丙烷衍生物：

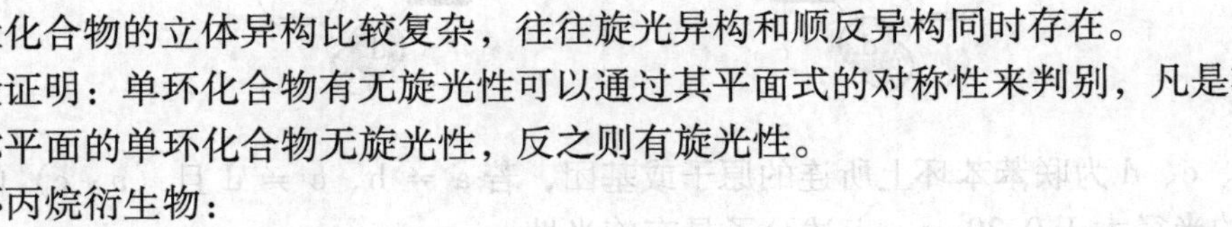

当 A、B 不同时，Ⅰ和Ⅱ，Ⅲ和Ⅳ为对映异构体，有四个构型异构体；

当 A、B 相同时，Ⅰ和Ⅱ为内消旋体，Ⅲ和Ⅳ为对映异构体，有三个构型异构体。

例如：1-氯-2-溴环丙烷有四个构型异构体，其构型如下：

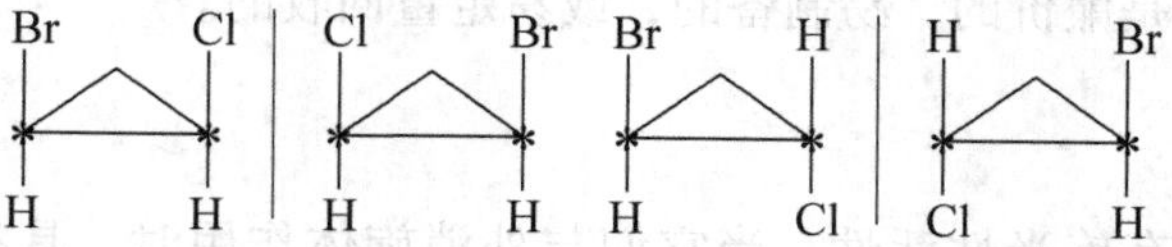

| (1R, 2S) | (1S, 2R) | (1S, 2S) | (1R, 2R) |
| (Ⅰ) | (Ⅱ) | (Ⅲ) | (Ⅳ) |
| 对映体(顺式) | | 对映体(反式) | |

1，2-环丙烷二甲酸有三个构型异构体，其构型如下：

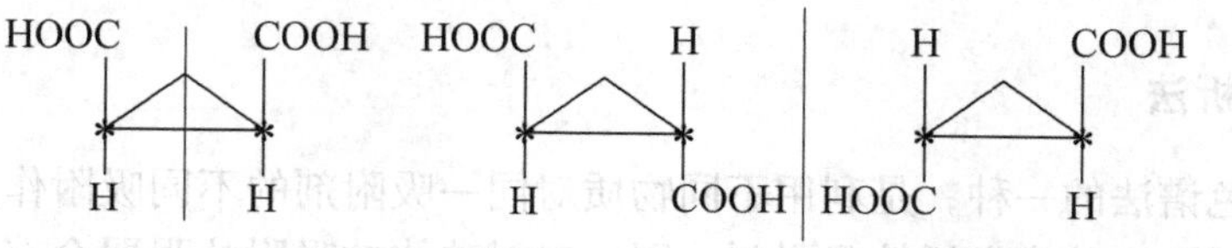

| 顺(1R, 2S) | 反(1S, 2S) | 反(1R, 2R) |
| 内消旋体 | 左旋 | 右旋 |

# 5.11 外消旋体的拆分

许多旋光物质是从自然界生物体中分离获得的，如在实验室中用非旋光物质去合成旋光物质，通常得到的多是外消旋体。

如要合成其中一种对映体，往往需将外消旋体分开为右旋体和左旋体。将外消旋体分开为右旋体和左旋体的过程称为外消旋体的拆分。通常有下面几种方法。

## 5.11.1 化学方法

根据外消旋体的性质，显然对合成的外消旋体不能通过普通的物理或化学方法将它分为两个对映体。因为对映体的理化性质完全相同。

通过化学方法把组成外消旋体的一对对映体与另一旋光物质反应（称为拆分剂），使生成非对映体，再利用非对映体的物理性质的差异达到分离的目的。

例如，拆分某一外消旋体的酸，可用一旋光性的碱与之反应，生成非对映体的盐，利用这两种盐溶解度的不同，将它们分离，再用酸处理，得到旋光性的酸：

$$(\pm)\text{-RCOOH}+(-)\text{-RNH}_2 \xrightarrow{\text{成盐}} \xrightarrow{\text{分级结晶}}$$

$$\begin{cases} (+)\text{-RCOO}^- \cdot (-)\text{-RNH}_2 \xrightarrow{\text{HCl}} (+)\text{-RCOOH} + (-)\text{-RNH}_3^+ \cdot \text{Cl}^- \\ (-)\text{-RCOO}^- \cdot (-)\text{-RNH}_2 \xrightarrow{\text{HCl}} (-)\text{-RCOOH} + (-)\text{-RNH}_3^+ \cdot \text{Cl}^- \end{cases}$$

一般拆分剂需满足以下条件：

（1）拆分剂与被拆分物之间易反应合成，又易被分解；

（2）两个非对映立体异构体在溶解度上有可观的差别；

（3）拆分剂应当尽可能地达到旋光纯度；

（4）拆分剂必须是廉价的，易制备的，或易定量回收的。

## 5.11.2  生物方法

生物体中的酶具有旋光性活性，当它们与外消旋体作用时，具有较强的选择性。例如，在外消旋酒石酸中培养青霉素，只消耗右旋酒石酸，留下左旋酒石酸。近年来，某些抗生素和药物的生产就采用微生物拆分的方法。如β-内酰胺酶抑制剂西司他丁的生产就是一例。Lonza 公司采用生物转化法，先用一种非立体选择性的腈水合酶将腈转化为酰胺，再应用酰胺酶将（R）-酰胺优先转变为（R）-羧酸，剩下的则是生产西司他丁所要的（S）-酰胺。

## 5.11.3  柱层析法

柱层析是色谱法的一种，是利用不同物质对同一吸附剂的不同吸附作用分离混合物的方法。如果选择适当的光学活性吸附剂，则一对对映体被吸附的强弱会有所不同，再选用适当的淋洗剂，就可以分别将它们淋洗出来，从而达到分离的目的。

# 5.12  手性分子的生物作用

手性是生命过程的基本特征，构成生命体的有机分子绝大多数都是手性分子。人们使用的药物绝大多数具有手性，被称为手性药物。手性药物与它的对映体，两者之间在药力、毒性等方面往往存在差别，有的甚至作用相反。20 世纪 60 年代一种称为反应停的手性药物（一种孕妇使用的镇定剂，已被禁用）上市后导致 1.2 万名婴儿的生理缺陷，因为反应停的对映体具有致畸性。

反应停（α-苯肽茂二酰胺）两种对映体：

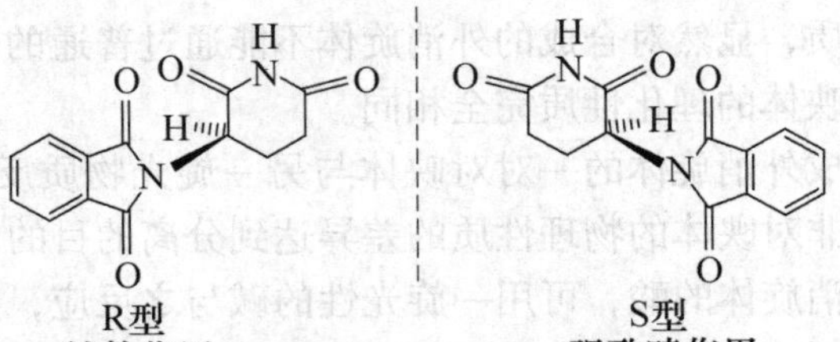

R型
镇静作用

S型
强致畸作用

其他对映体的生物活性如下：

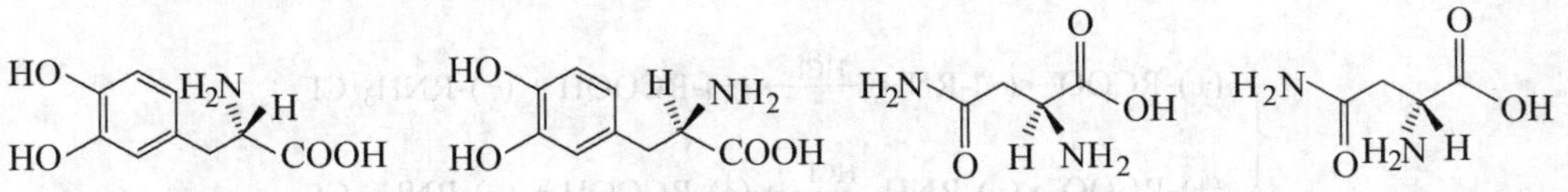

L-(−)-多巴
抗帕金森氏症

D-(+)-多巴
对人体有害

(S)-天冬酰胺
苦味

(R)-天冬酰胺
甜味

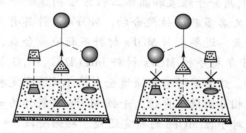

(−)-Benzomorphia
止痛，不成瘾

(+)-Benzomorphia
弱止痛，成瘾

(−)-Benzopyryldiol
强致癌性

(+)-Benzopyryldiol
弱致癌性

(−)-1R,2R-氯霉素

(+)-1S,2S-氯霉素

抗菌活性(−)∶(+) =100∶0.4
合霉素(外消旋体)已淘汰

　　一对对映体之所以表现出不同的生物活性，这是由于手性分子的立体结构与受体的立体结构（受体靶位）有互补关系时，其活性部位才能进入受体的靶位，产生应有的生理作用。而一对对映体只有其中一个适合进入一个特定受体靶位，进而产生生理效应（图5−5）。

图5−5　手性分子与手性生物受体之间的相互作用

# 新研究进展

　　目前在约2000种常用药物中有近500种药物以外消旋体的形式存在。外消旋体药物中可能只有一种对映异构体有药效，其镜像分子却有毒副作用或药效相反或无药效。对映异构体也对香料化学和农业化学方面有重要作用：S-型的香芹酮呈香菜味，R-型却具有荷兰薄荷香味；农药溴氰菊酯的8个异构体中，（3R，1R，S）异构体的杀虫活性是（3S，1S，R）的70多倍。手性药物的分离分析在生物和化学领域一直是研究热点。

　　色谱法以其优良的识别能力成为目前应用最广泛的手性拆分方法，尤其在手性药物的分离分析和纯度检测等方面。根据待分离化合物的分子结构选择合适的手性色谱柱非常重要，而手性固定相是手性色谱柱的核心部分。近几年，国内外用于拆分手性药物的不同类型的高分子手性固定相主要包括：环糊精类手性固定相、多糖型手性固定相、金属－骨架化合物手性固定相、蛋白质类手性固定相和大环抗生素手性固定相。

　　环糊精（CD）分子呈锥筒形，形成一个空腔洞穴，洞穴的孔径由吡喃葡萄糖的个数决定，空腔内部疏水，外部亲水。手性药物的极性基团与环糊精洞口的羟基相互作用，疏水部分则嵌入环糊精洞穴中，形成了稳定性不同但可逆的包合物，使环糊精具有良好的手性识别能力。例如，有研究人员通过点击反应制备全苯基异氰酸酯基 CD 衍生物手性固定相，该手性柱能够分离某些芳基乙醇异构体。

多个环糊精单元在高分子链上即构成了环糊精聚合物（CDP）。环糊精聚合物保留了环糊精的包合识别功能还兼具聚合物良好的机械强度、稳定性和化学可调性，同时在溶解性上也有一定的改变。目前环糊精聚合物已广泛应用于手性分离中。最近，有研究者利用缩聚法合成了 β-CDP，随后将其以化学键合的方式连接到二氧化硅微球上，并对这种键合型手性固定相进行了表征，通过液相色谱法分离了安息香、特布他林、普萘洛尔、尼莫地平和氧氟沙星等手性药物。

多糖型手性固定相主要包括纤维素、直链淀粉以及它们的衍生物所制得的固定相。多糖如纤维素和直链淀粉都是由 D-葡萄糖单元构成，虽然它们本身有一定的手性识别能力，但直接用作手性固定相时选择性比较低，衍生后则表现出较好的手性识别能力。如通过 4-（三甲氧基硅基）苯基衍生纤维素羟基，再利用三乙氧基硅基的缩聚反应的方法制备的键合型手性固定相，对乙酰丙酮钴、三氟蒽基乙醇等手性化合物可以进行有效分离，该方法还可用于叔丁基苯基氨基甲酸酯多糖类衍生物手性固定相的制备。

金属–有机骨架材料（MOFs）是由金属离子（或金属簇）与含氮氧等多齿有机配体（如芳香多酸和多碱等）利用分子组装和晶体工程方法构建的一类具有周期性一至三维网络结构的多孔晶体材料，又名多孔配位聚合物。MOFs 材料具有多孔性、高比表面积、多功能性和化学稳定性等特点，近年来新 MOFs 材料不断地被合成，在色谱中具有广泛的应用前景。有研究者在 2015 年将手性 MOFs 材料 $InH(D-C_{10}H_{14}O_4)_2$（$D-C_{10}H_{14}O_4$）用作毛细管柱内壁的粗糙化材料，然后用静态法涂渍全戊基-β-CD 固定相，对照两种未结合的固定相，发现结合后的固定相分离效果更佳。手性 MOFs 材料作为一种新型手性固定相具有一定的应用前景，但目前对手性 MOFs 的研究还处于初始阶段。

蛋白质是由很多氨基酸组成的具有复杂三维结构的高分子聚合物，其亚单位 L–氨基酸具有手性特异性，因此蛋白质具有识别手性化合物的能力。蛋白质类手性固定相的优点是可使用水作流动相且手性选择能力良好；缺点是稳定性差和载样量小，影响其在制备色谱中的应用。研究者以 $\alpha_1$-酸性糖蛋白为手性固定相，以抗胆碱药甲溴后马托品溴化物及硫酸阿托品的对映体为拆分对象建立了相应的方法。结果表明，$\alpha_1$-酸性糖蛋白手性固定相可以使二者得到完全分离。

环抗生素类化合物，分子有几个到几十个手性中心，它们有立体的环状结构、芳香基团和氨基、羟基等活性基团。大环抗生素类手性固定相除具有手性识别能力外还具有高稳定性，相体系转化时不发生老化和变性，因此在对映异构体化合物的分离方面应用前景良好。大环抗生素手性固定相已应用于液相色谱的手性药物拆分，如使用大环抗生素 Chirobiotic V 可以成功拆分大鼠血浆中的特他洛尔。

手性与生命过程息息相关，随着化学、材料、生命等学科的发展，寻找分离效率高、稳定性好、适用范围广的手性固定相从而实现对复杂手性药物的识别与分离已十分必要，同时仍需对手性固定相的识别机理、新型固定相材料的设计及合成方法、新型手性分离技术进行更加深入的研究。

## 习　题

5-1　下列 Fischer 投影式中，哪个是同乳酸 $\underset{\overset{|}{CH_3}}{\overset{COOH}{|}}$ H—OH 一样的？

A. $\underset{COOH}{\overset{CH_3}{HO—|—H}}$ ；B. $\underset{CH_3}{\overset{OH}{H—|—COOH}}$ ；C. $\underset{H}{\overset{CH_3}{COOH—|—OH}}$ ；D. $\underset{H}{\overset{COOH}{HO—|—CH_3}}$

5-2　Fischer 投影式 $\underset{CH_2CH_3}{\overset{CH_3}{H—|—Br}}$ 是 R 型还是 S 型？下列各结构式，哪些同上面这个投影式是同一化

合物？

A. $\underset{CH_3}{\overset{C_2H_5}{H—|—Br}}$ ；B. $\underset{Br}{\overset{H}{CH_3—|—C_2H_5}}$ ；C. ；D.

5-3　（＋）-麻黄碱的构型如下：

$$\begin{array}{c} C_6H_5 \\ HO\diagdown \ |\diagup H \\ H\diagup \ |\diagdown CH_3 \\ NHCH_3 \end{array}$$

它可以用下列哪个投影式表示？

A. $\underset{CH_3}{\overset{C_6H_5}{\underset{H—|—NHCH_3}{H—|—OH}}}$ ；　B. $\underset{C_6H_5}{\overset{CH_3}{\underset{HO—|—C_6H_5}{H—|—NHCH_3}}}$ ；　C. $\underset{H}{\overset{C_6H_5}{\underset{CH_3NH—|—CH_3}{HO—|—H}}}$ ；　D. $\underset{H}{\overset{C_6H_5}{\underset{H_3C—|—NHCH_3}{HO—|—H}}}$

5-4　指出下列各对化合物间的相互关系（属于哪种异构体，或是相同分子）。

A. $H_3C—\underset{\underset{CH_3}{\overset{|}{CH_2}}}{\overset{COOH}{\overset{|}{C}}}—H$ $H_3C—\underset{\underset{CH_3}{\overset{|}{CH_2}}}{\overset{H}{\overset{|}{C}}}—COOH$ ；B. $\underset{H}{\overset{COOH}{C_2H_5}}$ $\underset{C_2H_5}{\overset{COOH}{H_3C}}$ ；

C. 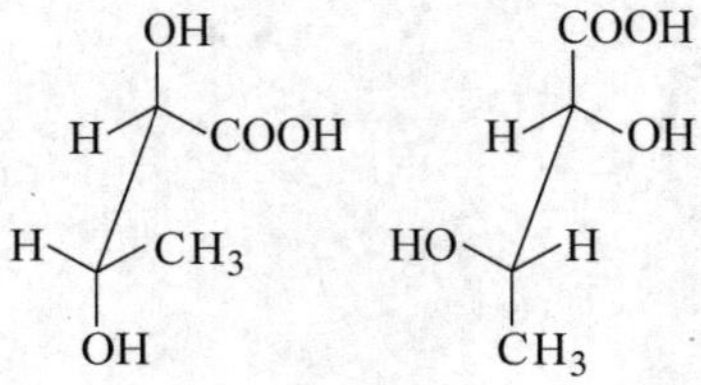　 ；　D. 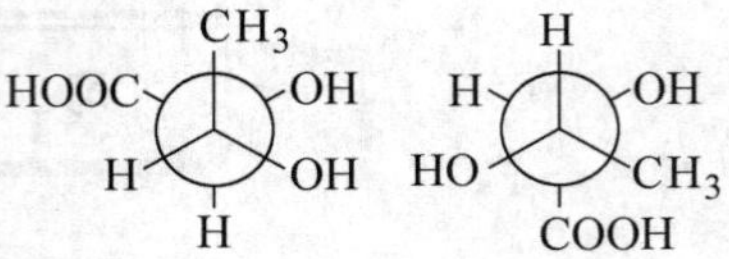　 ；

E. 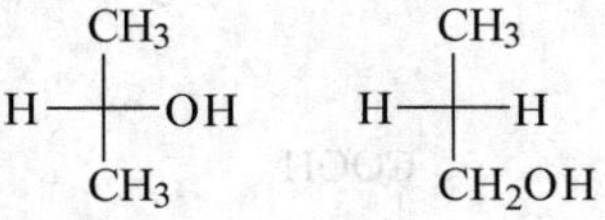　 ；　F. 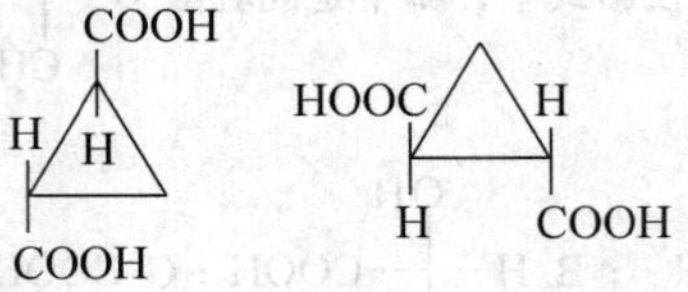　 ；

G. 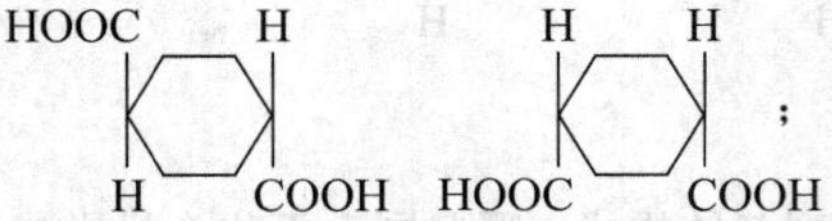　 ；　H. 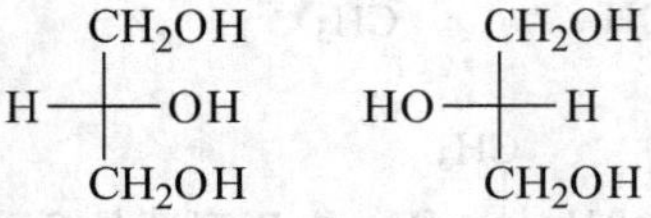　

5-5　分子式为 $C_6H_{12}$ 的开链烃 A，有旋光性。经催化氢化生成无旋光性的 B，分子式为 $C_6H_{14}$。写出 A，B 的结构式。

5-6　某化合物 A 的分子式为 $C_6H_{10}$，具有光学活性。可与碱性硝酸银的氨溶液反应生成白色沉淀。若以 Pt 为催化剂催化氢化，则 A 转变成 $C_6H_{14}$（B），B 无光学活性。试推测 A 和 B 的结构式。

5-7　某烃分子式为 $C_{10}H_{14}$，有一个手性碳原子，氧化生成苯甲酸。试写出其结构式。

5-8　（1）写出 3-甲基-1-戊炔分别与下列试剂反应的产物：

A. $Br_2$，$CCl_4$；B. $H_2$，Lindlar 催化剂；C. $H_2O$，$H_2SO_4$，$HgSO_4$；D. HCl（1mol）

（2）如果反应物是有旋光性的，哪些产物有旋光性？

（3）哪些产物同反应物的手性中心有同样的构型关系？

（4）如果反应物是左旋的，能否预测哪个产物也是左旋的？

# 6 卤 代 烃

**本章要点：**
（1）卤代烃的分类和命名；
（2）亲核取代（$S_N1$、$S_N2$）的动力学、立体化学及影响因素；
（3）消除反应（E1、E2）机理、立体化学、影响因素及札依切夫规则；
（4）卤代烃污染物。

卤代烃可以看做是烃分子中一个或多个氢被卤原子取代后所生成的化合物。其中卤原子就是卤代烃的官能团。一卤代烃可表示为 R—X，X＝Cl、Br、I、F。

卤代烃的性质比烃活泼得多，能发生多种化学反应，转化成各种其他类型的化合物。因此，烃分子中引入卤原子，在有机合成中是非常有用的。自然界极少含有卤素的化合物，绝大多数是人工合成的。

卤代烃的分类原则：

（1）按分子中所含卤原子的数目，分为一卤代烃和多卤代烃；

（2）按分子中卤原子所连烃基类型分为：

1）卤代烷烃：R—$CH_2$—X。

2）卤代烯烃：R—CH＝CH—X　　　　　　　　　　乙烯式；

　　　　　　 R—CH＝CH—$CH_2$—X　　　　　　　　烯丙式；

　　　　　　 R—CH＝CH（$CH_2$）$_n$–X　　$n \geqslant 2$　　　孤立式。

3）卤代芳烃：

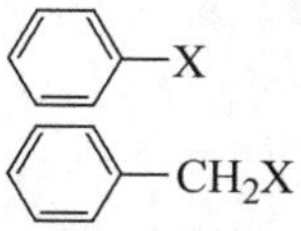

　　　　　　　　　　X

　　　　　　　　　　$CH_2$X

（3）按卤素所连的碳原子的类型分为：

R—$CH_2$—X　　　　　　　　　$R_2$CH—X　　　　　　　　　$R_3$C—X

伯卤代烃　　　　　　　　　　仲卤代烃　　　　　　　　　　叔卤代烃

一级卤代烃（1°）　　　　　　二级卤代烃（2°）　　　　　　三级卤代烃（3°）

## 6.1　卤代烃的命名及同分异构

### 6.1.1　简单卤代烃的命名

结构简单的卤代烃可以按卤原子相连的烃基的名称来命名，称为卤代某烃或某基卤。如：$(CH_3)_2$CHBr，溴代异丙烷（异丙基溴）；$C_6H_5CH_2Cl$，氯代苄（苄基氯）。

### 6.1.2　复杂卤代烃的命名

较复杂的卤代烃按系统命名法命名：

（1）卤代烷（烷烃为母体）命名时，以含有卤原子的最长碳链作为主链，将卤原子或其他支链作为取代基。取代基按"顺序规则"较优基团在后列出。如：

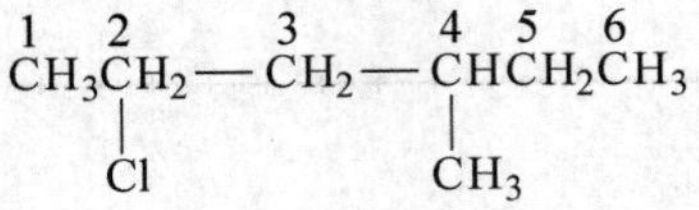

$$\overset{1}{CH_3}\overset{2}{CH_2}—\overset{3}{CH_2}—\overset{4}{CH}\overset{5}{CH_2}\overset{6}{CH_3}$$
$$\underset{Cl}{\phantom{x}}\qquad\underset{CH_3}{\phantom{x}}$$

$$\overset{5}{CH_3}\overset{4}{CH_2}—\overset{3}{CH_2}—\overset{2}{CH}CH_2CH_3$$
$$\underset{CH_2Cl}{\phantom{x}}$$

4-甲基-2-氯己烷 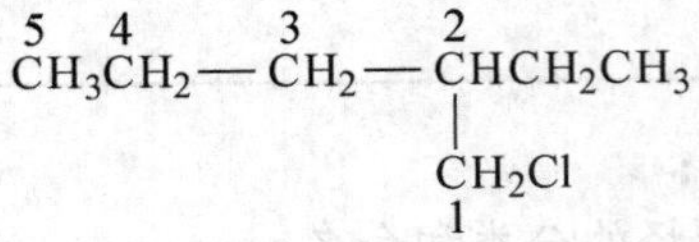　　　　　　　　　　　2-乙基-1-氯戊烷

（2）卤代烯烃（烯烃为母体）命名时，选含双键的最长碳链为主链，以双键的位次最小为原则进行编号。如：

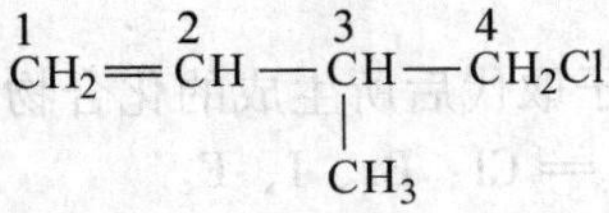

$$\overset{1}{CH_2}=\overset{2}{CH}—\overset{3}{CH}—\overset{4}{CH_2}Cl$$
$$\underset{CH_3}{\phantom{x}}$$

$$\overset{1}{H_2C}=\overset{2}{CH}—\overset{3}{CH_2}Br$$

3-甲基-4-氯-1-丁烯 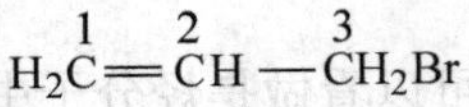　　　　　　　　　　3-溴丙烯

（3）卤代芳烃（芳烃为母体）命名时，一般侧链氯代芳烃，常以烷烃为母体，卤原子和芳环作为取代基。如：

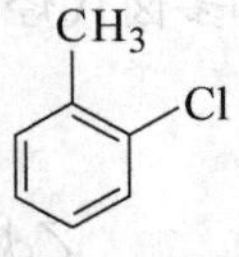

2-氯甲苯 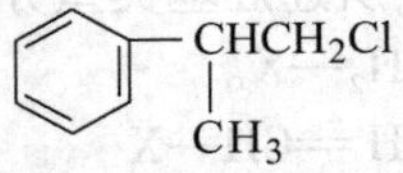　　　　　　　　　　　　2-苯基-1-氯丙烷

（4）卤代环烷烃则一般以脂环烃为母体命名，卤原子及支链都看做是它的取代基。如：

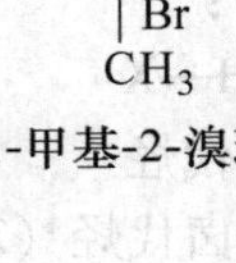

顺-1-甲基-2-溴环己烷

### 6.1.3　同分异构现象

卤代烷的同分异构体数目比相应的烷烃的异构体数多。如一卤代烷除了具有碳链异构体外，卤原子在碳链上的位置不同，也会引起同分异构现象。如：

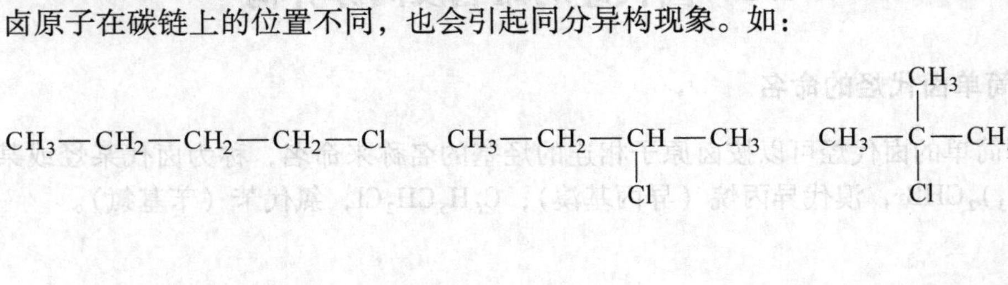

$$CH_3—CH_2—CH_2—CH_2—Cl \qquad CH_3—CH_2—\underset{Cl}{CH}—CH_3 \qquad CH_3—\underset{Cl}{\overset{CH_3}{C}}—CH_3$$

## 6.2　卤代烷的物理性质

常温常压下，氯甲烷、氯乙烷和溴甲烷是气体，其他卤代烷为液体，$C_{15}$ 以上的卤代烷为固体。一卤代烷的沸点随碳原子数的增加而升高。烷基相同而卤原子不同时，以碘代烷沸点最高，其次是溴代烷与氯代烷。在卤代烷的同分异构体中，直链异构体的沸点最高，支链越多，沸点越低。

一氯代烷密度小于 1，一溴代烷、一碘代烷及多卤代烷相对密度均大于 1。在同系列中，相对密度随碳原子数的增加而降低，这是由于卤素在分子中所占的比例逐渐减少。

卤代烷不溶于水，易溶于乙醇、乙醚等有机溶剂。某些卤代烷如 $CHCl_3$、$CCl_4$ 等本身就是良好的溶剂。纯净的卤代烷是无色的，碘代烷因易受光、热的作用而分解，产生游离碘而逐渐变为红棕色。卤代烷在铜丝上燃烧时能产生绿色火焰，可以作为鉴定有机化合物中是否含有卤素的定性分析方法（氟代烃例外）。表 6-1 列出了某些卤代烃的主要物理常数。

**表 6-1　某些卤代烃的主要物理常数**

| 名　称 | 沸点/℃ | 熔点/℃ | 相对密度（20℃） |
|---|---|---|---|
| 氯甲烷 | -24.2 | -97.7 | 0.920 |
| 溴甲烷 | 3.5 | -93.7 | 1.732 |
| 碘甲烷 | 42.4 | -66.5 | 2.279 |
| 二氯甲烷 | 40.2 | -96.7 | 1.336 |
| 三氯甲烷 | 61.2 | -63.5 | 1.489 |
| 四氯化碳 | 76.8 | -23.0 | 1.594 |
| 氯乙烷 | 12.3 | -138.0 | 0.903 |
| 溴乙烷 | 38.4 | -118.9 | 1.460 |
| 碘乙烷 | 72.4 | -110.9 | 1.933 |
| 1-氯丙烷 | 46.4 | -123.0 | 0.890 |
| 氯乙烯 | -13.4 | -160.0 | 0.908 |
| 烯丙基氯 | 45.7 | -136.0 | 0.938 |
| 氯　苯 | 132.0 | -45.2 | 1.106 |
| 溴　苯 | 156.2 | -30.6 | 1.495 |
| 碘　苯 | 188.5 | -29.3 | 1.824 |
| 邻二氯苯 | 180.0 | -17.0 | 1.305 |
| 对二氯苯 | 143.0 | -53.0 | 1.247 |

## 6.3　卤代烷的化学性质

卤原子具有较大的电负性，卤代烷分子中的卤原子带部分负电荷，与卤原子直接相连

的 α-碳原子带部分正电荷，C—X 键是极性共价键，因此卤代烷易发生 C—X 键断裂。当亲核试剂（带未共用电子对或负电荷的试剂）进攻 α-碳原子时，卤素带着一对电子离去，进攻试剂与 α-碳原子结合，从而发生亲核取代反应。另外，由于受卤原子吸电子诱导效应的影响，卤代烷 β-位上碳氢键的极性增大，即 β-H 的酸性增强，在强碱性试剂作用下，易脱去 β-H 和卤原子，发生消除反应。

综上所述，卤代烃的化学性质可归纳如下：

$$R-\overset{\quad}{\underset{\underset{H}{|}}{C}}H-\overset{\delta^+}{\underset{\underset{X^{\delta-}}{|}}{C}}H_2 \quad \begin{matrix}\longleftarrow 取代反应 \\ \longleftarrow 消除反应\end{matrix}$$

### 6.3.1　亲核取代反应（$S_N$）

负离子（$HO^-$、$RO^-$、$CN^-$、$NO_3^-$ 等）或带未共用电子对的分子（$NH_3$、$NH_2R$、$NHR_2$、$NR_3$ 等）能进攻卤原子的 α-碳发生亲核取代反应。这些试剂的电子云密度较大，具有较强的亲核性，能提供一对电子与 α-碳原子形成新的共价键，所以又称为亲核试剂。由亲核试剂进攻而引起的取代反应叫做亲核取代反应（Nucleophilic Substitution），用符号 $S_N$ 表示。卤代烷的亲核取代反应可用下列通式表示：

$$Nu^-: + R-\overset{\delta+}{C}H_2-\overset{\delta-}{X} \longrightarrow R-CH_2-Nu + X^-:$$
$$\quad 亲核试剂 \qquad 卤代烷 \qquad\quad 取代产物 \qquad 离去基团$$

#### 6.3.1.1　被羟基取代
卤代烷与氢氧化钠或氢氧化钾的水溶液共热，卤原子被羟基取代生成醇。此反应也称为卤代烷的水解。

$$R-X + NaOH \xrightarrow[\triangle]{H_2O} R-OH + NaX$$

#### 6.3.1.2　被烷氧基取代
卤代烷与醇钠的醇溶液作用，卤原子被烷氧基取代生成醚。此反应也称为卤代烷的醇解。

$$R-X + NaOR' \xrightarrow{ROH} R-OR' + NaX$$

卤代烷的醇解是合成混合醚的重要方法，称为 Williamson 合成法。

#### 6.3.1.3　被氨基取代
卤代烷与氨（胺）的水溶液或醇溶液作用，卤原子被氨基取代生成胺。此反应也称为卤代烷的氨（胺）解。

$$R-X + NH_3 \xrightarrow{ROH} R-NH_2 + HX$$

由于产物具有亲核性，除非使用过量的氨（胺），否则反应很难停留在一取代阶段。如果卤代烷过量，产物是各种取代的胺以及季铵盐。

$$RNH_2 \xrightarrow[ROH]{RX} R_2NH \xrightarrow[ROH]{RX} R_3N \xrightarrow[ROH]{RX} R_4N^+X^-$$

### 6.3.1.4 被氰基取代

卤代烷与氰化钠或氰化钾的醇溶液共热，卤原子被氰基取代生成腈。腈可发生水解反应生成羧酸。

$$R\text{—}X + NaCN \xrightarrow[\triangle]{ROH} R\text{—}CN + NaX$$

$$R\text{—}CN + H_2O \xrightarrow[\triangle]{H^+} RCOOH$$

由于产物比反应物多一个碳原子，因此该反应是有机合成中增长碳链的方法。

### 6.3.1.5 与 AgNO₃ 醇溶液反应

卤代烷与 $AgNO_3$ 醇溶液反应的反应式如下：

$$R\text{—}X + AgNO_3 \xrightarrow{醇} \underset{硝酸酯}{R\text{—}ONO_2} + AgX\downarrow$$

此反应可用于鉴别卤化物，因卤原子不同或烃基不同的卤代烃，其亲核取代反应活性有差异。如卤原子不同，其活性次序是：R—I > R—Br > R—Cl；烃基不同的卤代烃，其活性次序是：$R_3C$—X（叔卤烷）> $R_2CH$—X（仲卤烷）> $RCH_2$—X（伯卤烷）。

上述反应都是由试剂的负离子部分或未共用电子对去进攻 C—X 键中电子云密度较小的碳原子而引起的亲核取代反应。

## 6.3.2 消除反应（E）

消除反应是指一个分子中脱去一个小分子（如 $H_2O$、HX 等），同时产生不饱和键的反应：

$$B:^- + H\underset{|\ \beta}{\overset{|\ \delta\delta^+}{\text{—}C}}\underset{|\ \alpha}{\overset{|\ \delta^+}{\text{—}C}}\overset{\delta^-}{\text{—}X} \longrightarrow \underset{}{\overset{}{C}}=\underset{}{\overset{}{C} } + HB + X^-$$

卤代烷分子中在 β-碳原子上必须有氢原子时，才能发生消除反应。如：

$$CH_3\text{—}CH_2\text{—}CH_2\text{—}CH_2\text{—}Br \xrightarrow[\triangle]{KOH-C_2H_5OH} CH_3\text{—}CH_2\text{—}CH=CH_2$$

当含有两个以上 β-碳原子的卤代烷发生消除反应时，将按不同方式脱去卤化氢，生成不同产物。大量实验事实证明，其主要产物是脱去含氢较少的 β-碳原子上的氢，生成双键碳原子上连有最多烃基的烯烃。这个规律称为札依切夫（A. M. Saytzeff）规律。例如：

$$\begin{array}{c}\underset{Br}{\overset{CH_3}{CH_3\text{—}CH_2\text{—}\overset{|}{\underset{|}{C}}\text{—}CH_3}} \xrightarrow[\triangle]{C_2H_5OK-C_2H_5OH} \underset{71\%}{\overset{CH_3}{CH_3\text{—}CH=\overset{|}{C}\text{—}CH_3}} + \underset{29\%}{\overset{CH_3}{CH_3\text{—}CH_2\text{—}\overset{|}{C}=CH_2}}\end{array}$$

$$\underset{Br}{\overset{}{CH_3\text{—}\overset{|}{CH}\text{—}CH_2\text{—}CH_3}} \xrightarrow[\triangle]{KOH-C_2H_5OH} \underset{81\%}{CH_3\text{—}CH=CH\text{—}CH_3} + \underset{19\%}{CH_2=CH\text{—}CH_2\text{—}CH_3}$$

卤原子是和 β-碳原子上的氢形成 HX 脱去的，这种形式的消除反应称 β-消除反应。消除反应是在分子中引入双键的方法之一。

### 6.3.3 与金属的反应

卤代烃能与镁、锂、铝等多种金属反应，生成金属有机化合物（含金属—碳键的化合物）。例如，卤代烷与镁在无水乙醚中作用，则生成格氏（Grignard）试剂。

$$R—X + Mg \xrightarrow{\text{无水乙醚}} RMgX$$
$$X = Cl、Br \qquad\qquad 格氏试剂$$

格氏试剂中 C—Mg 键是极性很强的键，所以格氏试剂非常活泼，能被许多含活泼氢的物质，如水、醇、酸、氨以至炔氢等分解为烃，并能与二氧化碳作用生成羧酸：

$$RMgX + HY \longrightarrow RH + MgXY$$
$$（Y = —OH，—OR，—X，—NH_2，—C\equiv CR）$$

$$RMgX \xrightarrow{CO_2} RCOOMgX \xrightarrow[H_2O]{H^+} RCOOH$$

因此，在制备格氏试剂时必须防止水气、酸、醇、氨、二氧化碳等物质。而格氏试剂与二氧化碳的反应常被用来制备比卤代烃中的烃基多一个碳原子的羧酸。

格氏试剂可以与许多物质反应，生成其他有机化合物或其他金属有机化合物，是有机合成中非常有用的试剂。

# 6.4 脂肪族亲核取代反应的历程

卤代烷的亲核取代反应是一类重要反应，由于这类反应可用于各种官能团的转变以及碳碳键的形成，在有机合成中具有广泛的用途，因此，对其反应历程的研究也就比较充分。

在亲核取代反应中，研究得最多的是卤代烷的水解，根据化学动力学的研究及许多实验表明，卤代烷的亲核取代反应是按两种历程进行的，即单分子亲核取代反应（$S_N1$ 反应）和双分子亲核取代反应（$S_N2$ 反应）。

### 6.4.1 单分子亲核取代反应（$S_N1$ 反应）

#### 6.4.1.1 $S_N1$ 反应历程

叔丁基溴在氢氧化钠水溶液中的水解反应是按 $S_N1$ 历程进行的，反应速度仅与叔丁基溴的浓度成正比，与亲核试剂 $OH^-$ 的浓度无关，在动力学上属于一级反应。反应速度方程为：

$$v = k\left[\,(CH_3)_3CBr\,\right]$$

$S_N1$ 反应分两步完成，第一步是 C—Br 键断裂生成碳正离子和溴负离子，第二步是正碳离子和 $OH^-$ 结合生成醇。

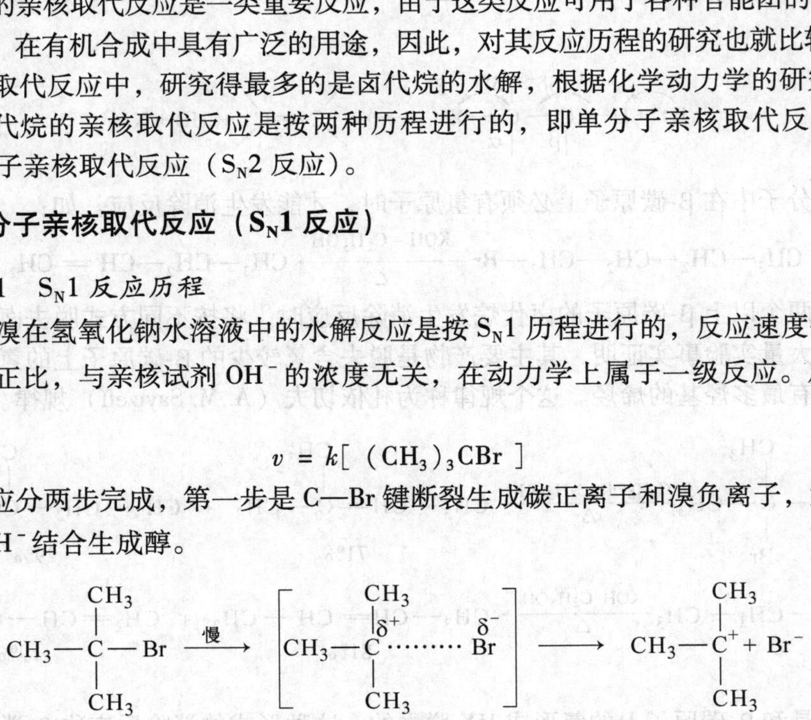

过渡态1                                    碳正离子

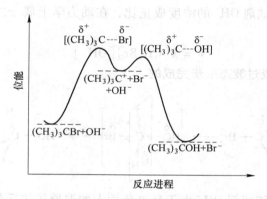

过渡态2

第一步中，叔丁基溴在极性溶剂作用下，C—Br 键逐渐伸长到达过渡态 1，然后发生异裂形成正碳离子中间体。这一步活化能 $\Delta E_1$ 较高，反应较慢，而且存在碳正离子重排现象。第二步中，正碳离子中间体立即与亲核试剂 $OH^-$ 结合，经过渡态 2 形成醇。这一步活化能 $\Delta E_2$ 较低，反应较快。因为整个反应速度由第一步决定，所以反应速度仅与叔丁基溴的浓度成正比，而与亲核试剂 $OH^-$ 的浓度无关，因此称为 $S_N1$ 取代反应。$S_N1$ 反应的能量变化见图 6−1。

图 6−1 $S_N1$ 反应历程中的能量变化

既然 $S_N1$ 反应速度由第一步决定，而且在这步中生成的正碳离子中间体越稳定，反应越容易进行，反应速度越快。所以不同类型卤代烷按 $S_N1$ 历程反应的活性次序为：

$$R_3C—X > R_2CH—X > RCH_2—X > CH_3—X$$

#### 6.4.1.2 $S_N1$ 反应的立体化学

$S_N1$ 反应的活性中间体为碳正离子，其为平面构型。亲核试剂可以从平面两边与碳正离子结合，生成构型相反的产物。当旋光的卤代烷进行 $S_N1$ 反应时，两种结合方式会分别生成构型保持和构型转化的产物，如果它们的概率相等，应该得到外消旋产物。过程如下：

但在多数情况下，$S_N1$ 反应往往不能完全外消旋化，而是构型翻转产物大于构型保持产物。例如：

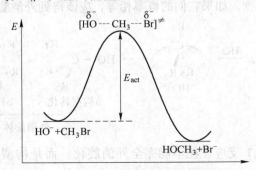

（-）-2-溴辛烷　　　　　　　　　　（+）-2-辛醇　　　（-）-2-辛醇
　　　　　　　　　　　　　　　　　　　　67%　　　　　　33%

左旋 2-溴辛烷在 $S_N1$ 条件下水解，得到 67% 构型翻转的右旋 2-辛醇，33% 构型保持的左旋 2-辛醇，其中有 33% 构型翻转的右旋 2-辛醇与左旋 2-辛醇组成外消旋体，还剩下 34% 的右旋 2-辛醇，所以其水解产物有旋光性。

## 6.4.2　双分子亲核取代反应（$S_N2$ 反应）

### 6.4.2.1　$S_N2$ 反应历程

溴甲烷在氢氧化钠水溶液中的水解反应是按 $S_N2$ 历程进行的，反应速度既与溴甲烷的浓度成正比，也与亲核试剂 $OH^-$ 的浓度成正比，在动力学上属于二级反应。反应速度方程为：

$$v = k[CH_3Br][OH^-]$$

$S_N2$ 反应是通过形成过渡态一步完成的。

形成过渡态时，亲核试剂 $OH^-$ 由于受电负性大的溴原子排斥作用，只能从溴原子背后且沿 C—Br 键的轴线进攻 α-碳原子。到达过渡态时，$OH^-$ 与 α-碳原子之间部分成键，C—Br 键部分断裂，三个氢原子与碳原子在一个平面上，进攻试剂和离去基团分别处在该平面的两侧。同时，α-碳原子由 $sp^3$ 杂化状态转变为 $sp^2$ 杂化状态。当 $OH^-$ 进一步接近 α-碳原子并最终形成 O—C 键时，三个氢原子也向溴原子一方偏转，C—Br 键进一步拉长并彻底断裂，$Br^-$ 离去，碳原子又转变为 $sp^3$ 杂化状态，整个过程是连续的，旧键的断裂和新键的形成是同时进行和同时完成的，所以水解反应速度与卤代烷和亲核试剂的浓度都有关系，因此称为 $S_N2$ 取代。$S_N2$ 反应的能量变化见图 6-2。

图 6-2　$S_N2$ 反应历程中的能量变化

在 $S_N2$ 反应中，亲核试剂从卤原子的背面进攻 $\alpha$-碳原子，$\alpha$-碳原子周围的空间阻碍将影响亲核试剂的进攻。所以 $\alpha$-碳原子上的烃基越多，进攻的空间阻碍越大，反应速度越慢。另外，烷基具有斥电子性，$\alpha$-碳原子上的烷基越多，该碳原子上的电子云密度也越大，越不利于亲核试剂的进攻。所以不同类型卤代烷按 $S_N2$ 历程反应的活性次序为：

$$CH_3—X > RCH_2—X > R_2CH—X > R_3C—X$$

### 6.4.2.2　$S_N2$ 反应的立体化学

$S_N2$ 反应属于异面进攻反应，即亲核试剂 $Nu^-$ 从离去基团 L 的背面进攻反应中心：

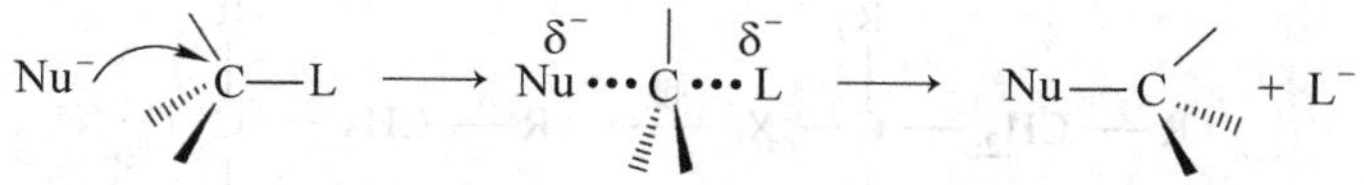

进而发生构型翻转，称为瓦尔登 Walden 转化，即产物的构型与底物的构型相反。例如：

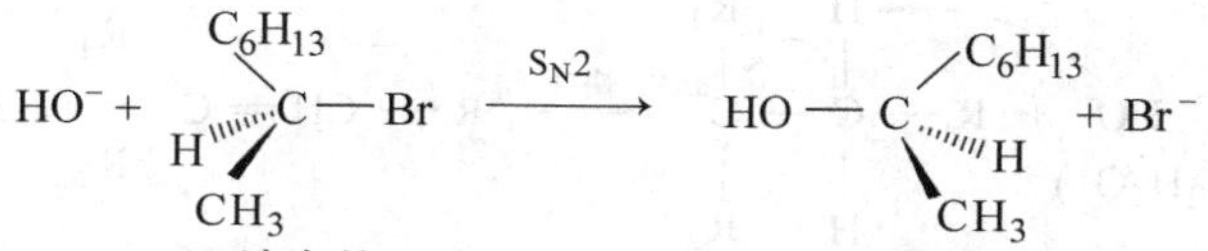

(−)-2-溴辛烷　　　　　　　(+)-2-辛醇
$[\alpha]=-34.2°$　　　　　　$[\alpha]=+9.9°$

实例说明，通过水解反应，手性中心碳原子的构型发生了翻转。根据大量立体化学和动力学研究材料，可以得出下面的结论：按双分子历程进行亲核取代反应，总是伴随着构型的翻转。也就是说，完全的构型转化往往可作为双分子亲核取代反应的标志。

## 6.4.3　单分子和双分子历程的选择

卤代烷进行亲核取代反应时，$S_N1$ 和 $S_N2$ 历程同时并存，相互竞争，究竟以哪种历程为主，与卤代烷的结构有关。主要包括：

（1）增加碳正离子稳定性的因素有利于促使反应按单分子历程进行，如碳正离子上烷基数目的增加，碳正离子与不饱和的基团相连或与具有未共用电子对的原子相连等；反之，降低碳正离子稳定性的因素有利于促使反应按双分子历程进行。所以一般叔卤代烷主要按 $S_N1$ 历程进行，伯卤代烷主要按 $S_N2$ 历程进行，而仲卤代烷既可按 $S_N1$ 历程又可按 $S_N2$ 历程进行。

（2）影响亲核取代对反应历程的选择的因素除上述的电子效应外，还有空间位阻、卤原子的离去能力、亲核试剂的亲核能力以及溶剂的极性等。亲核试剂的亲核能力越弱，溶剂的极性越强，则越有利于单分子历程的进行，反之，则有利于双分子历程的进行。

（3）卤原子对亲核取代反应速度也有影响。当卤代烷分子中的烷基相同而卤原子不同时，其反应活性次序为：

$$R—I > R—Br > R—Cl$$

因为无论反应按 $S_N1$ 还是 $S_N2$ 历程进行，都必须断裂 C—X 键。从 C—X 键的键能和卤原子的极化度看，卤原子半径大小次序为 I > Br > Cl，原子半径越大，可极化性越大，反应活性越大，因此，C—I 键最容易断裂，C—Br 键其次，C—Cl 键较难断裂。

# 6.5 消除反应历程

卤代烃的消除反应也有单分子消除（E1）和双分子消除（E2）两种反应历程。

## 6.5.1 单分子消除反应（E1 反应）历程

与 $S_N1$ 反应一样，E1 反应也是分两步进行的：

$$R-CH_2-\underset{\underset{R_2}{|}}{\overset{\overset{R_1}{|}}{C}}-X \xrightarrow{\text{慢}} R-CH_2-\underset{\underset{R_2}{|}}{\overset{\overset{R_1}{|}}{C^+}} + X^-$$

$$HO^- + R-\underset{\underset{H}{|}}{\overset{\overset{H}{|}}{C}}-\underset{\underset{R_2}{|}}{\overset{\overset{R_1}{|}}{C^+}} \xrightarrow{\text{快}} R-CH=\underset{R_2}{\overset{R_1}{C}} + H_2O$$

（或$C_2H_5O^-$）

第一步仍是卤代烃解离为碳正离子，整个反应的速度取决于第一步中叔卤代烃的浓度，与试剂 $OH^-$ 的浓度无关，故称为单分子消除反应历程，用 E1 表示。

与 $S_N1$ 反应历程不同，E1 历程的第二步中 $OH^-$ 不是进攻碳正离子生成醇，而是夺取碳正离子的 β-H 生成烯烃。显然，E1 和 $S_N1$ 这两种反应历程是相互竞争、相互伴随发生的。例如，在 25℃ 时，叔丁基溴在乙醇溶液中反应得到 81% 的取代产物和 19% 的消除产物：

$$(CH_3)_3CBr + C_2H_5OH \xrightarrow{25℃} (CH_3)_3C-OC_2H_5 + (CH_3)_2C=CH_2$$
$$\qquad\qquad\qquad\qquad\qquad\qquad 81\% \qquad\qquad\quad 19\%$$

从 E1 反应历程可以看出，不同卤代烷的反应活性次序和 $S_N1$ 相同，即：

$$R_3C-X > R_2CH-X > RCH_2-X$$

## 6.5.2 双分子消除反应（E2 反应）历程

E2 和 $S_N2$ 也很相似，旧键的断裂和新键的形成同时进行，整个反应经过一个过渡态。

$$HO^- + R-\underset{\beta}{CH}-\underset{\alpha}{\overset{\overset{H}{|}}{CH_2}}-X \longrightarrow$$

（或$C_2H_5O^-$）

$$\left[\begin{array}{c} (C_2H_5O) \\ HO \text{---} H \\ | \\ R-CH=\!\!=CH_2\text{---}X \end{array}\right] \longrightarrow R-CH=CH_2 + H_2O + X^-$$

过渡态

整个反应速度既与卤代烷的浓度成正比，也与碱的浓度成正比，故称为双分子消除反应历程，用 E2 表示。

与 $S_N2$ 反应历程不同，E2 历程中 $OH^-$ 不是进攻 $\alpha$-C 原子生成醇，而是夺取 $\beta$-H 原子生成烯烃。显然，E2 与 $S_N2$ 这两种反应历程也是相互竞争、相互伴随发生的。例如：

$$(CH_3)_2CHCH_2Br \xrightarrow{RO^-} \begin{matrix} CH_3 \\ CH_3 \end{matrix}C\!\!=\!\!CH_2 + ROCH_2CH(CH_3)_2$$

$$60\% \qquad\qquad 40\%$$

当 $\alpha$-碳原子上的烷基数目增加，意味着空间位阻加大和 $\beta$-H 原子增多，因此不利于亲核试剂进攻 $\alpha$-碳原子，而有利于碱进攻 $\beta$-氢原子，因而有利于 E2 反应。所以在 E2 反应中，不同卤代烷的反应活性次序和 E1 相同，即：

$$R_3C\!-\!X > R_2CH\!-\!X > RCH_2\!-\!X$$

## 6.6　取代、消除竞争反应的影响因素

由于亲核试剂（如 $OH^-$、$RO^-$、$CN^-$ 等）本身也是碱，所以卤代烷发生亲核取代反应的同时也可能发生消除反应，而且每种反应都可能按单分子历程和双分子历程进行。因此卤代烷与亲核试剂作用时可能有四种反应历程，即 $S_N1$、$S_N2$、E1、E2。究竟哪种历程占优势，主要由卤代烷烃的结构、亲核试剂的性质（亲核性、碱性）、溶剂的极性以及反应的温度等因素决定。

（1）反应物结构：

1）卤代烃 $\alpha$-碳上支链增加，对 $\alpha$-碳进攻的空间位阻增大，则不利于 $S_N2$ 反应，有利于 E2 反应，所以没有支链与强亲核试剂（$I^-$、$Br^-$、$Cl^-$、$OH^-$、$RO^-$）作用，主要为 $S_N2$ 反应；但强碱作用有利于消除反应，$\beta$-碳上有支链更易发生消除反应。

2）叔卤代烃在没有强碱存在时，得到 $S_N1$ 反应与 E1 反应产物的混合物；$\beta$-碳上烷基增加，则 E1 反应比 $S_N1$ 反应更为有利。

3）一般说来，消除产物的比例随卤代烃的结构从伯、仲、叔依次增加。

（2）亲核试剂：

1）亲核试剂强亲核性有利于取代反应，强碱性有利于消除反应。

2）当伯或仲卤代烃采用 NaOH 水解时，往往得到取代与消除反应产物的混合物。因为 $OH^-$ 既是亲核试剂又是强碱。

3）当卤代烃用 KOH 的醇溶液作用时，由于试剂为碱性更强的 $RO^-$，所以主要产物为烯烃。如果试剂碱性加强或碱浓度增加，消除产物量也相应增加。

从这里也可看出，有机化学反应是比较复杂的，受许多因素的影响。在进行某种类型的反应时，往往还伴随有其他反应发生。在得到一种主要产物的同时，还有副产物生成。为了使主要反应顺利进行，以得到高产率的主要产物，应当仔细地分析反应的特点及各种因素对反应的影响，严格控制反应条件。

## 6.7　卤代烃污染物及其危害

卤代烃是广泛应用于化学工业、农业、轻工业及其他方面的一大类化学物质，这类物

质正为人类创造优裕的生活环境做着贡献，因而全世界的卤代烃的生产量一直在稳步增长。随着生产途径和使用方式的不同，卤代烃源源不断地进入到环境之中。目前，无论是在空气、水和土壤中，或是在遥远的极地和大气的对流层和平流层中，都能检测到痕量的卤代烃及其残留物。

卤代烃问世初，人们所关注的其各种毒性是对人体的接触中毒，所严加防范的是它的蒸汽、分解产物等对人体的直接危害。然而经过几十年的使用以后才发现，当初被忽略的对生态环境的破坏所造成的严重后果，使发明者和使用者追悔莫及。

## 6.7.1　大气中卤代烃的污染及其危害

一些低级的卤代烃如氯乙烯、三氯甲烷和四氯化碳是很重要的有机合成原料中间体和化学溶剂。另外一些如二氯二氟甲烷和三氯氟甲烷用作致冷剂和喷雾推进剂。这些卤代甲烷在生产和使用过程中，往往会直接地排放到大气里，或是从其他化合物中分解出来而进入大气，因此，这样一些低级卤代烃现在已成为大气的重要痕量污染物。

由于化学性能上表现突出的抗降解性，这些卤代烃在环境中的残留期很长，据估算在大气中停留时间为 40～150 年。它的高度挥发性和不溶水性，决定了它们在环境中主要停留在大气圈。估计底层大气中的氟氯甲烷将缓慢向平流层扩散，在平流层短波紫外线辐射的作用下，氟氯甲烷可能发生游离基分解反应，释放出的氯原子能催化大气中臭氧的分解，导致臭氧浓度降低，削弱了臭氧层对远紫外辐射的屏蔽作用，使抵达地球表面的太阳光紫外辐射量增加。我们知道，紫外辐射是引起人类皮肤癌的重要物理因素之一。因此，地球表面紫外辐射的增强，就会引起人类皮肤癌的增加，同时，也还会使得地球上的生物对紫外光敏感性急剧地增加，引起强烈的生物效应，造成紫外辐射对地球上整个生物界的严重影响。另外，卤代烃破坏臭氧层，可能还会引起全球气候的变化，据科学家们估计，如果大气层中氟氯碳的浓度从 $0.1\mu L/m^3$ 增加到 $2\mu L/m^3$，全球温度将可能增高 0.5～0.9℃。因此，自 20 世纪 70 年代中期以来，氟氯甲烷与大气臭氧浓度的关系问题已引起环境科学界的广泛注意。

此外，大气中的一些高级卤代烃，例如有机氯农药、双对氯苯基三氯乙烷（DDT）和六六六以及多氯联苯（PCB）等，能作为气溶胶的成分之一，或是吸附于飘尘粒子之上，在大气中作长距离的迁移和传输。因此，人们在南极洲的冰雪中也检测出极痕量的有机氯农药 DDT。而 DDT 在太阳光的紫外线的作用下可转变为多氯联苯 PCB，因此，人们推断环境中多氯联苯的重要来源之一可能就是有机氯农药 DDT 的降解产物。

## 6.7.2　水体中卤代烃的污染及其危害

卤代烃也存在于水环境中，在一般的饮用水中，都能检测到痕量的卤代烃，其中比较普遍的有氯仿、一溴二氯甲烷、一氯二溴甲烷和溴仿等。进一步研究发现，如果在天然河水中加入约 $5\mu g/g$ 的碘和溴时，在氯化后的水体中就能检测到十三种卤代甲烷，即氯仿、一氯二溴甲烷、二氯一溴甲烷、溴仿、二氯一碘甲烷、一氯二碘甲烷、碘仿、二溴一碘甲烷、一溴二碘甲烷、溴碘甲烷等物质。

关于卤代烃对人体的影响，这里还要特别提到饮水氯化、消毒处理中的卤代烃污染问题。从 20 世纪 70 年代中期以来，人们逐渐发现饮水氯化消毒处理导致了众多有机物的生成，其中不少具有致癌性或致突变性，这就成了一个值得探讨的环境问题，目前关于饮水氯化消毒的"氯化化学""氯氨化学""氯及氧化剂"都已在世界上开拓出了新的研究领域。

饮水氯化处理可使天然水中所含腐殖质、氨基酸、蛋白质形成对人体健康有害的挥发性卤代烃和非挥发性有机物。

挥发性卤代烃主要是卤代甲烷，如三氯甲烷、一溴二氯甲烷、二溴一氯甲烷。某些美国城市的自来水中已发现有氯仿、四氯化碳、三氯乙烯、1，2-二氯乙烷等卤代烃，一般认为三氯甲烷、四氯化碳、三氯乙烯都是致癌剂，只不过目前它们在饮水中含量还不至于导致癌症（当氯仿含量达 $311\mu g/g$ 时，可能导致癌症）。

当天然有机物分子中具有互为间位的二羟基芳香环，经受氯化处理时，这些结构部位就很容易由烯醇化而发生卤仿反应。

此外，水中蛋白质、氨基酸与氯反应还可生成氮-卤化物。目前，卤代乙腈是水氯化处理中除卤代甲烷外，另一个重要的低相对分子质量挥发性副产物，也具有致病性和致突变性。由于较卤代甲烷易溶于水，又易挥发，如果使用分析方法不当，在水质检测中就易于漏检。

毫无疑问，饮用水中存在的这些微量的多种致突变的化学物质，是对人类的健康和卫生的潜在性威胁。因此，设法消除或减少饮用水中的卤代烃致突变物，是人们迫切希望解决的问题。

关于饮用水中卤代烃的来源和生成机理问题，一般认为，首先是来自于大气和地面的一些含卤有机物如有机氯农药，通过大气降水和地面水的渗流而进入水体；其次是一些含卤代烃的工业废水直接污染水源。另外，在饮用水的氯化过程中也会生成三卤甲烷。总之，卤代烃生成的因素与水源有机物的种类和浓度、水氯化时的需氯量及水源的种类和水处理的条件有关。

水环境中多氯芳烃的一个重要来源是纸浆的漂白废液。我们知道，纸浆是用氯漂白的。纸浆的主要成分是木质素，它是一种高分子的多环芳烃。在纸浆的处理过程中，可产生氯化二苯并二噁英卤代芳烃与联苯氯化物。因此，如果造纸厂的废水处理不当，这些高毒卤代芳烃将会污染自然水体。此外，由于大气的传输和江河的通流，海洋水域也会被卤代烃所污染。

## 6.7.3　土壤中卤代烃的污染及其危害

在土壤环境中，有机氯农药是很重要的一大类卤代烃污染物，如 DDT、六六六和2，4，5-三氯酚等。有机氯农药品种繁多，应用广泛。在碱性土壤和铁的催化作用下，一些土壤微生物能将 DDT 转化为许多不同的代谢降解产物。曾经使用过的除草剂2，4，5-三氯酚，它是一种具有致畸性的有机氯农药，它在土壤微生物的作用下分解，进而二聚合为具有高毒性的2，3，7，8-四氯二苯并二噁英（TCDD）。另一种有机氯农药杀菌剂稻瘟醇，它的氧化产物是三氯苯甲酸和四氯苯甲酸，这两个化合物都有很大的毒性，而且在土壤中又相当稳定，因此，它在农业上已被禁用。

造成全球性环境污染的另一类重要卤代芳烃是多氯联苯 PCB。目前已鉴定出的 PCB 异构体有 100 多种。工业上经氯化制备的 PCB 都是含有若干异构体的混合物。由于 PCB 的化学性质非常稳定，能长期残留在环境中，因此，无论在大气、海洋、土壤和其他生物体

134

内，几乎都能检测到痕量的 PCB。值得注意的是，在 PCB 的混合物中，往往还含有两种多氯联苯的氧化物，即氯化二苯并呋喃和氯化二苯并二噁英，它们都是剧毒化合物。

### 6.7.4 不同卤代烃对人体的危害

卤代烃系列化合物具有以下特点：卤代程度越强，毒性越大，碳链越长，毒性越大。

#### 6.7.4.1 卤代烷类

氯甲烷、溴甲烷、碘甲烷三者毒性类似，能引起神经损害，出现四肢无力，动作失调，讲话困难，精神错乱等症状，另外还使肠胃受害，引起肺充血，肺水肿。二氯甲烷：急性中毒具有强烈的抑制中枢神经作用，引起意识混乱或丧失，化工厂实验室的慢性中毒（$200\mu L/L$ 下暴露 $1\sim2$ 年）者会感到头痛，头晕，四肢麻木。三氯甲烷（氯仿）对肝、肾有致癌作用，具有较强的麻醉作用，曾广泛用作麻醉剂。四氯化碳对肝、肾有强烈的致癌作用，急性中毒时，引起中枢神经抑制症，或包括恶心、呕吐在内的肠肾病症。1，2-二氯乙烷，1，2，2-三氯乙烷，1，1，2，2-四氯乙烷，急性中毒时会抑制中枢神经，对肝、肾有严重损伤。

#### 6.7.4.2 不饱和卤代烃类

液态氯乙烯对皮肤、黏膜有刺激作用，高浓度的氯乙烯蒸气有麻醉作用，会引起肺气肿，长期高浓度接触会诱发肝癌和肺癌，氯乙烯聚合作业工人易患特发性四肢骨溶症。氯丁二烯能诱发肝癌和皮肤癌。暴露在高浓度三氯乙烯中，会引起丧失神智，并有因此而造成死亡的大量病例。慢性中毒症状有精神病，自律神经病等多种神经病。动物实验证明，三氯乙烯有诱发肝癌的作用。在高浓度的 1，1-二氯乙烯暴露，会对中枢神经有麻醉作用，慢性暴露对肝、肾的危害类似四氯化碳，是肝、肾、肺、胃癌的诱发剂。

#### 6.7.4.3 卤代芳烃类

氯苯、溴苯，对中枢神经有抑制作用，溴苯是肝、肾癌的诱发剂。邻二氯苯能引起肝、肾病变的程度比氯苯强。

作为很重要的环境污染物卤代芳烃，其中以多氯联苯和氯化二苯并二噁英的毒性最大。多氯联苯的蒸气对眼、鼻、喉有中等强度刺激作用，动物实验发现使肝脏受损，急性中毒时引起痤疮，食欲不振，手足无力。氯化二苯并二噁英是强烈的致畸胎化合物，接触这种毒物的人还会引起氯痤疮症，即 Perna 病。生物试验确定，氯化二苯并二噁英在极小的浓度下就可使动物致癌。此外，多氯联苯的化学性质极其稳定，在自然界中降解极慢，是一种长寿命的环境污染物。因此，多氯联苯在环境中的运转和积累，以及它的生物效应，是目前环境化学引人注目的问题之一。

综上所述，卤代烃一方面是工农业和生活用品方面不可缺少而广泛应用的重要化学物质，同时，也必须注意到，如果没有采取稳妥有效的措施控制它对环境的污染，也会给人类带来忧虑和不安。

## 新 研 究 进 展

氢氟烷烃（HFCs）已经被广泛用作制冷剂、发泡剂、清洁剂、有机溶剂和传热介质。尽管 HFCs 不含氯不破坏臭氧层，但大部分 HFCs 都具有较高的全球变暖潜值（GWP），会引起全球变暖，已被《京都议定书》列为温室气体。基于以上原因，迫切需要开发环境友好的含氟化合物。含氟烯烃，特别是氢氟烯烃，如 2，3，3，3-四氟丙烯（HFO-1234yf）、1，3，3，3-四氟丙烯（HFO-1234ze）是一类零臭氧消耗潜值（ODP）、低 GWP 值的新型有机氟化物，已被证明可作为 HFCs 的替代品。此外，含氟烯烃也是生产多种含氟塑料、共聚物的重要单体。

含氟烯烃可通过卤氟烷烃气相或液相脱卤化氢制备。例如美国专利 US6548719 公开了一种卤代烃与强碱在溶剂及相转移催化剂的作用下脱卤化氢的方法，是将卤代烷烃与含有 KOH 水溶液和冠醚的液体相接触制得含氟烯烃。美国专利 US7230146 公开了一种卤代烃在碱、碱土金属氢氧化物水溶液和非醇溶剂混合液中脱卤化氢生产含氟烯烃的方法。

美国专利 US7560602 公开了一种卤氟烷烃高温气相催化脱 HF 或 HCl 制备含氟丙烯的方法，催化剂选自铬、铝的氧化物或氟化物，负载型活性炭。美国专利 US7973202 公开了一种在高氟化量的氧化铬催化剂存在下，卤氟烷烃高温气相脱 HF 制备氢氟烯烃的方法。

液相法为维持较高的脱卤化氢转化率，需要使用大量的有机溶剂和强碱，过程中还会产生焦油、金属氟化物或氯化物等废渣，因而难于工业化应用。气相法的副产物多、催化剂寿命短，限制了其作为工业生产方法制备含氟烯烃。

为了克服上述缺点，吕剑等开发了一种卤代烃选择性脱卤化氢制备含氟烯烃的方法。以在相邻碳原子上至少一个氢原子和至少一个卤原子的含有三个或更多个碳原子的卤氟烷烃为原料，在复合催化剂（由碱土金属氧化物组成，碱土金属氧化物选自氧化镁、氧化钙、氧化钡中的多种混合物，其中 CaO 占催化剂总质量的 40% ~60%）存在下，经高温气相脱卤化氢反应形成含氟烯烃产物。反应温度为 150~850℃，反应压力为 0~10atm❶（绝对压力），反应原料与复合催化剂的接触时间为 0.3~14s。可使卤氟烷烃高选择性地脱卤化氢制备含氟烯烃，复合催化剂活性高，稳定性好，副产物少，避免了复杂的产物分离工艺，实现了具有较高经济性的含氟烯烃的生产。

## 习　题

6-1　用系统命名法命名下列化合物：

(1) 
$$\underset{H}{\overset{Cl}{\underset{|}{CH_3-C}}}-\underset{Br}{\overset{H}{\underset{|}{C}}}-CH_3$$ ；

(2) 环己烷上带 Br 和 CH₂Cl 的结构 ；

(3) $BrCH_2C=CHCl$（C 上带 Br） ；

(4) 环戊烯带 CH₂Br 和 Cl 的结构 ；

(5) 苯环带 Cl、CH₂Cl、CH₃ 的结构 ；

(6) $CH_3-CH-CHCH_3$（苯基，Br）。

---

❶　1atm = 101.325kPa。

6-2　写出 $C_5H_{11}Br$ 的所有异构体，用系统命名法命名，注明伯、仲、叔卤代烃，如果有手性碳原子，以星号标出，并写出对映异构体的投影式。

6-3　写出下列反应的主要产物，或必要溶剂或试剂。

(1)　$C_6H_5CH_2Cl \xrightarrow{Mg}{Et_2O} \xrightarrow{CO_2} \xrightarrow{H^+}{H_2O}$

(2)　$CH_2=CHCH_2Br + NaOC_2H_5 \longrightarrow$

(3) 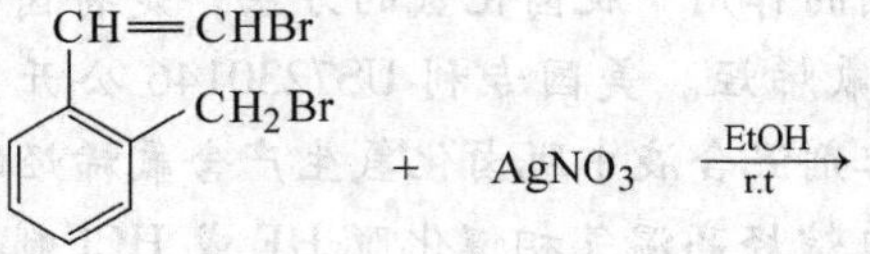　邻位苯环，上有 $CH=CHBr$ 和 $CH_2Br$ $+ AgNO_3 \xrightarrow{EtOH}{r.t}$

(4) 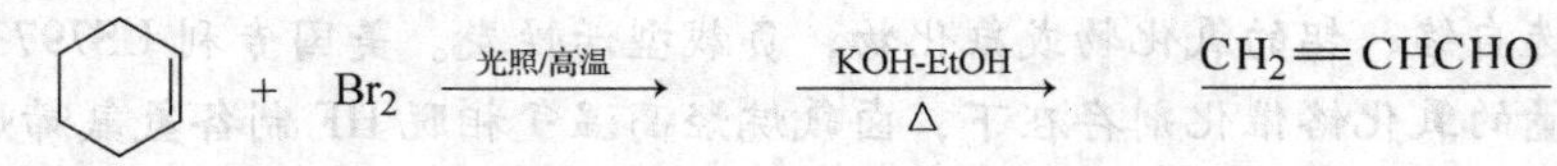　环己烯 $+ Br_2 \xrightarrow{光照/高温} \xrightarrow{KOH-EtOH}{\Delta} CH_2=CHCHO$

(5) 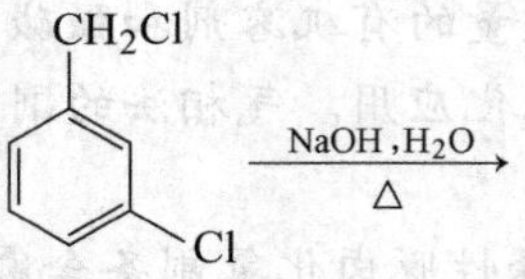　间位苯环，上有 $CH_2Cl$ 和 $Cl$ $\xrightarrow{NaOH,H_2O}{\Delta}$

(6)　$CH_3CH_2CH_2CH_2Br \xrightarrow{Mg}{Et_2O} \xrightarrow{C_2H_5OH}$

(7) 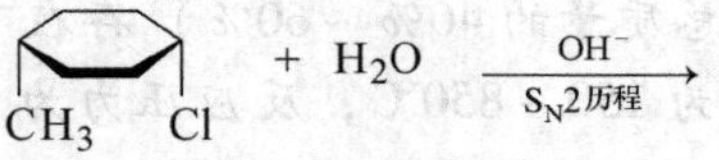　$\underset{CH_3 \quad Cl}{环} + H_2O \xrightarrow{OH^-}{S_N2历程}$

(8) 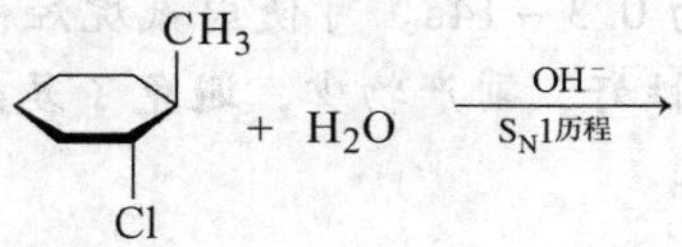　$\underset{Cl}{\overset{CH_3}{环}} + H_2O \xrightarrow{OH^-}{S_N1历程}$

(9) 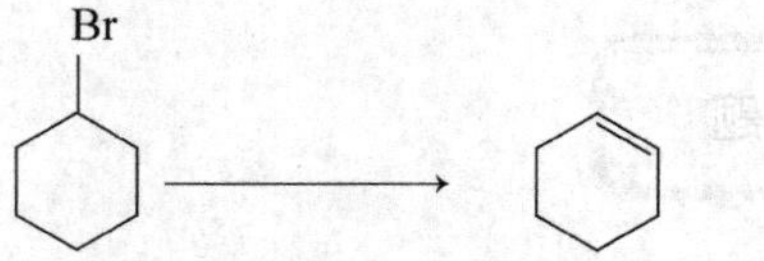　环己基 Br $\longrightarrow$ 环己烯

(10)　$CH_2=CHCH_2Cl \longrightarrow CH_2=CHCH_2CN$

(11)　$(CH_3)_3Cl + NaOH \xrightarrow{H_2O}$

(12)　$C_6H_5-\underset{CH_3}{\overset{CH_3}{C}}-Br \xrightarrow{CH_3ONa,CH_3OH}$

6-4　由指定原料合成目的产物：

(1)　$\underset{Br}{CH_3CHCH_3} \longrightarrow \underset{Cl \quad Cl \quad Cl}{CH_2-CH-CH_2}$ ；

(2) $CH_3CH\!=\!CH_2 \longrightarrow$ ⬡$-CH_2CH\!=\!CH_2$；

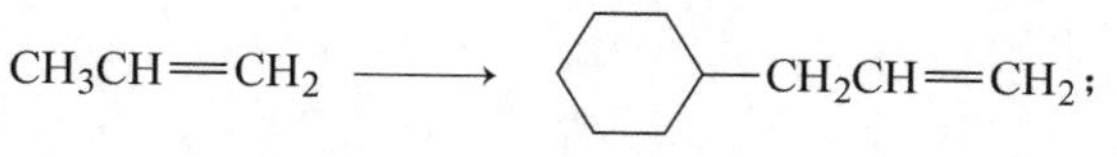

(3) 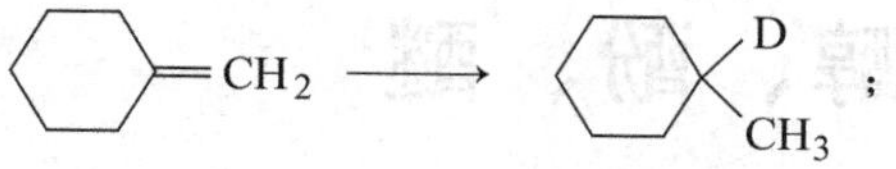 ⬡$=\!CH_2 \longrightarrow$ ⬡$\overset{D}{\underset{CH_3}{|}}$；

(4) 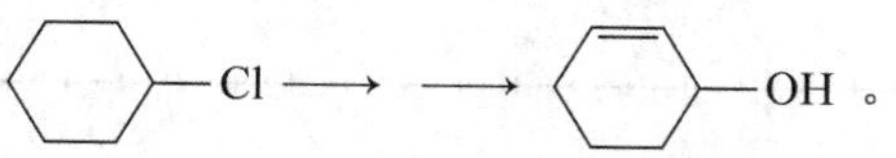 ⬡$-Cl \longrightarrow$ ⬡$-OH$ 。

6－5　由 2-甲基-1-溴丙烷及其他无机试剂制备下列化合物：

（1）异丁烯；（2）2-甲基-2-丙醇；（3）2-甲基-2-溴丙烷；（4）2-甲基-1，2-二溴丙烷；（5）2-甲基-1-溴-2-丙醇。

6－6　将下列化合物按 $S_N1$ 历程反应的活性由大到小排列（　　）。

A. $(CH_3)_2CHBr$；B. $(CH_3)_3Cl$；C. $(CH_3)_3CBr$

6－7　下列各对化合物按 $S_N2$ 历程进行反应，哪一个反应速率较快？

A.　$(CH_3)_2CHI$ 及 $(CH_3)_2CCl$；　　　　B.　$(CH_3)_2CHI$ 及 $(CH_3)_2CHCl$；

C. 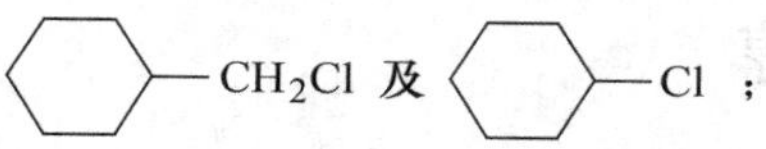　⬡$-CH_2Cl$ 及 ⬡$-Cl$；　D.　$CH_3\underset{CH_3}{\overset{|}{C}}HCH_2CH_2Br$ 及 $CH_3CH_2\underset{CH_3}{\overset{|}{C}}HCH_2Br$；

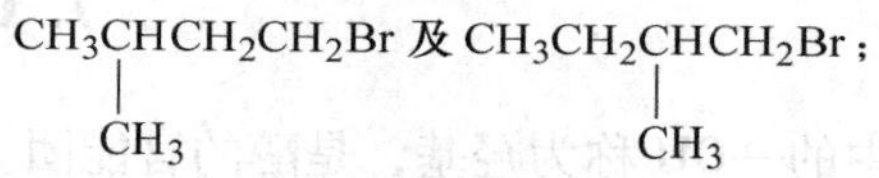

E.　$CH_3CH_2CH_2CH_2Cl$ 及 $CH_3CH_2CH\!=\!CHCl$

6－8　分子式为 $C_3H_7Br$ 的 A，与 KOH-乙醇溶液共热得 B，分子式为 $C_3H_6$，如使 B 与 HBr 作用，则得到 A 的异构体 C，推断 A 和 C 的结构，用反应式表明推断过程。

6－9　某化合物 $C_9H_{11}Br$（A）经硝化反应只生成分子式为 $C_9H_{10}NO_2Br$ 的两种异构体 B 和 C。B 和 C 中的溴原子很活泼，易与 NaOH 水溶液作用，分别生成分子式为 $C_9H_{11}NO_3$ 互为异构体的醇 D 和 E。B 和 C 也容易与 NaOH 的醇溶液作用，分别生成分子式为 $C_9H_9NO_2$ 互为异构体的 F 和 G。F 和 G 均能使 $KMnO_4$ 水溶液或溴水褪色，氧化后均生成分子式为 $C_8H_5NO_6$ 的化合物 H。试写出 A ~ H 的构造式。

6－10　回答下列问题：

（1）$CH_3Br$ 和 $C_2H_5Br$ 在含水乙醇溶液中进行碱性水解时，若增加水的含量则反应速率明显下降，而（$CH_3$）$_3CCl$ 在乙醇溶液中进行水解时，如含水量增加，则反应速率明显上升。为什么？

（2）无论实验条件如何，新戊基卤［$(CH_3)_3CCH_2X$］的亲核取代反应速率都慢，为什么？

# 7 醇、酚、醚

---

**本章要点：**
(1) 醇、酚、醚的结构及命名；
(2) 醇、酚、醚的化学性质；
(3) 醇、酚、醚的污染物。

---

　　醇、酚和醚都是烃的含氧衍生物，它们可以看做是水分子中的氢原子被烃基取代的化合物。

## 7.1　醇

　　醇中的—OH 称为羟基，是醇的官能团。甲醇（$CH_3OH$）是最简单的醇。

### 7.1.1　醇的分类、结构和命名

#### 7.1.1.1　分类

　　根据分子中烃基的类别醇分为：脂肪醇、脂环醇和芳香醇（芳环侧链有羟基的化合物，羟基直接连在芳环上的不是醇而是酚）。

$$
醇
\begin{cases}
饱和醇 & CH_3—CH_2—OH & （乙醇） \\
不饱和醇 & CH_2{=}CH—CH_2—OH & （烯丙醇） \\
脂环醇 & \bigcirc—OH & （环己醇） \\
芳香醇 & \bigcirc—CH_2—OH & （苯甲醇）
\end{cases}
$$

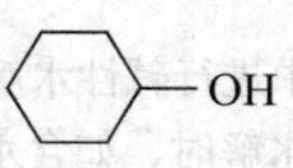

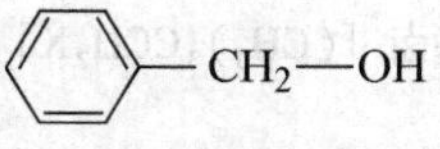

　　根据羟基所连碳原子种类分为：一级醇（伯醇）、二级醇（仲醇）、三级醇（叔醇）。如：

$$
醇
\begin{cases}
伯醇 & CH_3—CH_2—CH_2—CH_2—OH & （正丁醇） \\
仲醇 & CH_3—CH_2—\underset{\underset{OH}{|}}{CH}—CH_3 & （仲丁醇） \\
叔醇 & CH_3—\underset{\underset{OH}{|}}{\overset{\overset{CH_3}{|}}{C}}—CH_3 & （叔丁醇）
\end{cases}
$$

根据分子中所含羟基的数目分为：一元醇、二元醇和多元醇。

$$
\text{醇}\begin{cases}
\text{一元醇} & CH_3—CH_2—OH \qquad （乙醇） \\
\text{二元醇} & HO—CH_2—CH_2—OH \quad （乙二醇） \\
\text{多元醇} &
\end{cases}
$$

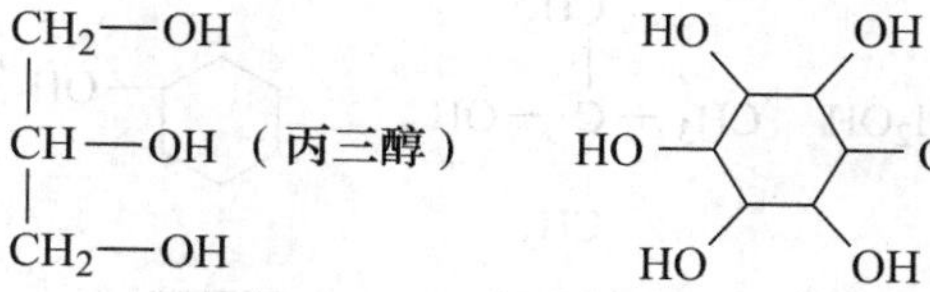

两个或三个羟基连在同一碳上的化合物不稳定，这种结构会自发失水，形成羰基化合物或羧酸。如：

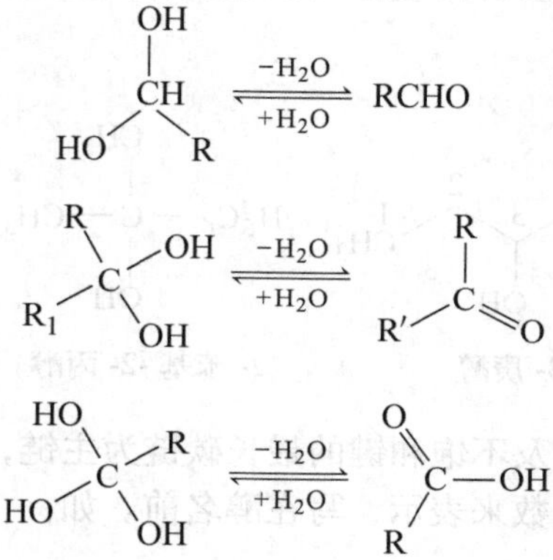

另外，烯醇也是不稳定的，容易互变成为比较稳定的醛和酮，这在前面已讨论过。

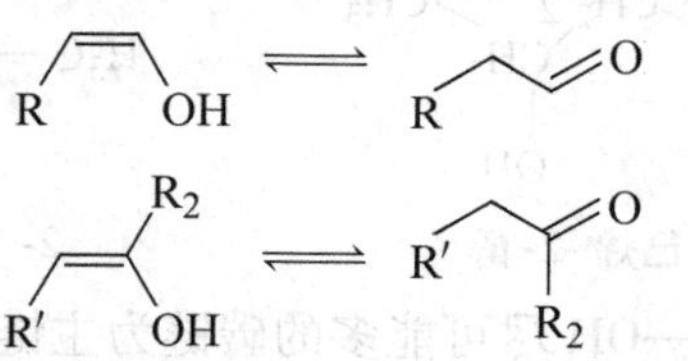

### 7.1.1.2　醇的结构

醇可以看成是烃分子中的氢原子被羟基（OH）取代后生成的衍生物（R—OH）。醇中的氧原子外层的电子为 $sp^3$ 杂化状态。其中两对未共用电子对占据两个 $sp^3$ 杂化轨道，余下两个未占满的 $sp^3$ 杂化轨道分别与 H 及 C 结合，H—O—C 的键角接近 109°：

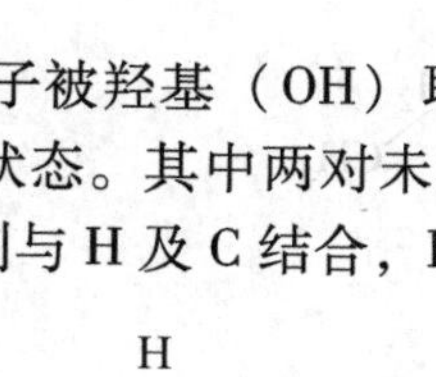

由于氧的电负性比碳强，所以在醇分子中，氧原子上的电子云密度较高，而与羟基相连的碳原子上电子云密度较低，这样使分子呈现的极性，决定了醇的物理性质与化学性质。

### 7.1.1.3 醇的命名

常见的醇常常采用俗名,如乙醇俗称酒精,丙三醇称为甘油等。简单的一元醇用普通命名法命名。例如:

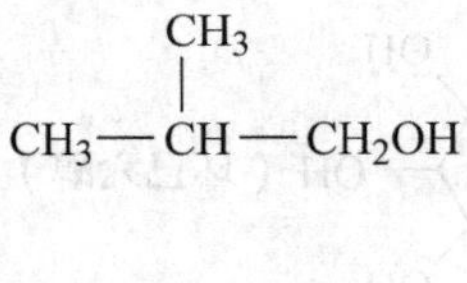

$CH_3$—$CH$—$CH_2OH$    $CH_3$—$C$—$OH$    环己醇—OH    苯环—$CH_2OH$

（上方各有 $CH_3$ 取代基）

异丁醇 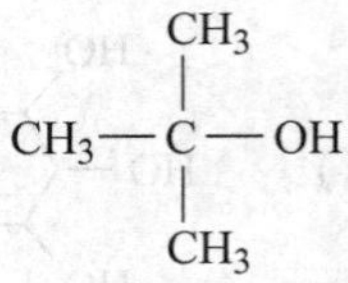     叔丁醇 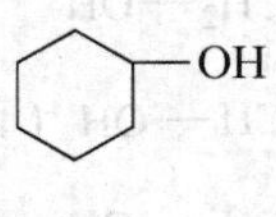     环己醇 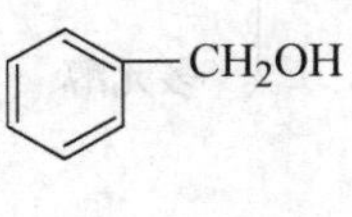     苄醇

对于结构比较复杂的醇,采用系统命名法。

饱和醇的系统命名是选择以含羟基最长的碳链作为主链,编号从距羟基较近端开始,称为某醇。如:

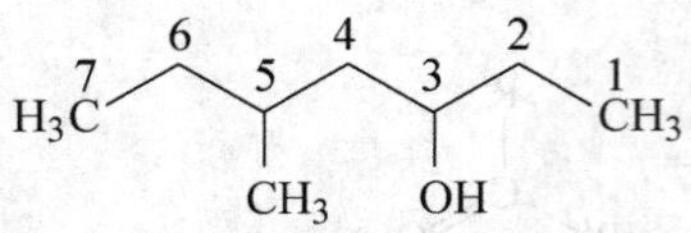

5-甲基-3-庚醇 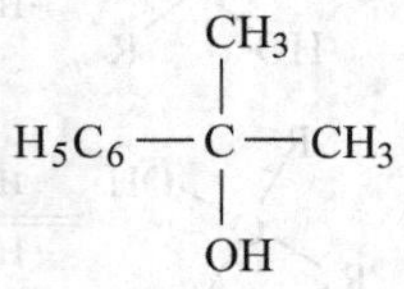     2-苯基-2-丙醇 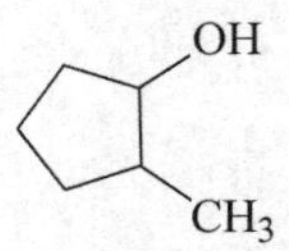     2-甲基环戊醇

不饱和醇是选择以含羟基及不饱和键的最长碳链为主链,从离羟基较近端编号,羟基的位置用它所连的碳原子的号数来表示,写在醇名前。如:

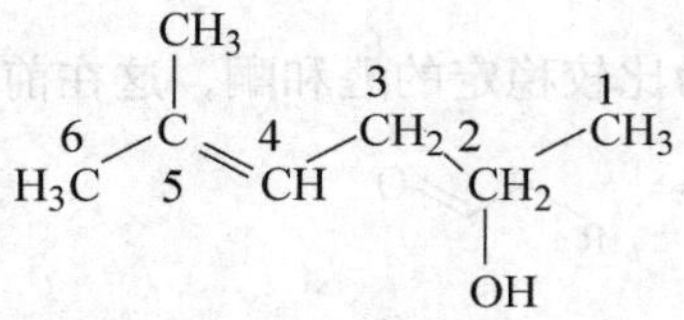

5-甲基-4-己烯-2-醇 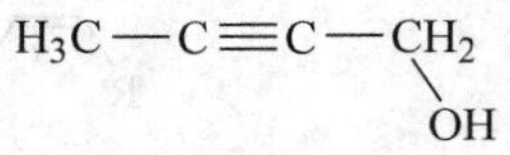     2-丁炔-1-醇

多元醇命名时,要选择含—OH 尽可能多的碳链为主链,羟基的位次要标明。如:

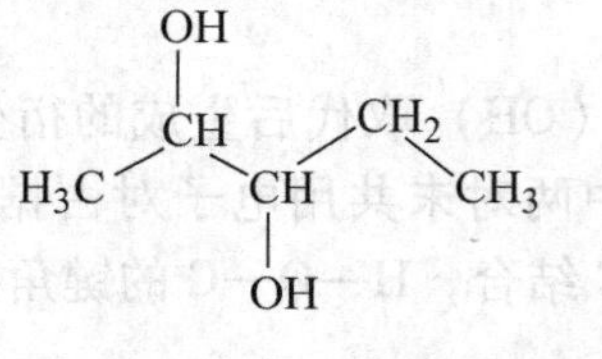

2,3-戊二醇 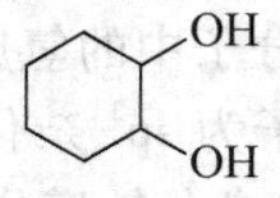     1,2-环己二醇

## 7.1.2 醇的物理性质

$C_1 \sim C_4$ 的醇有酒味,是流动液体;$C_5 \sim C_{11}$ 的醇是具有不愉快气味的油状液体;$C_{12}$ 以上的醇为无臭无味的蜡状固体。

醇的沸点比多数分子质量接近的其他有机物高,这是因为醇是极性分子,而且分子中的羟基之间还可以通过氢键缔合起来,如下所示:

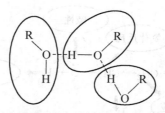

而且羟基的数目增加，则形成的氢键增多，沸点则更高。含支链的醇比直链醇的沸点低，如正丁醇（117.8℃）、异丁醇（107.9℃）、叔丁醇（82.5℃）。

甲醇、乙醇、丙醇与水以任意比混溶（与水形成氢键的原因）；$C_4$ 以上则随着碳链的增长溶解度减小（烃基增大，其遮蔽作用增大，阻碍了醇羟基与水形成氢键）；分子中羟基越多，在水中的溶解度越大。烷醇的相对密度大于烷烃，但小于1；芳香醇的相对密度大于1。一些常见醇的物理常数见表 7-1。

表 7-1　一些常见醇的物理常数

| 名　称 | 沸点/℃ | 熔点/℃ | 相对密度（20℃） | 溶解度（g/100g 水，20℃） |
|---|---|---|---|---|
| 甲　醇 | 64.7 | -97.0 | 0.792 | ∞ |
| 乙　醇 | 78.4 | -115.0 | 0.789 | ∞ |
| 丙　醇 | 97.2 | -126.0 | 0.804 | ∞ |
| 异丙醇 | 82.3 | -88.5 | 0.786 | ∞ |
| 丁　醇 | 117.8 | -90.0 | 0.810 | 7.9 |
| 异丁醇 | 107.9 | -108.0 | 0.802 | 10.0 |
| 仲丁醇 | 99.5 | -114.0 | 0.808 | 12.5 |
| 叔丁醇 | 82.5 | 26.0 | 0.789 | ∞ |
| 正戊醇 | 138.0 | -78.5 | 0.817 | 2.4 |
| 正己醇 | 155.8 | -52.0 | 0.820 | 0.6 |
| 正庚醇 | 176.0 | -34.0 | 0.822 | 0.2 |
| 正辛醇 | 195.0 | -15.0 | 0.825 | 0.1 |
| 烯丙醇 | 97.0 | -129.0 | 0.855 | ∞ |
| 环己醇 | 161.5 | 24.0 | 0.962 | 3.6 |
| 苯甲醇 | 205.0 | -15.0 | 1.046 | 4.0 |
| 乙二醇 | 197.0 | -16.0 | 1.113 | ∞ |
| 丙三醇 | 290.0 | 18.0 | 1.261 | ∞ |

## 7.1.3　醇的化学性质

醇的化学性质主要由羟基官能团所决定，同时也受到烃基的一定影响，从化学键来看，反应的部位有 C—OH、O—H 和 C—H。

分子中的 C—O 键和 O—H 键都是极性键，因而醇分子中有两个反应中心。又由于受 C—O 键极性的影响，使得 α-H 具有一定的活性，所以醇的反应都发生在这些部位上：

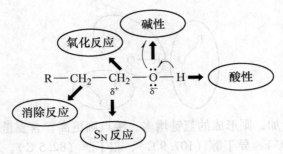

### 7.1.3.1 似水性

**A 弱酸性**

醇羟基上的氢表现出一定的酸性，但醇的酸性比水弱，比炔氢强。

$$R-O\overset{K_a}{\underset{H}{\rightleftharpoons}}RO^- + H^+$$

这主要是由于醇分子中的烃基具有给电子诱导效应（+I），使氢氧键的极性比水弱。羟基 $\alpha$-碳上的烷基增多，氧氢键的极性相应地减弱，所以不同类型醇的酸性强弱顺序为：水 > 甲醇 > 伯醇 > 仲醇 > 叔醇。

因此，醇羟基上的氢与活泼金属如 Na、K、Mg、Al 等反应放出氢气，但比水要缓和得多。

$$2H_2O + 2Na \longrightarrow 2NaOH + H_2 \uparrow（反应激烈）$$

$$2CH_3CH_2OH + 2Na \longrightarrow 2C_2H_5ONa + H_2 \uparrow（反应缓和）$$
$$乙醇钠$$

$$6(CH_3)_2CHOH + 2Al \overset{\triangle}{\longrightarrow} 2[(CH_3)_2CHO]_3Al + 3H_2 \uparrow$$
$$异丙醇铝$$

$$2CH_3CH_2CH_2OH + Mg \overset{\triangle}{\longrightarrow} (CH_3CH_2CH_2O)_2Mg + H_2 \uparrow$$
$$丙醇镁$$

由于醇的酸性比水弱，其共轭碱烷氧基（$RO^-$）的碱性就比 $OH^-$ 强，所以醇盐遇水会分解为醇和金属氢氧化物：

$$RCH_2ONa + H_2O \longrightarrow RCH_2OH + NaOH$$

在有机反应中，烷氧基既可作为碱性催化剂，也可作为亲核试剂进行亲核加成反应或亲核取代反应。

**B 弱碱性**

醇通过羟氧原子上的未共用电子对与质子结合可以形成质子化的醇 $R-\overset{+}{O}H_2$，所以醇可溶于浓强酸中。如：

$$H_3C\!-\!\overset{\cdot\cdot}{\underset{\cdot\cdot}{O}}H + HI \rightleftharpoons H_3C\!-\!\overset{+}{\underset{\cdot\cdot}{O}}H_2\ I^-$$

$$H_3C\!-\!\overset{\cdot\cdot}{\underset{\cdot\cdot}{O}}H + BF_3 \rightleftharpoons H_3C\!-\!\overset{\overset{BF_3}{|}}{\underset{\cdot\cdot}{O}}H$$

**C 与无机盐形成结晶醇**

低级醇能和一些无机盐（$MgCl_2$、$CaCl_2$、$CuSO_4$ 等）作用形成结晶醇，亦称醇化物。如：

$$MgCl_2 \cdot 6CH_3OH$$
$$CaCl_2 \cdot 4C_2H_5OH$$
$$CaCl_2 \cdot 4CH_3OH$$
结晶醇：不溶于有机溶剂，溶于水。
可用于除去有机物中的少量醇

### 7.1.3.2 与酸反应（成酯反应）

**A 与无机酸反应**

醇与含氧无机酸硫酸、硝酸、磷酸反应生成无机酸酯。

$$CH_3CH_2OH + HOSO_2OH \rightleftharpoons CH_3CH_2OSO_2OH + H_2O$$
硫酸氢乙酯（酸性酯）

$$CH_3CH_2OSO_2OH \xrightarrow{\text{减压蒸馏}} (CH_3CH_2O)_2SO_2 + H_2SO_4$$
硫酸二乙酯（中性酯）

$$CH_3OSO_2OCH_3$$
$$CH_3CH_2OSO_2OCH_2CH_3$$
有机合成中的烷基化剂，有剧毒

高级醇的硫酸酯是常用的合成洗涤剂之一，如 $C_{12}H_{25}OSO_2ONa$（十二烷基磺酸钠）。

$$
\begin{array}{l}
CH_2-OH \\
| \\
CH-OH + 3HNO_3 \longrightarrow \\
| \\
CH_2-OH
\end{array}
\begin{array}{l}
CH_2-ONO_2 \\
| \\
CH-ONO_2 + 3H_2O \\
| \\
CH_2-ONO_2
\end{array}
\quad
\begin{array}{l}
\text{三硝酸甘油酯} \\
\text{可作炸药}
\end{array}
$$

$$3C_4H_9OH + HO-P=O \rightleftharpoons (C_4H_9O)_3P=O + 3H_2O$$
磷酸三丁酯（作萃取剂和增塑剂）

**B 与有机酸反应**

醇与有机酸形成的是有机酸酯，将在第 9 章进行详细讨论。

$$RCOOH + R'OH \overset{H^+}{\rightleftharpoons} RCOOR' + H_2O$$

### 7.1.3.3 与氢卤酸反应

醇与氢卤酸失水生成卤代烃，是卤代烃水解的逆反应，该反应是酸催化下的亲核取代反应。叔醇主要按单分子历程进行，伯醇则主要按双分子历程进行：

$$ROH + HX \rightleftharpoons RX + H_2O$$

$$ROH + H^+ \longrightarrow R-OH_2^+ \xrightarrow{X^-} \begin{array}{l} S_N1 \\ S_N2 \end{array}$$

该反应的反应速度与氢卤酸的活性和醇的结构有关，不同的氢卤酸以及不同类型的醇反应速率不同。

HX 的反应活性：$HI > HBr > HCl$。

醇的活性次序：烯丙式醇 > 叔醇 > 仲醇 > 伯醇 > $CH_3OH$。

按单分子历程进行反应时，质子化的醇解离为碳正离子及水分子，然后碳正离子与 $X^-$ 结合成卤代烃。如：

$$
\begin{array}{l}
CH_3 \\
| \\
CH_3-C-OH + HX \rightleftharpoons \\
| \\
CH_3
\end{array}
\begin{array}{l}
CH_3 \\
| \\
CH_3-C-OH_2^+ + X^- \\
| \\
CH_3
\end{array}
$$

$$CH_3-\overset{\overset{\displaystyle CH_3}{|}}{\underset{\underset{\displaystyle CH_3}{|}}{C}}-\overset{+}{O}H_2 \underset{\text{慢}}{\rightleftharpoons} CH_3-\overset{\overset{\displaystyle CH_3}{|}}{\underset{\underset{\displaystyle CH_3}{|}}{\overset{+}{C}}} + H_2O$$

$$CH_3-\overset{\overset{\displaystyle CH_3}{|}}{\underset{\underset{\displaystyle CH_3}{|}}{\overset{+}{C}}} + X^- \xrightarrow{\text{快}} CH_3-\overset{\overset{\displaystyle CH_3}{|}}{\underset{\underset{\displaystyle CH_3}{|}}{C}}-X$$

当反应按单分子历程进行时，烷基有可能发生重排：

$$CH_3-\overset{\overset{\displaystyle CH_3}{|}}{\underset{\underset{\displaystyle CH_3}{|}}{C}}-\overset{\underset{\underset{\displaystyle OH}{|}}{}}{CH}-CH_3 \xrightarrow{H^+} CH_3-\overset{\overset{\displaystyle CH_3}{|}}{\underset{\underset{\displaystyle CH_3}{|}}{C}}-\overset{\underset{\underset{\displaystyle \overset{+}{O}H_2}{|}}{}}{CH}-CH_3 \xrightarrow{-H_2O} CH_3-\overset{\overset{\displaystyle CH_3}{|}}{\underset{\underset{\displaystyle CH_3}{|}}{C}}-\overset{+}{CH}-CH_3$$

$$\xrightarrow{\text{重排}} CH_3-\overset{+}{\underset{\underset{\displaystyle CH_3}{|}}{C}}-\overset{\underset{\underset{\displaystyle CH_3}{|}}{}}{CH}-CH_3 \xrightarrow{X^-} CH_3-\overset{\overset{\displaystyle CH_3}{|}}{\underset{\underset{\displaystyle X}{|}}{C}}-\overset{\underset{\underset{\displaystyle CH_3}{|}}{}}{CH}-CH_3$$

还有可能重排扩环：

伯醇则按双分子历程，同样经过渡态而得最终产物：

$$X^- + CH_2-\overset{\overset{\displaystyle R}{|}}{\overset{+}{O}H_2} \longrightarrow \left[\overset{\delta^-}{X}\cdots CH_2 \cdots \overset{\delta^+}{O}H_2\right] \longrightarrow X-CH_2 + H_2O$$
$$\underset{\text{过渡态}}{}$$

可以用卢卡斯（Lucas）试剂，即无水 $ZnCl_2$ 的浓盐酸溶液来鉴别六个碳原子以下的醇：

$$R-OH \xrightarrow[\text{无水 } ZnCl_2]{\text{浓 HCl}} R-Cl + H_2O$$

$$\left.\begin{array}{l}\text{叔醇}\\ \text{仲醇}\\ \text{伯醇}\end{array}\right\} \xrightarrow{\text{Lucas 试剂}} \begin{array}{l}\text{快混浊}\\ \text{慢混浊}\\ \text{加热后混浊}\end{array} \Longrightarrow \text{适用于碳数}<6$$

### 7.1.3.4 脱水反应

醇在酸性催化剂作用下，加热容易脱水，分子间脱水生成醚，分子内脱水则生成烯烃。

### A 分子内脱水

就像卤代烃的消除反应一样，醇在较高温度下加热，醇分子中的羟基与 β-碳原子上的氢脱去分子水得到烯烃，这是制备烯烃的常用方法之一。

不同结构的醇的反应活性大小为：叔醇 > 仲醇 > 伯醇。

醇的分子内脱水属于消除反应，产物遵循札依切夫（Saytzeff）规律，主要生成较稳定的烯烃。例如：

$$CH_3CH_2OH \xrightarrow[\text{或} Al_2O_3 , 360℃]{\text{浓} H_2SO_4 , 160 \sim 180℃} CH_2{=\!=}CH_2 + H_2O$$

$$CH_3CH_2CH_2\underset{\underset{OH}{|}}{C}HCH_3 \xrightarrow[87℃]{62\% H_2SO_4} \underset{80\%}{CH_3CH_2CH{=\!=}CHCH_3} + \underset{20\%}{CH_3CH_2CH_2CH{=\!=}CH_2} + H_2O$$

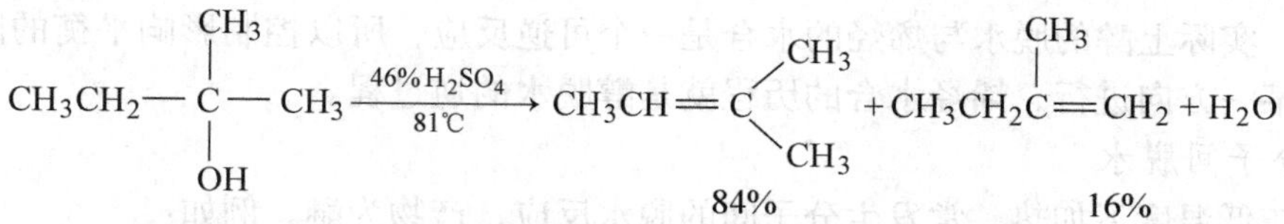

$$CH_3CH_2\underset{\underset{OH}{|}}{\overset{\overset{CH_3}{|}}{C}}CH_3 \xrightarrow[81℃]{46\% H_2SO_4} \underset{84\%}{CH_3CH{=\!=}\overset{\overset{CH_3}{|}}{\underset{\underset{CH_3}{|}}{C}}} + \underset{16\%}{CH_3CH_2\overset{\overset{CH_3}{|}}{C}{=\!=}CH_2} + H_2O$$

对于某些醇，分子内脱水主要生成更稳定的共轭烯烃。例如：

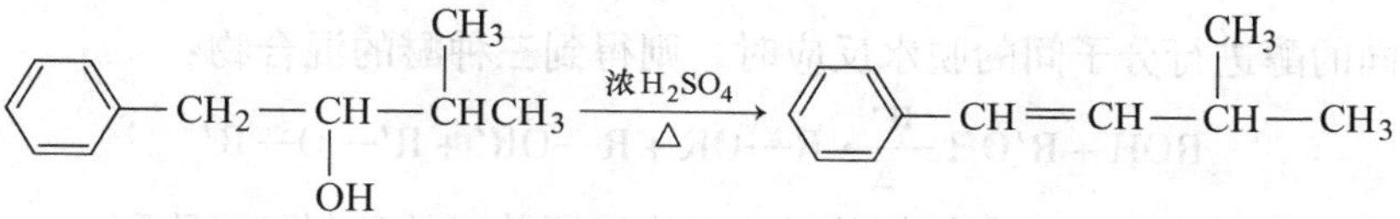

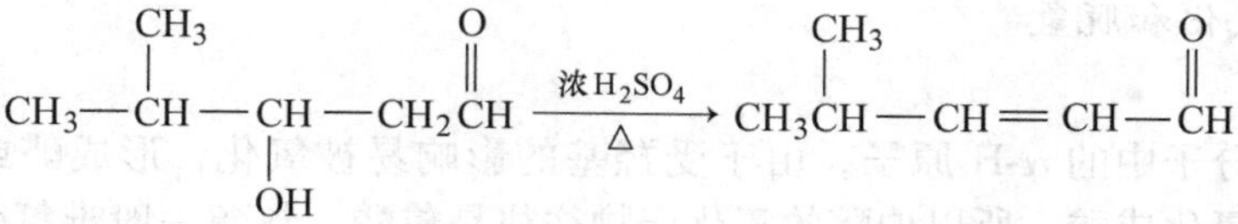

醇在酸催化下的脱水反应，是按单分子历程进行的，即质子化的醇离解出碳正离子，然后由 β-碳原子上消除 $H^+$ 而得烯：

醇的消除反应由于中间体是碳正离子，所以某些醇会发生重排，主要得到重排的烯烃。例如：

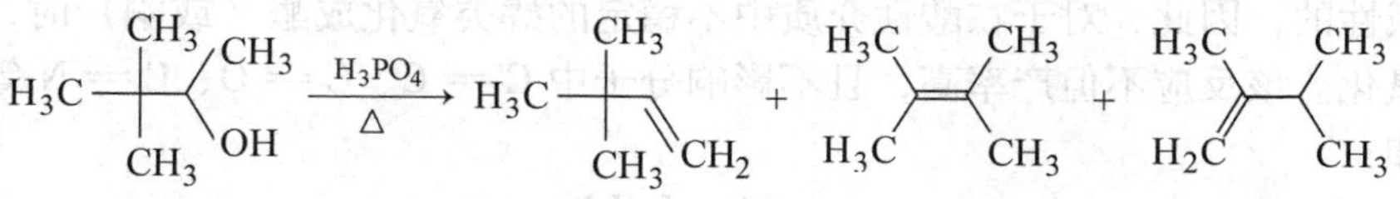

其反应机理为：

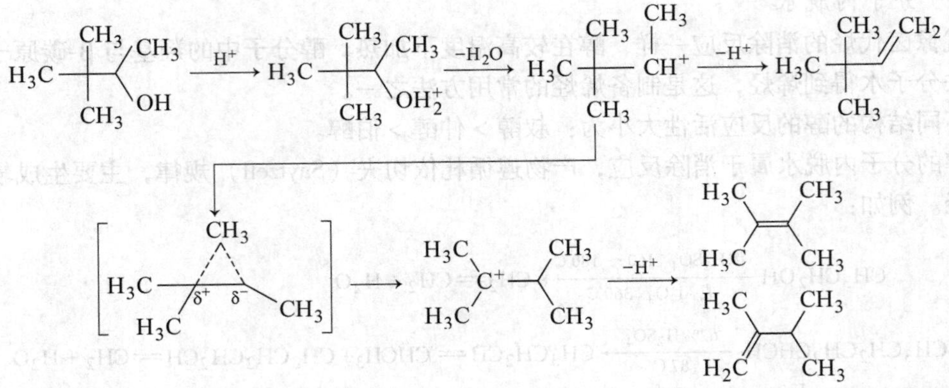

综上所述，如果反应中有碳正离子生成，则除取代反应之外，还可能发生消除及重排两种反应。实际上醇的脱水与烯烃的水合是一个可逆反应，所以控制影响平衡的因素则可使反应向某一方向进行，烯烃水合的历程就是醇脱水的逆过程。

**B 分子间脱水**

醇在较低温度下加热，常发生分子间的脱水反应，产物为醚。例如：

$$CH_3CH_2-\boxed{OH+H}O-CH_2CH_3 \xrightarrow[\text{或 Al}_2\text{O}_3，260℃]{\text{浓 H}_2\text{SO}_4，130\sim150℃} CH_3CH_2-O-CH_2CH_3$$

当用不同的醇进行分子间的脱水反应时，则得到三种醚的混合物：

$$ROH + R'OH \xrightarrow[\triangle]{H^+} R-OR + R-OR' + R'-O-R'$$

所以，用分子间的脱水反应制备醚时，只能使用单一的醇制备对称醚。

### 7.1.3.5 氧化和脱氢

**A 氧化**

伯醇、仲醇分子中的 α-H 原子，由于受羟基的影响易被氧化，形成醛或酮。醛很活泼，易被进一步氧化成酸，所以伯醇的氧化产物往往是羧酸。叔醇一般难氧化，在剧烈条件下氧化则碳链断裂生成小分子氧化物：

$$\left.\begin{array}{l} RCH_2OH \\ R_2CHOH \\ R_3COH \end{array}\right\} \xrightarrow{\text{氧化剂}} \begin{array}{l} RCHO \xrightarrow{[O]} RCO_2H \\ R_2C=O \\ \text{不反应} \end{array}$$

氧化剂：$KMnO_4$，$H_2CrO_4$，$K_2Cr_2O_7/H_2SO_4$，

$Na_2Cr_2O_7/H_2SO_4$，$CrO_3/H_2SO_4$

有些特殊氧化剂如吡啶和 $CrO_3$ 在盐酸溶液中的配合盐，又称 PCC 氧化剂。由于其中的吡啶是碱性的，因此，对于在酸性介质中不稳定的醇类氧化成醛（或酮）时，可使羰基不被继续氧化。该反应不但产率高，且不影响分子中 C＝C、C＝O、C＝N 等不饱和键的存在。如：

$$C_6H_5CH=CHCH_2OH \xrightarrow[CH_2Cl_2]{CrO_3-C_5H_5N} C_6H_5CH=CHCHO$$

**B 脱氢**

伯醇、仲醇的蒸气在高温下通过催化剂活性铜时发生脱氢反应，生成醛和酮。

$$RCH_2OH \xrightarrow{Cu, 325℃} RCHO + H_2$$

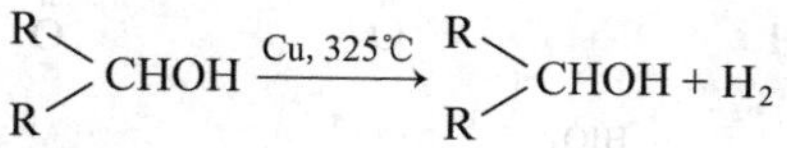

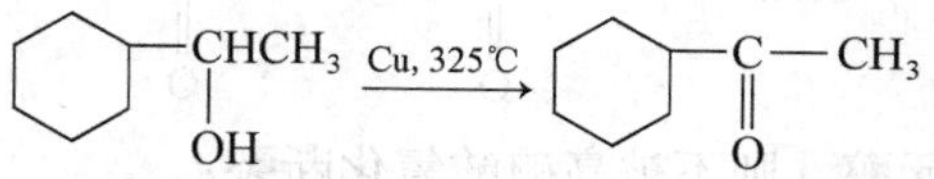

$$\begin{array}{c} R \\ | \\ R \end{array} CHOH \xrightarrow{Cu, 325℃} \begin{array}{c} R \\ | \\ R \end{array} CHOH + H_2$$

### 7.1.3.6 邻二醇与高碘酸（HIO₄）反应

二元醇是指分子中含有两个羟基的化合物，二元醇具有醇的通性，如：

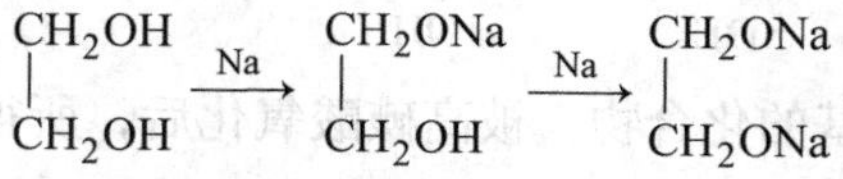

$$\begin{array}{c} CH_2OH \\ | \\ CH_2OH \end{array} \xrightarrow{Na} \begin{array}{c} CH_2ONa \\ | \\ CH_2OH \end{array} \xrightarrow{Na} \begin{array}{c} CH_2ONa \\ | \\ CH_2ONa \end{array}$$

乙二醇　　乙二醇单钠　　乙二醇二钠

二元醇中两个羟基连在相邻的碳原子上的，称为邻二醇，表示为：

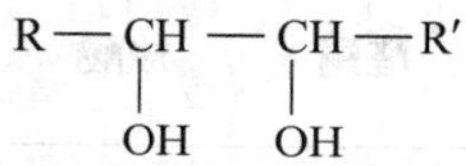

$$R-\underset{\underset{OH}{|}}{C}H-\underset{\underset{OH}{|}}{C}H-R'$$

邻二醇与高碘酸在缓和条件下进行氧化反应，具有羟基的两个碳原子的 C—C 键断裂而生成醛、酮、羧酸等产物。

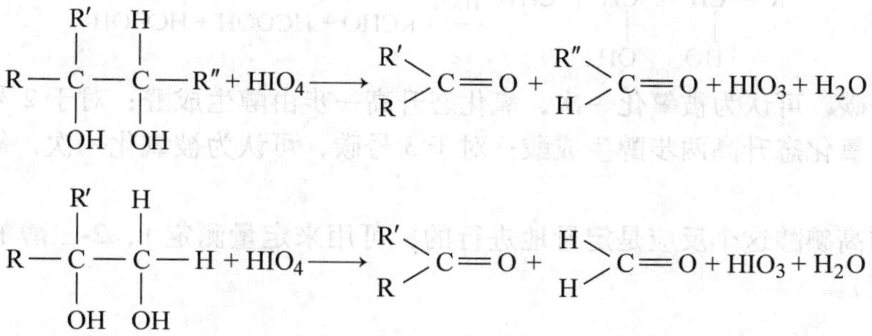

如果三个或三个以上羟基相邻，则相邻的羟基之间的 C—C 键都可以被氧化断裂，当中的碳原子则被氧化为甲酸：

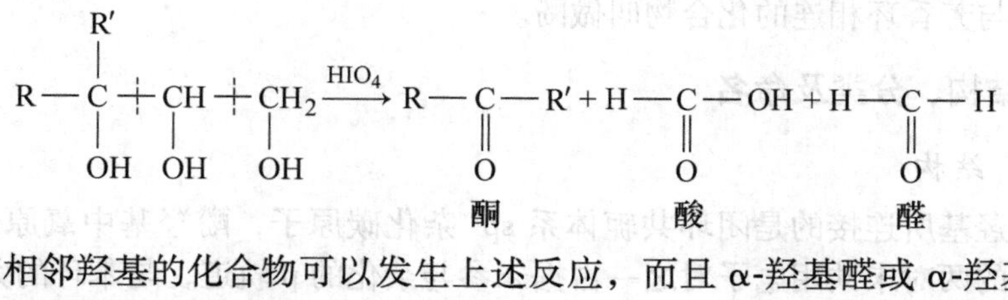

不仅含有相邻羟基的化合物可以发生上述反应，而且 α-羟基醛或 α-羟基酮也能被高碘酸氧化为羧酸或 $CO_2$。例如：

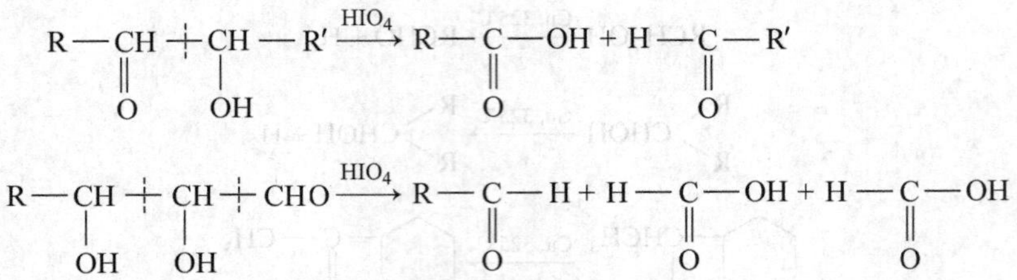

$$R-CH+CH-R' \xrightarrow{HIO_4} R-C-OH + H-C-R'$$
$$\underset{O}{|} \quad \underset{OH}{|} \qquad\qquad \underset{O}{\|} \qquad \underset{O}{\|}$$

$$R-CH+CH+CHO \xrightarrow{HIO_4} R-C-H + H-C-OH + H-C-OH$$
$$\underset{OH}{|} \quad \underset{OH}{|} \qquad\qquad \underset{O}{\|} \qquad \underset{O}{\|} \qquad \underset{O}{\|}$$

两个羟基不相邻的二元醇，则不被高碘酸氧化断裂：

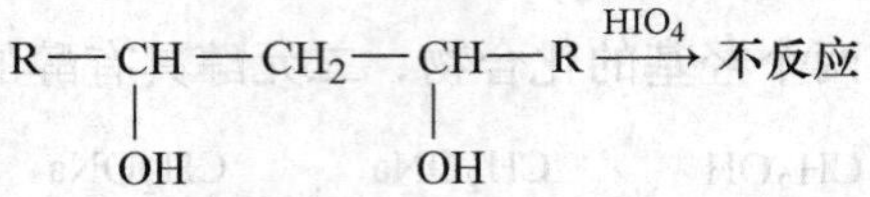

$$R-CH-CH_2-CH-R \xrightarrow{HIO_4} 不反应$$
$$\underset{OH}{|} \qquad\qquad \underset{OH}{|}$$

对于相邻位含羟基或羰基的化合物，被高碘酸氧化后，所得产物的规律：每被氧化一次，氧化态就升高一步。

含氧有机化合物的氧化态之间的关系：

氧化态：　醇　　　醛酮　　　羧酸　　　碳酸

⟶　氧化态升高

例如：

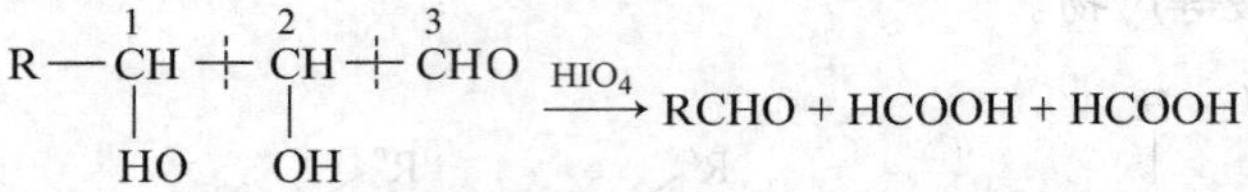

$$R-CH+CH+CHO \xrightarrow{HIO_4} RCHO + HCOOH + HCOOH$$
$$\underset{HO}{|} \quad \underset{OH}{|}$$
(1号、2号、3号碳标注在式上)

对于 1 号碳，可认为被氧化一次，氧化态升高一步由醇生成醛；对于 2 号碳，可认为被氧化两次，氧化态升高两步醇生成酸；对于 3 号碳，可认为被氧化一次，氧化态升高一步醛生成酸。

邻二醇与高碘酸这个反应是定量地进行的，可用来定量测定 1，2-二醇的含量（非邻二醇无此反应）。

# 7.2 酚

羟基直接与芳香环相连的化合物叫做酚。

## 7.2.1　酚的结构、分类及命名

### 7.2.1.1　结构

在酚中，羟基所连接的是闭环共轭体系 $sp^2$ 杂化碳原子，酚羟基中氧原子也是 $sp^2$ 杂化，氧原子上的两对未共用电子对之一占据未参与杂化的 p 轨道，与苯环的大 $\pi$ 键形成 p-$\pi$ 共轭体系，如图 7-1 所示。由于酚羟基给电子的共轭效应大于吸电子的诱导效应，因此酚羟基的存在，使苯酚中苯环的电子云密度增加，同时苯环也使酚羟基的解离能力得到了提高。

### 7.2.1.2　分类及命名

根据羟基所连芳环的不同，酚类可分为苯酚、萘酚、蒽酚等。根据羟基的数目，酚类

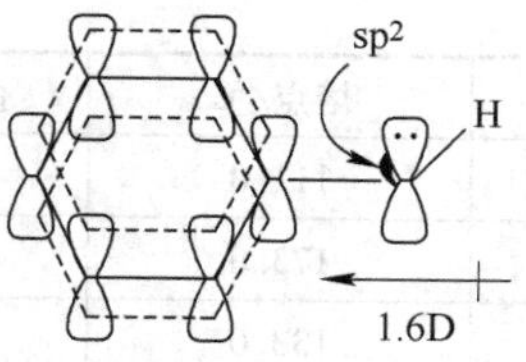

图 7-1　苯酚中的 p-π 共轭示意图

又可分为一元酚、二元酚和多元酚等。

　　酚的命名是根据羟基所连芳环的名称叫做"某酚"，芳环上的烷基、烷氧基、卤原子、氨基、硝基等作为取代基；若芳环上连有羧基、磺酸基、羰基、氰基等，则酚羟基作为取代基。例如：

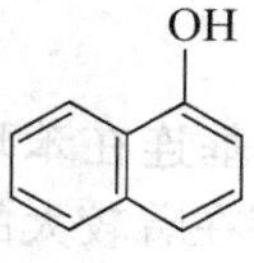

1- 萘酚或α- 萘酚 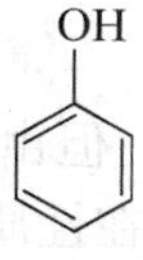　　酚（石炭酸） 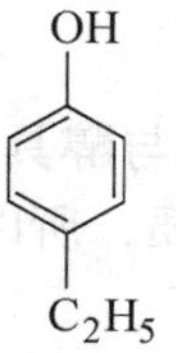　　4- 乙基苯酚 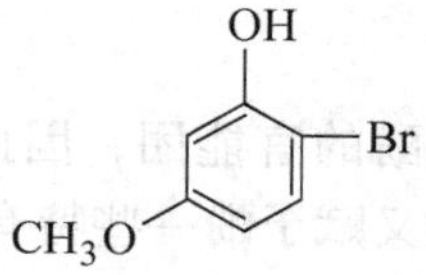　　5- 甲氧基 -2- 溴苯酚 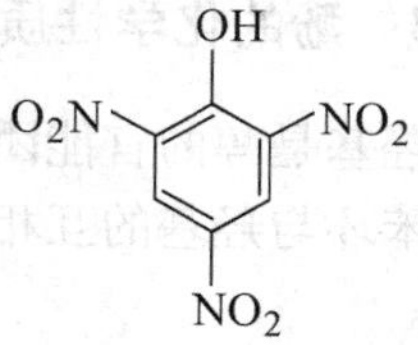　　2,4,6- 三硝基苯酚（苦味酸）

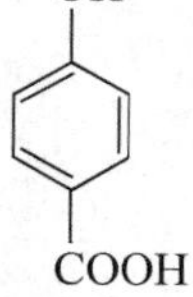

4- 羟基苯甲酸 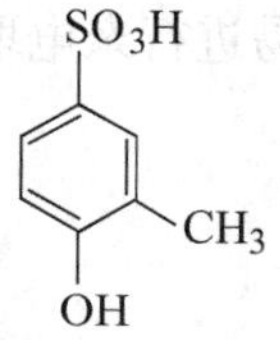　　3- 甲基 -4- 羟基苯磺酸 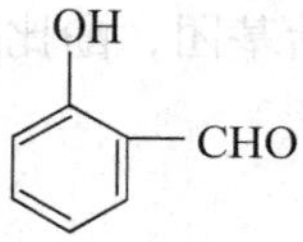　　2- 羟基苯甲醛 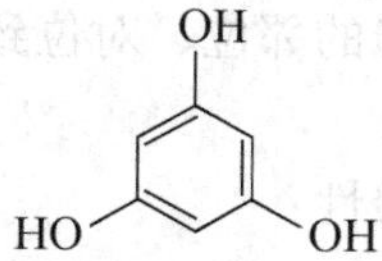　　1,3,5- 苯三酚　　1,2,3- 苯三酚
（均苯三酚）　　　　　（连苯三酚）

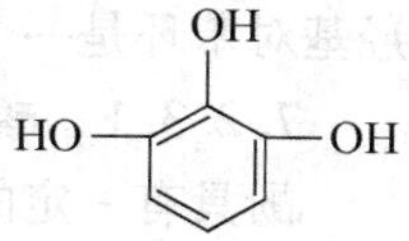

## 7.2.2　酚的物理性质

　　常温下，除了少数烷基酚为液体外，大多数酚为固体。由于分子间可以形成氢键，因此酚的沸点都很高。邻位上有氟、羟基或硝基的酚，分子内可形成氢键，但分子间不能发生缔合，它们的沸点低于其间位和对位异构体。

　　纯净的酚是无色固体，但因容易被空气中的氧氧化，常含有有色杂质。酚在常温下微溶于水，加热则溶解度增加。随着羟基数目增多，酚在水中的溶解度增大。酚能溶于乙醇、乙醚、苯等有机溶剂。常见酚的物理常数见表 7-2。

表 7-2　常见酚的物理常数

| 名　称 | 沸点/℃ | 熔点/℃ | p$K_a$（25℃） | 溶解度（g/100g 水，20℃） |
|---|---|---|---|---|
| 苯　酚 | 181.7 | 43.0 | 10.00 | 9.3 |
| 邻甲苯酚 | 191.0 | 30.9 | 9.48 | 2.5 |
| 间甲苯酚 | 202.2 | 11.5 | 9.44 | 0.5 |
| 对甲苯酚 | 201.9 | 34.8 | 9.96 | 1.8 |
| 邻苯二酚 | 245.0 | 105.0 | 9.85 | 45.1 |

| 名　称 | 沸点/℃ | 熔点/℃ | $pK_a$（25℃） | 溶解度（g/100g水，20℃） |
|---|---|---|---|---|
| 间苯二酚 | 281.0 | 111.0 | 9.81 | 123.0 |
| 对苯二酚 | 285.0 | 173.0 | 10.35 | 8.0 |
| 1，2，3-苯三酚 | 309.0 | 133.0 | 7.00 | 易溶 |
| 1，2，4-苯三酚 | — | 140.0 | — | 易溶 |
| 1，3，5-苯三酚 | — | 218.9 | 9.35 | 1.13 |
| α-萘酚 | 288.0 | 96.0 | 9.31 | 不溶 |
| β-萘酚 | 295.0 | 123.0 | 9.55 | 0.1 |

### 7.2.3　酚的化学性质

羟基是醇的官能团也是酚的官能团，因此酚与醇具有共性。但由于酚羟基连在苯环上，苯环与羟基的互相影响又赋予酚一些特有性质，所以酚与醇在性质上又存在着较大的差别。

但由于酚羟基可与苯环形成 p-π 共轭体系，C—OH 键极性减弱，不能进行亲核取代反应，较难生成醚和酯，不能发生消除反应。但 C—O 键极性增加，反应活性增强。同时羟基对苯环是一个强的邻位、对位致活基团，酚比苯更容易进行亲电取代反应。

#### 7.2.3.1　酸性

酚具有一定的酸性：

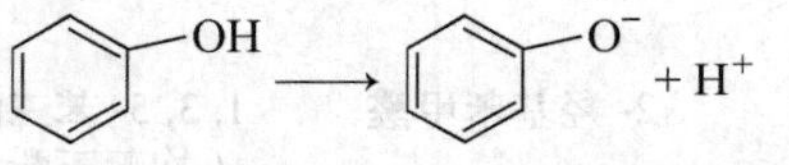

$$pK_a \approx 10（不能使石蕊试纸变色）$$

而且酚的酸性比醇强，但比碳酸弱：

$$
\begin{array}{ccc}
CH_3CH_2OH & \text{〔苯酚〕—OH} & H_2CO_3 \\
pK_a \quad 17 & 10 & 6.5
\end{array}
$$

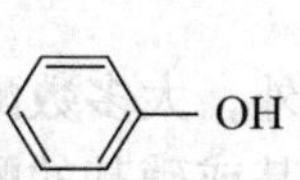

这主要是由于酚羟基中氧原子的 p 轨道与苯环形成 p-π 共轭体系，氧上未共用电子对向苯环转移：

因而氢氧之间电子云密度比醇中的低，也就是氢氧之间的结合较醇中弱，所以酚羟基中的氢较醇羟基的氢容易以 $H^+$ 形式离解。从另一方面说，酚离解生成的苯氧基负离子与烷氧基负离子相比，前者氧上的负电荷可以分散到苯环上，从而比烷氧基负离子稳定，所以酚的酸性比醇强。

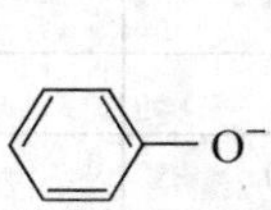

$$\text{〔苯环〕—O}^- \quad > \quad R—O^-$$

故酚可溶于 NaOH 但不溶于 $NaHCO_3$，不能与 $Na_2CO_3$、$NaHCO_3$ 作用放出 $CO_2$，反之通 $CO_2$ 于酚钠水溶液中，酚即游离出来。

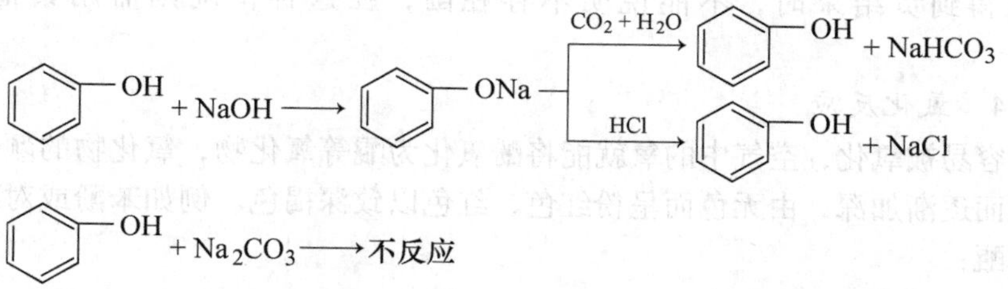

利用醇、酚与 NaOH 和 $NaHCO_3$ 反应性的不同，可鉴别和分离酚和醇。

苯环上如连有吸电子基团（如卤素，硝基等），可使酚的酸性增强，如：

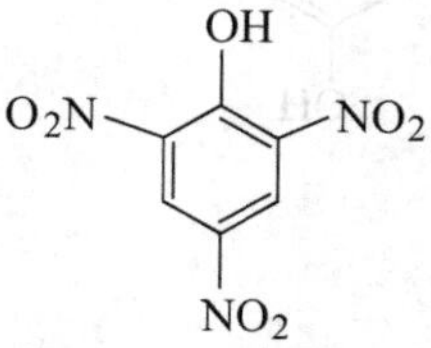

2,4,6-三硝基苯酚（苦味酸）
$pK_a = 0.25$

芳环上如连有给电子基团（如烷基），则酚的酸性减弱。

### 7.2.3.2 酚醚的生成

酚醚不能由分子间脱水成醚，必须用间接的方法，例如，由酚钠与卤代烃或硫酸二烷基酯作用，实际上就是酚负离子（$C_6H_5O^-$）作为亲核试剂进行反应。

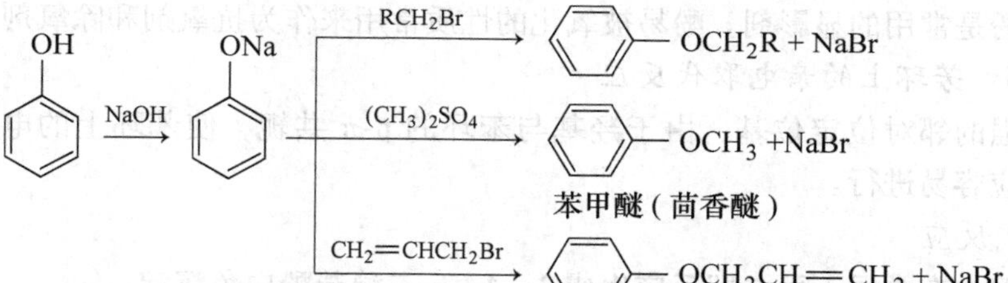

苯甲醚（茴香醚）

苯基烯丙基醚

在有机合成上常利用生成酚醚的方法来保护酚羟基。

二芳醚可用酚钠与芳卤衍生物制备，但芳环上卤原子不活泼，需在铜催化下，加热制备。

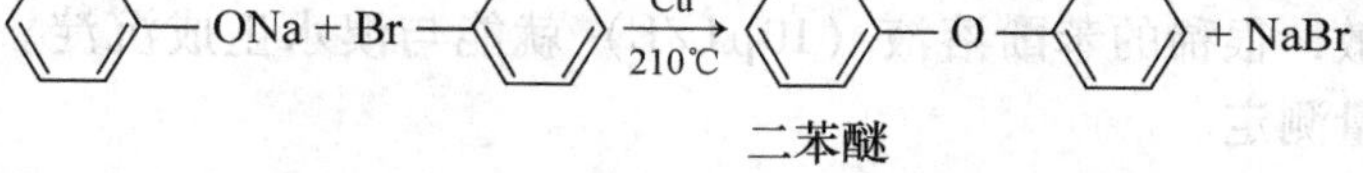

二苯醚

### 7.2.3.3 $FeCl_3$ 的显色反应

具有羟基与 $sp^2$ 杂化碳原子相连的结构的化合物，如：

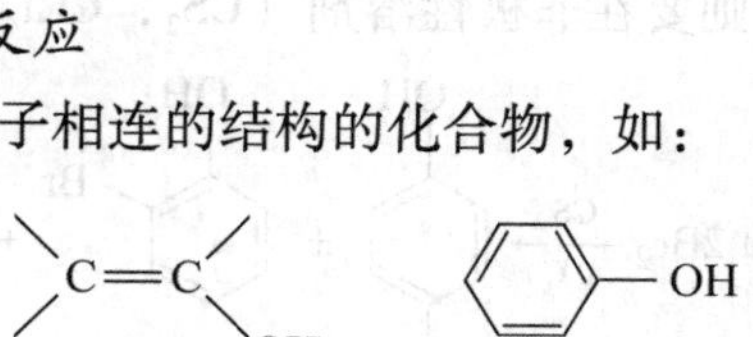

大多数能与三氯化铁的水溶液起显色反应。多数酚能与三氯化铁产生红、绿、蓝、紫等不同的颜色，可以用来鉴别酚或烯醇式结构的存在。但有些酚不与三氯化铁显色，所以得到负结果时，不能说明不存在酚，在这种情况则需用其他方法加以验证。

### 7.2.3.4 氧化反应

酚比醇容易被氧化，空气中的氧就能将酚氧化为醌等氧化物，氧化物的颜色随着氧化程度的深化而逐渐加深，由无色而呈粉红色、红色以致深褐色。例如苯酚或对苯二酚氧化都生成对苯醌：

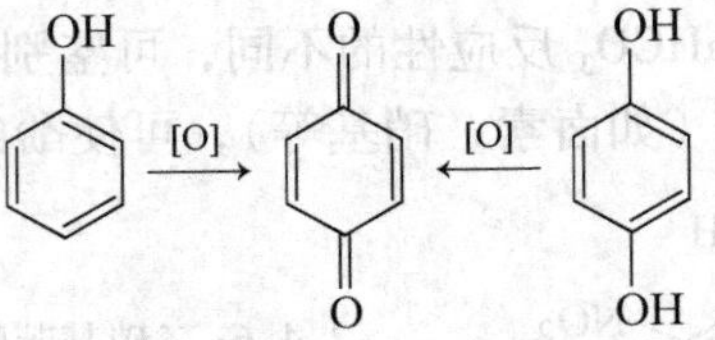

对苯醌

邻苯二酚被氧化为邻苯醌：

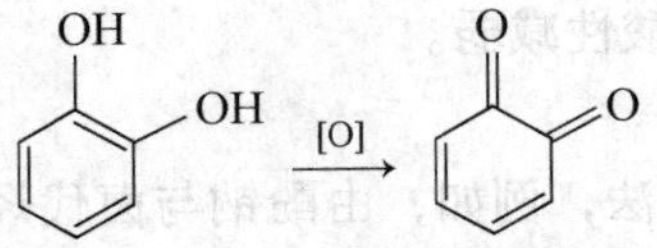

邻苯醌

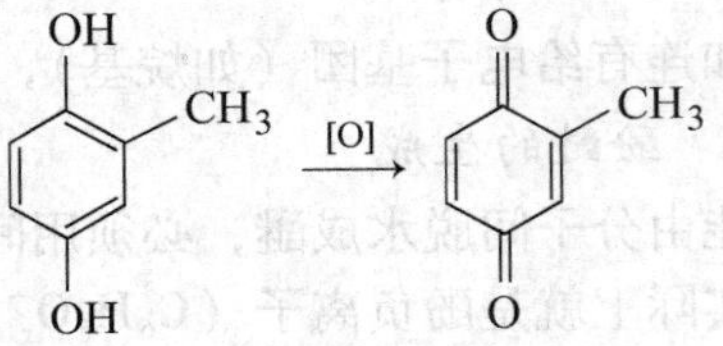

对苯二酚是常用的显影剂。酚易被氧化的性质常用来作为抗氧剂和除氧剂。

### 7.2.3.5 芳环上的亲电取代反应

羟基是强的邻对位定位基，由于羟基与苯环的 p-π 共轭，使苯环上的电子云密度增加，亲电反应容易进行。

#### A 卤代反应

苯酚与溴水在常温下可立即反应生成 2，4，6-三溴苯酚白色沉淀。

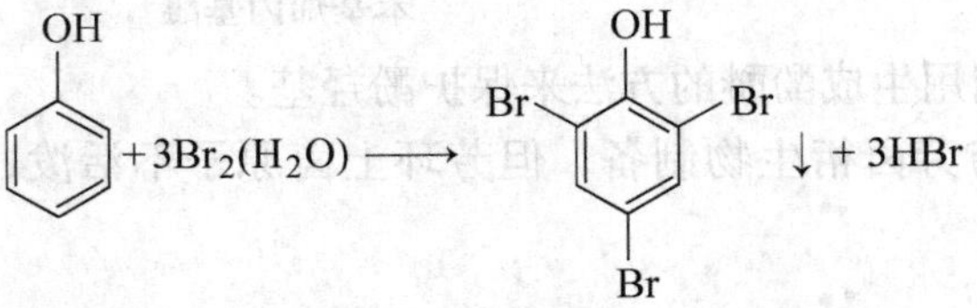

该反应很灵敏，很稀的苯酚溶液（10μL/L）就能与溴水生成沉淀。故此反应可用作苯酚的鉴别和定量测定。

如需要制取一溴代苯酚，则要在非极性溶剂（$CS_2$，$CCl_4$）和低温下进行：

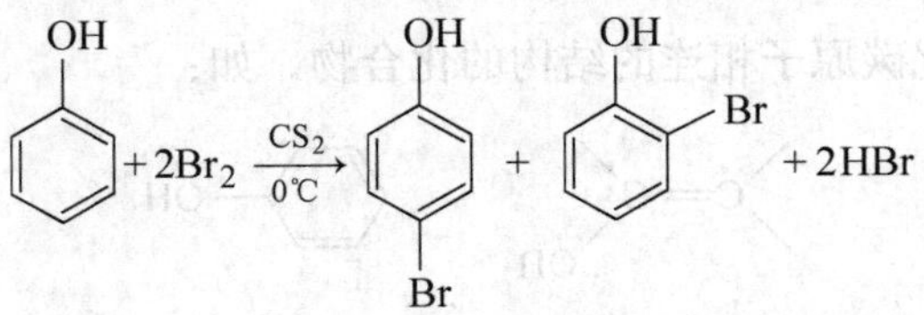

**B 硝化**

苯酚比苯易硝化，在室温下即可与稀硝酸反应：

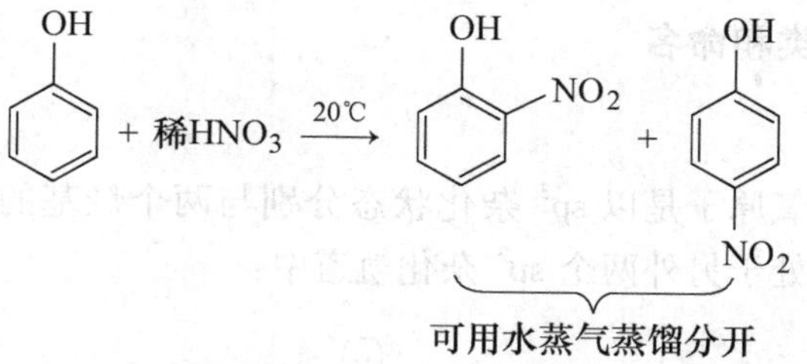

可用水蒸气蒸馏分开

邻硝基苯酚易形成分子内氢键而成螯环，这样酚羟基就失去了分子间缔合及与水分子缔合的可能性；而对硝基苯酚不能形成分子内氢键，但能形成分子间氢键而缔合。

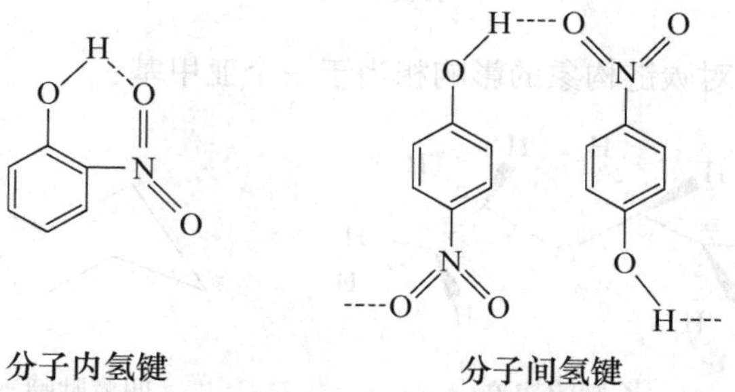

分子内氢键              分子间氢键

因此邻硝基苯酚的沸点和在水中的溶解度比其异构体低得多，故可随水蒸气蒸馏出来。

**C 磺化与傅氏反应**

苯酚也可进行磺化与傅氏反应：

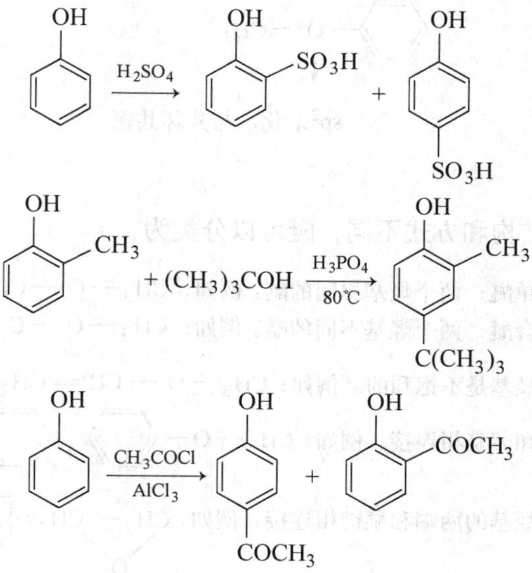

# 7.3 醚

醚是两个烷基通过氧原子连接起来的化合物，它们的一般式可表示为 R—O—R′，

Ar—O—R，Ar—O—Ar′，其中 R 代表烷基，Ar 代表芳基。C—O—C 键称为醚键，是醚的官能团。醚是醇或酚的官能团异构体。

### 7.3.1　醚的结构、分类和命名

#### 7.3.1.1　结构

在脂肪醚分子中，氧原子是以 $sp^3$ 杂化状态分别与两个烃基的碳原子形成两个 σ 键，氧原子上两对孤对电子处于另外两个 $sp^3$ 杂化轨道中：

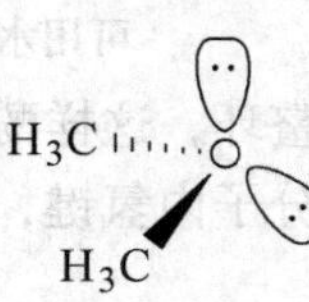

脂肪醚中醚氧原子对碳链构象的影响相当于一个亚甲基：

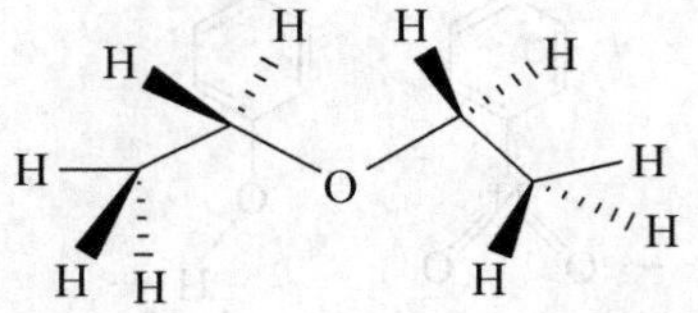

乙醚的构象 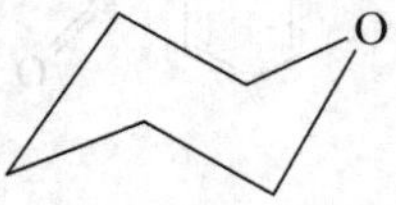          四氢吡喃

最简单的芳醚是苯甲醚，可以认为芳醚中的氧是 $sp^2$ 杂化的，氧原子与芳环的 p-π 共轭作用使芳醚的化学性质与脂肪醚有所不同。

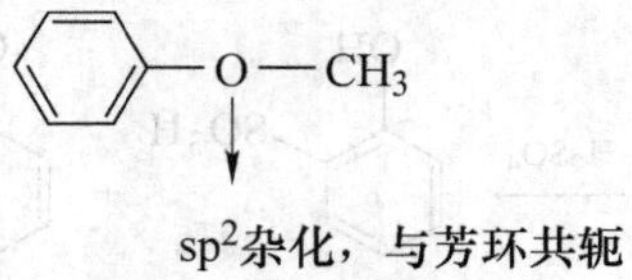

$sp^2$ 杂化，与芳环共轭

#### 7.3.1.2　分类

按所连接的烃基的结构和方式不同，醚可以分类为：

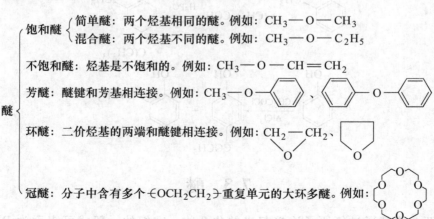

饱和醚 ⎰ 简单醚：两个烃基相同的醚。例如：$CH_3$ — O — $CH_3$
     ⎱ 混合醚：两个烃基不同的醚。例如：$CH_3$ — O — $C_2H_5$

不饱和醚：烃基是不饱和的。例如：$CH_3$ — O — CH = $CH_2$

芳醚：醚键和芳基相连接。例如：$CH_3$—O—⟨苯环⟩ 、⟨苯环⟩—O—⟨苯环⟩

环醚：二价烃基的两端和醚键相连接。例如：$CH_2$ — $CH_2$ 、⟨四氢呋喃⟩
                                     O

冠醚：分子中含有多个 $\mathbf{(}OCH_2CH_2\mathbf{)}$ 重复单元的大环多醚。例如：

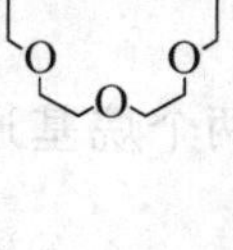

### 7.3.1.3 命名

简单醚采用普通命名法命名。命名时，在"醚"字前面写出两个烃基的名称。例如：

$$CH_3—O—CH_3 \quad C_2H_5—O—C_2H_5$$

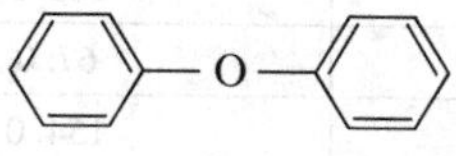

二甲醚　　　　　　二乙醚(乙醚)　　　　　　　二甲醚

对于混合醚，较小的、较简单的烃基写在前面；分子中有芳香基时，芳香基写在前面：

$$CH_3OCH_2CH=CH_2$$

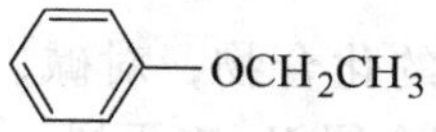

甲基烯丙基醚　　　　　　　　苯乙醚

烃基结构较复杂的醚用系统命名法命名。脂肪醚的系统命名是以较长碳链作为母体，而将含碳数较少的烃基与氧一起称为烷氧基；当烃基中有一个是芳香环的，以芳香环作为母体，如：

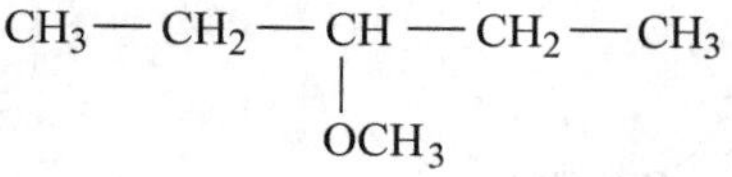

$$CH_3—CH_2—\underset{\underset{OCH_3}{|}}{CH}—CH_2—CH_3 \qquad CH_3OCH_2CH_2OCH_3$$

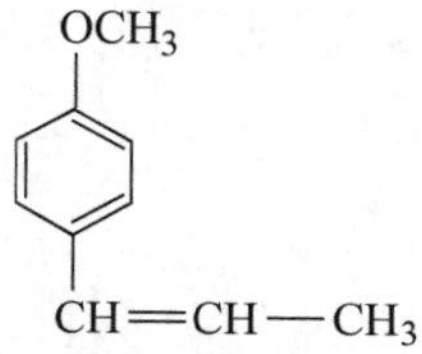

3- 甲氧基戊烷　　　　　　1, 2- 二甲氧基乙烷　　　　对甲氧基丙烯基苯

氧所连接的两个烃基形成一个环的，称为环醚：

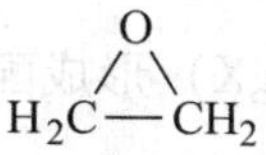

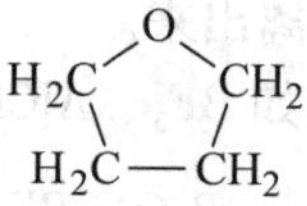

环氧乙烷　　　　　　四氢呋喃

## 7.3.2　醚的物理性质

多数醚为液体，有香味。分子间无氢键，沸点和密度比相应的醇低，和分子质量相当的烷烃相近。由于 C—O—C 键有一定角度，非线型分子，故醚有极性，可以和水或醇形成氢键，能溶于水和极性溶剂中。常见醚的物理常数见表 7-3。

表 7-3　常见醚的物理常数

| 名　称 | 沸点/℃ | 熔点/℃ | 相对密度（20℃） |
|---|---|---|---|
| 甲　醚 | -24.9 | -138.5 | 0.661 |
| 甲乙醚 | 7.9 | — | 0.697 |
| 乙　醚 | 34.6 | -116.0 | 0.714 |
| 丙　醚 | 90.5 | -122.0 | 0.736 |
| 异丙醚 | 68.0 | -85.9 | 0.735 |
| 环氧乙烷 | 14.0 | -111.3 | 0.897 |

| 名　称 | 沸点/℃ | 熔点/℃ | 相对密度（20℃） |
|---|---|---|---|
| 1，4-二氧六环 | 101.3 | 11.8 | 1.036 |
| 四氢呋喃 | 67.0 | −65.0 | 0.888 |
| 苯甲醚 | 154.0 | −37.0 | 0.994 |
| 二苯醚 | 257.9 | 27 | 1.073 |

### 7.3.3　醚的化学性质

醚是一类不活泼的化合物，对碱、氧化剂、还原剂都十分稳定。醚在常温下与金属 Na 不起反应，可以用金属 Na 来干燥。醚的稳定性仅次于烷烃。但其稳定性是相对的，由于醚键（C—O—C）的存在，它又可以发生一些特有的反应。

#### 7.3.3.1　碱性

由于醚键上的氧具有未共用电子对，表现出一定的碱性，与浓强酸作用形成钅羊盐而溶解：

$$R \overset{..}{\underset{..}{O}} R + HCl \longrightarrow R \overset{+}{\underset{\underset{H}{|}}{O}} R + Cl^-$$

$$R \overset{..}{\underset{..}{O}} R + H_2SO_4 \longrightarrow R \overset{+}{\underset{\underset{H}{|}}{O}} R + HSO_4^-$$

钅羊盐是一种弱碱强酸盐，仅在浓酸中才稳定，遇水很快分解为原来的醚。利用此性质可以将醚从烷烃或卤代烃中分离出来。

醚还可以与缺电子试剂（如 $BF_3$、$AlCl_3$、RMgX）形成配合物（钅羊盐）。

$$R_2O: + BF_3 \longrightarrow R \underset{\underset{R}{|}}{O} : BF_3$$

$$R_2O: + AlCl_3 \longrightarrow R \underset{\underset{R}{|}}{O} : AlCl_3$$

$$2R_2O: + R'MgX \longrightarrow R_2O: \underset{R_2O:}{\overset{R'}{\diagup} Mg \diagdown X}$$

钅羊盐的生成使醚分子中 C—O 键变弱，因此在酸性试剂作用下，醚链会断裂。

#### 7.3.3.2　醚链的断裂

在较高温度下，强酸能使醚链断裂，使醚链断裂最有效的试剂是浓氢碘酸（HI）。醚键断裂后生成卤代烃和醇。醇可进一步与过量的氢卤酸反应生成卤代烃。

$$CH_3CH_2OCH_2CH_3 + HI \Longleftrightarrow CH_3CH_2\overset{+}{\underset{\underset{H}{|}}{O}}CH_2CH_3 \xrightarrow{I^-} CH_3CH_2I + CH_3CH_2OH$$

$$\xrightarrow{HI(过量)} 2CH_3CH_2I + H_2O$$

反应机理可以是 $S_N2$：

$$CH_3OCH_2CH_2CH_3 \xrightarrow{HI} CH_3\overset{+}{\underset{H}{O}}CH_2CH_2CH_3 + I^-$$

$$I^- + H_3C\overset{\frown}{\underset{H}{O^+}}-CH_2CH_2CH_3 \longrightarrow CH_3I + CH_3CH_2CH_2OH$$
$$\downarrow HI$$
$$H_2O + CH_3CH_2CH_2CH_2I$$

在大多数情况下，醚键断裂总是较小的烃基先生成卤代烷，这是遵循 $S_N2$ 反应的规律的结果。例如：

$$\underset{\underset{CH_3}{|}}{CH_3CHCH_2OCH_2CH_3} + HI \xrightarrow{\Delta} \underset{\underset{CH_3}{|}}{CH_3CHCH_2OH} + CH_3CH_2I$$

反应机理也可能是 $S_N1$：

$$CH_3O\underset{\underset{CH_3}{|}}{\overset{\overset{CH_3}{|}}{C}}-CH_3 \xrightarrow{HI} CH_3\overset{+}{\underset{H}{O}}\underset{\underset{CH_3}{|}}{\overset{\overset{CH_3}{|}}{C}}-CH_3 \longrightarrow CH_3OH + \underset{\underset{CH_3}{|}}{\overset{\overset{CH_3}{|}}{C^+}}-CH_3$$

$$\downarrow$$

$$\underset{CH_3}{\overset{CH_3}{H_2C=C}} + I-\underset{\underset{CH_3}{|}}{\overset{\overset{CH_3}{|}}{C}}-CH_3$$

芳香混醚与浓 HI 作用时，总是断裂烷氧键，生成酚和碘代烷：

$$\text{C}_6\text{H}_5-O-CH_3 + HI \longrightarrow \text{C}_6\text{H}_5-OH + CH_3I$$

### 7.3.3.3 过氧化物的生成

长期与空气接触下，与醚氧相连的 $\alpha$-碳上连有氢的醚容易被氧化成过氧化物。例如：

$$CH_3CH_2OC_2H_5 \xrightarrow{O_2} \underset{\underset{OOH}{|}}{H_3CHC}-OC_2H_5$$

过氧化物不稳定，加热时易分解而发生爆炸，因此，醚类应尽量避免暴露在空气中，避免与氧化剂接触，一般应放在棕色玻璃瓶中，避光保存。

过氧化物受热易爆炸，所以蒸馏放置过久的乙醚时，要检验并去除过氧化物，且不要蒸干。一般可取少量乙醚与淀粉碘化钾的试液一起摇动，如有过氧化物存在，淀粉碘化钾试液就会因碘化钾的氧化生成碘而变蓝。除去过氧化物的方法是将乙醚用还原剂如硫酸亚铁、亚硫酸钠等处理。过程如下：

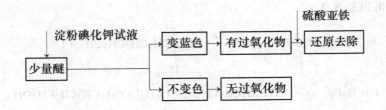

### 7.3.4　环氧乙烷

环氧乙烷是最简单的环醚，无色有毒气体，易液化，与水混溶，溶于乙醇、乙醚等有机溶剂。一般贮存于钢瓶中。

环氧乙烷非常活泼，这是由三元环的张力所致的，它容易和许多合活泼氢的试剂，如水、醇、氨、酸等作用而开环。开环时，在碳氧间断裂：

$$\triangle\!\!\!\!^{O} + H_2O \longrightarrow HO\!-\!CH_2\!-\!CH_2\!-\!OH$$

$$\triangle\!\!\!\!^{O} + ROH \longrightarrow HO\!-\!CH_2\!-\!CH_2\!-\!OR$$

$$\triangle\!\!\!\!^{O} + NH_3 \longrightarrow HO\!-\!CH_2\!-\!CH_2\!-\!NH_2$$

$$\triangle\!\!\!\!^{O} + HX \longrightarrow HO\!-\!CH_2\!-\!CH_2\!-\!X$$

（HX 可以是氢卤酸、氢氰酸和羧酸）

环氧乙烷与 RMgX 反应，是制备增加两个碳原子的伯醇的重要方法。例如：

$$\triangle\!\!\!\!^{O} + RMgX \longrightarrow R\!-\!CH_2\!-\!CH_2\!-\!OMgX \xrightarrow[H^+]{H_2O} R\!-\!CH_2\!-\!CH_2\!-\!OH$$

# 7.4　醇、酚、醚的污染及对环境的危害

### 7.4.1　醇类污染物及对环境的危害

废水中的醇，来自于天然产物或天然产物的加工过程，含醇废水常见于饮料工业、发酵工业及日化工业等。在有机化学工业中，醇常作为原料或溶剂使用，它们易流失到废水中。废水中常见的醇有：甲醇、乙醇、环己醇、2-乙基己醇、甲基苄醇、乙二醇、丙二醇、二甘醇、三甘醇、季戊四醇等，除甲醇外，其他毒性均较低。在一般情况下，绝大多数醇既可用活性污泥法处理，也可用厌氧处理法处理。在用活性污泥法处理含醇废水时，醇的易降解程度常按甲醇、乙醇、正丁醇、正戊醇、正丙醇、异丙醇的次序递减。在代谢过程中，能发现有相应的脂肪酸生成。直链醇类的化合物易被微生物所降解，但在链上若有甲基（或烷基）取代的话，则较大程度上影响微生物可生化降解特性。如果连接羟基的碳原子上同时引入两个甲基而成为叔丁醇，则几乎成为不可生化降解的物质。例如，叔丁醇的 BOD/COD 比值约为零，属于难生化降解物质。

对于含甲醇废水，还可利用硝酸盐在硝酸盐还原菌的存在下进行处理。在 pH 值为

7.5、温度为25℃、碳氮比为1:4时，COD去除率及硝酸盐氮利用率均可达到最佳值。

大多数聚醇类化合物不溶于水，但聚乙烯醇（PVA）是目前发现的高聚物中唯一具有水活性的有机高分子化合物。因其具有强力的黏结性、气体阻隔性、耐磨性等良好的化学、物理性能，被作为纺织行业的上浆剂，建筑行业的涂料、黏结剂，化工行业的乳化剂、分散剂，医药行业的润滑剂，造纸行业的黏合剂及土壤的改良剂而广泛应用。但含有PVA的工业废水，具有COD值高、可生化性差等特点，倘若排入水体，因其具有较大的表面活性使得接纳的水体产生大量泡沫，不利于水体复氧，而且还会促进水体沉积物中重金属的迁移释放，破坏水体环境。

对PVA废水的处理方法大致可划分为三类，即物理法、化学法和生物法。其物理法主要有盐析凝胶法、吸附法、萃取法、膜分离法和泡沫分离法等；化学法主要有高级湿式氧化法、光催化氧化法、Fenton氧化法、过硫酸盐氧化法、微波辐射法和电化学法；生物法主要通过活性污泥利用微生物的新陈代谢作用来降解PVA。

### 7.4.2 酚的污染及危害

自然界中存在的酚类化合物大部分是植物生命活动的结果，植物体内所含的酚称内源性酚，其余称外源性酚。酚类化合物都具有特殊的芳香气味，均呈弱酸性，在环境中易被氧化。

酚是一种重要的工业原料，使用广泛，含酚类化合物废水已成为危害严重的工业废水之一，是环境中水污染的重要来源。在许多工业领域诸如煤气、焦化、炼油、冶金、机械制造、玻璃、石油化工、木材纤维、化学有机合成工业、塑料、医药、农药、油漆等工业排出的废水中均含有酚。这些废水若不经过处理，直接排放、灌溉农田则可污染大气、水、土壤和食品。酚类化合物的毒性以苯酚为最大，通常含酚废水中又以苯酚和甲酚的含量最高。目前环境监测常以苯酚和甲酚等挥发性酚作为污染指标。

酚类化合物是一种细胞原浆毒，其毒性作用是与细胞原浆中蛋白质发生化学反应，形成变性蛋白质，使细胞失去活性，它所引起的病理变化主要取决于毒物的浓度，低浓度时可使细胞变性，高浓度时使蛋白质凝固，低浓度对局部损害虽不如高浓度严重，但低浓度时由于其渗透力强，可向深部组织渗透，因而后果更加严重。酚类化合物侵犯神经中枢，刺激脊髓，进而导致全身出现中毒症状。

酚类化合物可经皮肤、胃肠道吸收、呼吸道吸入和经口进入消化道等多种途径进入体内。体内的酚主要在肝脏被氧化成苯二酚、苯三酚，并与葡萄糖醛酸等结合而失去毒性，随尿排出。被吸收的酚在24h内代谢完毕，故酚类化合物的中毒多为各种事故引起的急性中毒。急性酚中毒者主要表现为大量出汗、肺水肿、吞咽困难、肝及造血系统损害、黑尿等。

环境中被酚污染的水，被人体吸收后，通过体内解毒功能，可使其大部分丧失毒性，并随尿排出体外，若进入人体内的量超过正常人体解毒功能时，超出部分可以蓄积在体内各脏器组织内，造成慢性中毒，出现不同程度的头昏、头痛、皮疹、皮肤瘙痒、精神不安、贫血及各种神经系统症状和食欲不振、吞咽困难、流涎、呕吐和腹泻等慢性消化道症状。这种慢性中毒经适当治疗一般不会留下后遗症。

酚类化合物污染地面水，如以地面水作为饮用水源，酚类化合物与水中余氯作用生成令人厌恶的氯酚臭类物质，使自来水有特殊的氯酚臭，其嗅觉阈值为 0.01mg/L。而在不含游离氯的水中，酚的最高允许浓度为 1mg/L。我国地面水中规定挥发酚的最高允许浓度为 0.1mg/L（Ⅴ类水）。我国生活饮用水水质标准中规定挥发酚类不超过 0.002mg/L。我国的环保法规中挥发酚的最高允许排放标准在 0.5mg/L 以下。当水体中的酚达到 0.1 ~ 0.2mg/L 的低浓度时，可使鱼类产生异味；而当浓度 >0.5mg/L 时则造成中毒死亡。

目前，处理废水中酚类物质的方法有很多，归纳起来主要包括物化法（吸附法、萃取法、液膜法）、化学法（沉淀法、氧气法、电解法、光催化法）和生化法（酶处理技术、生物接触氧化法、生物流化床）三大类。这些方法还处于实验室的初始阶段，暂时不能带来明显的经济效益，产业化应用的规模不大。另外，将单一的方法应用到特定的工业废水上时很难达到预期的目的，所以，往往考虑多种方法联合使用现象比较普遍。如物理法、化学法适用于高浓度含酚废水，生物法适用于低浓度含酚废水，可利用物理法、化学法对废水进行预处理，降低废水中苯酚的含量，为微生物降解提供适宜的条件，以求达到高效经济的目的。此外，基因工程菌的构建和原生质体融合技术应用的研究是当前国内外科研工作者努力的方向。

### 7.4.3　醚的污染及处理方法

有不少醚在工业中常用作溶剂，另外，聚乙二醇或其他醚类衍生物可作为乳化剂，或作为洗涤剂，故含醚废水多见于金属加工工业。并且醚常与清洗下来的油同时存在于废水中。与醇类化合物相比，醚类化合物的生化降解性能要差得多。一般采取吸附、膜分离等方法去掉水中的醚。

聚醚类化合物可以用活性炭进行吸附处理，而黏土类吸附剂的效果也非常理想。如用蒙脱土可以吸附聚乙二醇，吸附可在 30min 内达到平衡。膨润土、酸性黏土及活性黏土等的吸附容量也是很大的，可达到活性炭的 30% ~ 50%。用铁交换的高岭土可以用来吸附非离子表面活性剂如 OP-7。据测定，从水中吸附中性表面活性剂，膨润土要比活性炭的吸附能力大 20 倍；钙式膨润土也是一个极好的吸附聚乙二醇壬基苯基醚的吸附剂，而且由钙式膨润土而来的污泥具有较好的脱水性能。

用膜技术处理醚类废水可用反渗透、超滤及微滤等方法。利用反渗透技术，可从水中去除二甲醚、苯甲醚、乙烯基乙醚、苯乙醚及一些中性表面活性剂。非离子表面活性剂用超滤方法处理，其效果要比用阴离子表面活性剂处理更好。由于一些醚型中性表面活性剂在废水中具有发泡作用，因此可以采用气浮或泡沫分离法净化。

## 新 研 究 进 展

选择性氧化作为精细化学品生产中重要的反应，在催化科学和以催化为基础的现代化学工业中具有重要意义。尤其是将醇类氧化成羰基化合物的反应，与其他羰基化合物相比，醇类自身合成简单，性质相对稳定。通过醇类选择性催化氧化可以得到各种有机合成中间体和精细化学品。近年来，醇类化合物以 $H_2O_2$、氧气或空气作为氧化剂催化氧化到醛或酮的研究广泛开展，尤其是氧气和空气，具有丰富、廉价、节能及环境友好等其他氧化剂无法比拟的优点。

目前，醇类的选择性氧化主要为液相选择性氧化，包括液均相氧化、液多相氧化和水/有机两相催化氧化。

均相催化体系由于反应底物、氧化剂和催化剂同存于一相，具有高活性和高选择性（特别是对映体选择性）等优点。例如，硝酰基自由基在氧化过程中表现出良好的活性，广泛应用于醇的选择氧化反应。此外，在四甲基哌啶氧化物（TEMPO）和 NaClO 存在下能将醇氧化到相应的羰基化合物。钯盐也可用于醇的氧化，其中，典型的是选择性氧化烯丙基和苄基醇制相应醛、酮的 Pd(OAc)$_2$/DMSO 体系。该体系加入合适的碱（如碳酸钠）可显著提高反应速率和产物收率。也有文献报道 Pd(OAc)$_2$/pyridine/MS$_3$A 催化体系在无水条件下，甲苯为溶剂和 80℃ 氧化醇时，效率是 Pd(OAc)$_2$/DMSO 体系的 10 倍以上。该体系能氧化各种活泼和不活泼的伯醇和仲醇，得到收率较高的醛和酮产物，而且氧气可以用空气代替。

但均相催化由于催化剂难于从反应体系分离，造成成本过高，污染环境。多相催化氧化与均相催化氧化相比，具有操作简便、催化剂与产物易分离和催化剂可重复使用等优点。目前，已报道的多相催化剂大部分是用均相催化剂经多相化得到的。催化活性中心多为 Pt、Pd、Ru 或其他贵金属，将其负载或嫁接到各种载体或分子筛上。

由于纳米材料具有传统材料所不具备的一些性质和特点，如比表面效应、表面原子的高活性等，因此，与传统的非均相催化剂相比，金属纳米材料作为新型的催化剂，能显著提高催化剂的活性。另外，反应的催化活性和化学选择性可通过调整金属纳米催化剂的尺寸、组分、形貌、模板等得以控制，这样就可解决绿色化学反应中的诸多问题，也很好地推动了纳米催化技术的发展。例如，DNA-MMT 杂合物负载的 Pt、Pd、Au 纳米催化剂，该催化剂具有高的催化活性和稳定性。通过对催化剂模板和金属种类的筛选，可以选择性地将一级醇氧化为相应的醛、酸和酯。特别对于由醇到酯的这个反应，不仅可以发生自身酯化，而且可以发生不同分子间的交叉酯化反应。另外，这些反应都可以在水中进行，条件非常温和，反应后催化剂通过简单的相分离等手段就可以被回收以及重复使用，因此符合绿色化学的发展要求。

杂多酸成本较低，稳定性好，其酸性和氧化性根据元素组成易于调节，在催化领域特别是催化氧化反应中应用广泛。如将杂多酸负载到石墨烯上，用于苯甲醇的选择性催化氧化，当温度 100℃、双氧水与苯甲醇的摩尔比 3/1、时间 6h 和催化剂用量 0.2g 时，苯甲醇的转化率和苯甲醛的选择性分别为 76% 和 99%。

虽然多相氧化的新成果不断出现，但涉及的催化反应机理较复杂，原因是大部分多相催化剂是来自于均相催化剂的负载，活性中心分布不均匀，活性中心结构不明确，催化剂存在活性组分易从载体上脱落和流失的现象，导致催化剂活性下降。

水/有机两相选择氧化两相催化体系在保留了均相催化活性高、选择性好和反应温和等的同时，还具备多相催化中产物和催化剂易分离的优越性。有研究者合成了水溶性的 Pd(OAc)$_2$-bathophenanthroline 配合物 [PhenS$^*$Pd(OAc)$_2$]，并成功应用于各类活性和非活性醇的氧化。该催化体系比均相钯-碱体系活性高，周转频率为 $10 \sim 100h^{-1}$。如以 0.5% PhenS$^*$Pd(OAc)$_2$ 为催化剂，水为溶剂，pH 值约为 11.5（醋酸钠调节），在 100℃ 和 30MPa 空气气氛下，分别氧化苯甲醇和 1-苯乙醇 10h，苯甲醛和苯乙酮收率分别为 99.8% 和 90%。

水/有机两相催化中，水作溶剂不仅清洁无污染，且产物和催化剂容易分离，催化剂可循环使用，从经济和环保角度值得大力推广，但催化剂制备繁琐，价格昂贵，反应条件不够温和，还需进一步改进。

由此可见，上述各种醇的选择性氧化方法均有优缺点，如何克服这些不足，如催化效率、底物适用性、官能团兼容性及催化剂的回收利用等还有待化学工作者进一步的探索。

## 习　题

**7-1** 下列物质不能溶于冷浓硫酸的是（　　）。
A. 溴乙烷；B. 乙醇；C. 乙醚；D. 乙烯

**7-2** 下列化合物（Ⅰ. $C_6H_5OH$；Ⅱ. $HC≡CH$；Ⅲ. $CH_3CH_2OH$；Ⅳ. $C_6H_5SO_3H$）的酸性次序是（　　）。
A. Ⅰ > Ⅱ > Ⅲ > Ⅳ；B. Ⅰ > Ⅲ > Ⅱ > Ⅳ；C. Ⅱ > Ⅲ > Ⅰ > Ⅳ；D. Ⅳ > Ⅰ > Ⅲ > Ⅱ

**7-3** 下列化合物在水中溶解度最大的是（　　）。

A. HO—⟨benzene⟩—$NO_2$；B. $CH_3O$—⟨benzene⟩—$NO_2$；C. HO—⟨benzene⟩—$CH_3$

**7-4** 下列化合物（Ⅰ. 苯酚；Ⅱ. 2,4-二硝基苯酚；Ⅲ. 对硝基苯酚；Ⅳ. 间硝基苯酚）酸性由强到弱次序是（　　）。
A. Ⅰ > Ⅱ > Ⅲ > Ⅳ；B. Ⅰ > Ⅲ > Ⅱ > Ⅳ；C. Ⅱ > Ⅲ > Ⅳ > Ⅰ；D. Ⅳ > Ⅰ > Ⅲ > Ⅱ

**7-5** 在下列化合物（Ⅰ. 对硝基苯酚；Ⅱ. 邻硝基苯酚；Ⅲ. 邻甲苯酚；Ⅳ. 邻氟苯酚）中，形成分子内氢键的是（　　）。
A. Ⅰ、Ⅱ；B. Ⅰ、Ⅲ；C. Ⅱ、Ⅲ；D. Ⅱ、Ⅳ

**7-6** 命名下列化合物：

(1)
$$\underset{H}{\overset{H_3C}{}}C=C\underset{H}{\overset{CH_2CH_2OH}{}}$$
；
(2) $CH_3CHCH_2OH$（Br 取代在中间碳上）；
(3) $CH_3CH(OH)CH_2CH_2CHCH_2CH_3$（OH 取代）；

(4) $C_6H_5CHCH_2CHCH_3$（$CH_3$、OH 取代）；
(5) ⟨环己烷 $CH_3$、OH⟩；
(6) $CH_3OCH_2CH_2OCH_3$；
(7) 环氧 $CH_3$；

(8) ⟨苯环 OH、$CH_3$⟩；
(9) ⟨苯环 $\overset{H}{\underset{OH}{C}}-CH_3$⟩；
(10) ⟨萘环 OH、$NO_2$⟩；
(11) $CH_3-O-\underset{CH_3}{\overset{CH_3}{C}}-CH_3$。

**7-7** 用简便且有明显现象的方法鉴别下列各组化合物。
(1) $HC≡CCH_2CH_2OH$ 与 $CH_3C≡CCH_2OH$；

(2) ⟨苯环 $CH_2OH$⟩ 与 ⟨苯环 OH、$CH_3$⟩；

（3）$CH_3CH_2OCH_2CH_3$，$CH_3CH_2CH_2CH_2OH$ 与 $CH_3(CH_2)_4CH_3$；

（4）$CH_3CH_2Br$ 与 $CH_3CH_2OH$；

（5）丙醚、溴代正丁烷与烯丙基异丙基醚。

**7－8** 写出下列反应的主要产物或反应物：

（1）$(CH_3)_2CHCH_2CH_2OH + HBr \longrightarrow$

（2） 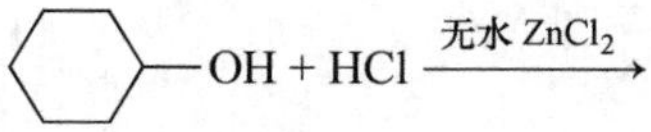
$$\text{环己基—OH} + HCl \xrightarrow{\text{无水 } ZnCl_2}$$

（3） 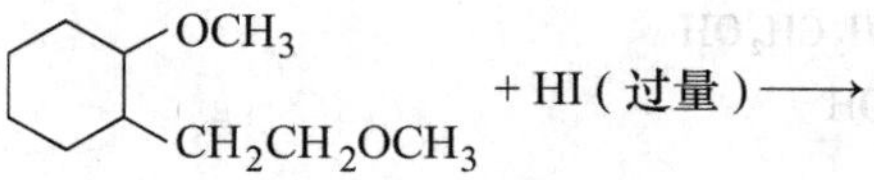
$$\text{环己烷} \begin{matrix} OCH_3 \\ CH_2CH_2OCH_3 \end{matrix} + HI（过量）\longrightarrow$$

（4） 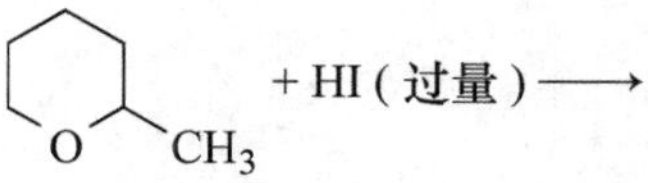
$$\text{(四氢吡喃环)} \begin{matrix} O \\ CH_3 \end{matrix} + HI（过量）\longrightarrow$$

（5）$(CH_3)_2CHBr + NaOC_2H_5 \longrightarrow$

（6）$CH_3(CH_2)_3 \underset{OH}{\overset{}{C}} HCH_3 \xrightarrow[OH^-]{KMnO_4}$

（7）$(\quad) \xrightarrow{HIO_4} CH_3COOH + CH_3CH_2CHO$

（8）$(\quad) \xrightarrow{HIO_4} CH_3COCH_2CH_2CHO$

（9） 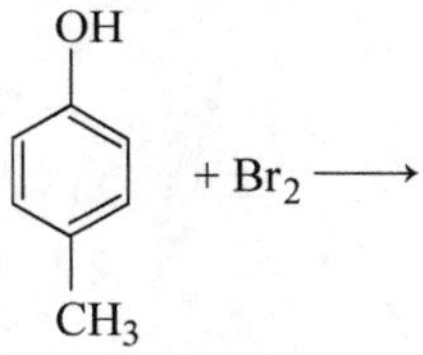
$$\text{4-甲基苯酚} + Br_2 \longrightarrow$$

（10） 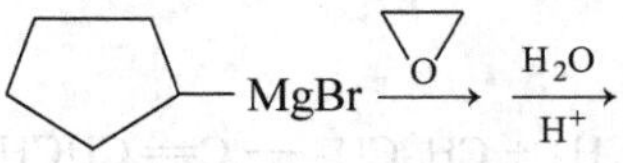
$$\text{环戊基—MgBr} \xrightarrow{\overset{O}{\triangle}} \xrightarrow[H^+]{H_2O}$$

（11）$(CH_3CH_2)_2CHOCH_3 + HI（过量）\longrightarrow$

（12） 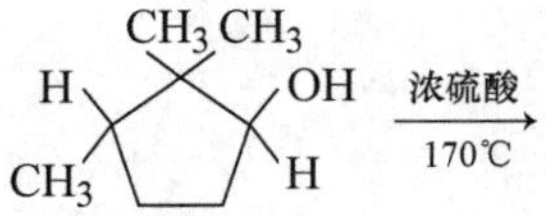
$$\begin{matrix} CH_3\;CH_3 \\ H \quad\quad OH \\ CH_3 \quad\quad H \end{matrix} \xrightarrow[170℃]{\text{浓硫酸}}$$

**7－9** 完成下列转化：

（1） 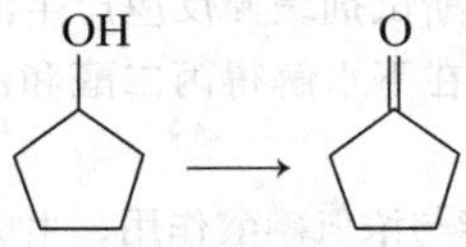
$$\text{环戊醇} \longrightarrow \text{环戊酮}$$

（2）$CH_3CH_2CH_2OH \longrightarrow CH_3C \equiv CH$

（3）$CH_3CH_2CH_2OH \longrightarrow CH_3CH_2CH_2OCH(CH_3)_2$

$$(4)\quad CH_3CH_2CH_2CH_2OH \longrightarrow CH_3CH_2CHCH_3$$
（其中第二个产物上标有 OH）

(5)

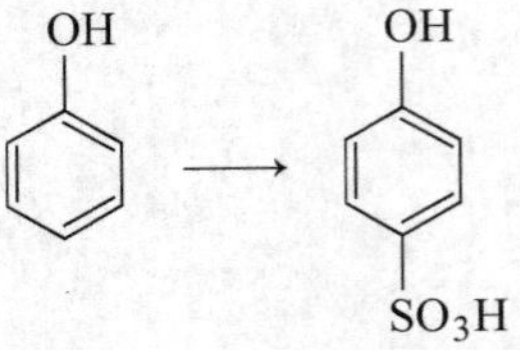

$$(6)\quad CH_2{=}CH_2 \longrightarrow HOCH_2CH_2OCH_2CH_2OCH_2CH_2OH$$

$$(7)\quad CH_3CH_2CH{=}CH_2 \longrightarrow CH_3CH_2CH_2CH_2OH$$

(8) $ClCH_2CH_2CH_2CH_2OH \longrightarrow$

(9)

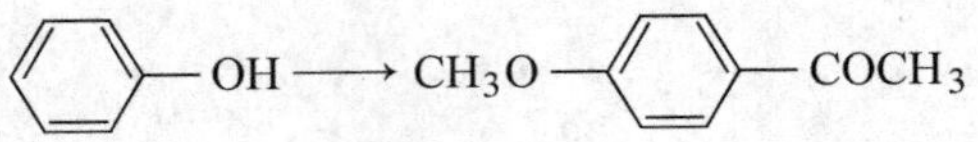

(10)

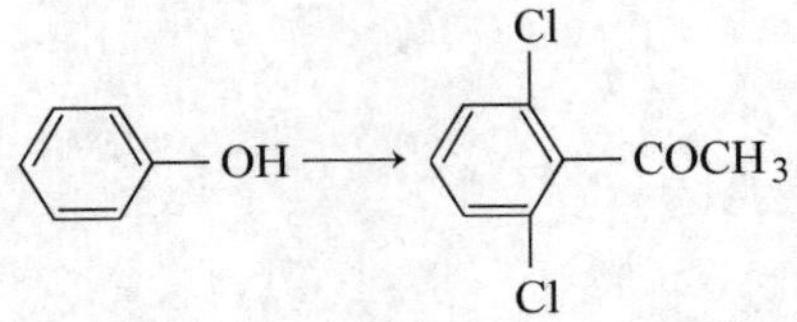

**7－10** 写出下列反应的可能历程：

(1)

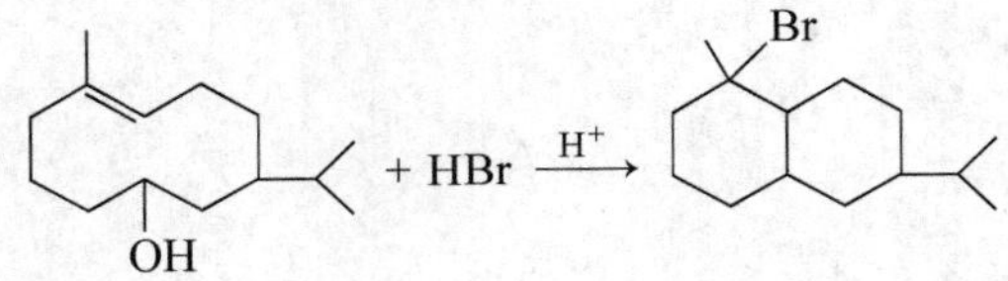

(2) 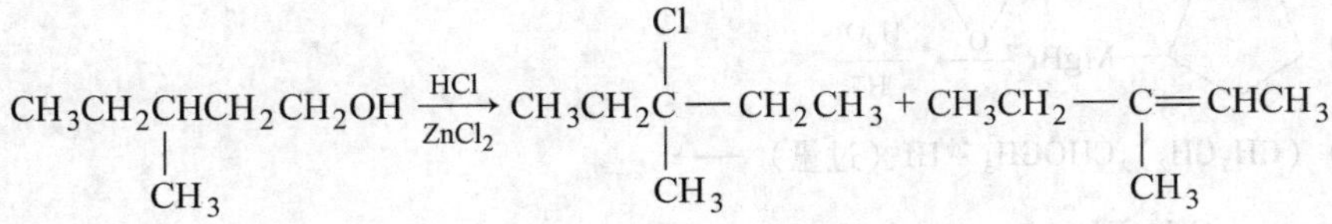 $CH_3CH_2CHCH_2CH_2OH \xrightarrow[ZnCl_2]{HCl} CH_3CH_2C{-}CH_2CH_3 + CH_3CH_2{-}C{=}CHCH_3$

(3)

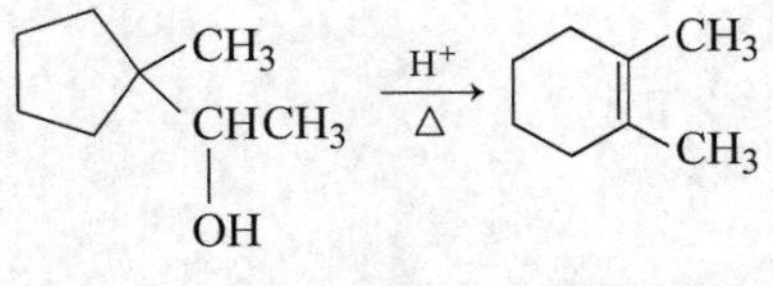

**7－11** 化合物 A 分子式为 $C_5H_8O$，与金属钠反应放出氢气，可与卢卡斯试剂缓慢反应产生混浊并得到 B，B 与氢氧化钠乙醇溶液共热得 C，C 经臭氧氧化并在锌粉存在下水解得丙二醛和乙二醛，推断 A、B、C 的结构，并写出推断过程。

**7－12** 有一芳香性族化合物 A，分子式为 $C_7H_8O$，不与钠反应，但是能与浓氢碘酸作用，生成 B 和 C 两个化合物，B 能溶于氢氧化钠水溶液，并与三氯化铁作用呈现紫色，C 能与硝酸银作用生成黄色碘化银，写出 A、B、C 的结构式，并给出推断过程。

# 8 醛、酮、醌

**本章要点：**
（1）醛、酮、醌的分类和命名；
（2）醛、酮、醌的结构及化学性质；
（3）醛、酮的亲核加成反应历程；
（4）醛、酮、醌类污染物。

## 8.1 醛 和 酮

醛和酮都是分子中含有羰基官能团（ $\diagdown \!\! C\!=\!\! O$ ）的化合物，羰基所连的两个基团都是烃基的叫酮，如：

$$R\!-\!\underset{\underset{O}{\|}}{C}\!-\!R' \qquad Ar\!-\!\underset{\underset{O}{\|}}{C}\!-\!R \qquad Ar\!-\!\underset{\underset{O}{\|}}{C}\!-\!Ar'$$

至少含一个氢原子的是醛，如：

$$H\!-\!\underset{\underset{O}{\|}}{C}\!-\!H \qquad R\!-\!\underset{\underset{O}{\|}}{C}\!-\!H \qquad Ar\!-\!\underset{\underset{O}{\|}}{C}\!-\!H$$

### 8.1.1 醛、酮的结构、分类和命名

#### 8.1.1.1 醛、酮的结构

醛酮的官能团是羰基，羰基碳原子是 $sp^2$ 杂化的，其中一个 $sp^2$ 杂化轨道与氧原子的 p 轨道重叠形成 σ 键，氧的另一个 p 轨道与碳原子的 p 轨道侧面重叠形成 π 键。羰基碳原子和与它相连的三个原子在同一平面内。 $C\!=\!O$ 双键中氧原子的电负性比碳原子大，所以 π 电子云的分布偏向氧原子，故羰基是一个极性基团，具有偶极矩，氧原子上带部分负电荷，碳原子上带部分正电荷（图 8-1）。其共振式见图 8-2。因此，羰基化合物的偶极矩

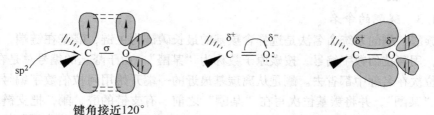

键角接近120°

图 8-1 碳基电子云分布示意图

均指向羰基（图8-3）。

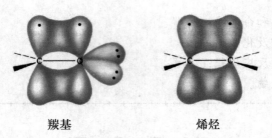

图8-2　羰基的共振式　　　　　　图8-3　羰基化合物的偶极矩

羰基的C＝O双键与烯烃中的C＝C相似双键，但C＝C没有极性。羰基与烯烃结构的比较如下：

羰基　　　　　　　　　　　烯烃

### 8.1.1.2　分类

羰基与脂肪烃基相连的是脂肪醛、酮，与芳香环直接相连的是芳香醛、酮，与不饱和烃基相连的是不饱和醛、酮。分子中碳的数目可以是一个、两个或多个。

| $CH_3CH_2CH_2CHO$ | 脂肪醛 | $CH_3CH_2-\overset{\displaystyle O}{\overset{\|}{C}}-CH_3$ | 脂肪酮 |

环己基—CHO　　脂环醛　　　环己酮　　脂环酮

苯基—CHO　　芳香醛　　苯基—C(=O)—CH_3　　芳香酮

$CH_3CH=CHCHO$　　不饱和醛　　$CH_3CH=CH-\overset{\displaystyle O}{\overset{\|}{C}}-CH_3$

不饱和酮

二元醛：
$CH_2CHO$
$CH_2CHO$
醛

二元酮：
$CH_3-\overset{\displaystyle O}{\overset{\|}{C}}-CH_2-\overset{\displaystyle O}{\overset{\|}{C}}-CH_3$
酮

### 8.1.1.3　醛酮的命名

脂肪族醛、酮的系统命名法是选择含羰基的最长碳链为主链，醛基在链端，命名时从醛基开始，用阿拉伯数字编号，按碳原子数称为"某醛"。由于醛基的编号总是在第一位，故醛基的位次在名称中都省去。酮是从离羰基最近的一端开始用阿拉伯数字编号，按碳原子数称为"某酮"，并将羰基位次写在"某酮"之前。有支链的醛、酮，把支链作为取代基，多个取代基则按次序规则，依次写在"某醛、酮"前面，取代基位次用阿拉伯数字标出，写在基名前。例如：

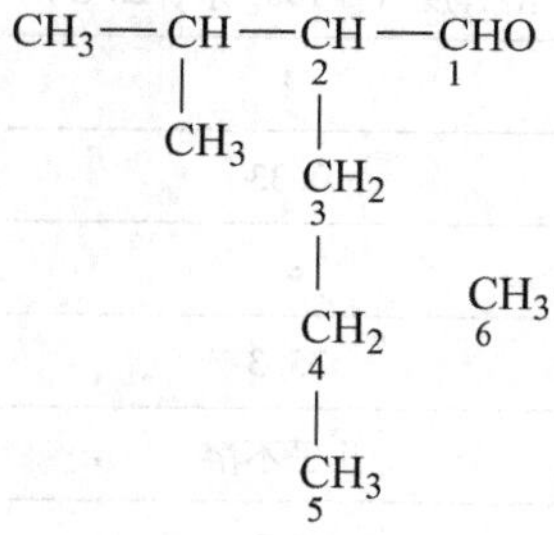

$$CH_3-\underset{\underset{CH_3}{|}}{CH}-\underset{\underset{\underset{\underset{CH_3}{|}}{\underset{|}{CH_2}}}{\underset{|}{CH_2}}}{\overset{}{CH}}-\overset{1}{CHO}$$

2- 异丙基戊醛

$$\overset{6}{CH_3}-\overset{5}{CH_2}-\underset{\underset{CH_3}{|}}{\overset{4}{CH}}-\overset{3}{CH_2}-\underset{\underset{O}{||}}{\overset{2}{C}}-\overset{1}{CH_3}$$

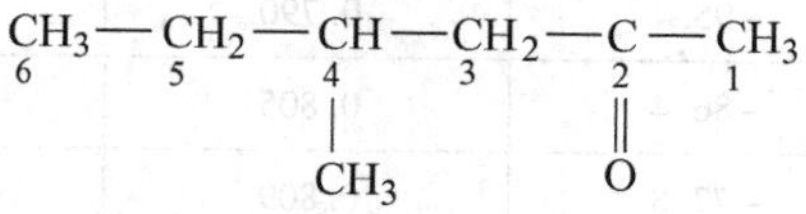

4- 甲基 -2- 己酮

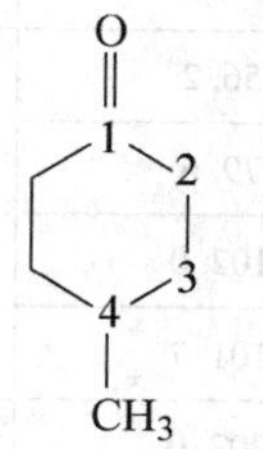

4- 甲基环己酮

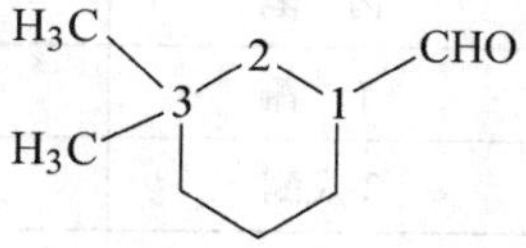

3,3- 二甲基环己基甲醛

含芳香环族的醛酮，可把芳环当成取代基，如：

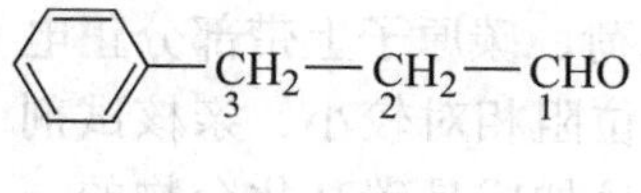

3- 苯基丙醛 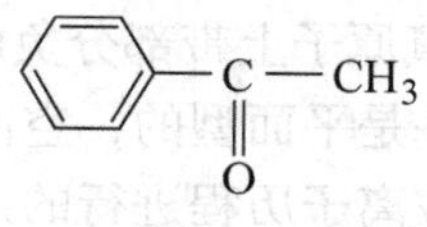　　　　苯乙酮 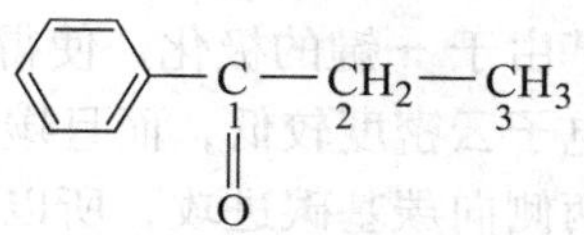　　　　1- 苯基 -1- 丙酮 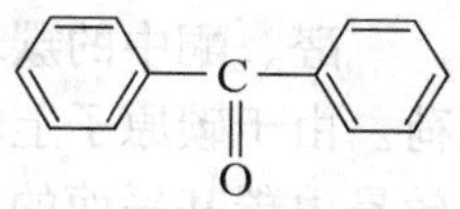　　　　二苯基甲酮

醛的主链碳原子依次还可用希腊字母表示，但必须从与官能团直接相连的碳原子开始。例如：

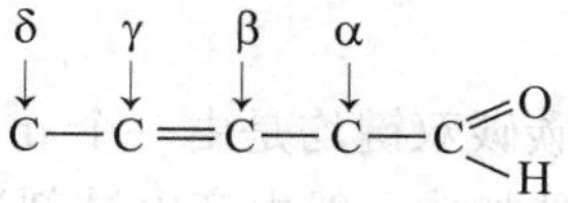

$$\overset{\delta}{C}-\overset{\gamma}{C}=\overset{\beta}{C}-\overset{\alpha}{C}-\overset{O}{\underset{H}{C}}$$

$$CH_3CH=CHCH_2CHO$$
β- 戊烯醛

## 8.1.2　醛、酮的物理性质

常温下，除甲醛为气体外，十二个碳以下的脂肪族醛、酮为液体，高级脂肪族醛、酮和芳香醛、酮多为固体。

低级醛常带有刺鼻的气味，中级醛则有花果香，所以 $C_8 \sim C_{13}$ 的醛常用于香料工业。低级酮有清爽味，中级酮也有香味。醛、酮的极性较大，但分子间不能通过氢键缔合，因此，醛、酮的沸点比分子质量相近的烷烃和醚高，比醇低。醛、酮的羰基能与水形成氢键，所以四个碳原子以下的脂肪族醛、酮易溶于水，如甲醛、乙醛、丙酮能与水混溶。其他醛、酮易溶于有机溶剂，而在水中的溶解度随分子质量增加逐渐减小。一些常见醛、酮的物理常数见表 8 - 1。

表 8 - 1　一些常见醛、酮的物理常数

| 名　　称 | 沸点/℃ | 熔点/℃ | 相对密度（20℃） | 溶解度（g/100g 水，20℃） |
|---|---|---|---|---|
| 甲　醛 | -21.0 | -92 | 0.815 | 易溶 |
| 乙　醛 | 20.8 | -121 | 0.783 | ∞ |
| 丙　醛 | 48.8 | -81 | 0.806 | 20 |

| 名　称 | 沸点/℃ | 熔点/℃ | 相对密度（20℃） | 溶解度（g/100g 水，20℃） |
|---|---|---|---|---|
| 丁　醛 | 75.7 | −99 | 0.817 | 4 |
| 苯甲醛 | 179.1 | −26 | 1.042 | 0.33 |
| 丙　酮 | 56.2 | −95.4 | 0.790 | ∞ |
| 丁　酮 | 79.6 | −86.4 | 0.805 | 35.3 |
| 2-戊酮 | 102.0 | −77.8 | 0.809 | 几乎不溶 |
| 3-戊酮 | 101.7 | −39.8 | 0.814 | 4.7 |
| 苯乙酮 | 202.0 | 20.5 | 1.028 | 微溶 |

## 8.1.3　醛、酮的化学性质

醛、酮中的羰基由于 π 键的极化，使得氧原子上带部分负电荷，碳原子上带部分正电荷。由于碳原子上电子云密度较低，而且羰基是平面型的，空间位阻相对较小，亲核试剂较易由羰基平面的两侧向羰基碳进攻，所以按离子历程进行的亲核加成是羰基化合物的一类重要反应。

此外，受羰基的影响，与羰基直接相连的 α-碳原子上的氢原子（α-H）较活泼，能发生一系列反应。

亲核加成反应和 α-H 的反应是醛、酮的两类主要化学性质。

### 8.1.3.1　亲核加成反应

醛、酮分子中的碳氧双键与烯烃分子中的碳碳双键均是由一个 σ 键和一个 π 键组成，因此，醛、酮能够发生一系列加成反应。烯烃的加成一般由亲电试剂进攻而发生，是亲电加成；而醛、酮的加成是在亲核试剂的进攻下发生的，是亲核加成。此反应可由如下通式表示：

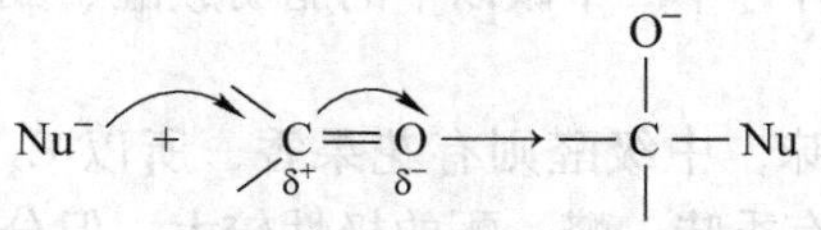

$$Nu^- \; + \; \underset{\delta^+}{C} = \underset{\delta^-}{O} \longrightarrow -\overset{\displaystyle O^-}{\underset{\displaystyle |}{C}} - Nu$$

亲核试剂主要包括：

$$亲核试剂 \begin{cases} 氧亲核试剂：H_2O，ROH \\ 碳亲核试剂：HCN，RMgX \\ 氮亲核试剂：NH_3 \text{ 的衍生物} \\ 硫亲核试剂：NaHSO_3 \end{cases}$$

A　与氧亲核试剂的加成

a　与水加成

醛或酮与水生成同碳二醇等水合物：

$$R'R''C=O + H_2O \Longrightarrow R'R''C(OH)_2$$

在酸催化下，其反应历程为：

$$CH_3-C(=O)-CH_3 + H^+ \rightleftharpoons \left[ CH_3-C(=OH^+)-CH_3 \longleftrightarrow CH_3-C^+(-OH)-CH_3 \right]$$

$$H_2\ddot{O} + \;CH_3-C^+(-OH)-CH_3 \rightleftharpoons H_2O^+-C(CH_3)(CH_3)-OH \rightleftharpoons H^+ + HO-C(CH_3)(CH_3)-OH$$

在碱催化下，其反应历程为：

$$HO^- + CH_3-C(=O)-CH_3 \rightleftharpoons HO-C(CH_3)(CH_3)-O^-$$

$$HO-C(CH_3)(CH_3)-O^- + H-OH \rightleftharpoons HO-C(CH_3)(CH_3)-OH + HO^-$$

羰基碳原子上连接的烃基数目增多，体积增大，平衡更偏向醛酮一边。即加水反应的活性为：

$$\underset{H}{\overset{H}{>}}C=O \; > \; \underset{H_3C}{\overset{H}{>}}C=O \; > \; \underset{H_3C}{\overset{H_3C}{>}}C=O \; > \; \underset{H_5C_6}{\overset{H_5C_6}{>}}C=O$$

这主要是因为羰基碳原子上电子云密度的大小为（电性影响）：

$$\underset{H}{\overset{H}{>}}C=O \; < \; \underset{H_3C}{\overset{H}{>}}C=O \; < \; \underset{H_3C}{\overset{H_3C}{>}}C=O \; < \; \underset{H_5C_6}{\overset{H_5C_6}{>}}C=O$$

此外，水合物的稳定性为（位阻影响）：

$$\underset{H}{\overset{H}{>}}C\underset{OH}{\overset{OH}{<}} \; > \; \underset{H}{\overset{H_3C}{>}}C\underset{OH}{\overset{OH}{<}} \; > \; \underset{H_3C}{\overset{H_3C}{>}}C\underset{OH}{\overset{OH}{<}} \; > \; \underset{H_5C_6}{\overset{H_5C_6}{>}}C\underset{OH}{\overset{OH}{<}}$$

显然，羰基碳原子的电子云密度越低，所连基团空间位阻越小，越有利于羰基的亲核加成反应。相反，增加羰基碳原子的电子云密度，与羰基相连基团空间位阻较大时，将不利于加成反应的进行。

对于本身不稳定的醛酮，水合物生成后有利于不稳定性的缓解，平衡向水合物偏移，如：

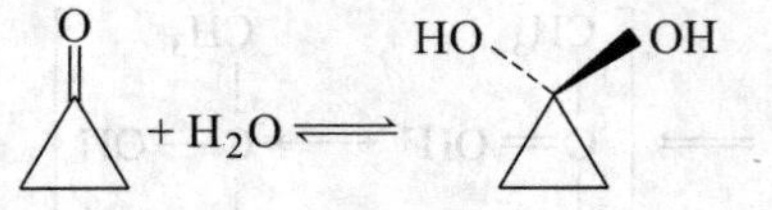

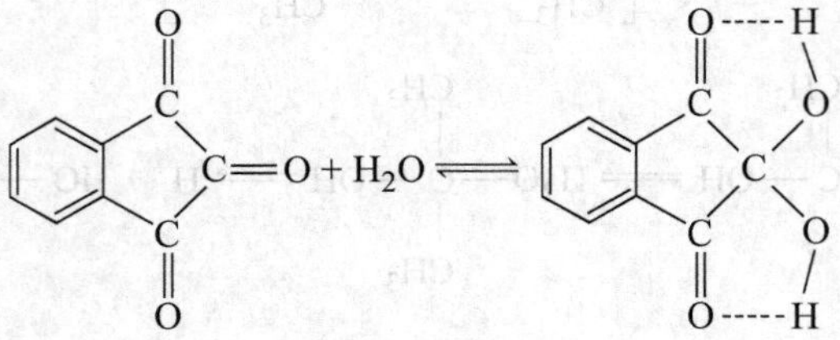

b 与醇的加成反应

醛在微量干燥氯化氢的催化作用下与醇起加成反应生成半缩醛：

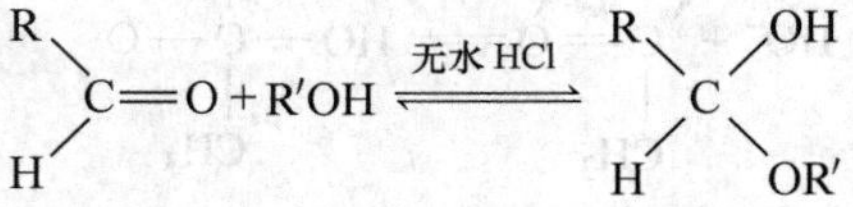


半缩醛

半缩醛很不稳定，易分解为原来的醛和醇。但在无水氯化氢的作用下，半缩醛可进一步与过量的醇发生作用，生成稳定的缩醛：

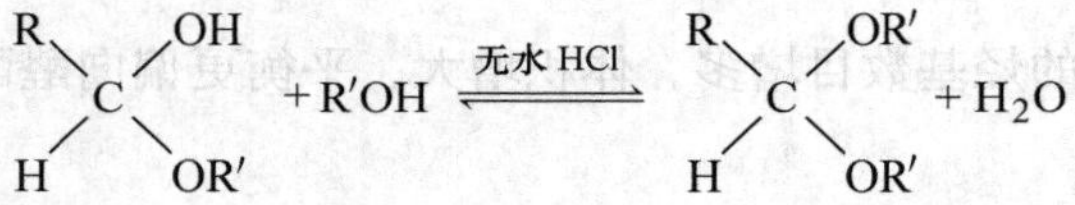


缩醛

形成缩醛的反应历程如下：

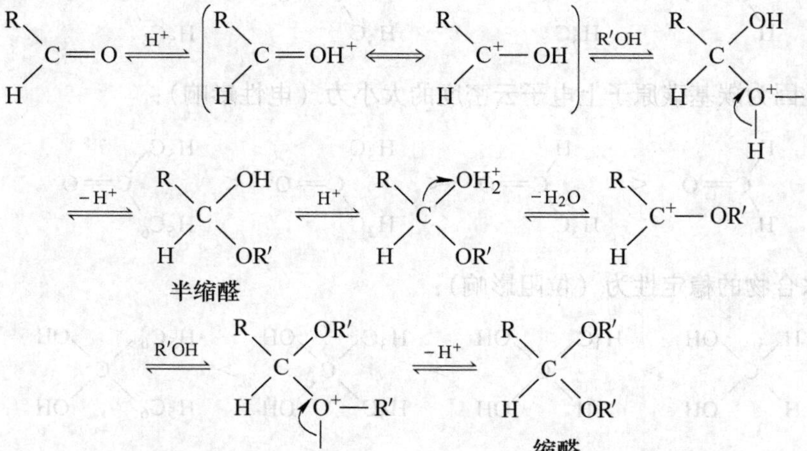


缩醛

酮也可与醇发生类似的反应，生成半缩酮和缩酮，但活性比醛低，如：

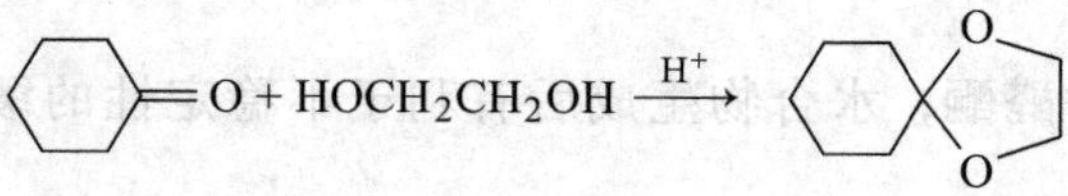

缩醛缩酮对碱稳定，在酸性条件下水解可恢复羰基，在有机合成中常用来保护羰基，常用的醇是乙二醇，例如：

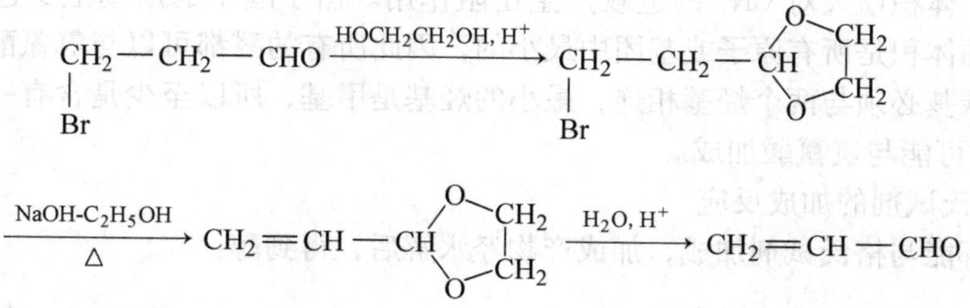

$$CH_2-CH_2-CHO \xrightarrow{HOCH_2CH_2OH,\ H^+} CH_2-CH_2-CH \overset{\displaystyle O-CH_2}{\underset{\displaystyle O-CH_2}{\big|}}$$
（左侧下方 Br，右侧下方 Br）

$$\xrightarrow[\triangle]{NaOH-C_2H_5OH} CH_2=CH-CH \overset{\displaystyle O-CH_2}{\underset{\displaystyle O-CH_2}{\big|}} \xrightarrow{H_2O,\ H^+} CH_2=CH-CHO$$

**B  碳亲核试剂的加成**

**a  与氢氰酸的加成反应**

醛或酮与氢氰酸加成生成 α-羟基腈：

$$R_2C{=}O + HCN \rightleftharpoons R_2C{\overset{\displaystyle OH}{\underset{\displaystyle CN}{\big|}}}$$

α-羟基腈

α-羟基腈在酸性溶液中水解生成 α-羟基酸。反应产物比原来的醛或酮增加了一个碳原子，因而成为有机合成上增长碳链的方法之一。

$$R-CH{\overset{\displaystyle OH}{\underset{\phantom{|}}{\big|}}}-CN + 2H_2O \xrightarrow{H^+} R-CH{\overset{\displaystyle OH}{\underset{\phantom{|}}{\big|}}}-COOH + NH_4^+$$

如果在醛、酮与氢氰酸的加成反应中加入微量碱，则可促进 HCN 的电离，提高 $CN^-$ 的浓度，使反应加快，产率提高。如果加入酸，抑制 HCN 的电离，减小 $CN^-$ 浓度，对反应的进行不利。

在碱存在条件下，与氢氰酸的加成反应机理如下：

$$HCN + HO^- \underset{快}{\rightleftharpoons} CN^- + H_2O$$

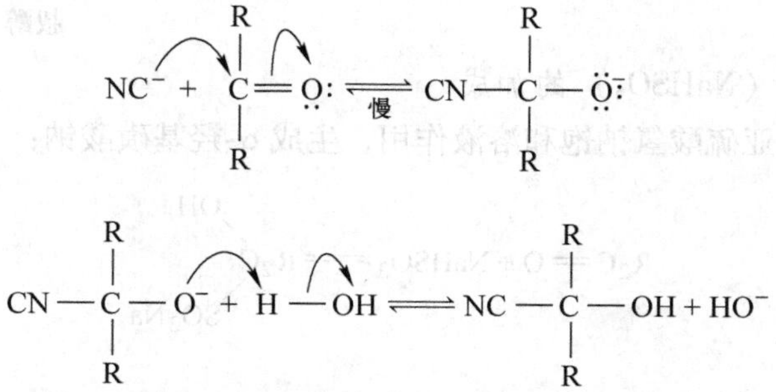

$$NC^- + {\overset{\displaystyle R}{\underset{\displaystyle R}{C}}}{=}\ddot{O}{:} \underset{慢}{\rightleftharpoons} CN-{\overset{\displaystyle R}{\underset{\displaystyle R}{C}}}-\ddot{O}{:}^-$$

$$CN-{\overset{\displaystyle R}{\underset{\displaystyle R}{C}}}-O^- + H-OH \rightleftharpoons NC-{\overset{\displaystyle R}{\underset{\displaystyle R}{C}}}-OH + HO^-$$

不同羰基化合物与氢氰酸的反应活性不同，活性大小为：

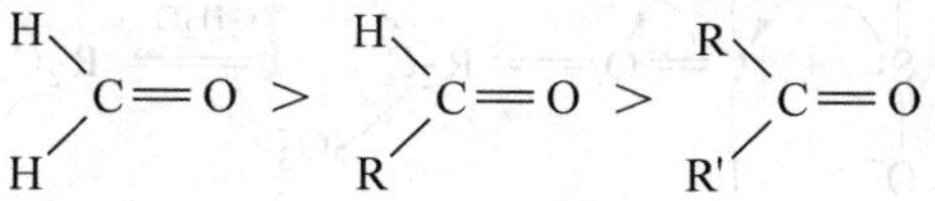

$$\overset{\displaystyle H}{\underset{\displaystyle H}{\big\rangle}}C{=}O \ > \ \overset{\displaystyle H}{\underset{\displaystyle R}{\big\rangle}}C{=}O \ > \ \overset{\displaystyle R}{\underset{\displaystyle R'}{\big\rangle}}C{=}O$$

这主要是由于烷基的给电子性比氢强，所以酮中羰基碳原子上的电子云密度就比醛中高，而醛中又以甲醛的碳原子上电子云密度最低，有利于 $CN^-$ 的进攻。此外，羰基碳上烃基数目增加，体积增大对 $CN^-$ 的进攻产生位阻作用。由于醛中的羰基至少连有一个氢原子，氢原子的体积是所有原子或基团中最小的，因此所有的醛都可以与氢氰酸加成。而对于酮来说，羰基必须与两个烃基相连，最小的烃基是甲基，所以至少是含有一个甲基的酮（甲基酮）才可能与氢氰酸加成。

b　与格氏试剂的加成反应

醛或酮都能与格氏试剂加成，加成产物经水解后，得到醇：

$$R \overset{\delta^-}{—} MgX + \overset{\delta^+}{C}=O \longrightarrow R—\underset{|}{\overset{|}{C}}—OMgX \xrightarrow[H^+]{H_2O} R—\underset{|}{\overset{|}{C}}—OH + Mg\overset{OH}{\underset{X}{\big<}}$$

因此，甲醛与格氏试剂加成水解可以得到伯醇，其他醛与格氏试剂加成水解可以得到仲醇，酮与格氏试剂加成水解可以得到叔醇：

$$\overset{H}{\underset{H}{\big>}}C=O + RMgX \xrightarrow{干醚} R—\underset{H}{\overset{H}{\underset{|}{\overset{|}{C}}}}—OMgX \xrightarrow{H_3^+O} R—\underset{H}{\overset{H}{\underset{|}{\overset{|}{C}}}}—OH$$
伯醇

$$\overset{R'}{\underset{H}{\big>}}C=O + RMgX \xrightarrow{干醚} R—\underset{H}{\overset{R'}{\underset{|}{\overset{|}{C}}}}—OMgX \xrightarrow{H_3^+O} R—\underset{H}{\overset{R'}{\underset{|}{\overset{|}{C}}}}—OH$$
仲醇

$$\overset{R'}{\underset{R''}{\big>}}C=O + RMgX \xrightarrow{干醚} R—\underset{R''}{\overset{R'}{\underset{|}{\overset{|}{C}}}}—OMgX \xrightarrow{H_3^+O} R—\underset{R''}{\overset{R'}{\underset{|}{\overset{|}{C}}}}—OH$$
叔醇

C　硫亲核试剂（$NaHSO_3$）的加成

醛或酮与过量的亚硫酸氢钠饱和溶液作用，生成 α-羟基磺酸钠：

$$R_2C=O + NaHSO_3 \rightleftharpoons R_2C\overset{OH}{\underset{SO_3Na}{\big<}}$$

其反应机理为：

$$O^-—\underset{O^-}{\overset{O}{\overset{\|}{S}}}: \; + \; \overset{R}{\underset{R}{\big>}}C=O \rightleftharpoons R_2C\overset{O^-}{\underset{SO_3^-}{\big<}} \xrightarrow{H_2O} R_2C\overset{OH}{\underset{SO_3^-}{\big<}}$$

$NaHSO_3$ 的亲核性较强，但其体积较大，所以，羰基碳上所连基团越小，空间障碍越小，反应越易进行。若所连基团较大，则不利于 $HSO_3^-$ 的加成。因此，醛、位阻较小的甲基酮可与亚硫酸氢钠加成。

此外，加成产物磺酸盐溶于水，不溶于有机溶剂，而且与稀酸作用可以还原出原来的羰基化合物，所以可利用此反应由其他有机物中分离醛及甲基酮。例如：

$$R—\underset{\underset{H}{|}}{C}{=}O + NaHSO_3 \rightleftharpoons R—\underset{\underset{OH}{|}}{C}HSO_3Na\downarrow \quad \begin{array}{l} \xrightarrow[H_2O]{HCl} RCHO + SO_2 + H_2O + NaCl \\ \xrightarrow[H_2O]{Na_2CO_3} RCHO + Na_2SO_3 + NaHCO_3 \end{array}$$

**D 氮亲核试剂的加成**

氮亲核试剂这里主要是指氨的衍生物。醛、酮分子中的羰基易和氨的衍生物发生亲核加成脱水（或称为加成消除）反应。由于反应生成的产物是良好的结晶或有特殊的颜色，常用于鉴定羰基的存在。因此，氨的衍生物称为羰基试剂，常用氨的衍生物有：

| $NH_2—OH$ | $NH_2—NH_2$ | $NH_2—NH$⬡ | $NH_2—NH$⬡$NO_2$ (含$O_2N$) | $NH_2—\underset{\underset{\|}{O}}{\overset{\|}{N}}H—\overset{\|}{C}—NH_2$ |
|---|---|---|---|---|
| 羟氨 | 肼 | 苯肼 | 2,4-二硝基苯肼 | 氨基脲 |

羰基与氨的衍生物反应历程如下：

$$\underset{}{>}C{=}O + H_2N—Y \rightleftharpoons \underset{\underset{O^-}{|}}{>}C—NH_2^+—Y \rightleftharpoons \underset{\underset{OH}{|}}{>}C—NH—Y \underset{}{\overset{-H_2O}{\rightleftharpoons}} >C{=}N—Y$$

因此，从反应产物看，反应实际上是加成消去反应：

$$>C{=}O + \boxed{H_2N—Y} \longrightarrow >C{=}N—Y$$

具体反应如下：

$$>C{=}O+\begin{cases} H_2N—R(Ar)\ （伯胺） & \longrightarrow >C{=}N—R(Ar)\ （亚胺） \\ H_2N—OH\ （羟胺） & \longrightarrow >C{=}N—OH\ （肟） \\ H_2N—NH_2\ （肼） & \longrightarrow >C{=}N—NH_2\ （腙） \\ H_2N—NH⬡NO_2\ （2,4-二硝基苯肼） & \longrightarrow >C{=}N—NH⬡NO_2\ （2,4-二硝基苯腙） \\ H_2N—NH—\overset{\|}{\underset{O}{C}}—NH_2（氨基脲） & \longrightarrow >C{=}N—NH—\overset{\|}{\underset{O}{C}}—NH_2\ （缩氨脲） \end{cases}$$

氨的衍生物的亲核性不如碳负离子（如 CN⁻，R⁻）强，反应一般需在醋酸的催化下进行，酸的作用是增加羰基的亲电性，使其有利于亲核试剂的进攻。但如在过量强酸中，则强酸与氨上未共用电子对结合，而使氨基失去亲核性。

羰基化合物与羟胺、2，4-二硝基苯肼及氨基脲的加成缩合产物，都是很好的结晶，收率很好，易于提纯，在稀酸的作用下，又能分解为原来的羰基化合物，所以可以利用这种性质来分离、提纯羰基化合物。同时缩合产物各具一定的熔点，可以通过与已知的缩合产物比较而鉴别个别的醛、酮。

**E　羰基亲核加成反应小结**

**a　简单加成**

羰基的双键打开，亲核试剂中，带正电的部分与羰基氧结合，带负电的部分与羰基碳结合，如醛、酮与氢氰酸、格氏试剂、水、亚硫酸氢钠的反应：

$$RR'\quad C{=\!\!=}O$$
$$N{\equiv}C\,|\,H$$
$$R''\,|\,MgX$$
$$HO\,|\,H$$
$$NaO_3S\,|\,H$$

**b　先加成后取代**

醛、酮与醇的反应可以看做是羰基先与醇亲核加成生产半缩醛，半缩醛的羟基被另一分子的醇的烷氧基取代：

$$RR'C{=}O \longrightarrow RR'C{-}OH \xrightarrow{H^+} RR'C{-}OH_2^+$$
$$R''O\,|\,H \qquad\qquad OR'' \qquad\qquad\qquad OR''$$

$$\Big\downarrow -H_2O$$

$$RR'C{-}OR'' \xleftarrow[-H^+]{R''OH} RR'C^+$$
$$OR'' \qquad\qquad\qquad OR''$$

**c　先加成后消去**

醛、酮与氨的衍生物的反应，属于先加成后消去：

$$RR'C{=}O \longrightarrow RR'C{-}OH \xrightarrow{-H_2O} RR'C{=}NB$$
$$BHN\,|\,H \qquad\qquad NHB$$

**8.1.3.2　还原反应**

利用不同的条件，不同的试剂可将醛、酮还原成不同的产物（如醇、烃或胺）。例如采用金属催化剂 Ni、Cu、Pt、Pd 等，醛或酮经催化加氢可分别被还原为伯醇或仲醇：

$$\begin{matrix} R \\ \diagdown \\ \diagup \\ H \end{matrix} C{=}O + H_2 \xrightarrow{Ni} R{-}CH_2{-}OH$$

$$\begin{matrix} R \\ \diagdown \\ \diagup \\ R' \end{matrix} C{=}O + H_2 \xrightarrow{Ni} R{-}CH{-}OH$$
$$\qquad\qquad\qquad\qquad\qquad R'$$

采用催化加氢的方法还原羰基化合物时，若分子中还有其他可被还原的基团如 C＝C 等，则 C＝C 也可能被还原。如果选用具有选择性的金属氢化物，如 LiAlH₄、NaBH₄、异丙醇铝等，可以只将羰基还原为羟基，而不影响 C＝C 或 C≡C 等其他可被催化加氢还原的基团。如：

$$CH_3—CH＝CH—CHO \xrightarrow[Ni]{H_2} CH_3—CH_2—CH_2—CH_2—OH$$

$$CH_3—CH＝CH—CHO \xrightarrow{NaBH_4} CH_3—CH＝CH—CH_2—OH$$

羰基不仅可用上述方法还原为羟基，还可在特殊试剂如锌－汞齐（Zn（Hg））加盐酸的作用下，还原为亚甲基。该反应也称为克莱门森（Clemmensen）还原反应。

$$H_5C_6\overset{O}{\overset{\|}{C}}CH_2CH_2CH_3 \xrightarrow{Zn(Hg),\ HCl} C_6H_5CH_2CH_2CH_2CH_3$$

### 8.1.3.3 氧化反应

醛、酮在氧化反应中有较大的差别，醛比酮容易被氧化，弱的氧化剂即可将醛氧化为羧酸。常用的弱氧化剂是土伦试剂（Tollens' Reagent），即硝酸银的氨溶液。反应如下：

$$RCHO +2\left[Ag(NH_3)_2\right]^+ +2OH^- \longrightarrow 2Ag\downarrow + RCOONH_4 + NH_3 + H_2O$$

   土伦试剂          银镜

土伦试剂中的银离子经还原后呈黑色悬浮的金属银，如果反应用的试管壁非常清洁，则生成的银就附着在管壁上，形成光亮的银镜，所以这个反应也叫银镜反应。

酮不和土伦试剂作用，但 α-羟基酮可被土伦试剂氧化。

C＝C 可被高锰酸钾氧化，但不被土伦试剂氧化，所以不饱和醛可被土伦试剂氧化为不饱和酸：

$$CH_3—CH＝CH—CHO \begin{cases} \xrightarrow{Ag^+} CH_3—CH＝CH—COOH \\ \xrightarrow{KMnO_4} CH_3COOH + CO_2 \end{cases}$$

酮难被氧化，但使用强氧化剂氧化酮，则羰基与两侧碳原子间的键可分别断裂，生成小分子羧酸。如：

$$RCH_2\overset{a}{+}\overset{O}{\overset{\|}{C}}\overset{b}{+}CH_2R' \xrightarrow{[O]} R\overset{O}{\overset{\|}{C}}OH + R'CH_2\overset{O}{\overset{\|}{C}}OH + RCH_2\overset{O}{\overset{\|}{C}}OH + R'\overset{O}{\overset{\|}{C}}OH$$

          a 处断裂        b 处断裂

例如丁酮的氧化产物是两种羧酸的混合物及 $CO_2$，$CO_2$ 是由氧化断裂所得甲酸（HCOOH）进一步氧化生成的：

$$CH_3\overset{O}{+}\overset{\|}{C}+CH_2—CH_3 \xrightarrow{HNO_3} CH_3COOH + CH_3CH_2COOH + CO_2$$

所以一般酮的氧化反应没有制备意义，但环戊酮、环己酮由于具有环状的对称结构，其氧化断裂是工业上生产戊二酸、己二酸的方法：

$$\text{（环戊酮）} \xrightarrow{50\%\text{HNO}_3(\text{V}_2\text{O}_5)} \text{HOOC(CH}_2)_3\text{COOH}$$

$$\text{（环己酮）} \xrightarrow{\text{K}_2\text{Cr}_2\text{O}_7, \text{H}_2\text{SO}_4} \text{HOOC(CH}_2)_4\text{COOH}$$

#### 8.1.3.4  α-H 的反应

醛、酮分子中由于羰基的影响，α-碳上的 H 变得活泼，具有酸性：

$$\overset{\delta\delta^+}{\underset{H}{C}} - \overset{\delta^+}{\underset{}{C}} \overset{\overset{\delta}{O}}{=}$$

所以带有 α-H 的醛、酮具有如下的性质。

**A  互变异构**

在溶液中有 α-H 的醛、酮是以酮式和烯醇式互变平衡而存在的。这种能够互相转变而同时存在的异构体叫做互变异构体，这种异构现象就叫做酮-烯醇互变异构。

$$-\text{CH}_2-\underset{\underset{\text{酮式}}{}}{\overset{O}{C}}- \rightleftharpoons -\text{CH}=\underset{\underset{\text{烯醇式}}{}}{\overset{OH}{C}}-$$

简单脂肪醛、酮在平衡体系中的烯醇式含量极少。如：

$$\underset{\text{酮式}}{\text{H}_3\text{C}-\overset{O}{C}-\text{CH}_3} \rightleftharpoons \text{H}^+ + \left[ \underset{pK_a=20}{\text{H}_2\overset{-}{\text{C}}-\overset{\ddot{O}}{C}-\text{CH}_3} \rightleftharpoons \text{H}_2\text{C}=\overset{\overset{-}{\ddot{O}}}{C}-\text{CH}_3 \right] \rightleftharpoons \underset{\text{烯醇式}}{\text{H}_2\text{C}=\overset{OH}{C}-\text{CH}_3}$$

酸碱对酮-烯醇平衡有催化作用，促进羰基化合物的烯醇化。

碱可以夺取 α-H，而产生碳负离子；由于氧有较强的电负性，α-碳上的负电荷可以转移到氧上，形成烯醇负离子：

$$\text{HO}^- + \text{H}-\text{CH}_2-\underset{\underset{\text{CH}_3}{}}{C}=O \rightleftharpoons \text{H}_2O + \left[ \underset{\underset{\text{CH}_3}{}}{\underset{\text{碳负离子}}{\text{H}_2\overset{-}{\text{C}}-C}=\overset{\cdots}{O}} \rightleftharpoons \underset{\underset{\text{CH}_3}{}}{\underset{\text{烯醇负离子}}{\text{H}_2\text{C}=C-\overset{-}{\ddot{O}}}} \right]$$

酸促进羰基化合物的烯醇化，是由于 H⁺ 与氧结合后更增加了羰基的吸电子效应，而使 α-H 容易离解：

$$\text{CH}_3-\overset{O}{C}-\text{CH}_2-\text{H} \xrightarrow{\text{H}^+} \text{CH}_3-\overset{\overset{+}{O}\text{H}}{C}-\text{CH}_2-\text{H} \rightarrow \text{CH}_3-\overset{OH}{C}=\text{CH}_2 + \text{H}^+$$

**B  α-H 的卤代反应和卤仿反应**

**a  卤代反应**

醛、酮的 α-H 易被卤素取代生成 α-卤代醛、酮，特别是在碱溶液中，反应能很顺利地进行。例如：

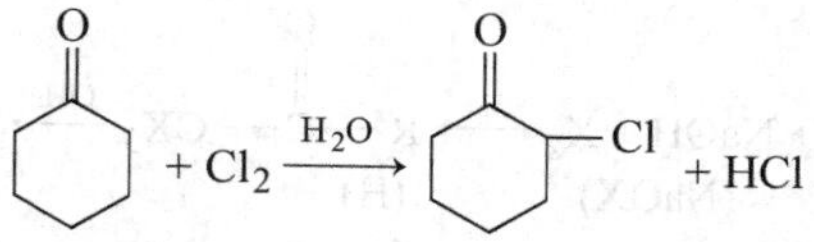

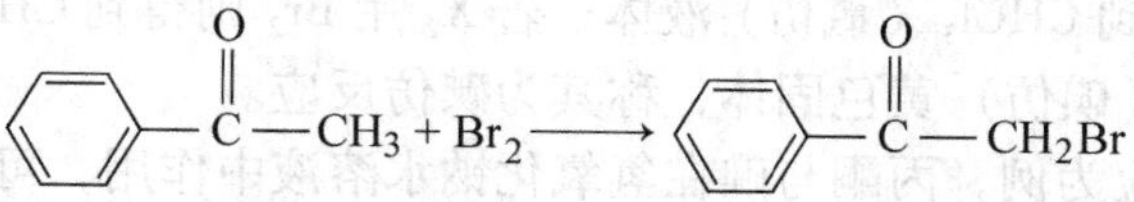

上述反应是自催化反应，通过烯醇式进行，酸碱可以催化上述反应。醛、酮卤代反应的酸催化过程：

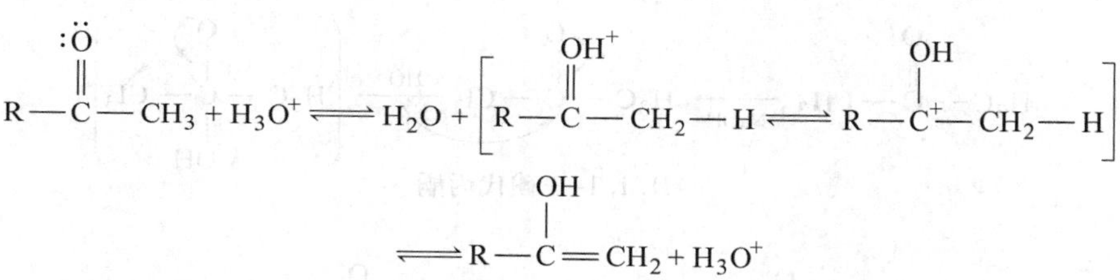

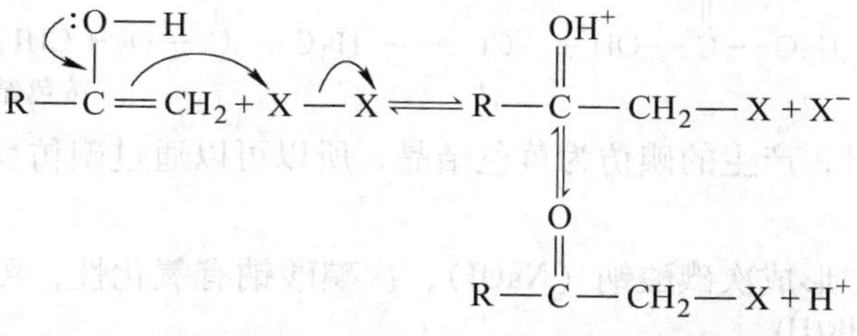

卤原子取代后，卤原子的强吸电子作用，使羰基氧接受质子的能力减弱，不易烯醇化，所以酸催化反应可以停留在一元取代阶段。

卤代反应也可以被碱催化：

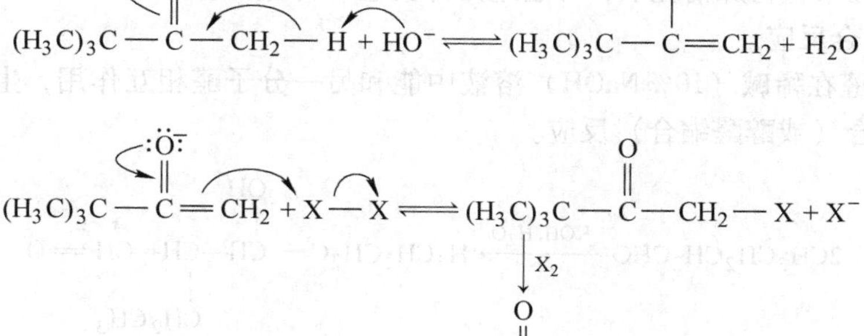

卤原子的取代使 α-H 的酸性增强，羰基更容易烯醇化，因此碱催化反应不易停留在一

元取代阶段。

　　b　卤仿反应

　　含有 α-甲基的醛、酮在碱溶液中与卤素反应，可生成三卤代甲烷（卤仿），所以这个反应称为卤仿反应。

$$\overset{\underset{\displaystyle O}{\parallel}}{R\,-\,C}-CH_3 + NaOH + X_2 \longrightarrow \overset{\underset{\displaystyle O}{\parallel}}{R\,-\,C}-CX_3 \xrightarrow{OH} CHX_3 + RCOONa$$
　　(H)　　　　　　　　(NaOX)　　　　　(H)　　　　　　卤仿

　　若 $X_2$ 用 $Cl_2$ 则得到 $CHCl_3$（氯仿）液体；若 $X_2$ 用 $Br_2$ 则得到 $CHBr_3$（溴仿）液体；若 $X_2$ 用 $I_2$ 则得到 $CHI_3$（碘仿）黄色固体，称其为碘仿反应。

　　以丙酮的碘仿反应为例，丙酮与碘在氢氧化钠水溶液中作用，可得 1，1，1-三碘代丙酮。由于三个碘的吸电子诱导效应，使得羰基碳原子的正电性加强，在碱液中很容易与 $OH^-$ 结合形成氧负离子中间体，然后碳碳键断裂形成乙酸盐及三碘代甲烷：

$$H_3C-\overset{\underset{\displaystyle O}{\parallel}}{C}-CH_3 \xrightarrow[NaOH]{I_2} H_3C-\overset{\underset{\displaystyle O}{\parallel}}{C}-CI_3 \xrightarrow{HO^-} \left[ H_3C-\overset{\underset{\displaystyle OH}{\overset{\displaystyle O^-}{\vert}}}{C}-CI_3 \right]$$
　　　　　　　　　　　　　1, 1, 1-三碘代丙酮

$$\longrightarrow H_3C-\overset{\underset{\displaystyle O}{\parallel}}{C}-OH + {}^-CI_3 \longrightarrow H_3C-\overset{\underset{\displaystyle O}{\parallel}}{C}-O^- + CHI_3\downarrow$$
　　　　　　　　　　　　　　　　　　　　　　　黄色结晶

　　由于当卤素是碘时，产生的碘仿为黄色结晶，所以可以通过碘仿反应来鉴别与羰基相连的烃基是否为甲基。

　　因碘在氢氧化钠中形成次碘酸钠（NaOI），次碘酸钠有氧化性，可将醇氧化为羰基化合物，所以具有 $\overset{\displaystyle CH_3CHR(H)}{\underset{\displaystyle OH}{\vert}}$ 结构的醇可被次碘酸钠氧化为甲基酮，从而可进一步产生碘仿反应。所以碘仿反应不仅可鉴别 $\overset{\displaystyle CH_3CR(H)}{\underset{\displaystyle O}{\parallel}}$ 类羰基化合物，还可鉴别 $\overset{\displaystyle CH_3CHR(H)}{\underset{\displaystyle OH}{\vert}}$ 类的醇。在有机合成中，在某些特殊情况下，可通过卤仿反应来制备羧酸。

　　c　羟醛缩合反应

　　有 α-H 的醛在稀碱（10% NaOH）溶液中能和另一分子醛相互作用，生成 β-羟基醛，故称为羟醛缩合（或醇醛缩合）反应。

$$2CH_3CH_2CH_2CHO \xrightarrow{KOH,\ H_2O} H_3CH_2CH_2C-\overset{\underset{\displaystyle CH_2CH_3}{\vert}}{\underset{}{CH}}-\overset{\underset{\displaystyle OH}{\vert}}{CH}-CH=O$$
　　　　　　　　　　　　　　　　　　　　β-羟基醛

　　反应在碱催化下进行，碱夺取 α-氢形成碳负离子，形成的碳负离子作为亲核试剂，与另一分子醛的羰基加成，形成氧负离子，氧负离子夺取水分子中 H$^+$，生成 β-羟基醛。反应历程如下：

$$HO^- + H-\underset{\underset{R}{|}}{CH}-CH=\ddot{O}: \rightleftharpoons H_2O + \left[ H\ddot{C}-\underset{\underset{R}{|}}{CH}-CH=O \rightleftharpoons HC=\underset{\underset{R}{|}}{C}-O^- \right]$$

$$R-CH_2-\underset{\underset{H}{|}}{\overset{\overset{O}{\|}}{C}}+H\overset{-}{C}-\underset{\underset{R}{|}}{CH}-CH=O \rightleftharpoons RCH_2-\underset{\underset{R}{|}}{\overset{\overset{O^-}{|}}{CH}}-CH-CH=O$$

$$\Updownarrow H_2O$$

$$RCH_2-\underset{\underset{R}{|}}{\overset{\overset{OH}{|}}{CH}}-CH-CH=O$$

通过羟醛缩合，在分子中形成新的碳碳键，增长了碳链。

酮羰基碳原子的正电性不如醛的强，所以酮发生羟醛缩合反应的活性比醛小，而且，酮在同样条件下，平衡偏向于反应物一边。

在碱或酸性溶液中加热，β-羟基醛（或酮）中的 α-H 能与羟基失去水形成 α，β-不饱和醛（或酮）。

$$RCH_2-\underset{\underset{R}{|}}{\overset{\overset{OH}{|}}{CH}}-CH-CH=O \xrightarrow[\triangle]{OH^- \text{或} H^+} RCH_2-CH=\underset{\underset{R}{|}}{C}-CH=O$$

α,β- 不饱和醛

此外，两种醛或酮发生羟醛缩合反应，生成四种产物，无制备意义，若用一种无 α-H 的化合物与另一含 α-H 的化合物反应，则可使产物简单化，得到收率较好的某一种产物。

例如：

$$C_6H_5CH=O + CH_3CH=O \xrightarrow[50℃]{NaOH, \ H_2O} C_6H_5CH=CHCH=O$$

### 8.1.3.5 歧化反应

没有 α-H 的醛（如 HCHO，R$_3$C—CHO，C$_6$H$_5$CHO 等）在浓碱的作用下发生自身氧化还原反应，即分子间的氧化还原反应，生成等摩尔的醇和酸，这种反应称为歧化反应，也叫康尼查罗（Cannizzaro）反应。

$$2CHOH \xrightarrow{\text{浓NaOH}} CH_3OH + HCOONa$$

$$2 \underset{}{\bigcirc}-CHO \xrightarrow{\text{浓NaOH}} \underset{}{\bigcirc}-CH_2OH + \underset{}{\bigcirc}-COONa$$

### 8.1.3.6  α，β-不饱和羰基化合物的亲核加成

具有—C＝C—C＝O 羰基化合物称为 α，β-不饱和羰基化合物。它们的结构特点是分子中的 C＝C 与 C＝O 共轭，由于羰基的吸电子作用，C＝C 对亲电试剂的吸引降低，不如一般烯烃活泼，且羰基对 HX 等不对称试剂与 C＝C 的加成有定向作用，即 H$^+$ 总加到 α-碳上。此外，羰基使 C＝C 对亲核试剂的吸引增高，从而可与 RMgX、HCN 等亲核试剂加成。与 1，3-丁二烯相似，α，β-不饱和羰基化合物可以进行 1，2-加成或 1，4-加成。

1，2-加成：

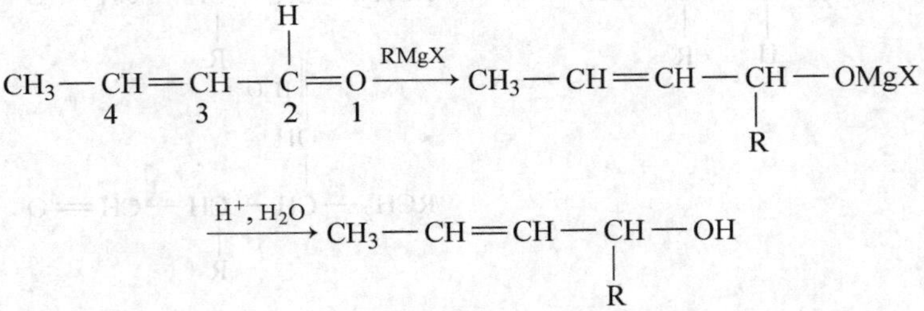

$$CH_3—CH＝CH—\underset{1}{\overset{\overset{\displaystyle H}{|}}{C}}＝O \xrightarrow{RMgX} CH_3—CH＝CH—\underset{\underset{\displaystyle R}{|}}{CH}—OMgX$$

$$\xrightarrow{H^+,\ H_2O} CH_3—CH＝CH—\underset{\underset{\displaystyle R}{|}}{CH}—OH$$

1，4-加成：

$$CH_3—CH＝CH—\overset{\overset{\displaystyle H}{|}}{C}＝O \xrightarrow{RMgX} CH_3—\underset{\underset{\displaystyle R}{|}}{CH}—CH＝CH—OMgX$$

$$\xrightarrow{H^+,\ H_2O} CH_3—\underset{\underset{\displaystyle R}{|}}{CH}—CH＝CH—OH \longrightarrow CH_3—\underset{\underset{\displaystyle R}{|}}{CH}—CH_2—CHO$$

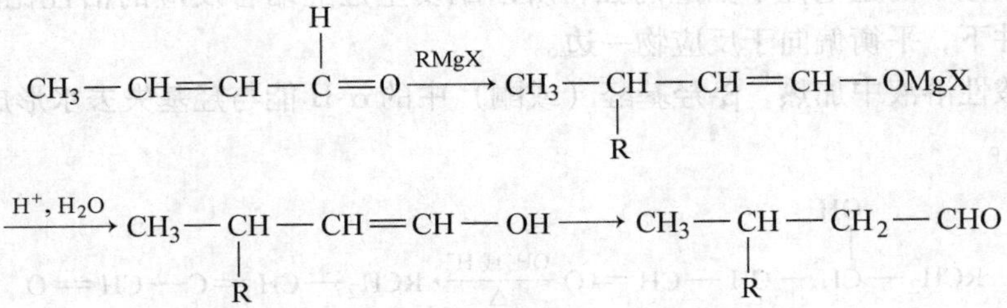

## 8.2  醌

醌是一类特殊的环状不饱和二酮，分子中都含有如下的醌型结构：

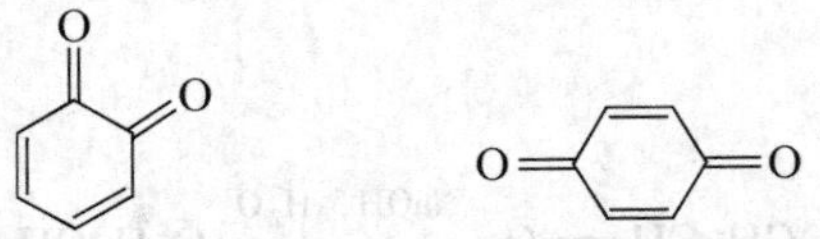

醌的结构中虽然存在碳碳双键和碳氧双键的 π-π 共轭体系。但不同于芳香环的环状闭合共轭体系，所以醌不属于芳香族化合物，也没有芳香性。

醌一般由芳香烃衍生物转变而来，命名时在"醌"字前加上芳基的名称，并标出羰基的位置。例如：

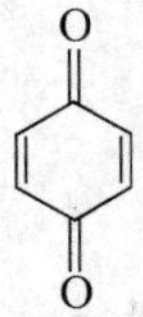

对苯醌（1，4- 苯醌）　　邻苯醌（1，2- 苯醌）　　1，4- 萘醌　　　　1，2- 萘醌
黄色结晶　　　　　　　　红色结晶　　　　　　　黄色结晶　　　　橙黄色结晶

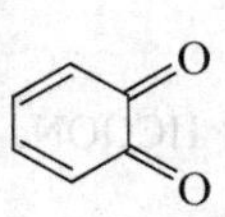

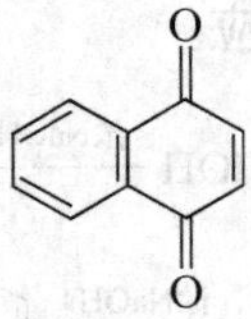

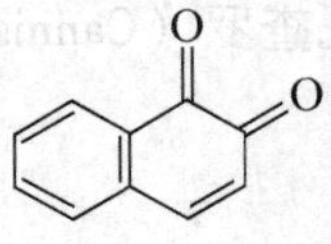

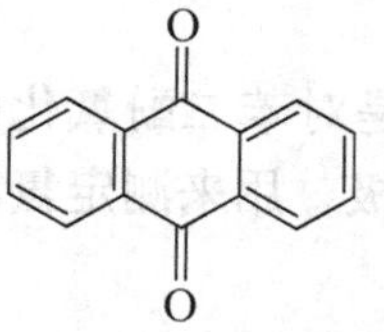

蒽醌
淡黄色结晶

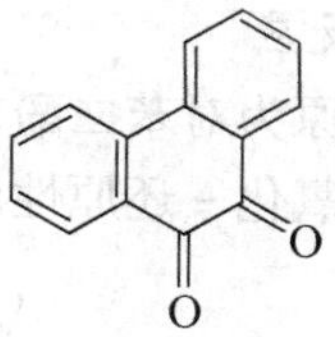

菲醌
橙红色结晶

### 8.2.1 醌的物理性质

醌为结晶固体，都具有颜色，对位醌多呈黄色，邻位醌则常为红色或橙色。对位醌具有刺激性气味，可随水蒸气汽化，邻位醌没有气味，不随水蒸气汽化。

### 8.2.2 醌的化学性质

醌分子中含有碳碳双键和碳氧双键的共轭体系，因此醌具有烯烃和羰基化合物的典型反应，能发生多种形式的加成反应。

#### 8.2.2.1 加成反应

**A 羰基的加成**

醌分子中的羰基能与羰基试剂等加成。如对-苯醌和羟氨作用生成单肟和二肟：

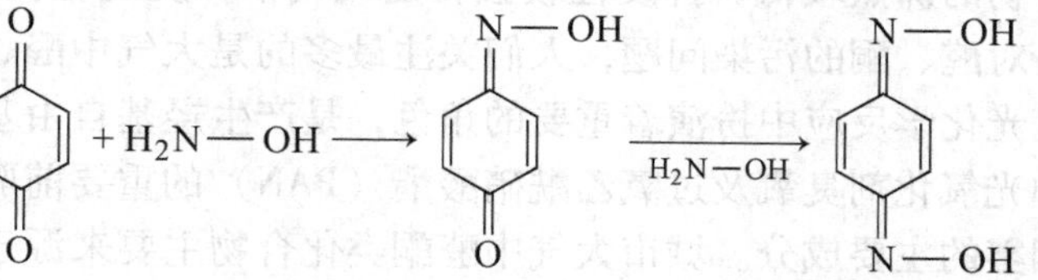

对苯醌单肟　　　　对苯醌双肟

**B 双键的加成**

醌分子中的碳碳双键能和卤素、卤化氢等亲电试剂加成。如对-苯醌与氯气加成可得二氯或四氯化物：

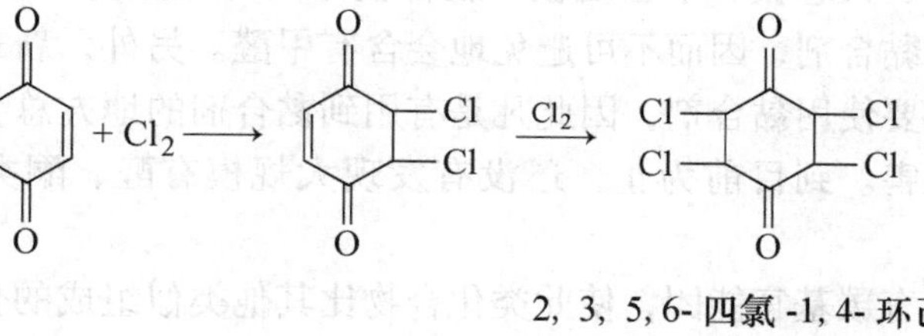

2,3,5,6-四氯-1,4-环己二酮

**C 1,4-加成**

由于碳碳双键与碳氧双键的共轭，所以醌可以发生1,4-加成反应。如对苯醌与氯化氢加成重排后，生成对苯二酚的衍生物：

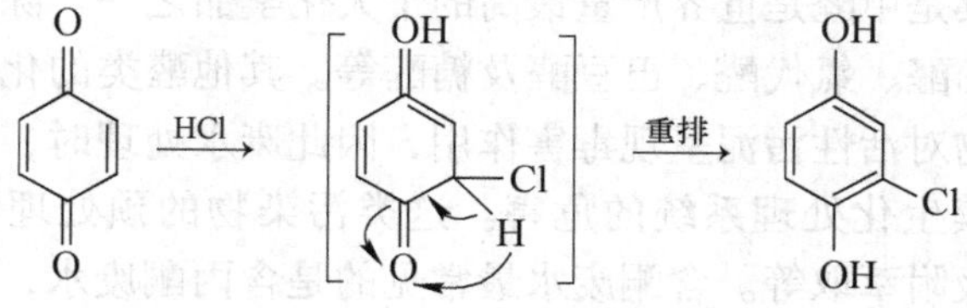

#### 8.2.2.2 还原反应

对苯醌容易被还原为对苯二酚（或称氢醌），这是对苯二酚氧化的逆反应。在电化学上，利用两者之间的氧化－还原性质可以制成氢醌电极，用来测定氢离子的浓度。

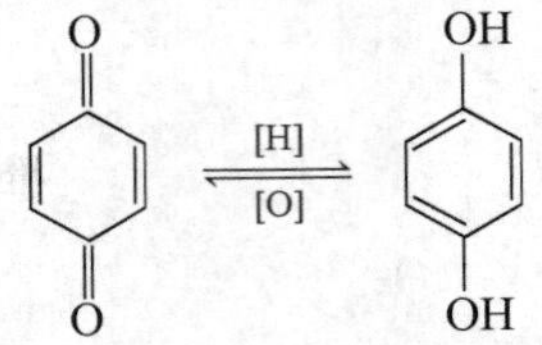

对苯醌       对苯二酚（氢醌）

这一反应在生物化学过程中有重要的意义。生物体内进行的氧化还原作用常是以脱氢或加氢的方式进行的，在这一过程中，某些物质在酶的控制下所进行的氢的传递过程可通过酚醌氧化还原体系来实现。

# 8.3　醛、酮、醌类污染物及其危害

## 8.3.1　醛、酮类污染物的来源

醛、酮类化合物的沸点较低、挥发性较强，是大气中挥发性有机物（VOCs）的重要组成部分。目前，对醛、酮的污染问题，人们关注最多的是大气中醛、酮的污染。醛、酮这类化合物在大气光化学反应中扮演着重要的角色，是产生羟基自由基的重要前驱物，也是大气中有机酸和光氧化剂臭氧及过氧乙酰硝酸酯（PAN）的重要前驱物，其自身也是城市大气中光化学烟雾的主要成分。城市大气中醛酮类化合物主要来源于化石燃料不完全燃烧的排放物（如汽车尾气等）及大气光化学反应；室内来源主要包括墙壁涂料、化纤地毯、塑料墙纸、人造板、油漆及人为活动，如抽烟、炒菜、取暖等。

其中对人体危害最大的是室内甲醛。室内甲醛的主要来源是各种人造板材（如刨花板、纤维板、细木工板、大芯板、中密度板、胶合板等），因这些板材均使用以甲醛为主要成分的脲醛树脂作为黏合剂，因而不可避免地会含有甲醛。另外，新式家具、墙面、地面的装修辅助设备中都要使用黏合剂，因此凡是有用到黏合剂的地方总会有甲醛气体的释放，对室内环境造成危害。到目前为止，还没有发现大规模有醛、酮类污染物的天然产生源。

由于羰基化合物具有羰基官能团，使此类化合物比其他类似组成的化合物拥有较高的化学活性。醛酮类化合物从外观上很难区分，但通常具有不同的气味，醛类化合物具有刺鼻的味道，酮类化合物则具有香甜味。

水体中醛酮类化合物的主要来源之一就是印染、制药、农药生产和化工等企业排放的废水。该类化合物尤其是甲醛是世界产量最高的十大化学品之一。除甲醛外，对环境污染较大的醛类化合物有乙醛、氯代醛、巴豆醛及糖醛等。其他醛类的化学活性常常没有甲醛大，但不少醛类化合物对活性污泥呈现毒害作用，因此废水处理时，对醛类化合物的预处理是为了消除其对后续生化处理系统的危害。这类污染物的预处理常用分离技术，如汽提、蒸馏、膜分离及吸附萃取等。含酮废水最常见的是含丙酮废水，丙酮应用广泛，在制备及使用过程中，会产生大量的含丙酮废水。丙酮沸点低，所以可利用汽提法回收之。

### 8.3.2　醛、酮类污染物的危害

醛酮类化合物的种类甚多，并非每一种化合物都具有非常强的毒性。一般而言，毒性的分布多依据分子质量的大小、官能团以及饱和与不饱和来分辨。分子质量越小毒性越强，如甲醛及乙醛的 LD50 值很低；具有苯环官能团的毒性较强，如苯甲醛比同分子质量的醛酮类毒性高；具有不饱和烃的醛酮类毒性较强，如丙烯醛是所有醛酮类化合物中毒性最强的。醛酮类化合物能对人体造成伤害，可强烈刺激眼、呼吸器官、皮肤等，一般在浓度达到 $0.4\mu L/L$ 时，人眼即可感到刺激。醛类有机物除了是引起大气光化学烟雾的重要物质外，也是发动机排气臭味的来源，人鼻对其灵敏度极高，在 $10\sim10^{-12}\mu L/m^3$ 浓度下即可嗅到臭味，引起嗅觉不适。

甲醛被世界卫生组织确定为可疑致癌物质，甲醛进入体内以后约有 48% 在体内被代谢，经肝脏、肺和肾最后排出体外，在这个过程中会对神经系统、免疫系统、肝脏都有毒害。当人吸入后，轻者有鼻、咽、喉部不适和烧灼感、流涕、咽痛、咳嗽等，重者有胸部紧、呼吸困难、头痛、心烦等，更甚者可发生口腔、鼻腔黏膜糜烂，喉头水肿，痉挛等。长期过量吸入甲醛可引发鼻咽癌、喉头癌等多种严重疾病；长期接触低剂量甲醛可以引起慢性呼吸道疾病、女性月经紊乱、妊娠综合征，引起新生儿体质降低、染色体异常。

目前，治理室内甲醛污染的空气净化技术归纳起来主要是两大类：一是物理吸附技术，主要是利用某些有吸附能力的物质吸附有害物质，从而达到去除有害污染的目的，如各种空气净化器。常用的吸附剂为颗粒活性炭、活性炭纤维、沸石、分子筛、多孔黏土矿石、硅胶等。二是化学反应法技术。化学反应法技术可根据与甲醛反应的原理不同大致将其产品分为氧化还原类产品、吸附封闭型产品和化学聚合型产品三大类。其中，氧化还原类产品的典型代表产品是各类光触媒产品和强氧化剂类型的产品；化学聚合型产品去除甲醛最为快速、高效，并且不会出现反弹。

由于醛酮类有机物具有较强的致癌、致突变及致神经损伤作用，是毒性很强的物质。因此，世界各国对醛类有机物的环境污染问题十分重视。美国在 1990 年《清洁空气法修正案》中将醛类物质作为大气优先控制物加以限制。美国加州针对汽车甲醛的排放，提出了相应的标准限值，其中 5 万英里以内过渡性低排放汽车（TLEV）和低排放汽车（LEV）为每英里 0.015g，超低排放汽车（ULEV）为每英里 0.008g。我国针对大气中醛类污染问题也制定了相应的法规，对特定区域内大气中醛类物质的浓度加以限制（如居住区大气中乙醛的国家标准限值为 $0.01mg/m^3$，甲醛为 $0.05mg/m^3$）。

### 8.3.3　醌类化合物的应用及危害

自然界中醌类化合物主要存在于高等植物的蓼科、茜草科、鼠李科、百合科、豆科等科属以及低等植物地衣类和菌类的代谢产物中。醌类是许多天然药物如大黄、何首乌、虎杖、决明子、芦荟、丹参等药材的有效成分。

其中，萘醌类化合物是一类广泛存在于自然界中的小分子化合物，具有显著的生物活性，目前此类化合物广泛地应用在医药、染料等行业，尤其是 1,4-萘醌类化合物更是种类最多，应用最广。但是此类化合物在广泛使用的同时也会因为其在环境中的残留，给生

物的安全与健康带来负面影响。例如：甲萘醌对动物的呼吸道和皮肤的腐蚀性特别强，还可使 DNA 产生单链断裂；二甲萘醌可以增加内源性 ROS 的生成从而诱导 U937 细胞凋亡；维生素 K3 以及 2-甲基-1，4 萘醌对血管再生有着很强的抑制作用，还可以抑制内皮细胞的生长，另外，维生素 K3 还能抑制 DNA 聚合酶的活性。

但是目前的文献报道大多集中在紫草萘醌抗肿瘤作用方面。针对其对环境生物甚至人类的毒理学及如何去除研究较少，由于此类化合物的潜在危害不容忽视，因此研究并确定该类化合物对环境及人体的致毒机制十分必要。

# 新 研 究 进 展

缩醛化合物是近几年来发展起来的新型食用和日用香料。它的香气类型较多，是优于母体羰基化合物的花香、果香和特殊香味的香料，通常用于糖类物质的合成，有机合成的羰基保护，食品、烟草、化妆品和制药工业等的中间体和产品，还用作特殊的反应。此外，一些缩醛类化合物被誉为"潜香"，因其本身香味甚微，一旦接触皮肤，就水解释放出别具香味的分子，成为欧美国家研究香水类制品的热点之一。缩醛化合物对碱、格氏试剂、氢化试剂、金属氢化物、氧化试剂、溴化试剂以及酯化试剂都具有很好的稳定性，因此常作为合成中间体用于羰基官能团保护和多官能团有机分子控制反应方面。由于在酸催化下醛和醇的缩醛化反应是可逆的，缩醛化合物可被稀酸分解成为相应的醛和醇，这使得缩醛化合物也可以被开发为酸分解型表面活性剂。缩醛化合物传统的合成方法是在无机酸催化下进行羟醛缩合，但该法副反应多，产品纯度低，收率低，设备腐蚀严重，后处理酸性废水严重污染环境。随着日用化学工业的迅速发展，对香料的品种及需求量也在迅速的增长，因此，开发新型的环境友好型的缩醛催化剂具有重要的意义。

多金属氧酸盐（POMs）对合成缩醛反应有良好的催化效果，具有催化活性高，条件温和，反应速率快，选择性强，使用寿命长，成本低的优点；而且多金属氧酸盐在近几十年也得到了迅速的发展。多金属氧酸盐通常称为多酸（盐）是由前过渡金属离子通过氧的连接而形成的金属-氧族类化合物。根据组成的不同可将其分成同多酸和杂多酸，即无杂原子的称为同多酸，有杂原子的称为杂多酸。多金属氧酸盐的酸性非常强，具有较高的催化活性和选择性，同时也具有稳定的结构。因此，多金属氧酸盐在催化合成缩醛领域有良好的应用前景。

磷钨酸是兼具酸性和氧化还原性的多功能新型催化剂，催化活性高，稳定性好，可作为均相和非均相的反应溶剂。例如磷钨酸铜对缩醛的合成具有较高的催化活性、选择性好、反应时间短、工艺流程简单，是高效绿色催化剂，为缩醛化合物的工业化生产提供了新型绿色催化剂。

多金属氧酸盐作为绿色催化剂，催化活性较高，但其比表面积小，收率不是很高。将多金属氧酸盐负载到多孔性材料或者其他载体上，能将催化剂有效地分散开，最大程度地发挥其催化功能；而且通过负载可以克服杂多酸比表面积小的缺点，降低其在有机溶剂中溶解度，提高其催化活性，解决了分离难、回收难的问题。

分子筛是硅铝酸盐化合物，在结构中有很多孔径均匀的孔道和排列整齐、内表面积大的空穴，是比较理想的载体。研究发现，将多金属氧酸盐负载于分子筛上，其在分子筛上的分散性很好，大大提高了表面积，其催化活性显著提高，是合成缩醛理想的催化剂。如可采用浸渍法制备 MCM-41 负载磷钨酸催化剂，研究表明 MCM-41 负载磷钨酸对合成苯乙醛乙二醇缩醛具有显著的催化作用，该催化剂催化活性高，用量少，反应时间短，收率高，反应条件温和，操作简单，催化剂无须处理，同时可多次使用，是对环境友好的、具有工业应用价值的缩醛反应催化剂。

活性炭具有丰富的空隙结构、巨大的比表面积、优良的吸附性及良好的稳定性。研究发现，杂多酸对活性炭具有很强的亲和力，采用活性炭为载体，制备的负载型催化剂具有大比表面积、催化活性好、可回收等优点。例如利用平衡浸泡法制备的 $H_3PW_{12}O_{40}/C$ 负载型催化剂，负载后的磷钨酸能够保持完整的基本结构，不同负载量的催化剂化学性质均稳定，不易发生脱落，最高负载量的催化剂酸度最强，在相同条件下，其催化活性高于纯磷钨酸。

随着环境保护要求的日益严格，研究者正在寻找环境友好型的绿色催化剂。新型的多金属氧酸盐在催化合成缩醛时具有很高的活性，并且反应时间短，污染少等，但其表面积小，催化活性不能充分发挥，且在均相催化反应中回收困难。因此，寻找合适的载体将多金属氧酸盐固载，克服其诸多不足，进而提高催化活性，是今后开发新型的环境友好型的缩醛催化剂的研究方向。

## 习　题

**8-1** 用系统命名法命名或写出结构式：

(1) $(CH_3)_2CHCHO$；(2) ⟨苯基⟩—$CH_2CHO$；(3) $H_3C$—⟨苯基⟩—$CHO$；(4) $(CH_3)_2CHCOCH_3$；

(5) $(CH_3)_2CHCOCH(CH_3)_2$；(6) $OH_3C$—⟨苯环，含$CHO$⟩；(7) $(CH_3)_2C{=}CHCHO$；

(8) β-溴化丙醛；(9) 1,3-环己二酮；(10) 1,1,1-三氯代-3-戊酮；

(11) 三甲基乙醛；(12) 3-戊酮醛。

**8-2** 写出丙醛与下列各试剂反应时生成产物的构造式。

(1) $NaBH_4$，$NaOH$ 水溶液；(2) $C_2H_5MgBr$，然后加 $H_2O$；(3) $LiAlH_4$，然后加 $H_2O$；

(4) $NaHSO_3$；(5) $NaHSO_3$，然后加 $NaCN$；(6) $OH^-$，$H_2O$ (7) $OH^-$，$H_2O$，然后加热；

(8) $HOCH_2CH_2OH$，$H^+$；(9) $Ag(NH_3)_2OH$；(10) $NH_2OH$。

**8-3** 用简单化学方法鉴别下列各组化合物：

(1) 丙醛，丙酮，丙醇和异丙醇；(2) 戊醛，2-戊酮和环戊酮；

(3) 环己烯，环己酮，环己烯；(4) 2-己醇，3-己醇，环己酮；

(5) ⟨苯环，对位$CH_3$，上$CHO$⟩ ，⟨苯环，上$CH_2CHO$⟩ ，⟨苯环，上$COCH_3$⟩ ，⟨苯环，对位$CH_3$，上$OH$⟩ ，⟨苯环，上$CH_2OH$⟩ 。

8－4  写出下列反应的主要产物：

(1)  $CH_3COCH_2CH_3 + H_3N-OH \longrightarrow$

(2)  $Cl_3CCHO + H_2O \longrightarrow$

(3) 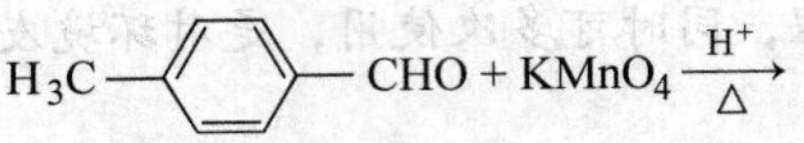  $H_3C-\text{〈 〉}-CHO + KMnO_4 \xrightarrow[\triangle]{H^+}$

(4)  $CH_3CH_2CHO \xrightarrow{\text{稀 NaOH}}$

(5)  $C_6H_5COCH_3 + C_6H_5MgBr \longrightarrow (\quad) \xrightarrow[H_2O]{H^+}$

(6) 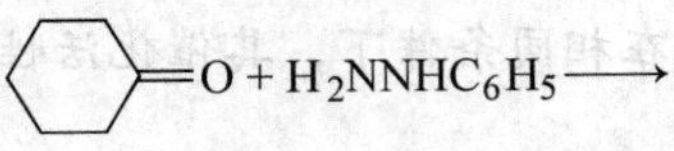  $\text{〈 〉}=O + H_2NNHC_6H_5 \longrightarrow$

(7)  $(CH_3)_3CCHO \xrightarrow{\text{浓 NaOH}}$

(8) 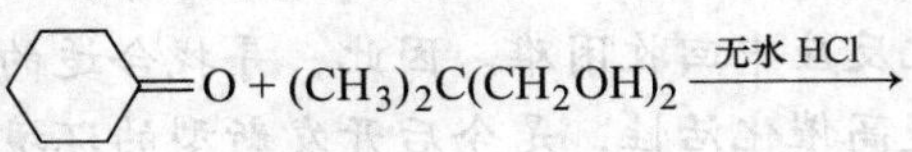  $\text{〈 〉}=O + (CH_3)_2C(CH_2OH)_2 \xrightarrow{\text{无水 HCl}}$

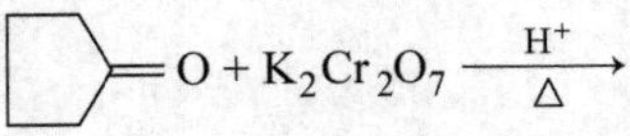

(9)  $\text{〈 〉}=O + K_2Cr_2O_7 \xrightarrow[\triangle]{H^+}$

(10)  $\text{〈 〉}-CHO \xrightarrow[\text{室温}]{KMnO_4}$

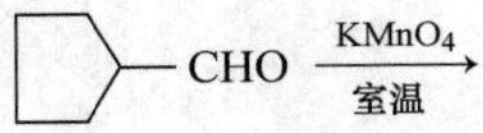

8－5  完成下列转化：

(1)  $C_2H_5OH \longrightarrow CH_3CHCOOH$
$\qquad\qquad\qquad\qquad\quad |$
$\qquad\qquad\qquad\qquad\ OH$

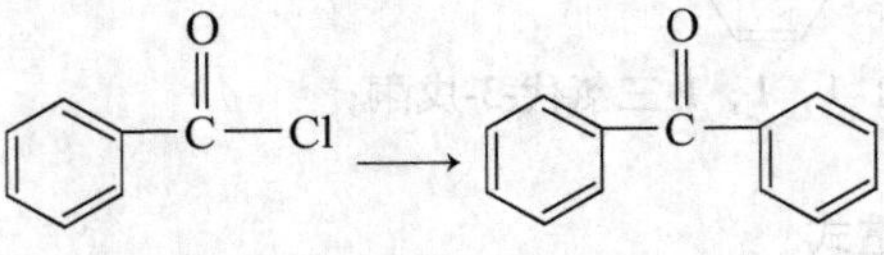

(2)  〈图〉 $\longrightarrow$ 〈图〉

(3)  $\text{〈 〉}=O \longrightarrow \text{〈 〉}-OH$

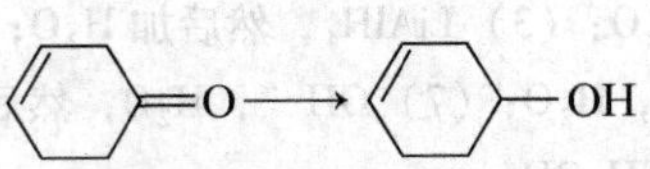

(4)  $CH_3 \equiv CH_3 \longrightarrow CH_3CH_2CH_2CH_2OH$

(5) 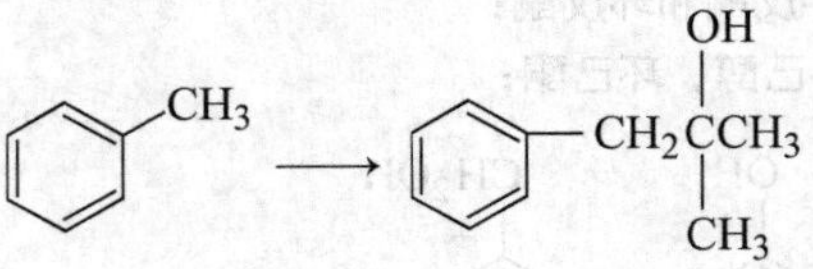  〈图〉 $\longrightarrow$ 〈图〉

(6)  $CH_3CH=CHCHO \longrightarrow CH_3CH-CHCHO$
$\qquad\qquad\qquad\qquad\qquad\qquad\quad |\qquad |$
$\qquad\qquad\qquad\qquad\qquad\qquad\ OH\ \ OH$

(7) $CH_3CH_2CH_2OH \longrightarrow CH_3CH_2CH_2CH_2OH$

(8) 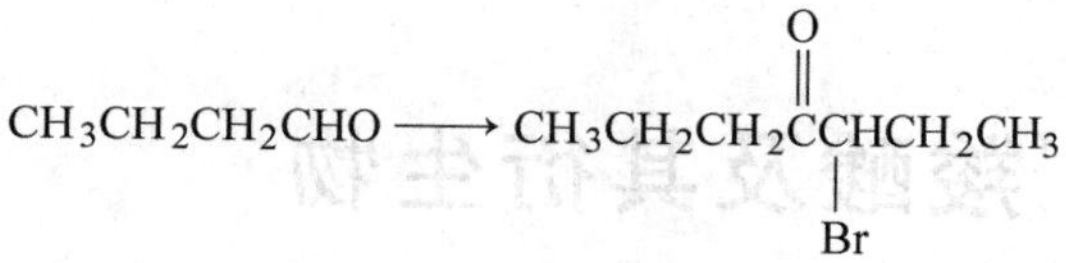 $CH_3CH_2CH_2CHO \longrightarrow CH_3CH_2CH_2\overset{O}{\underset{}{C}}\underset{Br}{CH}CH_2CH_3$

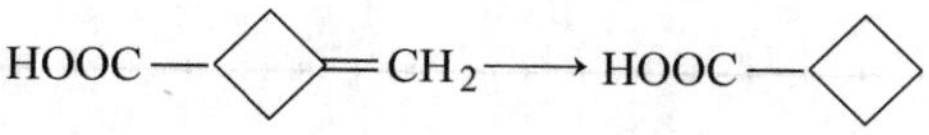

(9) $HOOC-\square=CH_2 \longrightarrow HOOC-\diamondsuit$

(10) $ClCH_2CH_2CHO \longrightarrow CH_3\underset{OH}{CH}CH_2CH_2CHO$

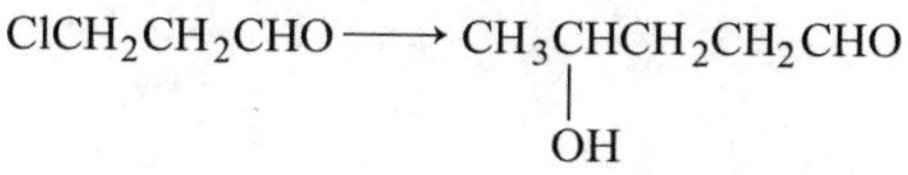

(11)

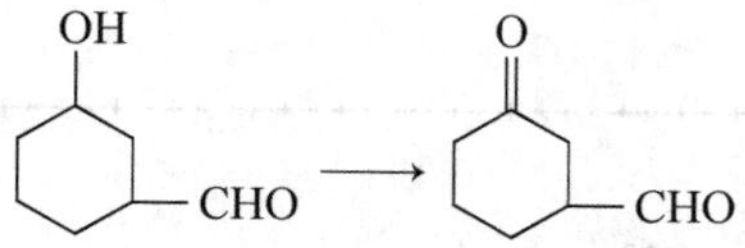

8–6　化合物 A 的分子式 $C_5H_{12}O$，有旋光性，当它有碱性 $KMnO_4$ 剧烈氧化时变成没有旋光性的 $C_5H_{10}O$（B）。化合物 B 与正丙基溴化镁作用后水解生成 C，然后能拆分出两个对映体。试问化合物 A、B、C 的结构如何？

8–7　化合物 $C_{10}H_{12}O_2$（A）不溶于 NaOH 溶液，能与 2,4-二硝基苯肼反应，但不与 Tollens 试剂作用。A 经 $LiAlH_4$ 还原得 $C_{10}H_{14}O_2$（B）。A 和 B 都进行碘仿反应。A 与 HI 作用生成 $C_9H_{10}O_2$（C），C 能溶于 NaOH 溶液，但不溶于 $Na_2CO_3$ 溶液。C 经 Clemmensen 还原生成 $C_9H_{12}O$（D），C 经 $KMnO_4$ 氧化得对羟基苯甲酸。试写出 A～D 可能的构造式。

8–8　分子式为 $C_5H_{12}O$ 的 A，氧化后得 B（$C_5H_{10}O$），B 能与 2,4-二硝基苯肼反应，并在与碘的碱溶液共热时生成黄色沉淀。A 与浓硫酸共热得 C（$C_5H_{10}$），C 经高锰酸钾氧化得丙酮及乙酸。推断 A 的结构，并写出推断过程的反应式。

# 9 羧酸及其衍生物

**本章要点：**

（1）羧酸及其衍生物的结构、命名；

（2）羧酸的物理性质；

（3）羧酸及其衍生物的化学性质及相互关系；

（4）羧酸及其衍生物的污染。

## 9.1 羧 酸

羧酸可看成是烃分子中的氢原子被羧基（—COOH）取代而生成的化合物。如甲酸、脂肪羧酸、芳香羧酸可表示为：

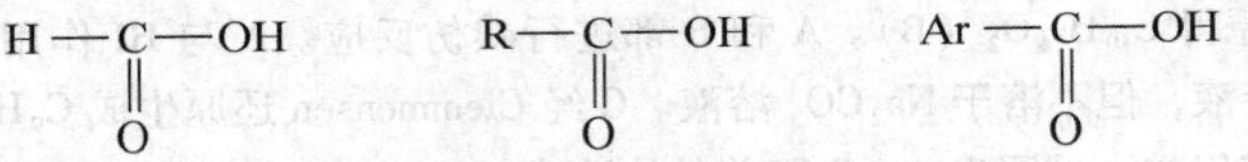

$$H-\underset{\underset{O}{\|}}{C}-OH \qquad R-\underset{\underset{O}{\|}}{C}-OH \qquad Ar-\underset{\underset{O}{\|}}{C}-OH$$

其通式为 RCOOH。羧酸的官能团是羧基。

羧酸是许多有机物氧化的最后产物，它在自然界普遍存在（以酯的形式），在工业、农业、医药和人们的日常生活中有着广泛的应用。

### 9.1.1 羧酸的结构

羧酸的结构如下所示：

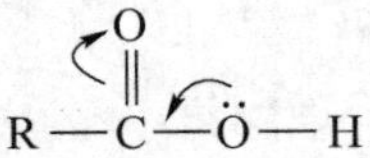

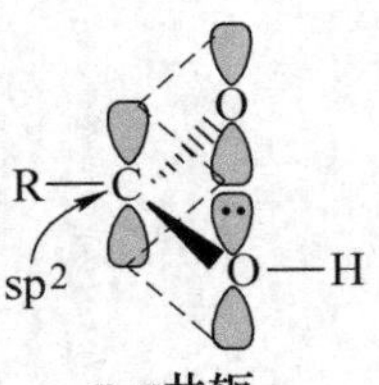

p-π共轭

形式上看，羧基由羰基和羟基组成。羟基氧原子的未共用电子对所占据的 p 轨道和羰基的 π 键形成 p-π 共轭。羟基氧上电子云密度有所降低，羰基碳上电子云密度有所升高。因此，羧酸中羰基对亲核试剂的活性降低，不利于 HCN 等亲核试剂反应。

### 9.1.2 羧酸的分类和命名

#### 9.1.2.1 羧酸的分类

根据分子中烃基的结构，可把羧酸分为脂肪羧酸（饱和脂肪羧酸和不饱和脂肪羧酸）、脂环羧酸（饱和脂环羧酸和不饱和脂环羧酸）、芳香羧酸等；根据分子中羧基的数目，又可把羧酸分为一元羧酸、二元羧酸、多元羧酸等。例如：

一元羧酸

- 脂肪羧酸：$CH_3CH_2CH_2COOH$　$CH_3—CH═CH—COOH$
- 脂环羧酸：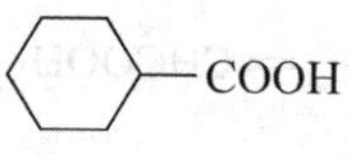　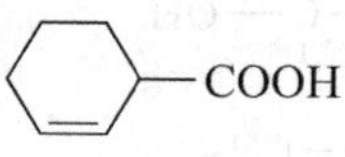
- 芳香羧酸：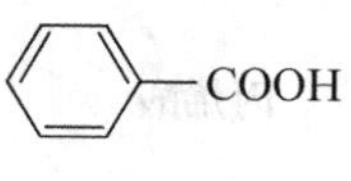

二元羧酸：$HOOC—COOH$　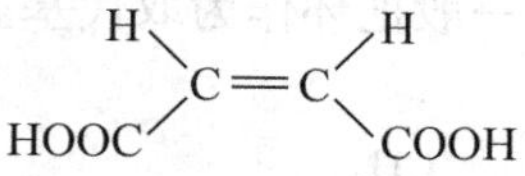　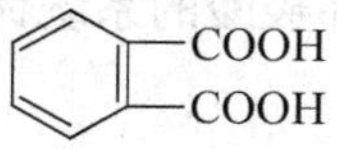

多元羧酸：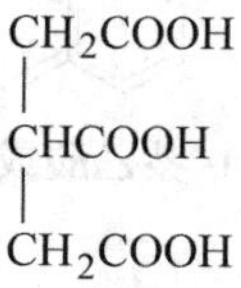

9.1.2.2　羧酸的命名

羧酸的命名方法有俗名和系统命名两种。

俗名是根据羧酸的最初来源命名的。在下面的举例中，括号中的名称即为该羧酸的俗名。

脂肪族一元羧酸的系统命名方法与醛的命名方法类似，即首先选择含有羧基的最长碳链作为主链，根据主链的碳原子数称为“某酸”。从含有羧基的一端编号，用阿拉伯数字或用希腊字母（α、β、γ、δ…）表示取代基的位置，将取代基的位次及名称写在主链名称之前。例如：

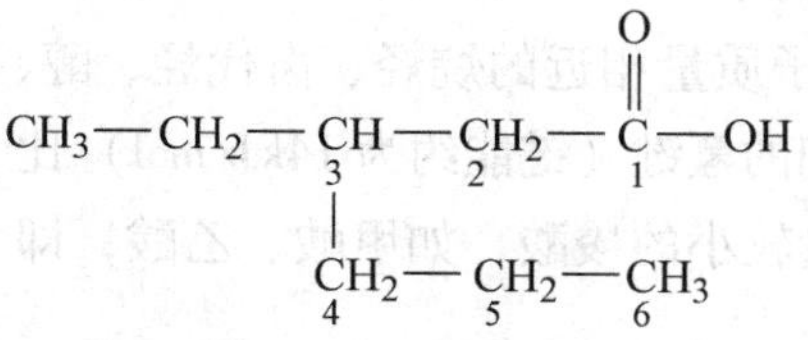

3-乙基己酸

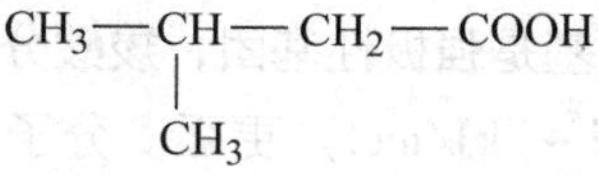

3-甲基丁酸 或 β-甲基丁酸

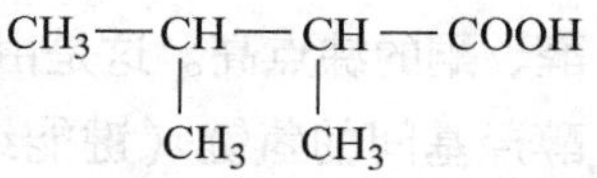

2, 3-二甲基丁酸

脂肪族二元羧酸的系统命名是选择包含两个羧基的最长碳链作为主链，根据碳原子数称为“某二酸”，把取代基的位置和名称写在“某二酸”之前。例如：

$HOOC—COOH$

乙二酸（草酸）

$HOOC—CH_2—COOH$

丙二酸

$HOOC—CH_2—CH_2—COOH$

丁二酸（琥珀酸）

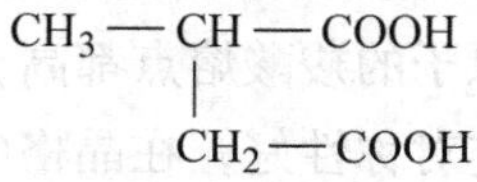

甲基丁二酸

不饱和脂肪羧酸的系统命名是选择含有不饱和键和羧基的最长碳链作为主链，根据碳原子数称为"某烯酸"或"某炔酸"，把不饱和键的位置写在"某"字之前。例如：

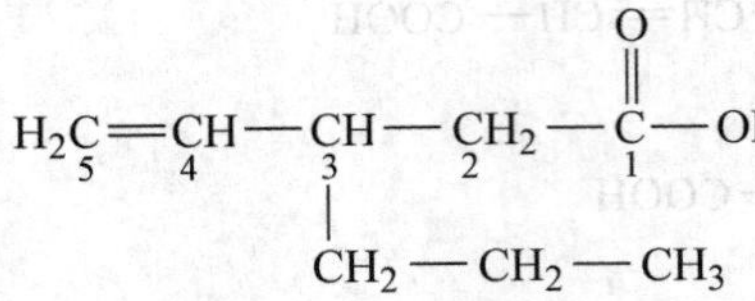

$$H_2\underset{5}{C}=\underset{4}{C}H-\underset{3}{C}H-\underset{2}{C}H_2-\underset{1}{C}OOH$$
$$|$$
$$CH_2-CH_2-CH_3$$

3- 丙基 -4- 戊烯酸

$$CH_2=CHCOOH$$

丙烯酸

$$CH_3-CH=CH-COOH$$

2- 丁烯酸（巴豆酸）

芳香羧酸和脂环羧酸的系统命名一般把环作为取代基。例如：

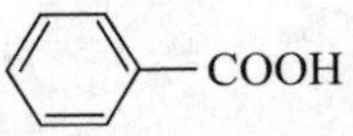

苯甲酸（安息香酸）

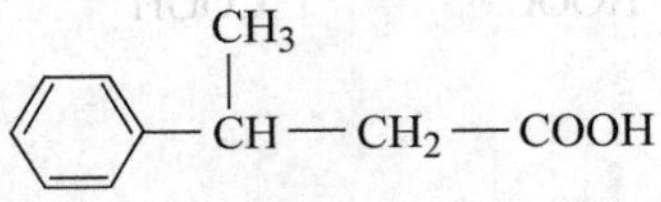

3- 苯基丁酸或β- 苯基丁酸

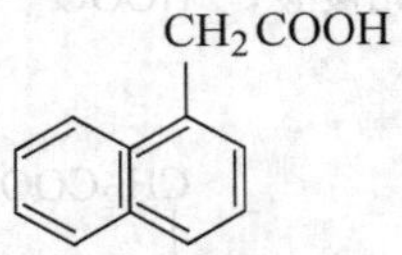

1- 萘乙酸或α- 萘乙酸

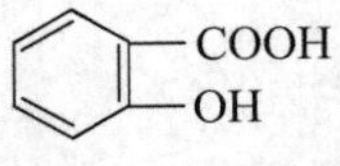

邻羟基苯甲酸（水杨酸）

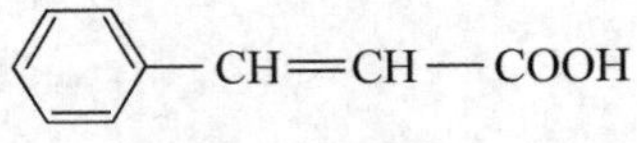

3- 苯基丙烯酸（肉桂酸）

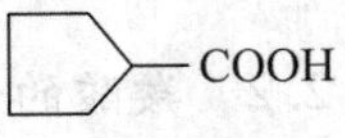

环戊基甲酸

## 9.1.3　羧酸的物理性质

羧基是极性较强的亲水基团，其与水分子间的缔合比醇与水的缔合强，所以羧酸在水中的溶解度比相应的醇大。甲酸、乙酸、丙酸、丁酸与水混溶。随着羧酸分子质量的增大，其疏水烃基的比例增大，在水中的溶解度迅速降低。高级脂肪羧酸不溶于水，而易溶于乙醇、乙醚等有机溶剂。芳香羧酸在水中的溶解度都很小。

羧酸的沸点随分子质量的增大而逐渐升高，并且比分子质量相近的烷烃、卤代烃、醇、醛、酮的沸点高。这是由于羧基是强极性基团，羧酸分子间的氢键（键能约为 14kJ/mol）比醇羟基间的氢键（键能约为 5 ~ 7kJ/mol）更强。分子质量较小的羧酸，如甲酸、乙酸，即使在气态时也以双分子二缔体的形式存在：

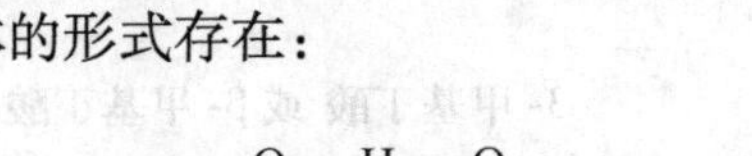

$$CH_3-C\overset{O\cdots\cdots H-O}{\underset{O-H\cdots\cdots O}{}}C-CH_3$$

室温下，10 个碳原子以下的饱和一元脂肪羧酸是有刺激气味的液体，10 个碳原子以上的是蜡状固体。饱和二元脂肪羧酸和芳香羧酸在室温下都是结晶状固体。

直链饱和一元羧酸的熔点随分子质量的增加而呈锯齿状变化，偶数碳原子的羧酸比相邻两个奇数碳原子的羧酸熔点都高，这是由于含偶数碳原子的羧酸碳链对称性比含奇数碳原子羧酸的碳链对称性好，在晶格中排列较紧密，分子间作用力大，需要较高的温度才能将它们彼此分开，故熔点较高。常见羧酸的物理常数见表 9 – 1。

表 9-1　常见羧酸的物理常数

| 名　称 | 熔点/℃ | 沸点/℃ | 溶解度(g/100g 水) | p$K_{a1}$ | p$K_{a2}$ |
|---|---|---|---|---|---|
| 甲　酸 | 8.4 | 100.5 | ∞ | 3.77 | |
| 乙　酸 | 16.6 | 118 | ∞ | 4.76 | |
| 丙　酸 | −22 | 141 | ∞ | 4.88 | |
| 正丁酸 | −6 | 163 | 3.7 | 4.82 | |
| 正戊酸 | −34 | 187 | 0.97 | 4.81 | |
| 正己酸 | −3 | 205 | 不溶 | 4.84 | |
| 软脂酸 | 63 | 271.5(13.3kPa) | 不溶 | — | |
| 硬脂酸 | 70 | 291.5(14.6kPa) | 不溶 | — | |
| 苯甲酸 | 122 | 250.0 | 0.34 | 4.17 | |
| 苯乙酸 | 78 | 265.5 | 1.66 | 4.31 | |
| 乙二酸 | 189(分解) | >100(升华) | 8.6 | 1.46 | 4.40 |
| 丙二酸 | 136(分解) | — | 73.5 | 2.80 | 5.85 |
| 顺丁烯二酸 | 130 | 135(分解) | 79 | 1.90 | 6.50 |
| 反丁烯二酸 | 302 | 200(升华) | 0.7 | 3.00 | 4.50 |
| 邻苯二甲酸 | 213(>191℃脱水) | 191(分解) | 0.7 | 2.93 | 5.28 |
| 间苯二甲酸 | 248(升华) | | 0.01 | 3.62 | 4.46 |
| 对苯二甲酸 | 300(升华) | >300(分解) | 0.002 | 3.54 | 4.82 |

## 9.1.4　羧酸的化学性质

羧酸是由羟基和羰基组成的，由于共轭作用，使得羧基不是羰基和羟基的简单加和，所以羧基中既不存在典型的羰基，也不存在典型的羟基，而是两者互相影响的统一体。

### 9.1.4.1　酸性

羧酸具有弱酸性，在水溶液中存在着如下平衡：

$$RCOOH \Longrightarrow RCOO^- + H^+$$

羧酸分子中，由于羰基的 π 键与羟基氧上的未共用电子对形成了 p-π 共轭体系，使得 O—H 键的极性增加，与水分子和醇分子中的 O—H 键相比，羧酸分子中羧基上氢更容易以 H[+] 形式离解，生成羧酸根负离子（RCOO[−]），因此，羧酸的酸性比水和醇强得多。

但与硫酸、盐酸等无机酸相比，一般的羧酸都是弱酸。羧酸在水中只部分电离，如 1mol/L 的醋酸水溶液在室温下只有 1% 的醋酸离解成氢离子和醋酸根离子。

羧酸酸性较强的原因，如上所述，与水分子和醇相比，羧酸分子中羧基上氢更容易电离；另外一方面，羧酸根中，负电荷平均分布在羧基的三个原子上，有助于降低氢氧间电子云密度，从而增加了羧酸根负离子的稳定性。

$$\left[ R - \overset{\displaystyle \ddot{O}:}{\underset{\displaystyle \ddot{O}:}{C}} \Longleftrightarrow R - \overset{\displaystyle \ddot{O}:}{\underset{\displaystyle \ddot{O}:}{C}} \right] \quad R - \overset{\displaystyle O \,\delta^-}{\underset{\displaystyle O \,\delta^-}{C}}$$

由于羧酸能离解出氢离子，所以能与金属氧化物、氢氧化物等成盐；而且羧酸的酸性比碳酸强，因此能与碳酸盐（或碳酸氢盐）作用形成羧酸盐并放出二氧化碳：

$$RCOOH + MgO \longrightarrow (RCOO)_2Mg + H_2O$$

$$RCOOH + NaOH \longrightarrow RCOONa + H_2O$$

$$2RCOOH + NaCO_3 \longrightarrow 2RCOONa + CO_2 + H_2O$$

此性质可用于醇、酚、酸的鉴别和分离，不溶于水的羧酸既溶于 $NaOH$ 也溶于 $NaHCO_3$，不溶于水的酚能溶于 $NaOH$ 不溶于 $NaHCO_3$，不溶于水的醇既不溶于 $NaOH$ 也不溶于 $NaHCO_3$。

影响羧酸酸性的因素复杂，一般而言，羧酸根负离子越稳定，相应羧酸的酸性也越强。当吸电子基团与羧基直接或间接相连，能增加羧酸负离子的电荷分散度，稳定性增加，从而使羧酸的酸性增加。吸电子效应越强或烃基上的吸电子基团越多，酸性也越强。这里主要讨论电子效应和空间效应。

A　电子效应对酸性的影响

a　诱导效应

（1）吸电子基的诱导效应使酸性增强。如：

$$CH_3COOH < ICH_2COOH < FCH_2COOH < BrCH_2COOH < ClCH_2COOH$$

$pK_a$ 值　　　　4.75　　　　3.12　　　　2.86　　　　2.82　　　　2.66

（2）给电子基的诱导效应使酸性减弱。如：

$$CH_3COOH > CH_3CH_2COOH > (CH_3)_3CCOOH$$

$pK_a$ 值　　　　　　4.76　　　　　4.87　　　　　5.05

（3）吸电子基增多酸性增强。如：

$$ClCH_2COOH > Cl_2CHCOOH > Cl_3CCOOH$$

$pK_a$ 值　　　　　　2.82　　　　　1.30　　　　　0.64

（4）吸电子基的位置距羧基越远，酸性越小。如：

$$CH_3CHClCOOH > CH_2ClCH_2COOH > CH_3CH_2COOH$$

$pK_a$ 值　　　　　2.80　　　　　　4.80　　　　　4.87

$$\underset{\displaystyle H}{\overset{\displaystyle COOH}{|}} \quad < \quad \underset{\displaystyle \underset{\displaystyle COOH}{\overset{\displaystyle CH_2}{|}}}{\overset{\displaystyle COOH}{|}} \quad < \quad \underset{\displaystyle COOH}{\overset{\displaystyle COOH}{|}}$$

$pK_a$ 值　　　　　　3.75　　　　　　1.83　　　　　1.23

b　共轭效应

当羧基能与其他基团共轭时，则酸性增强，例如：

$$CH_3COOH < C_6H_5 - COOH$$

$pK_a$ 值　　　　　　　4.75　　　　　4.20

B 取代基位置对苯甲酸酸性的影响

取代苯甲酸的酸性与取代基的位置、共轭效应与诱导效应的同时存在和影响有关，还有场效应的影响，情况比较复杂。可大致归纳如下：

（1）邻位取代的苯甲酸（氨基除外）都使苯甲酸的酸性增强（位阻作用破坏了羧基与苯环的共轭）。

（2）间位取代的苯甲酸，取代基是给电子基团时，酸性减弱；取代基是吸电子基团时，酸性增强（对酸性的影响不如邻、对位明显，共轭效应受阻，主要是诱导效应）。

（3）对位取代的苯甲酸，对位上是给电子基团时，酸性减弱；对位上是吸电子基团时，酸性增强（主要是共轭效应，诱导效应极弱）。

### 9.1.4.2 羧基上的羟基的取代反应

羧基上的—OH 作为一个基团，可被羧酸根、卤素、烷氧基或氨基取代，生成酸酐、酰卤、酯或酰胺等羧酸的衍生物：

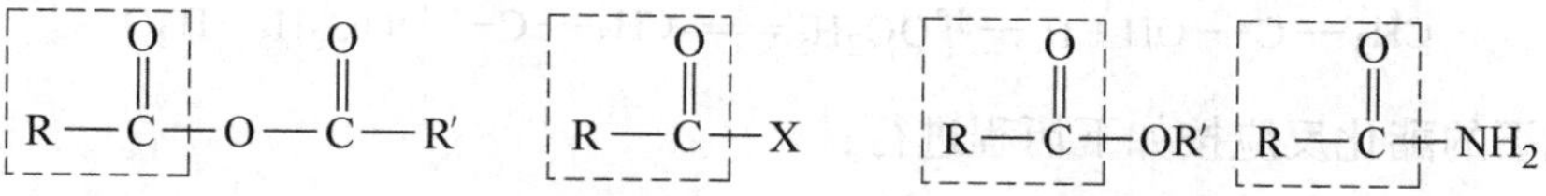

羧酸分子中消去—OH 基后的剩下的部分（$R-\overset{\underset{\parallel}{O}}{C}-$）称为酰基。

A 酸酐的生成

羧酸在脱水剂（如五氧化二磷）作用下加热，脱水生成酸酐：

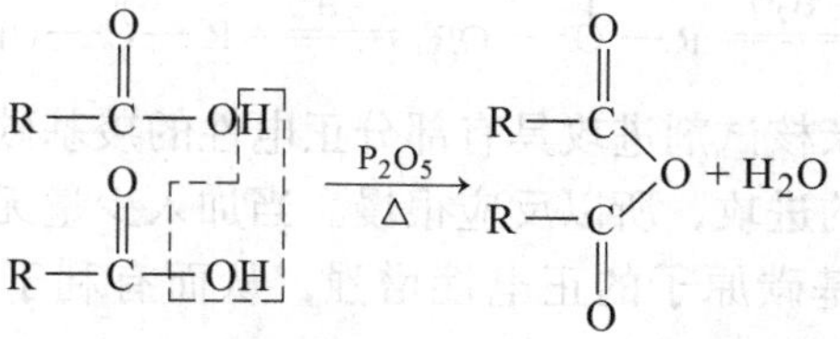

因乙酐能较迅速地与水反应，且价格便宜，生成的乙酸又易除去，因此，常用乙酐作为制备酸酐的脱水剂。

B 酰卤的生成

羧酸与三卤化磷、五卤化磷或亚硫酰氯等反应，羧基中的羟基可被卤素取代生成酰卤。

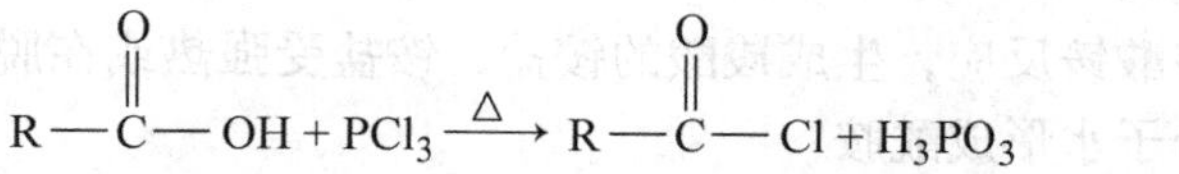

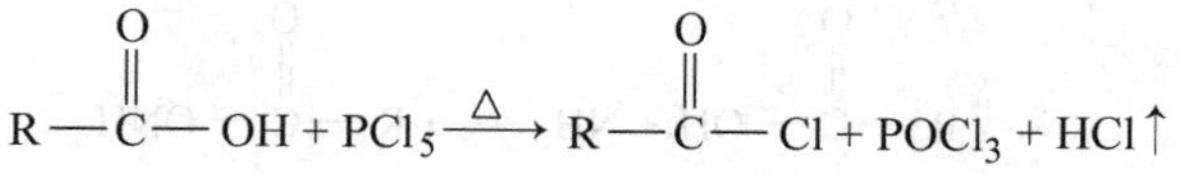

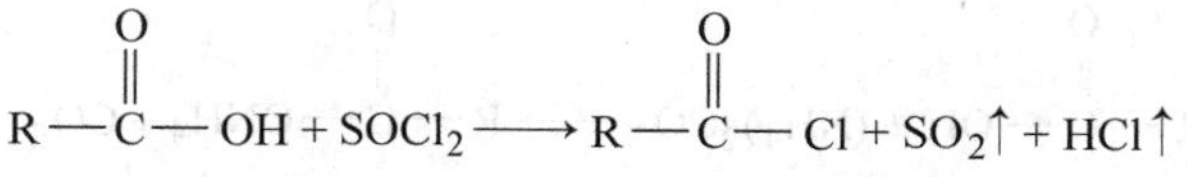

$SOCl_2$ 作卤化剂时，副产物都是气体，容易与酰氯分离。

C　酯的生成

羧酸和醇在无机酸的催化下共热，失去一分子水形成酯。

$$R-\overset{\overset{\displaystyle O}{\|}}{C}-OH + HO-R' \underset{}{\overset{H^+}{\rightleftharpoons}} R-\overset{\overset{\displaystyle O}{\|}}{C}-OR' + H_2O$$

羧酸与醇作用生成酯的反应称为酯化反应。酯化反应是可逆的，欲提高产率，必须增大某一反应物的用量或降低生成物的浓度，使平衡向生成酯的方向移动。

如用同位素 $^{18}O$ 标记的醇酯化，反应完成后，$^{18}O$ 在酯分子中而不是在水分子中。这说明酯化反应生成的水，是醇羟基中的氢与羧基中的羟基结合而成的，即羧酸发生了酰氧键的断裂。例如：

$$CH_3-\overset{\overset{\displaystyle O}{\|}}{C}-OH + H-{}^{18}OC_2H_5 \rightleftharpoons CH_3-\overset{\overset{\displaystyle O}{\|}}{C}-{}^{18}OC_2H_5 + H_2O$$

酸催化下的酯化反应按如下历程进行：

$$R-\overset{\overset{\displaystyle O}{\|}}{C}-OH \overset{H^+}{\rightleftharpoons} R-\overset{\overset{\displaystyle OH}{\|}}{C}{}^+-OH \overset{R'\ddot{O}H}{\rightleftharpoons} R-\underset{\underset{+}{HOR'}}{\overset{\overset{\displaystyle OH}{|}}{C}}-OH \rightleftharpoons R-\underset{OR'}{\overset{\overset{\displaystyle OH}{|}}{C}}-\overset{+}{OH_2}$$

$$\overset{-H_2O}{\rightleftharpoons} R-\overset{\overset{\displaystyle OH}{|}}{C}{}^+-OR' \overset{-H^+}{\rightleftharpoons} R-\overset{\overset{\displaystyle O}{\|}}{C}-OR'$$

酯化反应中，醇作为亲核试剂进攻具有部分正电性的羧基碳原子，由于羧基碳原子的正电性较小，很难接受醇的进攻，所以反应很慢。当加入少量无机酸做催化剂时，羧基中的羰基氧接受质子，使羧基碳原子的正电性增强，从而有利于醇分子的进攻，加快酯的生成。

羧酸和醇的结构对酯化反应的速度影响很大。一般 α-C 原子上连有较多烃基，或所连基团越大的羧酸和醇发生酯化反应时，由于空间位阻的因素，使酯化反应速度减慢。不同结构的羧酸和醇进行酯化反应的活性顺序，其中羧酸为：$RCH_2COOH > R_2CHCOOH > R_3CCOOH$；醇为：$RCH_2OH$（伯醇）$> R_2CHOH$（仲醇）$> R_3COH$（叔醇）。

D　酰胺的生成

羧酸与氨或碳酸铵反应，生成羧酸的铵盐，铵盐受强热或在脱水剂的作用下加热，可在分子内失去一分子水形成酰胺：

$$R-\overset{\overset{\displaystyle O}{\|}}{C}-OH + NH_3 \longrightarrow R-\overset{\overset{\displaystyle O}{\|}}{C}-ONH_4$$

$$R-\overset{\overset{\displaystyle O}{\|}}{C}-OH + (NH_4)_2CO_3 \longrightarrow R-\overset{\overset{\displaystyle O}{\|}}{C}-ONH_4 + CO_2 + H_2O$$

$$R - \overset{\overset{\displaystyle O}{\|}}{C} - ONH_4 \xrightarrow[\triangle]{P_2O_5} R - \overset{\overset{\displaystyle O}{\|}}{C} - NH_2 + H_2O$$

二元羧酸与氨共热脱水，可生成酰亚胺。例如：

酰胺如果继续加热，则可进一步失水生成腈：

$$R - \overset{\overset{\displaystyle O}{\|}}{C} - OH + NH_3 \longrightarrow R - \overset{\overset{\displaystyle O}{\|}}{C} - ONH_4 \xrightarrow[-H_2O]{\triangle} R - \overset{\overset{\displaystyle O}{\|}}{C} - NH_2 \xrightarrow[-H_2O]{\triangle} R - C \equiv N$$

　　　　　　　　　　　　　　羧酸铵盐　　　　　　　酰胺　　　　　　腈

上述羧基上的羟基的取代反应，属于亲核取代反应，反应历程用以下通式表示：

$$R - \overset{\overset{\displaystyle O}{\|}}{C}_{OH} + Nu^- \rightleftharpoons \left[ R - \overset{\overset{\displaystyle O^-}{|}}{\underset{OH}{C}} - Nu \right] \rightleftharpoons R - \overset{\overset{\displaystyle O}{\|}}{C}_{Nu} + HO^-$$

$Nu = X,\ RCOO,\ OR,\ NH_3$

### 9.1.4.3　羧酸的还原

羧基中的羰基由于 p-π 共轭效应的结果，失去了典型羰基的特性，所以羧基很难用催化加氢或一般的还原剂还原，只有特殊的还原剂如 $LiAlH_4$ 能将其直接还原成伯醇。$LiAlH_4$ 是选择性的还原剂，只还原羧基，不还原碳碳双键。例如：

$$CH_3 - CH = CH - COOH \xrightarrow{LiAlH_4} CH_3 - CH = CH - CH_2OH$$

### 9.1.4.4　α-H 的卤代反应

羧基是较强的吸电子基团，它可通过诱导效应和 σ-π 超共轭效应使 α-H 活化。但羧基的致活作用比羰基小得多，所以羧酸的 α-H 被卤素取代的反应比醛、酮困难。但在碘、红磷、硫、日光等的催化下，取代反应可顺利发生在羧酸的 α 位上，生成 α-卤代羧酸。例如：

$$CH_3 - COOH \xrightarrow[P]{Cl_2} ClCH_2COOH \xrightarrow[P]{Cl_2} Cl_2CHCOOH \xrightarrow[P]{Cl_2} Cl_3COOH$$

　　　　　　　　　　一氯乙酸　　　　　　二氯乙酸　　　　　三氯乙酸

控制反应条件可使反应停留在一元取代阶段。

卤代羧酸是合成多种农药和药物的重要原料，有些卤代羧酸如 α，α-二氯丙酸或 α，α-二氯丁酸还是有效的除草剂。

### 9.1.4.5　二元羧酸的受热反应

不同的二元羧酸，由于羧酸之间的相对位置不同，常表现出不同的反应。例如，不同的脂肪二元羧酸的受热反应产物不同。

**A　2~3 个碳原子的二元羧酸的受热反应**

乙二酸、丙二酸受热失去二氧化碳（或称脱羧），并生成一元酸，如：

$$\begin{array}{c} \boxed{COOH} \\ | \\ COOH \end{array} \xrightarrow{160 \sim 180℃} HCOOH + CO_2\uparrow$$

$$HOOCCH_2\boxed{COOH} \xrightarrow{140 \sim 160℃} CH_3COOH + CO_2\uparrow$$

除丙二酸外，所有 β 位有羰基的羧酸——$\underset{\beta}{\overset{O}{\underset{||}{C}}}—CH_2—COOH$ 加热，都会脱羧。例如：

$$R—\underset{\underset{COOH}{|}}{\overset{\overset{COOH}{|}}{C}}H \qquad R—\overset{O}{\overset{||}{C}}—CH_2—COOH$$

　　　　烷基丙二酸　　　　　　　　β-酮酸

α 位为吸电子基团的羧酸，同样易脱羧：

$$CCl_3COOH \xrightarrow{\triangle} Cl_3CH + CO_2\uparrow$$

**B　4~5 个碳原子的二元羧酸的受热反应**

丁二酸、戊二酸受热脱水（不脱羧）生成环状酸酐，如：

$$\begin{array}{c} CH_2CO\boxed{OH} \\ | \\ CH_2CO\boxed{OH} \end{array} \xrightarrow{300℃} \begin{array}{c} CH_2—\overset{O}{\overset{||}{C}} \\ | \qquad\qquad O \\ CH_2—\underset{O}{\underset{||}{C}} \end{array} + H_2O$$

$$\begin{array}{c} CH_2CO\boxed{OH} \\ | \\ CH_2 \\ | \\ CH_2CO\boxed{OH} \end{array} \xrightarrow{300℃} \begin{array}{c} CH_2—\overset{O}{\overset{||}{C}} \\ | \qquad\qquad\quad O \\ CH_2 \\ | \qquad\qquad\quad \\ CH_2—\underset{O}{\underset{||}{C}} \end{array} + H_2O$$

**C　6~7 个碳原子的二元羧酸的受热反应**

己二酸、庚二酸在氢氧化钡存在下，受热既脱水又脱羧生成环酮，如：

$$\begin{array}{c} CH_2CH_2CO\boxed{OH} \\ | \\ CH_2CH_2CO\boxed{OH} \end{array} \xrightarrow[Ba(OH)_2]{300℃} \begin{array}{c} CH_2—CH_2 \\ | \qquad\qquad\quad C=O \\ CH_2—CH_2 \end{array} + CO_2\uparrow + H_2O$$

$$\begin{array}{c} CH_2CH_2CO\boxed{OH} \\ | \\ CH_2 \\ | \\ CH_2CH_2CO\boxed{OH} \end{array} \xrightarrow[Ba(OH)_2]{300℃} \begin{array}{c} CH_2—CH_2 \\ | \qquad\qquad\quad \\ CH_2 \qquad\quad C=O \\ | \qquad\qquad\quad \\ CH_2—CH_2 \end{array} + CO_2\uparrow + H_2O$$

**D　大于 7 个碳原子的二元羧酸的受热反应**

大于 7 个碳原子的二元羧酸在加热条件下，可生成聚酐，如：

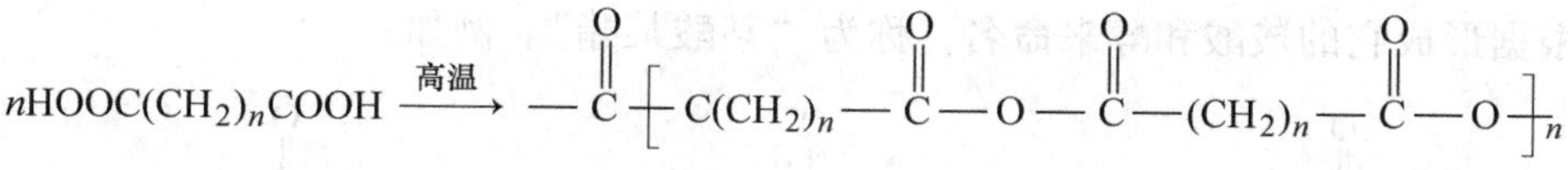

$$nHOOC(CH_2)_nCOOH \xrightarrow{\text{高温}} \begin{matrix} O \\ \| \\ -C \end{matrix} \begin{bmatrix} \begin{matrix} O \\ \| \\ C(CH_2)_n - C \end{matrix} \begin{matrix} O \\ \| \\ -O-C \end{matrix} \begin{matrix} O \\ \| \\ -(CH_2)_n - C \end{matrix} -O \end{bmatrix}_n$$

$$(n \geqslant 6)$$

由此可见，两个羧基间隔 5 个以上碳原子的脂肪二元酸加热，得不到分子内失水或同时失水、脱羧而成的环状产物，只能分子间脱水成酸酐。以上事实说明，在有可能形成环状化合物的条件下，总是比较容易形成五元环或六元环。

# 9.2　羧酸的衍生物

羧酸衍生物是羧酸分子中的羟基被取代后的产物，重要的羧酸衍生物有酰卤、酸酐、酯、酰胺。

## 9.2.1　羧酸衍生物的结构和命名

### 9.2.1.1　羧酸衍生物的结构

羧酸衍生物在结构上的共同特点是都含有酰基（ $R-\overset{\underset{\|}{O}}{C}-$ ），酰基与其所连的基团都能形成 p－π 共轭体系。

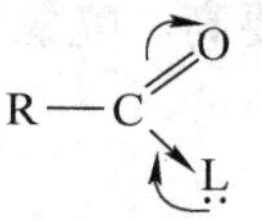

（1）与酰基相连的原子的电负性都比碳大，故有 －I 效应。

（2）L 和碳相连的原子上有未共用电子对，故有 ＋C 效应。

（3）当 ＋C ＞ －I 时，反应活性将降低；当 ＋C ＜ －I 时，反应活性将增大。

p-π 共轭体系

### 9.2.1.2　羧酸衍生物的命名

酰氯、酰胺以它们所含的酰基命名，称为"某酰卤""某酰胺"。例如：

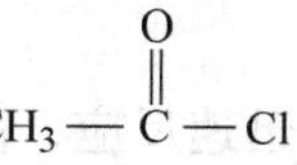

乙酰氯 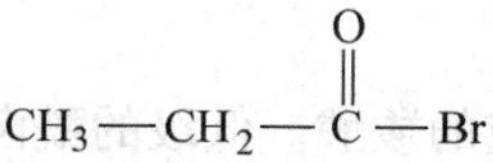　　　　　　　丙酰溴 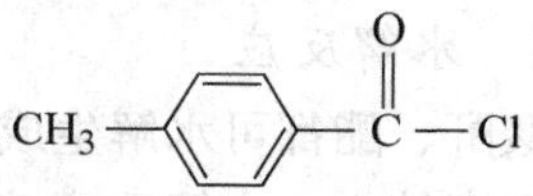　　　　　　　对甲基苯甲酰氯

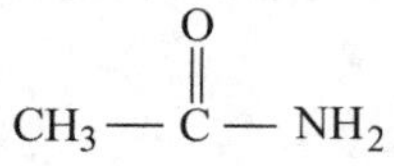

乙酰胺 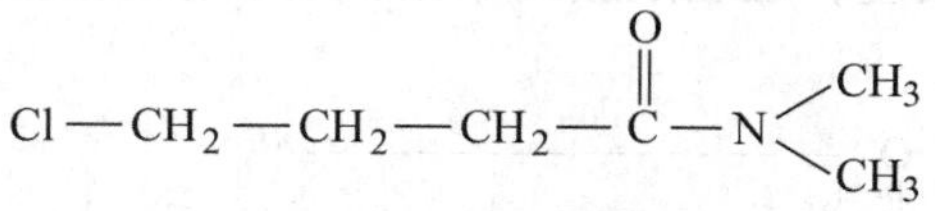　　　　　　　　N，N- 二甲基 -4- 氯丁酰胺

酸酐根据相应的羧酸命名。两个相同羧酸形成的酸酐为简单酸酐，称为"某酸酐"，简称"某酐"；两个不相同羧酸形成的酸酐为混合酸酐，称为"某酸某酸酐"，简称"某某酐"；二元羧酸分子内失去一分子水形成的酸酐为内酐，称为"某二酸酐"。例如：

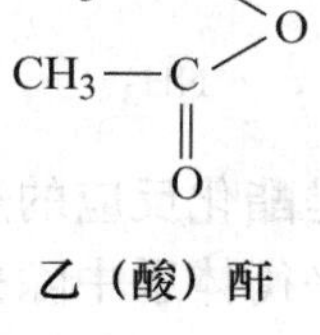

乙（酸）酐 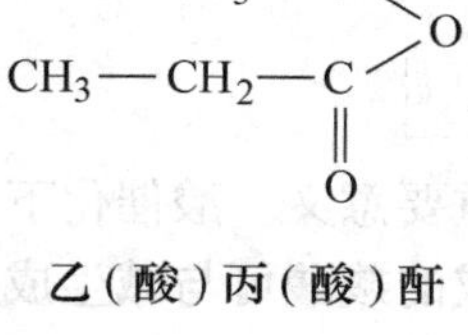　　　　　　乙（酸）丙（酸）酐 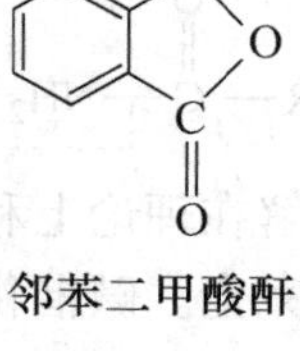　　　　　邻苯二甲酸酐

酯根据形成它的羧酸和醇来命名，称为"某酸某酯"。例如：

$$
\underset{\text{乙酸甲酯}}{CH_3-\overset{\displaystyle O}{\overset{\|}{C}}-OCH_3} \qquad \underset{\text{乙酸乙酯}}{CH_3-\overset{\displaystyle O}{\overset{\|}{C}}-OC_2H_5} \qquad \underset{\text{甲酸乙酯}}{H-\overset{\displaystyle O}{\overset{\|}{C}}-OC_2H_5}
$$

### 9.2.2　羧酸衍生物的物理性质

酰氯和酸酐都对黏膜有刺激性，酯有香味。酰卤、酸酐和酯，由于它们分子间不能形成氢键，所以沸点一般比分子质量相近的羧酸低。酰胺分子中含有氨基，它们分子间能形成氢键：

$$
\cdots-O=\overset{\displaystyle H}{\underset{\displaystyle R}{\overset{\|}{C}-\overset{\displaystyle N}{\underset{}{}}}}\cdots
$$

由于酰胺分子间缔合能力较强，因此沸点甚至比相应的羧酸还要高。酰氯和酸酐遇水分解为酸，酯由于没有缔合性能所以难溶于水。低级酰胺易溶于水。

### 9.2.3　羧酸衍生物的化学性质

羧酸衍生物由于结构相似，因此化学性质也有相似之处，只是在反应活性上有较大的差异。化学反应的活性次序为：酰氯＞酸酐＞酯≥酰胺。

#### 9.2.3.1　水解反应

酰氯、酸酐、酯都可水解生成相应的羧酸。低级的酰卤遇水迅速反应，高级的酰卤由于在水中溶解度较小，水解反应速度较慢；多数酸酐由于不溶于水，在冷水中缓慢水解，在热水中迅速反应；酯和酰胺的水解只有在酸或碱的催化下才能顺利进行。它们的反应如下：

$$
\left.\begin{array}{l}
R-\overset{\displaystyle O}{\overset{\|}{C}}-Cl \\[8pt]
R-\overset{\displaystyle O}{\overset{\|}{C}}-O-\overset{\displaystyle O}{\overset{\|}{C}}-R \\[8pt]
R-\overset{\displaystyle O}{\overset{\|}{C}}-O-R' \\[8pt]
R-\overset{\displaystyle O}{\overset{\|}{C}}-NH_2
\end{array}\right\} + H-OH \longrightarrow R-\overset{\displaystyle O}{\overset{\|}{C}}-OH + \begin{array}{l} HCl \\[8pt] R-\overset{\displaystyle O}{\overset{\|}{C}}-OH \\[8pt] R'-OH \\[8pt] NH_3 \end{array}
$$

酯的水解在理论上和生产上都有重要意义。酸催化下的水解是酯化反应的逆反应，水解不能进行完全。碱催化下的水解生成的羧酸可与碱生成盐而从平衡体系中除去，所以水

解反应可以进行到底。酯的碱性水解反应也称为皂化:

$$R-\overset{\overset{\text{O}}{\|}}{C}-OR' + HOH \underset{}{\overset{H^+}{\rightleftharpoons}} R-\overset{\overset{\text{O}}{\|}}{C}-OH + R'OH$$

$$R-\overset{\overset{\text{O}}{\|}}{C}-OR' + HOH \xrightarrow{OH^-} R-\overset{\overset{\text{O}}{\|}}{C}-O^- + R'OH$$

酰胺在酸性溶液中水解,得到羧酸和铵盐,在碱作用下水解时,则得羧酸盐并放出氨:

$$R-\overset{\overset{\text{O}}{\|}}{C}-NH_2 + H_2O \quad \begin{matrix} \xrightarrow{HCl} R-\overset{\overset{\text{O}}{\|}}{C}-OH + NH_4Cl \\ \xrightarrow{NaOH} R-\overset{\overset{\text{O}}{\|}}{C}-ONa + NH_3\uparrow \end{matrix}$$

#### 9.2.3.2 醇解反应

酰氯、酸酐、酯、酰胺都能发生醇解反应,产物主要是酯。它们进行醇解反应速度顺序与水解相同。酯的醇解反应也叫酯交换反应,即醇分子中的烷氧基取代了酯中的烷氧基。酯交换反应不但需要酸催化,而且反应是可逆的。它们的反应如下:

$$\left.\begin{matrix} R-\overset{\overset{\text{O}}{\|}}{C}-Cl \\ R-\overset{\overset{\text{O}}{\|}}{C}-O-\overset{\overset{\text{O}}{\|}}{C}-R \\ R-\overset{\overset{\text{O}}{\|}}{C}-O-R' \\ R-\overset{\overset{\text{O}}{\|}}{C}-NH_2 \end{matrix}\right\} + H-OR'' \longrightarrow R-\overset{\overset{\text{O}}{\|}}{C}-OR'' + \begin{matrix} HCl \\ R-\overset{\overset{\text{O}}{\|}}{C}-OH \\ R'-OH \\ NH_3 \end{matrix}$$

酯交换反应常用来制取高级醇的酯,因为结构复杂的高级醇一般难与羧酸直接酯化,往往是先制得低级醇的酯,再利用酯交换反应,即可得到所需要高级醇的酯。生物体内也有类似的酯交换反应,例如:

$$CH_3-\overset{\overset{\text{O}}{\|}}{C}-SCoA + [HOCH_2CH_2\overset{+}{N}(CH_3)_3]OH^- \longrightarrow CH_3-\overset{\overset{\text{O}}{\|}}{C}-OCH_2CH_2\overset{+}{N}(CH_3)_3OH^- + HSCoA$$

乙酰辅酶 A        胆碱        乙酰胆碱        辅酶 A

此反应是在相邻的神经细胞之间传导神经刺激的重要过程。

#### 9.2.3.3 氨解反应

酰氯、酸酐、酯可以发生氨解反应,产物是酰胺。由于氨本身是碱,所以氨解反应比水解反应更易进行。酰氯和酸酐与氨的反应都很剧烈,需要在冷却或稀释的条件下缓慢混合进行反应。它们的反应如下:

$$
\begin{array}{l}
\text{R}-\overset{\overset{\text{O}}{\|}}{\text{C}}-\text{Cl} \\
\text{R}-\overset{\overset{\text{O}}{\|}}{\text{C}}-\text{O}-\overset{\overset{\text{O}}{\|}}{\text{C}}-\text{R} \quad + \quad \text{H}-\text{NH}_2 \longrightarrow \text{R}-\overset{\overset{\text{O}}{\|}}{\text{C}}-\text{NH}_2 + \text{R}-\overset{\overset{\text{O}}{\|}}{\text{C}}-\text{ONH}_4 \\
\text{R}-\overset{\overset{\text{O}}{\|}}{\text{C}}-\text{O}-\text{R}'
\end{array}
\qquad
\begin{array}{l}
\text{NH}_4\text{Cl} \\[3em]
\text{R}'-\text{OH}
\end{array}
$$

羧酸衍生物的水解、醇解和氨解反应，称为羧酸衍生物的"三解"反应：

$$
\text{R}-\overset{\overset{\text{O}}{\|}}{\text{C}}-\text{Z}
\quad
\begin{array}{l}
\text{H}-\text{OH} \\
\text{H}-\text{NH}_2 \\
\text{H}-\text{OR}'
\end{array}
\longrightarrow
\begin{array}{l}
\text{R}-\overset{\overset{\text{O}}{\|}}{\text{C}}-\text{OH} \\
\text{R}-\overset{\overset{\text{O}}{\|}}{\text{C}}-\text{NH}_2 \quad + \quad \text{HZ} \\
\text{R}-\overset{\overset{\text{O}}{\|}}{\text{C}}-\text{OR}'
\end{array}
$$

$$
\text{Z} = -\text{Cl},\ \text{RCOO}-,\ -\text{OR},\ -\text{NH}_2
$$

羧酸衍生物的"三解"反应的反应都属于亲核取代反应历程，可用下列通式表示：

$$
\text{R}-\overset{\overset{\text{O}}{\|}}{\text{C}}-\text{A} + \text{Nu}^- \rightleftharpoons \left[ \text{R}-\overset{\overset{\text{O}^-}{|}}{\underset{\text{A}}{\text{C}}}-\text{Nu} \right] \rightleftharpoons \text{R}-\overset{\overset{\text{O}}{\|}}{\text{C}}-\text{Nu} + \text{A}^-
$$

$$
\text{A} = \text{X},\ \text{RCOO},\ \text{OR},\ \text{NH}_2; \quad \text{Nu} = \text{OH},\ \text{OR},\ \text{NH}_2
$$

羧酸衍生物的"三解"反应是按双分子历程分布进行的，即先加成再消除。第一步与羰基化合物的亲核加成相同，都是由一个亲核试剂 HNu 向羰基碳原子进攻，形成一个氧负离子中间体。对于羰基化合物来说，第二步是氧得到一个 H$^+$ 或其他正离子，最终是加成产物，而对于羧酸及其衍生物的第二步反应则为脱去一个小分子 HA，恢复碳氧双键，最后酰基取代了活泼氢和 Nu 结合得到取代产物。例如酯在碱催化下的水解过程：

$$
\text{R}-\overset{\overset{\text{O}}{\|}}{\text{C}}-\text{OR}' \xrightarrow{\text{HO}^-} \left[ \text{R}-\overset{\overset{\text{O}^-}{|}}{\underset{\text{OR}'}{\text{C}}}-\text{OH} \right] \rightleftharpoons \text{R}-\overset{\overset{\text{O}}{\|}}{\text{C}}-\text{OH} + \text{R}'\text{O}^- \xrightarrow{\text{H}_2\text{O}} \text{R}'\text{OH} + \text{HO}^-
$$

所以上述反应又称为 HNu 的酰基化反应。显然，酰基碳原子的正电性越强，水、醇、氨等亲核试剂向酰基碳原子的进攻越容易，反应越快。在羧酸衍生物中，基团 A 有一对未共用电子对，这个电子对可与酰基中的 C═O 形成 p-π 共轭体系 $\text{R}-\overset{\overset{\text{O}}{\|}}{\text{C}}\overset{\frown}{\text{A}}$，基团 A 的给电子能力顺序为：

$$
-\ddot{\text{Cl}} < -\ddot{\text{O}}-\overset{\overset{\text{O}}{\|}}{\text{C}}-\text{R} < -\ddot{\text{O}}\text{R} < -\ddot{\text{N}}\text{H}_2
$$

因此酰基碳原子的正电性强度顺序为：酰氯＞酸酐＞酯＞酰胺。另外，反应的难易程度也与离去基团 A 的碱性有关，A 的碱性越弱越容易离去。离去基团 A 的碱性强弱顺序为：$NH_2^- ＞ RO^- ＞ RCO_2^- ＞ X^-$，即离去的难易顺序为：$NH_2^- ＜ RO^- ＜ RCO_2^- ＜ X^-$。

综上所述，羧酸衍生物的酰—A 键断裂的活性（也称酰基化能力）次序为：酰氯＞酸酐＞酯≥酰胺。酰氯和酸酐都是很好的酰基化试剂。

### 9.2.3.4 酯缩合反应

酯分子中的 α-H 原子由于受到酯基的影响变得较活泼，用醇钠等强碱处理时，两分子的酯脱去一分子醇生成 β-酮酸酯，这个反应称为克来森（Claisen）酯缩合反应。例如：

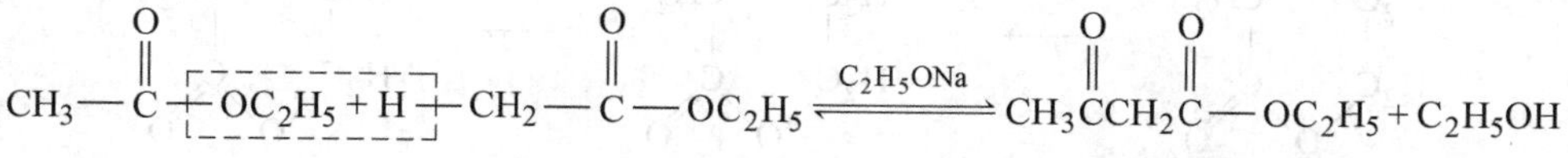

乙酰乙酸乙酯

酯缩合反应历程类似于羟醛缩合反应。首先强碱夺取 α-H 原子形成负碳离子，负碳离子向另一分子酯羰基进行亲核加成，再失去一个烷氧基负离子生成 β-酮酸酯，反应历程如下：

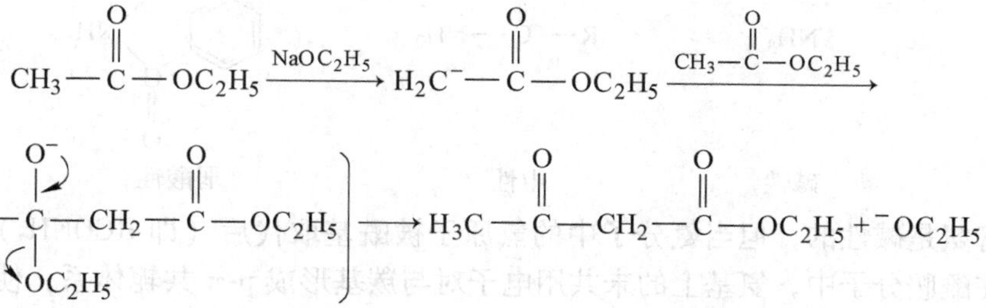

生物体中长链脂肪酸以及一些其他化合物的生成就是由乙酰辅酶 A 通过一系列复杂的生化过程形成的。从化学角度来说，是通过类似于酯交换、酯缩合等反应逐渐将碳链加长的。

两种不同的有 α-H 的酯的酯缩合反应产物复杂，无实用价值。无 α-H 的酯与有 α-H 的酯的酯缩合反应产物纯，有合成价值。例如：

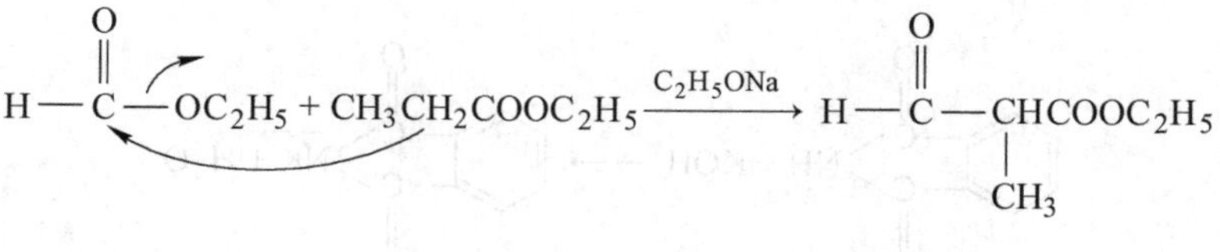

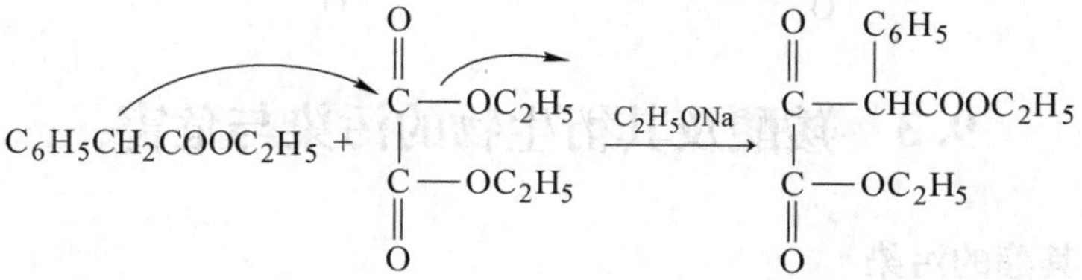

酮可与酯进行缩合得到 β-羰基酮。

含有两个酯基的化合物可以发生分子内的酯缩合反应，产物为环状结构：

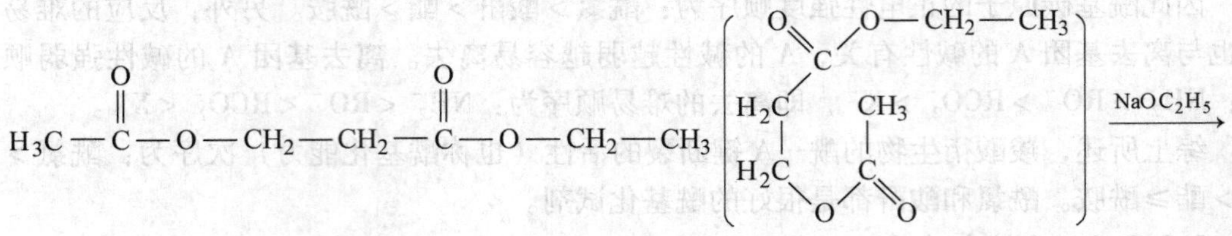

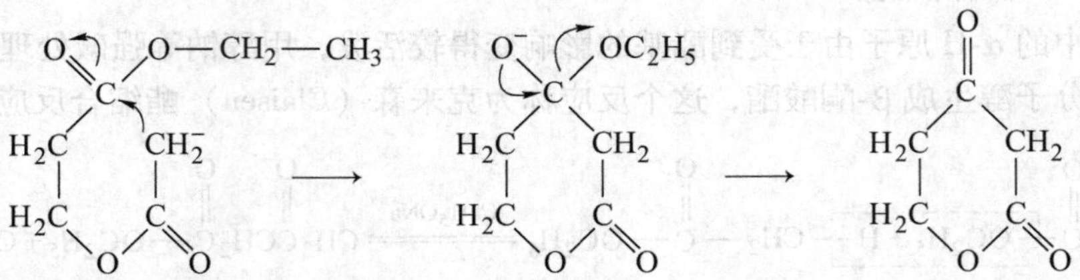

#### 9.2.3.5　酰胺的酸碱性

氨、酰胺、二酰亚胺酸碱性依次为：

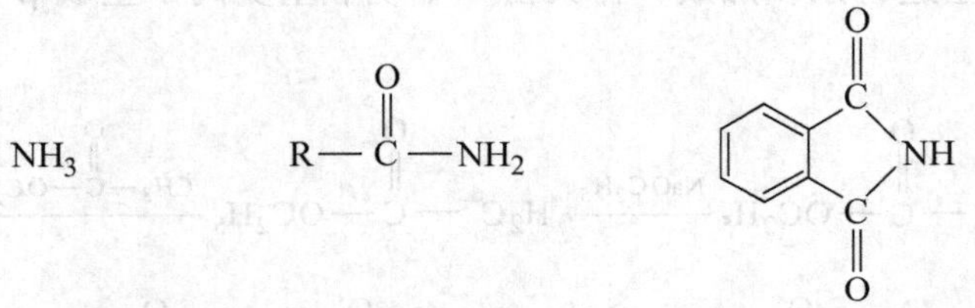

|　碱性　|　中性　|　弱酸性　|

尽管氨是碱性的，但当氨分子中的氢原子被酰基取代后（即 RCONH$_2$）则碱性消失。这是因在酰胺分子中，氨基上的未共用电子对与羰基形成 p-π 共轭体系，使氮原子上的电子云密度降低，减弱了氨基接受质子的能力，是近乎中性的化合物：

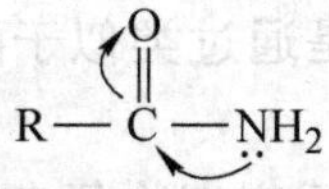

如果氨分子中两个氢都被酰基取代，由于两个酰基的吸电子诱导效应，使氮原子上氢原子的酸性明显增强，生成的二酰亚胺甚至显弱酸性，能与强碱生成盐。例如：

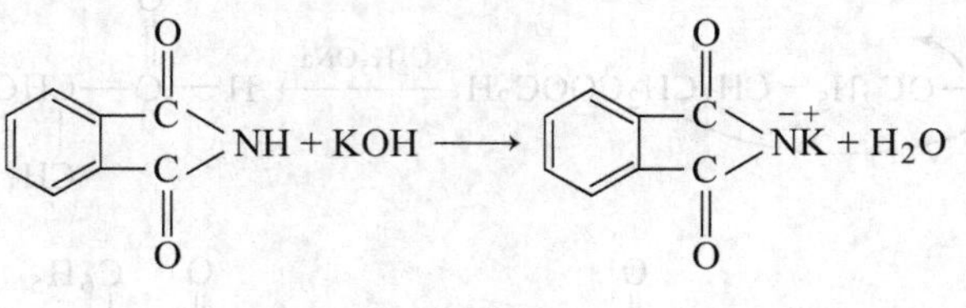

# 9.3　羧酸及其衍生物的污染与危害

## 9.3.1　羧酸及其酯的污染

废水中羧酸化合物的污染途径主要有工业排放和污水生物法处理过程中新产生的羧酸。在工业中广泛使用的羧酸和酯，是生产许多精细化工产品的原料，也常用作反应溶剂，高沸点的酯可用作塑料工业中的增塑剂。因此，含羧酸和酯的废水非常普遍。例如食品工业废水中常含有柠檬酸、乳酸、酒石酸、氨基酸等。生产醋酸丁酯的工业废水中，醋酸的含量较高；在锅炉清洗过程中，排放出的废水中也含柠檬酸；酒厂废水中酒石酸、草酸的含量过高。

废水中酸的种类较多，常见的有甲酸、乙酸、长碳链脂肪酸、柠檬酸、草酸、芳香族羧酸及二元酸等，它们的毒性作用不一。一般来说芳香族及取代芳香族酸的毒性较大，取代的直链烃羧酸毒性比支链烃羧酸毒性大些，它们一般不属于剧毒物，但它们会使水显酸性，增加水体中有机物的总量，影响水体的利用价值。在高浓度有机废水处理过程中，由于羧酸是各种氧化过程中的分解产物，尤其是生物氧化过程中会产生羧酸类化合物，作为二次污染物，存在于水体中。

### 9.3.1.1 含长碳链脂肪酸、油脂的废水

在常见的含羧酸化合物及其酯的废水中，含长碳链脂肪酸废水是一种广泛存在的废水。随着国民经济的增长，我国的日用化工工业、油脂加工工业、合成脂肪酸工业、肉类加工工业、乳制品工业等取得了突飞猛进的发展，生产规模也迅速扩大。这些工业排放的废水中，含有大量的脂肪酸、油脂等物质，对环境和人类健康造成了严重的影响。

屠宰废水、油脂加工废水、乳制品工业废水等含脂肪酸废水中含有大量的油脂（甘油三酯等）、脂肪酸、甘油、表面活性物质。这些物质，尤其是油脂、脂肪酸对人类、动物和植物乃至整个生态系统都会产生不良的影响。如果这类物质未经处理直接进入江河湖海水体，则危害水体生态系统，严重污染周围环境。例如，漂浮于水体表面的油脂影响空气-水体界面上氧的交换。据调查，一滴油流入水面后可形成 $0.25m^2$ 的油膜，所形成的油膜隔绝空气，阻碍了水体的复氧。同时，水体中的溶解油和乳化油在被水中好氧微生物氧化分解过程中，也消耗水体中的溶解氧。上述两个因素的共同作用会使水体中的 $CO_2$ 浓度增高，pH 值下降，致使水生生物丧失生存条件。另外，废水中所含的脂肪酸，以及生物在分解油类的过程中产生的长链脂肪酸等也将对水生生物产生毒害作用，从而使水体中生态系统的平衡遭到破坏。

含脂肪酸、油脂废水常用的处理方法主要包括物理法、化学法和生物法。其中隔油、气浮是含脂肪酸、油脂废水常用的物理方法，主要去除废水中的浮油、乳化油和悬浮物等，一般作为预处理。常用于处理含脂肪酸、油脂废水的化学法有水解、化学沉淀等，主要是去除废水中的油、脂肪等脂类。此法一般也作为废水的预处理。生物处理法是处理含脂肪酸、油脂废水的主要方法，包括好氧生物处理、厌氧生物处理、兼氧生物处理等，这些方法各有优缺点，实际采用的方法将根据含脂肪酸、油脂废水的特点进行选择。

### 9.3.1.2 羧酸酯的污染

在工业废水中常遇到的酯有醋酸衍生物的酯及丙烯酸生成的酯，常见且毒性最大的芳香族酯是邻苯二甲酸酯类（PAEs）。

PAEs 由于能提高塑胶的可塑性及弹性，因此被大量用作塑胶的增塑剂，同时它们还可以用于香水中的油性物质、发胶、润滑剂和去泡剂的生产原料。PAEs 的大量生产和使用，生产废水的不当处理排放以及在自然环境中的不断迁移，使得 PAEs 在环境中的土壤、空气和水中都有检出。人们可能通过不同途径暴露于 PAEs 下，导致在人体内也发现含有 PAEs。

有些 PAEs 具有影响生殖力的毒害作用、致癌性，故被视为内分泌干扰物质。许多毒性研究发现 PAEs 会导致哺乳动物肝中毒、睾丸萎缩、畸形以及植物中毒。研究 PAEs 对动物的毒性作用得到的结论是：PAEs 能通过口服、吸入或者皮肤接触进入体内：口服的二酯能在肠内水解成单酯和酒精，这些二酯和单酯无须经过富集就能大量分布于有机体中；摄入未知量的邻苯二甲酸甲酯出现的症状是中等中毒症状，其症状表现为心跳加速、明显的血压过低和丧失意识；摄入大约 10g 邻苯二甲酸二正丁酯将导致视神经中毒和中毒性肾损害。欧盟已经于 2004 年全面禁止使用 PAEs 用于制造儿童玩具，日本、美国及欧盟陆续列管某些 PAEs。美国环保局已将其中六种 PAEs 列为水中优先控制污染物，我国也将其中三种加入水中优先控制污染物黑名单。

PAEs 已对我国水环境造成一定的污染，在各省市水体有机污染物检测中，均发现有 PAEs。由于工业生产废气的无组织排放、家装用的喷涂材料、处理塑料垃圾（如焚烧）以及农用薄膜增塑剂的挥发，使得大气中也存在着 PAEs。国内外的研究人员通过检测大气中的 PAEs 含量，发现大多有 PAEs 的存在，由此可见，大气中的 PAEs 污染已相当普遍。由于 PAEs 亲酯性高，可以大量吸附在土壤颗粒中，而含有 PAEs 农业薄膜的使用以及塑料垃圾的随意填埋等，导致对土壤造成 PAEs 污染，研究结果表明：随着 PAEs 的碳链长度增加，在土壤中的含量也越高。

PAEs 的水溶性对处理土壤、地下水、水污染起着重要的作用。PAEs 的水溶性决定了它们无论是在水体、土壤，还是气体中，一些疏水性 PAEs 有可能浮于土壤表面形成乳胶，有可能漂浮于气水界面或者沉到水体底部，这些反应都会随着生物降解和物化处理而减少。大多数研究发现 PAEs 的水溶性与水溶液中的吸附性、生物富集性和挥发性呈反比例关系。水溶性同时也影响着生物降解、光解和化学氧化过程。

越来越多的研究发现 PAEs 对一个地区的动植物都存在着潜在的威胁，故人们更加关注如何从环境中去除 PAEs。虽然有些研究人员是研究从空气中去除 PAEs，但是更多的是尽力研究如何从水中和沉积物中去除该物质。有些研究已经成功实现了采用吸附、水解、光氧化和生物降解途径去除废水和土壤中的 PAEs。

对于其他的含羧酸酯废水，因废水中酸酯的类型不同常采取不同的措施。例如，甲酸易脱羧，在碱性介质中加热可以转化成二氧化碳和水，也可以将它转化为甲酸甲酯，然后用蒸馏法回收。同样我们还可以利用吸附剂吸附，使一些酸离开水体。有些酸易形成固体化合物，可以利用这一点让其沉淀，离开水体。一般来说，废水中酯类化合物的毒性比酸类化合物大，有些还有剧毒，所以应予重视。

### 9.3.2　含酰胺类化合物废水及其危害

酰胺类化合物在工业上用得较多，尿素可视为碳酸所形成的双酰胺。废水中常见的酰胺类化合物有：尿素、DMF 系列溶剂、己内酰胺、聚丙烯酰胺等。大部分酰胺呈极弱的酸性，其水溶液呈中性。由二元酸形成的二亚胺，如果其氮原子上尚有氢存在，则呈一定的酸性。它可以以钠盐的形式存在于水中。

#### 9.3.2.1　二甲基甲酰胺废水的危害及处理

酰胺类化合物是优良的溶剂，工业中以二甲基甲酰胺（DMF）用得最多。这主要是由于它能与水、氯仿、乙醚、乙醇和多数有机溶剂混合，对有机化合物和多种无机化合物均具有良好的溶解能力和化学稳定性。它作为一种重要的化工原料和优良的有机溶剂，在化工生产、卫生、医药、农业生产、化学分析、电子以及制革工业等各个领域有着极广泛的应用，被称为万能有机溶剂。

但是，DMF化学性质稳定，在多数应用领域中都不参加化学反应，最后以水溶液的形式存在。例如，在湿法聚氨酯合成革工艺中，DMF最后以质量分数在10%~25%范围内的废液的形式存在。而且DMF可以经过消化道、呼吸道及皮肤等通道进入人体，具有一定的毒性。其在职业性接触毒物危害程度分级中被确定为Ⅱ级（中度危害），并被实验证实为可致癌物质。

对含DMF废水进行处理并对其中的DMF加以回收利用，一是保护人类身体健康，二是减小环境污染。另外，由于DMF分子的端部是两个甲基，其性质较稳定，回收其中的DMF后再对废水进行生物处理，可以提高废水生物处理效率和效果。三是节约生产资源，提高经济效益。由于对含DMF废水进行处理并对其中的DMF加以回收利用有着巨大的社会效益、环境效益和经济效益。国内外学者对该体系的分离进行了广泛和深入的研究，并应用各自领域内的技术对该体系的处理或分离提出了诸多观点和方法，大抵可以分为三类：生物法、物化法和化学法。这些观点和方法在文献中有详尽的报道。

### 9.3.2.2　聚丙烯酰胺废水的危害及处理

另一个重要的酰胺类化合物是聚丙烯酰胺（PAM），它兼具絮凝性、增稠性、耐剪切性、降阻性、分散性等性能。聚丙烯酰胺最早在水处理领域得到广泛应用，目前仍然是国内外水处理领域使用量最大的水处理剂。在我国，聚丙烯酰胺的应用主要集中在石油开采、水处理、造纸、制糖、洗煤和冶金等领域，其中采油工业占总需求量的80%左右。但是，聚丙烯酰胺在为油田生产提高采收率的同时，对地面工程也产生了相当恶劣的影响。

聚丙烯酰胺对环境的直接影响是油田生产过程中不得不排入当地水体的外排水。由于油田配制聚丙烯酰胺需要新鲜水以及部分低渗透地层，使部分含有较高浓度的聚丙烯酰胺采出水外排。绝大多数的聚丙烯酰胺进入地下油层，由于地层结构原因，很难避免其渗透到地下水层。聚丙烯酰胺在地面水体和地下水中的长期滞留，必将对当地水环境造成严重污染。而且目前对聚丙烯酰胺的排放和可能带来的影响并没有相关的数据和进行有效的评估，对其危害还没有引起足够的重视。在相当长的时期，聚丙烯酰胺还将得到广泛应用。因此，寻找一种高效降解聚丙烯酰胺的方法是聚丙烯酰胺使用者和环境保护者一直在研究的课题。

为了解决聚丙烯酰胺溶液对环境的污染，人们采取了不同的方法与技术对采油废水进行了各种处理途径的尝试。目前，对含聚丙烯酰胺废水处理的手段主要有物化处理法和生物降解法两大类。

# 新 研 究 进 展

羧酸及其衍生物的还原是制备醇、二元醇、多羟基化合物、手性氨基醇、卤代烃、伯胺、仲胺和叔胺等物质的主要方法，并且在医药工业、食品化学及其他有机合成领域中有着广阔的应用前景。常用的还原剂为 $B_2H_6$、$LiAlH_4$ 和 $NaBH_4$。其中，$B_2H_6$ 还原能力强，但选择性差，不适用于还原含有碳碳不饱和键、碳氧不饱和键和杂原子不饱和键以及羟基、卤素和环烷烃基的化合物；并且，$B_2H_6$ 沸点低、易燃，不宜长距离运输，限制了其使用范围。$LiAlH_4$ 与 $B_2H_6$ 相似，还原性强，但价格较高、易燃易爆、操作条件苛刻（需要绝对无水操作、氮气保护、常使用低沸点醚类作反应溶剂），不适用于规模化生产。$NaBH_4$ 性质稳定、价格便宜，但还原能力中等，一般条件下不易还原羧酸及其衍生物。近年来，通过添加试剂修饰 $H^-$、原位生成 $B_2H_6$、修饰待还原底物和引入微波、超声等技术，$NaBH_4$ 还原体系在羧酸及其衍生物的还原领域，特别是在化学选择性还原、区域选择性还原和不对称还原等方面的应用越来越广。其中，常用的修饰或添加试剂包括：金属盐、非金属卤代物、卤素、质子酸、Lewis 酸、脂肪醇、硫酸二甲酯等。

金属盐修饰是目前提高 $NaBH_4$ 的还原能力和选择性最常用的方法。金属盐廉价易得，反应条件温和，在室温下仍可高收率地完成反应，不发生分子构型的改变，特别是 $NaBH_4$/LiCl 体系，它可用于手性氨基醇的制备。除 LiCl 之外，常用的金属盐还有 $ZnCl_2$、$AlCl_3$、LiBr 和 $CaCl_2$ 等。$NaBH_4$/金属盐体系主要用于羧酸、酯、酰卤和酰胺的还原，分子中的硝基、氰基、卤素和环氧基等不受影响。研究表明，金属盐阳离子原子半径越小、极化能力越强，$NaBH_4$/金属盐体系的还原能力就越强。

常用的非金属卤代物有氯代试剂（$POCl_3$、$PCl_5$ 和 $SOCl_2$）和三聚氰卤（三聚氰氟和三聚氰氯）。它们在改善 $NaBH_4$ 还原能力的同时，还可提高还原选择性。其中，$NaBH_4$/氯代试剂体系可选择性还原酰胺，$NaBH_4$/三聚氰卤体系可选择性还原羧酸。分子中同时存在的醛酮羰基、碳碳不饱和键、硝基、氰基、卤素和环氧基等不受影响。

常用的卤素为 $Br_2$ 和 $I_2$。虽然 $NaBH_4$/$Br_2$ 体系的还原能力较强，但由于 $Br_2$ 易挥发，具有腐蚀性；而 $I_2$ 为固体，易称量，腐蚀性和毒性相对较小，因此，实验室和工业生产中较常选用 $NaBH_4$/$I_2$ 体系。该类还原体系在应用中，待还原底物、$NaBH_4$ 和卤素三者的投料顺序对该体系的适用范围、还原能力和选择性影响很大。

常用的质子酸有无机酸、有机酸。无机酸 $H_2SO_4$ 和 HCl 通过与 $NaBH_4$ 原位生成 $B_2H_6$，进而发生还原反应。其中，$NaBH_4$/$H_2SO_4$ 体系还原能力较强，一般用于还原羧酸和氨基酸制备醇和氨基醇等。该还原体系的缺点是反应时间长、反应条件苛刻、工艺不易控制；并且它的选择性差，分子中存在的碳碳、碳氮和碳氧不饱和键等将同时被还原，同时 $H_2SO_4$ 的强腐蚀性也限制了该还原体系的应用。有机酸 $CF_3COOH$ 或 $CH_3COOH$ 与 $NaBH_4$ 组成的 $NaBH_4$/$CF_3COOH$ 和 $NaBH_4$/$CH_3COOH$ 体系选择能力相近，前者的还原能力较强。$NaBH_4$/有机酸体系的特点是后处理简单方便、产品易于分离纯化、收率中等，但反应时间长。

一般认为 Lewis 酸与 $NaBH_4$ 原位反应产生 $B_2H_6$，进而发生还原反应。常用的 Lewis 酸为 $BF_3$、$TiCl_4$ 和三甲基氯硅烷（TMSCl）。$NaBH_4$ 还原体系的一个共有的问题是 $NaBH_4$ 在大部分有机溶剂中溶解性不佳，这在 $NaBH_4$/Lewis 酸体系中尤为明显。

$NaBH_4$/脂肪醇体系主要用于酯的还原，常用的醇有甲醇和乙醇等。由于具有试剂廉价易得、无腐蚀性、毒性小以及反应条件温和、选择性好、副反应少、还原产物易于分离纯化等优点，是目前 $NaBH_4$ 还原研究的热点。该体系在室温时可选择性还原 α-碳原子上连接吸电子基团的酯基，分子中同时存在的羧基、酰胺基、氰基、硝基、卤素、环氧基等均不受影响。

$NaBH_4$/$Me_2SO_4$ 体系还原能力与 $LiAlH_4$ 相近，反应条件温和，空间位阻对其还原性能影响不大，成为替代昂贵的 TMSCl 在手性助剂催化下进行不对称还原研究的热点之一。

在研究者们的不懈努力下，通过添加各类试剂、借助各种手段来改善并提高 $NaBH_4$ 体系的还原性能，这使得 $NaBH_4$ 体系在还原羧酸及其衍生物制备相应的醇、卤代烃和胺方面的应用越来越广。

## 习 题

**9-1** 下列物质脱羧由易到难的顺序是（　　）。

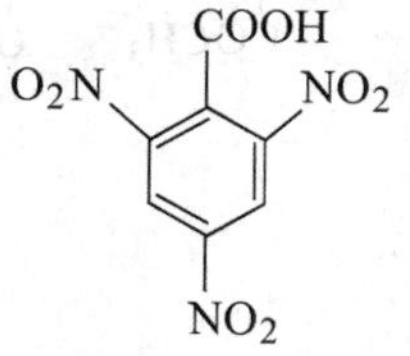

(1) 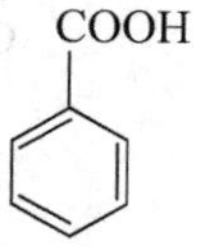　　　　(2) 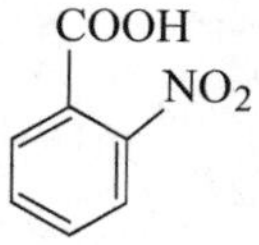　　　　(3) 　　　　(4)

A. (1) > (2) > (3) > (4) ;　　　B. (1) > (3) > (4) > (2) ;

C. (2) > (1) > (3) > (4) ;　　　D. (1) > (4) > (3) > (2)

**9-2** 用系统命名法命名下列化合物：

(1) $CH_3OCH_2COOH$；　　(2) 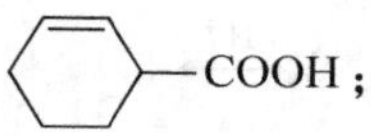 环己烯基-COOH；　　(3) 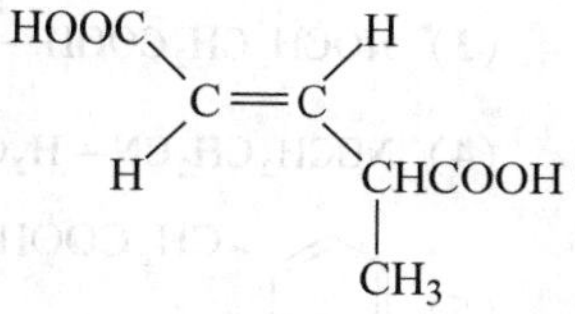 结构式；

(4) 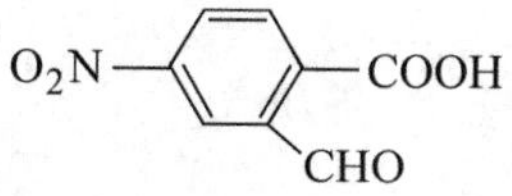 结构式；　(5) 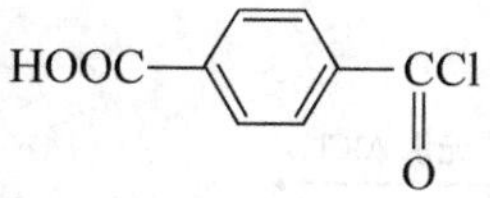 $HOOC$—苯环—$CCl(=O)$；　(6) 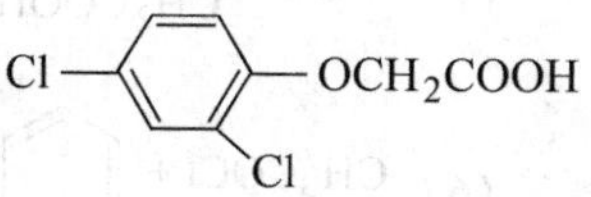 结构式；

(7) 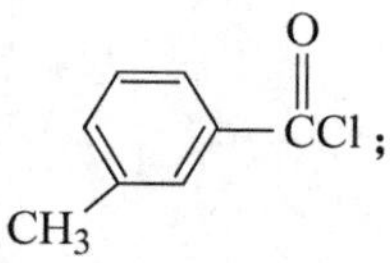 结构式；　(8) 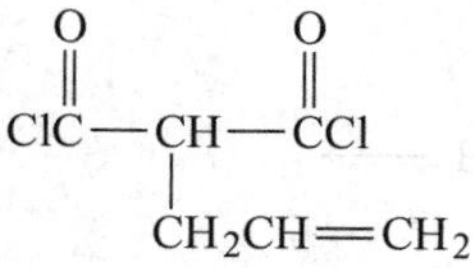 $ClC(=O)$—$CH$—$CCl(=O)$，$CH_2CH=CH_2$；　(9) $CH_3CH_2C(=O)$—$O$—$C(=O)CH_3$；

(10) 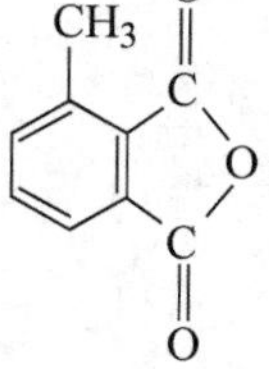 结构式；　(11) 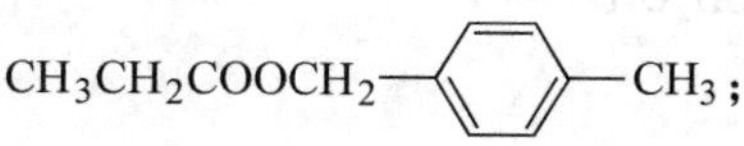 $CH_3CH_2COOCH_2$—苯环—$CH_3$；　(12) 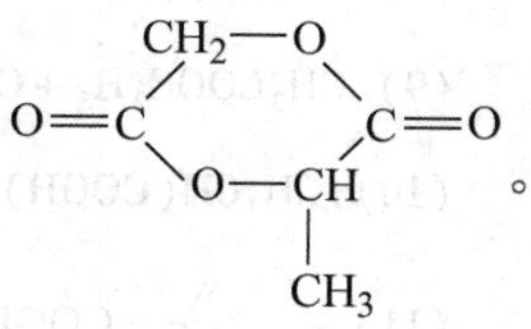 结构式。

**9-3** 试比较下列化合物的酸性大小：

A. (1) 乙醇，(2) 乙酸，(3) 丙二酸，(4) 乙二酸；

B. (1) 三氯乙酸，(2) 氯乙酸，(3) 乙酸，(4) 羟基乙酸。

**9-4** 将下列化合物按酸性增强的顺序排列：

A. $CH_3CH_2CHBrCO_2H$；　　B. $CH_3CHBrCH_2CO_2H$；　　C. $CH_3CH_2CH_2CO_2H$；

D. $CH_3CH_2CH_2CH_2OH$；　　E. $C_6H_5OH$；　　F. $H_2CO_3$；

G. Br$_3$CCO$_2$H；                H. H$_2$O。

9-5  用简单化学方法鉴别下列各组化合物：

(1) $\begin{matrix} \text{COOH} \\ | \\ \text{COOH} \end{matrix}$ 与 $\begin{matrix} \text{CH}_2\text{COOH} \\ | \\ \text{CH}_2\text{COOH} \end{matrix}$ ；    (2) 邻-COOH-OCH$_3$ 苯 与 邻-COOCH$_3$-OH 苯 ；

(3) (CH$_3$)$_2$CHCH=CHCOOH 与 环戊基-COOH ；(4) 对-COOH-CH$_3$ 苯 与 对-OH-COCH$_3$ 苯 与 OH,OH,CH=CH$_2$ 苯 ；

(5) 乙酸、草酸、丙二酸。

9-6  写出下列反应的主要产物

(1) 二氢萘 $\xrightarrow{\text{Na}_2\text{Cr}_2\text{O}_7\text{-H}_2\text{SO}_4}$

(2) (CH$_3$)$_2$CHOH + H$_3$C-苯-COCl $\longrightarrow$

(3) HOCH$_2$CH$_2$COOH $\xrightarrow{\text{LiAlH}_4}$

(4) NCCH$_2$CH$_2$CN + H$_2$O $\xrightarrow{\text{NaOH}}$ (    ) $\xrightarrow{\text{H}^+}$

(5) 苯-CH$_2$COOH,CH$_2$COOH $\xrightarrow[\text{Ba(OH)}_2]{\triangle}$

(6) CH$_3$COCl + 甲苯-CH$_3$ $\xrightarrow{\text{无水 AlCl}_3}$

(7) (CH$_3$CO)$_2$O + 苯-OH $\longrightarrow$

(8) CH$_3$CH$_2$COOC$_2$H$_5$ $\xrightarrow{\text{NaOC}_2\text{H}_5}$

(9) CH$_3$COOC$_2$H$_5$ + CH$_3$CH$_2$CH$_2$OH $\xrightarrow{\text{H}^+}$

(10) CH$_3$CH(COOH)$_2$ $\xrightarrow{\triangle}$

(11) 环己烯-COOH + HCl $\longrightarrow$

(12) 2 苯-COOH + HOCH$_2$CH$_2$OH $\xrightarrow[\text{H}^+]{\triangle}$

(13) 双环-COOH $\xrightarrow{\text{LiAlH}_4}$

(14) 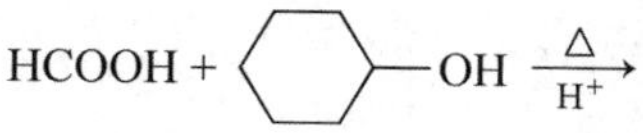 $HCOOH + \left\langle \text{环己基} \right\rangle - OH \xrightarrow[H^+]{\triangle}$

9-7　完成下列转化：

(1) 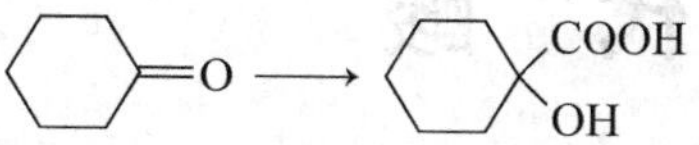 $\left\langle \text{环己酮} \right\rangle = O \longrightarrow \left\langle \text{环己基} \right\rangle \begin{matrix} COOH \\ OH \end{matrix}$

(2) $CH_3CH_2CH_2Br \longrightarrow CH_3CH_2CH_2COOH$

(3) $(CH_3)_2CHOH \longrightarrow (CH_3)_2\underset{\underset{OH}{|}}{C} - COOH$

(4)

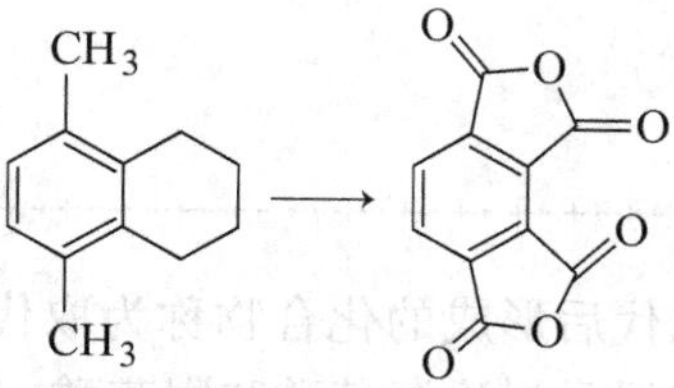

(5) $(CH_3)_2C=CH_2 \longrightarrow (CH_3)_3CCOOH$

(6) 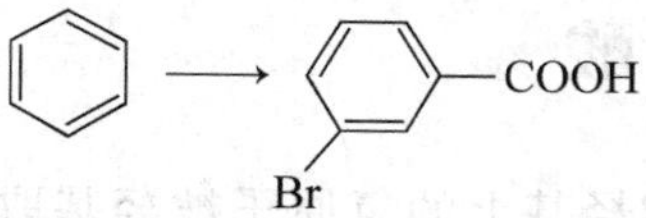 $\left\langle \text{苯} \right\rangle \longrightarrow \left\langle \text{苯环} \right\rangle \begin{matrix} -COOH \\ Br \end{matrix}$

(7) 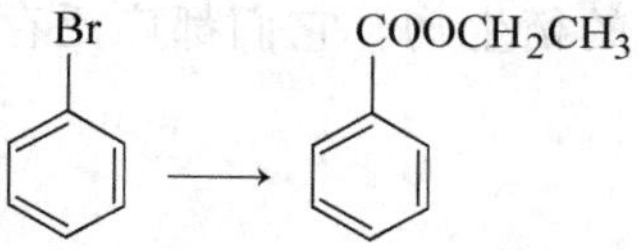 $\left\langle \text{苯环} \right\rangle - Br \longrightarrow \left\langle \text{苯环} \right\rangle - COOCH_2CH_3$

9-8　化合物 A，分子式为 $C_4H_6O_4$，加热后得到分子式为 $C_4H_4O_3$ 的 B，将 A 与过量甲醇及少量硫酸一起加热分子式为 $C_6H_{10}O_4$ 的 C。B 与过量甲醇作用也得到 C。A 与 $LiAlH_4$ 作用后得分子式为 $C_4H_{10}O_2$ 的 D。写出 A，B，C，D 的结构式以及它们相互转化的反应式。

9-9　化合物 B、C 的分子式均为 $C_4H_6O_4$，它们均可溶于氢氧化钠溶液，与碳酸钠作用放出 $CO_2$，B 加热失水成酸酐 $C_4H_4O_3$；C 加热放出 $CO_2$ 生成三个碳的酸。试写出 B 和 C 的构造式。

9-10　有两个酯类化合物 A 和 B，分子式均为 $C_4H_6O_2$。A 在酸性条件下水解成甲醇和另一个化合物 $C_3H_4O_2$（C），C 可使 $Br_2$-$CCl_4$ 溶液退色。B 在酸性条件下水解成一分子羧酸和化合物 D，D 可发生碘仿反应，也可与 Tollens 试剂作用。试推测 A～D 的构造。

# 10 取 代 酸

**本章要点:**
(1) 羟基酸的命名与化学性质;
(2) β-酮酸及 β-酮酸酯的结构和化学性质;
(3) 取代酸的毒性。

羧酸分子中烃基上的氢原子被其他原子或基团取代后形成的化合物称为取代酸。重要的取代酸有卤代酸、羟基酸、氨基酸、羰基酸等,这里只讨论羟基酸和羰基酸。

## 10.1 羟 基 酸

羟基酸包括醇酸和酚酸两类,前者是指脂肪羧酸烃基上的氢原子被羟基取代的衍生物,后者是指芳香羧酸芳香环上的氢原子被羟基取代的衍生物。它们都广泛存在于动植物界。

### 10.1.1 羟基酸的命名

羟基酸的命名一般以俗名(括号中的名称)为主。按系统命名法则选择包含羧基和羟基的最长碳链为主链,编号由羧基开始。也可根据羟基与羧基的相对位置称为 α-、β-、γ-、δ-羟基酸,羟基连在碳链末端时,称为 ω-羟基酸,如:

$$CH_3—CH—COOH \qquad\qquad CH_2—CH_2—COOH$$
$$\underset{OH}{|} \qquad\qquad\qquad\qquad \underset{OH}{|}$$

2-羟基丙酸或α- 羟基丙酸(乳酸)     3-羟基丙酸或 β- 羟基丙酸

无分支的直链直接与两个以上羧基相连时,则以直接连接羧基最长的链烃的名称加上"某二酸"来命名,如:

$$HO—CH—COOH \qquad HO—CH—COOH \qquad \underset{|}{CH_2—COOH} \qquad HO—CH—COOH$$
$$\underset{CH_2—COOH}{|} \qquad \underset{HO—CH—COOH}{|} \qquad HO—C—COOH \qquad CH—COOH$$
$$\qquad\qquad\qquad\qquad\qquad\qquad \underset{CH_2—COOH}{|} \qquad \underset{CH_2—COOH}{|}$$

羟基丁二酸      2,3- 二羟基丁二酸     2- 羟基 -3- 羧基戊二酸    1- 羟基 -3- 羧基戊二酸
(苹果酸)          (酒石酸)         (柠檬酸)        (异柠檬酸)

酚酸以芳香酸为母体,羟基作为取代基。例如:

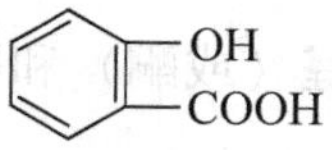

OH
COOH

邻羟基苯甲酸
（水杨酸）

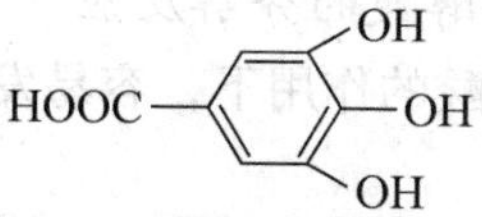

OH
HOOC—⟨⟩—OH
OH

3, 4, 5- 三羟基苯甲酸
（没食子酸）

### 10.1.2　羟基酸的物理性质

羟基酸多为结晶固体或黏稠液体。由于分子中含有两个或两个以上能形成氢键的官能团，羟基酸一般能溶于水，水溶性大于相应的羧酸，疏水支链或碳环的存在使水溶性降低。羟基酸的熔点一般高于相应的羧酸。许多羟基酸具有手性碳原子，也具有旋光活性。

### 10.1.3　羟基酸的化学性质

羟基酸除具有羧酸和醇（酚）的典型化学性质外，还具有两种官能团相互影响而表现出的特殊性质。这些特性又常根据羟基和羧基的相对位置而有所不同。

#### 10.1.3.1　酸性

醇酸含有羟基和羧基两种官能团，由于羟基具有吸电子效应并能生成氢键，醇酸的酸性较母体羧酸强，水溶性也较大。羟基离羧基越近，其酸性越强。例如，羟基乙酸的酸性比乙酸强，而 2-羟基丙酸的酸性比 3-羟基丙酸强：

$$CH_3COOH \qquad \underset{|\atop OH}{CH_2COOH} \qquad CH_3CH_2COOH \qquad \underset{|\atop OH}{CH_2CH_2COOH} \qquad \underset{|\atop OH}{CH_3CHCOOH}$$

$pK_a$　　4.75　　　　　3.83　　　　　4.88　　　　　4.51　　　　　3.87

酚酸的酸性与羟基在苯环上的位置有关。当羟基在羧基的对位时，羟基与苯环形成 p-π 共轭，尽管羟基还具有吸电子诱导效应，但共轭效应相对强于诱导效应，总的效应使羧基电子云密度增大，这不利于羧基中氢离子的电离，因此对位取代的酚酸酸性弱于母体羧酸；当羟基在羧基的间位时，羟基不能与羧基形成共轭体系，对羧基只表现出吸电子诱导效应，因此间位取代的酚酸酸性强于母体羧酸；当羟基在羧基的邻位时，羟基和羧基负离子形成分子内氢键，增强了羧基负离子的稳定性，有利于羧酸的电离，使酸性明显增强。羟基在苯环上不同位置的酚酸酸性顺序为：邻位 > 间位 > 对位。

#### 10.1.3.2　α-醇酸的氧化反应

α-醇酸中的羟基由于受羧基的影响，比醇中的羟基更容易氧化。如乳酸在弱氧化剂条件下就能被氧化生成丙酮酸：

$$CH_3—\underset{|\atop OH}{CH}—COOH \xrightarrow{Ag^+(NH_3)_2} CH_3\underset{\|\atop O}{C}COOH$$

生物体内的多种醇酸在酶的催化下，也能发生类似的反应。

### 10.1.3.3 α-醇酸的分解反应

α-醇酸在稀硫酸的作用下，容易发生分解反应，生成醛（或酮）和甲酸。例如：

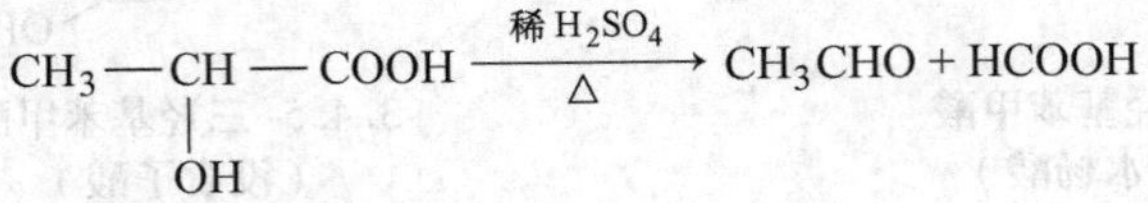

$$CH_3-CH-COOH \xrightarrow[\triangle]{\text{稀} H_2SO_4} CH_3CHO + HCOOH$$
$$\qquad\quad |$$
$$\qquad\quad OH$$

### 10.1.3.4 α-醇酸与醛的反应

α-醇酸在加热条件下，可与醛发生缩合反应。例如：

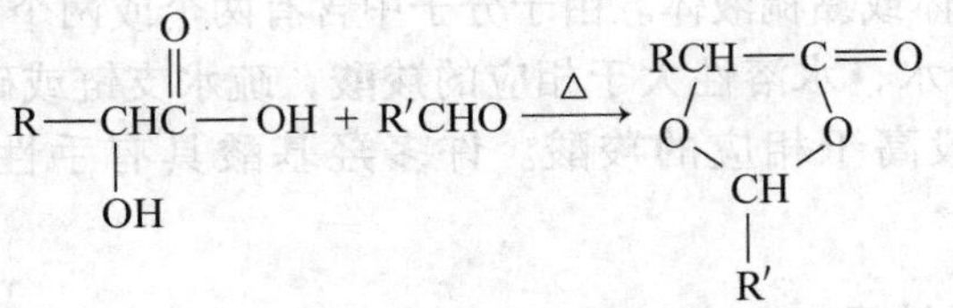

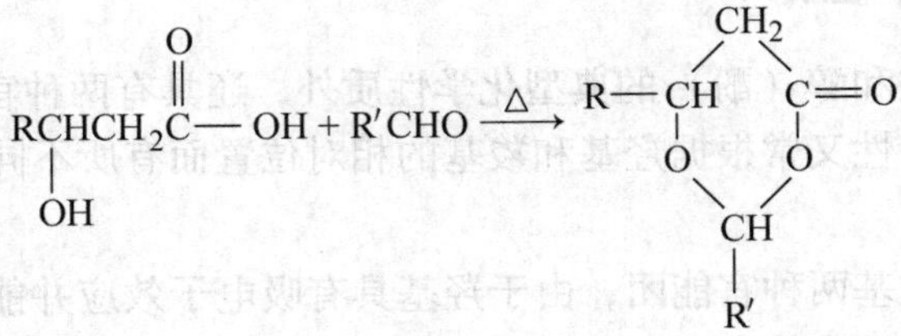

### 10.1.3.5 醇酸的脱水反应

醇酸受热能发生脱水反应，羟基的位置不同，得到的产物也不同。α-醇酸受热一般发生分子间交叉脱水反应，生成交酯：

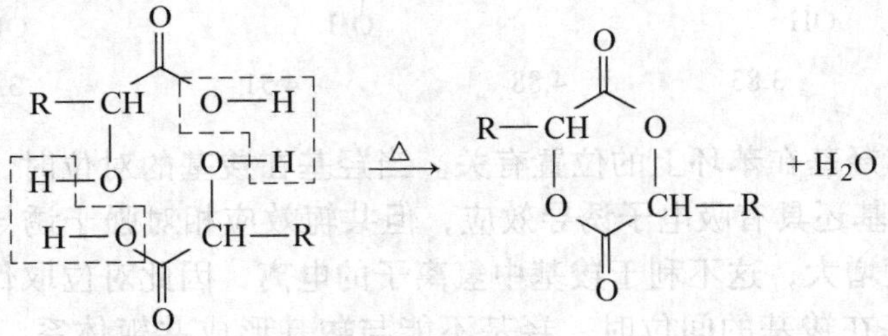

β-醇酸受热易发生分子内脱水，生成 α，β-不饱和羧酸：

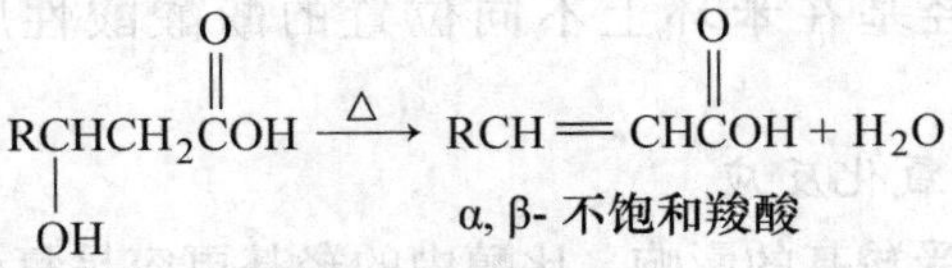

$$RCHCH_2COOH \xrightarrow{\triangle} RCH=CHCOOH + H_2O$$
$$\quad\ |$$
$$\quad\ OH \qquad\qquad \text{α, β- 不饱和羧酸}$$

γ、δ-羟基酸受热发生分子内脱水，生成 γ、δ-内酯：

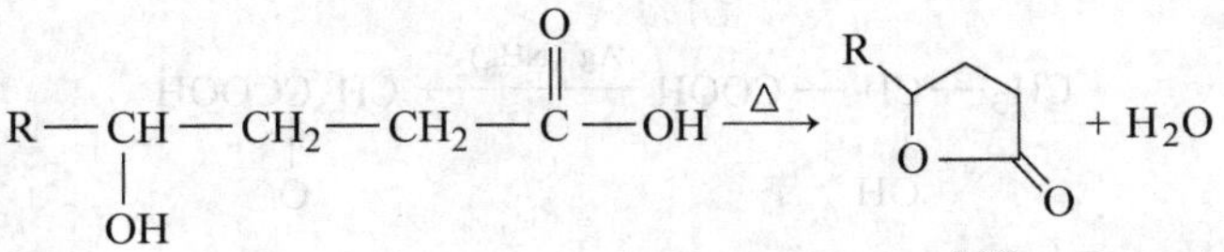

$$R-\underset{\underset{OH}{|}}{CH}-CH_2-CH_2-CH_2-\underset{\underset{O}{\|}}{C}-OH \xrightarrow{\triangle} \text{（δ-内酯环）} + H_2O$$

δ-内酯

在以上失水反应中，形成的交酯或内酯环，分别为五元环或六元环；交酯、内酯也同样可以水解。

羟基和羧基相隔五个或五个以上碳原子的羟基酸，受热后则发生多分子间酯化脱水，生成链状结构的聚酯：

$$n\,HO(CH_2)_m\,COOH \xrightarrow{\triangle} HO(CH_2)_m\underset{\underset{O}{\|}}{C}\left[O(CH_2)_m\underset{\underset{O}{\|}}{C}\right]_{n-1}OH + H_2O$$

# 10.2 羰 基 酸

重要的羰基酸是脂肪羧酸中碳链上含有羰基的化合物，羰基在碳链末端的是醛酸，在碳链当中的是酮酸，如：

$$H-\underset{\underset{O}{\|}}{C}-COOH \qquad H-\underset{\underset{O}{\|}}{C}-CH_2-COOH \qquad CH_3-\underset{\underset{O}{\|}}{C}-COOH \qquad CH_3-\underset{\underset{O}{\|}}{C}-CH_2-COOH$$

乙醛酸　　　　　　　丙醛酸　　　　　　　丙酮酸　　　　3-丁酮酸（乙酰乙酸）

系统命名时取含羰基和羧基的最长碳链，叫做某醛酸或某酮酸。命名羰基酸时，需注明羰基的位置，用"氧代"或"羰基"表示酮基，醛基有时以"甲酰基"表示。

酮酸常根据羰基和羧基的距离分为 α-酮酸（如丙酮酸）、β-酮酸（如乙酰乙酸）、γ-酮酸等。

## 10.2.1 醛酸

最简单的醛酸是乙醛酸，存在于未成熟的水果和嫩叶中，无水乙醛酸在空气中极易吸水而呈糖浆状；乙醛酸易溶于水，有醛和羧酸的典型反应性能，并能进行歧化反应。

$$2\,\underset{\underset{CHO}{|}}{COOH} \xrightarrow[\triangle]{NaOH} \underset{\underset{CH_2OH}{|}}{COONa} + \underset{\underset{COONa}{|}}{COONa}$$

羟乙酸钠　乙二酸钠

## 10.2.2 α-酮酸

### 10.2.2.1 分解反应

α-酮酸分子中，羰基与羧基直接相连，由于氧原子较强的电负性，使羰基与羟基碳原子间的电子云密度较低，因而此碳碳键容易断裂，在一定的条件下，α-酮酸可以脱羧或脱去一氧化碳（脱羰），分别形成醛或羧酸。

$$R-\overset{\overset{\displaystyle O}{\|}}{C}\boxed{-COOH}\xrightarrow[\triangle]{\text{稀 }H_2SO_4}RCHO+CO_2\uparrow$$

$$R-\boxed{\overset{\overset{\displaystyle O}{\|}}{C}}-COOH\xrightarrow[\text{微热}]{\text{浓 }H_2SO_4}RCOOH+CO\uparrow$$

### 10.2.2.2 氧化反应

酮和羧酸都不易被氧化，但 α-酮酸却极易被氧化，弱氧化剂如土伦试剂与过氧化氢就能把 α-酮酸氧化成羧酸，并放出二氧化碳：

$$R-\overset{\overset{\displaystyle O}{\|}}{C}-COOH\xrightarrow[\triangle]{\text{Tollens 试剂}}R-COO^-+CO_3^{2-}+Ag\downarrow$$
$$\underset{\alpha-\text{酮酸}}{\phantom{R-C-COOH}}$$

## 10.2.3  β-酮酸

β-酮酸不稳定，易脱羧，如：

$$CH_3-\overset{\overset{\displaystyle }{\|}}{\underset{O}{C}}-CH_2-COOH\xrightarrow{\triangle}CH_3-\overset{\overset{\displaystyle }{\|}}{\underset{O}{C}}-CH_3+CO_2$$

乙酰乙酸是 β-酮酸的典型代表，它是机体内脂肪代谢的中间产物。乙酰乙酸只在低温下稳定，在室温以上易脱羧而生成丙酮。这是 β-酮酸的共性。乙酰乙酸的脱羧反应：

$$R-\overset{\overset{\displaystyle }{\|}}{\underset{O}{C}}-CH_2-COOH\xrightarrow{\triangle}CH_3-\overset{\overset{\displaystyle }{\|}}{\underset{O}{C}}-CH_3+CO_2$$

## 10.2.4  β-酮酸酯

β-酮酸酯是稳定的化合物，β-酮酸酯中羰基与酯基中间的亚甲基碳原子上电子云密度较低，导致亚甲基与相邻的两个碳原子之间的键容易断裂。因此 β-酮酸酯的亚甲基上的烃化和酰化在合成上有重要意义，β-酮酸酯的典型代表乙酰乙酸乙酯：

$$CH_3-\overset{\overset{\displaystyle }{\|}}{\underset{O}{C}}-\boxed{CH_2}-\overset{\overset{\displaystyle }{\|}}{\underset{O}{C}}-O-C_2H_5$$

乙酰乙酸乙酯

乙酰乙酸乙酯可由乙酸乙酯通过 Claisen 酯缩合反应制备。

### 10.2.4.1  酮-烯醇平衡

乙酰乙酸乙酯除具有酮的典型反应外，还能与三氯化铁水溶液发生颜色反应；使溴水退色；与金属钠作用放出氢。经研究发现，乙酰乙酸乙酯实际上不是一个单一的物质，而是其酮式和烯醇式异构体组成的互变平衡体系，具有酮和烯醇的双重反应性能：

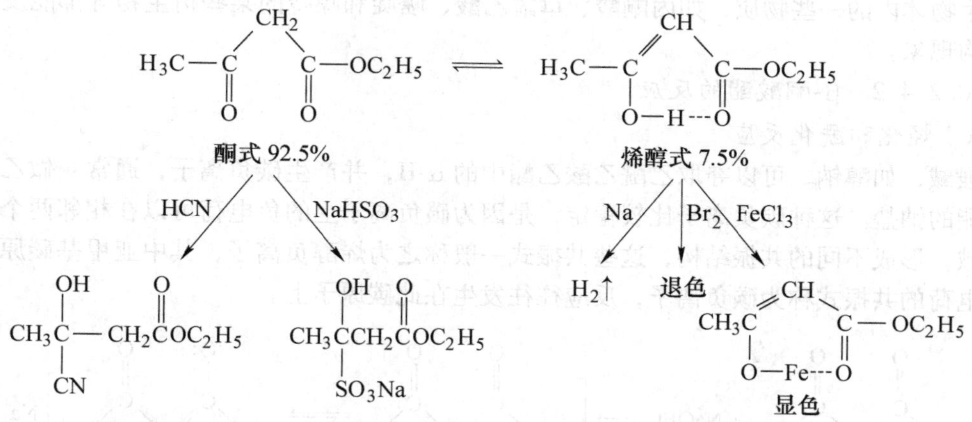

酮式 92.5%　　　　　　　　　　烯醇式 7.5%

这种同分异构体间以一定比例平衡存在，并能相互转化的现象叫做互变异构现象。

在单纯的羰基化合物中，烯醇式一般是不稳定的，平衡点主要在酮式一边，烯醇式含量极少。而在乙酰乙酸乙酯分子中，亚甲基由于受羰基和酯基的双重影响，其上的氢原子更为活泼，所以能够形成一定数量的烯醇式异构体，而且形成的烯醇式异构体能因羟基上的氢原子与酯基中羰基上的氧原子生成分子内的氢键（形成较稳定的六元环体系）；此外，其烯醇式异构体中，碳碳双键与酯基的大 π 键形成了 π-π 共轭体系，降低了体系的内能。因此，乙酰乙酸乙酯分子中，其烯醇式结构有一定的稳定性。

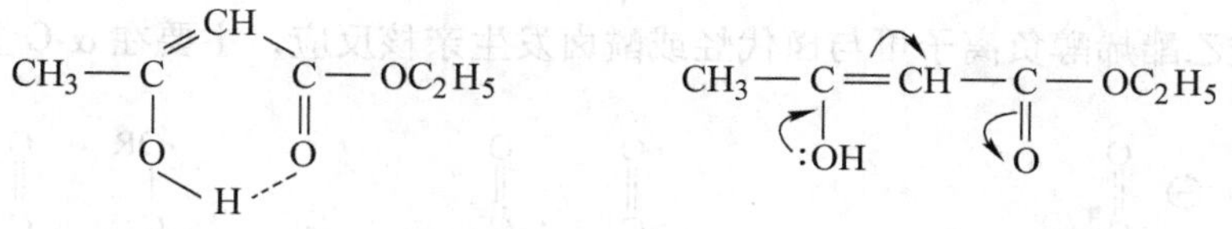

六元环　　　　　　　　　　　共轭体系

除乙酰乙酸乙酯外，其他的 β-酮酸酯、β-二酮也存在类似的现象，其烯醇式的含量一般较高：

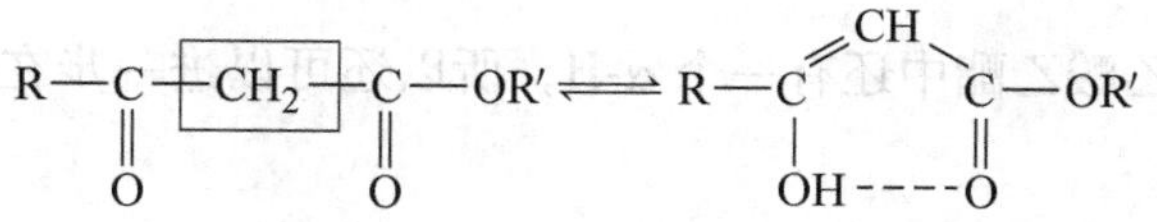

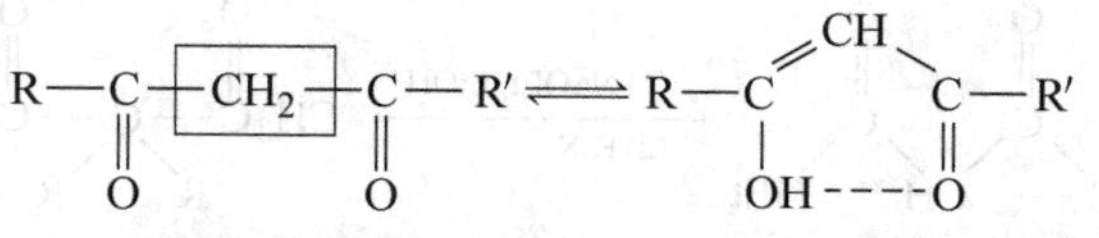

由此可见，影响互变异构体系中烯醇式含量多少的主要因素是化合物的结构。一般来说，分子中含有 $\overset{O}{-C}-\overset{R(H)}{C}H-X$（X 为 $-\overset{O}{C}-OR$、$-\overset{O}{C}-R$、$-CN$、$-\overset{O}{C}-H$、$-NO_2$ 等吸电子基团）结构的化合物都能发生酮式和烯醇式互变异构现象。

此外，溶剂的性质也有影响。一般在非极性溶剂中烯醇式的含量较高，因为在此条件下，烯醇式易形成分子内氢键。而在极性溶剂中，酮式和烯醇式都能与溶剂形成氢键，使分子内氢键难于形成，因而降低了烯醇式的含量。

生物体内的一些物质，如丙酮酸、草酰乙酸、嘧啶和嘌呤的某些衍生物等都能发生互变异构现象。

### 10.2.4.2  β-酮酸酯的反应

**A  烃化和酰化反应**

强碱，如醇钠，可以夺取乙酰乙酸乙酯中的 α-H，并产生碳负离子，通常叫做乙酰乙酸乙酯的钠盐。这种碳负离子比较稳定，是因为碳负离子上的负电荷可以在相邻两个羰基上离域，形成不同的共振结构，这些共振式一般称之为烯醇负离子，其中亚甲基碳原子上带负电荷的共振式称为碳负离子，反应往往发生在此碳原子上。

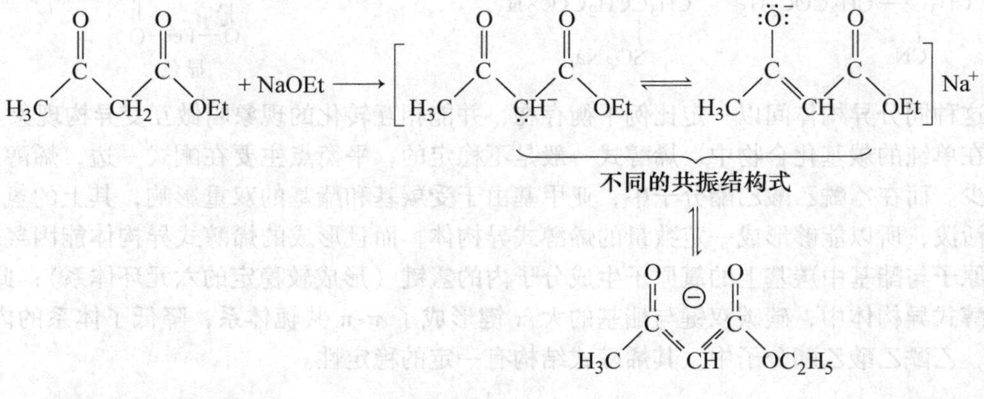

乙酰乙酸乙酯烯醇负离子可与卤代烃或酰卤发生亲核反应，主要在 α-C 上导入烷基。

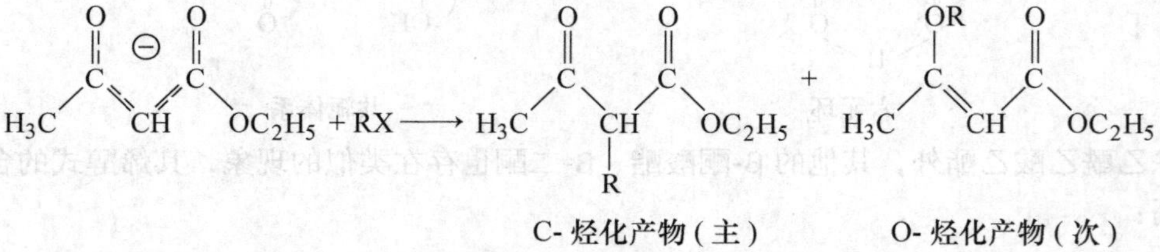

C- 烃化产物（主）          O- 烃化产物（次）

烷基取代的乙酰乙酸乙酯中还有一个 α-H，所以还可以进一步在强碱作用下，导入第二个烷基。

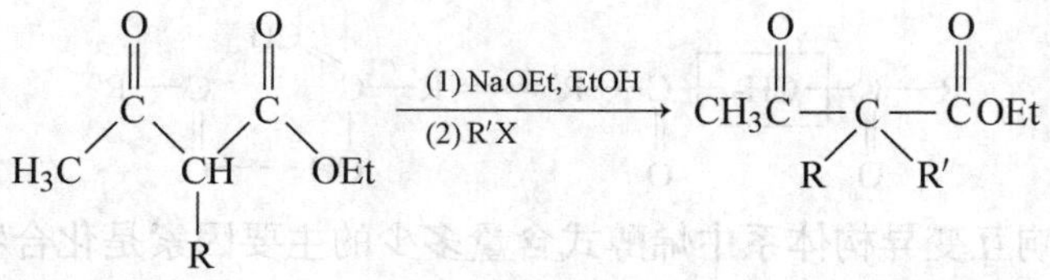

这里的卤代烃最好用伯卤代烷，仲卤代烷所得产物产量低，而叔卤代烷在此条件下易于脱去卤化氢生成烯烃不能使用，卤代乙烯及芳香族卤化物与乙酰乙酸乙酯不发生作用。此外，当 R、R′ 为不同的取代基时，应先引入空间位阻小、对碳负离子稳定性较强的基团。

乙酰乙酸乙酯烯醇负离子也可与酰氯作用，而引入酰基。

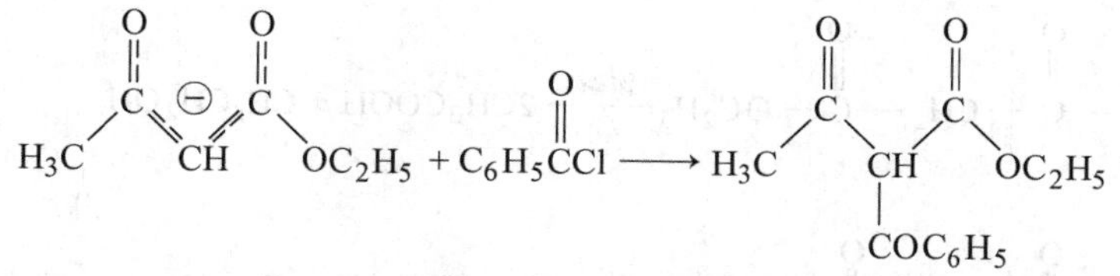

乙酰乙酸乙酯的钠盐还可以和卤代酮或卤代羧酸酯作用，在 α-C 上分别引入 —CH₂COR，—CH₂COOR，—RCHCOOR 等多种基团。

**B　成酮分解和成酸分解**

**a　成酮分解**

乙酰乙酸乙酯及其取代衍生物与稀酸（或先与稀碱处理，再酸化）作用，水解生成β-羰基酸，受热后脱羧生成甲基酮。故称为成酮分解或酮式分解。例如：

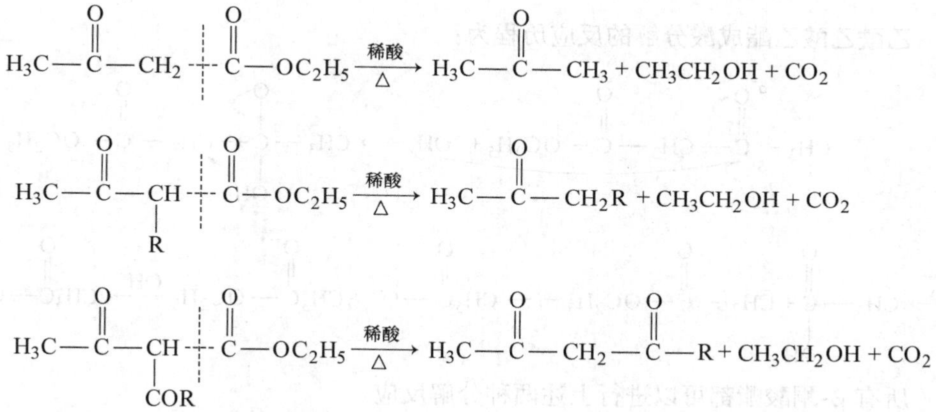

其中乙酰乙酸乙酯成酮分解的反应历程为：

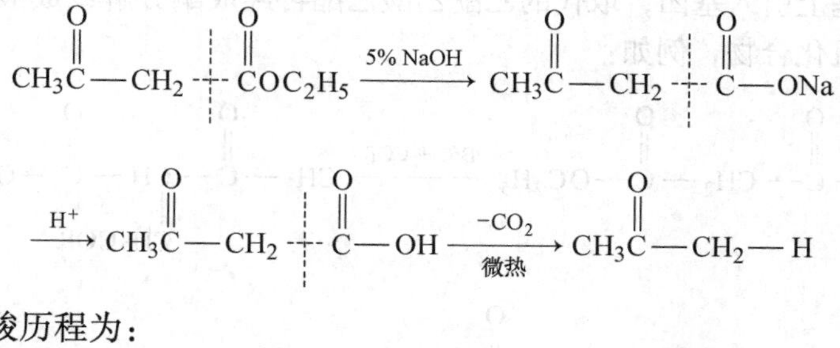

乙酰乙酸脱羧历程为：

六元环状过渡态

**b　成酸分解**

乙酰乙酸乙酯及其取代衍生物在浓碱作用下，主要发生乙酰基的断裂，生成乙酸或取代乙酸，故称为成酸分解或酸式分解。例如：

$$H_3C-\overset{\overset{O}{\|}}{C}\overset{\vdots}{\phantom{|}}CH_2-\overset{\overset{O}{\|}}{C}-OC_2H_5 \xrightarrow[\triangle]{\text{浓碱}} 2CH_3COOH + CH_3CH_2OH$$

$$H_3C-\overset{\overset{O}{\|}}{C}\overset{\vdots}{\phantom{|}}\underset{R}{\overset{\displaystyle |}{C}H}-\overset{\overset{O}{\|}}{C}-OC_2H_5 \xrightarrow[\triangle]{\text{浓碱}} CH_3COOH + RCOCH_2COOH + CH_3CH_2OH$$

$$H_3C-\overset{\overset{O}{\|}}{C}\overset{\vdots}{\phantom{|}}\underset{R}{\overset{\displaystyle |}{C}H}-\overset{\overset{O}{\|}}{C}-OC_2H_5 \xrightarrow[\triangle]{\text{浓碱}} CH_3COOH + RCH_2COOH + CH_3CH_2OH$$

乙酰乙酸乙酯成酸分解的反应历程为：

$$CH_3-\overset{\overset{\delta^-O}{\|}}{\underset{\delta^+}{C}}-CH_2-\overset{\overset{O}{\|}}{C}-OC_2H_5 + {}^-OH \longrightarrow CH_3-\overset{\overset{O^-}{\|}}{\underset{OH}{C}}-CH_2-\overset{\overset{O}{\|}}{C}-OC_2H_5$$

$$\longrightarrow CH_3-\overset{\overset{O}{\|}}{\underset{OH}{C}}+{}^-CH_2-\overset{\overset{O}{\|}}{C}-OC_2H_5 \longrightarrow CH_3\overset{\overset{O}{\|}}{C}-O^- + CH_3\overset{\overset{O}{\|}}{C}-OC_2H_5 \xrightarrow{OH^-} 2CH_3\overset{\overset{O}{\|}}{C}-O^- +C_2H_5OH$$

所有 β-酮酸酯都可以进行上述两种分解反应。

### 10.2.4.3　β-酮酸酯在合成中的应用

在活泼亚甲基上引入基团，取代的乙酰乙酸乙酯再经成酮分解或成酸分解，就可以得到不同结构的有机化合物，例如：

$$CH_3-\overset{\overset{O}{\|}}{C}-CH_2-\overset{\overset{O}{\|}}{C}-OC_2H_5 \xrightarrow{BrCH_2COR} CH_3-\overset{\overset{O}{\|}}{C}-\underset{\overset{\displaystyle |}{CH_2COR}}{\overset{\displaystyle |}{C}H}-\overset{\overset{O}{\|}}{C}-OC_2H_5$$

$$\xrightarrow{\text{成酮分解}} CH_3-\overset{\overset{O}{\|}}{C}-CH_2-CH_2COR \qquad \text{γ-二酮}$$

$$\xrightarrow{\text{成酸分解}} HOOCCH_2CH_2COR \qquad\qquad \text{γ-酮酸}$$

通过引入烷基，制备甲基酮：

$$\underset{CH_3}{\overset{\overset{O}{\|}}{\diagdown}}\overset{\overset{O}{\|}}{\underset{CH_2}{C}}-OEt \xrightarrow[\text{(2) } C_6H_5CH_2Cl]{\text{(1) EtONa, EtOH}} CH_3\diagup\overset{\overset{O}{\|}}{\phantom{}}\underset{\overset{\displaystyle |}{CH_2C_6H_5}}{\overset{\overset{O}{\|}}{\underset{\displaystyle}{HC}}}-OEt$$

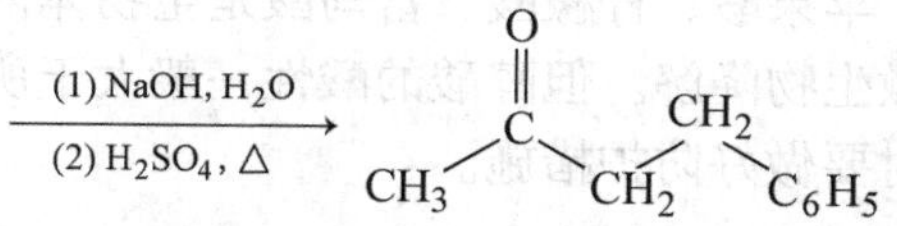

$$\xrightarrow[\text{(2) H}_2\text{SO}_4, \triangle]{\text{(1) NaOH, H}_2\text{O}}$$

CH₃—C(=O)—CH₂—C₆H₅ (ketone structure)

与乙酰乙酸乙酯相同的反应，其他结构的 β-酮酸酯也可以进行烃化、水解和脱羧反应，生成各种结构的酮，如：

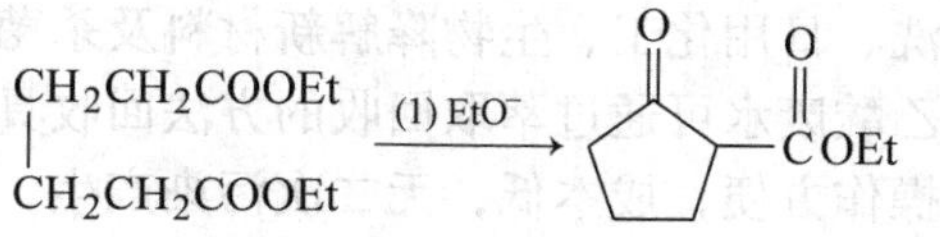

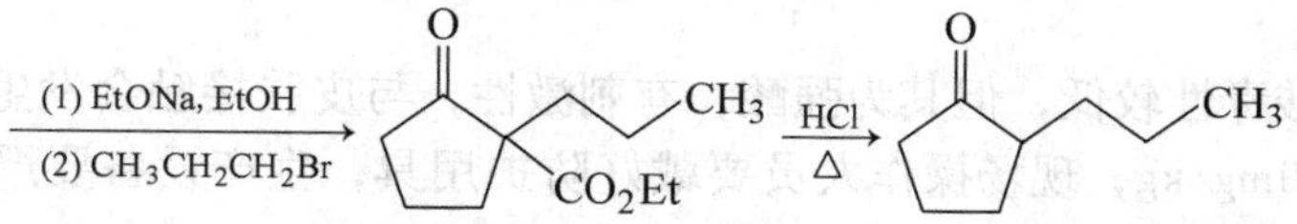

（反应式：戊二酸二乙酯经 EtO⁻ 生成环戊酮-2-甲酸乙酯）

（再经 (1) EtONa, EtOH；(2) CH₃CH₂CH₂Br 烷基化，然后 HCl, △ 脱羧生成取代环戊酮）

乙酰乙酸乙酯是在有机合成中极为有用的化合物。由于乙酰乙酸乙酯的成酮分解副产物少，产率高，因此在有机合成中常用；而成酸分解副产物多，产率低，所以很少采用，制酸一般用丙二酸二乙酯合成法。

丙二酸二乙酯不属于羰基酸酯，但它与乙酰乙酸乙酯的反应性能很相似，所以是有机合成中与乙酰乙酸乙酯同等重要的化合物。

丙二酸二乙酯分子中的亚甲基与两个电负性的酯基相连，所以其上的氢也很活泼，同样能在强碱作用下产生碳负离子，然后与各种卤代物作用，导入不同的基团，再经水解脱羧，可以制备各种羧酸或取代羧酸，如：

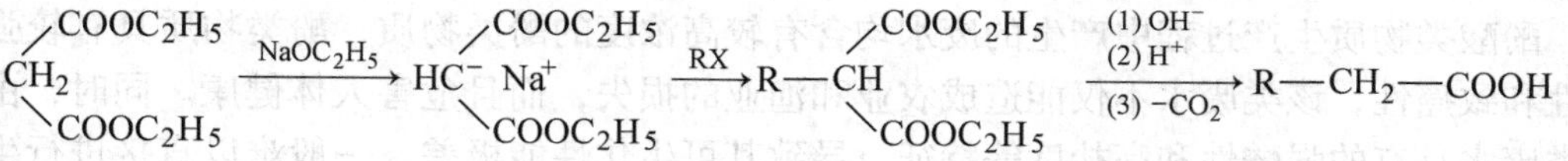

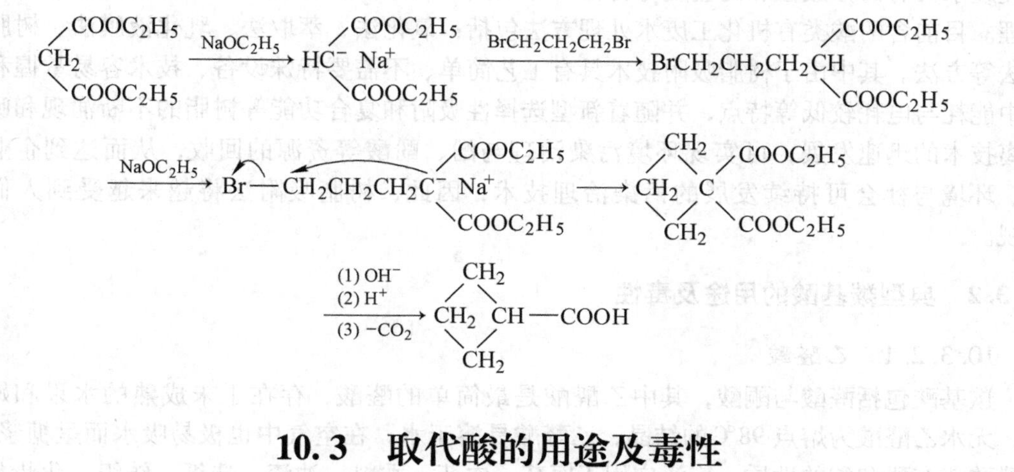

（反应式：丙二酸二乙酯 CH₂(COOC₂H₅)₂ 经 NaOC₂H₅ 生成 HC⁻Na⁺(COOC₂H₅)₂，经 RX 生成 R—CH(COOC₂H₅)₂，经 (1)OH⁻ (2)H⁺ (3)−CO₂ 生成 R—CH₂—COOH）

（反应式：丙二酸二乙酯经 NaOC₂H₅ 生成碳负离子，经 BrCH₂CH₂CH₂Br 生成 BrCH₂CH₂CH₂CH(COOC₂H₅)₂）

（反应式：经 NaOC₂H₅ 生成 Br—CH₂CH₂CH₂C⁻Na⁺(COOC₂H₅)₂ 分子内成环，生成环丁烷-1,1-二甲酸二乙酯）

（再经 (1)OH⁻ (2)H⁺ (3)−CO₂ 生成环丁烷甲酸）

# 10.3　取代酸的用途及毒性

## 10.3.1　典型羟基酸的用途及毒性

醇酸和酚酸都广泛存在于动植物界。常见的醇酸包括乳酸、苹果酸、柠檬酸、富马酸、酒石酸等，其中乳酸、苹果酸、柠檬酸、富马酸是生物体内代谢过程中重要的中间产物。因此这些物质极易被微生物降解。但醇酸的酸性一般大于所对应的羧酸，具有一定的腐蚀性。因而与醇酸接触时要做好防护措施。

#### 10.3.1.1 羟基乙酸

羟基乙酸是最简单的脂肪族羟基酸，又称乙醇酸或甘醇酸。在自然界中主要存在于甘蔗、甜菜和未成熟的葡萄中，但含量很少。羟基乙酸是一种重要的有机合成中间体和化工产品，广泛应用于化学清洗、日用化工、生物降解新材料及杀菌剂等领域。在羟基乙酸的生产过程中，产生的羟基乙酸废水可通过萃取回收的方法回收具有较高经济价值的羟基乙酸。这种方法工艺简单，操作方便，成本低，无二次污染产生，具有较好的经济效益和环境效益。

尽管羟基乙酸毒性较低，但其为强酸，有刺激性，与皮肤接触会发生严重肿痛。大鼠经口 LD50 为 1950mg/kg，现场操作人员要戴好防护用具，生产设备要严格密闭，工作现场要有良好的通风设备。

#### 10.3.1.2 典型酚酸

酚酸类有机物如水杨酸、对羟基苯甲酸、2，4-二羟基苯甲酸和 2，6-二羟基苯甲酸等，是重要的精细化工原料和中间体，它们广泛应用于染料、医药、农药、除草剂、香料和助剂等精细化工产品的合成。酚酸类物质由于取代基数量和结构的不同而有不同的溶解性能，其本身具有酚羟基和羧基的双重化学性能，有些酚酸类物质具有较强的刺激性和腐蚀性，如水杨酸和对羟基苯甲酸等。同时酚酸类物质是酚类物质的衍生精细化工产品，如水杨酸和二羟基苯甲酸分别是以苯酚和二元酚为原料生产的化工产品，因此，在酚酸的生产过程中，常伴随有大量高浓度含酚有毒有机化工废水的排放。

酚酸类物质生产过程中产生的废水均含有较高浓度的酚类物质，酚类物质具有较强的毒性和致癌性，该类废水不仅能造成农业和渔业的损失，而且危害人体健康。同时，由于该类废水具有的强酸性和高盐度等特征，导致其可生化性能极差，一般难以直接进行生化处理。目前含酚酸类有机化工废水处理方法包括：氧化法、萃取法、乳化液膜法、树脂吸附法等方法。其中由于树脂吸附技术具有工艺简单、不需要特殊设备、技术容易掌握和运行中能耗与电耗较低等特点，并随着新型选择性吸附和复合功能等树脂的不断涌现和吸附分离技术的迅速发展，可实现环境污染治理与酚、酚酸等资源的回收，从而达到企业生产、环境与社会可持续发展的污染治理技术，因此，树脂吸附法将越来越受到人们的重视。

### 10.3.2 典型羰基酸的用途及毒性

#### 10.3.2.1 乙醛酸

羰基酸包括醛酸与酮酸，其中乙醛酸是最简单的醛酸，存在于未成熟的水果和嫩叶中，无水乙醛酸为熔点 98℃ 的结晶，乙醛酸易溶于水，在空气中也极易吸水而呈糖浆状。乙醛酸兼有醛和酸的性质，广泛应用于医药、农药、香料、油漆、造纸、纺织、化妆品添加剂和氨基酸合成等领域。其最大用途是合成香兰素和尿囊素，其次是合成高效广谱化妆品防腐剂，市场需求量每年约以 10% 的速度增加。

乙醛酸有一定的毒性与腐蚀性，能刺激皮肤和黏膜。40% 产品大鼠经口 LD50 为

70mg/kg。因此，操作人员要注意穿戴好劳保用品，沾及皮肤时要用大量清水冲洗。

### 10.3.2.2　丙酮酸

丙酮酸是人体的一种成分，在人体内主要参与糖、脂肪等的代谢，也是碳水化合物代谢的中间产物之一。丙酮酸是一种很弱的有机酸，很不稳定，极易氧化，弱的氧化剂如 $Fe^{2+}$、$H_2O_2$ 都能将丙酮酸氧化成乙酸并放出 $CO_2$。在自然条件下，沸点为 165℃（分解），易溶于水。丙酮酸除具有羧酸和酮的性质外，还具有 α-酮酸的性质，丙酮酸是最简单的 α-酮酸，属于羰基酸。丙酮酸及其盐是一类重要的有机化工中间体，在有机合成工业中有广泛的应用。丙酮酸可以用于合成多种氨基酸，还是合成维生素 B6 和 B12、制备氢化阿托品酸及合成乙烯聚合物的重要原料。在农业方面可用于生产杀菌剂、除草剂，还可作为食品添加剂，应用于食品及酿酒工业。丙酮酸及盐在医学领域的应用也很广泛，可用于生产镇静剂、抗氧剂、抗病毒剂以及合成治疗高血压病的药物。近年来，丙酮酸钙神奇的减肥效果被发现，引起人们广泛的注意，国内众多的科学工作者已开展了大量的研究工作。

丙酮酸为无色的有刺激性臭味的液体，有一定的刺激性，大鼠经口 LD50 为 2100mg/kg。现场操作人员要戴好防护用具，沾染皮肤或眼睛时要用大量清水冲洗。

### 10.3.2.3　乙酰乙酸及其酯

乙酰乙酸是 β-酮酸的典型代表，它是机体内脂肪代谢的中间产物。乙酰乙酸只在低温下稳定，在室温以上即易脱羧而成丙酮。乙酰乙酸可以与水和醇混溶。具有弱酸性。乙酰乙酸在碱溶液中更加稳定。37℃时，酸性溶液中的乙酰乙酸半衰期为 140min，在碱性溶液中则为 130h。

乙酰乙酸的酯是稳定的化合物，在有机合成中是十分重要的物质。一般常用的是乙酰乙酸的乙酯。乙酰乙酸乙酯是一种重要的有机合成原料，在医药上用于合成氨基吡啉、维生素 B 等，亦用于偶氮黄色染料的制备，还用于调和苹果香精及其他果香香精。在农药生产上用于合成有机磷杀虫剂蝇毒磷的中间体 α-氯代乙酰乙酸乙酯、嘧啶氧磷的中间体，杀菌剂恶霉灵，除草剂咪唑乙烟酸，杀鼠剂杀鼠醚、杀鼠灵等，也是杀菌剂新品种嘧菌环胺、氟嘧菌胺、呋吡菌胺及植物生长调节剂杀雄啉的中间体，此外，乙酰乙酸乙酯也广泛用于医药、塑料、染料、香料、清漆及添加剂等行业。

乙酰乙酸乙酯对皮肤有刺激作用。吸入、摄入或经皮肤吸收后对身体有害。对眼睛、黏膜和上呼吸道有刺激作用。因此，密闭操作时，注意通风。空气中浓度超标时，必须佩戴自吸过滤式防毒面具（半面罩）。紧急事态抢救或撤离时，应该佩戴空气呼吸器。另外，乙酰乙酸乙酯可燃，具刺激性，工作现场要严禁吸烟。

## 新研究进展

丙二酸二乙酯由于分子中含有一个被两个吸电子基团的羰基活化了的活泼亚甲基，而活泼亚甲基在碱的作用下可以形成稳定的碳负离子，既而发生亲核取代或加成反应。作为重要的精细化工原料和中间体，丙二酸二乙酯及其衍生物在香料、聚酯、染料、医药等行业有着广泛的应用。

在众多合成丙二酸二乙酯的方法中，氰化钠法、酯交换法、酯化反应法和羰基化法是目前主要的生产丙二酸二乙酯的方法。但是，这些合成方法均存在一些问题。其中，氰化钠法的工艺相对比较成熟，但是工艺流程长，总收率偏低，且使用剧毒物质氰化钠，环境污染严重；酯交换法的工艺流程短，收率高，但原料丙二酸二甲酯是由氰化钠法合成的，价格较高且生产过程污染环境；酯化反应法催化剂活性高，反应条件温和，但是原料比较昂贵，实质上并没有从根本上实现对氰化钠的取代，环境污染问题依然严重；羰基化法虽然工艺流程短，转化率和选择性比较好，但是需要高温、高压的条件，且副反应多，反应条件比较苛刻，催化剂存在分离与回收的问题。

近年来，随着我国居民在保健和医疗领域的关注度不断提高，我国的医疗与保健行业也必定会飞速发展，这必然会导致丙二酸二乙酯的需求量不断增加。新研究采用碳酸二乙酯与乙酸乙酯作为反应原料，通过克莱门森酯缩合反应生成丙二酸二乙酯，并联产乙酰乙酸乙酯。碳酸二乙酯是一个没有 α-H 的酯，而乙酸乙酯是一个有三个 α-H 的酯，两者在一定的碱性催化条件下可以发生克莱门森交叉酯缩合反应，生成丙二酸二乙酯和乙醇。同时，在该体系中也会发生两分子乙酸乙酯自身缩合的反应，生成乙酰乙酸乙酯。

在上述反应中，由于反应原料碳酸二乙酯不含氢，副反应较少，同时联产的乙酰乙酸乙酯也具有广泛的用途，因此，本反应路线原子利用率较高，具有较高的经济价值。此外，原料碳酸二乙酯是由碳酸二甲酯与乙醇通过酯交换反应制得的，而碳酸二甲酯的生产是通过环氧乙烷与二氧化碳反应得到的。在该合成工艺路线中，环氧乙烷作为载体可联产二元醇，而二元醇是一种用途广泛的化工原料。整个工艺充分利用了国内廉价易得的工业废气二氧化碳和甲醇，形成了以二氧化碳为原料，合成碳酸二甲酯，再酯交换得到碳酸二乙酯，最后用于生成丙二酸二乙酯的绿色生产工艺。整个工艺具有原料无毒、生产过程无"三废"污染等优点。此外，还利用了温室气体二氧化碳，符合绿色化工的理念。

## 习　题

**10－1**  命名下列化合物：

(1) $HOCH_2\overset{\underset{\displaystyle CH_3}{|}}{CH}CH_2COOH$;

(2) $(CH_3)_2CH\overset{\underset{\displaystyle O}{\|}}{C}CH_2COOCH_3$;

(3) $CH_3CH_2COCH_2CHO$;

(4) $(CH_3)_2C\!=\!CHCH_2\overset{\underset{\displaystyle ON}{\|}}{C}HCH_3$;

(5) $ClCOCH_2COOH$;

(6) 

(7) 
;

(8) 
。

**10－2**  用简单化学方法鉴别下列各组化合物：

(1) $CH_3CH_2CH_2COCH_2COOCH_3$、
与
;

（2） $CH_3CH_2CH_2COCH_3$ 与 $CH_3COCH_2COCH_3$。

**10-3** 写出下列反应的主要产物：

（1）
$$CH_3COCHCOOC_2H_5 \underset{(2)\,H^+,H_2O}{\overset{(1)\,稀OH^-,\,\triangle}{\longrightarrow}}$$
$$\underset{CH_3}{|}$$

（2）
$$CH_3COCHCO_2CH_3 \overset{浓\,NaOH}{\underset{\triangle}{\longrightarrow}}$$
$$\underset{CH_2CO_2CH_3}{|}$$

（3）
$$CH_3CH_2CHCOOH \overset{\triangle}{\longrightarrow}$$
$$\underset{OH}{|}$$

（4）
$$\overset{\triangle}{\underset{稀\,H^+}{\longrightarrow}}$$ （环己烷 1,1-位取代 COOCH_3 和 COCH_3）

（5）
$$\overset{\triangle}{\longrightarrow}$$ （环戊酮 2-位取代 CH_2CH_2CH_3 和 COOH）

（6）
$$HOOCCH_2COCCOOH \overset{\triangle}{\longrightarrow}$$
$$\overset{CH_3}{\underset{CH_3}{|}}$$

（7）
$$CH_3CH_2CHCOOH \overset{NaOH\cdot H_2O}{\underset{\triangle}{\longrightarrow}}$$
$$\underset{Cl}{|}$$

（8）
$$CH_3CHCH_2COOH \overset{\triangle}{\longrightarrow}$$
$$\underset{OH}{|}$$

（9）
$$\overset{NaOH\cdot H_2O}{\underset{\triangle}{\longrightarrow}}$$ （γ-甲基-γ-丁内酯）

（10）
$$CH_3CH_2CCOOH \overset{稀\,H_2SO_4}{\underset{\triangle}{\longrightarrow}}$$
$$\overset{CH_3}{\underset{OH}{|}}$$

（11）
$$CH_3CH_2COCO_2H \overset{稀\,H_2SO_4}{\underset{\triangle}{\longrightarrow}}$$

**10-4** 完成下列转化：

（1）
$$\text{（2-甲氧羰基环己酮）} \longrightarrow \text{（2-(丙酮基)环己酮 CH}_2COCH_3\text{）}$$

(2) 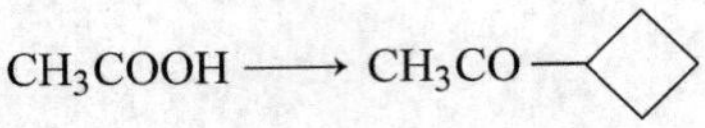 $CH_3COOH \longrightarrow CH_3CO-\square$

(3) $CH_3\overset{O}{\overset{\|}{C}}(CH_2)_4\overset{O}{\overset{\|}{C}}OC_2H_5 \xrightarrow[(2)\,H^+]{(1)\,C_2H_5ONa}$

(4) 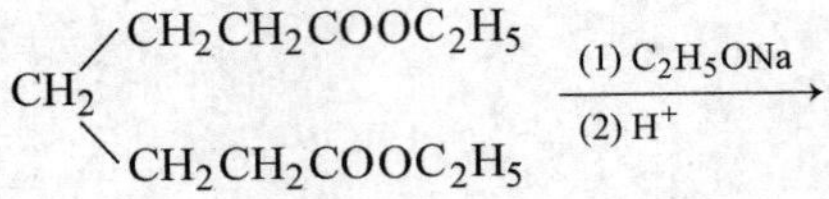 $CH_2\overset{\displaystyle CH_2CH_2COOC_2H_5}{\underset{\displaystyle CH_2CH_2COOC_2H_5}{\Big\langle}} \xrightarrow[(2)\,H^+]{(1)\,C_2H_5ONa}$

(5) 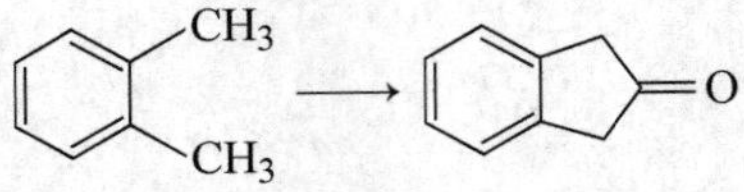 $\longrightarrow$

**10-5** 有一含 C、H、O 的有机物，经实验有以下性质：(1) A 呈中性，且在酸性溶液中水解得 B 和 C；(2) 将 B 在稀硫酸中加热得到丁酮；(3) C 是甲乙醚的同分异构体，并且有碘仿反应。试推导出 A、B、C 的结构式，并给出推断过程。

# 11 含氮化合物

**本章要点:**

(1) 硝基化合物命名与主要化学性质;

(2) 胺的分类、命名、结构;

(3) 胺的化学性质;

(4) 含氮有机污染物。

在有机化合物中,除 C、H、O 三种元素外,N 是第四种常见元素。有机含氮化合物的种类很多,范围也很广,它们的结构特征主要是含有碳氮键(C—N、C=N、C≡N),有的还含有 N—N、N=N、N≡N、N—O、N=O 及 N—H 键等。许多含氮的有机化合物可以看做是某些无机氮的衍生物(表 11-1)。本章将主要讨论硝基化合物、胺、重氮与偶氮化合物。

**表 11-1 某些含氮无机物与有机物**

| 无机氮化合物 | | 有机氮化合物 | |
|---|---|---|---|
| 名称 | 结构式 | 名称 | 结构式 |
| 氨 | $NH_3$ | 胺 | $RNH_2$,$ArNH_2$ <br> $R_2NH$,$(Ar)_2NH$ <br> $R_3N$,$(Ar)_3N$ |
| 氢氧化铵 | $NH_4OH$ | 季铵碱 | $R_4N^+OH^-$ |
| 铵盐 | $NH_4Cl$ | 季铵盐 | $R_4N^+Cl^-$ |
| 硝酸 | $HO—NO_2$ | 硝基化合物 | $R—NO_2$,$Ar—NO_2$ |
| 亚硝酸 | $HO—NO$ | 亚硝基化合物 | $R—NO$,$Ar—NO$ |

## 11.1 硝基化合物

由硝酸和亚硝酸可以导出四类含氮的有机物,即硝酸酯、亚硝酸酯、硝基化合物和亚硝基化合物:

$$H—O—NO_2 \qquad R—O—NO_2 \qquad R—NO_2$$

硝酸 硝酸酯 硝基化合物

$$H—O—N=O \qquad R—O—N=O \qquad R—N=O$$

亚硝酸　　　　　　　亚硝酸酯　　　　　　　亚硝基化合物

分子中含有—$NO_2$ 官能团的化合物统称为硝基化合物，含有—NO 官能团的化合物统称为亚硝基化合物。硝基化合物与亚硝基化合物可看成是烃分子中的一个或几个氢原子被硝基或亚硝基取代的结果。

应该注意的是，在酯的分子中，与碳原子相连的是氧原子，而在硝基化合物或亚硝基化合物中，与碳原子相连的是氮原子。也就是酯是酸中的氢被烃基取代的衍生物，而硝基化合物或硝基化合物中是酸中的—OH 被烃基取代的衍生物。硝基化合物与相应的亚硝酸酯是同分异构体。

### 11.1.1　硝基化合物分类、命名与结构

#### 11.1.1.1　分类

硝基化合物根据烃基不同可分为：脂肪族硝基化合物 R—$NO_2$ 和芳香族硝基化合物 $ArNO_2$。根据硝基的数目可分为一硝基化合物和多硝基化合物，根据碳原子不同可分为伯、仲、叔硝基化合物等。

#### 11.1.1.2　命名

硝酸酯和亚硝酸酯的命名与有机酸酯相同：

$$CH_3—O—NO_2 \qquad \begin{matrix} CH_2—O—NO_2 \\ | \\ CH—O—NO_2 \\ | \\ CH_2—O—NO_2 \end{matrix} \qquad CH_3CH_2—O—NO$$

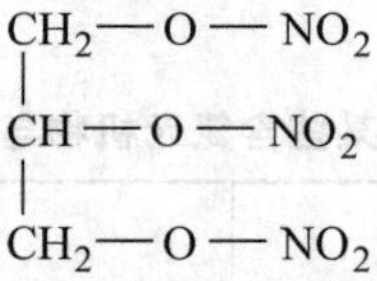

硝酸甲酯　　　　　　　三硝酸甘油酯　　　　　　　亚硝酸乙酯

硝基化合物和亚硝基化合物则将 $NO_2$— 和 NO— 当做取代基：

$CH_3NO_2$

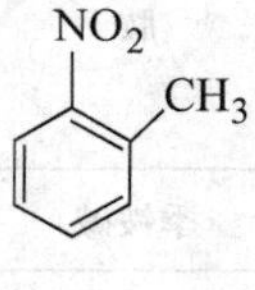

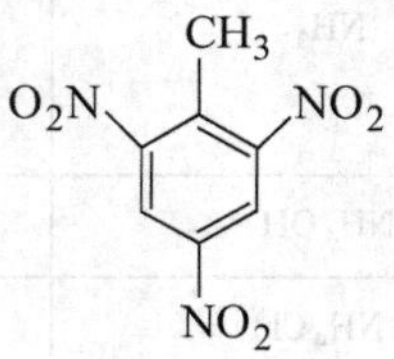

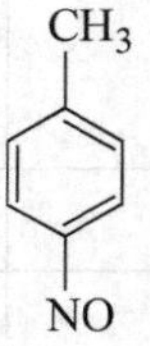

硝基甲烷　　　　邻硝基甲苯　　　　2,4,6- 三硝基甲苯　　　　对亚硝基甲苯

#### 11.1.1.3　硝基化合物的结构

硝基化合物可用通式 $RNO_2$ 或 $ArNO_2$ 表示。硝基是由一个 N=O 和一个 N→O 配位键组成的，所以硝基化合物的构造式可表示为：

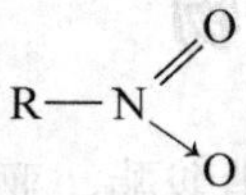

$$R—N\begin{matrix}=O\\ \\ \searrow O\end{matrix} \qquad 或 \qquad R—\overset{+}{N}\begin{matrix}=O\\ \\ \searrow O^-\end{matrix}$$

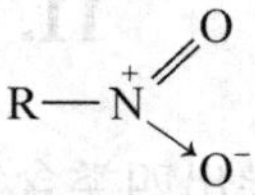

电子衍射法证明：硝基中两个氮氧键的键长是完全相同的，这是因为硝基氮原子以 $sp^2$ 杂化，形成三个共平面的 σ 键，未参加杂化的具有一对孤对电子的 p 轨道与两个氧原子上的 p 轨道形成 p-π 共轭体系，两个 N=O 键是等价的，硝基氮带正电荷，负电荷则

平均分配在两个氧原子上。

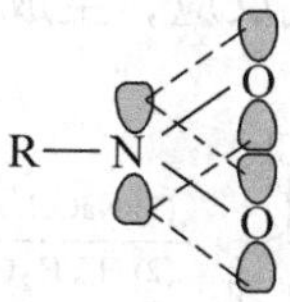

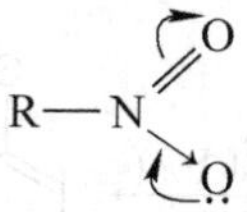

由于键长的平均化，硝基中的两个氧原子是等同的，可用共振结构表示如下：

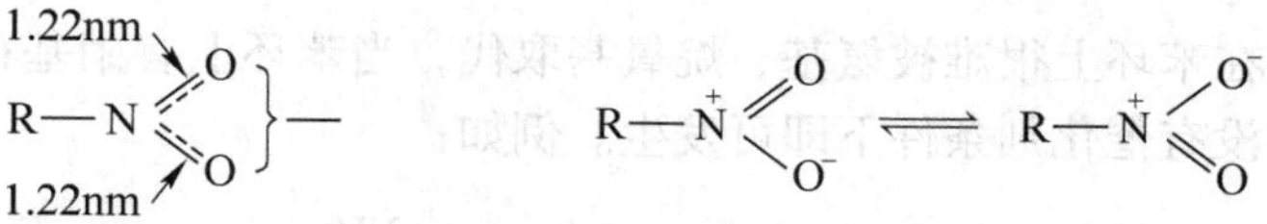

硝基是强吸电子基团，因此硝基化合物是高偶极矩化合物，根据 R 的不同，偶极矩在 3.5D 和 4.0D 之间。

## 11.1.2 硝基化合物的物理性质

脂肪族硝基化合物多数是油状液体，芳香族硝基化合物除了硝基苯是高沸点液体外，其余多是淡黄色固体，有苦杏仁气味，味苦。不溶于水，易溶于有机溶剂，液体的硝基化合物是有机化合物的良好的溶剂。

硝基具有强极性，所以硝基化合物是极性分子，有较高的沸点和密度。随着分子中硝基数目的增加，其熔点、沸点和密度增大，苦味增加，热稳定性减少，受热易分解爆炸（如 TNT 是强烈的炸药）。

多数硝基化合物有毒性，可透过皮肤被机体吸收，生产上尽可能不采用它，在贮存和使用硝基化合物时应注意安全。

## 11.1.3 硝基化合物的化学性质

### 11.1.3.1 还原反应

硝基化合物在强还原剂作用下可还原为胺，例如，硝基苯在酸性还原系统中（Fe、Zn、Sn 和盐酸）还原产物是苯胺：

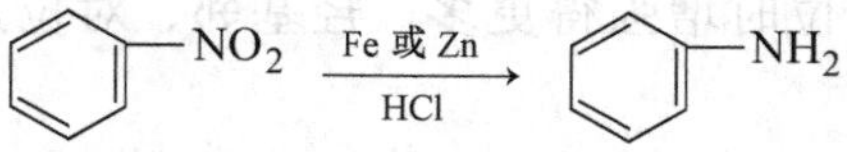

若选用适当的还原剂，可使硝基苯还原成各种不同的中间还原产物，这些中间产物又在一定的条件下互相转化，如：

$$ArNO_2 \xrightarrow{[H]} ArNO \xrightarrow{[H]} ArNHOH \xrightarrow{[H]} ArNH_2$$

### 11.1.3.2 硝基对苯环上其他基团的影响

硝基同苯环相连后，对苯环呈现出强的吸电子诱导效应和吸电子共轭效应，使苯环上的电子云密度大为降低，亲电取代反应变得困难，但硝基可使邻、对位基团的反应活性（亲核取代）增加。

### A 硝基对邻、对位卤原子的影响

氯苯分子中氯原子不活泼，将氯苯与氢氧化钠溶液共热到200℃，也不能水解生成苯酚。当氯苯的邻位或对位有硝基时，由于—NO$_2$的强吸电子作用，苯环上与氯原子相连的碳原子正电性增强，易被亲核试剂进攻发生亲核取代反应，生成相应的硝基苯酚：

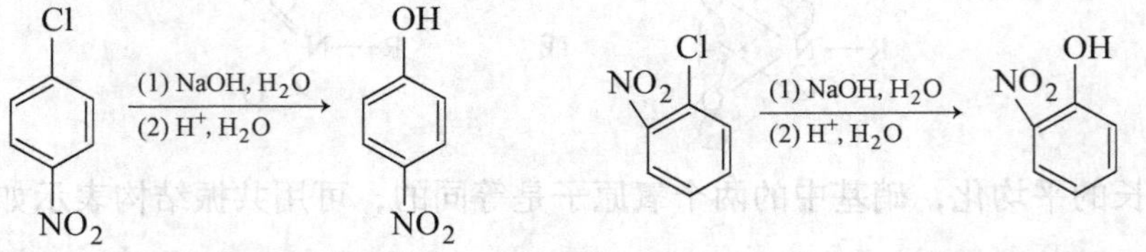

卤素直接连接在苯环上很难被氨基、烷氧基取代，当苯环上有硝基存在时，则卤代苯的氨化、烷基化在没有催化剂条件下即可发生。例如：

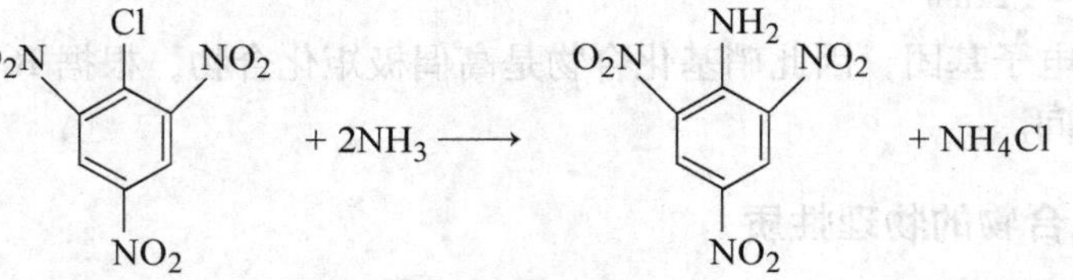

以对硝基卤苯为例，硝基的强吸电子效应使苯环上电子云密度降低，卤原子相连的碳原子容易受到亲核试剂的进攻，其亲核取代反应机理为加成-消去反应：

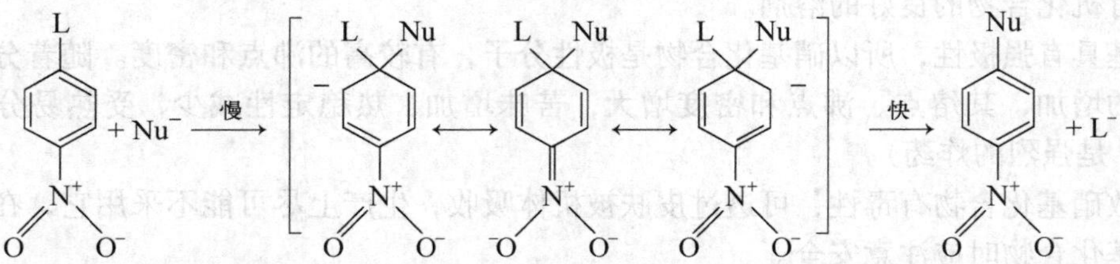

由于处于卤原子邻、对位上的硝基可以使中间体的负电荷得到分散，稳定性增加，因此，硝基可使邻、对位基团的亲核取代反应活性增加，但对间位上的卤原子则影响非常弱。

**B　硝基使酚的酸性增强**

苯酚具有弱酸性，当苯环上引入硝基时，酸性增强。当硝基处于酚羟基的邻位或对位时，其酸性要比硝基处于间位时增强得更多。羟基邻、对位连的硝基越多，酸性越强。例如：

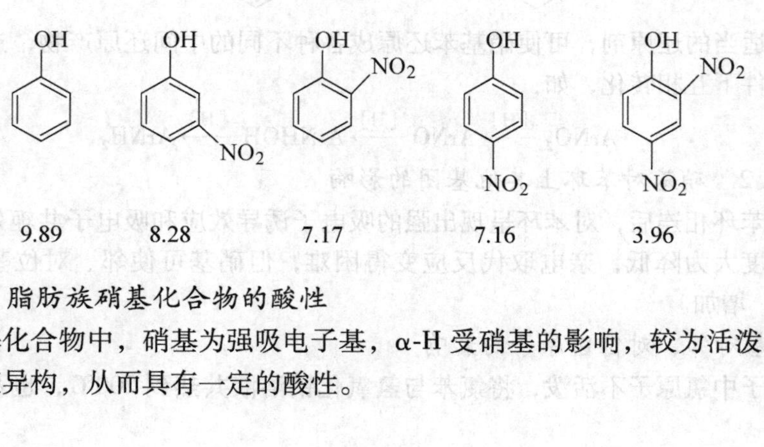

| | | | | | |
|---|---|---|---|---|---|
| p$K_a$ | 9.89 | 8.28 | 7.17 | 7.16 | 3.96 |

#### 11.1.3.3　脂肪族硝基化合物的酸性

脂肪族硝基化合物中，硝基为强吸电子基，α-H受硝基的影响，较为活泼，可发生类似酮–烯醇互变异构，从而具有一定的酸性。

$$R-CH_2-\overset{+}{N}\overset{O}{\underset{O^-}{\parallel}} \Longleftrightarrow R-CH=\overset{+}{N}\overset{OH}{\underset{O^-}{\parallel}}$$

酮式（硝基式）　　　　　烯醇式（假酸式）

烯醇式中连在氧原子上的氢相当活泼，反映了分子的酸性，称假酸式，其能与强碱成盐，所以含有 α-H 硝基化合物可溶于氢氧化钠溶液中：

$$R-CH_2-NO_2 + NaOH \longrightarrow [R-CH-NO_2]^-Na^+ + H_2O$$

无 α-H 硝基化合物则不溶于氢氧化钠溶液。利用这个性质，可鉴定是否含有 α-H 的伯、仲硝基化合物和叔硝基化合物。

# 11.2　胺

胺广泛存在于生物界，具有重要的生理作用。蛋白质、核酸、含氮激素、抗生素、生物碱等都可看做是胺的衍生物。

## 11.2.1　胺的分类、命名与结构

### 11.2.1.1　分类

胺是指氨分子中的氢原子被烃基（饱和或不饱和链烃基、脂环烃基、芳烃基）取代而成的一系列衍生物。氮原子上连有 1 个、2 个和 3 个烃基的胺分别称为伯胺（$RNH_2$）、仲胺（$R_2NH$）和叔胺（$R_3N$）。例如：

$$CH_3NH_2 \qquad \text{苯}-CH_2-NH-CH_3 \qquad CH_3-N\overset{CH_2CH_3}{\underset{CH_2CH_3}{\diagdown}} \qquad （脂肪胺）$$

$$NH_3$$

$$H_2N-\text{苯}-NH_2 \qquad \text{苯}-NH-\text{苯} \qquad H_3C-\text{苯}-N(CH_3)_2 \quad （芳香胺）$$

氨　　　　伯胺(1°胺)　　　　仲胺(2°胺)　　　　　叔胺(3°胺)

胺的这种分类方法与醇、卤代烃不同。伯、仲、叔胺是由 $NH_3$ 分子中氮原子上的氢被烃基取代的个数来确定的，而卤代烃和醇的伯、仲、叔分类则是根据卤素或羟基所连接的碳原子的类型而定。例如：

$$CH_3-\overset{CH_3}{\underset{NH_2}{\overset{|}{C}}}-CH_3 \qquad\qquad CH_3-\overset{CH_3}{\underset{OH}{\overset{|}{C}}}-CH_3$$

叔丁胺（一级胺）　　　　　　叔丁醇（三级醇）

胺还可根据氮原子所连接烃基的不同，分为脂肪胺和芳香胺。氮原子上连接脂肪烃基的胺称为脂肪胺，芳基与氮原子直接相连的胺称为芳香胺。根据分子中所含氨基的数目，又有一元胺、二元胺和多元胺之分。

相应于氢氧化铵和铵盐的四烃基取代物，分别称为季铵碱和季铵盐。

$$R_4N^+OH^- \qquad\qquad R_4N^+Cl^-$$

季铵碱           季铵盐

另外，还要注意"氨""胺""铵"字的用法：在表示基团时，如氨基、亚氨基，用"氨"；表示 $NH_3$ 的烃基衍生物时，用"胺"；而季铵类化合物则用"铵"。

### 11.2.1.2　命名

伯胺是由所含烃基来命名的：

$$CH_3NH_2 \qquad\qquad \text{苯环}-NH_2 \qquad\qquad CH_3-\text{苯环}-NH_2 \qquad\qquad NH_2CH_2CH_2NH_2$$

甲胺       苯胺       对甲苯胺       乙二胺

对应脂肪仲胺和叔胺，如果连有相同烃基时，需表示出其数目；含不同烃基时，按次序规则将较优基团写在后面：

$$CH_3NHCH_3 \qquad CH_3NCH_3(CH_3) \qquad \text{苯}-NH-\text{苯} \qquad CH_3NHC_2H_5$$

二甲胺     三甲胺     二苯胺     甲乙胺

芳香仲胺和叔胺，需在基团前加"N"字，以表示此烃基直接连接在氮原子上，而不是连在芳香环上：

$$\text{苯}-NHCH_3 \qquad \text{苯}-N(CH_3)-C_2H_5 \qquad \text{苯}-N(CH_3)_2$$

N- 甲基 - 苯胺     N- 甲基 -N- 乙基苯胺     N，N- 二甲基苯胺

对于结构复杂的伯胺，将氨基作为取代基，以烃或其他官能团为母体，取代基按次序规则将较优基团列在后：

$$CH_3-CH(CH_3)-CH_2-CH(NH_2)-CH_3 \qquad\qquad H_2N-\text{苯}-COOH$$

2- 甲基 -4- 氨基戊烷        对氨基苯甲酸

季铵类化合物命名与铵盐相似：

$$(CH_3)_4N^+OH^- \qquad\qquad \left[ CH_3-\overset{\overset{\displaystyle CH_3}{|}}{\underset{\underset{\displaystyle CH_3}{|}}{N^+}}-C_2H_5 \right] Cl^-$$

氢氧化四甲铵        氯化三甲基乙基铵

### 11.2.1.3　胺的结构

胺的结构与氨相似，氮原子在成键时，发生了轨道的杂化，形成四个 $sp^3$ 杂化轨道，

其中三个轨道分别与氢或碳原子形成三个 σ 键，未共用电子对占据另一个 sp$^3$ 杂化轨道，分子呈棱锥形结构：

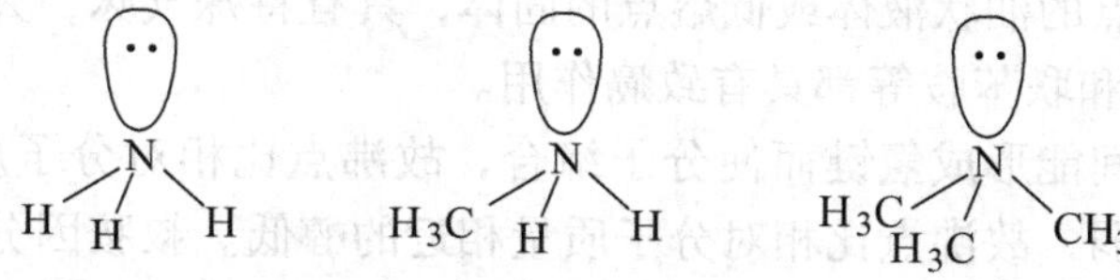

氨　　　　　　　　甲胺　　　　　　　　三甲胺

正是因为胺是棱锥形结构，因此，当氮原子上连有三个不同的原子或基团时，它就应该是手性分子，因而存在一对对映体：

但是，对于简单的胺来说，这样的对映体尚未被分离出来，原因是胺的两种棱锥形排列之间的能垒相当低，可以迅速相互转化。三烷基胺对映体之间的相互转化速度，每秒钟大约 $10^3 \sim 10^5$ 次，这样的转化速度，现代技术尚不能把对映体分离出来。但如果氮原子上连有的四个不同的基团若能制约或限制这种迅速互变，那么，这对对映体就应该可以拆分，事实也是如此。如：季铵盐、氧化胺等手性化合物就可以拆分成一对较为稳定的对映体。

在芳香胺中，苯环倾向于与氮上的孤对电子占据的轨道形成 p-π 共轭，即它们与苯环不共平面，只发生了部分重叠，使 H—N—H 键角较大为 113.9°，苯环平面与 H—N—H 平面交叉角度为 39.4°。

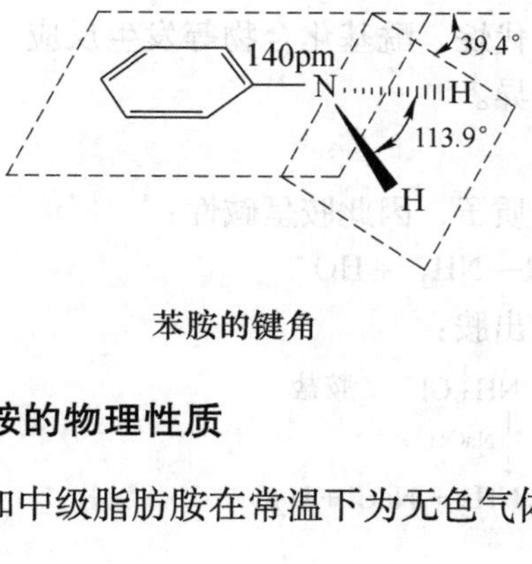

苯胺的键角 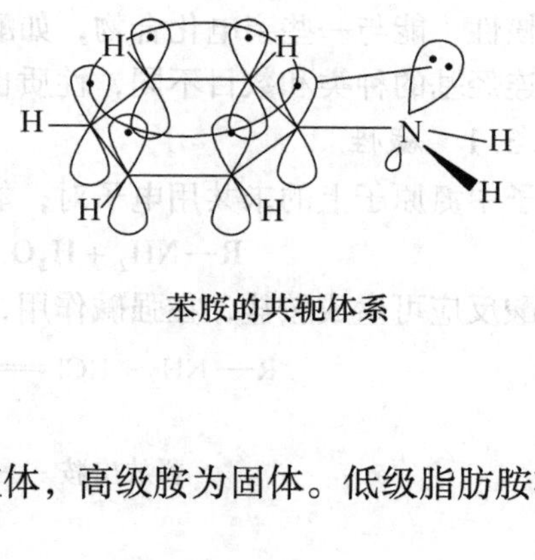　　　　　　　　　　　　苯胺的共轭体系

## 11.2.2　胺的物理性质

低级和中级脂肪胺在常温下为无色气体或液体，高级胺为固体。低级脂肪胺有难闻的

臭味。如二甲胺和三甲胺有鱼腥味，肉和尸体腐烂后产生的 1，4-丁二胺（腐肉胺）和 1，5-戊二胺（尸胺）有恶臭味。

芳香胺多为高沸点的油状液体或低熔点的固体，具有特殊气味，并有较大的毒性。许多芳香胺，如 β-萘胺和联苯胺等都具有致癌作用。

伯胺、仲胺分子间能形成氢键而使分子缔合，故沸点比相对分子质量相近的烷烃高，但胺的缔合能力比醇弱，故沸点比相对分子质量相近的醇低。叔胺因分子中氮原子上没有氢，因而不能形成分子间氢键，沸点较低。在碳原子数相同的脂肪胺中，伯胺、仲胺、叔胺的沸点依次降低。伯、仲、叔胺皆能与水形成氢键。低级脂肪胺可溶于水，随着烃基在分子中的比例增大，形成氢键的能力减弱，因此，中级、高级脂肪胺及芳香胺微溶或难溶于水。胺大都能溶于有机溶剂。季铵盐具有高的熔点，易溶于水。表 11 - 2 列出了一些胺的物理常数。

表 11 - 2　一些胺的物理常数

| 名　称 | 熔点/℃ | 沸点/℃ | 溶解度（g/100g 水） |
|---|---|---|---|
| 甲　胺 | -92.5 | -6.7 | 易溶 |
| 二甲胺 | -92.2 | 6.9 | 易溶 |
| 三甲胺 | -117.1 | 9.9 | 91 |
| 乙　胺 | -80.6 | 16.6 | ∞ |
| 二乙胺 | -50.0 | 55.5 | 易溶 |
| 三乙胺 | -114.7 | 89.4 | ∞ |
| 正丙胺 | -83.0 | 48.7 | ∞ |
| 正丁胺 | -50.0 | 77.8 | ∞ |
| 苯　胺 | -6.0 | 184.4 | 3.7 |
| N-甲苯胺 | -57.0 | 196.3 | 易溶 |
| N，N-二甲苯胺 | 2.5 | 194.2 | 不溶 |
| 二苯胺 | 52.9 | 302.0 | 不溶 |
| 三苯胺 | 126.5 | 365.0 | 不溶 |

## 11.2.3　胺的化学性质

胺的化学性质主要取决于它的官能团——氨基。由于氨基氮原子上具有孤对电子，因而胺有亲核性，能与一些亲电化合物，如酸、卤代烷、酰基化合物等发生反应。不同胺因氮原子所连烃基的种类和数目不同，性质也有差异。

### 11.2.3.1　碱性

胺分子中氮原子上的未共用电子对，能接受质子，因此胺呈碱性：

$$R—NH_2 + H_2O \Longrightarrow R—NH_3^+ + HO^-$$

胺与酸反应可生成胺盐，在强碱作用，释放出胺：

$$R—NH_2 + HCl \Longrightarrow R—NH_3^+Cl^-　胺盐$$

$$\Big\downarrow NaOH$$

$$释放出胺 \longrightarrow R—NH_2 + NaCl + H_2O$$

胺的碱性强弱取决于氮原子上未共用电子对和与质子结合的难易，而氮原子接受质子的能力，又与氮原子上电子云密度大小以及氮原子上所连基团的空间位阻有关。

脂肪族胺的氨基氮原子上所连接的基团是脂肪族烃基。从供电子诱导效应看，氮原子上烃基数目增多，则氮原子上电子云密度增大，碱性增强。因此脂肪族仲胺碱性比伯胺强，它们碱性都比氨强：

$$NH_3 < C_2H_5{—}NH_2 < C_2H_5{—}NH{—}C_2H_5$$

但从烃基的空间效应看，烃基数目增多，空间位阻也相应增大，三甲胺中三个甲基的空间效应比给电子作用更显著，所以三甲胺的碱性比二甲胺要弱。

$$\underset{\underset{C_2H_5}{|}}{C_2H_5{—}N{—}C_2H_5} < C_2H_5{—}NH{—}C_2H_5$$

此外，在极性溶剂中，叔胺的碱性却比仲胺弱。这是因为脂肪胺在水中的碱性强度，不仅取决于氮原子上的电子云密度，也取决于它结合质子后所形成的取代铵离子是否容易溶剂化。胺中氮原子上的氢越多，则与水形成氢键的机会越多，溶剂化程度也越高，取代铵离子就越稳定，碱性也就越强。

$$\underset{\underset{C_2H_5}{|}}{\overset{\overset{C_2H_5}{|}}{C_2H_5{—}N^+{—}H}}\text{----}OH_2 < \underset{\underset{H\text{----}OH_2}{|}}{\overset{\overset{C_2H_5}{|}}{C_2H_5{—}N^+{—}H}}\text{----}OH_2$$

从诱导效应看，胺中氮原子上烷基越多，碱性也就越强；而从溶剂化效应看，烷基越多，则氮原子上的氢就越少，溶剂化程度就越低，碱性也就越弱。伯、仲、叔胺碱性的强弱，主要受电子效应、空间效应、溶剂化效应等因素的制约。这种作用有时一致，有时矛盾，各种胺碱性的强弱是这些因素综合影响的结果。

水溶液中胺的碱性强弱是多种因素共同影响的结果。脂肪族胺中仲胺碱性最强，伯胺次之，叔胺最弱，但它们的碱性都比氨强。其碱性按大小顺序排列如下：

$$(CH_3)_2NH(仲) > CH_3NH_2(伯) > (CH_3)_3N(叔) > NH_3$$
$pK_b$　　　　3.27　　　　　　3.38　　　　　　4.21　　　　4.75

芳香胺的碱性比氨弱，而且三苯胺的碱性比二苯胺弱，二苯胺比苯胺弱。这是由于苯环与氮原子核发生吸电子共轭效应，使氮原子电子云密度降低，同时阻碍氮原子接受质子的空间效应增大，而且这两种作用都随着氮原子上所连接的苯环数目增加而增大。因此芳香胺的碱性是：$NH_3 >$ 苯胺 > 二苯胺 > 三苯胺。

季胺碱因在水中可完全电离，因此是强碱，其碱性与氢氧化钾相当。

$$R_4N^+OH^- + HCl \longrightarrow R_4N^+Cl^- + H_2O$$
$$R_4N^+Cl^- + AgOH \longrightarrow R_4N^+OH^- + AgCl$$

### 11.2.3.2　氧化反应

胺容易氧化，用过氧化氢即可使脂肪伯胺及仲胺氧化，分别得到肟或羟胺。叔胺氧化得氧化胺。

$$R-CH_2NH_2 \xrightarrow{H_2O_2} R-CH=N-OH \qquad 肟$$

$$R_2NH \xrightarrow{H_2O_2} R_2N-OH \qquad 羟胺$$

$$(CH_3)_3N \xrightarrow{H_2O_2} CH_3 - \overset{\overset{\displaystyle CH_3}{|}}{\underset{\underset{\displaystyle CH_3}{|}}{N^+}} - O^- \qquad 氧化胺$$

芳胺很容易氧化，例如，新的纯苯胺是无色的，但暴露在空气中很快就变成黄色然后变成红棕色。用氧化剂处理苯胺时，生成复杂的混合物。在一定的条件下，苯胺的氧化产物主要是对苯醌。

$$\underset{\text{NH}_2}{\bigcirc} \xrightarrow[\text{H}_2\text{SO}_4, 10℃]{\text{MnO}_2} \underset{\text{O}}{\overset{\text{O}}{\bigcirc}} \xrightarrow{[O]} 苯胺黑$$

### 11.2.3.3 烷基化反应

胺是一种亲核试剂，可以与卤代烷或活泼芳卤发生亲核取代反应，在胺的氮原子上引入烷基，故称烷基化反应。

在反应过程中，氨作为亲核试剂与卤代烷作用，生成的伯胺盐在过量 $NH_3$ 的作用下可以得到部分伯胺。伯胺继续与卤代烷作用，使氨基上的氢原子逐步被烷基取代。因此，卤代烷与氨作用得到的往往是伯、仲、叔胺和季铵盐的混合物：

$$NH_3 + CH_3CH_2I \longrightarrow CH_3CH_2NH_3^+ I^- \overset{NH_3}{\rightleftharpoons} CH_3CH_2NH_2 + NH_4I$$

$$CH_3CH_2NH_2 + CH_3CH_2I \longrightarrow (CH_3CH_2)_2NH_2^+ I^- \overset{NH_3}{\rightleftharpoons} (CH_3CH_2)_2NH + NH_4I$$

$$(CH_3CH_2)_2NH + CH_3CH_2I \longrightarrow (CH_3CH_2)_3NH^+ I^- \overset{NH_3}{\rightleftharpoons} (CH_3CH_2)_3N + NH_4I$$

$$(CH_3CH_2)_3N + CH_3CH_2I \longrightarrow (CH_3CH_2)_4N^+ I^-$$

### 11.2.3.4 酰基化反应

伯胺和仲胺与 $NH_3$ 类似，可作为亲核试剂与酰卤、酸酐和酯反应，生成酰胺，这种反应称为胺的酰基化反应。产物是 N-取代酰胺或 N，N-二取代酰胺。

$$R-\overset{\overset{\displaystyle O}{\|}}{C}-Cl + NH_3 \longrightarrow R-\overset{\overset{\displaystyle O}{\|}}{C}-NH_2 + HCl$$

$$R-\overset{\overset{\displaystyle O}{\|}}{C}-Cl + RNH_2 \longrightarrow R-\overset{\overset{\displaystyle O}{\|}}{C}-NHR + HCl$$

$$R-\overset{\overset{\displaystyle O}{\|}}{C}-Cl + R_2NH \longrightarrow R-\overset{\overset{\displaystyle O}{\|}}{C}-NR_2 + HCl$$

因叔胺氮原子上没有氢原子，所以不能发生酰化反应。

胺的酰基化产物除甲酰胺外多为结晶固体，具有一定的熔点，根据熔点的测定可以推断或鉴定伯胺、仲胺。不能被酰基化的是叔胺，利用上述性质可以把叔胺从三类胺混合物中分离出来。酰胺在酸或碱的催化下，可水解生成原来的胺，故酰基化反应在合成中常用来保护氨基。例如，需要在苯胺的苯环上引入硝基，为防止硝酸将苯胺氧化，则先将氨基乙酰化，生成乙酰苯胺，然后硝化，在苯环上导入硝基后，水解除去酰基则得到硝基苯胺：

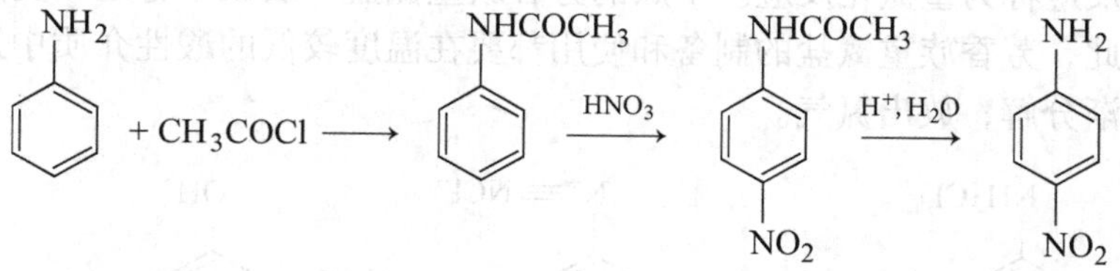

### 11.2.3.5 磺酰化反应

胺与磺酰化试剂反应生成磺酰胺的反应叫做磺酰化反应，也称为兴斯堡（Hinsberg）反应。

常用的磺酰化试剂是苯磺酰氯和对甲基苯磺酰氯。

苯磺酰氯　　　　　　对甲基苯磺酰氯 (TsCl)

与酰基化反应相似，胺在碱性条件下，伯胺、仲胺能与芳磺酰氯作用，生成相应的磺酰胺；叔胺氮上没有氢原子，故不发生磺酰化反应。

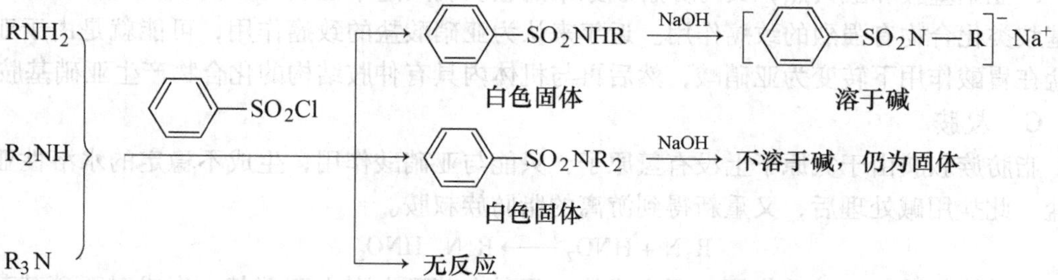

由伯胺生成的苯磺酰胺，由于氮原子上的氢受磺酰基吸电子效应的影响而显酸性，能溶于碱性溶液而成盐。仲胺生成的苯磺酰胺，氮上无氢，不溶于碱性溶液，呈固体析出。叔胺既不发生磺酰化反应，也不溶于碱液。因此，根据上述反应现象可以鉴别伯、仲、叔三种胺。

当伯、仲、叔胺混在一起时，可通过磺酰化反应将它们分离。在碱性溶液中首先将三种胺与苯磺酰氯反应后的混合物蒸馏，叔胺被蒸出；将剩余蒸馏液过滤，滤出的固体为仲胺的磺酰胺，加酸水解即得仲胺；滤液酸化后加热水解，就得到伯胺。

### 11.2.3.6 与亚硝酸反应

亚硝酸（HNO$_2$）不稳定，反应时由亚硝酸钠与盐酸或硫酸作用而得。

**A　伯胺**

脂肪族伯胺与亚硝酸反应，生成醇、卤代烃和烯烃等混合物，并定量放出氮气。例如：

$$RCH_2CH_2NH_2 \xrightarrow[\text{低温}]{NaNO_2 + HCl} RCH_2CH_2\overset{+}{N_2}Cl^- \xrightarrow{\text{分解}} RCH_2\overset{+}{C}H_2 + N_2 + Cl^-$$

重氮盐

可利用此反应定量放出的氮气，对脂肪伯胺进行定量分析。

芳香伯胺在过量强酸溶液中，在低温下与亚硝酸反应，可生成在 0 ~ 5℃ 左右较稳定的重氮盐，这个反应称为重氮化反应。干燥的芳香族重氮盐一般极不稳定，受热或振荡容易发生爆炸。因此，芳香族重氮盐的制备和使用都要在温度较低的酸性介质中进行。升高温度重氮盐会逐渐分解，放出氮气。

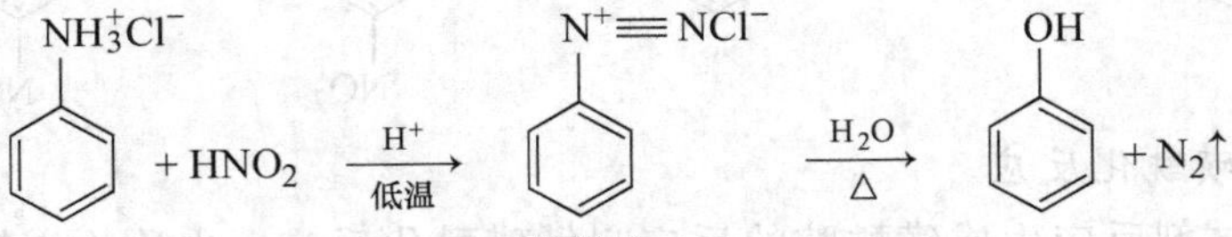

重氮盐

**B  仲胺**

脂肪族或芳香族仲胺，可与亚硝酸作用都生成不溶于水的黄色油状物 N-亚硝基胺。

$$R_2NH + HNO_2 \longrightarrow R_2N—N=O + H_2O$$

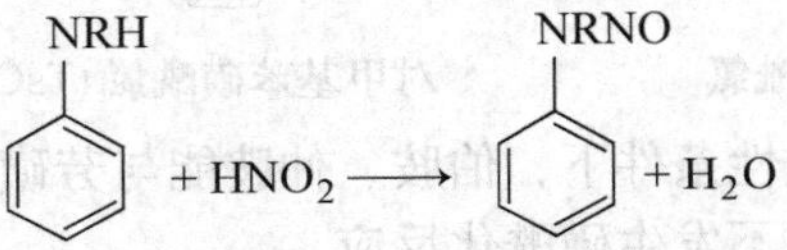

N-亚硝基胺和酸共热，又可分解成原来的胺。利用这个性质可分离或提纯仲胺。N-亚硝基胺类化合物有强烈的致癌作用。近年来认为亚硝酸盐的致癌作用，可能就是由于亚硝酸盐在胃酸作用下转变为亚硝酸，然后再与机体内具有仲胺结构的化合物产生亚硝基胺。

**C  叔胺**

脂肪族叔胺由于氮原子上没有氢原子，只能与亚硝酸作用，生成不稳定的水溶性亚硝酸盐。此盐用碱处理后，又重新得到游离的脂肪族叔胺。

$$R_3N + HNO_2 \longrightarrow R_3N^+HNO_2^-$$

芳香族叔胺与亚硝酸作用，不生成盐，而是在芳环上引入亚硝基，生成对亚硝基芳叔胺。例如：

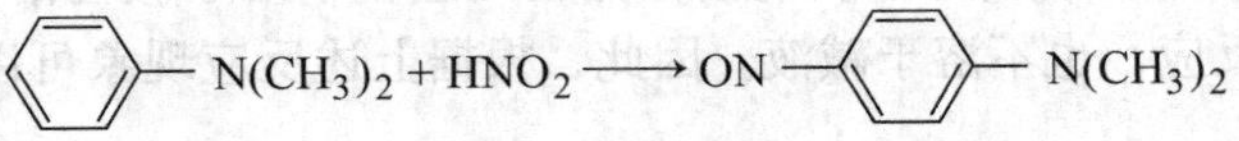

对亚硝基 -N, N- 二甲苯胺

亚硝基芳香族叔胺在碱性溶液中呈绿色，在酸性溶液中由于互变成醌式盐而呈橘黄色。

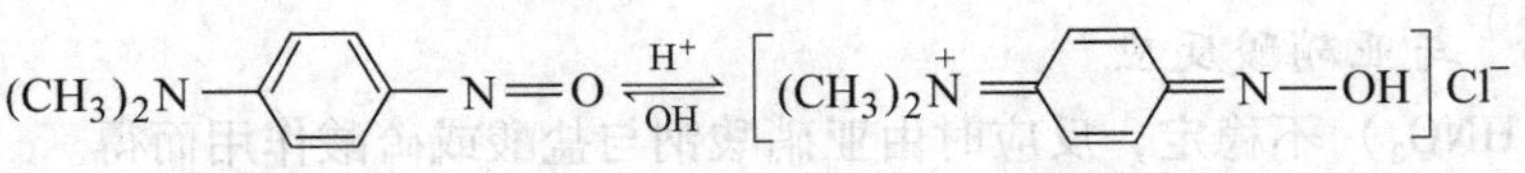

翠绿色        橘黄色

由于三种胺与亚硝酸的反应不同，所以也可以通过与亚硝酸的反应区别三种胺，但不如磺酰化反应明显。

### 11.2.3.7 芳胺的取代反应

氨基活化苯环,使苯环上的亲电取代反应比苯更容易进行,新进入的基团主要在氨基的邻位和对位。

**A 卤代反应**

芳胺与卤素(通常是氯或溴)容易发生亲电取代反应,但难控制在一元阶段。例如,在苯胺的水溶液中加入少量溴水,则立即定量生成 2,4,6-三溴苯胺白色沉淀,而得不到一溴代产物。利用此性质可对苯胺进行定性及定量分析。

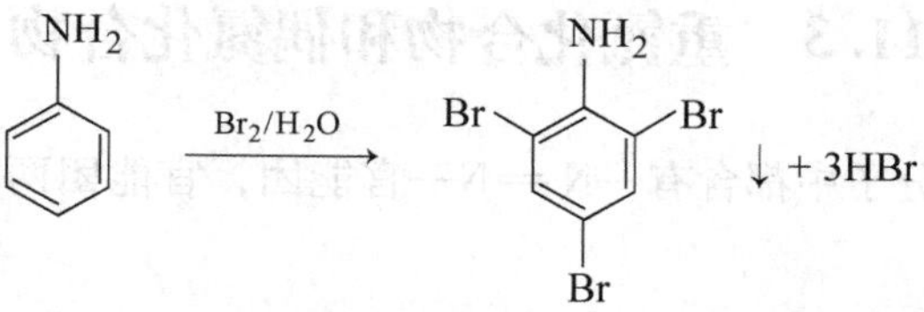

如果要制备苯胺的一元溴代物,须将氨基酰化,以降低其对苯环的活化能力,再进行溴代,然后水解除去酰基。由于乙酰氨基的空间阻碍作用,取代反应主要发生在对位:

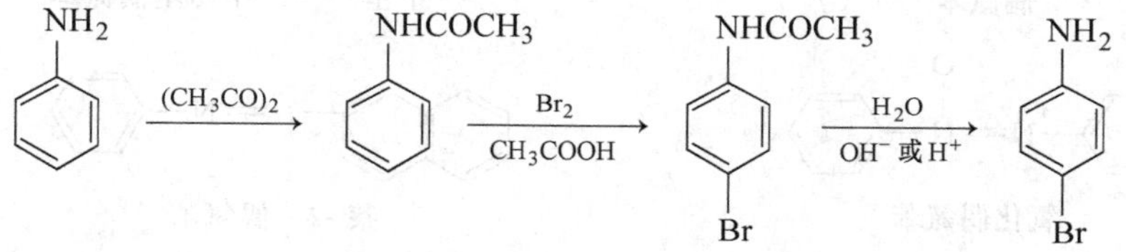

**B 硝化反应**

硝酸是一种较强的氧化剂,而氨基又特别容易被氧化,因此,苯胺直接硝化往往伴随氧化反应的发生。为避免副反应的发生,可采用以下方法:

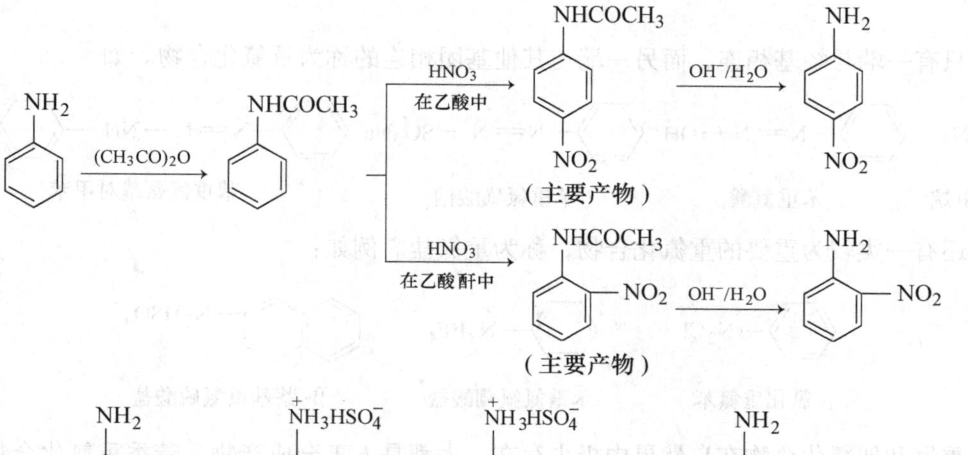

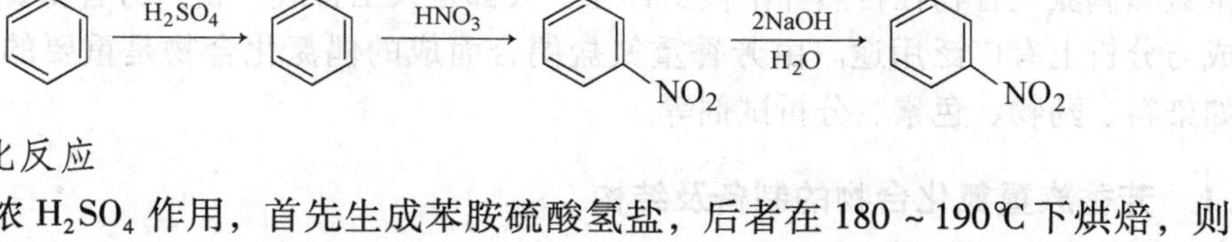

**C 磺化反应**

苯胺与浓 $H_2SO_4$ 作用,首先生成苯胺硫酸氢盐,后者在 180~190℃ 下烘焙,则转化为对氨基苯磺酸:

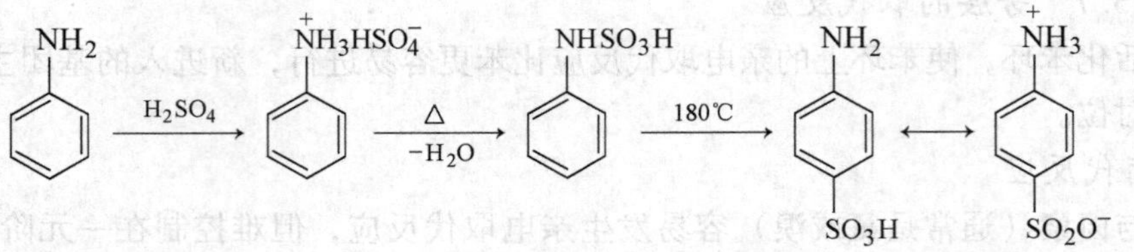

对氨基苯磺酸分子中既有碱性的氨基，又有酸性的磺酸基，所以本身可以形成内盐。

## 11.3　重氮化合物和偶氮化合物

重氮和偶氮化合物分子中都含有—N＝N—官能团，官能团两端都与烃基相连的称为偶氮化合物，例如：

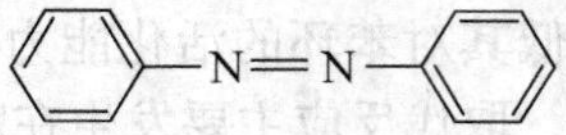

偶氮苯 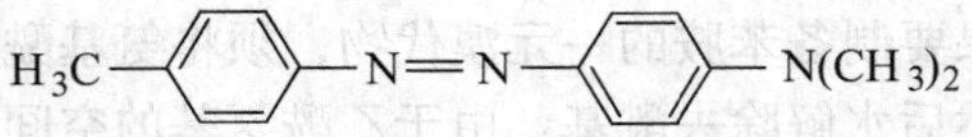　　　　　　　　　　　　　　4-甲基-4′-二甲氨基偶氮苯

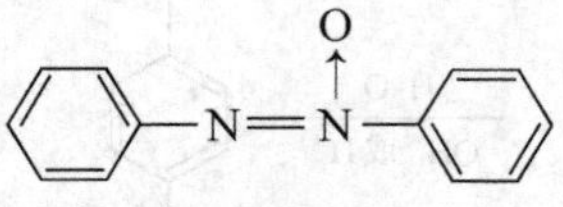

氧化偶氮苯 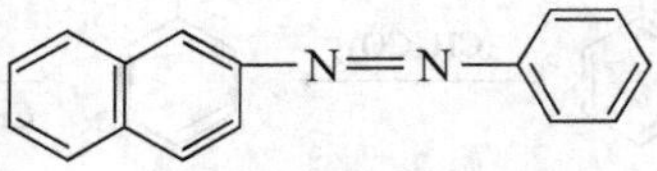　　　　　　　　　　　　萘-2-偶氮苯

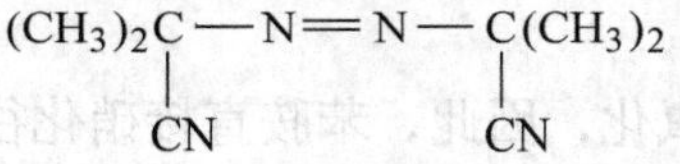

$(CH_3)_2C-N=N-C(CH_3)_2$
　　|　　　　　　　|
　　CN　　　　　　CN

偶氮二异丁腈　　　　　　　　　　　$CH_3N=NCH_3$

　　　　　　　　　　　　　　　　　偶氮甲烷

只有一端与烃基相连，而另一端与其他基团相连的称为重氮化合物。如：

$CH_2N_2$　　　　　　　　　　　　　

重氮甲烷　　苯重氮酸 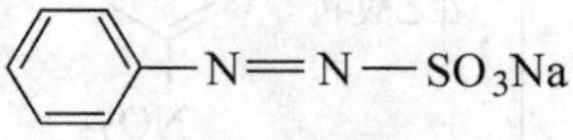　　　　苯重氮磺酸钠 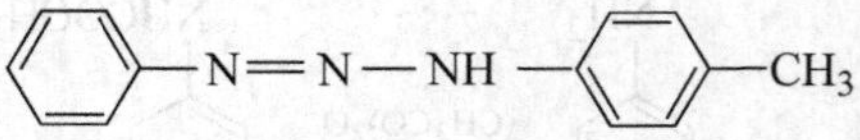　　　　　苯重氮氨基对甲苯

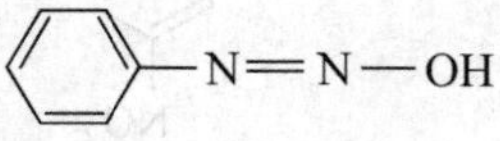

还有一类较为重要的重氮化合物，称为重氮盐。例如：

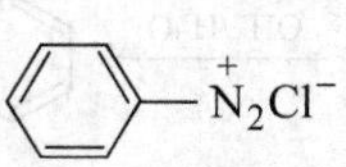

氯化重氮苯 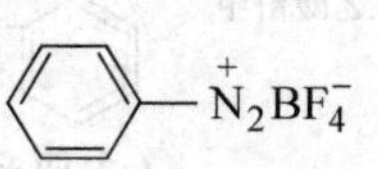　　　　苯重氮氟硼酸盐 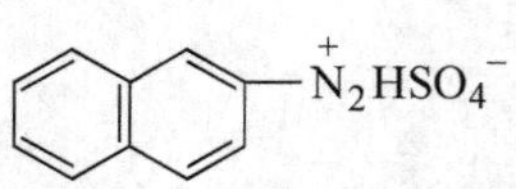　　　　β-萘基重氮硫酸盐

重氮和偶氮化合物在自然界中极少存在，大都是人工合成产物。芳香重氮化合物在有机合成与分析上有广泛用途。由芳香重氮盐偶合而成的偶氮化合物是重要的精细化工产品，如染料、药物、色素、分析试剂等。

### 11.3.1　芳香族重氮化合物的制备及结构

重氮盐是通过重氮化反应来制备的（见 11.2.3.6）。制备时，一般是先将芳伯胺溶于

过量的盐酸中，在冰水浴中保持 0 ~ 5℃，然后在不断搅拌下逐渐加入亚硝酸钠溶液直到溶液对淀粉 - 碘化钾试纸呈蓝色为止，表明亚硝酸过量，反应已完成。

重氮盐是离子化合物，具有盐的特点，易溶于水，不溶于有机溶剂。在重氮盐正离子中，氮原子为 sp 杂化，芳环与重氮基中的 π 键形成共轭体系，使芳香重氮盐在低温下、强酸介质中能稳定存在。重氮盐正离子的结构如下：

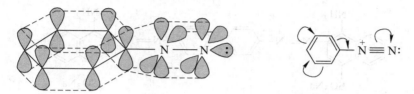

### 11.3.2 芳香重氮盐的化学性质及反应

芳香重氮盐很活泼，可发生许多反应，合成许多有用的产品。

带正电荷的重氮基—N$^+$≡N 有较强的吸电子能力，使 C—N 键极性增强，容易异裂而放出氮气。在不同条件下，重氮基可以被羟基、卤素、氰基、氢原子等取代，生成相应的芳烃衍生物。利用这一反应，可以从芳香烃开始合成一系列芳香族化合物。重氮盐还可与酚或芳胺等化合物反应，由偶氮基—N＝N—将两个芳环连接起来，生成偶氮化合物，这种反应称为偶联反应。芳香重氮盐主要反应如下：

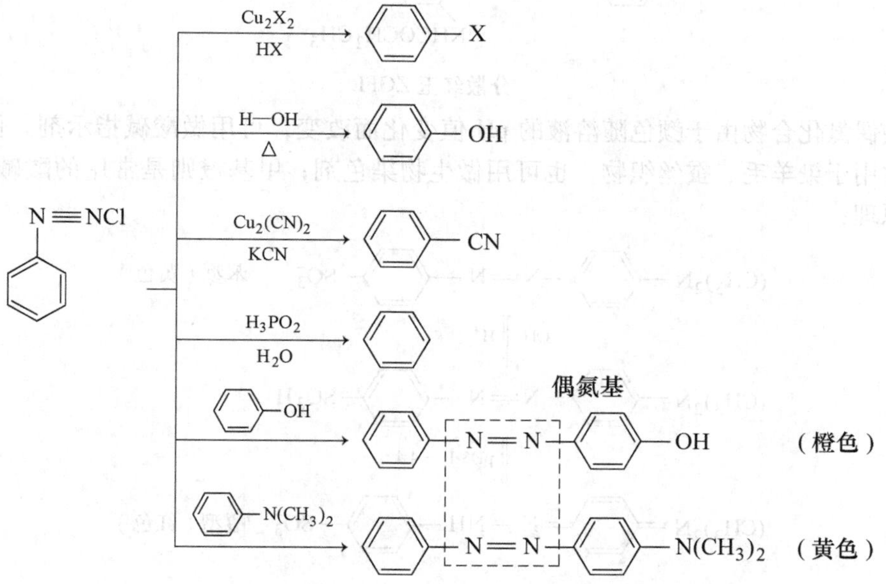

### 11.3.3 偶氮化合物

芳香族偶氮化合物具有高的热稳定性，分子中大的共轭体系使它们具有颜色，可作染料，因分子中含有偶氮基，故称为偶氮染料。工业上使用的染料中，约一半是偶氮染料。偶氮染料广泛用于棉、毛、丝、麻织品以及塑料、印刷、皮革、橡胶等产品的染色或生物切片的染色，常见的染料如：

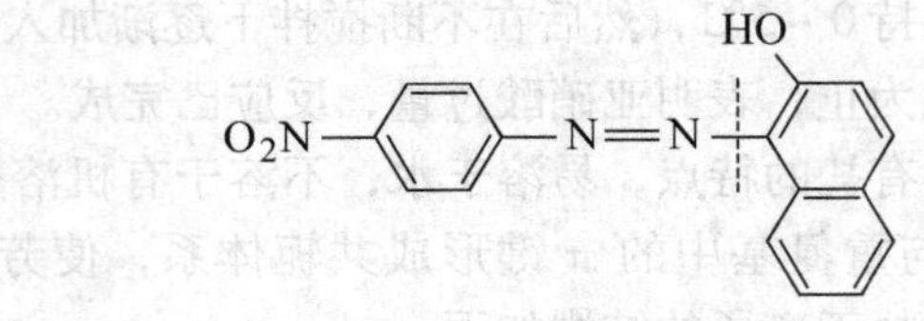

对位红

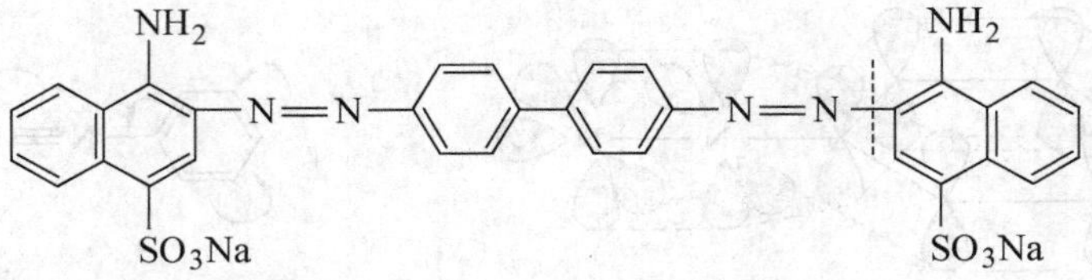

刚果红

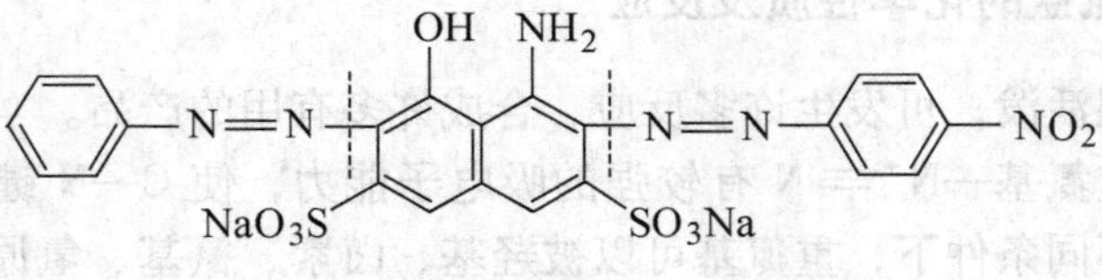

萘酚蓝黑 B

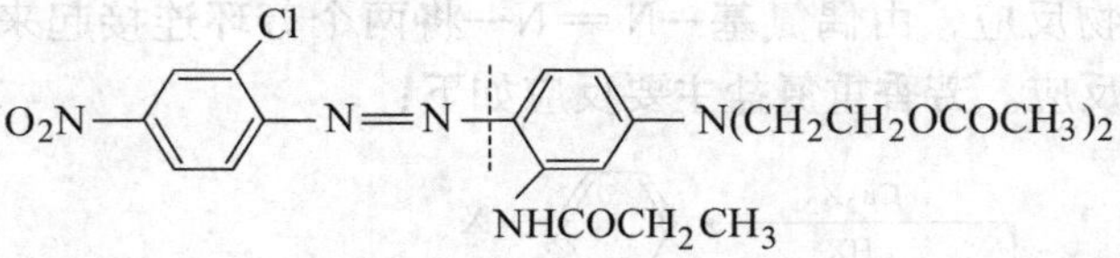

分散红玉 ZGFL

有些偶氮化合物由于颜色随溶液的 pH 值变化而改变，可用做酸碱指示剂。例如，酸性橙 I 常用于染羊毛、蚕丝织物，也可用做生物染色剂；甲基橙则是常用的酸碱指示剂，其显色原理：

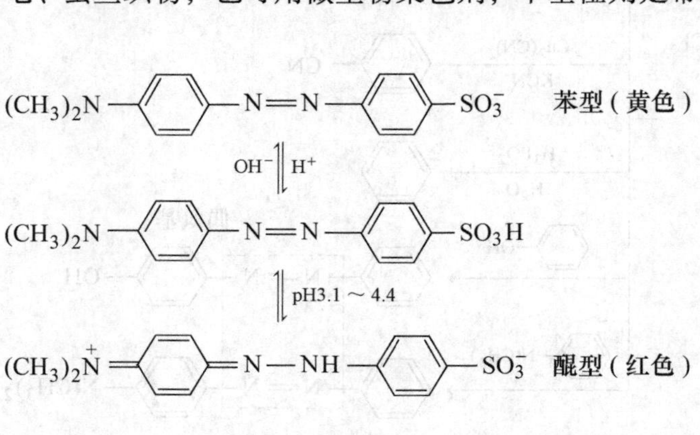

$(CH_3)_2N$——————N=N——————$SO_3^-$    苯型（黄色）

$OH^-$ ⇅ $H^+$

$(CH_3)_2N$——————N=N——————$SO_3H$

⇅ pH3.1～4.4

$(CH_3)_2\overset{+}{N}$====N—NH——————$SO_3^-$    醌型（红色）

# 11.4  含氮有机污染物

## 11.4.1  硝基化合物的毒性及其危害

硝基化合物在化学工业中常常是制备各种胺类化合物的原料，作为一种常见的工业污染物，硝基化合物广泛存在于石化、制药、橡胶、炸药、农药、塑料及其他精细化工产品领域的废水和废气中，废水中常见的硝基化合物为硝基苯类化合物。

硝基苯类化合物（如2，4，6-三硝基甲苯，1，3，5-三硝基苯，2，4-二硝基甲苯，1，3-二硝基苯，2，4-二硝基氯苯，对硝基苯酚等），是重要的化工原料。例如：对硝基苯酚由对硝基氯化苯经水解、酸化制得，在医药工业中主要用于制造扑热息痛和非那西丁的中间体；三硝基甲苯（TNT），是常用的爆炸物；2，4-二硝基氯苯的主要用途是制造硫化黑；此外，2，4-二硝基氯苯还可以用于制造2，4-二硝基苯胺、大红色基RC、磷化深蓝3R、农药等；也可用于制造2-氨基-4-硝基苯酚等染料中间体。在上述制造及降解过程中会产生二硝基甲苯、二硝基苯和三硝基苯等副产物，而如果不经过严格的处理过程，这些行业的生产废水就会造成严重的环境污染并影响人们的身体健康。

硝基苯类化合物是高毒性、难降解性的物质，在环境中具有累积性，长期接触对人体及动植物的危害极大。如在硝基苯洗涤废水中，除了含有少量苯、硝基酚、二硝基酚、硫酸盐、硝酸盐等物质外，硝基苯的含量特别高，其毒性一般为其他化合物的2～30倍，会对人产生致突或致癌；另外，若含有TNT等物质的废水直接排放至自然水环境中，也会给水体造成严重的污染，当水体中的TNT含量达到1mg/L时，鱼类就会死亡。当人类吸入此类硝基苯类化合物，也会引起肝脏病变、再生障碍性贫血及白内障等疾病，严重者会直接导致死亡。因此，硝基苯类化合物已经被美国环保总局制定为"优先污染物"之一，也被列入我国环境优先污染物的"黑名单"。由此可见，硝基苯类化合物对人类健康和环境造成的污染是不容忽视的。

硝基苯化合物的生产量日益增大，产生的废水量也相应增加。目前，对硝基苯类化合物的处理方法主要有物理法（沉淀、吸附、汽提、萃取）、化学法（电化学法、臭氧氧化法、Fenton试剂法、超临界水氧化法、湿式催化氧化法等）和生物法（好氧法、厌氧法）。物理处理技术操作简单，反应快速，但材料成本高，二次污染严重；化学处理技术处理速率快，耐受污染浓度高，但原材料消耗大，工业化难度大；生物处理技术操作安全，运行成本低，能实现污染物完全矿化，但也存在微生物耐受污染浓度低，降解速率慢，菌种的筛选培养等问题。为实现硝基苯类化合物废水快速高效、无毒无害、处理成本低廉，国内外对含硝基苯类化合物废水处理技术的研究热点是多种处理技术的耦合联用，在尽可能发挥各种处理技术的优点的同时，尽量避免各自的不足，从而实现达标排放和减少运行费用的目的。

## 11.4.2　胺类化合物毒性及危害

胺类化合物大多数具有明显的碱性，脂肪胺常用于碱性试剂，高级脂肪胺及季铵盐常用作阳离子表面活性剂，它们毒性不大。但芳香胺类化合物与亚硝胺化合物等对人类健康影响较大，其中亚硝胺化合物是强致癌化合物。

苯胺及其衍生物可以通过吸入、食入或透过皮肤吸收而导致中毒，能通过与高铁血红蛋白作用，造成人体血液系统损害，可直接作用于肝细胞，引起中毒性肝损害。这类化合物进入机体后易通过血脑屏障而与大量类脂质的神经系统发生作用，引起神经系统的损害。此外，其中一些苯胺衍生物还具有致癌和致突变的作用。

### 11.4.2.1　苯胺类化合物废水及危害

苯胺类化合物除广泛地应用于化工、印染和制药等工业生产外，还是合成药物、染料、杀虫剂、高分子材料、炸药等的重要原料之一。因此，苯胺及其衍生物不仅应用于许多工业环节或成为许多生产过程的产物，同时也是工业环境中构成有毒有害废水的重要成分。由于苯胺对生态生物的毒性，在排水中要求严格控制，我国规定的污水综合排放标准中苯胺类物质的最高允许排放浓度为 5.0mg/L。

工业苯胺废水处理的主要方法有：物理法（吸附法、蒸馏法和萃取法）、化学法（光催化氧化法、强氧化剂氧化法和电化学降解法等）和生化法。此外还有焚烧法、泡沫浮选法和共沸蒸馏法等。其中，化学法和生化法只适用于含微量苯胺废水的处理，对于苯胺含量较高的废水，工业上主要用吸附法、蒸馏法和萃取法。

### 11.4.2.2　亚硝胺化合物的来源及危害

亚硝胺化合物进入人体后主要引起肝小叶中心性出血坏死，还可引起肺出血及胸腔和腹腔血性渗出，对眼、皮肤及呼吸道有刺激作用。亚硝胺化合物具有广谱而强烈的致癌性，长期摄入或过量摄入会使成年和幼年动物的多种靶器官产生肿瘤。

亚硝胺化合物由胺类与亚硝酸盐在体内外合适的条件下合成，而胺类与亚硝酸盐比较广泛地分布在人类的食物和体内外环境中。亚硝酸盐主要存在于腌菜、泡菜及添加亚硝酸盐用于发色的香肠、火腿中。仲胺主要来自动物性食品肉、鱼、虾等的蛋白质分解物，尤其当这些食品腐败变质时，仲胺等可大量增加。这些前体物质进入人的胃中就可以合成亚硝胺化合物，对人类健康构成潜在的威胁。维生素 C、维生素 E、鞣酸及酚类化合物等可在体内有效抑制亚硝化反应，使亚硝胺化合物的合成受阻。

预防亚硝胺化合物中毒的关键是减少食品中的亚硝胺化合物前体物质（避免食物霉变或被其他微生物污染，减少食品加工过程中硝酸盐和亚硝酸盐的使用量）。还可以使用亚硝基化阻断剂降低亚硝胺的形成。保持良好的饮食习惯（不吃暴腌菜，不喝"千滚水"）也是防止 N - 亚硝基化合物中毒的有效措施。

## 11.4.3　偶氮化合物的毒性与印染废水

偶氮化合物由于合成方法简单，结构多变，因而是染料中品种最多的一类，约占合成染料品种的 50% 以上，在应用上包括酸性、冰染、直接、活性、阳离子等染料类型。广泛用于多种天然和合成纤维的染色和印花，也用于油漆、塑料、橡胶等的生产。

由于有一部分含有偶氮结构的染料在经过裂解后有可能产生致癌芳香胺，因此这样的染料是被欧盟禁止使用的。这些禁用的偶氮染料品种数占全部偶氮染料的 7% ~ 8%。用这些受禁偶氮染料染色的服装或其他消费品与人体皮肤长期接触后，会与代谢过程中释放的成分混合，并产生还原反应，形成致癌的芳香胺化合物，这种化合物会被人体吸收，经过一系列活化作用使人体细胞的 DNA 发生结构与功能的变化，成为人体病变的诱因。

印染废水总体上属于有机性废水，其中所含的颜色及污染物主要由天然有机物质（天然纤维所含的蜡质、胶质、半纤维素、油脂等）及人工合成有机物质（染料、助剂、浆料等）所构成。由于在印染加工中大量使用了各种染化料，这些染化料不可能全部转移到织物上，在水中有部分残留，使得废水的颜色深。不同纤维织物在印花和染色过程中使用的染料不同，染料的上染率不同，染料的残留形态也不同，致使排放废水的颜色也不相同。近年来，随着大量新型助剂、浆料的使用，有机污染物的可生化性降低，处理难度加大。

印染废水含大量的有机污染物，排入水体将消耗溶解氧，破坏水生态平衡，危及鱼类和其他水生生物的生存。沉于水底的有机物，会因厌氧分解而产生硫化氢等有害气体，恶化环境。印染废水的色泽深，严重影响受纳水体外观，造成水体有色的主要因素是染料。印染废水的色度尤为严重，用一般的生化法难以去除。有色水体还会影响日光的透射，不利于水生物的生长。

目前印染废水的处理方法有化学絮凝法、生物氧化法、湿氧化法、$H_2O_2$/UV 法、$O_3$ 预氧化法和活性炭吸附法等。但生物法处理效率低，反应速率慢；活性炭吸附法处理费用较高，且再生使用困难；空气湿氧化法需要较高的温度和压力，给处理带来了一定的困难。国内外对一般印染废水多数采用传统的生化法处理，以除去废水中的有机物，有些工厂在生化处理前或处理后还增加一级物化处理，少数工厂采用多级的处理。在美国，印染废水多数采用二级处理，即生化与物化结合，个别用三级，增加活性炭。日本与美国相似，但应用臭氧的报道也较多。国内投入运行的生化处理设施，大部分是采用完全混合活性污泥法。接触氧化等生物膜法，近年来也逐步增加。印染废水处理，应尽量采用重复使用和综合利用措施，与工艺改革和回收染料、浆料，节约用水、用碱等结合起来考虑。

# 新 研 究 进 展

在有机合成中，胺是最常用的化学中间体之一，广泛用于生产药物活性成分、精细化学品、农用化学品、聚合物、染料、颜料、乳化剂和增塑剂等。但是这些重要的胺化合物并不容易得到。它们的工业生产主要依赖于烯酰胺的金属催化氢化（即从有关酮的前体获得），这个过程需要昂贵的过渡金属配合物作为催化剂，而且由于这些过渡金属资源有限，这种途径难以实现可持续性。

此外，从酮前体经过不对称合成生成胺的过程需要保护和脱保护步骤，因此会产生大量的废物。所以，已在过去十年中出现了不少直接将醇转换成胺的化学方法。然而，许多这些方法效率很低，并且对环境影响很大（例如，Mitsunobu 反应）。简单的醇如甲醇和乙醇通过多相催化的胺化需要苛刻的条件（>200℃），结构更复杂的醇的转化过程要么化学选择性极低，要么根本不转化。此外，大多数方法用的是非手性底物，无法产生 40% 光学活性药物都需要的手性胺。

自然界的生物体中，醇的胺化反应却往往很轻易地就被酶催化所完成。正是这种思路，使英国曼彻斯特大学化学学院的 Francesco G. Mutti、Nicholas J. Turner 等人决定利用生物酶来设计一种合成路线，可以将醇高效率地转化为手性胺化合物。2015 年 9 月他们的研究成果发表在《Science》上。

他们提出了生物催化伯醇和仲醇的"借氢"胺化途径，在环境友好的条件下高效率地实现了生产高对映体纯度的胺。该方法依赖于两种酶的组合：一种是醇脱氢酶（ADH，从乳酸杆菌或芽孢杆菌等细菌中获得），它与另一种胺脱氢酶（AmDH，从芽孢杆菌中通过基因工程获得）的串联操作，使很多不同结构的芳香醇和脂肪醇能够实现胺化，并且得到高达 96% 的转化率和 99% 的对映体选择性。伯醇能够以高达 99% 的高转换效率进行胺化。这种自足型氧化还原级联反应具有很高的原子效率，只需要铵盐提供氮源，而且产生的唯一的副产物是水。

另外，醇脱氢酶和胺脱氢酶单独催化反应时，都需要价格昂贵的辅助因子（$NAD^+$/

NADH），而两者的偶联使用，正好可以使这些辅助因子可以循环使用，极大地降低了成本。

醇类和铵盐作为底物具有价格低廉、来源丰富，水是唯一副产物，反应条件温和、效率高，可得到手性纯产物等如此多的优点，因此被认为是"下一代"的反应体系，可以让现有依赖稀缺资源并污染连连的胺化工能有机会真正实现"绿色化学"和"可持续发展"。

## 习  题

**11-1**  Ⅰ. 正丙醇、Ⅱ. 正丙胺、Ⅲ. 甲乙胺、Ⅳ. 三甲胺的沸点高低的顺序是（    ）。

A. Ⅰ＞Ⅱ＞Ⅲ＞Ⅳ；    B. Ⅰ＞Ⅲ＞Ⅱ＞Ⅳ；    C. Ⅱ＞Ⅲ＞Ⅳ＞Ⅰ；    D. Ⅳ＞Ⅰ＞Ⅲ＞Ⅱ

**11-2**  写出下列反应的主要产物：

(1) $(C_2H_5)_3N + CH_3CHCH_3 \longrightarrow$
    
    （Br）

(2) $[(CH_3)_3\overset{+}{N}CH_2CH_2CH_2CH_3]Cl^- + NaOH \longrightarrow$

(3) $CH_3CH_2COCl + H_3C-\!\!\!\!\!\bigcirc\!\!\!\!\!-NHCH_3 \longrightarrow$

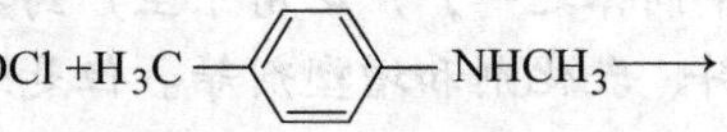

(4) 

$+ HNO_2 \longrightarrow$

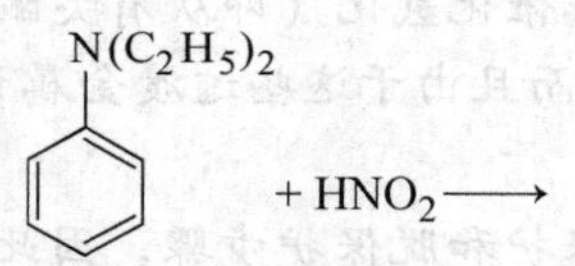

**11-3**  把下列各组化合物的碱性由强到弱排列成序：

(1) A. $CH_3CH_2CH_2NH_2$；    B. $\underset{\;\;\;\;OH}{CH_3CHCH_2NH_2}$；    C. $\underset{\;\;\;\;OH}{CH_2CH_2CH_2CH_2}$。

(2) A. $CH_3CH_2CH_2NH_2$；    B. $CH_3SCH_2CH_2NH_2$；
    C. $CH_3OCH_2CH_2NH_2$；    D. $NC-CH_2CH_2NH_2$。

(3) A. 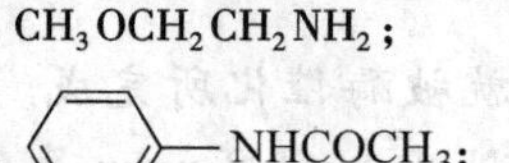 ；    B. 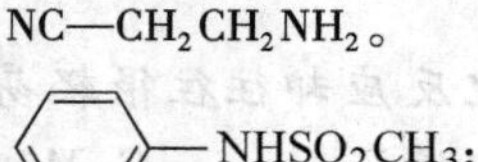 ；

    C. 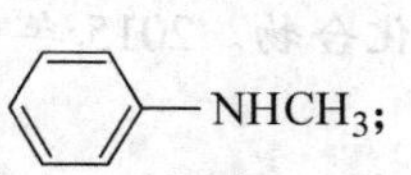 ；    D. 。

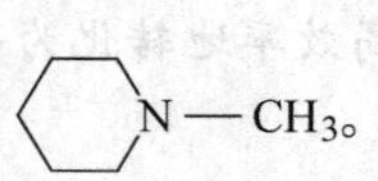

**11-4**  用简单化学方法鉴别下列各组化合物：

(1) 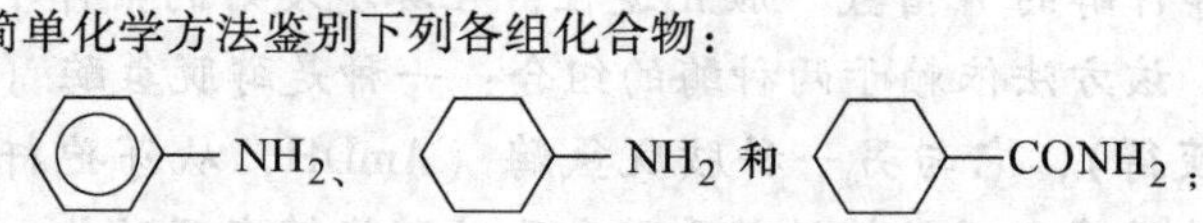 ；

(2) 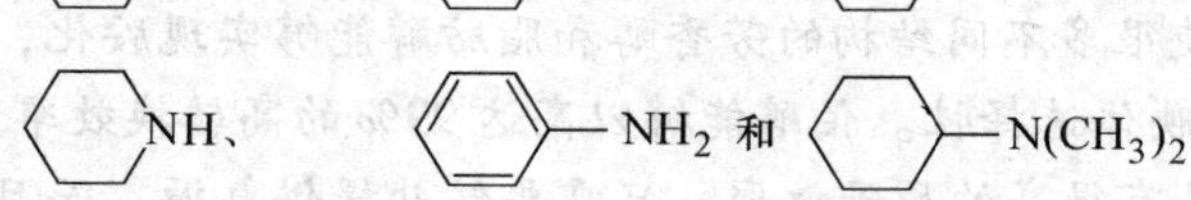 ；

(3) 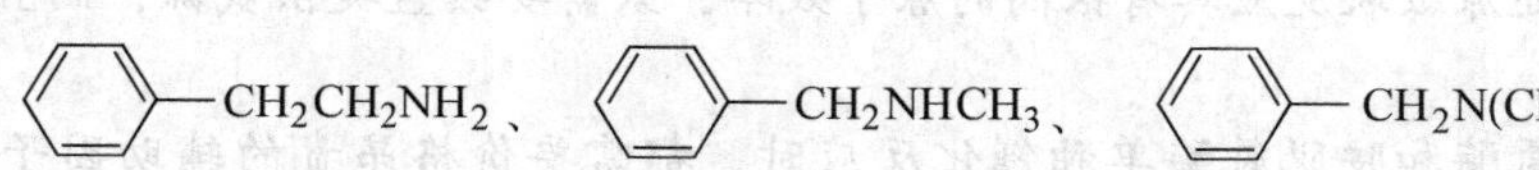 、

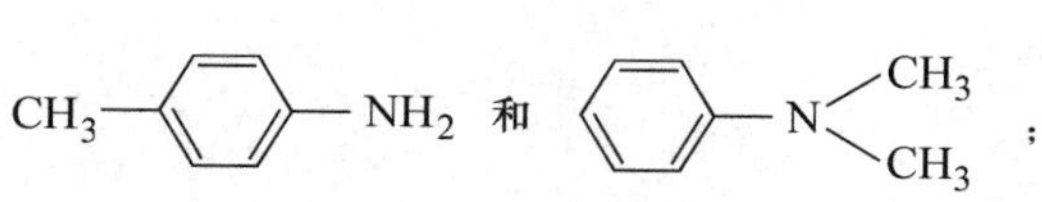

$CH_3$—〈benzene〉—$NH_2$ 和 〈benzene〉—$N(CH_3)_2$；

(4) 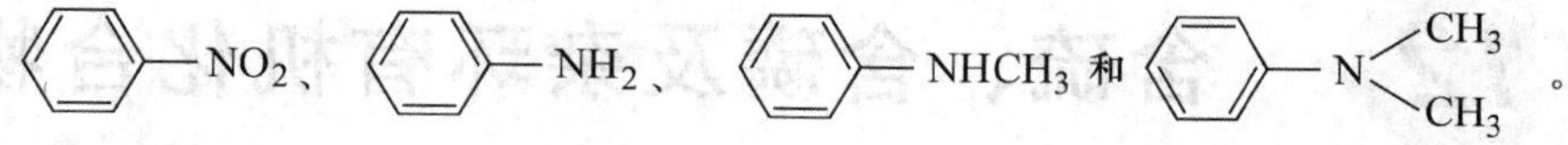 〈benzene〉—$NO_2$、〈benzene〉—$NH_2$、〈benzene〉—$NHCH_3$ 和 〈benzene〉—$N(CH_3)_2$。

**11-5　完成下列转化：**

(1) 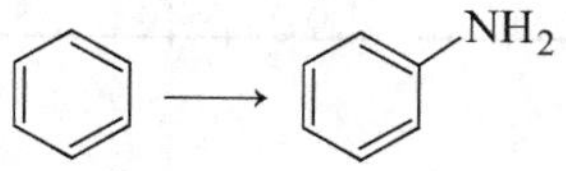 〈benzene〉 —→ 〈benzene〉—$NH_2$

(2) 〈benzene〉—$NH_2$ —→ $O_2N$—〈benzene〉—$NH_2$

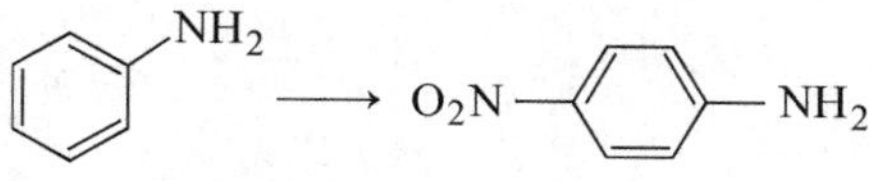

(3) $CH_3COOH$ —→ $CH_3CONH_2$

(4) $CH_3CH_2OH$ —→ $CH_3\overset{\displaystyle NH_2}{\underset{\phantom{x}}{C}}HCH_2CH_3$

(5) 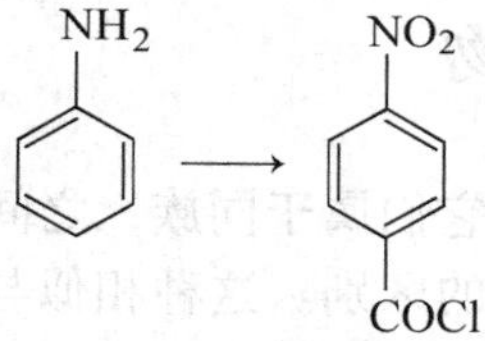 〈benzene〉—$NH_2$ —→ $O_2N$—〈benzene〉—$COCl$

**11-6**　分子式为 $C_7H_7NO_2$ 的化合物 A，与 Fe + HCl 反应生成分子式为 $C_7H_9N$ 的化合物 B；B 和 $NaNO_2$ + HCl 在 0~5℃反应生成分子式为 $C_7H_7N_2Cl$ 的化合物 C；在稀盐酸中 C 与 CuCN 反应生成化合物 $C_8H_7N(D)$；D 在稀酸中水解得到一个酸 $C_8H_8O_2(E)$；E 用高锰酸钾氧化得到另一种酸 F；F 受热时生成分子式为 $C_8H_4O_3$ 的酸酐。试推测 A~F 的构造式，并写出各步反应式及推断过程。

**11-7**　分子式为 $C_6H_{15}N$ 的 A，能溶于稀盐酸。A 与亚硝酸在室温下作用放出氮气，并得到几种有机物，其中一种 B 能进行碘仿反应。B 和浓硫酸共热得到 $C(C_6H_{12})$，C 能使高锰酸钾退色，且反应后的产物是乙酸和 2-甲基丙酸。推测 A 的结构式，并写出推断过程。

# 12 含硫、含磷及杂环有机化合物

**本章要点：**
（1）硫、磷原子的成键特征；
（2）含硫和含磷有机化合物的性质；
（3）杂环化合物的分类、命名和结构；
（4）五元单杂环、六元单杂环化合物的化学性质；
（5）含硫、磷、杂环有机污染物。

## 12.1 含硫、含磷有机物

硫与氧同是第六主族元素，磷与氮同是第五主族元素，它们属于同族，之间将有某些相似处；但它们分属于不同周期，必然在某些方面又有明显的区别。这种相似与不同都是由原子结构决定的。

### 12.1.1 硫、磷原子的电子排布与成键特征

#### 12.1.1.1 核外电子排布

氧与硫、氮与磷的核外电子排布如下：

$$O：1s^2 2s^2 2p^4；\qquad S：1s^2 2s^2 2p^6 3s^2 3p^4；$$
$$N：1s^2 2s^2 2p^3；\qquad P：1s^2 2s^2 2p^6 3s^2 3p^3。$$

硫与氧最外层价电子构型相同，都有 6 个价电子，同样，磷与氮最外层都有 5 个价电子，因此硫、磷可以形成与氧、氮相类似的共价化合物。例如：

$$ROH \qquad 苯-OH \qquad R-O-R' \qquad R-\overset{O}{\overset{\|}{C}}-H(R')$$

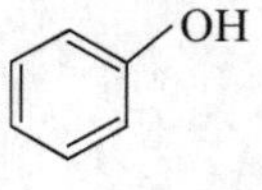

$$RSH \qquad 苯-SH \qquad R-S-R' \qquad R-\overset{S}{\overset{\|}{C}}-H(R')$$

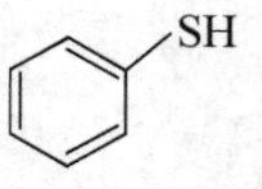

$$RNH_2 \qquad R_2NH \qquad R_3N \qquad R_4\overset{+}{N}X^-$$
$$RPH_2 \qquad R_2PH \qquad R_3P \qquad R_4\overset{+}{P}X^-$$

氧、氮价电子离原子核较近，而硫、磷价电子离原子核较远，它们受到原子核的束缚力不同，前者较大，而后者较小。因此氧、硫及氮、磷所形成的共价化合物，虽然在形式上相似，但在化学性质上却存在差别。

### 12.1.1.2 成键特征

硫、磷属于第三周期元素，它们的原子半径要大于相应的属于第二周期的氧、氮。硫、磷的 3p 轨道比 2p 轨道占有较大的空间，当 p 轨道侧面重叠形成 π 键时，硫、磷原子的 3p 轨道与 2p 轨道不匹配，就不如 2p 与 2p 轨道之间的重叠那样有效。因此，硫、磷原子一般难于形成稳定的 π 键。与醛、酮相对应的硫醛或硫酮，一般不能稳定存在。

硫、磷原子除了利用 3s，3p 轨道成键外，还可利用能量上相接近的空 3d 轨道参与成键。这也是第三周期元素的共同特点，而第二周期的氧、氮原子没有这个能力。

3d 轨道参与成键的有两种方式：一种是 s 电子跃迁到 3d 轨道上，形成由 s、p、d 电子组合而成的杂化轨道，例如磷原子可采取 $sp^3d$ 杂化，形成 5 个共价单键，如 $PCl_5$。硫可采取 $sp^3d^2$ 杂化，形成 6 个共价单链，如 $SF_6$。另一种方式是利用它的空 3d 轨道，接受外界提供的未成键电子对（p 电子对）填充其空轨道，形成 π 键，它是由 d 轨道和 p 轨道相重叠而形成的，所以叫做 d-p π 键。例如含硫化合物中的亚砜、砜和含磷化合物中的磷酸酯都含有这种 d-p π 键。硫、磷原子倾向于形成 d-p π 键的能力，对硫、磷化合物的化学性质有着重要的影响。

## 12.1.2 含硫有机物

硫可以形成与氧相类似的低价含硫化合物，如硫醇和硫醚。硫还可以形成高价的含硫化合物，如亚砜、砜、亚磺酸、磺酸等。主要的含硫有机化合物的类型如下：

$$R\text{—}SH \qquad R\text{—}SR \qquad R_3\overset{+}{S}\overset{-}{X}$$
$$\text{硫醇(酚)} \qquad \text{硫醚} \qquad \text{锍盐}$$

$$R\text{—}S\text{—}S\text{—}R \qquad R\text{—}\overset{\overset{O}{\|}}{S}\text{—}R \qquad R\text{—}\overset{\overset{O}{\|}}{\underset{\underset{O}{\|}}{S}}\text{—}R$$
$$\text{二硫化物} \qquad \text{亚砜} \qquad \text{砜}$$

$$R\text{—}S\text{—}OH \qquad R\text{—}\overset{\overset{O}{\|}}{S}\text{—}OH \qquad R\text{—}\overset{\overset{O}{\|}}{\underset{\underset{O}{\|}}{S}}\text{—}OH$$
$$\text{次磺酸} \qquad \text{亚磺酸} \qquad \text{磺酸}$$

$$R\text{—}\overset{\overset{S}{\|}}{C}\text{—}H \qquad R\text{—}\overset{\overset{S}{\|}}{C}\text{—}R \qquad R\text{—}\overset{\overset{O}{\|}}{C}\text{—}SH$$
$$\text{硫醛} \qquad \text{硫酮} \qquad \text{硫代羧酸}$$

$$H_2N\text{—}\overset{\overset{S}{\|}}{C}\text{—}NH_2 \qquad R\text{—}N\text{=}C\text{=}S \qquad RO\text{—}\overset{\overset{S}{\|}}{C}\text{—}SR$$
$$\text{硫脲} \qquad \text{异硫氰酸脂} \qquad \text{黄原酸酯}$$

### 12.1.2.1 硫醇、硫酚、硫醚及二硫化物

#### A 命名

硫醇、硫酚、硫醚的中文命名与相应的含氧化合物相同，只在前面加一个"硫"

字，如：

$$CH_3CH_2SH$$                $$C_2H_5-S-S-C_2H_5$$

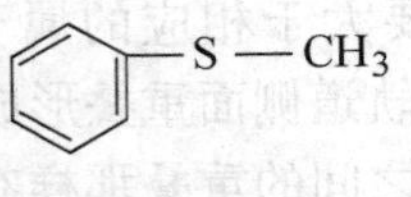

  乙(硫)醇      苯甲(硫)醚 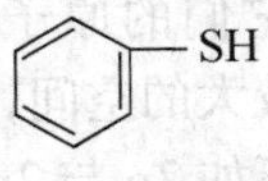      苯(硫)酚      二硫化二乙基

—SH 称为巯基或硫氢基，结构比较复杂的时候，把—SH 当做取代基来命名：

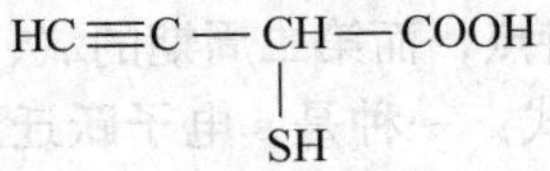

$$HC\equiv C-CH-COOH$$
$$|$$
$$SH$$

**2-巯基-3-丁炔酸**

**B   制备**

硫醇、硫醚可由卤代烃经亲核反应制备：

$$RX + Na^+HS^- \longrightarrow RSH + NaX$$

$$RSH \xrightarrow{OH^-} RS^- \xrightarrow{R'X} R-S-R'$$

**C   物理性质**

相对分子质量较低的硫醇有毒，并且有极其难闻的臭味。乙醇硫在空气中的浓度达到 $10^{-11}$ g/L 时即能为人所感觉。黄鼠狼散发出来的臭味中就含有丁硫醇。随着硫醇相对分子质量增大，臭味逐渐变弱。但并非所有的含硫化合物都臭（许多含硫化合物是食用香料），例如：

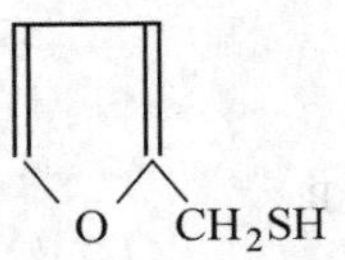

         

  咖啡、焦糖香 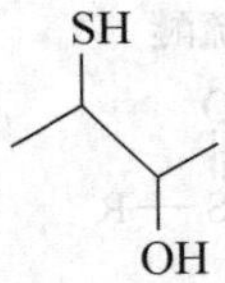      肉汤香 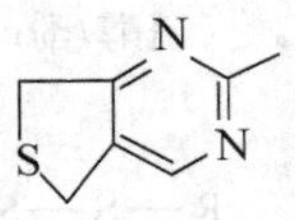      烧烤香（爆玉米，炒杏仁香）

由于硫的电负性比氧弱得多，所以硫醇形成氢键的能力不及相应的醇类，它们的沸点及在水中的溶解度比相应的醇低。例如乙醇的沸点为 78.5℃，与水完全混溶，但乙醇硫的沸点为 37℃，它在 100mL 水中只溶解 1.5g。

**D   化学性质**

**a   硫醇、硫酚的酸性**

硫醇、硫酚的酸性比相应的醇或酚强，它们的 $pK_a$ 比较如下：

|  | $pK_a$ |  | $pK_a$ |
|---|---|---|---|
| $C_2H_5OH$ | 18 | 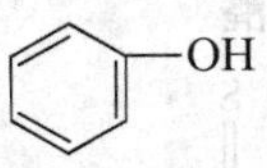 | 9.6 |
| $C_2H_5SH$ | 10.5 | 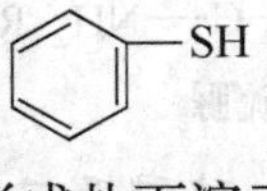 | 7.8 |

乙醇与碱很难反应，但乙硫醇能与氢氧化钠形成盐而溶于稀氢氧化钠溶液中。

$$C_2H_5SH + NaOH \longrightarrow C_2H_5SNa + H_2O$$

硫醇、硫酚的酸性比醇、酚强是由于硫的价电子在第三层，与氢原子的 1s 轨道的重叠程度较差，所以 S—H 键比 O—H 键容易解离。而由电负性来考虑，对酸性的影响却是相反的，但它并不能抵消由于原子轨道重叠程度较差而产生的影响。

硫醇、硫酚的重金属盐如汞盐、铅盐、铜盐、银盐等，都不溶于水。

$$2RSH + HgO \longrightarrow (RS)_2Hg \downarrow + H_2O$$

重金属盐进入体内，与某些酶的巯基结合使酶丧失生理活性，引起人畜中毒。医药上常把硫醇作为重金属解毒剂，如二巯基丙醇（简称 BAL）可以和金、汞等重金属离子生成稳定的配合物，使酶恢复活性，起到解毒的作用。

$$
\begin{array}{c}
\text{CH}_2\text{—SH} \\
| \\
\text{CH—SH} \\
| \\
\text{CH}_2\text{—OH} \\
\text{（巴尔，BAL）}
\end{array}
\quad + \text{Hg}^{2+} \longrightarrow \quad
\begin{array}{c}
\text{CH}_2\text{—S} \\
| \qquad\ \diagdown \\
| \qquad\ \ \ \text{Hg} \\
\text{CH—S} \diagup \\
| \\
\text{CH}_2\text{—OH} \\
\text{（从尿中排出）}
\end{array}
\quad \text{重金属中毒的解毒剂}
$$

b 氧化反应

硫醇、硫酚可以被氧化，但是它的氧化方式与醇类完全不一样。醇类的氧化反应是发生在与羟基相连的碳原子上，即碳的氧化数提高，氧化产物为醛、酮。硫醇的氧化则发生在硫原子上，例如硫醇在 $I_2$ 或稀 $H_2O_2$ 溶液中，甚至在空气中氧的作用下，也可进行温和的氧化反应，生成二硫化物。例如：

$$2R\text{—SH} \underset{[H]}{\overset{[O]}{\rightleftharpoons}} R\text{—S—S—R}$$

但是与它相对应的过氧化物 R—O—O—R，一般不能用醇类的直接氧化来制得。S—S 键容易形成，说明它要比 O—O 键稳定。

二硫化物可被还原为硫醇或硫酚。在生物体中，S—S 键对于保持蛋白质的特殊分子构型起着重要作用，S—S 键与—SH 键间的氧化还原反应、两者的相互转变（如胱氨酸和半胱氨酸的相互转变），在某些生理变化中有重要意义。

$$
2\text{H}\!-\!\!\!\underset{\underset{\text{SH}}{|}}{\overset{\overset{\text{COOH}}{|}}{\underset{|}{\text{—}}}}\!\!\!-\text{NH}_2 \underset{[H]}{\overset{[O]}{\rightleftharpoons}}
\text{H}\!-\!\!\!\underset{\underset{\text{S}}{|}}{\overset{\overset{\text{COOH}}{|}}{\underset{|}{\text{—}}}}\!\!\!-\text{NH}_2\ \text{H}\!-\!\!\!\underset{\underset{\text{S}}{|}}{\overset{\overset{\text{COOH}}{|}}{\underset{|}{\text{—}}}}\!\!\!-\text{NH}_2
$$

硫醇和硫酚在高锰酸钾、硝酸等强氧化剂作用下，发生较强烈的氧化反应，生成磺酸。例如：

$$RSH + 3[O] \longrightarrow R\text{—SO}_3\text{H}$$

二硫化物在强氧化剂作用下也能被氧化为磺酸：

$$R\text{—S—S—R} + 6[O] \longrightarrow 2R\text{—SO}_3\text{H}$$

硫醚氧化生成亚砜或砜：

$$R\text{—S—}R' \overset{H_2O_2}{\longrightarrow} R\!-\!\!\overset{\overset{\text{O}}{\|}}{\text{S}}\!\!-\!R' \overset{H_2O_2}{\longrightarrow} R\!-\!\!\overset{\overset{\text{O}}{\|}}{\underset{\underset{\text{O}}{\|}}{\text{S}}}\!\!-\!R'$$

### 12. 1. 2. 2　亚砜和砜

#### A　结构

亚砜、砜中硫氧键多用双键表示，它与羰基中的碳氧双键在性质上有所区别。例如：二甲基亚砜与丙酮具有不同的立体结构，前者是锥形分子，而后者碳、氧原子在同一平面上。

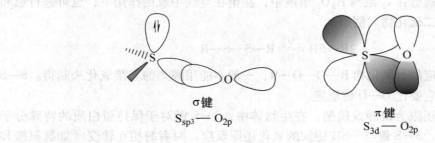

因此，在二甲基亚砜中，硫以 $sp^3$ 杂化轨道成键，而在丙酮中碳以 $sp^2$ 杂化轨道成键。对亚砜中的硫氧键可以认为双键是由硫原子提供一对电子与氧原子形成 σ 配键，同时由氧原子提供的一对未成键电子进入硫原子的空的 3d 轨道，而形成 d–p π 键，这样双键中一个是 σ 配键，另一个是 d-p π 键。

σ键　　　　　　　　　　　π键
$S_{sp3} — O_{2p}$　　　　　　　　$S_{3d} — O_{2p}$

#### B　性质与用途

这里主要介绍极为重要的有机溶剂——二甲基亚砜（DMSO）的性质与用途。

##### a　优良的非质子极性溶剂

二甲基亚砜（DMSO）可与水任意混溶。它不仅可溶解大多数有机化合物，而且可溶解许多无机盐，使无机试剂和有机物在均相中反应，因此在实验室中得到了广泛应用。二甲基亚砜对亲核取代反应特别有效。由于它的介电常数大，二甲基亚砜分子中带部分正电荷的一端被甲基包围，对负离子有最大的屏蔽作用。但带部分负电荷的一端却暴露在外，因此，这些溶剂溶解离子化合物时，对正离子发生强烈的溶剂化作用，而负离子几乎是裸露的。

$$M^+ — O = S \overset{\displaystyle CH_3}{\underset{\displaystyle CH_3}{\Big|}} \quad B^-$$

在进行亲核反应时，亲核试剂如 NaOH、NaCN、$NaNH_2$ 等在二甲基亚砜中，其阳离子如 $Na^+$ 等被强烈溶剂化，使亲核离子（如 $OH^-$、$CN^-$、$NH_2^-$ 等）脱离了阳离子的束缚而被裸露出来，成为异乎寻常强烈的亲核试剂，与在水溶液或醇溶液中相比，反应速度可以提高几个数量级。

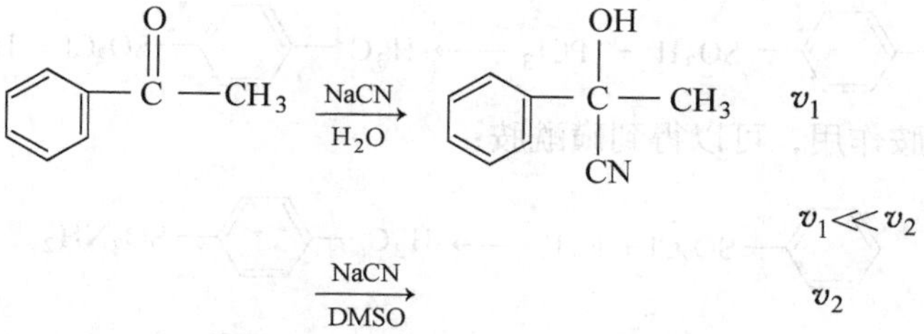

b 温和的氧化剂

亚砜易被各种还原剂还原为硫醚。例如：

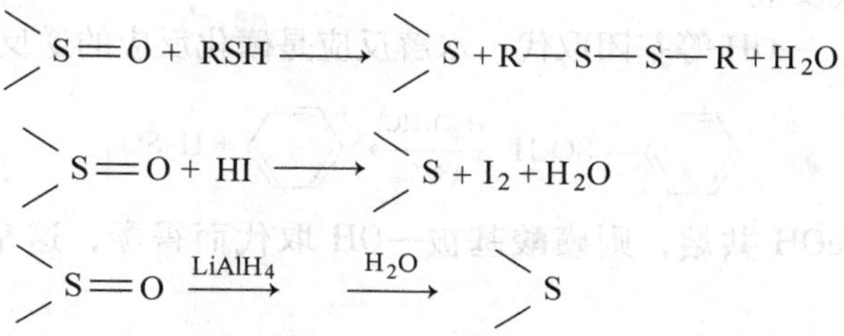

作为特殊的氧化剂可氧化伯醇生成醛：

$$RCH_2OH \xrightarrow{DMSO} RCHO$$

### 12.1.2.3 磺酸

磺酸可以被看成硫酸分子中一个—OH 基被烃基取代后的衍生物，通式为 R—SO$_3$H。它们的结构应同硫酸氢酯区别开来。在磺酸分子中硫原子直接与烃基相连，而在硫酸氢酯中硫原子是通过氧原子与烃基相连接的。例如：

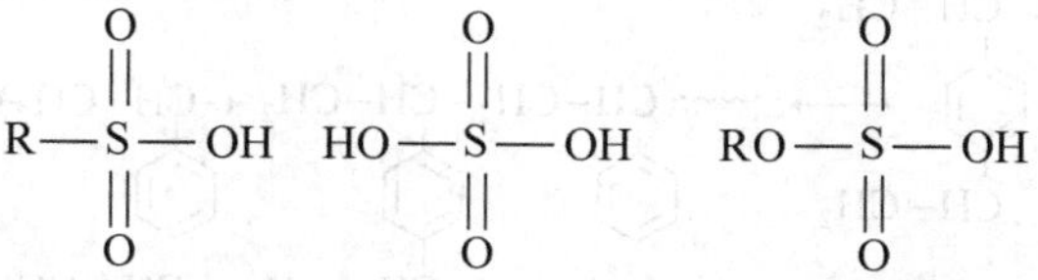

磺酸可分为脂肪族磺酸和芳香族磺酸两类，两者相比，芳香族磺酸在工业生产上要重要得多。因此本节着重讨论芳香族磺酸。

A 物理性质

芳香磺酸都是固体，它们的性质与硫酸有相似处。如磺酸与硫酸是一样强的酸，有极强的吸湿性，不溶于一般的有机溶剂而易溶于水。由于磺酸的强酸性，在有机合成中常用它代替硫酸作酸性催化剂。磺酸易溶于水，所以在合成染料分子中，常引入磺酸基以增加染料的水溶性。也可将磺酸基引入高分子化合物中，用来合成强酸型离子交换树脂。

B 化学性质

a 磺酸基中的羟基取代反应

磺酸基中的羟基可被卤素、氨基、烷氧基取代，则生成一系列磺酸的衍生物。例如磺酸与 PCl₃ 作用生成磺酰氯：

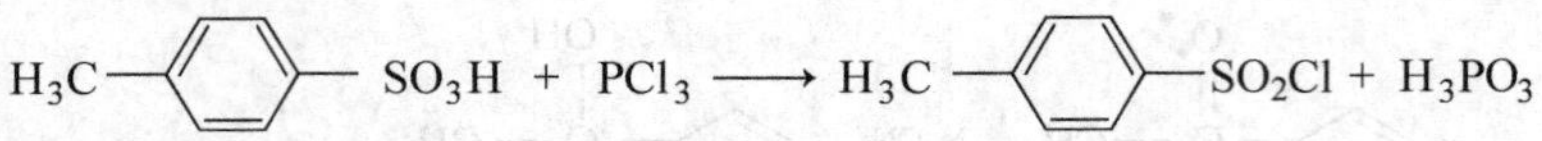

$$H_3C-\!\!\!\bigcirc\!\!\!-SO_3H + PCl_3 \longrightarrow H_3C-\!\!\!\bigcirc\!\!\!-SO_2Cl + H_3PO_3$$

磺酰氯与氨或胺作用，可以得到磺酰胺：

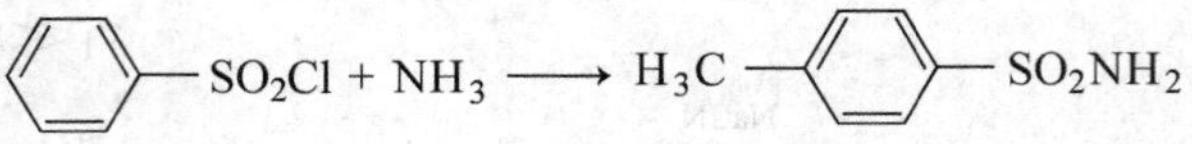

$$\bigcirc\!\!\!-SO_2Cl + NH_3 \longrightarrow H_3C-\!\!\!\bigcirc\!\!\!-SO_2NH_2$$

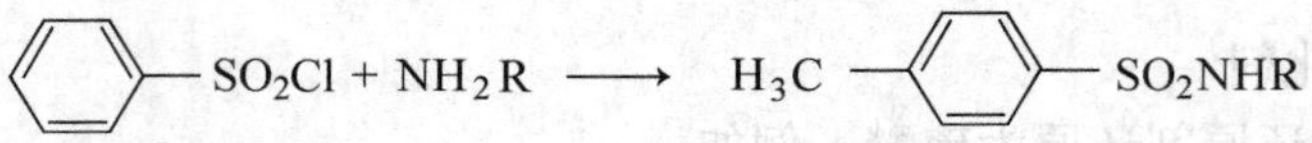

$$\bigcirc\!\!\!-SO_2Cl + NH_2R \longrightarrow H_3C-\!\!\!\bigcirc\!\!\!-SO_2NHR$$

b　磺酸基的取代反应

磺酸基可被—H、—OH 等基团取代，水解反应是磺化反应的逆反应：

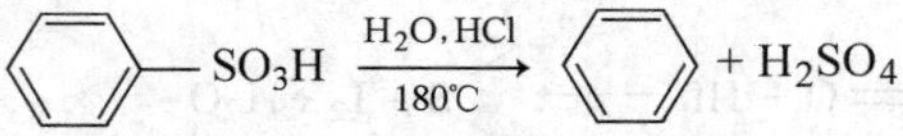

$$\bigcirc\!\!\!-SO_3H \xrightarrow[180℃]{H_2O,HCl} \bigcirc + H_2SO_4$$

磺酸钠与固体 NaOH 共熔，则磺酸基被—OH 取代而得酚，这是工业上制酚的方法之一：

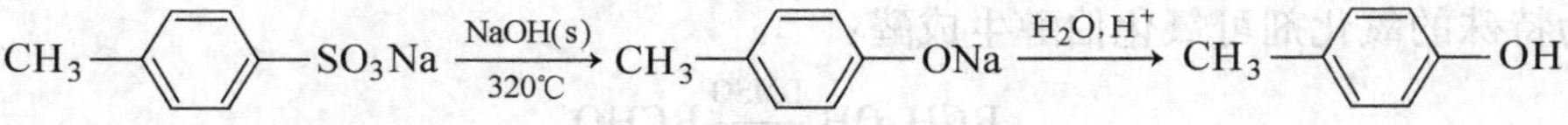

$$CH_3-\!\!\!\bigcirc\!\!\!-SO_3Na \xrightarrow[320℃]{NaOH(s)} CH_3-\!\!\!\bigcirc\!\!\!-ONa \xrightarrow{H_2O,H^+} CH_3-\!\!\!\bigcirc\!\!\!-OH$$

C　离子交换树脂

苯乙烯与少量二乙烯基苯共聚，可得到交联苯乙烯，交联苯乙烯是具有相当硬度的高聚物；如果高聚物上的官能团含有的阳离子或阴离子，可与水中的阳离子或阴离子进行交换，这种物质就称为离子交换树脂。

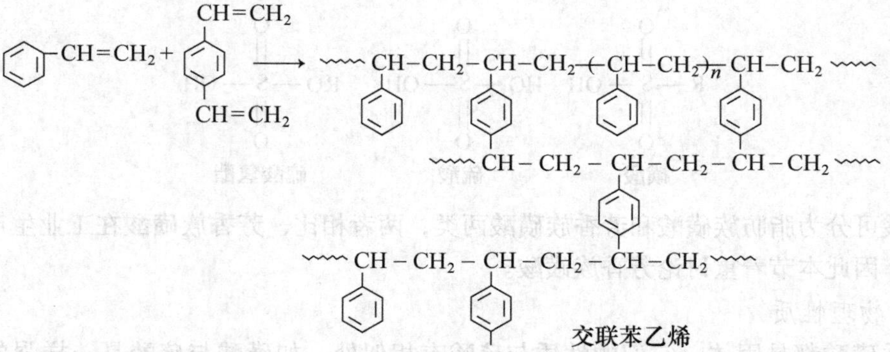

交联苯乙烯

将交联苯乙烯制成微孔状小球，再在苯环上引入磺酸基、羧基、氨基等，可得到各种阳离子交换树脂，如：

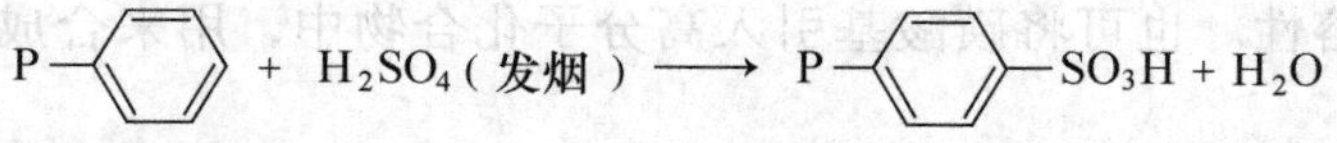

$$P-\!\!\!\bigcirc + H_2SO_4（发烟）\longrightarrow P-\!\!\!\bigcirc\!\!\!-SO_3H + H_2O$$

交联苯乙烯　　　　　　　　强酸性阳离子交换树脂
　　　　　　　　　　　　　水处理剂、酸性催化剂

阳离子交换树脂能够交换阳离子。例如：

$$2P\text{—}\boxed{\phantom{aaa}}\text{—SO}_3\text{H} + \text{Ca}^{2+} \longrightarrow ( P\text{—}\boxed{\phantom{aaa}}\text{—SO}_3)_2\text{Ca} + 2\text{H}^+$$

阳离子交换树脂还能代替硫酸作催化剂，产率高，污染少，便于分离。

在交联苯乙烯分子中的苯环上引入季铵碱基，则得到阴离子交换树脂：

$$P\text{—}\boxed{\phantom{aaa}} \xrightarrow[\text{ZnCl}_2]{\text{HCHO, HCl}} P\text{—}\boxed{\phantom{aaa}}\text{—CH}_2\text{Cl} \xrightarrow{\text{N(CH}_3)_3} P\text{—}\boxed{\phantom{aaa}}\text{—CH}_2\text{N}^+\text{(CH}_3)_3\,\text{Cl}^-$$

交联苯乙烯

$$\xrightarrow{\text{NaOH}} P\text{—}\boxed{\phantom{aaa}}\text{—CH}_2\text{N}^+\text{(CH}_3)_3\text{OH}^-$$

强碱性阴离子交换树脂
水处理剂

这种树脂中的阴离子（OH⁻）可以与水溶液中的其他阴离子交换。

普通水中总含有许多无机盐，而在实验室或工业上常常需用去离子水，制备去离子水可以将普通水先通过强酸型阳离子交换树脂，则水中的金属离子与树脂中的 H⁺ 交换而进入树脂中，流出的水中便含有酸；然后将含有酸的水再通过强碱型阴离子交换树脂，则阴离子被除去，流出的便是去离子水。利用离子交换树脂制备去离子水反应如下：

$$P\text{—}\boxed{\phantom{aaa}}\text{—SO}_3\text{H} + \text{Na}^+ \longrightarrow P\text{—}\boxed{\phantom{aaa}}\text{—SO}_3\text{Na} + \text{H}^+$$

阳离子交换树脂　　水中　　　　　　阳离子交换树脂　　水中

$$P\text{—}\boxed{\phantom{aaa}}\text{—CH}_2\text{N}^+\text{(CH}_3)_3\text{OH}^- + \text{Cl}^- \longrightarrow P\text{—}\boxed{\phantom{aaa}}\text{—CH}_2\text{N}^+\text{(CH}_3)_3\,\text{Cl}^- + \text{OH}^-$$

阴离子交换树脂　　水中　　　　　　　　　　阴离子交换树脂　　水中

$$\text{H}^+ + \text{OH}^- \longrightarrow \text{H}_2\text{O}$$
水中　水中

当树脂的交换能力饱和后，例如，磺酸型树脂已全部转化为磺酸盐，即不能再与溶液中的金属离子交换。这时可以酸处理，即洗去金属离子，又恢复氢型，这个过程叫做再生。阴离子交换树脂也可按同样道理进行再生。

如使用过的阴、阳离子交换树脂可分别用 NaOH、HCl 溶液再生，以便继续使用。例如：

$$P\text{—}\boxed{\phantom{aaa}}\text{—SO}_3\text{Na} \xrightarrow[\text{再生}]{\text{HCl}} P\text{—}\boxed{\phantom{aaa}}\text{—SO}_3\text{H} + \text{Na}^+$$

阳离子交换树脂

$$P\text{—}\boxed{\phantom{aaa}}\text{—CH}_2\text{N}^+\text{(CH}_3)_3\,\text{Cl}^- \xrightarrow[\text{再生}]{\text{NaOH}} P\text{—}\boxed{\phantom{aaa}}\text{—CH}_2\text{N}^+\text{(CH}_3)_3\text{OH}^- + \text{Cl}^-$$

阴离子交换树脂

## 12.1.3　含磷有机化合物

有机磷化合物在许多方面表现出它的重要性：在生物体中，各种磷酸衍生物作为核酸、辅酶的组成部分，成为维持生命所不可缺少的物质。由于某些有机磷化合物具有强烈的生理活性，至今仍是最重要的一类农药。此外，磷酸三甲苯酯是很好的增塑剂；磷酸三丁酯是提取铀的萃取剂；某些有机磷化合物是重要的有机合成试剂。对有机磷化合物的研究，已经成为有机化学的一个重要领域。

### 12.1.3.1 分类

磷和氮是同族元素，就像硫与氧的关系一样。对应于含氮的有机物，也有一系列含磷的有机物。

$$NH_3 \xrightarrow{\text{H 被—R 取代}} 胺 \longrightarrow 铵盐$$

$$PH_3 \longrightarrow 膦 \longrightarrow 鏻盐$$

磷化氢 $PH_3$ 中的氢被烃基取代，则得到与胺相应的下列四种衍生物：

伯膦　$RPH_2$；仲膦　$R_2PH$；叔膦　$R_3P$；季鏻盐　$R_4P^+X^-$

上述化合物中，磷与碳原子直接相连。"膦"字表示含有磷碳键的化合物。在表示相当于季铵类化合物的含磷化合物时用"鏻"字。

亚磷酸（三价磷）中的—H 或—OH 被烃基取代后得到有机磷化合物，如：

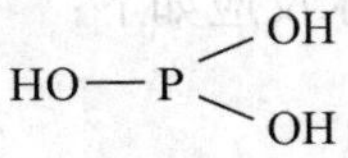

| 亚磷酸 | 烷基亚膦酸 | 二烷基亚膦酸 | 亚膦酸酯 |

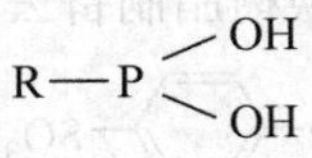

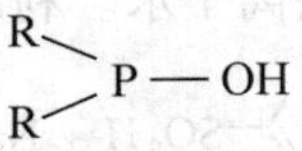

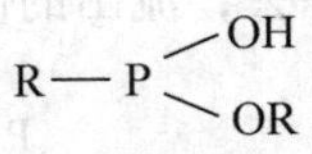

磷酸（五价磷）中的—H 或—OH 被烃基取代后得到有机磷化合物，如：

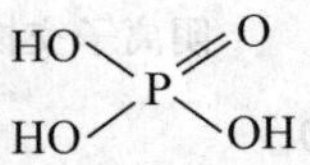

| 磷酸 | 膦酸 | 次膦酸 |

| 磷酸酯 | 膦酸酯 | 次膦酸酯 |

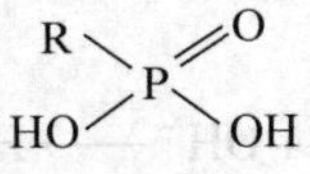

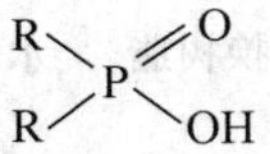

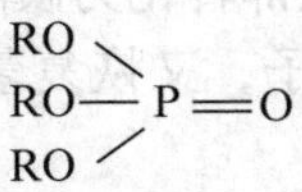

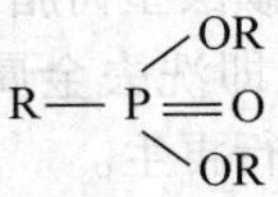

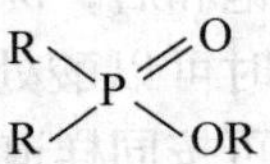

磷酸酯中，与碳原子相连的是氧原子，而不是磷原子。

膦烷是指与五价磷原子相连的均为烃基的化合物，如：

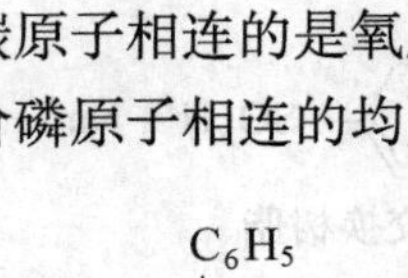

| 五苯膦 | 亚甲基三烃基膦 |

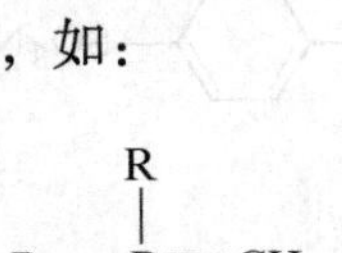

### 12.1.3.2 命名

膦、亚膦酸和膦酸的命名，即在相应的类名前加上烃基的名称，如：

$(C_6H_5)_3P$ 　　　　$C_6H_5-\overset{\overset{\displaystyle O}{\|}}{P}-OH$，OH

三苯膦　　　　　　　　苯膦酸

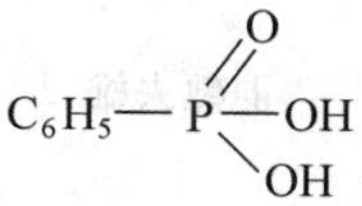

凡属含氧的酯基，都用前缀 O-烷基表示，如：

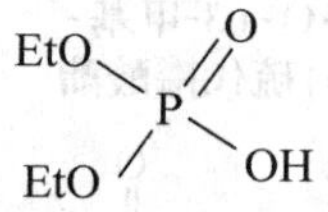

$EtO\diagdown\underset{EtO\diagup}{P}\diagup\overset{\displaystyle O}{\|}$ —OH 　　　$EtO\diagdown\underset{EtO\diagup}{P}\diagup\overset{\displaystyle O}{\|}$ —$C_6H_5$ 　　　$C_6H_5-\underset{OEt}{\overset{OEt}{P}}$

O,O-二乙基磷酸酯 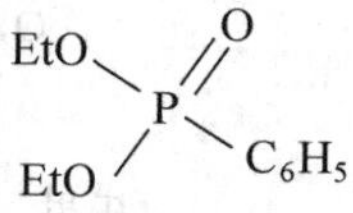　　　　　O,O-二乙基苯膦酸酯 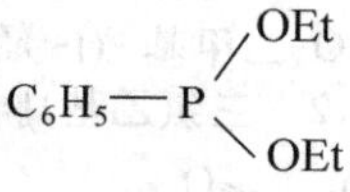　　　　苯基亚膦酸乙酯

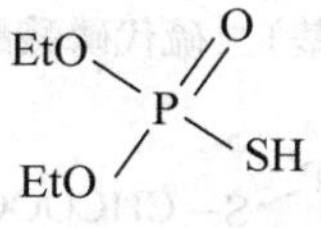

$EtO\diagdown\underset{EtO\diagup}{P}\diagup\overset{\displaystyle O}{\|}$ —SH 　　　$\underset{C_6H_5O}{\overset{C_6H_5O}{\diagdown}}P=O$　　($C_6H_5O$)

O,O-二乙基硫代磷酸酯 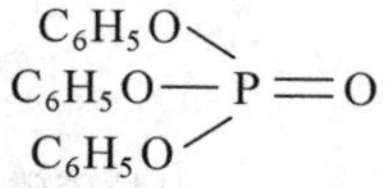　　　O,O,O-三苯基磷酸酯

含 P—X 或 P—N 键的化合物可看作含氧酸的—OH 基被—X、—NH$_2$ 取代后所形成的酰卤和酰胺，如：

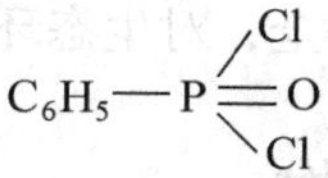

$C_6H_5-\overset{\overset{\displaystyle Cl}{|}}{\underset{\underset{\displaystyle Cl}{|}}{P}}=O$ 　　　　　$EtO\diagdown\underset{EtO\diagup}{P}\diagup\overset{\displaystyle S}{\|}$ —$NH_2$

苯膦酰氯 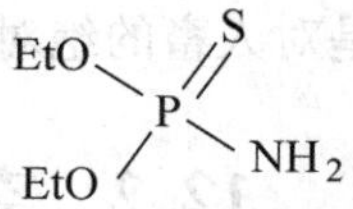　　　　　　　　O,O-二乙基硫代磷酰胺

有机磷农药的命名十分长，往往习惯用商品名称。

### 12.1.3.3 有机磷农药简介

农药就其应用范围分为杀虫剂、杀菌剂、杀鼠剂、除草剂、植物生长调节剂等，其中一大类就是有机磷农药，包括膦酸、膦酸酯类、磷酸酯类、硫代磷酸酯类等。如：

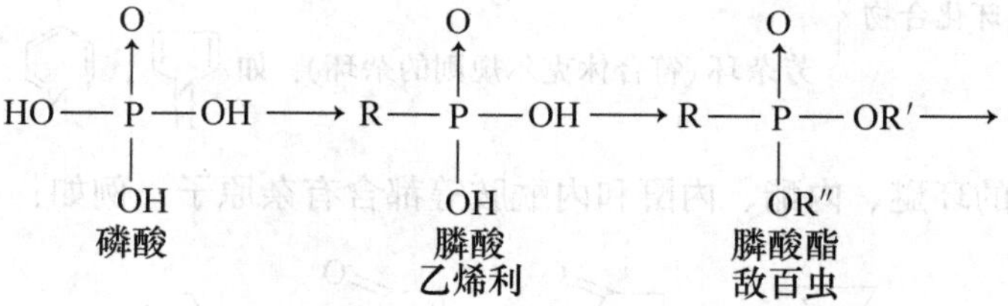

$HO-\overset{\overset{\displaystyle O}{\uparrow}}{\underset{\underset{\displaystyle OH}{|}}{P}}-OH$ → $R-\overset{\overset{\displaystyle O}{\uparrow}}{\underset{\underset{\displaystyle OH}{|}}{P}}-OH$ → $R-\overset{\overset{\displaystyle O}{\uparrow}}{\underset{\underset{\displaystyle OR''}{|}}{P}}-OR'$ →

磷酸　　　　　　　膦酸　　　　　　膦酸酯
　　　　　　　　　乙烯利　　　　　敌百虫

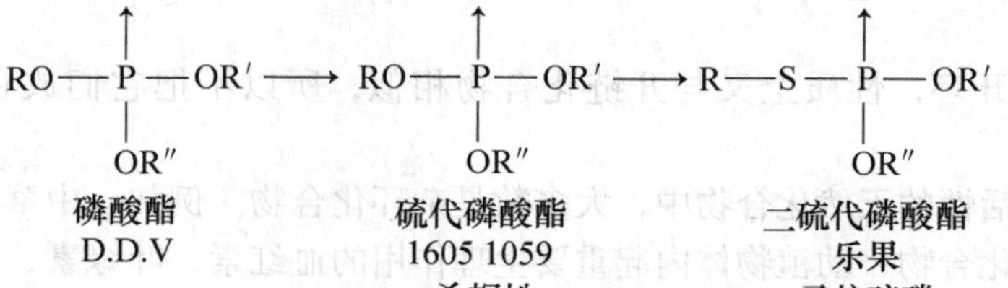

$RO-\overset{\overset{\displaystyle O}{\uparrow}}{\underset{\underset{\displaystyle OR''}{|}}{P}}-OR'$ → $RO-\overset{\overset{\displaystyle S}{\uparrow}}{\underset{\underset{\displaystyle OR''}{|}}{P}}-OR'$ → $R-S-\overset{\overset{\displaystyle S}{\uparrow}}{\underset{\underset{\displaystyle OR''}{|}}{P}}-OR'$

磷酸酯　　　　　　硫代磷酸酯　　　　二硫代磷酸酯
D.D.V　　　　　　1605 1059　　　　　乐果
　　　　　　　　　杀螟松　　　　　　马拉硫磷

典型的有机磷农药如下：

乙烯利 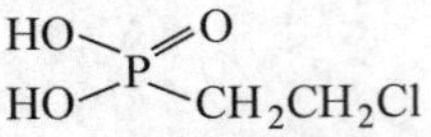
$$HO\!-\!\overset{\displaystyle O}{\underset{\displaystyle HO}{P}}\!-\!CH_2CH_2Cl$$
2-氯乙基膦酸
催熟去雄

内吸磷
(1059) 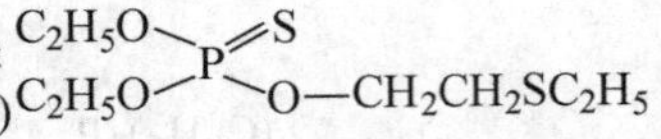
$$\overset{\displaystyle C_2H_5O}{\underset{\displaystyle C_2H_5O}{P}}\!-\!O\!-\!CH_2CH_2SC_2H_5$$
O,O-二乙基-O-(2-乙硫基乙基)硫代磷酸酯
杀虫(高效、剧毒)

敌百虫 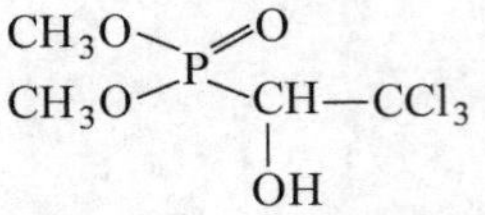
$$\overset{\displaystyle CH_3O}{\underset{\displaystyle CH_3O}{P}}\!-\!\underset{\displaystyle OH}{CH}\!-\!CCl_3$$
O,O-二甲基-(1-羟基-2,2,2,-三氯乙基)膦酸酯
杀虫(广谱、高效、低毒)

杀螟松 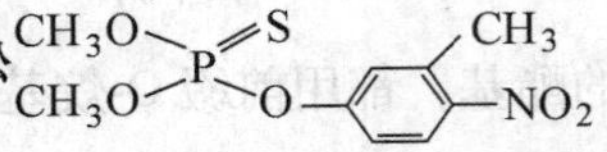
$$\overset{\displaystyle CH_3O}{\underset{\displaystyle CH_3O}{P}}\!-\!O\!-\!\bigcirc\!\!-\!NO_2$$ (带 CH$_3$ 取代)
O,O-二甲基-O-(3-甲基-4-硝基苯基)硫代磷酸酯
杀虫(稻、粟穗螟,高效低毒)

敌敌畏 D.D.V 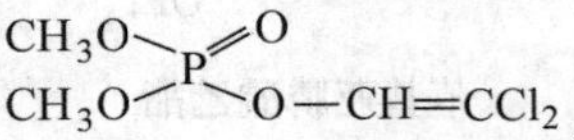
$$\overset{\displaystyle CH_3O}{\underset{\displaystyle CH_3O}{P}}\!-\!O\!-\!CH\!=\!CCl_2$$
O,O-二甲基-O-(2,2,-二氯乙烯基)磷酸酯
杀虫(高效、剧毒、无残毒)

乐果 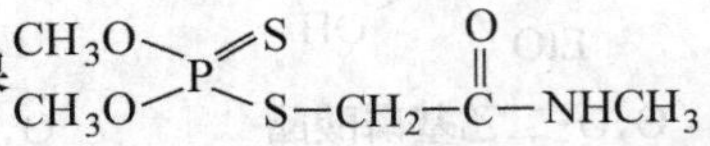
$$\overset{\displaystyle CH_3O}{\underset{\displaystyle CH_3O}{P}}\!-\!S\!-\!CH_2\!-\!\overset{\displaystyle O}{C}\!-\!NHCH_3$$
O,O-二甲基-S-(N-甲氨基甲酰甲基)二硫代磷酸酯
杀螨虫(高效、低毒)

对硫磷
(1605) 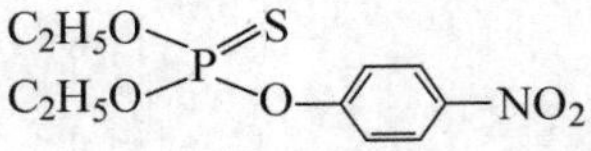
$$\overset{\displaystyle C_2H_5O}{\underset{\displaystyle C_2H_5O}{P}}\!-\!O\!-\!\bigcirc\!\!-\!NO_2$$
O,O-二乙基-O-(对硝基苯基)硫代磷酸酯
杀虫(高效、剧毒)

马拉硫磷 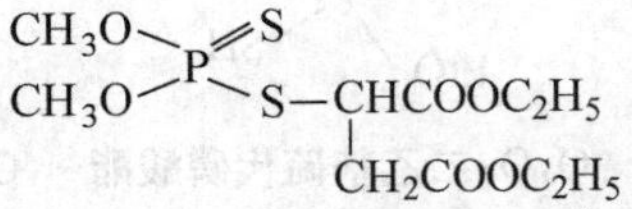
$$\overset{\displaystyle CH_3O}{\underset{\displaystyle CH_3O}{P}}\!-\!S\!-\!\underset{\displaystyle CH_2COOC_2H_5}{CHCOOC_2H_5}$$
O,O-二甲基-S-(1,2-二乙氧羰基乙基)二硫代磷酸酯
杀螨虫(高效、低毒)

农药的发展方向,应该是对人畜的绝对低毒,更安全,对生态环境影响更小。

# 12.2  杂环化合物

环状有机化合物中,构成环的原子除碳原子外还含有其他原子,则这种环状化合物叫做杂环化合物。组成杂环的原子,除碳以外的都叫做杂原子。常见的杂原子有氧、硫、氮等。杂环化合物主要包括:

杂环化合物 { 非芳香杂环,如 □, O○O, ○NH, …
芳杂环(符合休克尔规则的杂环),如 ⬠NH, ⬠N, …

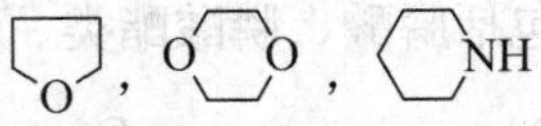

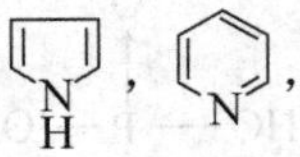

前面学习过的环醚、内酯、内酐和内酰胺等都含有杂原子;例如:

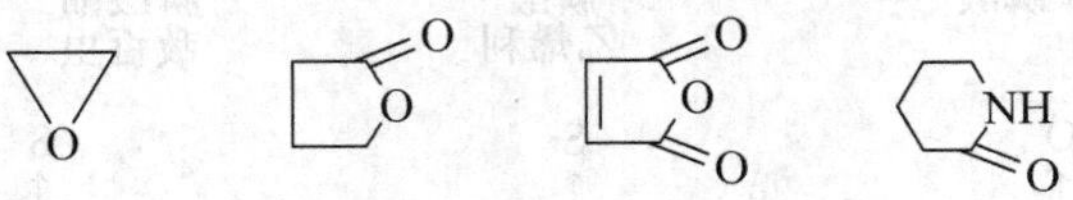

[环氧乙烷、内酯、内酐、内酰胺结构式]

但它们容易开环,性质上又与开链化合物相似,所以不把它们放在杂环化合物中讨论。

在具有生物活性的天然化合物中,大多数是杂环化合物。例如,中草药的有效成分生物碱大多是杂环化合物;动植物体内起重要生理作用的血红素、叶绿素、核酸的碱基都是含氮杂环;一些维生素、抗菌素、植物色素、植物染料、合成染料都含有杂环。

本章我们只讨论少数一些及与生物关系密切的杂环化合物。

### 12.2.1 杂环化合物的分类和命名

为了研究方便，根据杂环母体中所含环的数目，将杂环化合物分为单杂环和稠杂环两大类。最常见的单杂环有五元环和六元环。稠杂环有芳环并杂环和杂环并杂环两种。如：

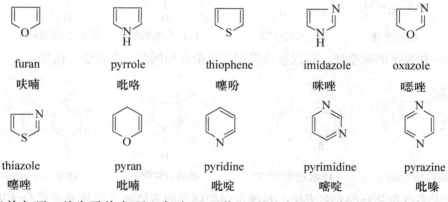

杂环化合物的命名比较复杂，现在一般通用的有两种类型的命名方法。一种是按照化合物的西文名称音译，另一种是根据相应的碳环化合物名称类比命名（系统命名）。按照音译法得来的名称与结构之间没有联系，而后一种方法则能反映出结构特点，但一般习惯采用的还是音译的名称。音译名称是按外文名称的音译，并加口字旁，表示为环状化合物。例如：

| furan | pyrrole | thiophene | imidazole | oxazole |
| --- | --- | --- | --- | --- |
| 呋喃 | 吡咯 | 噻吩 | 咪唑 | 噁唑 |

| thiazole | pyran | pyridine | pyrimidine | pyrazine |
| --- | --- | --- | --- | --- |
| 噻唑 | 吡喃 | 吡啶 | 嘧啶 | 吡嗪 |

对于单杂环，首先需将杂环上每个"环节"原子编号，并使杂原子处在最小号数位置，如果一个环上有两个或多个不同种类的杂原子时，则规定按 O，S，N，…顺序使其位号由小到大。例如：

当环上有取代基时，先将取代基的名称放在杂环基本名称（或称主体环名称）的前面，并把主体环的位号写在取代基名称的前面，以表示取代基在主体环上的位置。如果杂环分子上有两个或两个以上取代基时，则按照最低系列原则编号。例如：

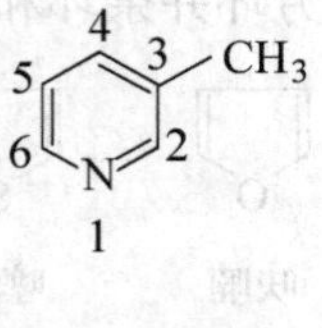

3-甲基吡啶 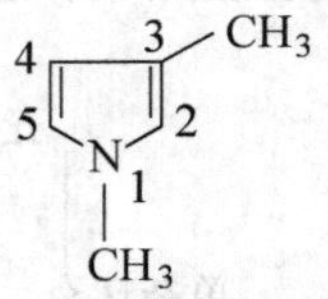　　　　　　　　　1,3-二甲基吡咯

当只有 1 个杂原子时，也可用希腊字母编号，靠近杂原子的第一个位置是 α-位，其次为 β-位、γ-位等。例如：

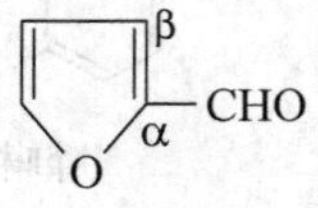

α-呋喃甲醛 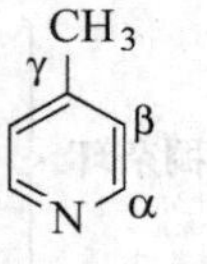　　　　　　　　γ-甲基吡啶

对于不同程度饱和的杂环化合物，命名时不但要标明氢化（饱和）的程度，而且要标示出氢化的位置，用中文数字标明其数目，用阿拉伯数字标明其位置，全氢化物可只标明数目。例如：

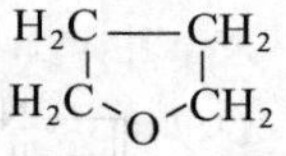

四氢呋喃 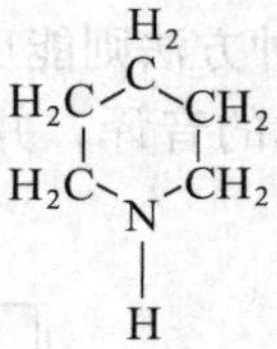　　　　六氢吡啶　　　2,3-二氢吡咯 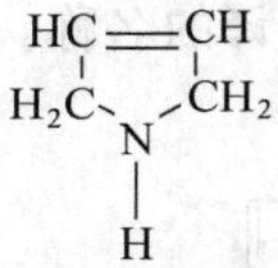　　2,5-二氢吡咯

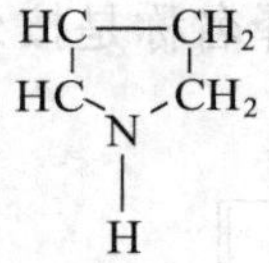

对于一些简单的稠杂环，可以直接采用与单杂环相同的命名方法，例如：

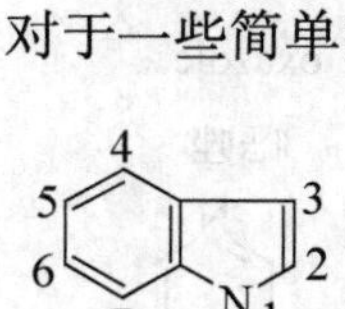

吲哚 (indole) 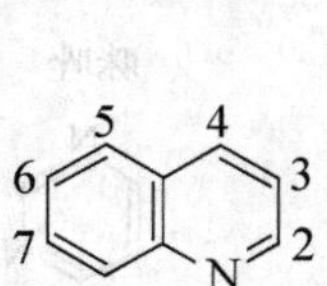　　　喹啉 (quinoline) 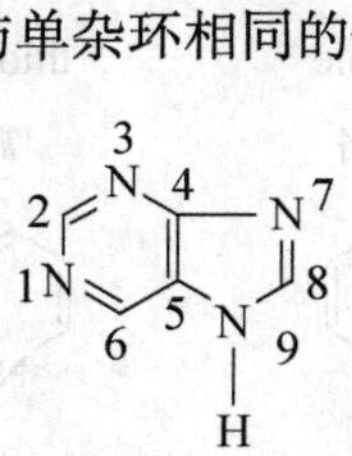　　　嘌呤 (purine) 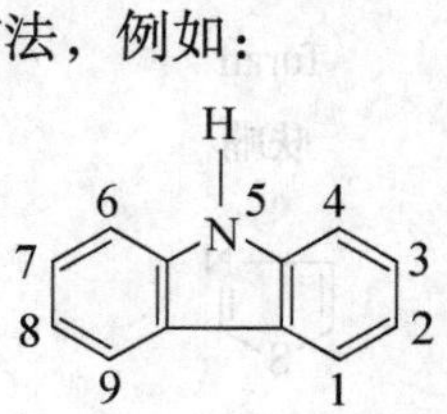　　　咔唑 (carbazole)

对于大多数稠杂环的命名方法，是确定稠杂环中的主体环（当然必须是分子中的杂环部分），并以它的名字作为整个骈环分子的基本名称，其他与之骈合的环的名字都看成是这个主体环的前缀而放在主体环名称的前面，如下式所示：

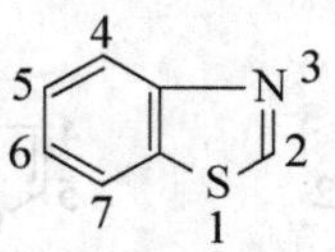

苯骈噻唑

当稠环中的主体环和骈合环具有非专一位置时，则要标明用以骈合的主体环的边号。边序号是用 a，b，c，d，…表示的，并规定 1-2 位间的键（边）为 a，2-3 位间者为 b 等，按顺序标记。最后把骈合边的边序号放在骈合环和主体环的名称之间，并以方括号括起来。例如：

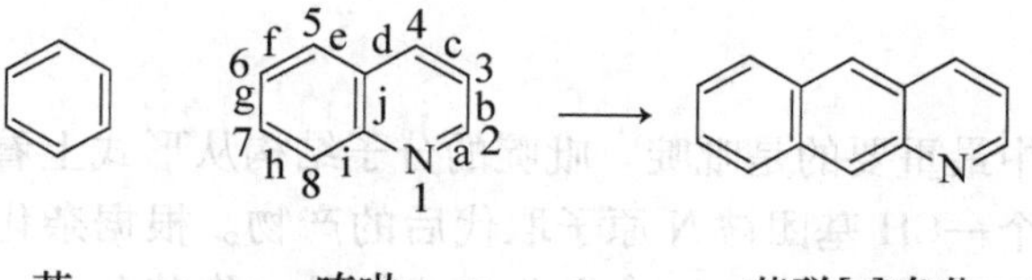

苯　　　　　喹啉　　　　　　　　苯骈[g]喹啉

系统命名法是根据相应的碳环为母体而命名的，把杂环化合物看作相应碳环中的碳原子被杂原子取代后的产物。命名时，化学介词为"杂"字，称为"某杂某"。例如，五元杂环相应的碳环为 ⌂，定名为"茂"，则 ⌂ 称为氧杂茂；茂中的"戊"表示五元环，草头表示具有芳香性。系统命名法能反映出化合物的结构特点。

## 12.2.2　杂环化合物的结构

### 12.2.2.1　呋喃、噻吩、吡咯

五元杂环化合物中最重要的是呋喃、噻吩、吡咯及它们的衍生物。

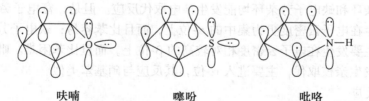

呋喃　　　　　　噻吩　　　　　　　　吡咯

近代物理方法证明：组成呋喃、噻吩、吡咯环的 5 个原子共处在一个平面上，成环的 4 个碳原子和 1 个杂原子都是 $sp^2$ 杂化。环上每个碳原子的 p 轨道中有 1 个电子，杂原子的 p 轨道中有 2 个 p 电子。5 个原子彼此间以 $sp^2$ 杂化轨道"头碰头"重叠形成 σ 键。4 个碳原子和 1 个杂原子未杂化的 p 轨道都垂直于环的平面，p 轨道彼此平行，"肩并肩"重叠形成 1 个由 5 个原子所属的 6 个 π 电子组成的闭合共轭体系。呋喃、噻吩、吡咯的原子轨道示意图如下：

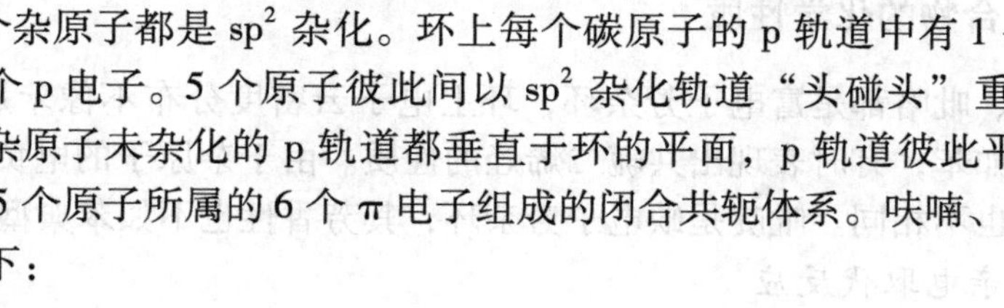

呋喃　　　　　　　　噻吩　　　　　　　　　吡咯

由于 π 电子数符合休克尔（Hückel）规则（$4n+2$），因此呋喃、噻吩、吡咯表现出与苯相似的芳香性。这些杂环或多或少具有与苯类似的性质，故称之为芳香杂环化合物。

在呋喃、噻吩、吡咯分子中，由于杂原子的未共用电子对参与了共轭体系（6 个 π 电子分布在由 5 个原子组成的分子轨道中），使环上碳原子的电子云密度增加，因此环中碳原子的电子云密度相对地大于苯中碳原子的电子云密度，所以此类杂环称为富电子芳杂环

或多 π 电子芳杂环。

杂原子氧、硫、氮的电负性比碳原子大，使环上电子云密度分布不像苯环那样均匀，所以呋喃、噻吩、吡咯分子中各原子间的键长并不完全相等，因此芳香性比苯差。由于杂原子的电负性强弱顺序是：氧 > 氮 > 硫，所以芳香性强弱顺序如下：苯 > 噻吩 > 吡咯 > 呋喃。

### 12. 2. 2. 2　吡啶

六元杂环化合物中最重要的是吡啶。吡啶的分子结构从形式上看与苯十分相似，可以看做是苯分子中的一个—CH 基团被 N 原子取代后的产物。根据杂化轨道理论，吡啶分子中 5 个碳原子和 1 个氮原子都是经过 sp² 杂化而成键的，像苯分子一样，分子中所有原子都处在同一平面上。与吡咯不同的是，氮原子的三个未成对电子，两个处于 sp² 轨道中，与相邻碳原子形成 σ 键，另一个处在 p 轨道中，与 5 个碳原子的 p 轨道平行，侧面重叠形成一个闭合的共轭体系。氮原子尚有一对未共用电子对，处在 sp² 杂化轨道中与环共平面。吡啶符合休克尔规则，所以吡啶具有芳香性。吡啶的原子轨道示意图如下：

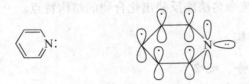

吡啶　　　　　　　　吡啶的原子轨道示意图

在吡啶分子中，由于氮原子的电负性比碳大，表现出吸电子诱导效应，使吡啶环上碳原子的电子云密度相对降低，因此环中碳原子的电子云密度相对地小于苯中碳原子的电子云密度，所以此类杂环称为缺电子芳杂环或缺 π 电子芳杂环。

富电子芳杂环与缺电子芳杂环在化学性质上有较明显的差异。

## 12. 2. 3　杂环化合物的化学性质

呋喃、噻吩、吡咯都是富电子芳杂环，环上电子云密度分布不像苯那样均匀，因此，它们的芳香性不如苯，有时表现出共轭二烯烃的性质。由于杂原子的电负性不同，它们表现的芳香性程度也不相同。吡啶是缺电子芳杂环，其芳香性也不如苯典型。

### 12. 2. 3. 1　亲电取代反应

富电子芳杂环和缺电子芳杂环均能发生亲电取代反应。但是，富电子芳杂环的亲电取代反应主要发生在电子云密度更为集中的 α-位上，而且比苯容易；缺电子芳杂环如吡啶的亲电取代反应主要发生在电子云密度相对较高的 β-位上，而且比苯困难。吡啶不易发生亲电取代，而易发生亲核取代，主要进入 α-位，其反应与硝基苯类似。

**A　卤代反应**

呋喃、噻吩、吡咯比苯活泼，一般不需要催化剂就可直接卤代：

$$\text{呋喃} + Br_2 \xrightarrow[\text{室温}]{\text{1,4-二氧六环}} \text{溴代呋喃} - Br + HBr$$

α-溴代呋喃

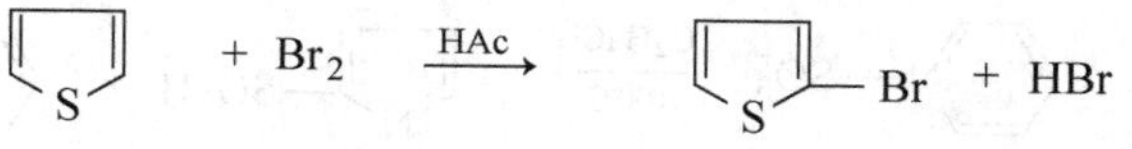

α-溴代噻唑

吡咯极易卤代，例如与碘－碘化钾溶液作用，生成的不是一元取代产物，而是四碘吡咯：

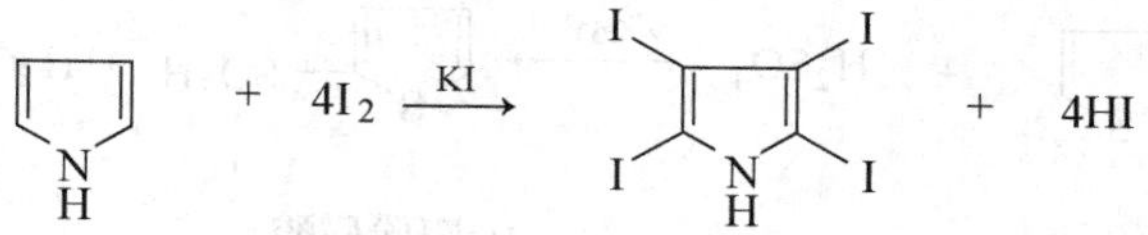

2,3,4,5-四碘吡咯

吡啶的卤代反应比苯难，不但需要催化剂，而且要在较高温度下进行：

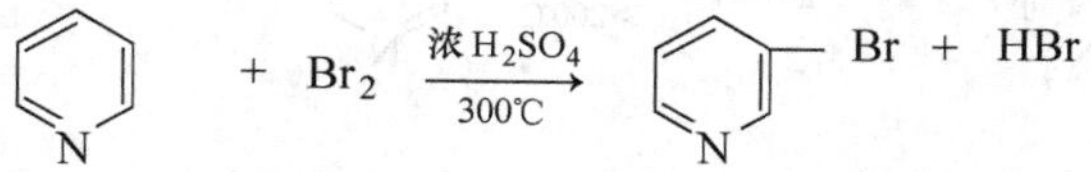

β-溴代吡啶

**B  硝化反应**

在强酸作用下，呋喃与吡咯很容易开环形成聚合物，因此不能像苯那样用一般的方法进行硝化。五元杂环的硝化，一般用比较温和的非质子硝化剂——乙酰基硝酸酯（$CH_3COONO_2$）和在低温度下进行，硝基主要进入 α-位：

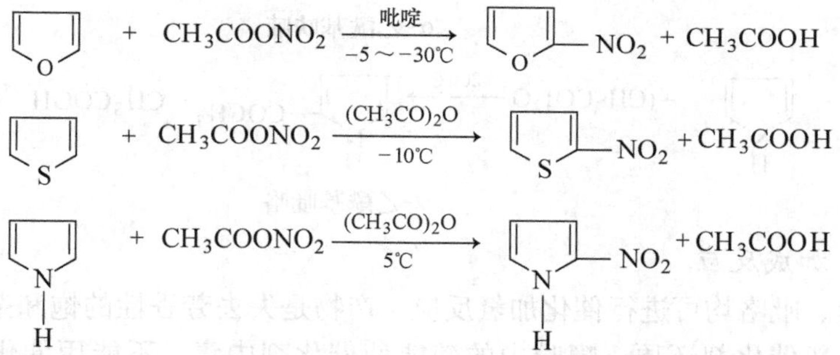

吡啶的硝化反应需在浓酸和高温下才能进行，硝基主要进 β-位：

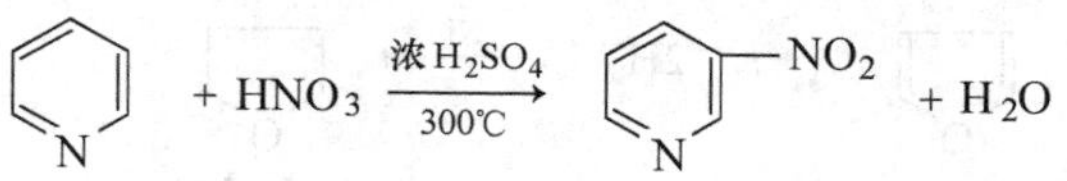

**C  磺化反应**

呋喃、吡咯对酸很敏感，强酸能使它们开环聚合，因此常用温和的非质子磺化试剂，如用吡啶与三氧化硫的加合物作为磺化剂进行反应：

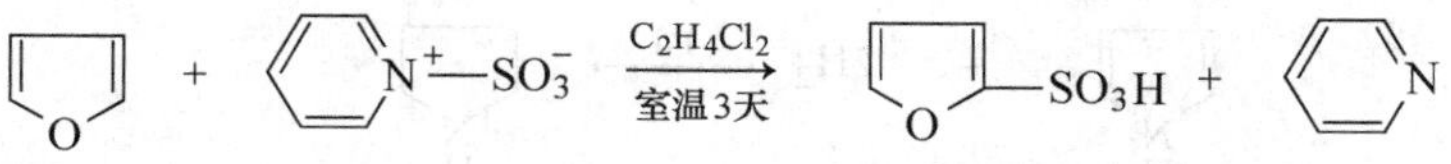

α-呋喃磺酸

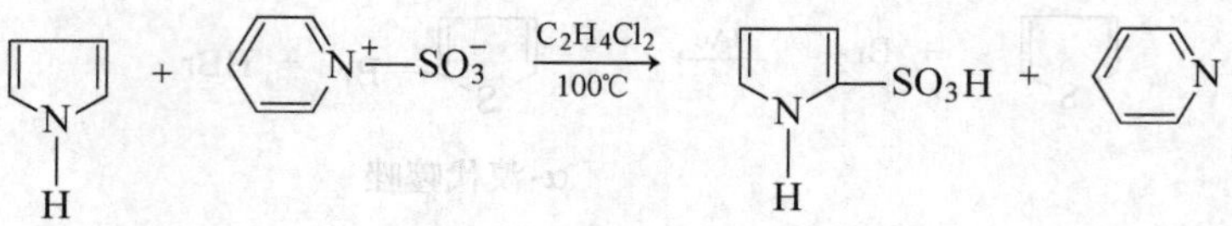

$$\text{吡咯} + \text{吡啶-}N^+\text{—}SO_3^- \xrightarrow[100℃]{C_2H_4Cl_2} \text{吡咯-}SO_3H + \text{吡啶}$$

α-吡咯磺酸

噻吩对酸比较稳定，室温下可与浓硫酸发生磺化反应：

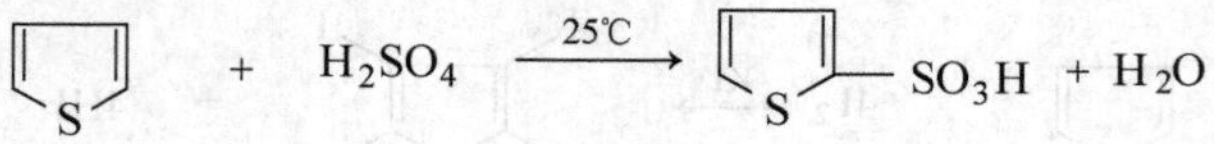

$$\text{噻吩} + H_2SO_4 \xrightarrow{25℃} \text{噻吩-}SO_3H + H_2O$$

α-噻吩磺酸

吡啶在硫酸汞催化和加热的条件下才能发生磺化反应：

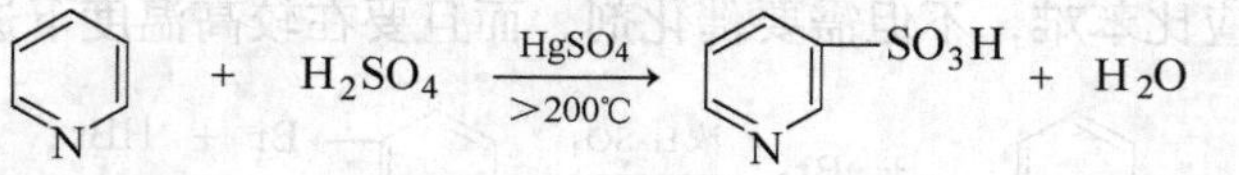

$$\text{吡啶} + H_2SO_4 \xrightarrow[>200℃]{HgSO_4} \text{吡啶-}SO_3H + H_2O$$

β-吡啶磺酸

**D　傅－克反应**

傅氏酰基化反应常采用较温和的催化剂如 $SnCl_4$、$BF_3$ 等，对活性较大的吡咯可不用催化剂，直接用酸酐酰化。吡啶一般不进行傅氏酰基化反应。

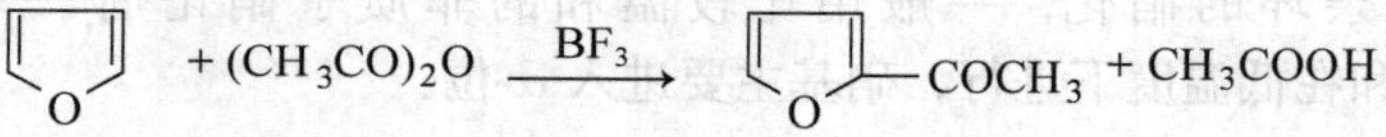

$$\text{呋喃} + (CH_3CO)_2O \xrightarrow{BF_3} \text{呋喃-}COCH_3 + CH_3COOH$$

α-乙酰基呋喃

$$\text{吡咯} + (CH_3CO)_2O \xrightarrow{200℃} \text{吡咯-}COCH_3 + CH_3COOH$$

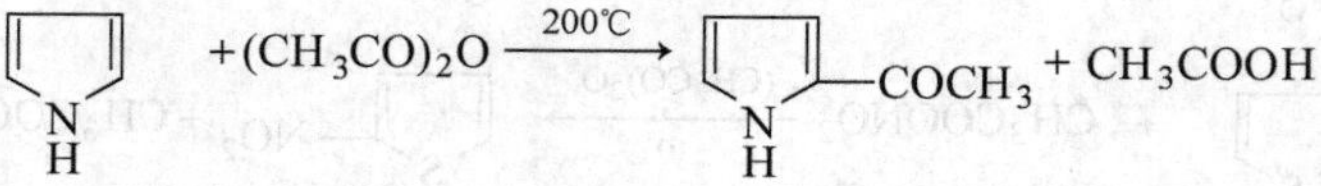

α-乙酰基吡咯

### 12.2.3.2　加成反应

呋喃、噻吩、吡咯均可进行催化加氢反应，产物是失去芳香性的饱和杂环化合物。呋喃、吡咯可用一般催化剂还原。噻吩中的硫能使催化剂中毒，不能用催化氢化的方法还原，需使用特殊催化剂。吡啶比苯易还原，如金属钠和乙醇就可使其氢化。

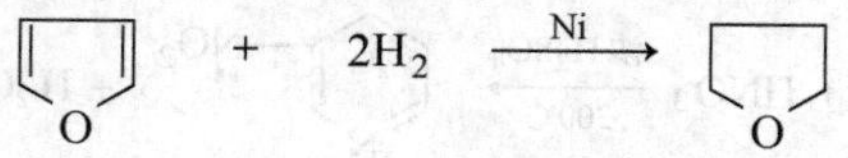

$$\text{呋喃} + 2H_2 \xrightarrow{Ni} \text{四氢呋喃}$$

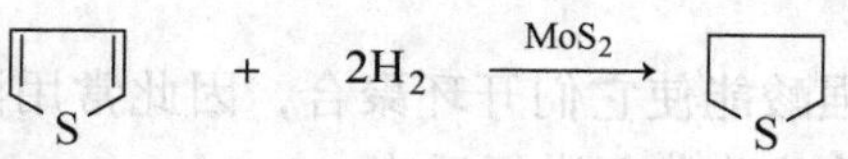

四氢呋喃

$$\text{噻吩} + 2H_2 \xrightarrow{MoS_2} \text{四氢噻吩}$$

四氢噻吩

$$\text{吡咯} + 2H_2 \xrightarrow{Pd} \text{四氢吡咯}$$

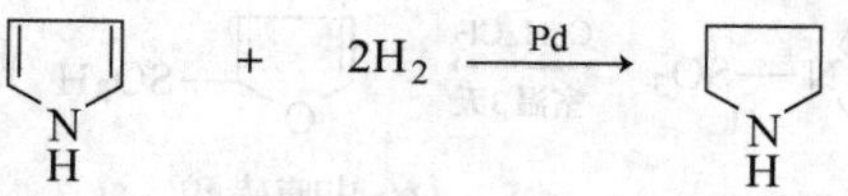

四氢吡咯（吡咯烷）

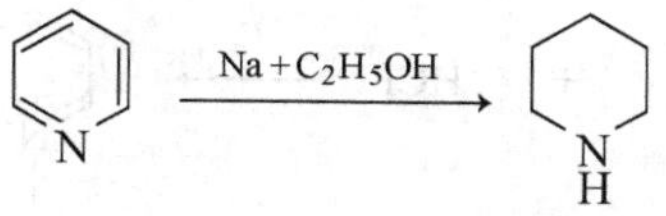

六氢吡啶

四氢呋喃在有机合成上是重要的溶剂。四氢噻吩可氧化成砜或亚砜，四亚甲基砜是重要的溶剂。四氢吡咯具有二级胺的性质。

呋喃的芳香性最弱，显示出共轭双烯的性质，与顺丁烯二酸酐能发生双烯合成反应（狄尔斯－阿尔德反应），产率较高。反应式如下：

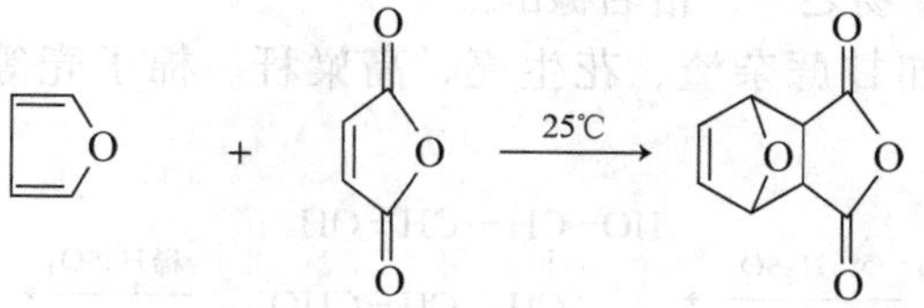

### 12. 2. 3. 3　氧化反应

呋喃和吡咯对氧化剂很敏感，在空气中就能被氧化，环被破坏。噻吩相对要稳定些。吡啶对氧化剂相当稳定，比苯还难氧化。例如，吡啶的烃基衍生物在强氧化剂作用下只发生侧链氧化，生成吡啶甲酸，而不是苯甲酸。例如：

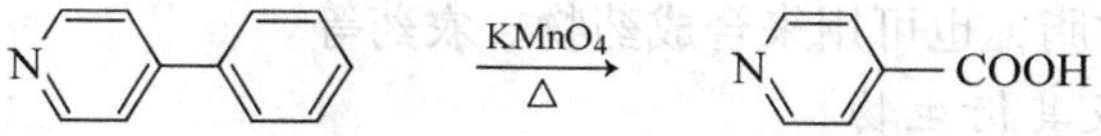

γ-吡啶甲酸

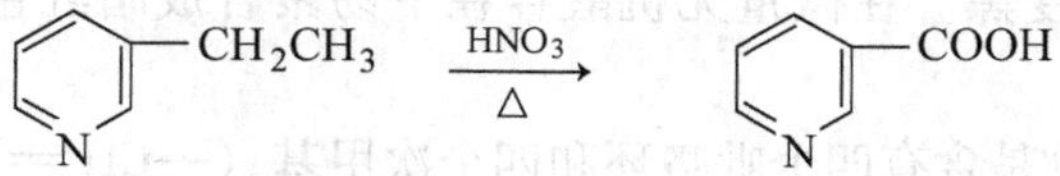

β-吡啶甲酸

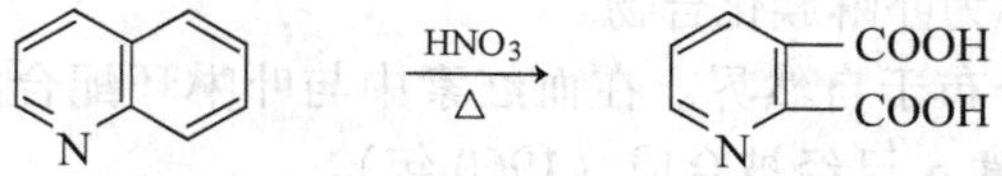

α,β-吡啶二甲酸

### 12. 2. 3. 4　吡咯和吡啶的酸碱性

含氮化合物的碱性强弱主要取决于氮原子上未共用电子对与 $H^+$ 的结合能力。在吡咯分子中，氮原子上的未共用电子对参与环的共轭体系，使氮原子上电子云密度降低，吸引 $H^+$ 的能力减弱。另外，由于这种 p-π 共轭效应使与氮原子相连的氢原子有离解成 $H^+$ 的可能，所以吡咯不但不显碱性，反而呈弱酸性，可与碱金属、氢氧化钾或氢氧化钠作用生成盐。例如：

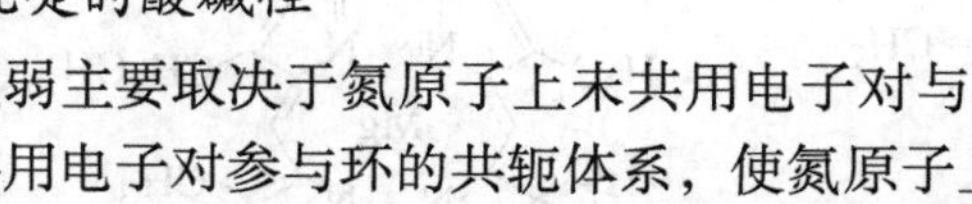

吡啶氮原子上的未共电子对不参与环共轭体系，能与 $H^+$ 结合成盐，所以吡啶显弱碱性，比苯胺碱性强，但比脂肪胺及氨的碱性弱得多。例如：

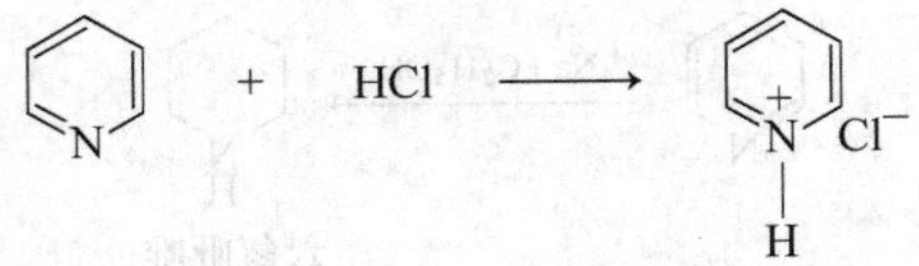

264

### 12.2.4　与生物有关的杂环化合物及其衍生物

#### 12.2.4.1　呋喃及其衍生物

呋喃为无色有特殊气味的液体，沸点为 31.4℃，不溶于水而易溶于乙醇、乙醚。α-呋喃甲酸是呋喃的重要衍生物之一，俗名糠醛。

糠醛可由农副产品如甘蔗杂渣、花生壳、高粱秆、棉子壳等用稀酸加热蒸煮制取。例如：

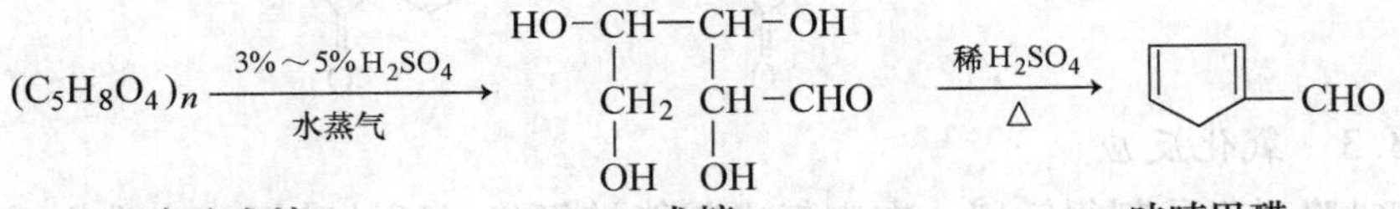

多聚戊糖　　　　　　　　戊糖　　　　　　　　呋喃甲醛

糠醛是不含 α-氢的醛，其化学性质与苯甲醛相似，能发生康尼查罗反应及一些芳香醛的缩合反应，生成许多有用的化合物。因此，糠醛是有机合成的重要原料，它可以代替甲醛与苯酚缩合成酚醛树脂，也可用来合成药物、农药等。

#### 12.2.4.2　吡咯及其衍生物

吡咯存在于煤焦油和骨焦油中，是无色液体，沸点为 161.7℃，在空气中因氧化而迅速变黑。在微量无机酸存在下易聚合成暗红色树脂状物。

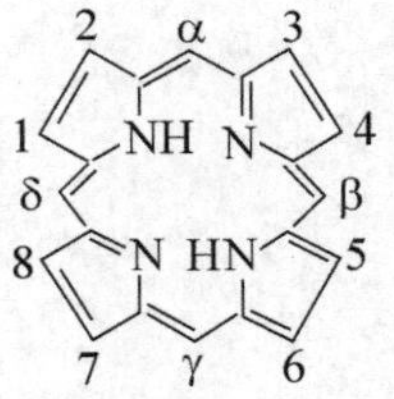

最重要的吡咯衍生物是含有四个吡咯环和四个次甲基（—CH＝）交替相连组成的大环化合物，为叶绿素和血红素具有相同的基本骨架——卟吩。其取代物称为卟啉族化合物。

卟吩

卟啉族化合物广泛分布于自然界。在血红素中与卟啉环配合的是 Fe，叶绿素中与卟啉环配合的是 Mg。叶绿素 α 已经被合成（1960 年）。

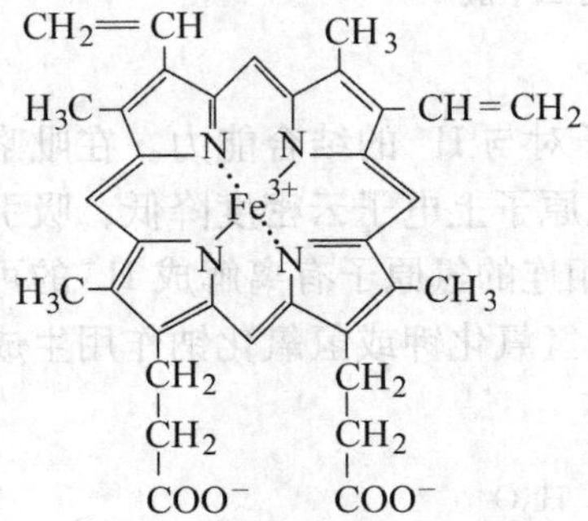

血红素的结构

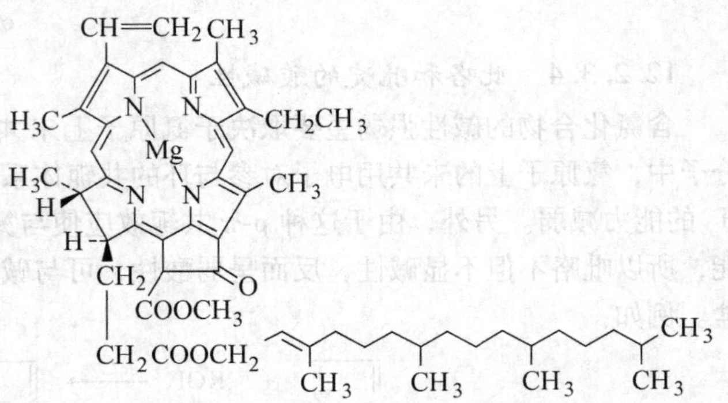

叶绿素 α 的结构

维生素 $B_{12}$，是含钴的类似卟啉环化合物。但其卟啉环在 δ-位少一个碳原子，它具有强的医治贫血的功能。

维生素B₁₂的结构

### 12.2.4.3 吡啶及其衍生物

吡啶存在于煤焦油页岩油和骨焦油中，吡啶衍生物广泛存在于自然界，例如，植物所含的生物碱不少都具有吡啶环结构，维生素 PP、维生素 B₆、辅酶Ⅰ及辅酶Ⅱ也含有吡啶环。吡啶是重要的有机合成原料（如合成药物）、良好的有机溶剂和有机合成催化剂。

维生素 PP 是 B 族维生素之一，包括 β-吡啶甲酸及 β-吡啶甲酰胺两种物质。

β-吡啶甲酸（烟酸或尼克酸）　　　β-吡啶甲酰胺（烟酰胺或尼克酰胺）

在体内尼克酰胺（β-吡啶甲酰胺）主要转变成两种：一个是烟酰胺腺嘌呤二核苷酸，简称 NAD⁺，又称为辅酶Ⅰ；另一个是烟酰胺腺嘌呤二核苷酸磷酸，简称 NADP⁺，又称为辅酶Ⅱ。NAD⁺及 NADP⁺的结构如下：

辅酶Ⅰ与辅酶Ⅱ是生物氧化过程中非常重要的辅酶，它可以使底物脱去氢。

维生素 B$_6$ 包括三种物质：吡哆醇、吡哆醛和吡哆胺，其结构如下：

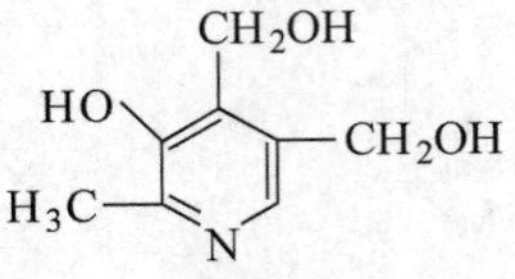

吡哆醇 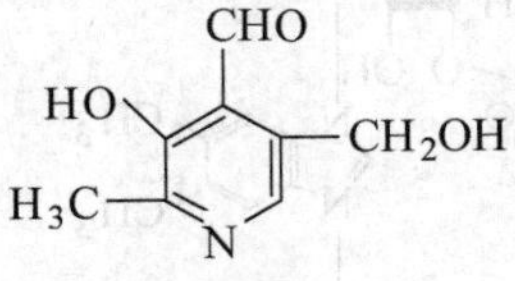　　　　　　　　吡哆醛 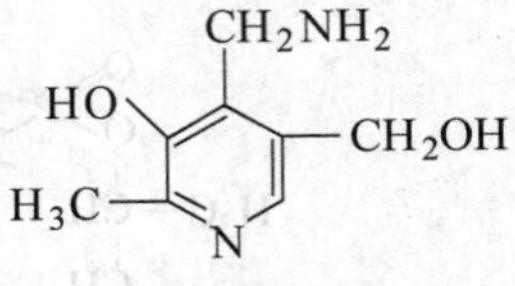　　　　　　　　吡哆胺

维生素 B$_6$ 在自然界分布很广，存在于蔬菜、鱼、肉、谷物、蛋类等中，它们参与生物体中的转氨基作用，是维持蛋白质正常代谢必要的维生素。

### 12.2.4.4　吲哚及其衍生物

吲哚是白色结晶，熔点为 52.5℃。极稀溶液有香味，可用作香料，浓的吲哚溶液有粪臭味。素馨花、柑桔花中含有吲哚。吲哚环的衍生物广泛存在于动植物体内，与人类的生命、生活有密切的关系。吲哚重要的衍生物包括 β-甲基吲哚与 β-吲哚乙酸。

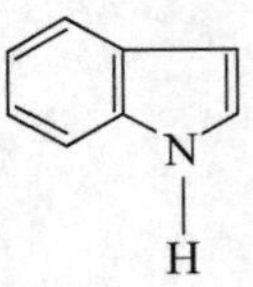

吲哚 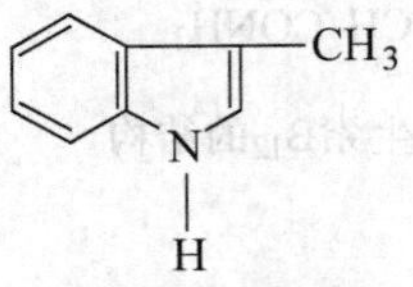　　　　　　　　β-甲基吲哚 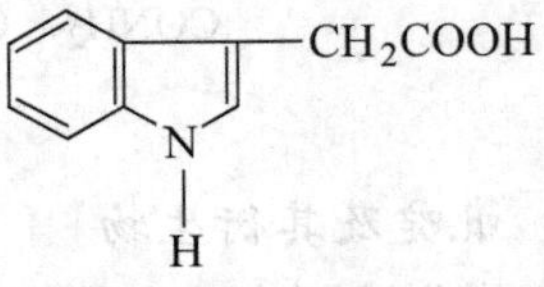　　　　　　β-吲哚乙酸

吲哚的性质与吡咯相似，有弱酸性。

β-吲哚乙酸是自然界中许多的吲哚衍生物之一，也是广泛存在于植物幼芽中的植物生长素：低浓度的 β-吲哚乙酸能促进植物生长，其主要作用是能加速插枝作物的生根，但浓度较高时则抑制作物的生长。

### 12.2.4.5　嘧啶及其衍生物

嘧啶是含两个氮原子的六元杂环。它是无色晶体，熔点为 20～22℃，沸点为 123～124℃，易溶于水，具有弱碱性，可与强酸成盐，其碱性比吡啶弱。

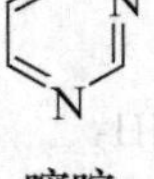

嘧啶

嘧啶存在烯醇式和酮式的互变异构体。

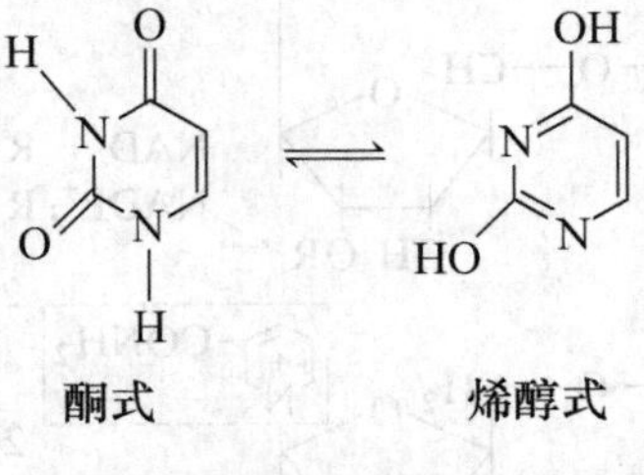

酮式　　　　　　　　烯醇式

嘧啶很少存在于自然界中，其衍生物在自然界中普遍存在。例如维生素 B$_1$ 中含有嘧啶环。

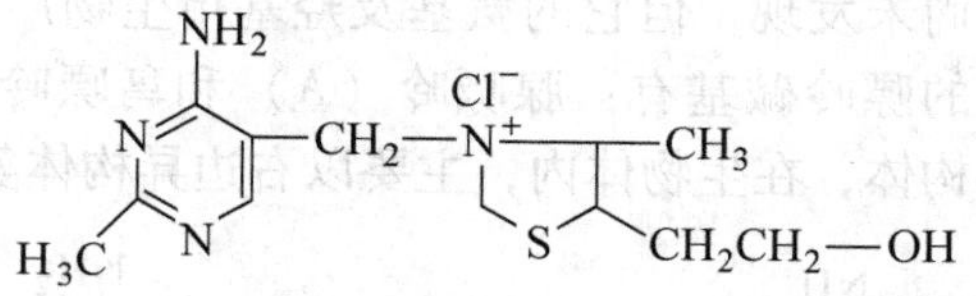

维生素B₁

此外，组成核酸的重要碱基：胞嘧啶（C）、尿嘧啶（U）、胸腺嘧啶（T）都是嘧啶的衍生物，与嘧啶类似，它们都存在烯醇式和酮式的互变异构体。

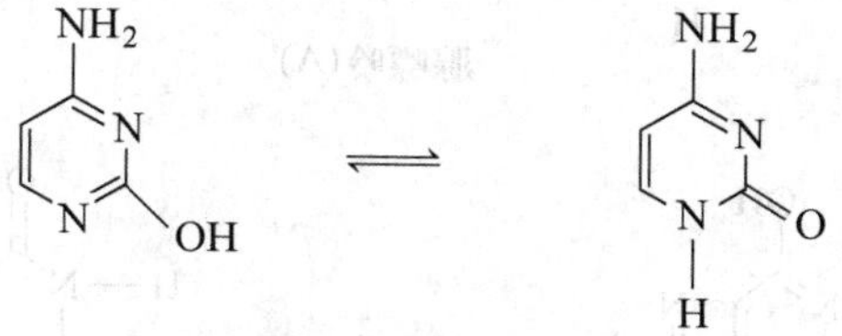

胞嘧啶(C)

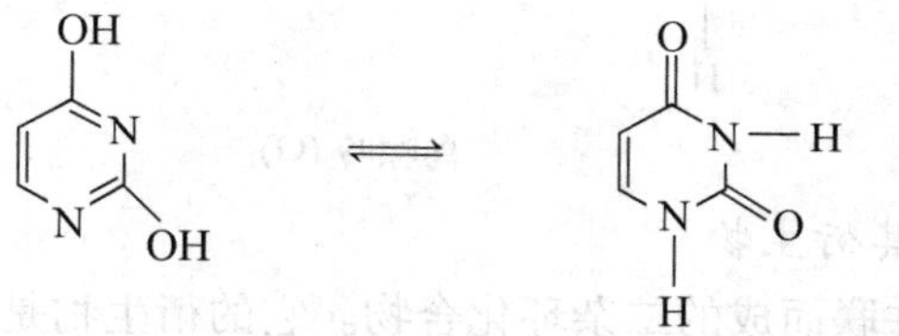

尿嘧啶(U)

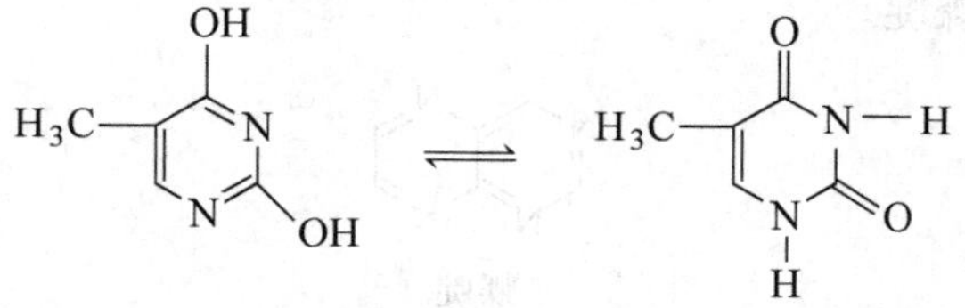

胸腺嘧啶(T)

在生物体中哪一种异构体占优势，取决于体系的 pH 值。在生物体中，嘧啶碱主要以酮式异构体存在。

### 12.2.4.6　嘌呤及其衍生物

嘌呤可以看做是一个嘧啶环和一个咪唑环稠合而成的稠杂环化合物。嘌呤也有互变异构体，但在生物体内多以（Ⅱ）式存在。

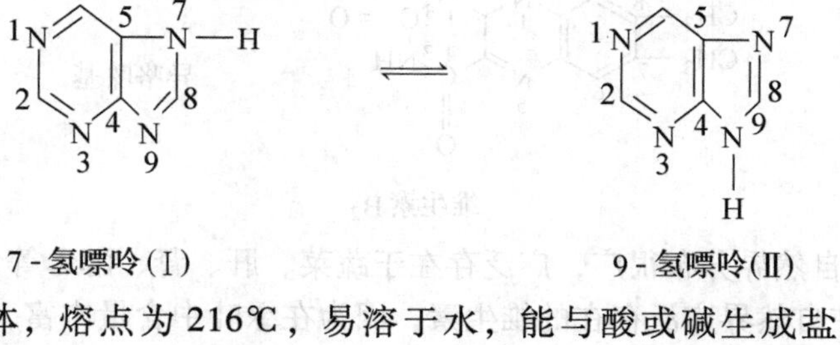

7 - 氢嘌呤（Ⅰ）　　　　　　　　9 - 氢嘌呤（Ⅱ）

嘌呤为无色晶体，熔点为 216℃，易溶于水，能与酸或碱生成盐，但其水溶液呈中性。

嘌呤本身在自然界中尚未发现，但它的氨基及羟基衍生物广泛存在于动、植物体中。存在于生物体内组成核酸的嘌呤碱基有：腺嘌呤（A）和鸟嘌呤（G），是嘌呤的重要衍生物。它们都存在互变异构体，在生物体内，主要以右边异构体氨基的形式存在。

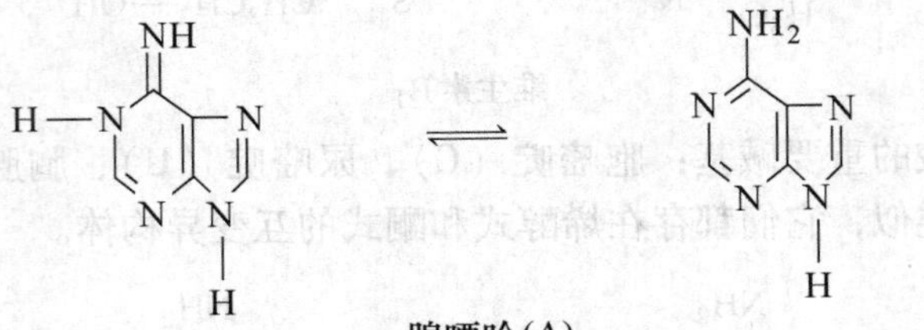

腺嘌呤(A)

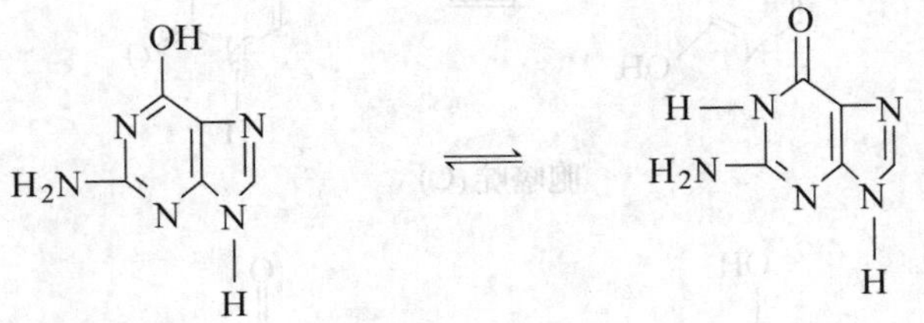

鸟嘌呤 (G)

### 12.2.4.7　蝶啶及其衍生物

蝶啶是吡嗪和嘧啶并联而成的二杂环化合物。它的衍生物是多种蝴蝶翅上的色素，最普通的黄蝶啶是黄蝴蝶的色素，即 2-氨基-4，6-二羟基蝶啶，红蝴蝶的色素是异黄蝶啶，即 2-氨基-4，7-二羟基蝶啶。

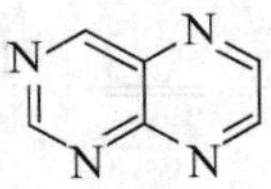

蝶啶

生物体内重要的蝶啶衍生物为维生素 $B_2$ 及叶酸。

维生素 $B_2$ 又名核黄素，其骨架结构叫做异咯嗪，可以看做是苯并蝶啶，在 7、8 位有两个甲基，10 位的氮原子与核糖醇相连。维生素 $B_2$ 是生物体内氧化还原过程中传递氢的辅酶，其加氢与脱氢过程发生于 $N_1$ 及 $N_5$ 上。

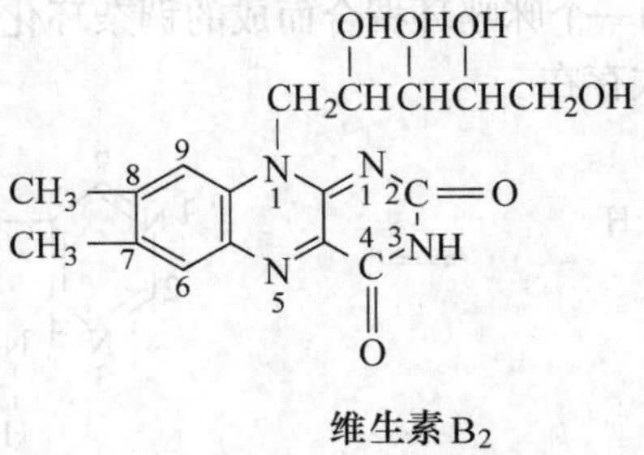

维生素 $B_2$

维生素 $B_2$ 在自然界分布很广，广泛存在于蔬菜、肝、肾、酵母等食物中。

叶酸是一个在自然界广泛存在的维生素，因为在绿叶中含量丰富，故名叶酸，亦称蝶酰谷氨酸。叶酸由蝶啶、对氨基苯甲酸及 L-谷氨酸三部分组成。其结构如下：

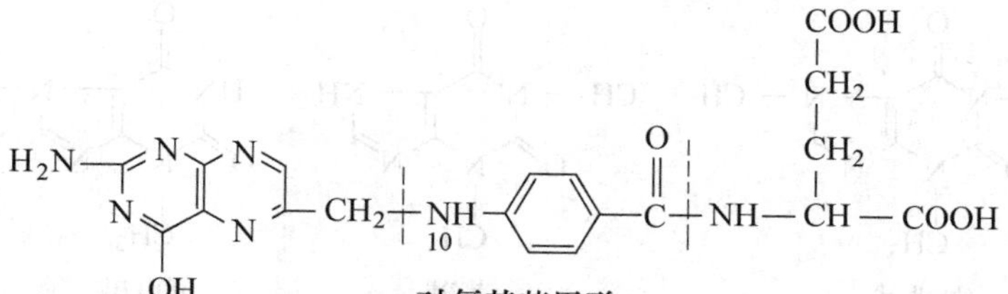

$$H_2N \cdots \text{(蝶啶)} \cdots CH_2 \overline{|_{10}} NH \cdots \text{(对氨基苯甲酸)} \cdots C \cdots NH - CH - COOH$$

蝶啶

对氨基苯甲酸

叶酸(F)

L-谷氨酸

### 12.2.4.8 生物碱

生物碱是一类存在于生物体内，对任何动物有强烈生理作用的含氮碱性有机化合物，如烟叶中的主要生物碱组分是尼古丁：

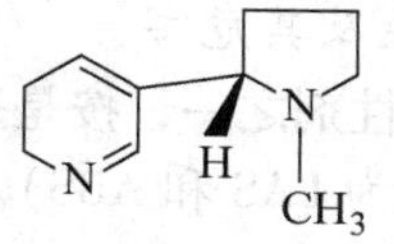

尼古丁

生物碱在植物体内常与有机酸（果酸柠檬酸、草酸、琥珀酸、醋酸、丙酸等）结合成盐而存在，也有和无机酸（磷酸、硫酸、盐酸）结合的。中草药治病的有效成分有生物碱、苷等。生物碱的研究促进有机合成药物的发展，为合成新药提供线索，如古柯碱化学的研究导致局部麻醉剂普鲁卡因的合成。

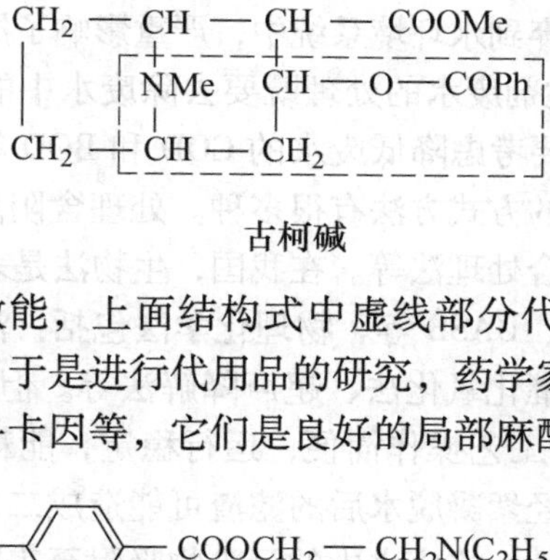

古柯碱

古柯碱具有局部麻醉的效能，上面结构式中虚线部分代表有效部分。但古柯碱毒性大，具有易产生毒瘾等缺点，于是进行代用品的研究，药学家合成出许多比古柯碱分子简单而更有效的麻醉药，如普鲁卡因等，它们是良好的局部麻醉药。

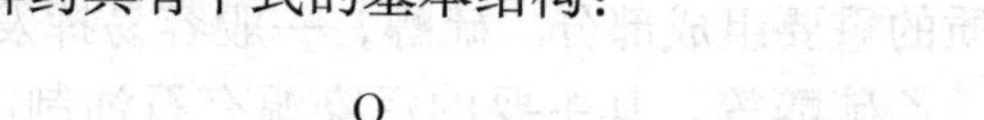

$$H_2N - \text{(苯环)} - COOCH_2 - CH_2N(C_2H_5)_2HCl$$

普鲁卡因

同时归纳出局部麻醉药具有下式的基本结构：

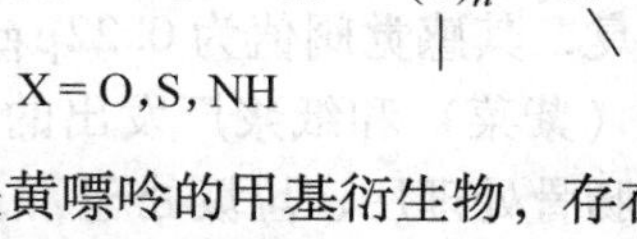

$$Ar - \overset{O}{\underset{||}{C}} - X - (C)_n - N$$

$$X = O, S, NH$$

咖啡碱、茶碱和可可碱都是黄嘌呤的甲基衍生物，存在于茶叶、咖啡和可可中，它们有兴奋中枢的作用，其中以咖啡碱的作用最强。

咖啡碱　　　　　　　茶碱　　　　　　　可可碱

# 12.3　含硫、含磷及杂环有机物的污染及其危害

## 12.3.1　含硫有机物的污染及其危害

### 12.3.1.1　磺酸盐化合物的污染及其危害

磺酸盐是最常见的阴离子表面活性剂之一，按是否可生物降解分为直链烷基苯磺酸盐和烷基苯磺酸盐两类（英文缩写分别为 LAS 和 ABS）。由于阴离子表面活性剂具有良好的洗涤、润湿、乳化及增溶等特性，因此，阴离子表面活性剂几乎在所有的工业领域都有应用，而且其应用范围还在继续拓展，消耗量也日趋增大。

阴离子表面活性剂具有抑制和杀死微生物的作用，而且还抑制其他有毒物质的降解，同时表面活性剂在水中起泡而降低水中复氧速率和充氧程度，使水质变坏，若不经处理直接排入水体，将造成湖泊、河流等水体的富营养化问题；LAS 还能乳化水体中其他的污染物质，增大污染物质的浓度，提高其他污染物质的毒性，而造成间接污染。此外，相当一部分表面活性剂使用后直接被遗弃到水环境系统中，严重影响了周围生态系统的平衡发展。

含 LAS 和 ABS 的表面活性剂废水的处理既要去除废水中的大量表面活性剂大分子有机物（LAS 及 ABS 等），同时也要考虑降低废水的 COD 和 BOD 等生化指标，近年来已经发展的无害化处理表面活性剂废水的方式方法有很多种。处理含阴离子表面活性剂废水的方法主要有物理化学法、生物法及联合处理法等。在我国，生物法是表面活性剂废水的主要处理方法，包括活性污泥法、生物膜、UASB 等。物理化学法包括：泡沫分离法、膜分离法、混凝处理法、吸附法、微电解法、催化氧化法、超声降解法等。但各种方法都有利有弊，例如：泡沫分离法对 LAS 去除率高，工艺操作简便，运行稳定，能耗低，适用于处理较低浓度的 LAS 废水，缺点是泡沫浓缩液经絮凝脱水后的滤渣可能造成二次污染。吸附分离法是指利用吸附剂的大的比表面积和多孔性，将废水中的污染物吸附至表面从而净化废水。吸附法速度快、稳定性好、设备占地小，主要缺点是投资较高、吸附剂再生困难、预处理要求较高等。

### 12.3.1.2　硫醇与硫醚化合物的污染及其危害

硫醇与硫醚是恶臭物质的重要组成部分。硫醇，一般容易挥发，具有韭菜、蒜的不快气味。最典型的有甲硫醇、乙硫醇等。其主要的污染源有石油制品精炼厂、牛皮纸浆厂、鱼肠骨处理厂、污水处理厂、粪尿处理厂、饲料肥料加工厂等。甲硫醇是最常见的一种硫醇类恶臭物质，具有腐烂性洋葱臭，其感觉阈值为 $0.22\mu g/m^3$。硫醚类恶臭物质最常见的为甲硫醚。通常其气味很像海苔（紫菜）和纸浆厂发出的气味，以及腐烂卷心菜的气味。其主要污染源有牛皮纸浆厂、鱼肠骨处理厂、垃圾处理厂、污水处理厂、粪便处理厂、饲料肥料加工厂等。甲硫醚的感觉阈值为 $2.77\mu g/m^3$。

硫醇与硫醚由于散发特殊的气味，会对人们生活工作环境造成严重影响。它们还会危害人们身体健康，会影响及危害人体的呼吸系统、血液系统、消化系统、神经系统和内分泌系统等，使人呼吸不畅、恶心呕吐、烦躁不安、工作效率降低、判断力和记忆力下降，而且高浓度硫醇与硫醚还会导致人中毒乃至窒息死亡。硫醇与硫醚不仅影响人类身体健康，同时还影响着全球生态环境和气象变化，给人类带来了一系列环境问题，如酸雨、臭氧层耗损、阳伞效应等，更具有危害性。此外，这些恶臭物质如随废水、废渣进入水体，不仅使水散发出臭味，而且使鱼类等水生生物也发出恶臭而不能食用。它们还可能与环境中的化合物结合造成严重的二次污染。

治理含有硫化物恶臭污水，主要有吸附、化学氧化、催化氧化、直接燃烧、生物分解及土壤脱臭等方法。含有硫化物恶臭气体的处理方法可分为物理法、化学法以及生物法三种。物理法包括掩蔽法、冷凝法、稀释扩散法、膜分离法、吸附法。化学法包括热力焚烧、化学吸收法、催化氧化法等方法。生物法包括生物滤池、生物洗涤池等方法。这些方法有各自的特点，可根据气体的种类、浓度、温度、湿度、风量、处理的要求等不同选用不同的处理方法。

### 12.3.1.3 二甲基亚砜的污染及其危害

二甲基亚砜具有沸点高、极性高、挥发性低等特点，能溶于氯仿、乙醇、丙醇等大多数有机物，被称为"万能溶剂"。因其对皮肤的渗透性较强，常用作药物添加剂，也可用作农药的添加剂；同时它也是非常重要的化学试剂，被广泛应用于医药、农药、合成纤维、石油、化工、有机合成、电子、印染、石油加工等多种行业。尽管二甲基亚砜本身的毒性并不高，但较高浓度的二甲基亚砜对皮肤刺激性很大，可导致皮肤组织严重脱水，甚至出现皮肤组织坏死。目前，生物法对含二甲基亚砜的废水的处理仍然较为困难。是因为好氧生物法不能达到较高的降解程度，而厌氧法则会产生挥发性及有毒产物（二甲基硫和硫化氢），使得处理过程难以控制。因此，二甲基亚砜废水处理技术的提高至关重要。由于高级氧化技术具有反应时间短，过程易控制，对其作用对象无选择性等优点，具有很强的氧化能力。在适当的条件下，光催化氧化有机物的最终产物为水和二氧化碳等无机物。因此高级氧化技术已成为二甲基亚砜废水进行处理的主要方法。

## 12.3.2 有机磷农药的污染及其危害

### 12.3.2.1 有机磷农药污染途径及危害

有机磷农药以其品种多，药效高，防治对象多，应用范围广，作用方式多，药害轻，在环境中降解快、残毒低等特点在杀虫剂中占据了相当重要的地位，至今仍是世界上生产和使用最多的农药品种。由于有机磷农药施用后，会不断从施药区向四周扩散，进入土壤、水、空气和植物等系统，对水环境、土壤环境、大气环境、植物造成一定的污染，同时通过食物链的富集，会引发食品安全问题，而成为制约我国农产品出口的一个瓶颈。有机磷农药对生物体内胆碱酯酶有抑制作用，使其失去分解乙酰胆碱的能力，造成乙酰胆碱积累，引起神经功能紊乱，从而导致肌体的损害，如痉挛、瘫痪，严重者可死亡。

有机磷农药由于其半衰期一般在几周至几个月，被认为是在环境中降解快，残留期短而发展很快。但后来的研究发现，这些所谓的非持久性农药在某些环境条件下也会有较长的残留期，并在动物体内产生蓄积作用。有机磷农药的毒性除受农药自身性质影响外，制剂中的某些毒性物质，代谢过程中的中间体及降解产物也会使农药的毒性大增。如乙基对硫磷属高毒化学农药，在光照条件下易发生光氧化反应，生成毒性更大的对氧磷，在短期内使乙基对硫磷的毒性大大增加。低毒有机磷品种辛硫磷经光解也生成对哺乳动物毒性较大的硫代特普。还有些有机磷农药的某些降解产物具有潜在的致毒性。

农药对水体的污染主要表现为以下几个方面：农药厂向水体排放生产废水；农药喷洒时，农药微粒随风降入水体；大气和土壤中的残留农药经降雨流入水体；农药容器和工具的洗涤废水排入水体等。有机磷农药废水水质主要特点是：污染物浓度高，COD 每升可达数万毫克；毒性大、有恶臭，水质、水量不稳定。有机磷农药废水对环境污染非常严重，因此，有机磷农药废水处理的目的就是降低农药生产废水中污染物浓度，提高回收利用率，力求达到无害化。

### 12.3.2.2 有机磷农药废水的处理方法

处理有机磷农药废水的方法主要有生化法及其吸附、水解、混凝沉淀等预处理方法，常规化学氧化法、超临界水氧化、电化学氧化、光催化降解法等化学法，物理法和超声波法等处理方法。生化法是处理农药废水最重要的方法之一，其原理是利用微生物的新陈代谢作用降解转化有机物。化学法是指通过向农药废水中添加化学试剂或进行化学反应，从而去除有机污染物质，它包括常规化学氧化法、因耗能大和易产生二次污染物而很少使用的燃烧法、近年来迅速发展的超临界水氧化、电化学氧化、光催化降解法等。物理法主要包括萃取、吸附、汽提和吹脱法等。超声波法是在超声波负压相作用下，产生一些极端条件使有机物发生化学键断裂、水相燃烧、高温分解或自由基反应，进而降解有机磷。

## 12.3.3 杂环化合物的污染及其危害

常见的杂环化合物是含氧、硫和氮杂原子的化合物。这类化合物不仅数目庞大，在已知的数百万种有机化合物中，有一半以上是杂环化合物，而且用途广泛。目前临床上使用的绝大多数药物为杂环化合物，一些维生素也是杂环化合物；许多杂环化合物还被用作农药、染料、色素等。

杂环化合物广泛存在于自然界，而且大多具有重要的生物学功能。例如，生物体内重要的遗传物质——核酸，是由核苷酸通过磷酸二酯键形成的生物大分子，而其结构单元核苷酸由三部分组成，即核糖或去氧核糖、磷酸及杂环化合物。这些杂环化合物就是胞嘧啶、胸腺嘧啶、尿嘧啶、腺嘌呤。

因此，杂环化合物主要存在于某些药品制造、农药生产等企业的废水中。另外，作为天然的生物碱类杂环化合物，存在于生活废水、焦化废水、垃圾渗滤波中。

### 12.3.3.1 含硫杂环化合物的危害

在环境中，杂环的芳烃类化合物在许多情况下显示强烈的环境毒性，并且毒性比烃类更强。研究表明，含硫杂环芳烃化合物在环境中也许是最不易被降解的化合物，且比多环芳烃和含氮杂环化合物更具致癌性，具有较强的生物富集性，如噻吩、苯并噻吩系、二苯并噻吩系、萘并噻吩系化合物等。

### 12.3.3.2 含氮杂环化合物的危害

在工业生产过程中，人为合成是氮杂环芳烃产生的主要途径。如现代炼焦工业、制药产业、燃料合成等均有该类物质的生成，由于其产生时常伴随其他有机化合物，使得该类废水的处理困难加剧。该类工业废水中主要的污染物质有苯酚、吡啶、喹啉、异喹啉、联苯、咔唑、吲哚及其衍生物等，导致了废水具有复合污染、强生物抑制和高毒性等特点。

氮杂环芳烃一般认为具有致畸、致癌和致突变的"三致"效应，如果进入水体其危害非常深远。氮杂环芳烃由于其化学结构稳定，能较为稳定地存在于环境中，当进入生物体后，其"三致"效应可能发挥作用，可能直接导致生物的死亡，亦可能存在于生物体内引起生物的基因突变或流动于生态链中，引起更广泛的危害。

### 12.3.3.3 含氧杂环化合物的危害

二噁英和呋喃是典型的含氧的杂环化合物，也是两种对动物和人类健康构成重大威胁的持久性污染物。二芳基醚类物质、二苯并呋喃和联苯醚是二噁英的主要前体物质，这些化合物及其氯化物主要是生产和生活过程中，如垃圾焚烧过程中无意产生的副产品，系燃烧或化学反应不完全所致。

虽然我国已经基本上从源头上消除了二噁英类物质产生的前体，但是长达30年之久的各种氯代杀虫剂、除草剂、介电物质等化学物品的使用向环境释放了大量的二噁英类物质，并且造成了严重的生态影响和环境污染。因此，如何控制及减少二噁英的生成已成为我国及世界所要急需解决的问题。由于二噁英类物质强致癌性，对环境持久的污染性和生物积累性，二噁英已被国际癌症研究中心列为人类一级致癌物。

# 新 研 究 进 展

近年来，因为有机高分子材料引起的火灾给人们生命财产安全带来了严重威胁，并造成了巨大损失，为此，对易燃材料进行阻燃处理受到越来越多的重视。阻燃剂可以分为含卤阻燃剂和无卤阻燃剂。含卤阻燃剂具有阻燃性能好、添加量小、对材料力学性能影响小而受到使用者的普遍欢迎。但是，含卤阻燃剂在高分子材料燃烧过程中释放二噁英、浓烟和大量有毒有害气体，对环境和人身安全会造成很大伤害。因此，很有必要大力发展无卤阻燃剂。有机磷阻燃剂作为无卤阻燃剂的典型代表，其可以在凝聚相和气相中发挥阻燃功能。有机磷阻燃剂具有低毒、低烟、相容性好等优点，越来越受到关注。

有机磷阻燃剂可同时在气相和液相发挥阻燃作用，以液相为主。随阻燃剂的结构、聚合物类型及燃烧条件的不同，有机磷阻燃剂的作用机理也有所不同。一般认为，液相阻燃机理为：含有机磷阻燃剂的聚合物材料燃烧时，阻燃剂发生分解，生成含磷的含氧酸及它们的聚合物，这些酸催化羟基化合物脱水成炭，降低材料的质量损失速度，并减少可燃物的生成量，而磷则大部分留在炭中。这些材料表面的炭形成炭层，并由于其氧指数高且导热性差，从而阻止材料进一步燃烧。气相阻燃机理为：有机磷阻燃剂受热分解出·PO，它可消耗聚合物燃烧生成的·H和·OH，因而可抑制高聚物气相燃烧的链式反应，使得有机磷化合物具有阻燃效果。

有机磷阻燃剂主要有磷酸酯、膦酸酯、氧化膦、磷酸酯聚合物以及杂环类等，应用最多的则是磷酸酯、膦酸酯及其聚合物。

磷酸酯阻燃剂是主要的有机磷系阻燃剂，可用于聚苯乙烯、聚氨酯泡沫塑料、聚酯、聚碳酸酯和液晶等高分子材料的阻燃。磷酸酯阻燃剂包括只含磷的磷酸酯阻燃剂、含氮磷酸酯阻燃剂和含卤磷酸酯阻燃剂等几类，其中：含氮磷酸酯阻燃剂含有氮、磷两种元素，其阻燃效果应优于只含磷的化合物，因而越来越受到人们的重视；含卤磷酸酯阻燃剂具有高效性，大多为同时含氯、溴的磷酸酯或高卤含量的磷酸酯，可用于 PU 泡沫材料的阻燃，但阻燃剂燃烧后卤素会生成腐蚀性气体、致癌物等。

膦酸酯可广泛用作阻燃剂，分为添加型和反应型两种，更多用作反应性阻燃剂。膦酸酯具有类似磷酸酯的性质，绝热时形成膦酸酐，但热稳定性高，C－P 键只有在高温下才能断裂。次膦酸酯阻燃剂广泛用于聚酯阻燃处理，也可作阻燃性原料用于聚对苯二甲酸乙二醇树脂的合成。

氧化膦的水解稳定性优于磷酸酯，氧化膦二元醇可用于制取阻燃聚酯、聚碳酸酯、环氧树脂和聚氨酯。

磷酸酯聚合物阻燃剂分子中含有一些重复单元，相对分子质量很大、蒸气压低、毒性小、迁移性小，且具有很好的耐久性以及阻燃、增塑和抗氧等功能，主要分为低聚物型和高聚物型两类，是有机磷阻燃剂的另一个发展领域。低聚物型磷酸酯阻燃剂可通过酯交换反应、氧化反应及酚与五氧化二磷反应等多种方法制备，可用于工程塑料、苯乙烯－丙烯腈、聚乙烯、高抗冲聚苯乙烯等多种材料的阻燃。高聚物型磷酸酯阻燃剂的相对分子质量比低聚物型磷酸酯阻燃剂的大，可分为主链含磷型和侧链含磷型，广泛用于塑料、橡胶和纤维的阻燃，合成方法主要有溶液聚合、界面聚合和本体聚合等。

磷杂环类阻燃剂具有较好的热稳定性和优良的耐水性，可用于聚酯纤维、聚氨酯泡沫塑料及热固性树脂等材料的阻燃。此外，磷杂环类化合物可作为膨胀型阻燃剂，当其加入到高聚物中受热后，表面生成一层均匀的炭质泡沫层，能隔热、隔氧、抑烟并防止熔滴，且具有优良的加工性能。

尽管在实验室已研究出种类繁多的有机磷阻燃剂，但大多数由于阻燃效果、价格、对材料的影响等原因未能进行工业应用。因此，有机磷阻燃剂的研究还有待进一步加强。

## 习　题

12－1　命名下列化合物：

(1) $\underset{\underset{CH_3}{|}}{CH_3\underset{\underset{}{|}}{\overset{\overset{CH_3}{|}}{C}}CH_2CH\underset{\overset{}{}}{\overset{\overset{SH}{|}}{CH}}CH_2\underset{}{\overset{\overset{CH_3}{|}}{CH}}CH_3}$ ；

(2) 苯环带 SH 和 NO₂（邻位）；

(3) 环己基 S 异丙基；

(4) 苯环带两个 SCH₃（邻位）；

(5) $O_2N$ 苯环带 $SO_3H$ 和 Cl；

(6) $O_2N$ 苯环带 $SO_2Cl$；

(7) 呋喃 $\text{—}CH_2OH$ ；

(8) 噻吩 $CH_3$ 和 $CH_3$；

(9) 季铵盐 $CH_3\overset{+}{N}CH_3$ $Br^-$；

(10) $CH_2\text{=}CH\text{—}$ 吡啶 $\text{—}CH_3$；

(11) $H\text{—}$ 噻吩 $\text{—}H$；

(12) 吡咯 $\text{—}C_2H_5$，$N\text{—}CH_3$。

12 - 2　半胱氨酸是氨基酸的一种，其构造式如下所示：

$$HOOCCHCH_2SH$$
$$|$$
$$NH_2$$

（1）它在生物氧化中生成胱氨酸（$C_6H_{12}N_2O_4S_2$），试写出胱氨酸的构造式。

（2）生物体中通过代谢作用，先将胱氨酸转化成半胱亚磺酸（$C_3H_7NO_4S$），然后再转化成磺基丙氨酸（$C_3H_7NO_3S$）。写出这些化合物的构造式。

12 - 3　写出下列反应的主要产物：

(1) $CH_3CH_2CH_2CH_2SH$ $\xrightarrow{HNO_3}$

(2) 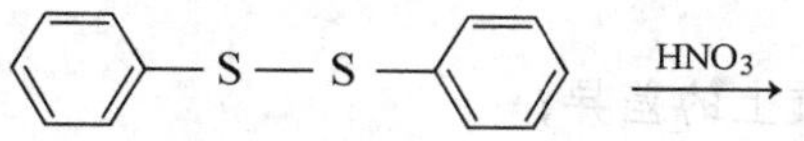 ⬡—S—S—⬡ $\xrightarrow{HNO_3}$

(3) ⬡—SH $\xrightarrow{O_2}$

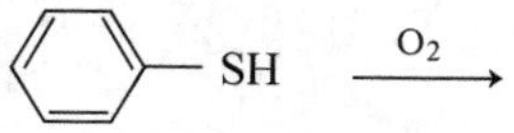

(4) 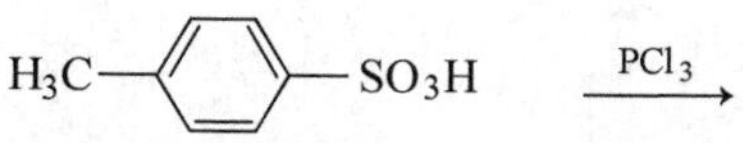 $H_3C$—⬡—$SO_3H$ $\xrightarrow{PCl_3}$

(5) $CH_3(CH_2)_4CH_2SH$ $\xrightarrow{NaOH}$

(6) 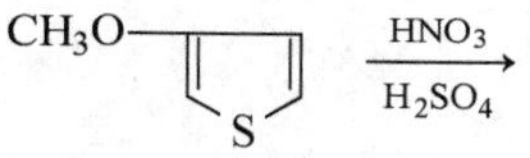 $CH_3O$—◇(S)— $\xrightarrow[H_2SO_4]{HNO_3}$

(7) 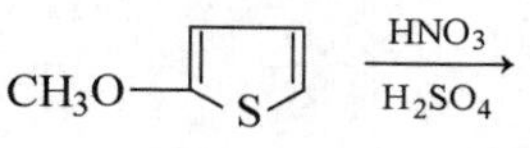 $CH_3O$—◇(S)— $\xrightarrow[H_2SO_4]{HNO_3}$

(8) 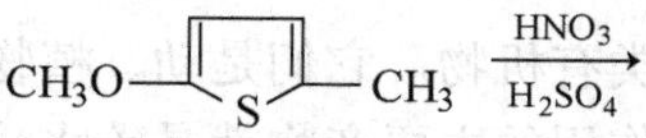 $CH_3O$—◇(S)—$CH_3$ $\xrightarrow[H_2SO_4]{HNO_3}$

(9) 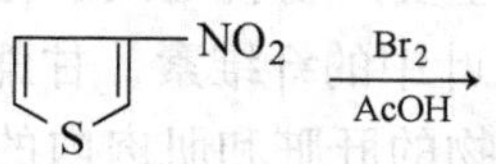 $NO_2$—◇(S)— $\xrightarrow[AcOH]{Br_2}$

(10) 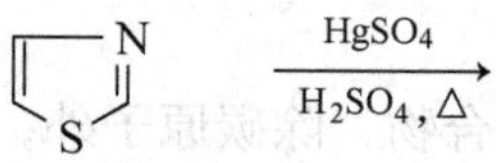 ◇(S)(N)(thiazole) $\xrightarrow[H_2SO_4,\ \triangle]{HgSO_4}$

(11) 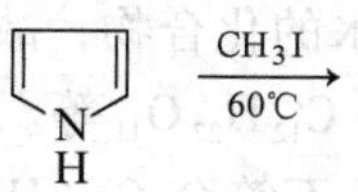 ◇(NH)(pyrrole) $\xrightarrow[60℃]{CH_3I}$

(12) 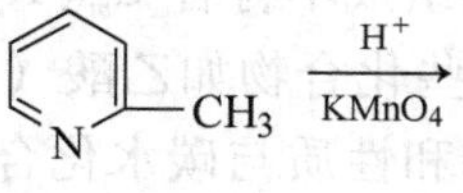 ◇(N)—$CH_3$ $\xrightarrow[KMnO_4]{H^+}$

(13) 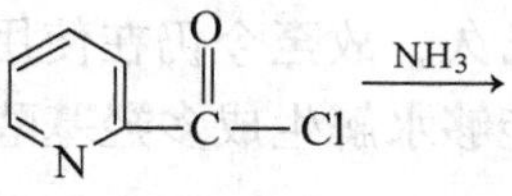 ◇(N)—C(=O)—Cl $\xrightarrow{NH_3}$

12 - 4　鉴别下列化合物：

（1）苯与噻吩；（2）吡咯与四氢吡咯；（3）吡啶与苯。

12 - 5　杂环化合物 $C_5H_4O_2$ 经氧化后生成羧酸 $C_5H_4O_3$。把此羧酸的钠盐与碱石灰作用，转变为 $C_4H_4O$，后者与金属钠不起作用，也不具有醛和酮的性质。原来的 $C_5H_4O_2$ 是什么物质？

# 13 糖类与脂类化合物

**本章要点：**

(1) 葡萄糖、果糖的结构及其化学性质；

(2) 还原性二糖和非还原性二糖在结构上和性质上的差异；

(3) 淀粉和纤维素在结构上的主要区别；

(4) 油脂的结构及物化性质；

(5) 萜类和甾族化合物的基本结构；

(6) 木质纤维素与油脂产生的环境影响。

糖类与脂类是人类和动物获取能量的主要来源。

## 13.1 糖类化合物

糖类也称碳水化合物，是自然界存在最广泛的一类有机物。它们是动、植物体的重要成分，又是人和动物的主要食物来源。绿色植物光合作用的主要产物就是碳水化合物，在植物中的含量可达干重的 80%，植物种子中的淀粉，根茎、叶中的纤维素，甘蔗和甜菜根部所含的蔗糖，水果中的葡萄糖和果糖都是碳水化合物。动物的肝脏和肌肉内的糖原，血液中的血糖，软骨和结缔组织中的黏多糖也是碳水化合物。

糖类由碳、氢、氧三种元素组成。人们最初发现这类化合物，除碳原子外，氢与氧原子数目之比与水相同，可用通式 $C_m(H_2O)_n$ 表示，形式上像碳和水的化合物，故称碳水化合物。如葡萄糖、果糖等的分子式为 $C_6H_{12}O_6$，蔗糖的分子式为 $C_{12}H_{22}O_{11}$ 等。但后来发现，有些有机物在结构和性质上与碳水化合物十分相似，但组成不符合 $C_m(H_2O)_n$ 的通式，如鼠李糖（$C_6H_{12}O_5$）、脱氧核糖（$C_5H_{10}O_4$）等；而有些化合物如乙酸（$C_2H_4O_2$）、乳酸（$C_3H_6O_3$）等，分子组成虽然符合上述通式，但其结构和性质与碳水化合物相差甚远。可见碳水化合物这一名称是不确切的，但因历史沿用已久，故至今仍在使用。从分子结构的特点来看，糖类是一类多羟基醛或多羟基酮，以及能够水解生成多羟基醛或多羟基酮的有机化合物。糖类按其结构特征可分为三类：

（1）单糖。单糖为不能水解的多羟基醛或多羟基酮，是最简单的碳水化合物，如葡萄糖、半乳糖、甘露糖、果糖、山梨糖等。

（2）低聚糖。低聚糖也称为寡糖，是能水解产生 2~10 个单糖分子的化合物。根据水解后生成的单糖数目，又可分为二糖、三糖、四糖等。其中最重要的是二糖，如蔗糖、麦芽糖、纤维二糖、乳糖等。

（3）多糖。多糖为水解产生 10 个以上单糖分子的化合物，如淀粉、纤维素、糖原等。

### 13.1.1　单糖

按照分子中的羰基，可将单糖分为醛糖和酮糖两类；按照分子中所含碳原子的数目，又可将单糖分为丙糖、丁糖、戊糖和己糖等。这两种分类方法常结合使用。例如，核糖是戊醛糖，果糖是己酮糖等。在糖类的命名中，以俗名最为常用。自然界中的单糖以戊醛糖、己醛糖和己酮糖分布最为普遍。例如，戊醛糖中的核糖和阿拉伯糖，己醛糖中的葡萄糖和半乳糖，己酮糖中的果糖和山梨糖，都是自然界存在的重要单糖。

#### 13.1.1.1　单糖的构型

最简单的单糖是丙醛糖和丙酮糖，除丙酮糖外，所有的单糖分子中都含有一个或多个手性碳原子，因此都有旋光异构体。如己醛糖分子中有四个手性碳原子，有 $2^4 = 16$ 个立体异构体，葡萄糖是其中的一种；己酮糖分子中有三个手性碳原子，有 $2^3 = 8$ 个旋光异构体，果糖是其中的一种。

单糖构型通常采用 D、L 构型标记法标记，即以甘油醛为标准，通过逐步增长碳链的方法来确定。人为规定羟基位于右边的甘油醛为 D-甘油醛，羟基位于左边的甘油醛为 L-甘油醛，其结构式如下所示：

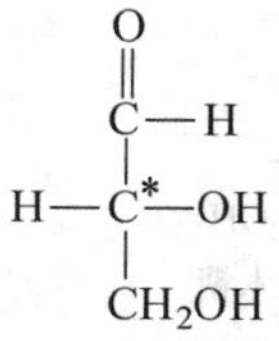

　　D-甘油醛 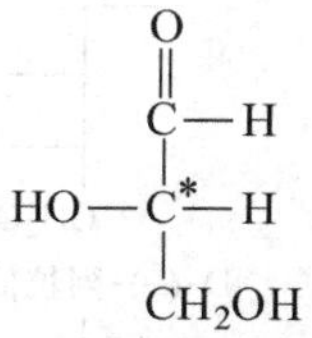　　　　　　　　　　　　L-甘油醛

凡由 D-（＋）-甘油醛经过逐步增长碳链的反应转变而成的醛糖，其构型为 D-构型；由 L-（－）-甘油醛经过逐步增长碳链的反应转变成的醛糖，其构型为 L-构型。例如，从 D-甘油醛出发，经与 HCN 加成、水解、内酯化、再还原，可得两种 D-构型的丁醛糖。

在 D-（＋）-甘油醛与 HCN 的加成过程中，$CN^-$ 可以从羰基所在平面的两侧进攻羰基碳原子，从而派生出两个构型相反的新手性碳原子。由于原来甘油醛中手性碳原子的构型在整个转化过程中保持不变，因此两种丁醛糖仍为 D-构型，分别称为 D-（－）-赤藓糖和 D-（－）-苏阿糖。

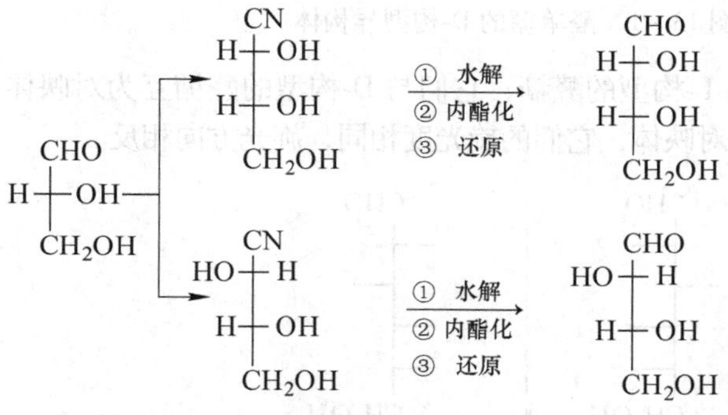

同样，可以导出四种 D-型戊醛糖、八种 D-型己醛糖。

　　为简便起见，在构型式中可以省去手性碳原子上的氢原子，并以半短线"—"表示手性碳原子上的羟基，用一竖线表示碳链。自然界存在的单糖绝大部分是 D-构型。图 13－1 列出了由 D-(＋)-甘油醛导出的 D-型醛糖，其中最重要的是 D-(－)-赤藓糖、D-(－)-核糖、D-(－)-阿拉伯糖、D-(＋)-木糖、D-(＋)-葡萄糖、D-(＋)-甘露糖和 D-(＋)-半乳糖。

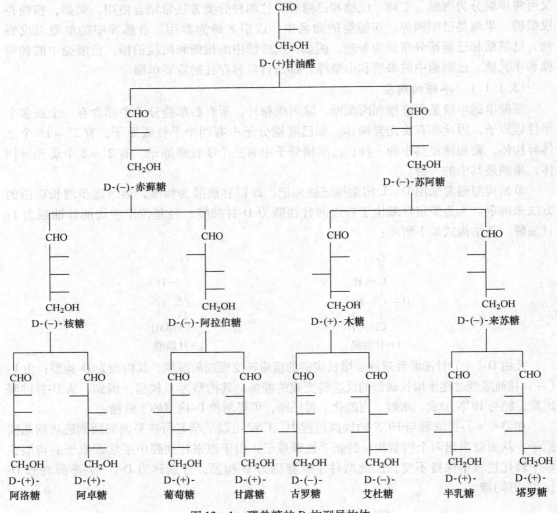

图 13－1　醛单糖的 D-构型异构体

　　从 L-甘油醛出发，也可导出 L-构型的醛糖，它们与 D-构型的醛糖互为对映体。例如，D-(＋)-葡萄糖与 L-(－)-葡萄糖是对映体，它们的旋光度相同，旋光方向相反。

在自然界中，也发现一些 D-型酮糖，它们的结构一般在 2-位上具有酮羰基，比相同碳数的醛糖少一个手性碳原子，所以异构体的数目也相应减少。例如，存在于甘蔗、蜂蜜中的 D-果糖为六碳酮糖，存在于鳄梨树果实中的 D-甘露庚酮糖是七碳酮糖。

单糖的构型通过与甘油醛对比来确定。单糖分子中虽然可能有多个手性碳原子，但决定其构型的仅是距羰基最远的手性碳原子。即单糖分子中距羰基最远的手性碳原子与 D-(+)-甘油醛的手性碳原子构型相同时，称为 D-构型；与 L-(−)-甘油醛构型相同时，称为 L-构型。例如：下面各糖括出的碳原子的构型与 D-(+)-甘油醛的手性碳原子的构型相同，因此都是 D-构型糖。

$$
\begin{array}{ccc}
& \text{CHO} & \text{CH}_2\text{OH} \\
& | & | \\
\text{CHO} & (\text{CHOH})_n & \text{C=O} \\
| & | & | \\
\text{H}{-}\text{OH} & \text{H}{-}\text{OH} & (\text{CHOH})_n \\
| & | & | \\
\text{CH}_2\text{OH} & \text{CH}_2\text{OH} & \text{H}{-}\text{OH} \\
& & | \\
& & \text{CH}_2\text{OH}
\end{array}
$$

D-甘油醛 　　　　 D-醛糖 　　　　 D-酮糖

### 13.1.1.2　单糖的环状结构

人们在研究单糖的实践中发现，D-葡萄糖能以两种结晶存在，一种是从酒精溶液中析出的结晶，熔点为 146℃，比旋光度为 +112.2°；另一种是从吡啶中析出的结晶，熔点为 150℃，比旋光度为 +18.7°。将其中任何一种结晶溶于水后，其比旋光度都会逐渐变成 +52.7° 并保持恒定。像这种比旋光度发生变化（增加或减小）的现象称为变旋现象。另外，从葡萄糖的链状结构看，具有醛基，能与 HCN 和羰基试剂等发生类似醛的反应，但在通常条件下却不与亚硫酸氢钠起加成反应；在干燥的 HCl 存在下，葡萄糖只能与一分子醇发生反应生成稳定的缩醛。这些事实无法从开链式结构得到圆满的解释。

醛与醇能发生加成反应，生成半缩醛。D-葡萄糖分子中，同时含有醛基和羟基，因此能发生分子内的加成反应，生成环状半缩醛。实验证明，D-(+)-葡萄糖主要是 $C_5$ 上的羟基与醛基作用，生成六元环的半缩醛（称氧环式）。开链式和氧环式的相互转化如下所示：

α-D-(+)-葡萄糖 　　　　　　 D-(+)-葡萄糖 　　　　　　 β-D-(+)-葡萄糖

37% 　　　　　　　　　　　 0.01% 　　　　　　　　　　 63%

$[\alpha]_D^{20} = +112.2°$ 　　　　　　　　　　　　　　　　 $[\alpha]_D^{20} = +18.7°$

平衡值 $[\alpha]_D^{20} = +52.7°$

对比开链式和氧环式可以看出，氧环式比开链式多一个手性碳原子，所以有两种异构体存在。两个环状结构的葡萄糖是一对非对映异构体，它们的区别仅在于 $C_1$ 的构型不同。$C_1$ 上新形成的羟基（也称半缩醛羟基）与决定单糖构型的羟基处于同侧的，称为 α-型；反之，称为 β-型。

　　由此可见，产生变旋现象是由于 α-构型或 β-构型溶于水后，通过开链式相互转变，最后 α-构型、β-构型和开链式三种形式达到动态平衡。平衡时的比旋光度为 +52.7°。由于平衡混合物中开链式含量仅占 0.01%，因此不能与饱和 $NaHSO_3$ 发生加成反应。葡萄糖主要以环状半缩醛形式存在，所以只能与一分子甲醇反应生成缩醛。其他单糖，如核糖、脱氧核糖、果糖、甘露糖和半乳糖等也都是以环状结构存在的，都具有变旋现象。

　　单糖主要以五元环和六元环存在。六元环糖与杂环化合物中的吡喃相当，具有这种结构的糖称为吡喃糖；五元环糖与杂环化合物中的呋喃相当，具有这种结构的糖称为呋喃糖。因此 α-D-(−)-果糖（五元环）应称为 α-D-(−)-呋喃果糖。

　　前面给出的氧环式的环状结构投影式不能反映各个基团的相对空间关系。为了更接近其真实，并形象地表达单糖的氧环结构，一般采用哈武斯（Haworth）透视式来表示单糖的半缩醛环状结构。现以 D-葡萄糖为例，说明由链式书写 Haworth 式的步骤：首先将碳链顺时针旋转水平放置（Ⅰ），然后将羟甲基一端从左面向后弯曲成类似六边形（Ⅱ），为了有利于形成环状半缩醛，将 $C_5$ 按箭头所示绕 $C_4$—$C_5$ 键轴旋转120°成（Ⅲ）。此时，$C_5$ 上的羟基与羰基加成生成半缩醛环状结构，若新产生的半缩醛羟基与 $C_5$ 上的羟甲基处在环的异侧（Ⅳ），即为 α-D-吡喃葡萄糖；反之，新形成的半缩醛羟基与 $C_5$ 上的羟甲基处在环的同侧（Ⅴ），则为 β-D-吡喃葡萄糖：

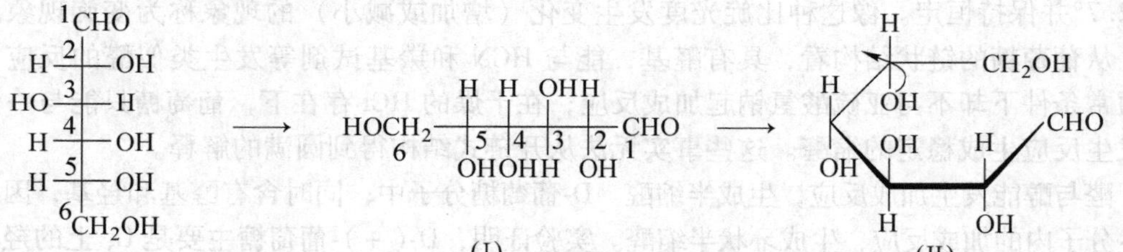

（Ⅰ）　　　　　　　　　　（Ⅱ）

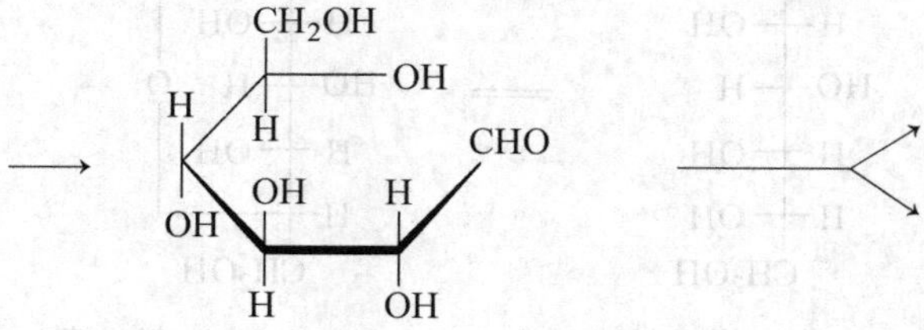

（Ⅲ）

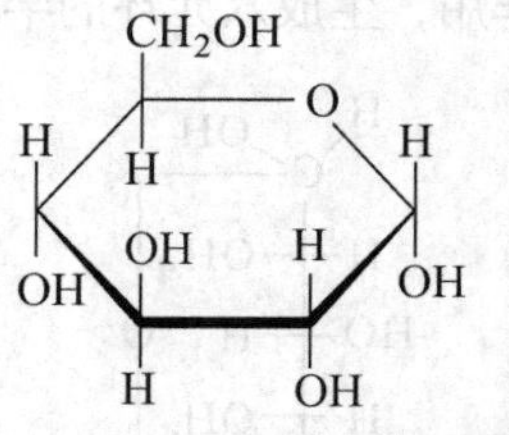

（Ⅳ）α-D-吡喃葡萄糖

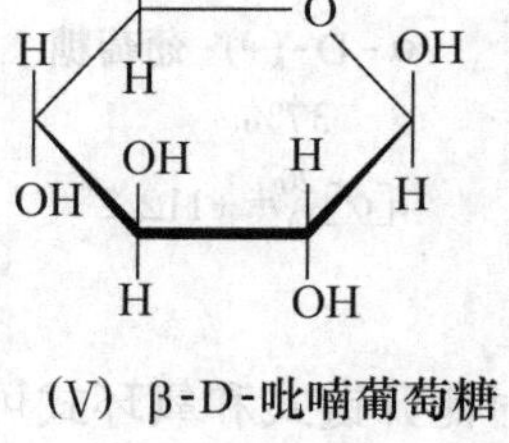

（Ⅴ）β-D-吡喃葡萄糖

其他几种常见单糖的哈武斯式如下：

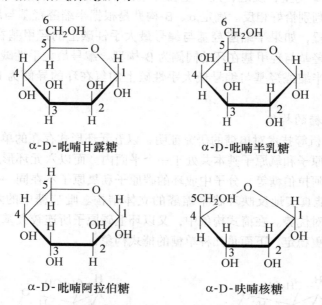

α-D-吡喃甘露糖    α-D-吡喃半乳糖

α-D-吡喃阿拉伯糖    α-D-呋喃核糖

有时为了书写方便，一般可将单糖的环平面在纸面上旋转或翻转。现以 α-D-( + )-吡喃葡萄糖为例加以说明。

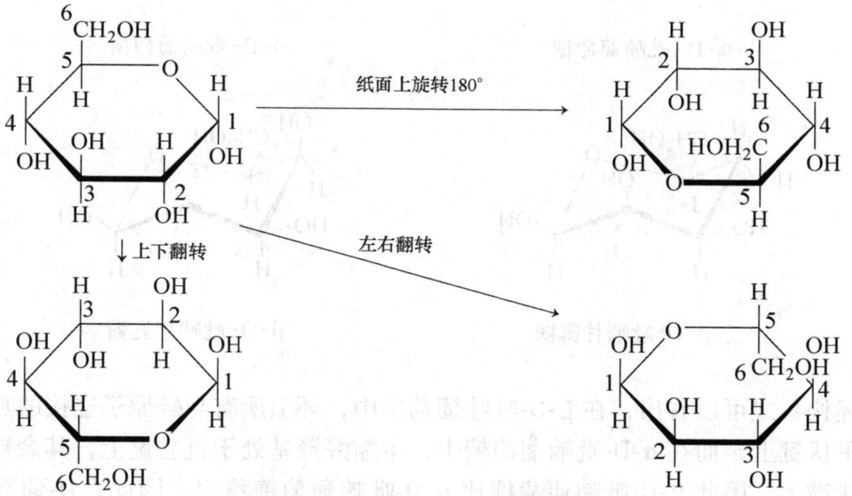

纸面上旋转180°

↓上下翻转    左右翻转

α-D-(+)-葡萄糖

在单糖的 Haworth 式中，通常环上碳原子的位次排列方式为顺时针排列。从上式中可以看出，纸面上旋转不会改变碳原子的位次排列方式，环上各碳原子上的基团处于环平面的上下位置不变；如果是翻转，无论是上下翻转还是左右翻转，都会改变环上碳原子位次的排列方式，由原来顺时针排列方式转变为逆时针排列方式，此时为了保持构型，环上各碳原子所连接的基团在环平面的上下位置需颠倒过来。

在单糖的 Haworth 式中，如何确定单糖的 D、L-构型和 α、β-构型呢？确定 D、L-构型要看环上碳原子的位次排列方式。如果是按顺时针方式排列，编号最大手性碳上的羟甲基在环平面上方的为 D-构型；反之，羟甲基在环平面下方的为 L-构型。如果是按逆时针方式排列，则与上述判别恰好相反。确定 α、β-构型是根据半缩醛羟基与编号最大手性碳上的羟甲基的相对位置，如果半缩醛羟基与编号最大手性碳上的羟甲基在环的异侧为 α-构型；反之，半缩醛羟基与羟甲基在环的同侧为 β-构型。编号最大手性碳上无羟甲基时，则与其上的氢比较，半缩醛羟基与编号最大手性碳上的氢在环的异侧为 α-构型；反之，为 β-构型。

### 13.1.1.3 单糖的构象

近代 X 射线分析等技术对单糖的研究证明，以五元环形式存在的单糖，如果糖、核糖等，分子中成环碳原子和氧原子基本共处于一个平面内。而以六元环形式存在的单糖，如葡萄糖、半乳糖和阿拉伯糖等，分子中成环的碳原子和氧原子不在同一个平面。上述吡喃糖的 Haworth 式不能真实地反映环状半缩醛的立体结构。吡喃糖中的六元环与环己烷相似，椅式构象占绝对优势。在椅式构象中，又以环上碳原子所连较大基团连接在平伏键上比连接在直立键上更稳定。下面是几种单糖的椅式构象：

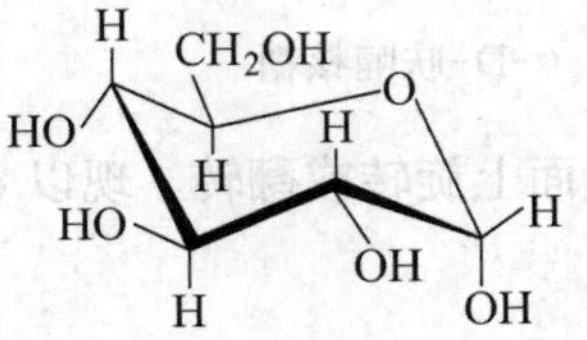

α-D-吡喃葡萄糖 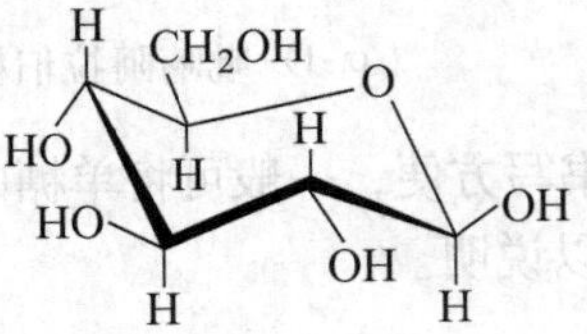　　　　　　β-D-吡喃葡萄糖

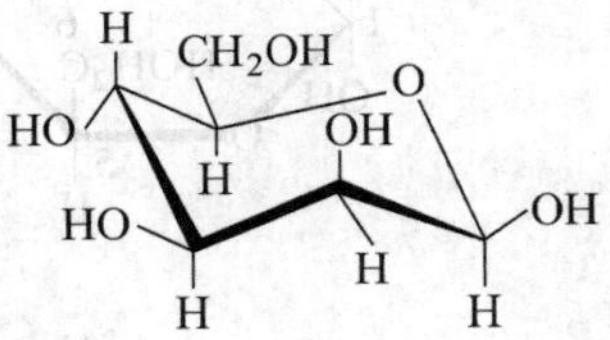

β-D-吡喃甘露糖 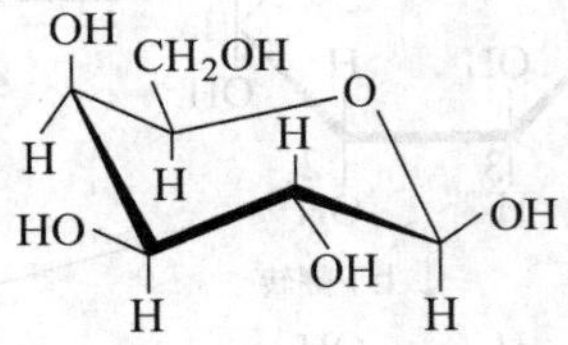　　　　　　β-D-吡喃半乳糖

由上述构象式可以看出，在 β-D-吡喃葡萄糖中，环上所有与碳原子连接的羟基和羟甲基都处于平伏键上，而在 α-D-吡喃葡萄糖中，半缩醛羟基处于直立键上，其余羟基和羟甲基处于平伏键上。因此 β-D-吡喃葡萄糖比 α-D-吡喃葡萄糖稳定。因此在D-葡萄糖的变旋平衡混合物中，β-型异构体（63%）所占的比例大于 α-型异构体（37%）。

## 13.1.2 单糖的物理性质

单糖都是无色晶体，因分子中含有多个羟基，所以易溶于水，并能形成过饱和溶液——糖浆。单糖可溶于乙醇和吡啶，难溶于乙醚、丙酮、苯等有机溶剂。除丙酮糖外，所有单糖都具有旋光性，且存在变旋现象。

单糖都有甜味，但相对甜度不同，一般以蔗糖的甜度为100，葡萄糖的甜度为74，果糖的甜度为173。果糖是已知单糖和二糖中甜度最大的糖。

### 13.1.3 单糖的化学性质

单糖是多羟基醛或多羟基酮，因此除具有醇和醛、酮的特征性质外，还具有因分子中各基团的相互影响而产生的一些特殊性质。此外，单糖在水溶液中是以链式和氧环式平衡混合物的形式存在的，因此单糖的反应有的以环状结构进行，有的则以开链结构进行。

#### 13.1.3.1 差向异构化

D-葡萄糖分子中 $C_2$ 上的 α-H 同时受羰基和羟基的影响很活泼，用稀碱处理可以互变为烯二醇中间体。烯二醇很不稳定，在其转变到醛酮结构时，$C_1$ 羟基上的氢原子转回 $C_2$ 时有两种可能：若按（a）途径加到 $C_2$ 上，则仍然得到 D-葡萄糖；若按（b）途径加到 $C_2$ 上，则得到 D-甘露糖；同样，按（c）途径 $C_2$ 羟基上的氢原子转移到 $C_1$ 上，则得到 D-果糖。

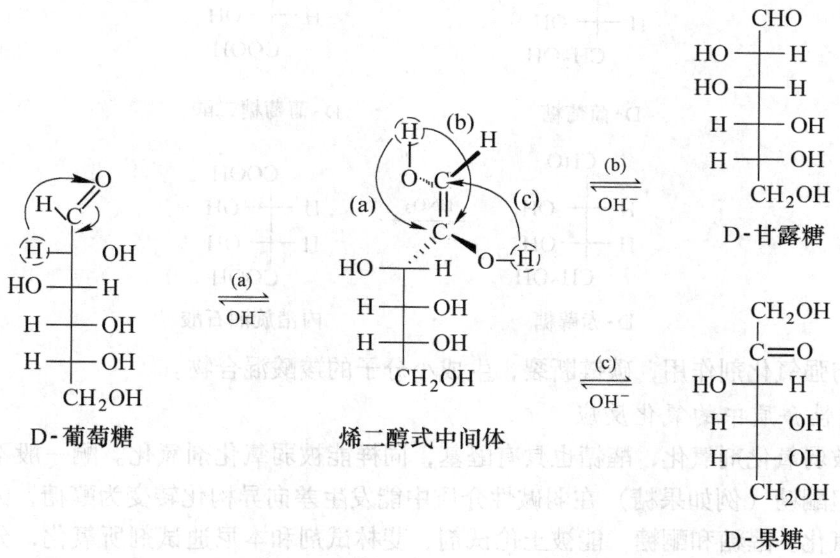

用稀碱处理 D-甘露糖或 D-果糖，也得到上述互变平衡混合物。生物体代谢过程中，在异构酶的作用下，常会发生葡萄糖与果糖的互相转化。

在含有多个手性碳原子的旋光异构体中，若只有一个手性碳原子的构型不同，其他碳原子的构型都完全相同，这样的旋光异构体称为差向异构体。如 D-葡萄糖和 D-甘露糖，它们仅第二个碳原子的构型相反，叫做 2-差向异构体。差向异构体间的互相转化称为差向异构化。

#### 13.1.3.2 氧化反应

单糖可被多种氧化剂氧化，所用氧化剂的种类及介质的酸碱性不同，氧化产物也不同。

**A 酸性介质中的氧化反应**

醛糖能被溴水氧化生成糖酸。酮糖不被溴水氧化，可由此区别醛糖与酮糖。

$$
\begin{array}{ccc}
\text{CHO} & & \text{COOH} \\
\text{H}\!-\!\!-\!\text{OH} & & \text{H}\!-\!\!-\!\text{OH} \\
\text{HO}\!-\!\!-\!\text{H} & \xrightarrow{\ \text{Br}_2/\text{H}_2\text{O}\ } & \text{HO}\!-\!\!-\!\text{H} \\
\text{H}\!-\!\!-\!\text{OH} & & \text{H}\!-\!\!-\!\text{OH} \\
\text{H}\!-\!\!-\!\text{OH} & & \text{H}\!-\!\!-\!\text{OH} \\
\text{CH}_2\text{OH} & & \text{CH}_2\text{OH} \\
\text{D-葡萄糖} & & \text{D-葡萄糖酸}
\end{array}
$$

醛糖在硝酸作用下生成糖二酸。例如，D-葡萄糖被氧化为 D-葡萄糖二酸，D-赤藓糖被氧化为内消旋酒石酸。根据氧化产物的结构和性质，可以帮助确定醛糖的结构。

$$
\begin{array}{ccc}
\text{CHO} & & \text{COOH} \\
\text{H}\!-\!\!-\!\text{OH} & & \text{H}\!-\!\!-\!\text{OH} \\
\text{HO}\!-\!\!-\!\text{H} & \xrightarrow{\ \text{HNO}_3\ } & \text{HO}\!-\!\!-\!\text{H} \\
\text{H}\!-\!\!-\!\text{OH} & & \text{H}\!-\!\!-\!\text{OH} \\
\text{H}\!-\!\!-\!\text{OH} & & \text{H}\!-\!\!-\!\text{OH} \\
\text{CH}_2\text{OH} & & \text{COOH} \\
\text{D-葡萄糖} & & \text{D-葡萄糖二酸}
\end{array}
$$

$$
\begin{array}{ccc}
\text{CHO} & & \text{COOH} \\
\text{H}\!-\!\!-\!\text{OH} & \xrightarrow{\ \text{HNO}_3\ } & \text{H}\!-\!\!-\!\text{OH} \\
\text{H}\!-\!\!-\!\text{OH} & & \text{H}\!-\!\!-\!\text{OH} \\
\text{CH}_2\text{OH} & & \text{COOH} \\
\text{D-赤藓糖} & & \text{内消旋酒石酸}
\end{array}
$$

酮糖与强氧化剂作用，碳链断裂，生成小分子的羧酸混合物。

**B 碱性介质中的氧化反应**

醛能被弱氧化剂氧化，醛糖也具有醛基，同样能被弱氧化剂氧化。酮一般不被弱氧化剂氧化，但酮糖（例如果糖）在弱碱性介质中能发生差向异构化转变为醛糖，因此也能被弱氧化剂氧化。醛糖和酮糖，能被土伦试剂、斐林试剂和本尼迪试剂所氧化，分别产生银镜或氧化亚铜的砖红色沉淀。通常，把这些糖称为还原性糖。这些反应常用作糖的鉴别和定量测定，例如与本尼迪试剂的反应常用来测定果蔬、血液和尿中还原性糖的含量。

**C 生物体内的氧化反应**

在生物体内的代谢过程中，有些醛糖在酶作用下发生羟甲基的氧化反应，生成糖醛酸。例如，葡萄糖和半乳糖被氧化时，分别生成葡萄糖醛酸和半乳糖醛酸。

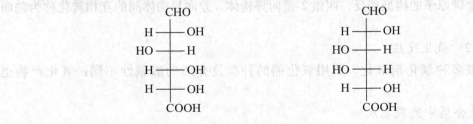

$$
\begin{array}{cc}
\text{CHO} & \qquad\qquad \text{CHO} \\
\text{H}\!-\!\!-\!\text{OH} & \qquad\qquad \text{H}\!-\!\!-\!\text{OH} \\
\text{HO}\!-\!\!-\!\text{H} & \qquad\qquad \text{HO}\!-\!\!-\!\text{H} \\
\text{H}\!-\!\!-\!\text{OH} & \qquad\qquad \text{HO}\!-\!\!-\!\text{H} \\
\text{H}\!-\!\!-\!\text{OH} & \qquad\qquad \text{H}\!-\!\!-\!\text{OH} \\
\text{COOH} & \qquad\qquad \text{COOH} \\
\text{D-葡萄糖醛酸} & \qquad\qquad \text{D-半乳糖醛酸}
\end{array}
$$

对于动物体来说，葡萄糖醛酸是很重要的，因为许多有毒物质是以葡萄糖醛酸苷的形式从尿中排泄出体外的，故有保肝和解毒作用。另外，糖醛酸是果胶质、半纤维素和黏多糖的重要组成成分，在土壤微生物的作用下，生成的多糖醛酸类物质是天然土壤结构的改良剂。

### 13.1.3.3　还原反应

与醛和酮的羰基相似，糖分子中的羰基也可被还原成羟基。实验室中常用的还原剂有硼氢化钠等，工业上则采用催化加氢，催化剂为镍、铂等。例如 D-葡萄糖还原为山梨醇，D-甘露糖还原生成甘露醇，果糖在还原过程中由于 $C_2$ 转化为手性碳原子，故得到山梨醇和甘露醇的混合物。

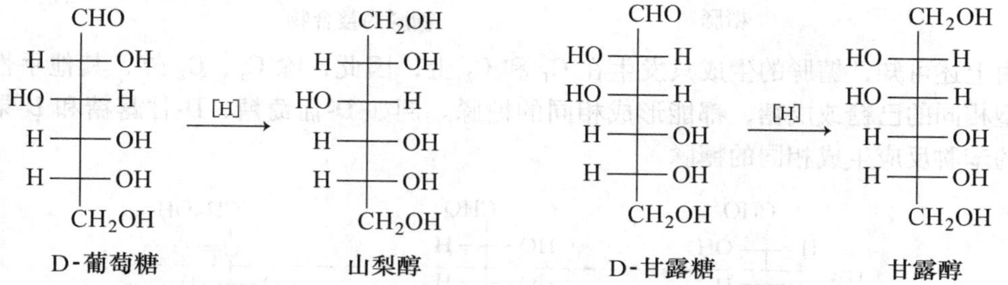

D-葡萄糖　　　　　　山梨醇　　　　　　D-甘露糖　　　　　　甘露醇

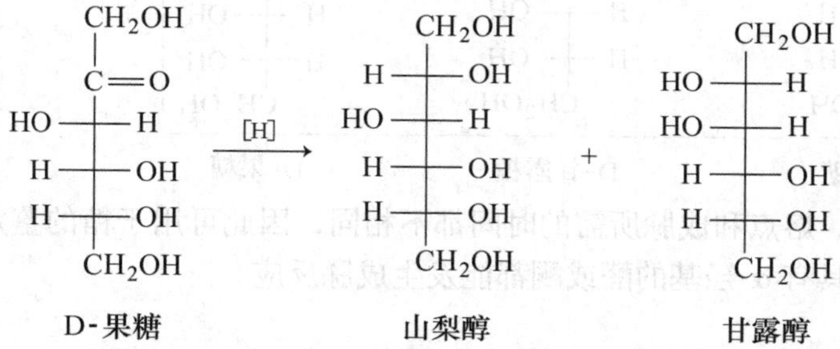

D-果糖　　　　　　山梨醇　　　　　　甘露醇

山梨醇和甘露醇广泛存在于植物体内，李子、桃子、苹果、梨等果实中含有大量的山梨醇；而柿子、胡萝卜、洋葱等植物中含有甘露醇。山梨醇可用作细菌的培养基及合成维生素 C 的原料。

### 13.1.3.4　成脎反应

单糖具有羰基，与苯肼作用首先生成糖苯腙。当苯肼过量时，则继续反应生成难溶于水的黄色结晶，称为糖脎。一般认为成脎反应分三步完成：首先单糖和一分子苯肼生成糖苯腙，然后糖苯腙的 α-羟基被过量的苯肼氧化为羰基，最后与第三分子苯肼作用生成糖脎。

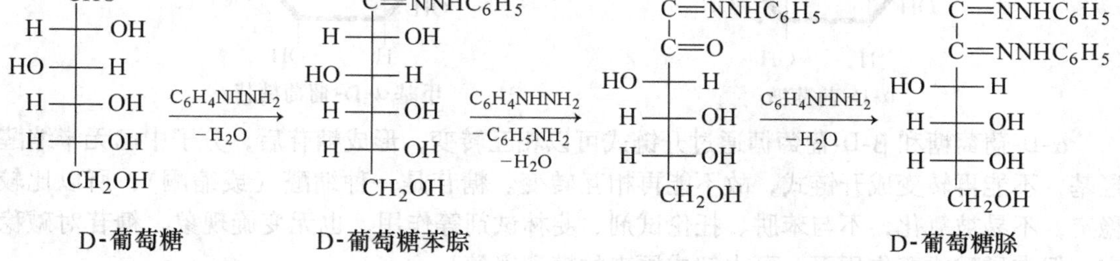

D-葡萄糖　　　　　　D-葡萄糖苯腙　　　　　　　　　　　　　　　D-葡萄糖脎

糖脎分子可以通过氢键形成螯环化合物，阻止了 $C_3$ 上羟基被继续氧化而终止反应。

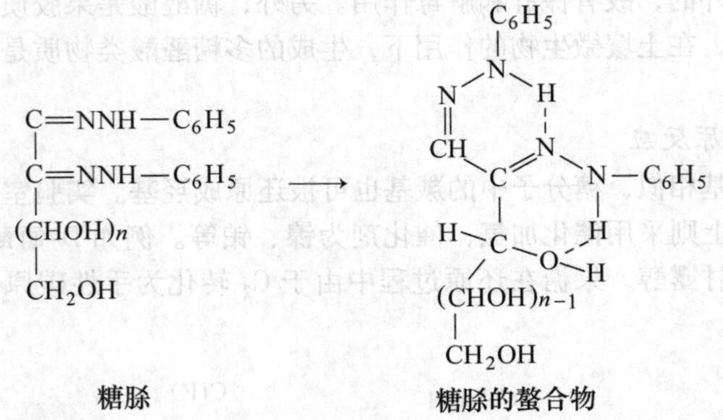

　　糖脎　　　　　　　　　　　　糖脎的螯合物

由上述可知，糖脎的生成只发生在 $C_1$ 和 $C_2$ 上，因此，除 $C_1$、$C_2$ 外，其他手性碳原子构型相同的己糖或戊糖，都能形成相同的糖脎。例如 D-葡萄糖、D-甘露糖和 D-果糖与过量的苯肼反应生成相同的糖脎。

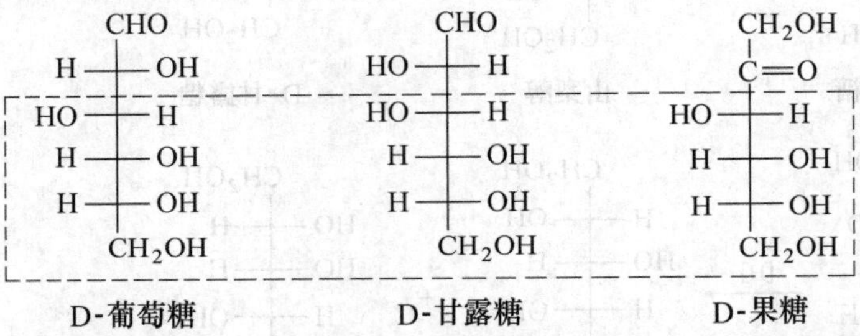

　　D-葡萄糖　　　　　　D-甘露糖　　　　　　D-果糖

不同的糖脎其结晶形状、熔点和成脎所需的时间都不相同，因此可用于糖的鉴定。成脎反应并非局限于单糖，凡具有 α-羟基的醛或酮都能发生成脎反应。

### 13.1.3.5　糖苷的生成

单糖的环式结构中含有活泼的半缩醛羟基，它能与醇或酚等含羟基的化合物脱水形成缩醛型物质，称为糖苷，也称为配糖体，其糖的部分叫做糖基，非糖的部分叫做配基。例如，α-D-葡萄糖在干燥氯化氢催化下，与无水甲醇作用生成甲基-α-D-葡萄糖苷；而 β-D-葡萄糖在同样条件下形成甲基-β-D-葡萄糖苷。

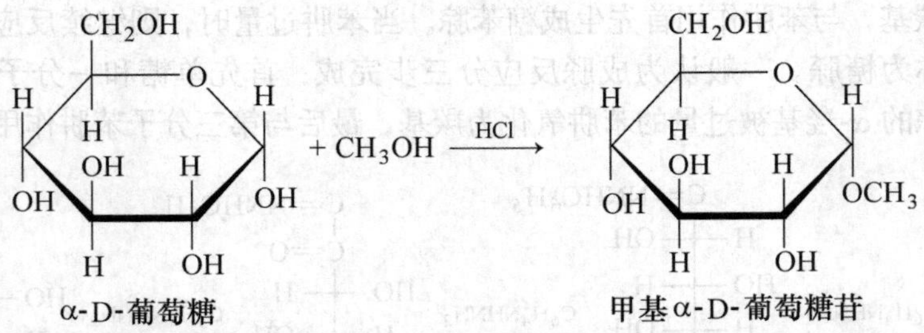

　　α-D-葡萄糖　　　　　　　　　　　甲基 α-D-葡萄糖苷

α-D-葡萄糖和 β-D-葡萄糖通过开链式可以相互转变，形成糖苷后，分子中已无半缩醛羟基，不能再转变成开链式，故不能再相互转变。糖苷是一种缩醛（或缩酮），所以比较稳定，不易被氧化，不与苯肼、托伦试剂、斐林试剂等作用，也无变旋现象。糖苷对碱稳定，但在稀酸或酶作用下，可水解成原来的糖和甲醇。

糖苷广泛存在于自然界，植物的根、茎、叶、花和种子中含量较多。低聚糖和多糖也都是糖苷存在的一种形式。

### 13.1.3.6　成酯和成醚反应

单糖分子中的羟基既能与酸反应生成酯，又能在碱性介质中与甲基化试剂，如碘甲烷或硫酸二甲酯作用生成醚。

**A　酯化反应**

在生物体内，α-D-葡萄糖在酶的催化下与磷酸发生酯化反应，生成 1-磷酸-α-D-葡萄糖和 1，6-二磷酸-α-D-葡萄糖。

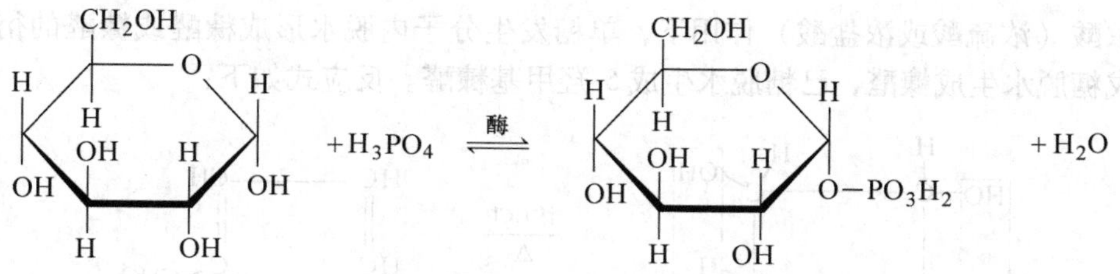

1-磷酸-α-D-葡萄糖

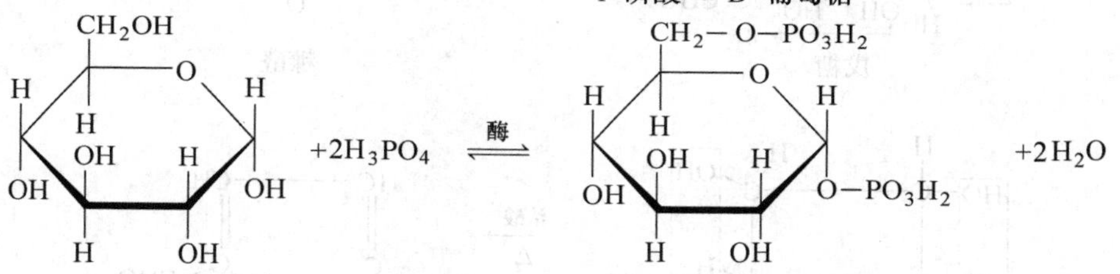

1,6-二磷酸-α-D-葡萄糖

在实验室中，用乙酰氯或乙酸酐与葡萄糖作用，可以得到葡萄糖五乙酸酯。

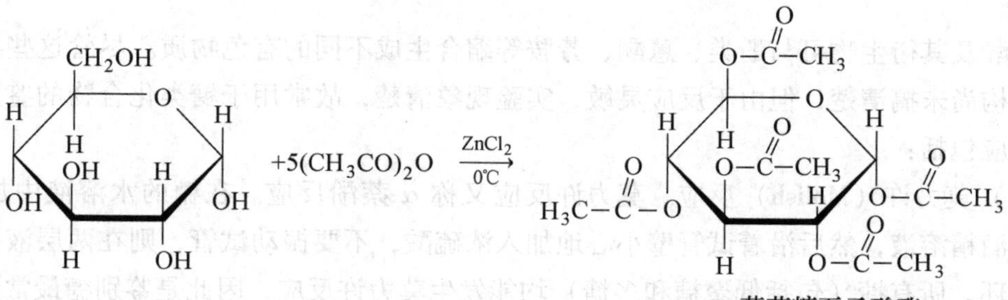

α-D-葡萄糖五乙酸酯

单糖的磷酸酯是生物体糖代谢过程中的重要中间产物。作物施磷肥就是为了有充足的磷去完成体内磷酸酯的合成。若作物缺磷，磷酸酯的合成便出现障碍，作物的光合作用和呼吸作用也不能顺利进行。

**B　成醚反应**

由于单糖分子在碱性介质中直接甲基化会发生副反应，所以一般先将单糖分子中的半缩醛羟基通过成苷保护起来，然后再进行成醚反应。

产物分子中的五个甲氧基以 $C_1$ 上的为最活泼，在稀酸中可发生水解，生成 2，3，4，6-四甲氧基-D-葡萄糖。

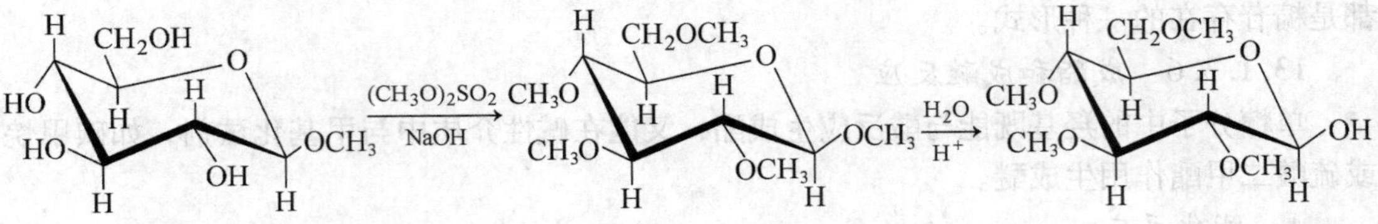

甲基-α-D-葡萄糖苷          甲基-2,3,4,6-四甲氧基-α-D-葡萄糖苷          2,3,4,6-四甲氧基-α-D-葡萄糖

### 13.1.3.7  显色反应

在浓酸（浓硫酸或浓盐酸）作用下，单糖发生分子内脱水形成糠醛或糠醛的衍生物。例如，戊糖脱水生成糠醛，己糖脱水生成5-羟甲基糠醛。反应式如下：

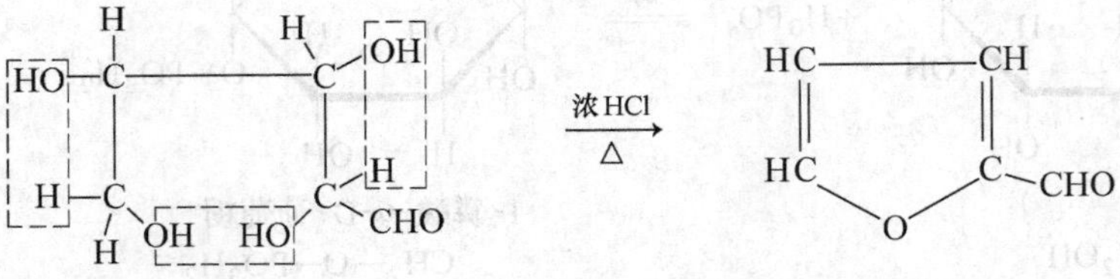

戊糖          糠醛

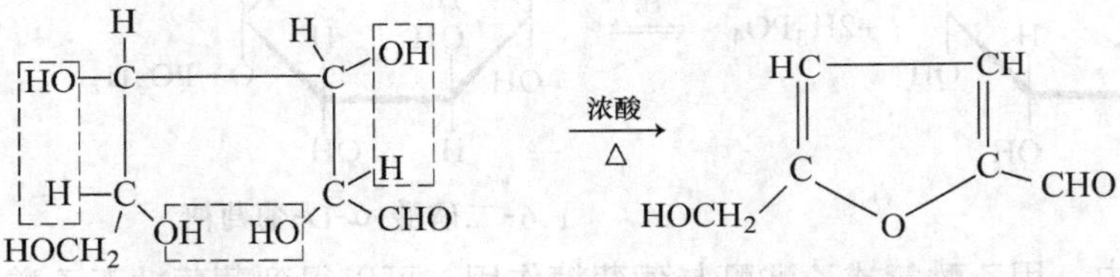

己糖          5-羟甲基糠醛

糠醛及其衍生物可与酚类、蒽酮、芳胺等缩合生成不同的有色物质。尽管这些有色物质的结构尚未搞清楚，但由于反应灵敏，实验现象清楚，故常用于糖类化合物的鉴别。主要的反应包括：

（1）莫力许（Molish）反应。莫力许反应又称 α-萘酚反应。在糖的水溶液中加入 α-萘酚的酒精溶液，然后沿着试管壁小心地加入浓硫酸，不要振动试管，则在两层液面间形成紫色环。所有糖（包括低聚糖和多糖）均能发生莫力许反应，因此是鉴别糖最常用的方法之一。

（2）西列凡诺夫（Селиванов）反应。酮糖在浓 HCl 存在下与间苯二酚反应，很快生成红色物质。而醛糖在同样条件下 2min 内不显色，由此可以区别醛糖和酮糖。

（3）皮阿耳（Bial）反应。戊糖在浓 HCl 存在下与5-甲基间苯酚反应，生成绿色的物质。该反应是用来区别戊糖和己糖的方法。

（4）狄斯克（Discke）反应。脱氧核糖在乙酸和硫酸混合液中与二苯胺共热，可生成蓝色的物质。其他糖类在同样条件下不显蓝色。因此，该反应是用于鉴别脱氧戊糖的方法。

### 13.1.4 二糖

二糖是最重要的低聚糖，可以看成是一个单糖分子中的半缩醛羟基与另一个单糖分子中的醇羟基或半缩醛羟基之间脱水的缩合物。自然界存在的二糖可分为还原性二糖和非还原性二糖两类。

#### 13.1.4.1 麦芽糖

麦芽糖是由一分子 α-D-葡萄糖的半缩醛羟基与另一分子 D-葡萄糖 $C_4$ 上的醇羟基脱水后，通过 α-1，4-糖苷键连接而成的。

麦芽糖属于 α-糖苷，能被麦芽糖酶水解，也能被酸水解。它是组成淀粉的基本单元，在淀粉酶或唾液酶的作用下，淀粉水解得到麦芽糖，所以麦芽糖是生物体内淀粉水解的中间产物。麦芽糖继续水解产生 D-葡萄糖。

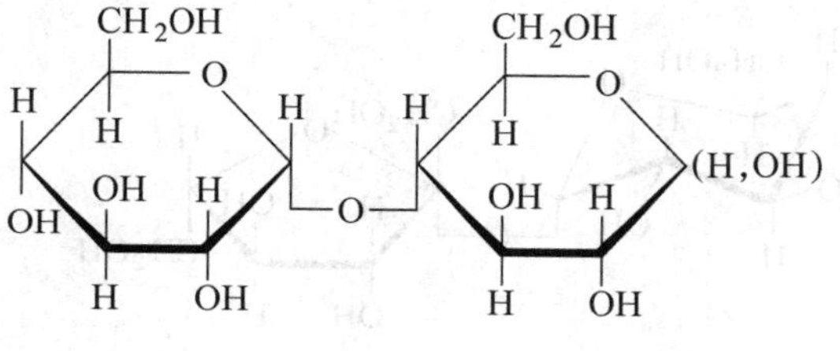

D-麦芽糖 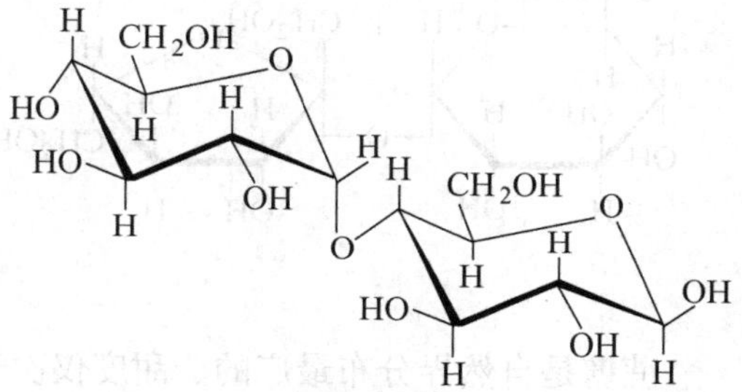                β-D-麦芽糖

#### 13.1.4.2 纤维二糖

纤维二糖是由一分子 β-D-葡萄糖的半缩醛羟基与另一分子 D-葡萄糖 $C_4$ 上的醇羟基脱水后，通过 β-1，4-糖苷键连接而成的。

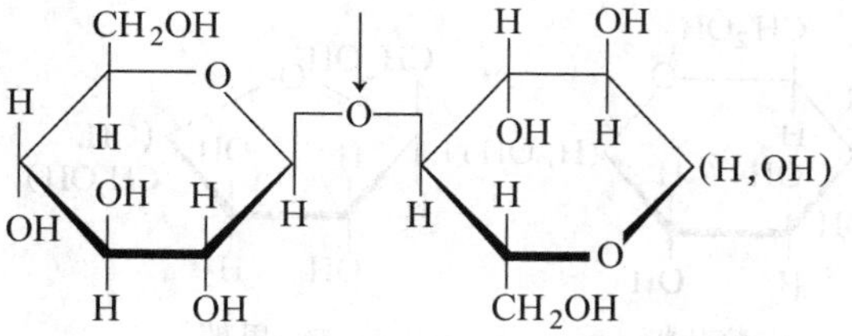

D-纤维二糖 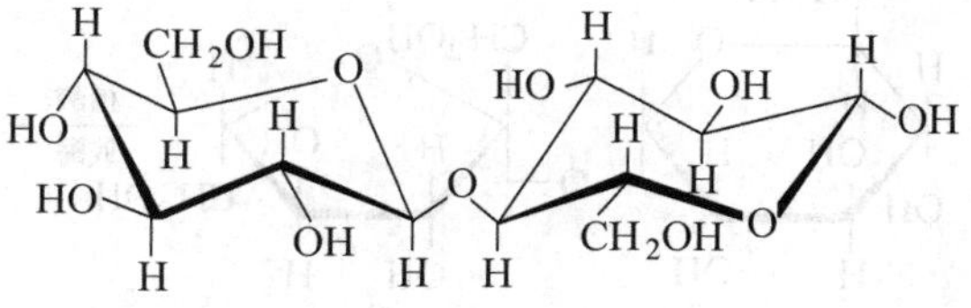                β-D-纤维二糖

纤维二糖属 β-糖苷，能被苦杏仁酶或纤维二糖酶水解，也可被酸水解成 D-葡萄糖。纤维二糖是纤维素的基本单位，自然界游离的纤维二糖并不存在，可由纤维素部分水解得到。

#### 13.1.4.3 乳糖

乳糖是由一分子 β-D-半乳糖的半缩醛羟基与另一分子 D-葡萄糖 $C_4$ 上的醇羟基脱水后，通过 β-1，4-糖苷键连接而成的。

乳糖属于 β-糖苷，它能被酸、苦杏仁酶和乳糖酶水解。乳糖存在于人和哺乳动物的乳汁中，人乳中含乳糖约为 5%～8%，牛、羊乳中含乳糖约为 4%～5%。乳糖是牛乳制干酪时所得的副产品，它是双糖中溶解性较小的、没有吸湿性的一个，主要用于食品工业和医药工业。

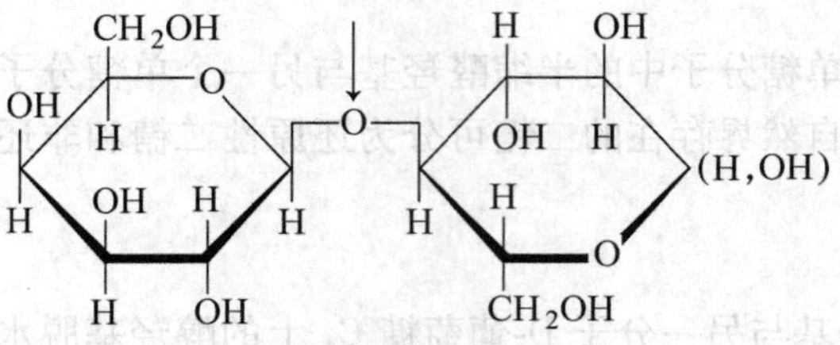

D- 乳糖 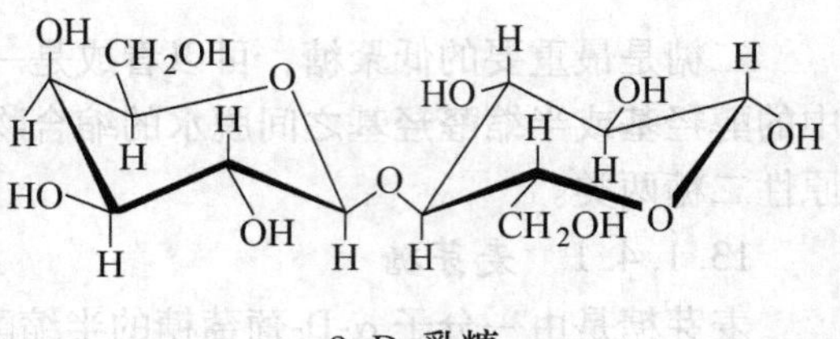                    β-D- 乳糖

### 13. 1. 4. 4  蔗糖

蔗糖是由一分子 α-D-葡萄糖和一分子 β-D-果糖两者的半缩醛羟基脱水后，通过 α-1-β-2-糖苷键连接而成的二糖。它既是 α-糖苷，也是 β-糖苷。

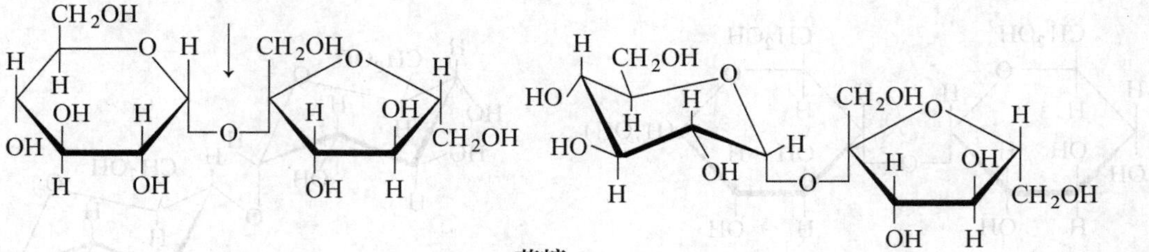

蔗糖

蔗糖是自然界分布最广的、甜度仅次于果糖的重要的非还原性二糖。它存在于植物的根、茎、叶、种子及果实中，以甘蔗（19% ~ 20%）和甜菜（12% ~ 19%）中含量最多。蔗糖是右旋糖，水解后生成等量的 D-葡萄糖和 D-果糖的左旋混合物。由于水解使旋光方向发生改变，故一般把蔗糖的水解产物称为转化糖。蜂蜜的主要成分就是转化糖（$[\alpha]_D^{20} = -19.3°$）。

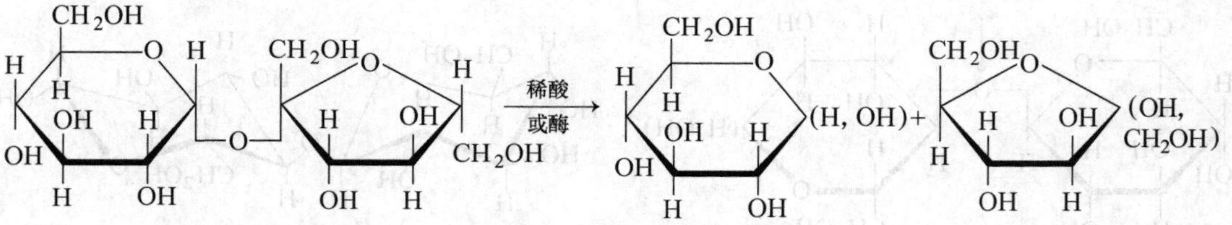

蔗糖                                    D- 葡萄糖              D- 果糖

$[\alpha]_D^{20} = +66.5°$            $[\alpha]_D^{20} = +52.7°$        $[\alpha]_D^{20} = -92°$

## 13. 1. 5  多糖

多糖是由几百到几千个单糖或单糖的衍生物分子通过 α-或 β-糖苷键连接起来的高分子化合物。多糖广泛存在于自然界，按其水解物分为两类：一类称为均多糖，其水解产物只有一种单糖，如淀粉、纤维素、糖原等；另一类称为杂多糖，其水解产物为一种以上的单糖或单糖衍生物，如半纤维素、果胶质、黏多糖等。淀粉和糖原分别为植物和动物的贮藏养分，纤维素和果胶质等则是构成植物体的支撑组织。

多糖与单糖、二糖在性质上有较大的差异。多糖一般没有甜味，大多数多糖难溶于水。多糖没有变旋现象，没有还原性，也不能成脎。

### 13.1.5.1 均多糖

淀粉和糖原分别为植物体和动物体内的多糖。都是由 D-葡萄糖通过 α-糖苷键缩聚而成的天然高分子化合物。

#### A 淀粉

淀粉广泛存在于植物界，是植物光合作用的产物，是植物贮存的营养物质之一，也是人类粮食的主要成分。淀粉主要存在于植物的种子、块根和块茎中。例如，稻米含 62% ~ 80%，小麦含 57% ~ 75%，玉米含 65% ~ 72%，甘薯含 25% ~ 35%，马铃薯含 12% ~ 20%。

#### a 淀粉的结构

淀粉为白色无定形粉末，由直链淀粉和支链淀粉两部分组成，两者在淀粉中的比例随植物品种不同而异，一般直链淀粉占 10% ~ 30%，支链淀粉占 70% ~ 90%。

直链淀粉是由 200 ~ 980 个 α-D-葡萄糖以 α-1，4-糖苷键连接而成的链状化合物。

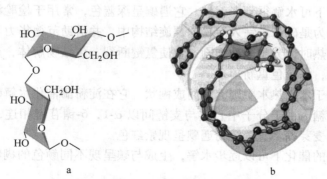

**直链淀粉的结构**

但其空间结构并非直线型的。由于分子内的氢键作用，使其链卷曲盘旋成螺旋状，每圈螺旋一般含有六个葡萄糖单位（图 13 - 2）。

**图 13 - 2  直链淀粉的空间结构**

a—α-1，4-糖苷键连接葡萄糖单位的空间结构；

b—直链淀粉卷曲盘旋成螺旋状

支链淀粉约含有 1000 个以上 α-D-葡萄糖单位，其结构特点与直链淀粉不同。葡萄糖分子之间除了以 α-1，4-糖苷键连接成直链外，还有 α-1，6-糖苷键相连而引出的支链。大约每隔 20～25 个葡萄糖单位有一个分支，纵横关联，构成树枝状结构。

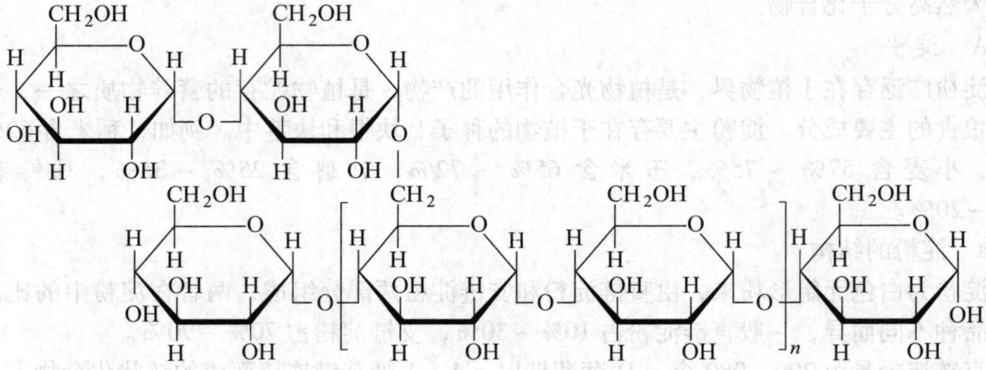

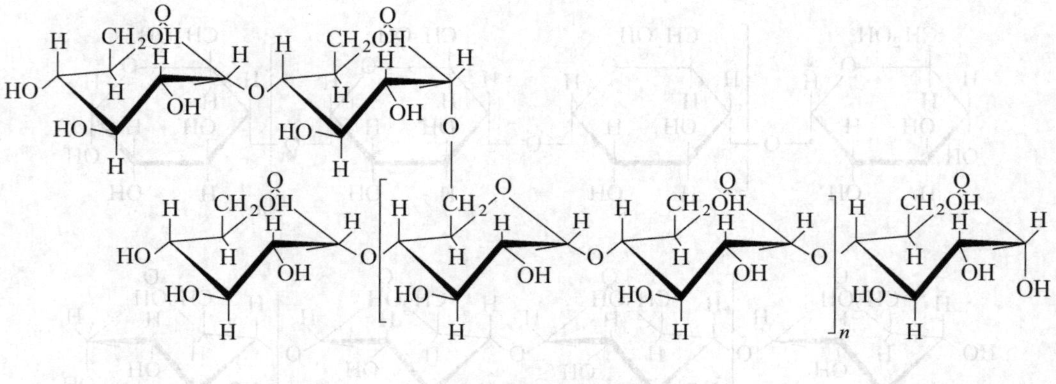

**支链淀粉的结构**

b    淀粉的理化性质

在淀粉分子中，尽管末端葡萄糖单元保留有半缩羟基，但相对于整个分子而言，它们所占的比例极少，所以淀粉不具有还原性，不能成脎，无旋光性，也无变旋现象。直链淀粉和支链淀粉在结构上的不同，导致它们在性质上也有一定的差异。直链淀粉能溶于热水，在淀粉酶作用下可水解得到麦芽糖。它遇碘呈深蓝色，常用于检验淀粉的存在。淀粉与碘的作用一般认为是碘分子钻入淀粉的螺旋结构中，并借助范德华力与淀粉形成一种蓝色的包结物。当加热时，分子运动加剧，致使氢键断裂，包结物解体，蓝色消失；冷却后又恢复包结物结构，深蓝色重新出现。

支链淀粉不溶于水，热水中则溶胀而成糊状。它在淀粉酶催化水解时，只有外围的支链可以水解为麦芽糖。由于分子中直链与支链间以 α-1，6-糖苷键相连，所以在它的部分水解产物中还有异麦芽糖。支链淀粉遇碘呈现紫红色。

淀粉在酸或酶的催化下可以逐步水解，生成与碘呈现不同颜色的糊精、麦芽糖，最后水解为 D-葡萄糖。

淀粉经过环糊精葡萄糖基转移酶的作用可得到环糊精，环糊精是 α-D-吡喃葡萄糖残基通过 α-1，4-糖苷键连接而成的环状结构分子，分子内的葡萄糖残基数一般为 6～12。最常见的环糊精含有 6 个、7 个和 8 个葡萄糖残基，分别称为 α-环糊精、β-环糊精和 γ-环糊精。环糊精无游离的半缩醛羟基，属非还原糖。

由于具有环状分子结构，环糊精具有一定程度的抗酸、碱和酶作用力的能力。环糊精分子的结构像一个轮胎，其特点是所有葡萄糖残基的 $C_6$ 位的羟基都在大环的外边缘，而 $C_2$ 和 $C_3$ 位的羟基位于大环的内边缘，形成外部亲水和内部相对疏水的特殊结构。由于具有这一特殊结构，环糊精无论是结晶态还是在溶液中，都易与某些小分子或离子形成包含配合物，如极性的酸类、胺类、$SCN^-$、卤素离子、无极性的芳香族碳氢化合物及稀有气体都可以包含在环糊精形成的空穴里，因而环糊精在工业上具有极广泛的用途。β-环糊精的结构见图 13 – 3。

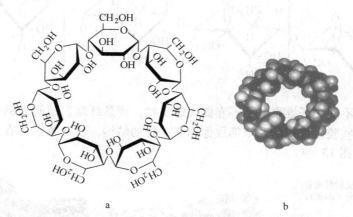

a                                     b

图 13 – 3　β-环糊精分子结构（a）和环糊精分子的空间填充模型（b）

B　糖原

糖原是动物体内的储存多糖，相当于植物体内的淀粉，所以也称为动物淀粉。糖原主要分布在动物的肝脏（肝糖原）和骨骼肌（肌糖原）中，在一些低等植物、真菌、酵母和细菌中，也存在糖原类似物。肝脏中的糖原含量与血糖的水平高低有关。人体需要能量时，肝糖原被分解并进入血液而变成葡萄糖，供机体消耗；在饭后或其他情况下血液中葡萄糖的含量升高时，多余的葡萄糖又转化为糖原而储存到肝中。肌糖原为肌肉收缩提供能量。

糖原的基本组成单位与淀粉相同，也是 α-D-葡萄糖，相对分子质量很大（肝糖原为 $10^6$，肌糖原为 $5 \times 10^6$），约相当于 3 万个葡萄糖单位。糖原的基本结构与支链淀粉相似，主链以 α-1，4-糖苷键连接，再通过 α-1，6-糖苷键连接将主链与支链相连。但糖原的支链更多，且一个支链一般由 10 ~ 14 个葡萄糖单位组成，主链上每隔 3 ~ 5 个葡萄糖基就有一个分支，整个糖原分子呈球形。

糖原无还原性，遇碘呈棕红色；糖原具有右旋性，$[\alpha]_D^{20} \geqslant 155°$。糖原能溶于水和三氯乙酸，但不溶于乙醇及其他有机溶剂。因此，可用冷的三氯乙酸抽取动物肝脏中的糖原，然后再用乙醇将其固定下来。

C　纤维素

a　纤维素的分子结构

纤维素分子是由成千上万个 β-D-葡萄糖以 β-1，4-糖苷键连接而成的线型分子。纤维素的分子结构如下所示：

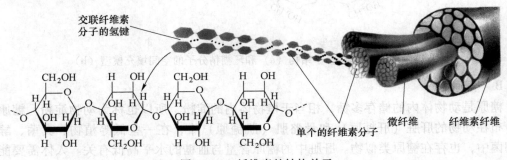

与直链淀粉不同，纤维素分子不卷曲成螺旋状，而是纤维素链间借助于分子间氢键形成纤维素胶。这些胶束再扭曲缠绕形成像绳索一样的结构，使纤维素具有良好的机械强度和化学稳定性（图13－4）。

图13－4　纤维素的结构单元

b　纤维素的理化性质

纤维素是白色纤维状固体，不具有还原性，不溶于水和有机溶剂，但能吸水膨胀。这是由于在水中，水分子能进入胶束内的纤维素分子之间，并通过氢键将纤维素分子连接而不分散，仅是膨胀。

淀粉酶或人体内的酶（如唾液酶）只能水解 α-1，4-糖苷键而不水解 β-1，4-糖苷键。纤维素与淀粉一样由葡萄糖构成，但不能被唾液酶水解而作为人的营养物质。草食动物（如牛、马、羊等）的消化道中存在着可以水解 β-1，4-糖苷键的酶或微生物，所以它们可以消化纤维素而取得营养。土壤中也存在能分解纤维素的微生物，能将一些枯枝败叶分解为腐殖质，从而增强土壤肥力。纤维素也能被酸水解，但水解比淀粉困难，一般要求在浓酸或稀酸加压下进行。水解过程中可得纤维二糖，最终水解产物是 D-葡萄糖。

纤维素能溶于氢氧化铜的氨溶液、氯化锌的盐酸溶液、氢氧化钠和二硫化碳等溶液中，形成黏稠状溶液。利用其溶解性，可以制造人造丝和人造棉等。此外，纤维素可用来制造各种纺织品、纸张、玻璃纸、无烟火药、火棉胶、赛璐珞等，也可作为人类食品的添加剂。

### 13.1.5.2 杂多糖

杂多糖是指由一种以上单糖或其衍生物组成的多糖，有些还含有非糖类物质。下面将简单介绍几种常见的杂多糖。

#### A 糖胺聚糖

糖胺聚糖是一类含氮的杂多糖，以氨基己糖和糖醛酸组成的二糖为基本结构单元，不同的氨基己糖和糖醛酸以及糖分子上取代基的不同都会形成不同的糖胺聚糖。由于这类多糖大多具有黏性，故也称为黏多糖。又因为分子中含有许多酸性基团，也称为酸性黏多糖。黏多糖常存在于动物的软骨、关节、肌腱等部位，是结缔组织间质和细胞间质的主要成分。常见的黏多糖有肝素、硫酸软骨素、透明质酸等。

#### B 琼脂

琼脂俗称洋菜，是从红藻类石花菜属及其他海藻中提取的一种多糖类物质。琼脂是琼脂糖和琼脂胶的混合物。琼脂糖的主链由 D-吡喃半乳糖通过 β-1，3-糖苷键连接而成，每9 个 D-吡喃半乳糖残基单位与 1 个 L-吡喃半乳糖以 β-1，4-糖苷键连接形成侧链。琼脂胶是琼脂糖的磺酸酯（大概每 53 个糖单位有一个—$SO_3H$，磺酸酯化位置在 L-吡喃半乳糖的$C_6$ 位上）。

琼脂不溶于冷水也不溶于热水，1% ~2% 的溶液冷却至 40 ~50℃便可以形成凝胶，且不被大多数微生物利用，是微生物固体培养的良好支持物。由于琼脂凝胶是透明的，生化上用作免疫扩散和免疫电泳的支持介质。

#### C 果胶和树胶

果胶是典型的植物多糖，它是植物细胞壁的特有成分。果胶是果胶酸的甲酯，果胶酸是 D-半乳糖醛酸以 α-1，4-糖苷键连接而成的直链多糖，在这条多糖链上还有一些侧链，侧链主要由半乳糖、鼠李糖、甘露糖等糖基构成。侧链与主链通过 α-1，2-，β-1，2-等糖苷键连接。果胶酸的羟基约有 9% 甲基酯化后形成果胶。果胶分为可溶性果胶和不溶性果胶，不溶性果胶是由许多果胶分子链借助于多价金属离子通过未酯化的半乳糖醛酸 $C_6$ 羟基互相连接而成网状结构，也称为原果胶。

果胶类物质的一个特性是可以形成凝胶和胶冻。果胶水溶液在一定酸度（pH2 ~3.5）下与糖共沸，冷却后形成果胶–糖–酸固体胶冻，因此果胶广泛用于制糖、饮料、面包、蜜饯、奶品等食品加工业。此外，果胶还用于制药、化妆品等行业。

树胶是一种植物表皮的一类渗出液，它们是由葡萄糖、葡萄糖醛酸、半乳糖、甘露糖、阿拉伯糖等糖基组成的一类杂多糖。不同植物产生不同的树胶，在各种树胶中，糖基成分常含有羧基等氧化基团，而羧基又多以钙盐、镁盐、钾盐形式存在。树胶在工艺上有广泛的用途，可用于食品、制药、纺织、造纸、印染、印刷、水泥、涂料、皮革、橡胶、陶瓷、电视、金属加工、包装材料、化妆品、农业、渔业、国防等方面。

# 13.2 脂类化合物

在人体和动植物组织成分中，含有油脂和类脂，它们总称为脂类。油脂（脂肪和油）是甘油和高级脂肪酸生成的酯。类脂是构造或理化性质类似油脂的物质，主要包括磷脂、蜡、萜类和甾族化合物等。这种归类方法不是基于化学结构上的共同点，而只是由于它们在物态及物理性质上与油脂类似，亦即它们都是不溶于水而溶于非极性或弱极性有机溶剂中的由生物体中取得的物质。

脂类在生理上具有非常重要的意义。脂肪在体内氧化时放出大量热量，作为能源的储备物；它在脏器周围能保护内脏免受外力撞伤；在皮下有保温作用。脂肪还是维生素 A、D、E 和 K 等许多活性物质的良好溶剂。类脂是组织细胞的重要成分，它们在细胞内和蛋白质结合在一起形成脂蛋白，构成细胞的各种膜，如细胞膜和线粒体膜等。

## 13. 2. 1　油脂

油脂指的是猪油、牛油、花生油、豆油、桐油等动植物油，其广泛存在于动植物体内。植物油脂大部分存在于植物的果实、种子和胚胎中，而根、茎、花及叶部位含量较少。脂肪存在于高等动物各种组织中，但各种组织中脂肪含量不相同，如皮下蜂窝组织及网膜组织中脂肪较多，肌肉中脂肪较少。

### 13. 2. 1. 1　组成和命名

油脂是油和脂肪的总称，习惯上把在常温下为液体的叫做油，为固体的叫做脂肪。从化学组成来看，它们都是高级脂肪酸与甘油反应生成的酯，即高级脂肪酸甘油酯。其通式可表示如下：

$$
\begin{array}{c}
H_2C-O-\overset{\displaystyle O}{\overset{\|}{C}}-R_1 \\
HC-O-\overset{\displaystyle O}{\overset{\|}{C}}-R_2 \\
H_2C-O-\overset{\displaystyle O}{\overset{\|}{C}}-R_3
\end{array}
$$

$R_1$、$R_2$、$R_3$ 可以是饱和的，也可以是不饱和的。若 $R_1 = R_2 = R_3$，为单甘油酯；否则为混甘油酯。天然油脂都是混甘油酯。

组成油脂的脂肪酸，已知的约有 50 多种，它们的共同特点是：

（1）绝大多数是含偶数碳原子的直链羧酸，其中以 $C_{16}$ 和 $C_{18}$ 为多；

（2）大多数含有一个、两个或三个双键，其中以 $C_{18}$ 不饱和酸为主；

（3）几乎所有的不饱和脂肪酸都是顺式构型。

组成油脂的各种饱和脂肪酸中，以软脂酸（十六烷酸）的分布最广，它含于绝大部分油脂中；其次是月桂酸（十二烷酸）、肉豆蔻酸（十四烷酸）和硬脂酸（十八烷酸），动物脂肪中含硬脂酸较多；低于 12 个碳原子的饱和脂肪酸比较少见（表 13－1）。至目前为止，仅在奶油中发现有丁酸，在某些脂肪中含有少量的己酸和癸酸。高于 18 个碳原子的脂肪酸分布虽广，但含量较少。

组成油脂的各种不饱和脂肪酸中，最常见的是烯酸，以含 16 和 18 个碳原子的烯酸分布最广，如棕榈油酸、油酸、亚油酸、亚麻酸等（表 13－1）。这些不饱和酸，由羧基开始，第一个双键的位置大都在 $C_9$ 和 $C_{10}$ 之间。

**表 13-1  组成常见油脂的重要脂肪酸**

| 类别 | 名　称 | 构造式 |
|---|---|---|
| 饱和脂肪酸 | 月桂酸(十二烷酸) | $CH_3(CH_2)_{10}COOH$ |
| | 肉豆蔻(十四烷酸) | $CH_3(CH_2)_{12}COOH$ |
| | 棕榈酸(十六烷酸、软脂酸) | $CH_3(CH_2)_{14}COOH$ |
| | 硬脂酸(十八烷酸) | $CH_3(CH_2)_{16}COOH$ |
| | 二十四烷酸 | $CH_3(CH_2)_{22}COOH$ |
| 不饱和脂肪酸 | 棕榈油酸(9-十六碳烯酸) | $CH_3(CH_2)_5CH{=}CH(CH_2)_7COOH$ |
| | 油酸(9-十八碳烯酸) | $CH_3(CH_2)_5CH{=}CH(CH_2)_7COOH$ |
| | 蓖麻油酸(12-羟基-9-十八碳烯酸) | $CH_3(CH_2)_5CHOHCH_2CH{=}CH(CH_2)_7COOH$ |
| | 亚油酸(9,12-十八碳二烯酸) | $CH_3(CH_2)_3(CH_2CH{=}CH)_2(CH_2)_7COOH$ |
| | γ-亚油酸(6,9,12-十八碳三烯酸) | $CH_3(CH_2)_3(CH_2CH{=}CH)_2(CH_2)_4COOH$ |
| | 亚麻酸(9,12,15-十八碳三烯酸) | $CH_3(CH_2CH{=}CH)_3(CH_2)_7COOH$ |
| | 桐油酸(9,11,13-十八碳三烯酸) | $CH_3(CH_2)_3(CH{=}CH)_3(CH_2)_7COOH$ |
| | 花生四烯酸(5,8,11,14-二十碳四烯酸) | $CH_3(CH_2)_3(CH_2CH{=}CH)_4(CH_2)_3COOH$ |
| | 神经酸(15-二十四碳烯酸) | $CH_3(CH_2)_7CH{=}CH(CH_2)_{13}COOH$ |

多数脂肪酸在人体中都能合成，只有亚油酸、亚麻酸和花生四烯酸等多双键的不饱和脂肪酸，它们不能在人体内合成，必须由食物供给，故称为必需脂肪酸。

甘油酯命名时将脂肪酸名称放在前面，甘油的名称放在后面，叫做某酸甘油酯（或某脂酰甘油）。如果是混合甘油酯，则需用 α，α′和 β 分别表明脂肪酸的位次。例如：

$$H_2C-OC(CH_2)_{16}CH_3$$
$$CH-OC(CH_2)_{16}CH_3$$
$$H_2C-OC(CH)_{16}CH_3$$
三硬脂酸甘油酯(或甘油三硬脂酸酯)

$$\alpha H_2C-OC(CH_2)_{16}CH_3$$
$$\beta CH-OC(CH_2)_{14}CH_3$$
$$\alpha'H_2C-OC(CH_2)_7CH{=}CH(CH_2)_7CH_3$$
α-硬脂酸-α′-软脂酸-β-油酸甘油酯

### 13.2.1.2  物理性质

纯净的油脂是无色、无臭、无味的。但是一般油脂，尤其是植物油，有的带有香味或特殊的气味，并且有色。这是因为天然油脂中往往溶有维生素和色素。油脂比水轻，相对密度在 0.9~0.95 之间。难溶于水，易溶于有机溶剂，如热乙醇、乙醚、石油醚、氯仿、四氯化碳和苯等，可以利用这些溶剂从动植物组织中提取油脂。因为油脂是混合物，所以没有恒定的熔点和沸点。

### 13.2.1.3  化学性质

**A  水解反应**

一切油脂都能在酸、碱或酶（如胰脂酶）的作用下发生水解反应。在碱性溶液中使油脂水解，则生成甘油和高级脂肪酸的盐类（肥皂），因此油脂在碱性溶液中的水解叫做

"皂化作用"。普通肥皂是各种高级脂肪酸钠盐的混合物。

$$
\begin{array}{c}
H_2C-O-\overset{\displaystyle O}{\overset{\|}{C}}-R \\
| \\
HC-O-\overset{\displaystyle O}{\overset{\|}{C}}-R \\
| \\
H_2C-O-\overset{\displaystyle O}{\overset{\|}{C}}-R
\end{array}
+ 3NaOH \longrightarrow
\begin{array}{c}
H_2C-OH \\
| \\
HC-OH \\
| \\
H_2C-OH
\end{array}
+ 3R-\overset{\displaystyle O}{\overset{\|}{C}}-ONa
$$

1g 油脂完全皂化时所需氢氧化钾的质量（单位：mg）称为皂化值。根据皂化值的大小，可以判断油脂所含油脂的平均相对分子质量。

油脂中甘油酯的平均相对分子质量越大，则 1g 油脂所含甘油酯物质的量越少，皂化时所需碱的量也越少，即皂化值越小。反之，皂化值越大，表示甘油酯的平均相对分子质量越小，即 1g 油脂所含甘油酯的物质的量越多。

B　加成反应

油脂中的不饱和高级脂肪酸甘油酯中含有碳碳双键，因而与烯烃相似，可与氢气、卤素等发生加成反应。

a　加氢

不饱和高级脂肪酸甘油酯加氢后可转化为饱和程度较高的油脂，这个过程称为油脂的氢化或硬化。这种加氢后的油脂称为氢化油或硬化油。硬化油饱和程度大，且为固态，因而不易变质，便于贮存和运输。

$$
\begin{array}{c}
H_2C-O-\overset{\displaystyle O}{\overset{\|}{C}}-C_{17}H_{33} \\
| \\
HC-O-\overset{\displaystyle O}{\overset{\|}{C}}-C_{17}H_{33} \\
| \\
H_2C-O-\overset{\displaystyle O}{\overset{\|}{C}}-C_{17}H_{33}
\end{array}
+ 3H_2 \xrightarrow[250℃]{Ni}
\begin{array}{c}
H_2C-O-\overset{\displaystyle O}{\overset{\|}{C}}-C_{17}H_{35} \\
| \\
HC-O-\overset{\displaystyle O}{\overset{\|}{C}}-C_{17}H_{35} \\
| \\
H_2C-O-\overset{\displaystyle O}{\overset{\|}{C}}-C_{17}H_{35}
\end{array}
$$

三油酸甘油酯　　　　　　　　　　　　　三硬脂酸甘油酯

b　加碘

油脂中的碳碳双键与碘的加成反应常用来测定油脂的不饱和程度。100g 油脂所能吸收碘的质量（g）叫做碘值。油脂的碘值越大，其成分中脂肪酸的不饱和程度越高。由于碘的加成反应很慢，所以在实际测定中常用氯化碘或溴化碘的冰醋酸溶液作试剂，因为氯原子或溴原子能使碘活化，从而加快反应速度。

$$
\begin{array}{c}
\quad\; H \;\; H \\
\quad\; | \;\;\; | \\
-C=C- + ICl \longrightarrow -C-C- \\
\qquad\qquad\qquad\qquad | \;\;\; | \\
\qquad\qquad\qquad\quad\; I \;\; Cl
\end{array}
$$

反应完毕后，由被吸收的氯化碘的量换算成碘，即为油脂的碘值。碘值是油脂性质的重要参数，也是油脂分析的重要指标。

$$
ICl(实际用量) + KI \longrightarrow I_2 + KCl
$$

### C 油脂的酸败

油脂在空气中放置过久，就会变质产生难闻的气味，这种变化叫做酸败。油脂酸败的原因有：

（1）油脂中不饱和脂肪酸的双键部分受到空气中氧的作用，氧化成过氧化物，后者分解或进一步氧化，产生有臭味的低级醛或羧酸。油脂的不饱和程度越大，酸败越快。此外，光、热或湿气都可以加速油脂的酸败。

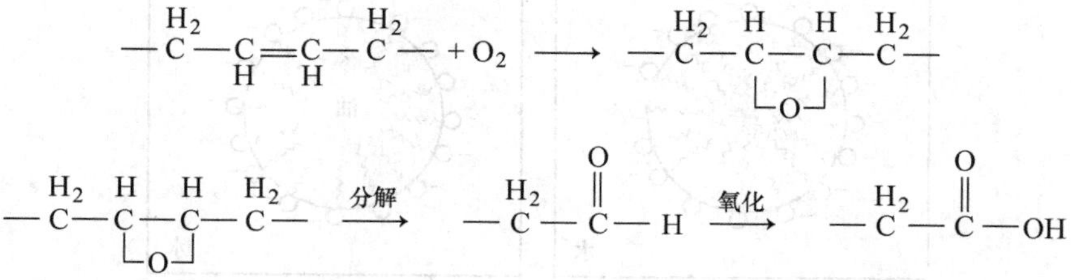

$$—\overset{H_2}{C}—\underset{H}{\overset{}{C}}=\underset{H}{\overset{}{C}}—\overset{H_2}{C}— \;+\; O_2 \longrightarrow —\overset{H_2}{C}—\underset{}{\overset{H}{C}}\underset{\underset{O}{|}}{—}\underset{}{\overset{H}{C}}—\overset{H_2}{C}—$$

$$—\overset{H_2}{C}—\underset{\underset{O}{|}}{\overset{H}{C}}\underset{}{—}\overset{H}{C}—\overset{H_2}{C}— \xrightarrow{\text{分解}} —\overset{H_2}{C}—\overset{\overset{O}{\|}}{C}—H \xrightarrow{\text{氧化}} —\overset{H_2}{C}—\overset{\overset{O}{\|}}{C}—OH$$

（2）在微生物或酶的作用下，油脂先水解为脂肪酸，脂肪酸在微生物或酶的作用下发生 β 氧化，即羧酸中的 β 碳原子被氧化为羰基，生成 β-酮酸，后者进一步分解则生成含碳较少的酮或羧酸，所产生的这些羧酸常带有令人不愉快的气味。

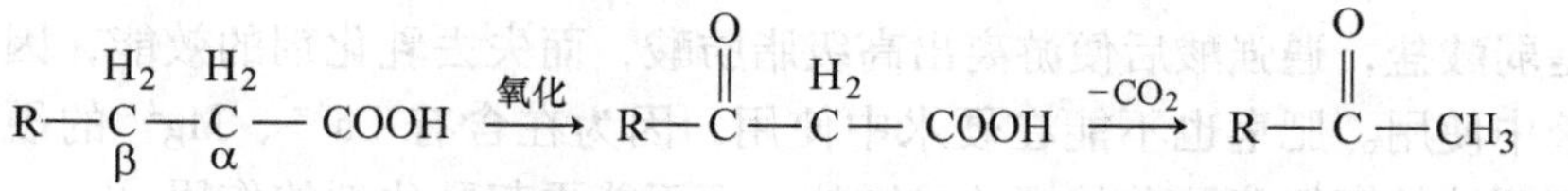

$$R—\underset{\beta}{\overset{H_2}{C}}—\underset{\alpha}{\overset{H_2}{C}}—COOH \xrightarrow{\text{氧化}} R—\overset{\overset{O}{\|}}{C}—\overset{H_2}{C}—COOH \xrightarrow{-CO_2} R—\overset{\overset{O}{\|}}{C}—CH_3$$

油脂酸败的产物有毒性和刺激性，因此酸败的油脂不能食用或药用。

油脂中游离脂肪酸含量与油脂品质有关。油脂中游离脂肪酸含量常用酸值表示，中和 1g 油脂中的游离脂肪酸所需氢氧化钾的质量（mg），叫做油脂的酸值。油脂酸败后，酸值升高。酸值大于 6 的油脂不宜食用。

### D 干化作用

有些植物油（如桐油、亚麻油等）在空气中可生成一层坚韧且富有弹性的薄膜，这种现象叫做油的干化作用。其作用原理可能是油脂分子中所含的具有共轭双键的不饱和脂肪酸在氧的催化下发生聚合作用。具有干性作用的油叫干性油，没有干性作用的油叫非干性油，介于两者之间的叫半干性油。这三类油可用碘值来区分：

干性油：碘值 >130；半干性油：碘值 100 ~ 130；不干性油：碘值 <100。

## 13.2.2 肥皂和表面活性剂

### 13.2.2.1 肥皂的组成及乳化作用

常用的肥皂含 70% 高级脂肪酸钠，30% 的水分和泡沫剂（如松香酸钠等）。高级脂肪酸的钾盐不能凝结成硬块，叫做软皂。软皂可用作医药上的乳化剂。

肥皂之所以能除去油垢，是由高级脂肪酸钠的分子结构决定的。高级脂肪酸钠分子的一端是 —COO⁻Na⁺，它是极性的易溶于水的基团，叫做亲水基，它使肥皂具有水溶性；而较长的烃基部分则是不易溶于水而易溶于非极性物质的基团，叫做亲油基或疏水基。一个既具有亲水基，又有亲油基的分子叫两亲分子。

肥皂分子在水中时，许多分子的烃基链彼此靠色散力绞在一起，形成一个球形而将

—COO⁻Na⁺部分露在球面上，这样肥皂就形成了许多外面被亲水基包着的小球，叫做胶束（图 13 -5a），分散在水中。如果在肥皂水溶液中加入一些油，搅动后油被分散成细小的颗粒，肥皂分子的烃基就溶入油中，而烃基部分被留在油珠外面，这样每一个细小的油珠外面都被许多肥皂的亲水基包围着而悬浮于水中，这种现象叫做乳化（图 13 -5b）。具有这种作用的物质叫做乳化剂，为表面活性剂中的一类。肥皂的去污作用就是乳化所致。

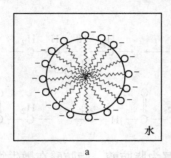 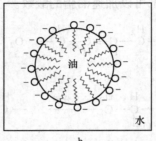

图 13 -5　肥皂乳化作用示意图
a—肥皂的胶束；b—肥皂的乳化作用

　　肥皂是弱酸盐，遇强酸后便游离出高级脂肪酸，而失去乳化剂的效能，因而肥皂不能在酸性溶液中使用。肥皂也不能在硬水中使用，因为在含有 $Ca^{2+}$、$Mg^{2+}$ 的硬水中，肥皂便转化为不溶性的高级脂肪酸的钙盐或镁盐，而不能再起乳化剂的作用。

### 13.2.2.2　表面活性剂

　　表面活性剂是能降低液体表面张力的物质。从结构来说，表面活性剂分子中必须含有亲水基团和疏水基团。表面活性剂按用途可分为乳化剂、润湿剂、起泡剂、洗涤剂和分散剂等。

　　表面活性剂可分为离子型和非离子型表面活性剂；离子型表面活性剂又分阳离子和阴离子表面活性剂。

#### A　阴离子表面活性剂

　　阴离子表面活性剂在水中离解成离子，起表面活性作用的基团为阴离子。肥皂就属这一类型，它的疏水基 R 包含于阴离子 R—COO⁻ 中。此外，还有日常使用的合成洗涤剂，如烷基硫酸酯的钠盐（烷基硫酸钠）和烷基苯磺酸钠等。

$$CH_3(CH_2)_{10}CH_2—OSO_3^- Na^+ \qquad R—\!\!\!\bigcirc\!\!\!—SO_3^- Na^+$$

十二烷基硫酸钠　　　　　　　　　烷基苯磺酸钠

　　这类表面活性剂可用作润湿剂、起泡剂和洗涤剂等。如十二烷基硫酸钠是牙膏中的起泡剂，我国生产的洗衣粉主要成分是烷基苯磺酸钠。这类化合物都是强酸盐且它们的钙、镁盐的溶解度都较大，因而可在酸性溶液或硬水中使用。

#### B　阳离子表面活性剂

　　阳离子表面活性剂在水中生成带有疏水基的阳离子，这类化合物主要有季铵盐及某些含硫或含磷的化合物，如：

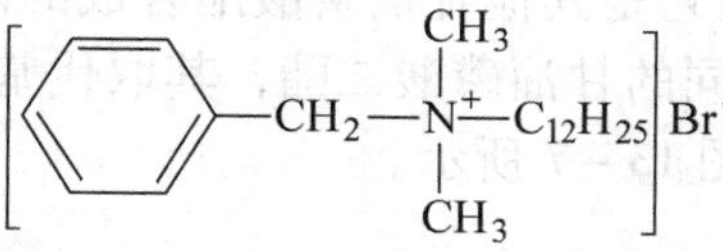

$$\left[ C_6H_5{-}CH_2{-}\overset{\overset{\displaystyle CH_3}{|}}{\underset{\underset{\displaystyle CH_3}{|}}{\overset{+}{N}}}{-}C_{12}H_{25} \right] Br^-$$

$$\left[ C_6H_5{-}O{-}CH_2CH_2{-}\overset{\overset{\displaystyle CH_3}{|}}{\underset{\underset{\displaystyle CH_3}{|}}{\overset{+}{N}}}{-}C_{12}H_{25} \right] Br^-$$

溴化二甲基-苄基-十二烷基铵（新洁尔灭） 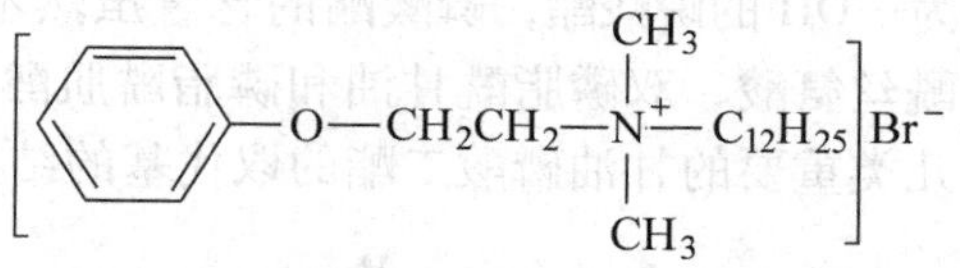　　　溴化二甲基-苯氧乙基-十二烷基铵（杜灭芬）

上述化合物除有乳化作用外，还有较强的杀菌能力，因此，也可用作杀菌剂和消毒剂，如杜灭芬用于预防和治疗口腔炎和咽炎等。

C　非离子表面活性剂

非离子表面活性剂在水中不形成离子，它们的亲水部分含有多个羟基或醚键，可使分子具有足够的亲水性。

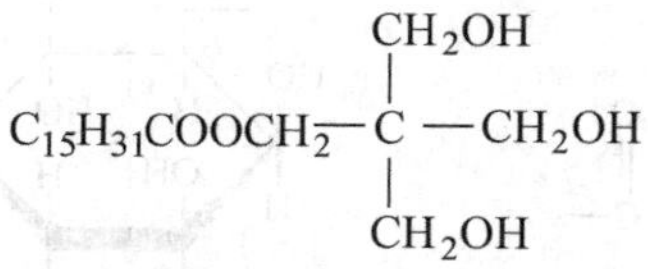

$$C_{15}H_{31}COOCH_2{-}\overset{\overset{\displaystyle CH_2OH}{|}}{\underset{\underset{\displaystyle CH_2OH}{|}}{C}}{-}CH_2OH \qquad C_{12}H_{25}{-}O{-}(CH_2CH_2O)_n{-}H$$

单软脂酸季戊四醇酯　　　　　　　　聚氧乙烯十二烷基醚

非离子表面活性剂的乳化性能和洗涤效果都较好，也不受酸性溶液和硬水中钙、镁离子的影响，是目前使用较多的洗涤剂。

## 13.2.3　磷脂

磷脂广泛存在于动物的脑、肝、蛋黄、植物的种子及微生物中，根据磷脂的组成和结构可分为磷酸甘油酯和神经鞘磷脂两大类。

### 13.2.3.1　磷脂的结构

磷脂中主要是甘油磷酸二酯（图13-6），即以甘油为骨架，甘油中第1、2位碳原子的两个羟基分别与两个脂肪酸生成酯，第3位碳原子的羟基与磷酸生成酯，最简单的是—X取

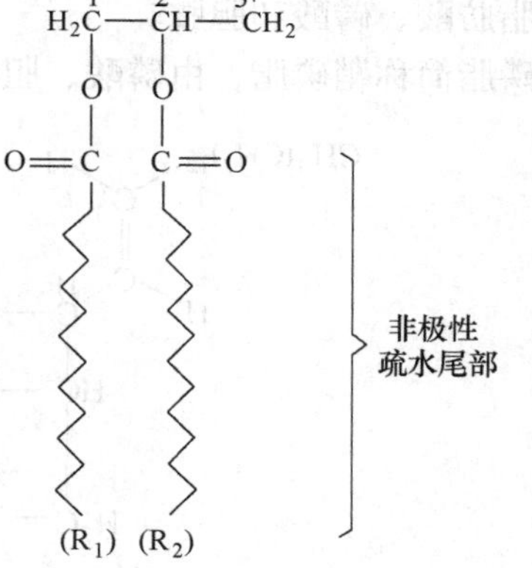

图13-6　甘油磷酸二酯结构式

代基为—OH 的磷酸酯，磷酸酯的含量虽然不多，但它是其他甘油磷酸酯合成的前体，如磷酸酰丝氨酸、双磷脂酰甘油和磷脂酰肌醇等。不同的甘油磷酸二酯，其取代基也不同，体内几类重要的甘油磷酸二酯的取代基的结构式如图 13 - 7 所示。

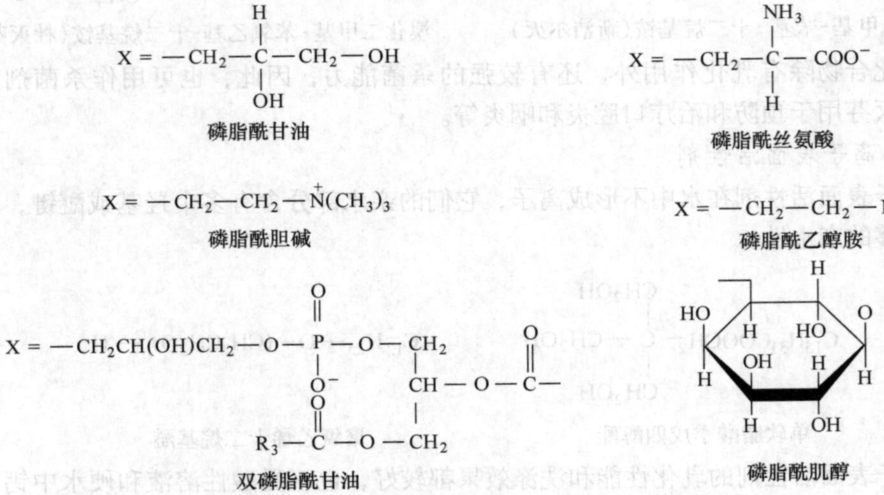

图 13 - 7　体内几类重要的甘油磷酸二酯的取代基

由于磷脂分子中磷酸部分还有一个可以离解的氢，而且—X 中又多带有碱性基团，所以这些磷脂以偶极离子的形式存在，如：

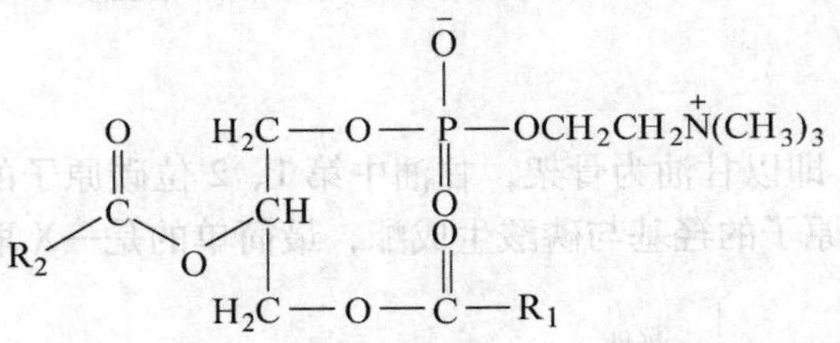

卵磷脂 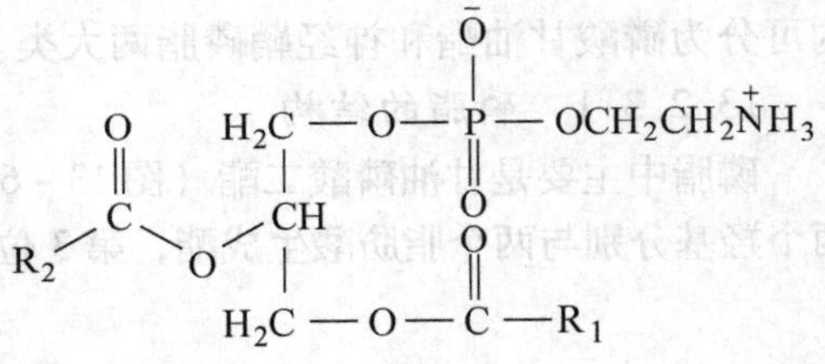　　　　　　　　　　　脑磷脂

磷酸甘油酯中最重要的是卵磷脂和脑磷脂。卵磷脂水解得到甘油、脂肪酸、磷酸和胆碱，脑磷脂水解则得到甘油、脂肪酸、磷酸和胆胺。

另一种重要磷脂是神经鞘磷脂简称鞘磷脂，由磷酸、胆碱、脂肪酸及鞘氨醇组成。

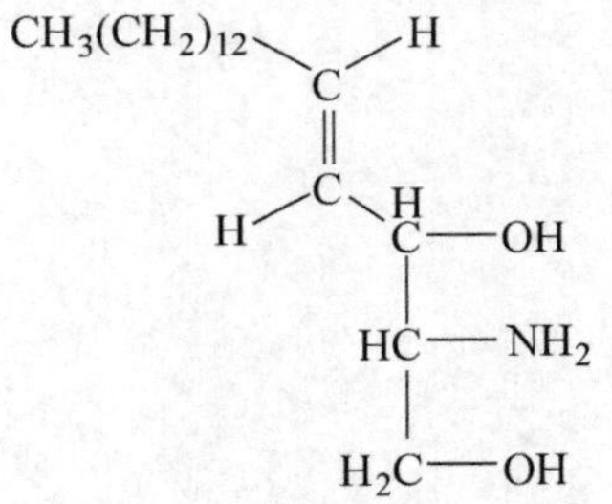

鞘氨醇 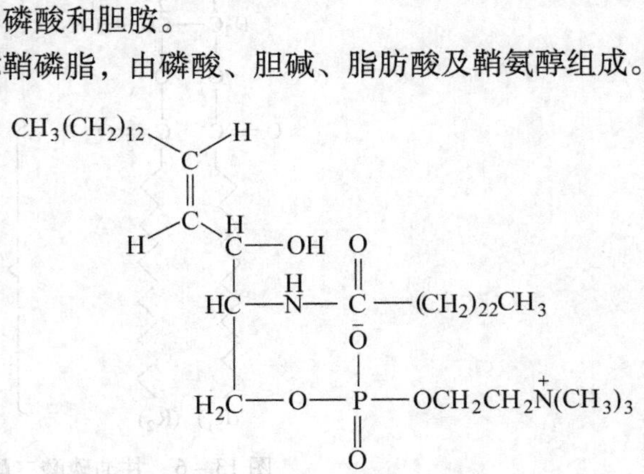　　　　　　　　　　神经鞘磷脂

鞘磷脂主要存在于动物脑和神经组织中，它与蛋白质、多糖构成神经纤维或轴索的保护层。

### 13.2.3.2 磷脂的性质

磷脂分子中同时存在疏水基（脂肪烃基部分）和亲水基（偶极离子部分），因此，它们是良好的乳化剂，是构成细胞膜的主要组成成分，在细胞中起着重要的生理作用。磷脂可溶于水及某些有机溶剂，但不溶于丙酮，通过这种方式，可把它和其他脂类分开。

磷脂分子中都含有酯键，因此，它们都能水解。如果磷脂分子中含有不饱和脂肪酸时，也能发生加成反应和氧化反应。

## 13.2.4 蜡

蜡广泛存在于动物界和植物界，植物蜡存在于植物的叶、茎和果实的表面，是防止细菌侵害和水分流失的保护层；动物蜡存在于动物的分泌腺、皮肤、毛皮、羽毛和昆虫外骨骼的表面，也起保护作用。

蜡是 16 个碳原子以上的偶数碳原子的羧酸和高级一元醇形成的酯，最常见的羧酸和醇是软脂酸、二十六酸、十六醇、二十六醇、三十醇等。

蜡有较大稳定性，不易变质，难于皂化，主要用于制作蜡纸、防水剂、光泽剂、香脂等。

## 13.2.5 萜类化合物

差不多所有的植物中都含有萜类化合物，在动物和真菌中也含有萜类化合物，特别在香精油、松节油中。

萜类化合物，特别是一些含氧衍生物，由于有香气和对哺乳动物的低毒性，是主要的香料和食用香料。

萜类化合物可以看成是由若干个含 5 个碳原子的异戊二烯单位首尾相连而组成的。这种结构特点叫做萜类化合物的异戊二烯规律。萜类化合物常根据组成分子的异戊二烯单位的数目分为：

单萜：含有 2 个异戊二烯单位，它包含开链单萜、单环萜和二环单萜三种；

倍半萜：含有 3 个异戊二烯单位；

二萜：含有 4 个异戊二烯单位；

三萜：含有 6 个异戊二烯单位；

四萜：含有 8 个异戊二烯单位。

这些萜类和单萜一样，它们中的异戊二烯单位可以相连成链，也可以连接成环，例如：

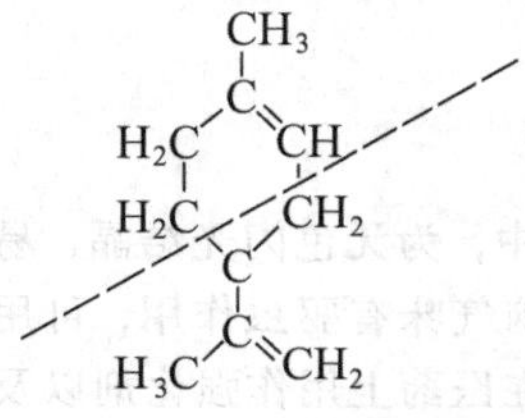

单环萜
宁烯

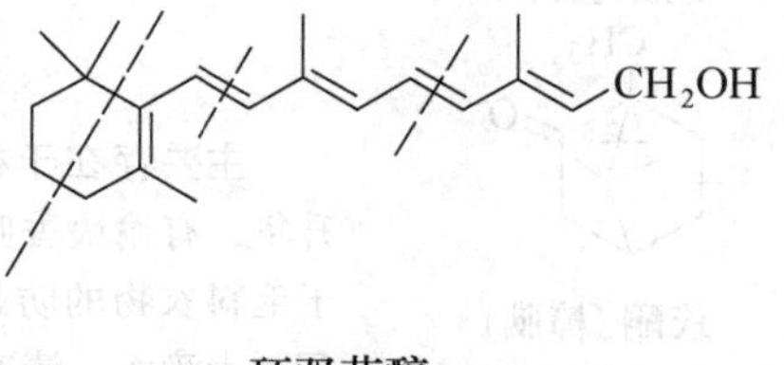

环双萜醇
维生素A$_1$

### 13.2.5.1 单萜

**A　开链单萜**

开链单萜是由两个异戊二烯单位结合成的开链化合物，例如：

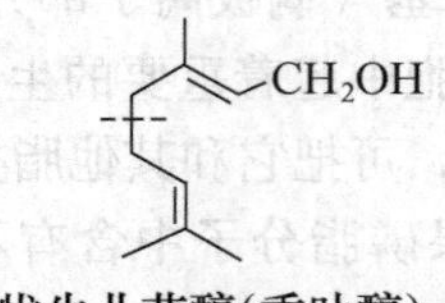

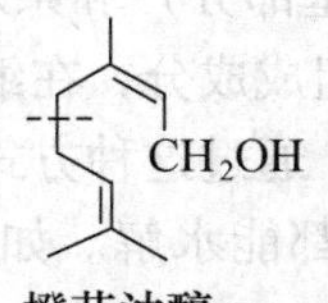

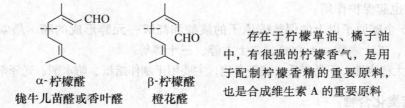

牻牛儿苗醇(香叶醇)　　橙花油醇

互为几何异构体，存在于玫瑰油、橙花油、香茅油中，为无色、有玫瑰香气的液体，是作香料的重要原料

当蜜蜂发现食物时，它便分泌出香叶醇以吸引其他蜜蜂，因此，香叶醇也是一种昆虫外激素。

柠檬醛是 α-柠檬醛和 β-柠檬醛两种结合异构体的化合物：

α-柠檬醛　　　　　　β-柠檬醛
牻牛儿苗醛或香叶醛　　橙花醛

存在于柠檬草油、橘子油中，有很强的柠檬香气，是用于配制柠檬香精的重要原料，也是合成维生素 A 的重要原料

**B　单环单萜**

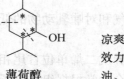

薄荷醇

存在于薄荷油中，为低熔点固体，具有芳香凉爽气味，有杀菌、防腐作用，并有局部止痛的效力。用于医药、化妆品及食品工业中，如清凉油、牙膏、糖果、烟酒等

薄荷醇分子中有三个手性碳原子，故有四个外消旋体，即（±）-薄荷醇、（±）-新薄荷醇、（±）-异薄荷醇和（±）-新异薄荷醇。天然的薄荷醇是左旋的薄荷醇。

**C　双环单萜**

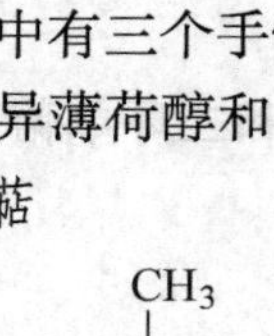

α-蒎烯
沸点为156℃

α-蒎烯是松节油的主要成分（80%），用作油漆、蜡等的熔剂，是合成冰片、樟脑等的重要化工原料

莰酮 (樟脑)
熔点为179℃，
沸点为209℃

主要存在于樟脑树中，为无色闪光结晶，易升华，有愉快香味。樟脑气味有驱虫作用，可用于毛料衣物的防蛀剂。在医药上用作强化剂以及配制十滴水、清凉油等

### 13.2.5.2 倍半萜

倍半萜是由三个异戊二烯单位连接而构成的，它也有链状和环状的，如金合欢醇、山道年等均属于倍半萜。

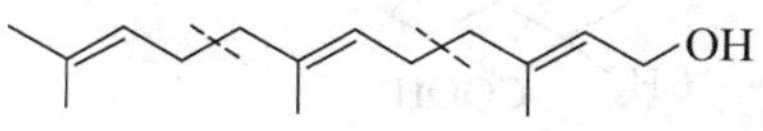

金合欢醇

合欢醇是无色黏稠液体，沸点为 125℃，有铃兰气味，存在于玫瑰油、茉莉油、合金欢油及橙花油中。合欢醇是一种珍贵的香料，用于配制高级香精；有保幼激素活性，用于抑制昆虫的变态和性成熟，即幼虫不能成蛹，蛹不能成蛾，蛾不产卵。其十万分之一浓度的水溶液即可阻止蚊的成虫出现，对虱子也有致死作用。

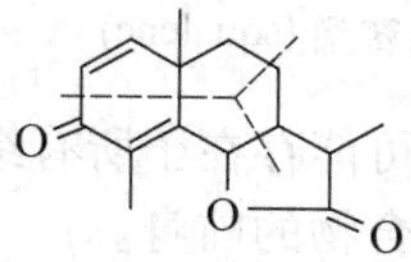

山道年

山道年是由山道年花蕾中提取出的无色结晶，熔点为 170℃，不溶于水，易溶于有机溶剂。山道年过去是医药上常用的驱蛔虫药，其作用是使蛔虫麻痹而被排出体外，但对人也有相当的毒性。

### 13.2.5.3 双萜

双萜是由四个异戊二烯单位连接而成的一类萜化合物，广泛分布与动植物体内。

叶绿醇是叶绿素的一个组成部分，用碱水解叶绿素可得到叶绿醇，叶绿醇是合成维生素 K 及维生素 E 的原料。

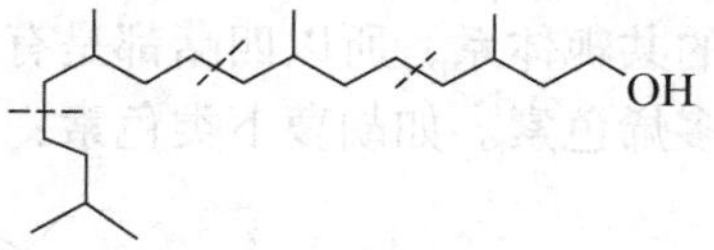

叶绿醇

维生素 A，淡黄色晶体，熔点为 64℃，存在于动物的肝、奶油、蛋黄和鱼肝油中。不溶于水，易溶于有机溶剂。受紫外光照射后则失去活性。

维生素 A 为哺乳动物正常生长和发育所必需的物质，体内缺乏维生素 A 则发育不健全，并能引起眼膜和眼角膜硬化症，初期的症状就是夜盲症。

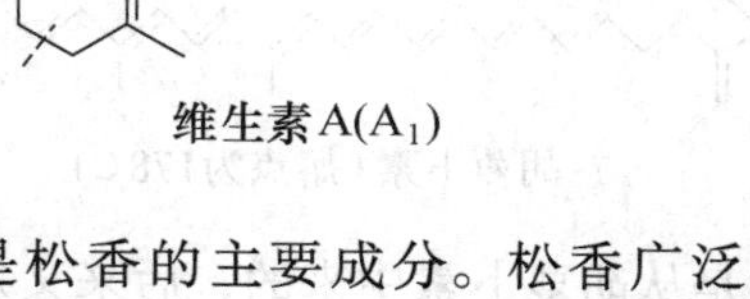

维生素A(A₁)

松香酸存在于松脂中，是松香的主要成分。松香广泛用于造纸、制皂、制涂料等工业。

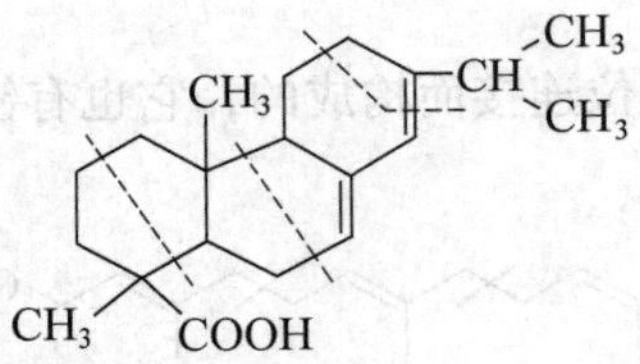

松香酸

### 13.2.5.4 三萜

三萜是由六个异戊二烯单位连接而成的化合物，如角鲨烯。

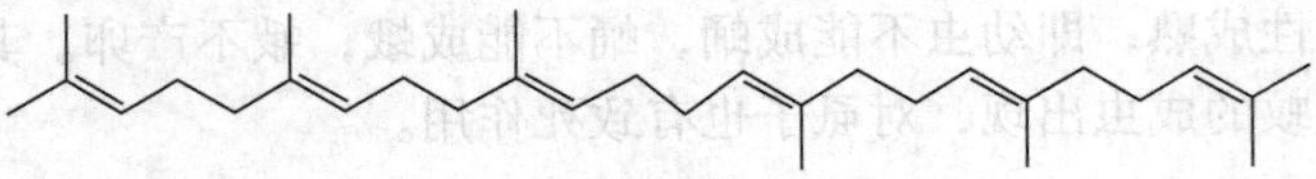

角鲨烯 (squalene)

角鲨烯是鲨鱼肝油的主要成分，可能存在于所有组织中。角鲨烯是羊毛甾醇生物合成的前身，而羊毛甾醇又是其他甾体化合物的前身。

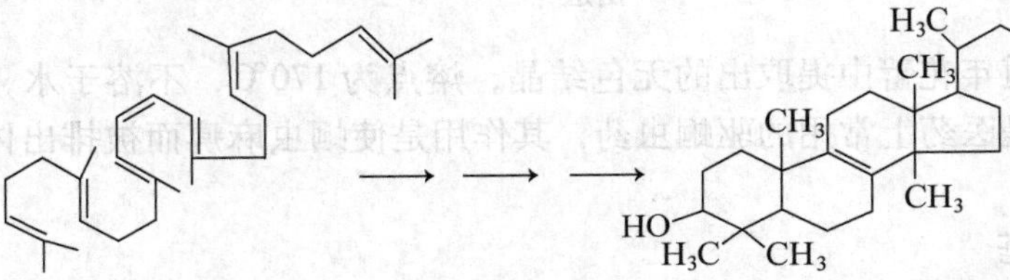

角鲨烯 羊毛甾醇

### 13.2.5.5 四萜

四萜是由八个异戊二烯单位连接而构成的，在自然界广泛存在。四萜类化合物的分子中都含有一个较长的碳碳双键的共轭体系，所以四萜都是有颜色的物质，多带有由黄至红的颜色。因此也常把四萜称为多烯色素。如胡萝卜类色素：

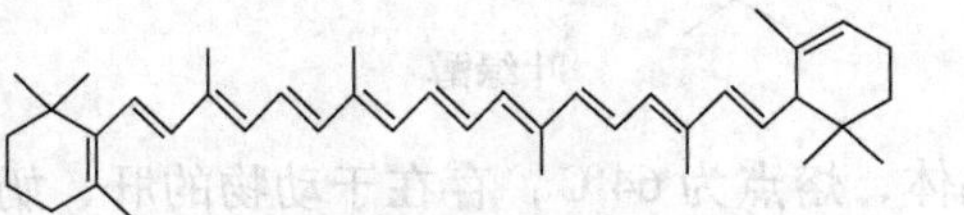

α-胡萝卜素（熔点为188℃）

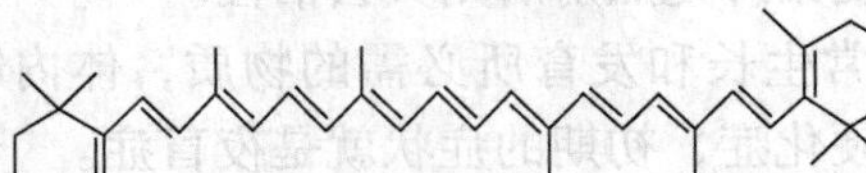

β-胡萝卜素（熔点为184℃）

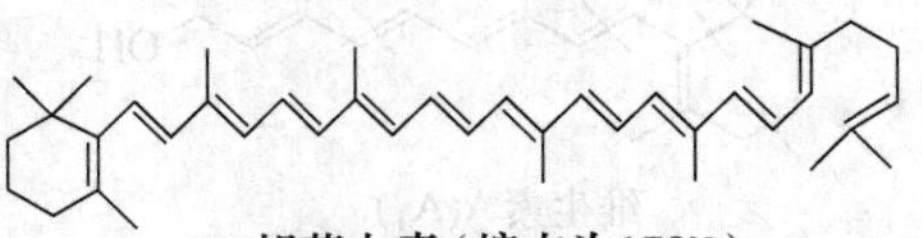

γ-胡萝卜素（熔点为178℃）

最早发现的四萜多烯色素是从胡萝卜素中来的，后来又发现很多结构与此相类似的色素，所以通常把四萜称为胡萝卜类色素。

胡萝卜素广泛存在于植物的叶、茎和果实及动物的乳汁和脂肪中，β-胡萝卜素最重要（生理活性最强）。

番茄红素是胡萝卜素的异构体，是开链萜，存在于番茄、西瓜及其他一些果实中，为洋红色结晶。

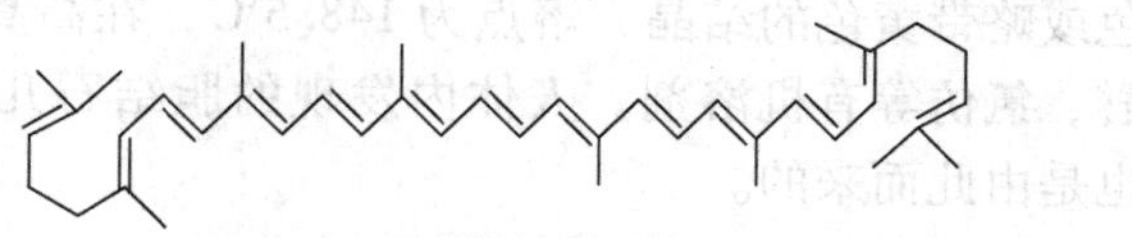

番茄红素

虾青素是广泛存在于甲壳类动物和空肠动物体中的一种多烯色素，最初是从龙虾壳中发现的，虾青素在动物体内与蛋白质结合存在，能因氧化作用而成虾红素。

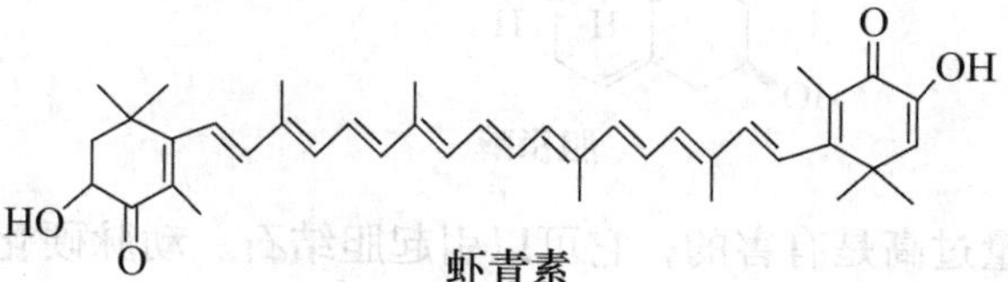

虾青素

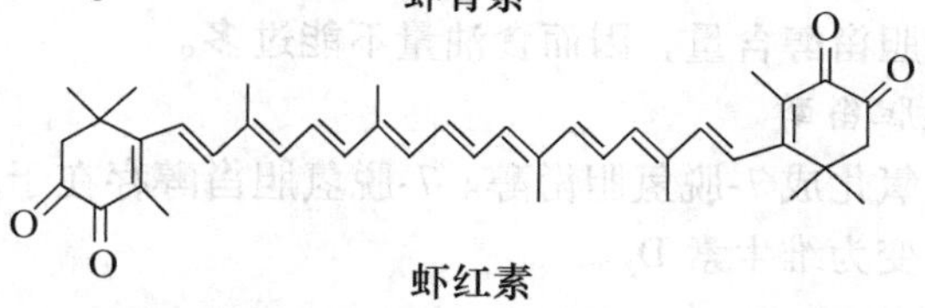

虾红素

叶黄素是存在植物体内一种黄色的色素，与叶绿素共存，只有在秋天叶绿素破坏后，方显其黄色。

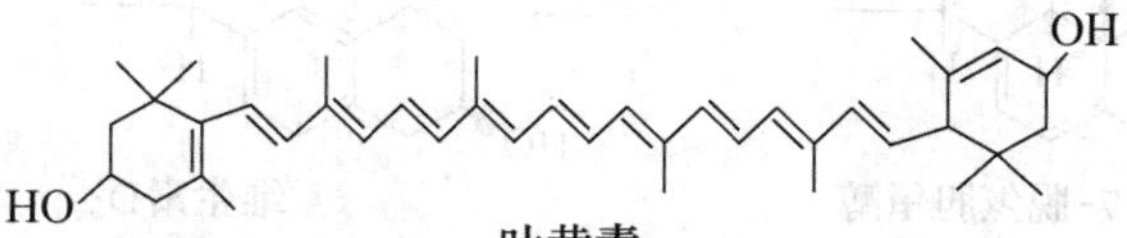

叶黄素

## 13.2.6 甾族化合物

甾族化合物也叫类固醇化合物，广泛存在于动、植物组织中，具有重要的生理作用。它们的结构特点是分子中都含有一个环戊烷骈多氢菲的骨架，称为甾环，如下所示：

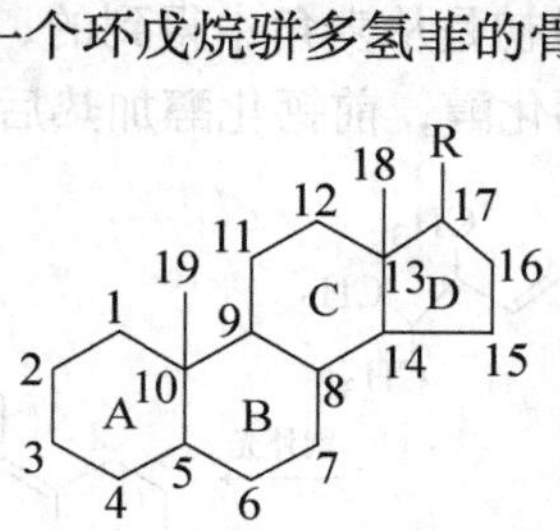

甾族化合物在 $C_{10}$ 及 $C_{13}$ 处都有一个甲基，叫做角甲基，在上连有一些不同取代基，$C_{17}$ 上连接的是氢或烃基。"甾"字中的"田"表示四个环，"《《"表示 $C_{10}$、$C_{13}$ 及 $C_{17}$ 上的三个取代基。四个环和环上的编号是固定的。甾族化合物的种类很多，其结构上的差异一是甾环上的饱和程度不同，二是 $C_{17}$ 上所连 R 的不同。

在甾族化合物中，以甾醇和甾体激素最为重要，甾醇类按其来源分为植物甾醇和动物甾醇。甾体激素主要包括肾上腺皮质激素、性激素和昆虫蜕皮激素等。

### 13.2.6.1 胆固醇（胆甾醇）

胆甾醇是最早发现的一个甾体化合物，存在于人及动物的血液、脂肪、脑髓及神经组织中。胆甾醇为无色或略带黄色的结晶，熔点为 148.5℃，在高真空度下可升华，微溶于水，溶于乙醇、乙醚、氯仿等有机溶剂。人体内发现的胆结石几乎全是由胆甾醇所组成的，胆固醇的名称也是由此而来的。

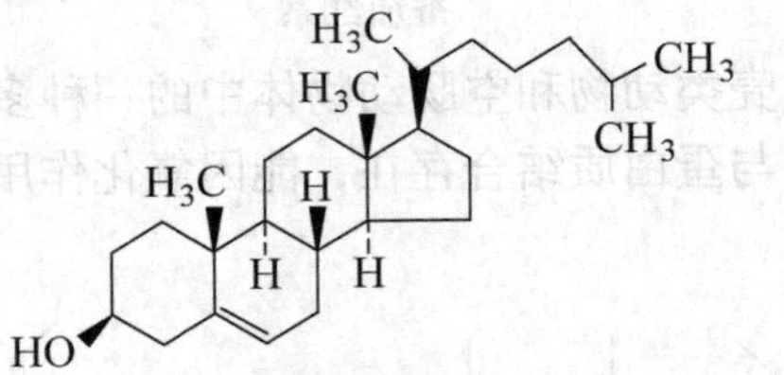

胆甾醇

人体中胆固醇含量过高是有害的，它可以引起胆结石、动脉硬化等症。食物中的油脂过多时会提高血液中的胆甾醇含量，因而食油量不能过多。

### 13.2.6.2 7-脱氢胆甾醇

胆甾醇在酶催化下氧化成 7-脱氢胆甾醇。7-脱氢胆甾醇存在于皮肤组织中，在日光照射下发生化学反应，转变为维生素 $D_3$。

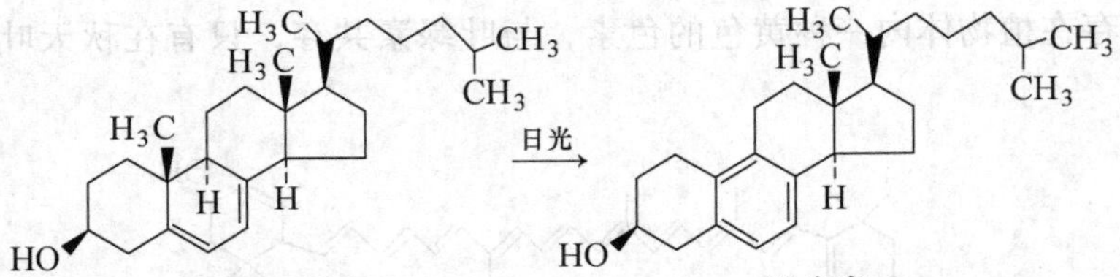

7-脱氢胆甾醇　　　　　　　　　　　维生素 $D_3$

维生素 $D_3$ 是从小肠中吸收 $Ca^{2+}$ 离子过程中的关键化合物。体内维生素 $D_3$ 的浓度太低，会引起 $Ca^{2+}$ 离子缺乏，不足以维持骨骼的正常生成而产生软骨病。

### 13.2.6.3 麦角甾醇

麦角甾醇是一种植物甾醇，最初是从麦角中得到的，但在酵母中更易得到。麦角甾醇经日光照射后，B 环开环而成前钙化醇，前钙化醇加热后形成维生素 $D_2$（即钙化醇）。

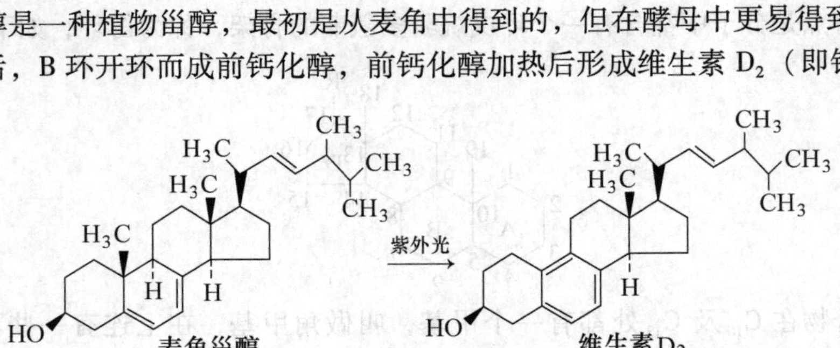

麦角甾醇　　　　　　　　　　　维生素 $D_2$

维生素 $D_2$ 同维生素 $D_3$ 一样，也能抗软骨病，因此，可以将麦角甾醇用紫外光照射后加入牛奶和其他食品中，以保证儿童能得到足够的维生素 D。

### 13.2.6.4 肾上腺皮质激素

肾上腺皮质激素是哺乳动物肾上腺皮质分泌的激素，皮质激素的重要功能是维持体液的电解质平衡和控制碳水化合物的代谢。动物缺乏它会引起机能失常以至死亡。皮质醇、可的松、皮质甾酮等皆为此类中重要的激素。

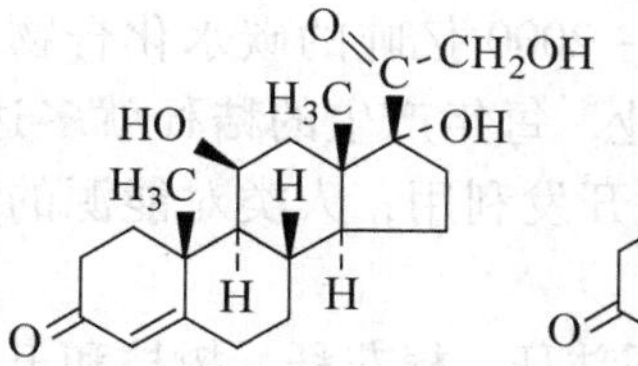

皮质醇 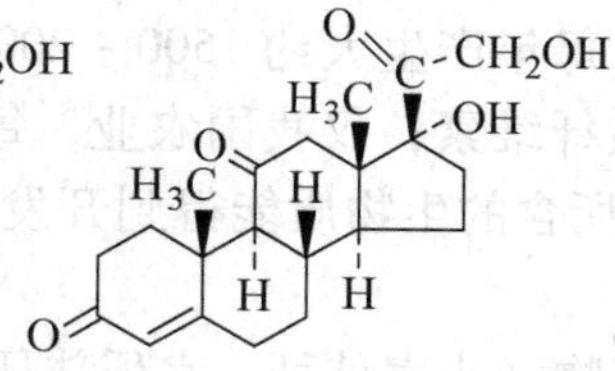　　　　　　　　可的松 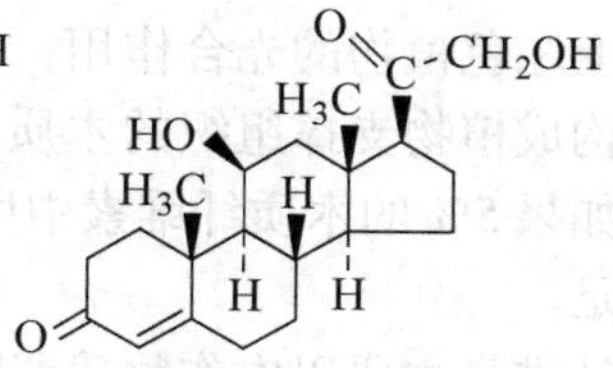　　　　　　　　皮质甾酮

### 13.2.6.5 性激素

性激素是高等动物性腺的分泌物，能控制性生理、促进动物发育、维持第二性征（如声音、体形等）。它们的生理作用很强，很少量就能产生极大的影响。

性激素分为雄性激素和雌性激素两大类，两类性激素都有很多种，在生理上各有特定的生理功能。

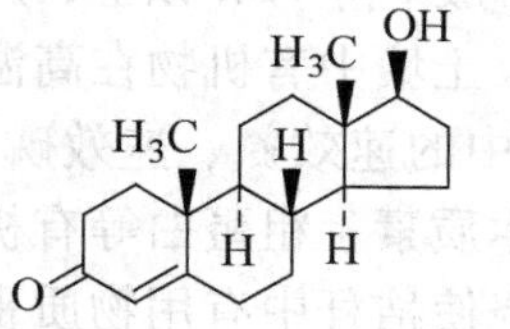

睾丸酮素 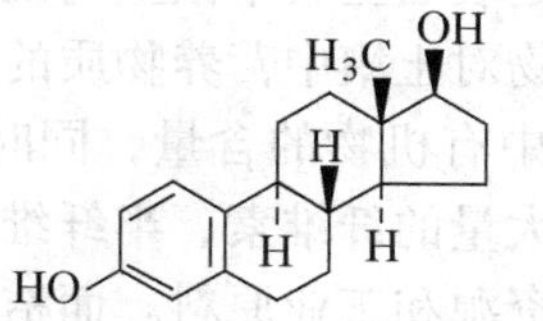　　　　　　　　雌二醇 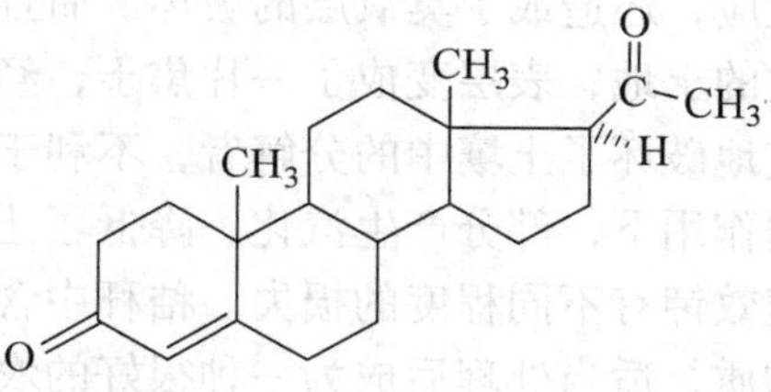　　　　　　　　孕甾酮

睾丸酮素是睾丸分泌的一种雄性激素，有促进肌肉生长、声音变低沉等第二性征的作用，它是由胆甾醇生成的，并且是雌二醇生物合成的前体。雌二醇为卵巢的分泌物，对雌性的第二性征的发育起主要作用。

孕甾酮为无色或淡黄色晶体，是卵泡排卵后形成的黄体分泌物，故俗称黄体酮。它能使受精卵在子宫中发育，促进乳腺发育，并抑制排卵，在医药上可防止流产。

### 13.2.6.6 昆虫蜕皮激素

在昆虫的一生中，幼虫要经过数次蜕皮才能逐渐长大，然后变态成蛹，进而成蛾（成虫）。昆虫的蜕皮行为是受胸部中前胸腺分泌的蜕皮激素支配的。

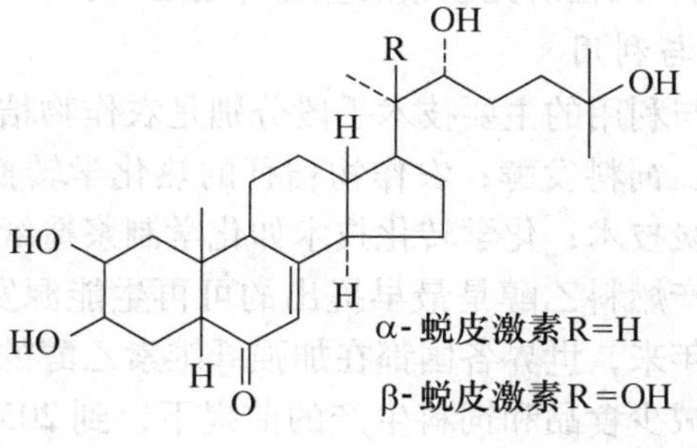

α-蜕皮激素 R=H
β-蜕皮激素 R=OH

# 13.3 木质纤维素与油脂产生的环境影响

## 13.3.1 纤维素产生的环境影响及开发利用

地球上绿色植物的光合作用，每年产生大约 1500~2000 亿吨的碳水化合物，其中绝大部分是构成植物支撑组织的木质纤维素；仅我国农业，每年产生的秸秆就多达 7 亿吨。据估算，如果 5% 的木质纤维素中所含的生物质能得到开发利用，人类对能源的需求就能够得到满足。

木质纤维素主要以农作物残留物（小麦秸秆、水稻秸秆、棉花秆、树枝和玉米秸秆）、固体废弃物、木材、纸张、树叶和木屑等方式为我们所常见，但其中 89% 没有得到有效的利用和开发，而目前只有一小部分用于纺织、造纸、建筑和饲料，绝大部分农作物秸秆仍露天焚烧或作燃料用，造成资源浪费，污染环境。

### 13.3.1.1 焚烧秸秆的危害

焚烧秸秆产生大量的二氧化碳、一氧化碳、氮氧化物、二氧化硫等有害气体，改变了正常的大气成分。同时在焚烧秸秆的过程中排放的烟尘和炭黑，循环到大气中加剧了温室效应，还造成了臭氧层的破坏。而且，秸秆在焚烧的过程中要放出大量的热，经秸秆焚烧过的土地，表层变成了一片焦土，经测定表层土壤中微生物锐减，一般下降 70% 以上，严重地破坏了土壤中的分解者，不利于作物对土壤中营养物质的吸收。土壤中有机物在高温的作用下，部分产生汽化，降低了土壤中有机物的含量，同时土壤中的速效氮、速效磷、速效钾有不同程度的损失。秸秆中含有大量的纤维素、半纤维素、木质素、粗蛋白等有机物质，适当处理后成为一种很好的农业资源和工业原料。而秸秆焚烧使秸秆中有用物质丧失殆尽，仅留下一点碳酸钾还随风随水流失，污染环境。此外，焚烧秸秆极易造成火灾，对人民的生命财产造成损失，有的甚至引起森林火灾，焚烧秸秆产生的烟雾对机场飞机的起降构成极大的安全隐患，直接影响公路和水路运输的能见度，增加事故的发生率。

石油、煤炭等石化能源的生成需要经历上万年的时间；近代工业的飞速发展使石化能源被迅速消耗、日渐枯竭，成为相对意义上的不可再生资源。20 世纪 70 年代以来，世界经历了数次能源危机和经济危机，人们认识到开发可再生的替代能源已经成为人类社会可持续发展的战略任务。而木质纤维素是地球上最丰富的可再生资源，而且是绿色的、环境友好化工原材料。随着各国对环境污染问题的日益关注和重视，木质纤维素这种可持续发展的再生资源的应用越来越受到重视。研究和开发以天然纤维素为原料的新精细化工产品将是 21 世纪可持续发展化学工程研究领域的重要课题之一。

### 13.3.1.2 秸秆开发与利用

目前农作物秸秆开发与利用的主要技术手段分别是农作物秸秆的微生物发酵技术，如沼气发酵、燃料酒精发酵、饲料发酵；农作物秸秆的热化学转换技术，如热解液化技术、气化技术、致密成型及制炭技术；化学转化技术如化学制浆造纸等。

以木质纤维为原料生产燃料乙醇是最早提出的可再生能源发展策略，也是投入最大、研究最多的科学技术。近年来，世界各国都在加强纤维素乙醇的研发，例如，美国国家资源保护委员会提出，在不减少食品和饲料生产的前提下，到 2050 年全部运输燃料的 50%

将是燃料乙醇。

从木质纤维到燃料乙醇的转化通常要经过一个复杂的工艺流程，例如，最早提出并且研究得最多的稀酸水解工艺至少包含生物质降解、乙醇发酵和乙醇蒸馏这三个过程。人们用目前通用的工艺生产纤维素乙醇，所面临的主要挑战是生产成本居高不下。然而，与目前通用工艺流程相比较，利用高温菌进行纤维素乙醇的发酵会形成一个不同的工艺；通过高温发酵工艺有望实现"生物降解-发酵-蒸馏"同步化，从而最大限度地降低纤维素乙醇的生产成本。

### 13.3.2 废弃油脂产生的环境影响及开发利用

废弃油脂是指食品生产经营单位在生产经营过程中产生的不能再食用的动植物油脂，包括油脂使用后产生的不可再食用的油脂和餐饮业废弃油脂以及含油脂废水经油水分离器或者隔油池分离后产生的不可再食用的油脂。这种废油脂不仅严重影响市容环境和市民生活，而且还会造成大面积的水体污染。

#### 13.3.2.1 我国废弃油脂利用现状

我国对废弃油脂再生利用的研究起步较晚。在我国大陆，废弃油脂又被称作"地沟油""泔水油"等，由于没有建立起废弃油脂进行回收再利用的体制，每天产生的大量废弃油脂，只有少量被送往化工厂制成脂肪酸和肥皂，而大多数的废弃油脂通过非法渠道进入流通领域。下水道中的油腻脏物，在人们眼里是不堪入目的废弃物，而一些利欲熏心的人却将这些脏物经过加工提炼后魔术般地变成清亮亮的"食用油"，以各种渠道流入食品市场，走上人们的餐桌，对人民群众的健康安全构成巨大危害。因此，加快对废弃油脂的综合利用势在必行。

对废弃油脂的再生利用，从目前国内的现状来看，主要是 3 种情形：一是进行简单加工提纯，直接作为低档的皮革加脂剂等工业用油脂；二是进行水解制取工业油酸、硬脂酸等；三是国外比较流行的醇解制取生物柴油（脂肪酸甲酯）。后两种情形属于油脂深加工，只有对废油脂深加工，才能从根本上解决废油脂再流入食用油市场的问题，真正做到变废为宝。而当前，随着世界石油化工能源的日益枯竭，生物柴油作为绿色能源迎来了发展的机遇。因餐饮废油脂来源广泛，产生量巨大且价廉，利用餐饮废油脂制备生物柴油具有广阔的市场前景。

#### 13.3.2.2 利用废弃油脂制备生物柴油

与石化柴油相比，生物柴油具有下述无法比拟的性能：（1）优良的环保特性；（2）较好的低温发动机启动性能；（3）较好的润滑性能；（4）较好的安全性能；（5）良好的燃料性能；（6）可再生性能；（7）无须改动柴油机。因此，生物柴油的产业化具有潜在的优势。

在近几年内，我国在利用废弃油脂制备生物柴油领域的研究已有突破性进展并达到实用水平。例如香港九龙巴士公司在 1999 年与香港大学合作，利用餐饮业的废油脂，提炼成生物柴油供九龙巴士公司的车辆使用。

目前制备生物柴油的工艺主要有稀释法、微乳法、高温热裂解法以及酯交换法等，其中稀释法产品不适合发动机的长时间使用；微乳法产品耐久实验中也出现积炭现象；高温热裂解法能耗大，设备要求高；而酯交换法是目前国内外研究和应用最为广泛的工艺。其原理是，在催化剂作用下，原料与低碳醇发生酯化反应，利用醇的甲氧基取代长链脂肪酸上的甘油基，将甘油三酸酯断裂为 3 个长链脂肪酸甲酯，从而实现产物低碳化和低黏化。

　　然而，由于各方面原因，餐饮废油脂收集、生物柴油副产品利用、生物柴油推广等问题一时还未解决，因此，结合现阶段的问题，应在加大宣传力度的基础上，不断增强环保意识，通过立法来统一收集废餐饮油脂，为餐饮废油脂制备生物柴油提供原料保障，发挥经济效益和社会效益。

# 新研究进展

　　木质纤维素是地球上最丰富的可再生生物质资源，主要包括木材（软木和硬木）、农业生产废弃物（秸秆、谷壳、麸皮、蔗渣等）、林产加工废弃物及各类能源植物。其主要由纤维素、半纤维素和木质素 3 大部分组成，通常这 3 种组分的质量分数分别为 40% ~ 50%、15% ~ 25% 和 20% ~ 25%，其他物质的质量分数为 5% ~ 10%。将木质纤维素催化转化制备高附加值化学品和燃料，不仅有助于解决石化能源资源短缺及其应用所带来的环境问题，而且该方法与传统气化和液化技术相比较为温和，已经受到越来越多的关注。

　　木质纤维素催化炼制技术提出生物质各组分炼制的技术路线主要是先将木质纤维素中的半纤维素和纤维素转化成平台化合物（呋喃类化合物、多元醇和有机酸及其酯类衍生物等），然后通过化学方法实现定向转化制备液体燃料。文献已报道有三种途径可以用来制备液体烷烃。其一是纤维素和半纤维素水解制备单糖，脱水生成呋喃类化合物，再通过聚合、脱水、加氢来制备液体烷烃，得到产物以直链为主。其二，纤维素和半纤维素水解为多元醇，加氢生成液体燃料烷烃，该途径简单，原子利用率较大。其三，由纤维素制备乙酰丙酸或乙酰丙酸酯，乙酰丙酸成环生成戊内酯，脱水制备液体烷烃，该反应途径较为复杂，产物以直链为主，乙酰丙酸酯可直接作燃料添加剂，或通过缩合进一步加氢脱氧生成液体烷烃。近年来，化学催化开发木质纤维素制备各类小分子能源平台化合物主要包括5-羟甲基糠醛、糠醛、生物质基多元醇、木糖醇、乙酰丙酸和乙酰丙酸酯等。

　　5-羟甲基糠醛（HMF）是一种重要的呋喃衍生物，作为一种可生产多类化学品与高品质液体燃料的平台化合物近年来受到了国内外广泛的关注。木质纤维素制备 HMF，需要经过纤维素断裂 1，4-糖苷键，水解成为葡萄糖，葡萄糖异构为果糖，果糖脱水生成 HMF。

　　糠醛作为一种重要的化工原料，在石化行业中有着广泛的应用。经糠醛制备的生物质液体燃料如 2-甲基呋喃及部分 $C_8$ ~ $C_{15}$ 的长链烷烃都是石化燃油的优质替代物。国外有自催化水解生产糠醛技术的报道。自催化水解实际上是根据质子酸原理，水解反应的第一步由水在高温下电离产生的少量 $H_3O^+$ 作为催化剂，使反应缓慢开始，水解产生乙酸（乙酰基断裂），随着反应的进行，越来越多的乙酸产生，从而使得溶液中酸浓度增大，反应速度不断加快。

　　生物质基多元醇（六元醇和五元醇）在较温和条件下通过水相重整反应可进一步转化为 $C_5$、$C_6$ 液体烃类燃料。由纤维素制山梨醇/甘露醇的传统方法是一个两步反应过程：溶液中的 $H^+$（来源于酸电离的 $H^+$、高温水和 $H_2$ 溢流）与水分子结合为 $H_3O^+$，$H_3O^+$ 进攻纤维素分子中的 β-1，4-糖苷键，从而诱使其断裂为葡萄糖，葡萄糖在加氢催化剂的作用下加氢得到山梨醇，其中少部分葡萄糖异构化为果糖，果糖加氢得到甘露醇。

　　木糖醇是一种五碳糖醇，含有五个羟基，可作为一种高效的功能性营养添加剂，除此之外还在化学工业、食品工业、农业等诸多领域具有广泛用途。传统的木糖醇生产方法是采用化学方法将农业植物纤维废料如玉米芯、棉籽壳、蔗糖渣等水解，使其中的多缩戊糖水解为木糖，然后在高温高压下，催化氢化纯木糖生产木糖醇。

乙酰丙酸（LA）是最重要的生物质基平台化合物之一。由乙酰丙酸经多种类型的基元反应可进一步转化成为不同用途的液体燃料或燃料添加剂。木质纤维素制取 LA 通常需要使用无机酸（包括 $H_2SO_4$、HCl 和 HBr）。首先，纤维素在酸的作用下水解得到葡萄糖，然后葡萄糖在酸的作用下异构化脱水生成 HMF，由于 HMF 在高温酸性溶液中不稳定会发生重排反应生成乙酰丙酸和甲酸。

乙酰丙酸酯是一类重要的能源平台化合物，同时也是一类新型的液体燃料添加剂，具有高的反应特性和广泛的工业应用价值。目前开发的从生物质资源出发转化合成乙酰丙酸酯的合成途径主要是在醇类溶剂中使用液体酸或固体酸催化转化得到。研究表明在醇类介质中，纤维素解聚的中间体的活性基团会被醇类物质保护起来，不易发生聚合反应而生成腐黑物，所以乙酰丙酸酯的产率更高。

作为自然界最丰富的生物质资源，木质纤维素通过不同催化途径转化为能源平台化合物是一个新兴的充满机遇和挑战的研究课题。由于木质纤维素具有复杂的结构和高氧含量等特点，导致其转化具有一定难度。因此，探寻高效的方法将木质纤维素催化转化为平台化合物，进而转化为液体燃料，可望真正解决当前和未来的液体燃料供求矛盾。

## 习 题

**13-1** 写出下列各化合物立体异构体的投影式（开链式）：

**13-2** 下列化合物哪个有变旋现象？

**13-3** 用简单化学方法鉴别下列各组化合物：

(1) 葡萄糖和蔗糖；　　　　　(2) 纤维素和淀粉；　　　　　(3) 麦芽糖和淀粉；

(4) 葡萄糖和果糖；　　　　　(5) 硬脂酸和蜡；　　　　　　(6) 三油酸甘油酯和三硬脂酸甘油酯；

(7) 亚油酸和亚麻子油；　　　(8) 软脂酸钠和十六烷基硫酸钠；　　(9) 花生油和柴油。

**13-4** 油脂、蜡、磷脂在结构上的主要区别是什么？

**13-5** 完成下列反应式：

(1)

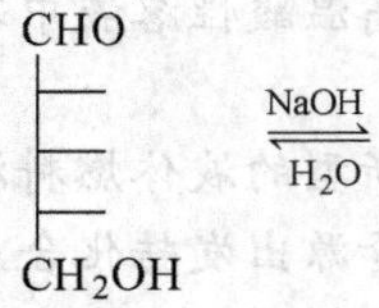

(2)

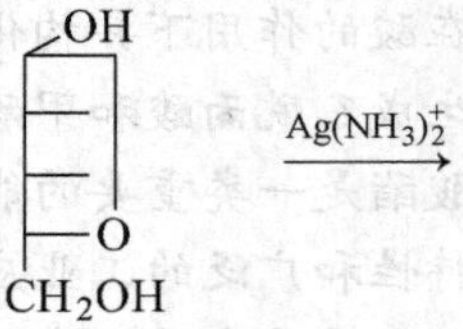

(3)

(4)

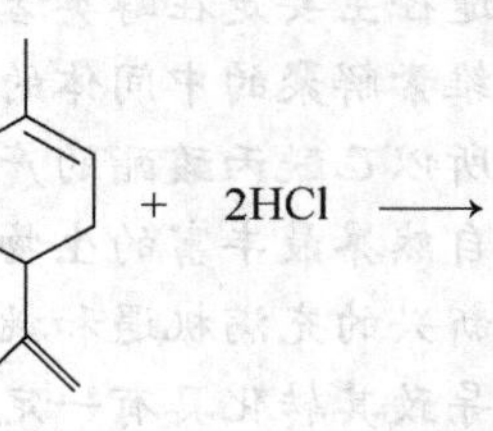

(5)

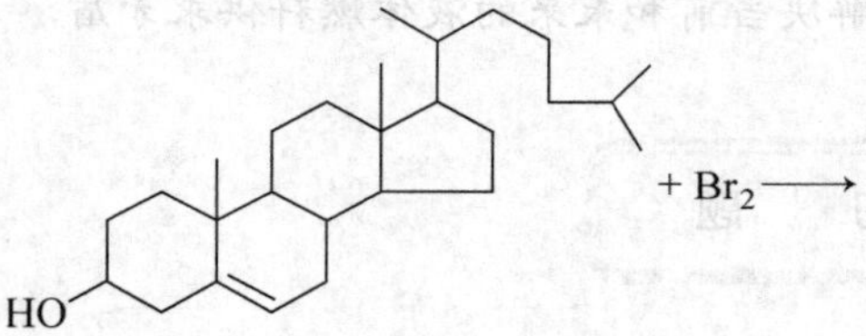

(6)

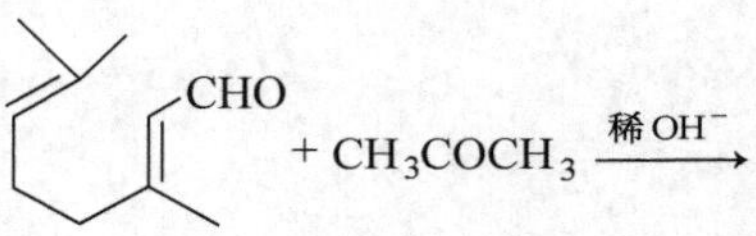

(7)

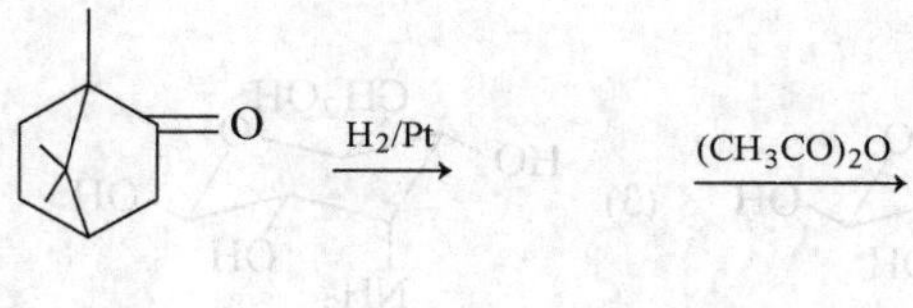

(8)

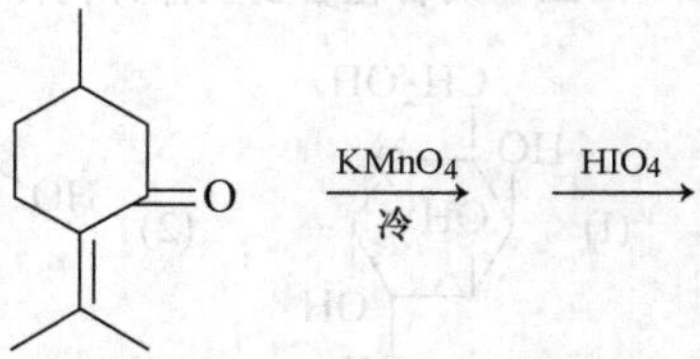

**13-6** 写出 D-甘露糖与下列试剂作用的主要产物：

(1) $Br_2$-$H_2O$；　　　　　(2) $HNO_3$；　　　　　(3) $C_2H_5OH$ + 无水 HCl；

(4) 由 (3) 得到的产物与硫酸二甲酯及氢氧化钠作用；　　(5) $(CH_3CO)_2O$；

(6) $NaBH_4$；　　　　(7) HCN，再酸性水解；　　　　(8) 催化氢化；

(9) 由 (3) 得到的产物与稀盐酸作用；　　　　(10) $HIO_4$。

**13-7** 一未知结构的高级脂肪酸甘油酯，有旋光活性。将其皂化后再酸化，得到软脂酸及油酸，其摩尔比为 2:1。写出此甘油酯的结构式。

**13-8** 有两个具有旋光性的丁醛糖 A 和 B，与苯肼作用生成相同的脎。用硝酸氧化，A 和 B 都生成含有四个碳原子的二元酸，但前者有旋光性，后者无旋光性。试推测 A 和 B 的结构式。

# **14** 蛋白质与核酸

**本章要点:**
(1) α-氨基酸的结构、两性、等电点、主要化学性质;
(2) 多肽、蛋白质的结构与性质;
(3) 核酸 (RNA 和 DNA) 的组成、结构及核酸的生物功能;
(4) 厨余垃圾的危害及处理技术。

蛋白质和核酸是生命现象的物质基础,是参与生物体内各种生物反应最重要的组分。蛋白质存在于一切细胞中,它们是构成人体和动植物的基本材料,肌肉、毛发、皮肤、指甲、血清、血红蛋白、神经、激素、酶等都是由不同蛋白质组成的。蛋白质在有机体中承担不同的生理功能,它们供给肌体营养、输送氧气、防御疾病、控制代谢过程、传递遗传信息、负责机械运动等。核酸分子携带着遗传信息,在生物的个体发育、生长、繁殖和遗传变异等生命过程中起着极为重要的作用。

## 14.1 蛋 白 质

所有蛋白质都是由 α-氨基酸构成的,因此,要讨论蛋白质的结构和性质,首先要研究 α-氨基酸。

### 14.1.1 氨基酸

氨基酸是羧酸分子中烃基上的氢原子被氨基 (—NH$_2$) 取代后的衍生物。目前发现的天然氨基酸约有 300 种。

14.1.1.1 α-氨基酸的构型、分类和命名
构成蛋白质的 20 种常见氨基酸中除脯氨酸外,都是 α-氨基酸,其结构可用通式表示:

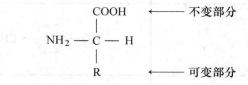

式中,R 表示化学基团 (因为它们常常处于蛋白质链状分子的侧链上,故又称为侧链基团)。R 基不同就构成不同的氨基酸。此外,从结构通式可以看出,除 R 为氢原子 (即甘氨酸) 外,所有 α-氨基酸的 α-碳原子都是不对称碳原子,即手性碳原子,它是 α-氨基酸

的不对称中心。因此，一般氨基酸都有旋光活性，而且构成蛋白质的氨基酸都为 L 型，大多具有右旋性，少数具有左旋性。

虽然蛋白质种类繁多，但大多数蛋白质都是由 20 种氨基酸组成的，这 20 种氨基酸被称为基本氨基酸（表 14−1）。构成蛋白质的氨基酸有 30 余种，其中常见的有 20 种，若干不常见氨基酸，它们都是基本氨基酸的衍生物。人们把这些构成蛋白质的氨基酸称为蛋白氨基酸。其他不参与蛋白质组成的氨基酸称为非蛋白氨基酸。

**表 14−1　构成蛋白质的 20 种氨基酸的名称、结构**

| 名　称 | 符号 | 结　构　式 |
|--------|------|-----------|
| 甘氨酸<br>（glycine） | Gly<br>G | $H-\underset{\underset{H}{\mid}}{\overset{\overset{NH_2}{\mid}}{C}}-COOH$ |
| 丙氨酸<br>（alanine） | Ala<br>A | $H_3C-\underset{\underset{H}{\mid}}{\overset{\overset{NH_2}{\mid}}{C}}-COOH$ |
| 缬氨酸<br>（valine） | Val<br>V | $\underset{H_3C}{\overset{H_3C}{{>}}}CH-\underset{\underset{H}{\mid}}{\overset{\overset{NH_2}{\mid}}{C}}-COOH$ |
| 亮氨酸<br>（leucine） | Leu<br>L | $\underset{H_3C}{\overset{H_3C}{{>}}}CH-CH_2-\underset{\underset{H}{\mid}}{\overset{\overset{NH_2}{\mid}}{C}}-COOH$ |
| 异亮氨酸<br>（isoleucine） | Ile<br>I | $H_3C-CH_2-\underset{\underset{H_3C}{\mid}}{CH}-\underset{\underset{H}{\mid}}{\overset{\overset{NH_2}{\mid}}{C}}-COOH$ |
| 苯丙氨酸<br>（phenylalanine） | Phe<br>F | $\text{（苯环）}-CH_2-\underset{\underset{H}{\mid}}{\overset{\overset{NH_2}{\mid}}{C}}-COOH$ |
| 酪氨酸<br>（tyrosine） | Tyr<br>Y | $HO-\text{（苯环）}-CH_2-\underset{\underset{H}{\mid}}{\overset{\overset{NH_2}{\mid}}{C}}-COOH$ |
| 色氨酸<br>（tryptophan） | Try<br>（Trp）<br>W | $\text{（吲哚环）}-CH_2-\underset{\underset{H}{\mid}}{\overset{\overset{NH_2}{\mid}}{C}}-COOH$ |

| 名 称 | 符号 | 结 构 式 |
|---|---|---|
| 丝氨酸<br>(serine) | Ser<br>S | $\underset{\underset{H}{\overset{NH_2}{|}}}{HO-CH_2-C-COOH}$ |
| 苏氨酸<br>(threonine) | Thr<br>T | $H_3C-\underset{\underset{OH}{|}}{CH}-\underset{\underset{H}{\overset{NH_2}{|}}}{C}-COOH$ |
| 半胱氨酸<br>(cysteine) | CysH<br>(Cys)<br>C | $HS-CH_2-\underset{\underset{H}{\overset{NH_2}{|}}}{C}-COOH$ |
| 甲硫氨酸<br>(methionine) | Met<br>M | $H_3C-S-CH_2-CH_2-\underset{\underset{H}{\overset{NH_2}{|}}}{C}-COOH$ |
| 天冬氨酸<br>(aspartic acid) | Asp<br>D | $HOOC-CH_2-\underset{\underset{H}{\overset{NH_2}{|}}}{C}-COOH$ |
| 谷氨酸<br>(glutamine acid) | Glu<br>E | $HOOC-CH_2-CH_2-\underset{\underset{H}{\overset{NH_2}{|}}}{C}-COOH$ |
| 天冬酰胺<br>(asparagine) | Asp<br>N | $\underset{}{\overset{O}{\underset{\|}{\|}}}\ H_2N-\overset{\overset{O}{\|}}{C}-CH_2-\underset{\underset{H}{\overset{NH_2}{|}}}{C}-COOH$ |
| 谷氨酰胺<br>(glutamine) | Gln<br>Q | $H_2N-\overset{\overset{O}{\|}}{C}-CH_2-CH_2-\underset{\underset{H}{\overset{NH_2}{|}}}{C}-COOH$ |
| 精氨酸<br>(arginine) | Arg<br>R | $H_2N-\overset{\overset{NH}{\|\|}}{C}-NH-CH_2-CH_2-CH_2-\underset{\underset{H}{\overset{NH_2}{|}}}{C}-COOH$ |
| 赖氨酸<br>(lysine) | Lys<br>K | $H_2N-CH_2-CH_2-CH_2-CH_2-\underset{\underset{H}{\overset{NH_2}{|}}}{C}-COOH$ |

| 名　称 | 符号 | 结　构　式 |
|---|---|---|
| 组氨酸<br>（histidine） | His<br>H | $\begin{array}{c}NH_2\\ \mid\\ CH_2-C-COOH\\ \mid\\ H\end{array}$ 咪唑环 |
| 脯氨酸<br>（proline） | Pro<br>P | $\begin{array}{c}H_2C-CH_2\\ \mid\qquad\mid\\ H_2C\quad CH-COOH\\ \diagdown\;N\diagup\\ \mid\\ H\end{array}$ |

氨基酸的构型也可用 R-S 标记法表示。

根据 α-氨基酸通式中 R-基团的碳架结构不同，α-氨基酸可分为脂肪族氨基酸、芳香族氨基酸和杂环族氨基酸；根据 R-基团的极性不同，α-氨基酸又可分为非极性氨基酸和极性氨基酸；根据 α-氨基酸分子中氨基（—$NH_2$）和羧基（—COOH）的数目不同，α-氨基酸还可分为中性氨基酸（羧基和氨基数目相等）、酸性氨基酸（羧基数目大于氨基数目）、碱性氨基酸（氨基的数目多于羧基数目）。

氨基酸命名通常根据其来源或性质等采用俗名，例如氨基乙酸因具有甜味称为甘氨酸；丝氨酸最早来源于蚕丝而得名。在使用中为了方便起见，常用英文名称缩写符号（通常为前三个字母）或用中文代号表示。例如甘氨酸可用 Gly 或 G 或 "甘" 字来表示其名称。氨基酸的系统命名法与其他取代羧酸的命名相同，即以羧酸为母体命名。

组成蛋白质的氨基酸中，有八种（Val、Ile、Leu、Thr、Met、Lys、Phe、Trp）动物自身不能合成，必须从食物中获取，缺乏时会引起疾病，它们被称为必需氨基酸。

#### 14.1.1.2　α-氨基酸的物理性质

α-氨基酸一般为无色晶体，熔点比相应的羧酸或胺类要高，一般为 200~300℃（许多氨基酸在接近熔点时分解）。除甘氨酸外，其他的 α-氨基酸都有旋光性。大多数氨基酸易溶于水，而不溶于有机溶剂。

#### 14.1.1.3　α-氨基酸的化学性质

氨基酸分子中既含有氨基又含有羧基，因此它具有羧酸和胺类化合物的性质；同时，由于氨基与羧基之间相互影响及分子中 R-基团的某些特殊结构，又显示出一些特殊的性质。

**A　氨基酸的两性性质和等电点**

氨基酸的同一分子中含有碱性的氨基（—$NH_2$）和酸性的羧基（—COOH），实际上，氨基酸在结晶形态或水溶液中，并不是以游离的羧基或氨基存在的，而是解离成两性离子，以质子化的—$NH_3^+$ 和解离态的—$COO^-$ 存在的，而且还可在分子内形成内盐：

$$\begin{array}{ccc}
\quad\;\; O & & \quad\;\; O\\
\quad\;\; \| & & \quad\;\; \|\\
RCHCOH & \rightleftharpoons & RCHCO^-\\
\;\mid & & \quad\mid\\
NH_2 & & ^+NH_3
\end{array}$$

内盐

氨基酸内盐分子是既带有正电荷又带有负电荷的离子，称为两性离子。固体氨基酸以两性离子形式存在，静电引力大，具有很高的熔点，可溶于水而难溶于有机溶剂。

在水溶液中，以两性离子形式存在的氨基酸既可作为酸（质子给体），也可作为碱（质子供体）。在不同 pH 值条件下，两性离子状态也随之发生变化。

当它处于酸性环境时，由于羧基结合质子而使氨基酸带正电荷；当它处于碱性环境时，由于氨基的解离而使氨基酸带负电荷；当它处于某一 pH 值时，氨基酸所带正电荷和负电荷相等，即净电荷为零，此时的 pH 值称为氨基酸的等电点，用 pI 表示。

氨基酸的两性解离式为：

$$
\underset{\substack{\text{正离子}\\ \text{pH}<\text{pI}}}{\overset{\displaystyle O}{\underset{+NH_3}{RCHCOH}}}
\underset{H^+}{\overset{OH^-}{\rightleftharpoons}}
\underset{\substack{\text{两性离子}\\ \text{pH}=\text{pI}}}{\overset{\displaystyle O}{\underset{+NH_3}{RCHCO^-}}}
\underset{H^+}{\overset{OH^-}{\rightleftharpoons}}
\underset{\substack{\text{负离子}\\ \text{pH}>\text{pI}}}{\overset{\displaystyle O}{\underset{NH_2}{RCHCO^-}}}
$$

**B　氨基酸中氨基的反应**

**a　与亚硝酸反应**

大多数氨基酸中含有伯氨基，可以定量与亚硝酸反应，生成 α-羟基酸，并放出氮气：

$$
\underset{NH_2}{R-CH-COOH} + HNO_2 \longrightarrow \underset{OH}{R-CH-COOH} + H_2O + N_2\uparrow
$$

该反应定量进行，从释放出的氮气的体积可计算分子中氨基的含量。这个方法称为范斯莱克（Van Slyke）氨基测定法，可用于氨基酸定量和蛋白质水解程度的测定。

**b　与甲醛反应**

氨基酸分子中的氨基能作为亲核试剂进攻甲醛的羰基，生成（N，N-二羟甲基）氨基酸。在（N，N-二羟甲基）氨基酸中，由于羟基的吸电子诱导效应，降低了氨基氮原子的电子云密度，削弱了氮原子结合质子的能力，使氨基的碱性削弱或消失，这样就可以用标准碱液来滴定氨基酸的羧基，用于氨基酸含量的测定。这种方法称为氨基酸的甲醛滴定法。

$$
\underset{NH_2}{R-CH-COOH} + 2HCHO \longrightarrow \underset{HOH_2C-N-CH_2OH}{R-CH-COOH}
$$

在生物体内，氨基酸分子中的氨基在某些酶的催化下，可与醛酮反应生成弱碱性的西佛碱（Schiff's base），它是植物体内合成生物碱及生物体内酶促转氨基反应的中间产物。

$$
R'CHO + H_2N-\underset{R}{CH}-COOH \longrightarrow R'CH=N-\underset{R}{CH}-COOH
$$
$$
\text{西佛碱}
$$

c　与2，4-二硝基氟苯反应

氨基酸能与2，4-二硝基氟苯（DNFB）反应生成N-（2，4-二硝基苯基）氨基酸，简称N-DNP-氨基酸。这个化合物显黄色，可用于氨基酸的比色测定。英国科学家桑格尔（Sanger）首先用这个反应来标记多肽或蛋白质的N-端氨基酸，再将肽链水解，经层析检测，就可识别多肽或蛋白质的N-端氨基酸。

$$O_2N- \underset{NO_2}{\bigcirc} -F + H_2N-\underset{R}{CHCOOH} \xrightarrow{弱碱} O_2N-\underset{NO_2}{\bigcirc}-NH-\underset{R}{CHCOOH} + HF$$

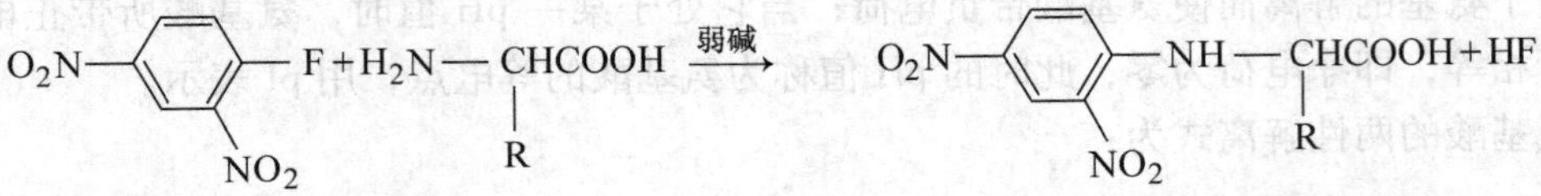

N-DNP-氨基酸（黄色）

d　氧化脱氨反应

氨基酸分子的氨基可以被双氧水或高锰酸钾等氧化剂氧化，生成α-亚氨基酸，然后进一步水解，脱去氨基生成α-酮酸。

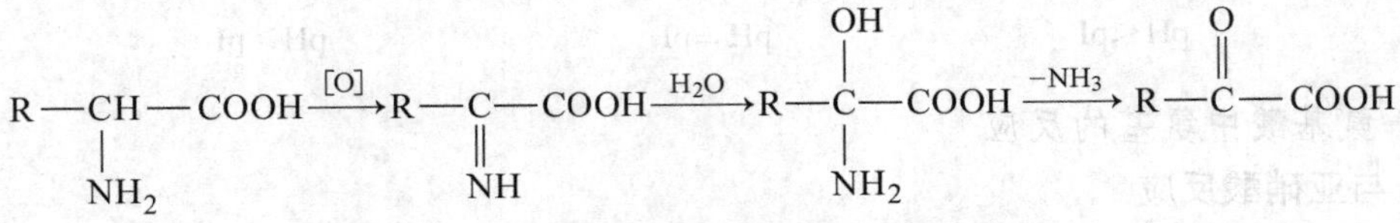

$$R-\underset{NH_2}{CH}-COOH \xrightarrow{[O]} R-\underset{NH}{C}-COOH \xrightarrow{H_2O} R-\underset{NH_2}{\overset{OH}{C}}-COOH \xrightarrow{-NH_3} R-\overset{O}{C}-COOH$$

α-亚氨基酸　　　　α-羟基-α-氨基酸

生物体内在酶催化下，氨基酸也可发生氧化脱氨反应，这是生物体内蛋白质分解代谢的重要反应之一。

C　氨基酸中羧基的反应

a　与醇反应

氨基酸在无水乙醇中通入干燥氯化氢，加热回流时生成氨基酸酯。α-氨基酸酯在醇溶液中又可与氨反应，生成氨基酸酰胺。

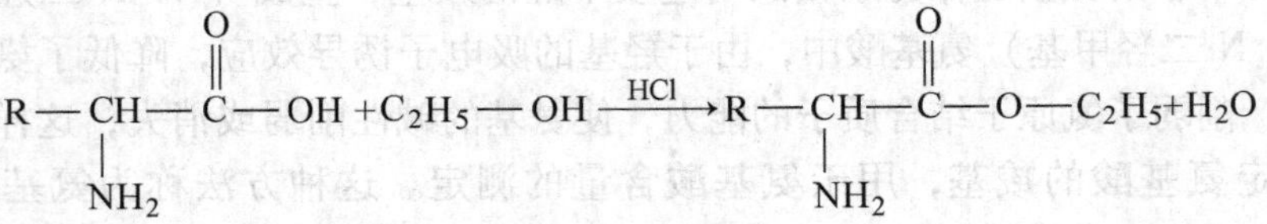

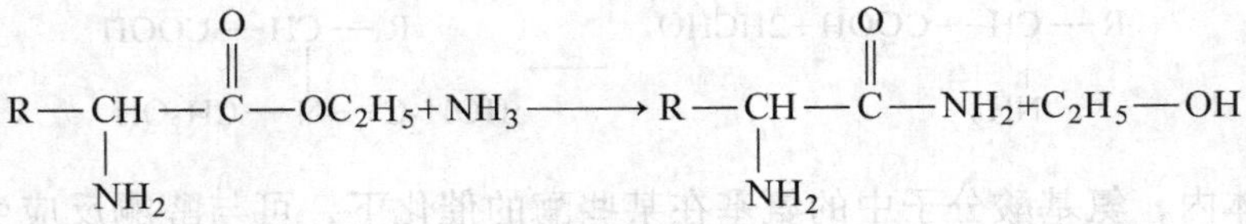

$$R-\underset{NH_2}{CH}-\overset{O}{C}-OH + C_2H_5-OH \xrightarrow{HCl} R-\underset{NH_2}{CH}-\overset{O}{C}-O-C_2H_5 + H_2O$$

$$R-\underset{NH_2}{CH}-\overset{O}{C}-OC_2H_5 + NH_3 \longrightarrow R-\underset{NH_2}{CH}-\overset{O}{C}-NH_2 + C_2H_5-OH$$

这是生物体内以谷氨酰胺和天冬酰胺形式储存氮素的一种主要方式。

b　脱羧反应

将氨基酸缓缓加热或在高沸点溶剂中回流，可以发生脱羧反应生成胺。生物体内的脱羧酶也能催化氨基酸的脱羧反应，这是蛋白质腐败发臭的主要原因。例如赖氨酸脱羧生成1，5-戊二胺（尸胺）。

$$H_2N-CH_2(CH_2)_3-CH-COOH \xrightarrow{\triangle} H_2N-(CH_2)_5-NH_2 +CO_2$$
$$\overset{|}{\underset{NH_2}{}}$$

戊二胺（尸胺）

**D 氨基酸中氨基和羧基共同参与的反应**

**a 与水合茚三酮的反应**

α-氨基酸与水合茚三酮的弱酸性溶液共热，一般认为先发生氧化脱氨、脱羧，生成氨和还原型茚三酮，产物再与水合茚三酮进一步反应，生成蓝紫色物质。这个反应非常灵敏，可用于氨基酸的定性及定量测定。

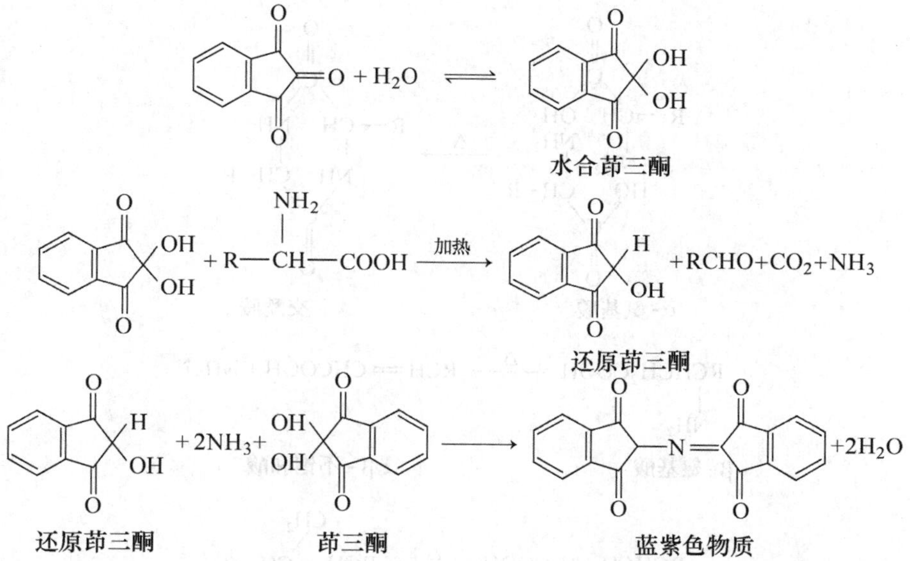

水合茚三酮

还原茚三酮

还原茚三酮　　　　茚三酮　　　　蓝紫色物质

凡是有游离氨基的氨基酸都和水合茚三酮试剂发生显色反应，多肽和蛋白质也有此反应，脯氨酸和羟脯氨酸与水合茚三酮反应时，生成黄色化合物。

**b 与金属离子形成配合物**

某些氨基酸与某些金属离子能形成结晶型化合物，有时可以用来沉淀和鉴别某些氨基酸。例如两分子氨基酸与铜离子能形成深紫色配合物结晶：

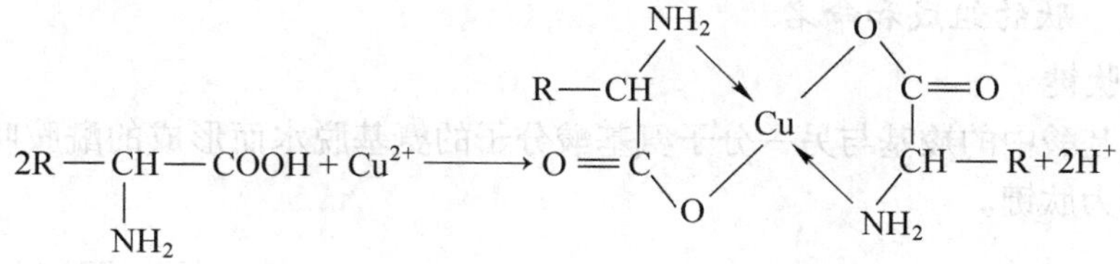

$$2R-CH-COOH+Cu^{2+} \longrightarrow$$

**c 脱羧失氨作用**

氨基酸在酶的作用下，同时脱去羧基和氨基得到醇：

$$(CH_3)_2CH-CH_2-CH-COOH+H_2O \xrightarrow{酶} (CH_3)_2CH-CH_2-CH_2OH+CO_2+NH_3$$
$$\overset{|}{\underset{NH_2}{}}$$

　　工业上发酵制取乙醇时，杂醇就是这样产生的。

　　此外，一些氨基酸侧链具有的官能基团，如羟基、酚基、吲哚基、胍基、巯基及非 α-氨基等，均可以发生相应的反应，这是进行蛋白质化学修饰的基础。α-氨基酸还可通过分子间的—NH₂ 基与—COOH 基缩合脱水形成多肽，该反应是形成蛋白质一级结构的基础，将在蛋白质部分介绍。

　　E　氨基酸的受热分解反应

　　α-氨基酸受热时发生分子间脱水生成交酰胺；γ-或 δ-氨基酸受热时发生分子内脱水生成内酰胺；β-氨基酸受热时不发生脱水反应，而是失氨生成不饱和酸。

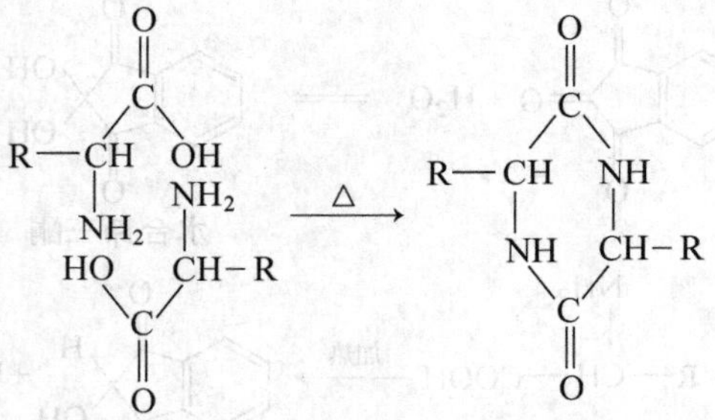

$$\alpha\text{-氨基酸} \xrightarrow{\ \Delta\ } \text{交酰胺}$$

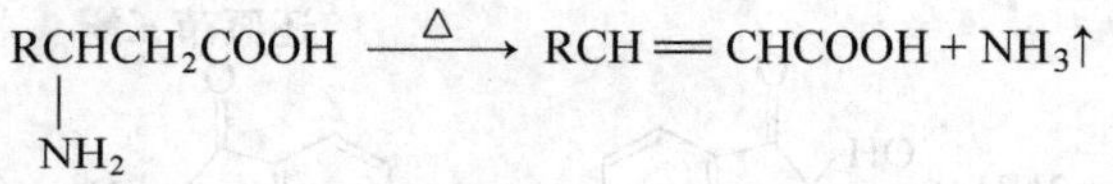

$$RCHCH_2COOH \xrightarrow{\ \Delta\ } RCH = CHCOOH + NH_3\uparrow$$

$$\beta\text{-氨基酸} \qquad\qquad \alpha,\beta\text{-不饱和酸}$$

$$RCHCH_2CH_2COOH \xrightarrow{\ \Delta\ } \text{内酰胺}$$

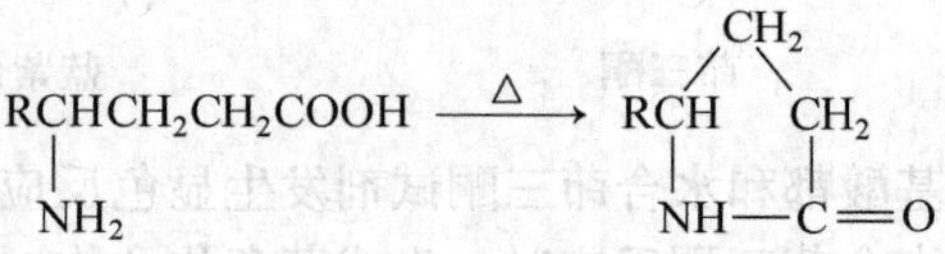

$$\gamma\text{-氨基酸} \qquad\qquad \text{内酰胺}$$

## 14.1.2　肽

### 14.1.2.1　肽的组成和命名

　　A　肽和肽键

　　一分子氨基酸中的羧基与另一分子氨基酸分子的氨基脱水而形成的酰胺叫做肽，其形成的酰胺键称为肽键。

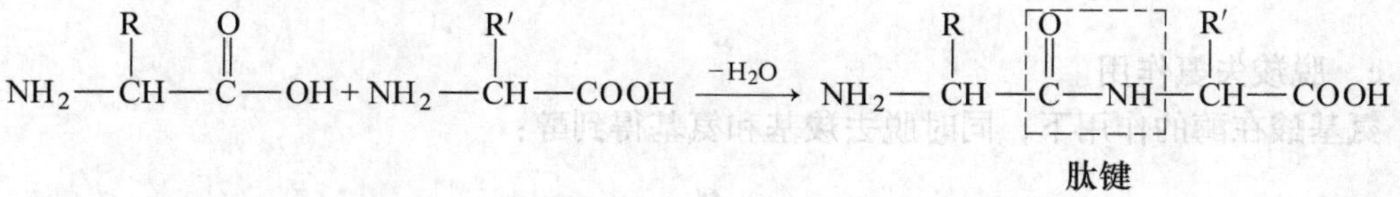

$$NH_2-CH-C-OH + NH_2-CH-COOH \xrightarrow{-H_2O} NH_2-CH-C-NH-CH-COOH$$

肽键

　　由 $n$ 个 α-氨基酸缩合而成的肽称为 $n$ 肽，由多个 α-氨基酸缩合而成的肽称为多肽。一般把含 100 个以上氨基酸的多肽（有时是含 50 个以上）称为蛋白质。

肽呈链状，因而称为肽链。肽链中的氨基酸由于参加肽键的形成，因而不再是原来完整的分子，这时称为氨基酸残基。两个氨基酸形成一个肽键时失去一分子水，因此失去的水分子数比氨基酸残基数少一个。每个氨基酸残基的平均相对分子质量为110。肽链中仍保留有类似于氨基酸的游离的 $\alpha\text{-NH}_2$ 和 $\alpha\text{-COOH}$，它们分别位于肽链的两端，这两端分别称为氨基末端（N-末端）和羧基末端（C-末端）。

$$\boxed{NH_2}-\overset{R}{\underset{}{CH}}-\overset{O}{\underset{\|}{C}}-\left[NH-\overset{R'}{\underset{}{CH}}-\overset{O}{\underset{\|}{C}}\right]_n-NH-\overset{R''}{\underset{}{CH}}-\boxed{COOH}$$

N端　　　　　　　　　　　　　　　　　　　　　　　C端

**B　肽的命名**

根据组成肽的氨基酸的顺序称为某氨酰某氨酰…某氨酸（简写为某、某、某）。由几个残基构成即为几肽。

$$NH_2-\overset{CH_3}{\underset{}{CH}}-\overset{}{\underset{O}{C}}-NH-\overset{CH_2OH}{\underset{}{CH}}-\overset{}{\underset{O}{C}}-NH-\overset{CH_2C_6H_5}{\underset{}{CH}}-COOH$$

丙氨酰丝氨酰苯丙氨酸　　　（丙、丝、苯丙）

很多多肽都采用俗名，如催产素、胰岛素等。

### 14.1.2.2　肽的理化性质

肽与氨基酸的相同之处在于都含有 $\alpha\text{-COOH}$、$\alpha\text{-NH}_2$；不同之处在于肽还含有侧链 R 基上的可解离基团，且肽的可解离基团主要在侧链上。肽键的酰胺氢不解离，肽的酸碱性质主要取决于肽键中的游离末端 $\alpha\text{-NH}_2$、$\alpha\text{-COOH}$ 及侧链 R 基上的可解离基团；肽中末端 $\alpha$-羧基和 $\alpha$-氨基的间距比一般氨基酸大，它们之间的静电引力较弱，可离子化程度较低；游离的 $\alpha$-氨基、$\alpha$-羧基和 R 基可发生与氨基酸中相应的类似反应，如茚三酮反应等；蛋白质部分水解后所得的肽若不发生消旋，则具有旋光性，短肽的旋光度约等于组成氨基酸的旋光度之和，较长的肽的旋光度则不是简单加和。

## 14.1.3　蛋白质

蛋白质是由多种 $\alpha$-氨基酸组成的一类天然高分子化合物，相对分子质量一般可由一万左右到几百万，有的相对分子质量甚至可达几千万，但元素组成比较简单，主要含有碳、氢、氮、氧、硫，有些蛋白质还有磷、铁、镁、碘、铜、锌等。

### 14.1.3.1　蛋白质的分类

蛋白质种类繁多，结构复杂，目前只能根据蛋白质的形状、溶解性及化学组成粗略分类。蛋白质根据其形状可分为球状蛋白质（如卵清蛋白）和纤维蛋白质（如角蛋白）。

根据化学组成又分简单蛋白质和结合蛋白质。简单蛋白质是指仅由氨基酸组成的蛋白质。而结合蛋白质是由简单蛋白质与非蛋白质成分（称为辅基）结合而成的复杂蛋白质，称为结合蛋白质。结合蛋白质又可根据辅基不同进行分类，如辅基为糖时称为糖蛋白，辅基为核酸时称为核蛋白，辅基为血红素时称为血红素蛋白等。

根据蛋白质的功能可分为活性蛋白与非活性蛋白。活性蛋白是具有一定的生物活性的蛋白，按生理作用不同又可分为酶、激素、抗体、收缩蛋白、运输蛋白等。非活性蛋白是指担任生物的保护或支持作用的蛋白，但本身不具有生物活性的物质，如贮存蛋白（清蛋白、酪蛋白等），结构蛋白（角蛋白、弹性蛋白胶原等）等。

#### 14.1.3.2　蛋白质的结构

蛋白质分子是由 α-氨基酸经首尾相连形成的多肽链，肽链在三维空间具有特定的复杂而精细的结构。这种结构不仅决定蛋白质的理化性质，而且是生物学功能的基础。蛋白质的结构通常分为一级结构、二级结构、三级结构和四级结构四种层次，蛋白质的二级、三级、四级结构又统称为蛋白质的空间结构或高级结构。

**A　蛋白质的一级结构**

由各氨基酸按一定的排列顺序结合而形成的多肽链（50 个以上氨基酸）称为蛋白质的一级结构。

对某一蛋白质，若结构顺序发生改变，则可引起疾病或死亡。例如，血红蛋白是由两条 α-肽链（各为 141 肽）和两条 β-肽链（各为 146 肽）四条肽链（共 574 肽）组成的。

在 β 链，N-6 为谷氨酸，若换为缬氨酸，则造成红血球附聚，即由球状变成镰刀状，若得了这种病（镰刀形贫血症）不到十年就会死亡。

**B　蛋白质的二级结构**

多肽链中互相靠近的氨基酸通过氢键的作用而形成的多肽在空间排列（构象）称为蛋白质的二级结构。它只涉及肽链主链的构象及链内或链间形成的氢键。由于肽键的部分双键特性妨碍了 C—N 键的旋转，其结果造成肽单位实际上是个平面。但蛋白质中的每一个 N—$C_\alpha$ 键和每一个 $C_\alpha$—C 键都可以自由旋转（图 14 - 1），使—C ≡O 与—N—H 能形成链内或链间氢键。二级结构的类型有 α-螺旋、β-折叠、β-转角和无规卷曲等。

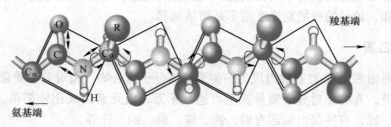

图 14 - 1　肽平面结构

**a　α-螺旋**

α-螺旋是蛋白质中最常见的一种二级结构。在 α-螺旋中，多肽链的主链围绕一个"中心轴"螺旋上升，每隔 3.6 个氨基酸上升 1 圈，螺距为 0.54nm，每个氨基酸上升 0.15nm，每个氨基酸旋转 100°。相邻螺圈之间要形成链内氢键，在每个氨基酸残基的氨基与其前面第 4 个氨基酸残基的羧基间形成。氢键的取向几乎与中心轴平行（氢键的 4 个原子位于一条直线上），且是维系 α-螺旋的主要作用力。R 侧链在螺旋的外侧（图 14 -2）。

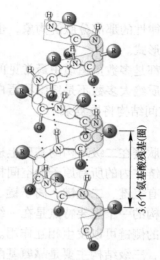

图 14 - 2   α-螺旋示意图

b   β-折叠

β-折叠结构的氢键主要是由两条肽链之间形成的，也可以在同一肽链的不同部分之间形成。几乎所有肽键都参与链内氢键的交联，氢键与链的长轴接近垂直，用以维持片层间结构的稳定性（图 14 - 3）。

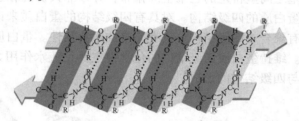

图 14 - 3   β-折叠结构示意图

c   β-转角

β-转角是由伸展的肽链经 180° 回折，形成的转角结构（图 14 - 4）。它由 4 个连续的氨基酸残基构成，弯曲处的第一个氨基酸残基的—C ＝O 和第四个残基的—N—H 之间形成氢键，形成一个不很稳定的环状结构。β-转角是球状蛋白中广泛存在的一种结构类型。

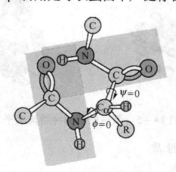

图 14 - 4   β-转角示意图

    d   无规则卷曲

    无规则卷曲是指没有确定规律性的那部分肽链构象，也称为自由回转，是上述几种结构单元以外的其他松散肽链结构形式。

    以上所述的二级结构实际上都是多数蛋白质中最常见的结构单元，仅涉及多肽主链本身的盘曲、折叠。然而活性蛋白质绝大多数不是纤维状蛋白肽链而是球状蛋白质，如果涉及侧链 R 基的情况，蛋白质的空间结构将更复杂。

    C   蛋白质的三级结构

    蛋白质的三级结构是指一条肽链在二级结构的基础上进一步折叠，构成一个不规则的特定构象，它包括全部主链、侧链在内的所有原子的空间排布，但不包括肽链间的相互作用。维持三级结构稳定的作用力有氢键、二硫键、离子键、范德华力、疏水作用力。其中疏水作用力起主要作用。三级结构的一个重要特点是在一级结构上离得远的氨基酸残基在三级结构中可以靠得很近，它们的侧链可以发生相互作用。二级结构是靠骨架中的酰胺和羰基之间形成的氢键维持稳定的，三级结构主要是靠氨基酸残基侧链之间的非共价相互作用（主要是疏水作用）维持稳定的，此外二硫键也是稳定三级结构的力。在一个蛋白质的三级结构中，二级结构区之间是通过一些片段连接的。

    D   蛋白质的四级结构

    许多蛋白质分子含有两条或多条肽链。每一条肽链都有其完整的三级结构，称为蛋白质的亚基，亚基与亚基之间呈特定的三维空间排布，并以非共价键相连接和相互作用所形成的空间结构，称为蛋白质的四级结构。对具有四级结构的蛋白质来说，单独的亚基一般没有生物学功能，只有聚合成四级结构才具有完整的生物活性。蛋白质的四种结构水平的关系如图 14 −5 所示。维持蛋白质四级结构的化学键主要是疏水作用力，此外，氢键、离子键及范德华力也参与四级结构的形成。

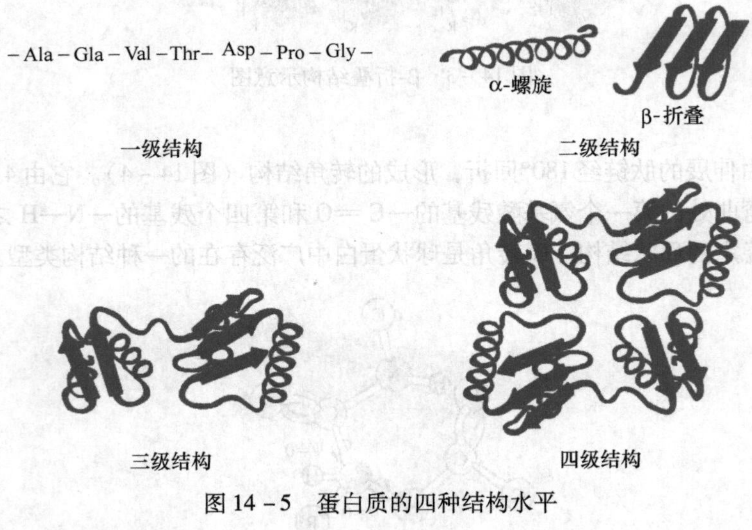

图 14 −5  蛋白质的四种结构水平

### 14.1.3.3  蛋白质的理化性质

    A   蛋白质的两性和等电点

蛋白质多肽链的 N-端有氨基，C-端有羧基，其侧链上也常含有碱性基团和酸性基团。

因此，蛋白质与氨基酸相似，也具有两性性质和等电点。蛋白质溶液在某一 pH 值时，其分子所带的正、负电荷相等，即成为净电荷为零的偶极离子，此时溶液的 pH 值称为该蛋白质的等电点（pI）。蛋白质溶液在不同的 pH 溶液中，以不同的形式存在，其平衡体系如下：

$$Pr\begin{array}{c}NH_2\\COO^-\end{array} \underset{OH^-}{\overset{H^+}{\rightleftharpoons}} Pr\begin{array}{c}\overset{+}{N}H_3\\COO^-\end{array} \underset{OH^-}{\overset{H^+}{\rightleftharpoons}} Pr\begin{array}{c}\overset{+}{N}H_3\\COOH\end{array}$$

阴离子　　　　　　　两性离子　　　　　　阳离子
pH＞pI　　　　　　等电点(pI)　　　　　pH＜pI

式中，$H_2N-Pr-COOH$ 表示蛋白质分子，羧基代表分子中所有的酸性基团，氨基代表所有的碱性基团，Pr 代表其他部分。

**B　蛋白质的胶体性质**

蛋白质是大分子化合物，其分子大小一般在 $1\sim100nm$ 之间，在胶体分散相质点范围，所以蛋白质分散在水中，其水溶液具有胶体溶液的一般特性。例如具有丁铎尔（Tyndall）现象、布朗（Brown）运动、不能透过半透膜以及较强的吸附作用等。

**C　蛋白质的沉淀**

蛋白质溶液的稳定性是有条件的、相对的。如果改变这种相对稳定的条件，例如除去蛋白质外层的水膜或者电荷，蛋白质分子就会凝集而沉淀。蛋白质的沉淀分为可逆沉淀和不可逆沉淀。

**a　可逆沉淀**

可逆沉淀是指蛋白质分子的内部结构仅发生了微小改变或基本保持不变，仍然保持原有的生理活性。只要消除了沉淀的因素，已沉淀的蛋白质又会重新溶解。

**b　不可逆沉淀**

蛋白质在沉淀时，空间构象发生了很大的变化或被破坏，失去了原有的生物活性，即使消除了沉淀因素也不能重新溶解，称为不可逆沉淀。

**D　蛋白质的变性**

由于物理或化学因素的影响，蛋白质分子的内部结构发生了变化，导致理化性质改变，生理活性丧失，称作蛋白质的变性。变性后的蛋白质称为变性蛋白质。

引起蛋白质变性的因素很多，物理因素有加热、高压、剧烈振荡、超声波、紫外线或 X 射线照射等。化学因素有强酸、强碱、重金属离子、生物碱试剂和有机溶剂等。蛋白质的变性一方面是维持具有复杂而精细空间结构的蛋白质的次级键被破坏，原有的空间结构被改变，疏水基外露；另一方面，蛋白质分子中的某些活泼基团如—$NH_2$、—COOH、—OH 等与化学试剂发生了反应。

蛋白质的变性分为可逆变性和不可逆变性，若仅改变了蛋白质的三级结构，可能只引起可逆变性；若破坏了二级结构，则会引起不可逆变性。但是，蛋白质的变性不会引起它的一级结构改变。蛋白质变性一般产生不可逆沉淀，但蛋白质的沉淀不一定变性（如蛋白质的盐析）；反之，变性也不一定沉淀，例如有时蛋白质受强酸或强碱的作用变性后，常由于带同性电荷而不会产生沉淀现象。然而不可逆沉淀一定会使蛋白质变性。

E　蛋白质的紫外吸收

大多数蛋白质均含有带芳香环的氨基酸，如苯丙氨酸、酪氨酸和色氨酸。这三种氨基酸在280nm处具有紫外吸收能力，由于一般蛋白质都含有这些芳香族氨基酸，因此也具有紫外吸收能力，所以可以采用紫外分光光度计280nm处最大给吸收对蛋白质进行定性鉴定。

F　水解作用

蛋白质在酸、碱或酶的催化下，水解经过一系列中间产物后，最终生成α-氨基酸。其水解过程如下：蛋白质→蛋白胨→蛋白胨→多肽→二肽→α-氨基酸。

蛋白质的水解反应，对研究蛋白质以及在生物体中的代谢都具有十分重要的意义。

# 14.2　核　　酸

核酸是储存、复制及表达生物遗传信息的生物高分子化合物。任何有机体包括病毒、细菌、植物和动物，都无一例外地含有核酸。核酸可分为核糖核酸（RNA）和脱氧核糖核酸（DNA）两类，RNA主要存在于细胞质中，控制生物体内蛋白质的合成；DNA主要存在于细胞核中，决定生物体的繁殖、遗传及变异。因此，核酸化学是分子生物学和分子遗传学的基础。现在已知某些核酸也有酶的作用。

## 14.2.1　核酸的组成

组成核酸的基本元素有碳、氢、氧、氮，还含有少量的硫。其中磷的含量比较稳定，约占9%～10%，因此通过测定磷的含量可以推算核酸的含量。DNA平均含磷量为9.9%，RNA为9.4%。由于核酸都含有磷酸，因此核酸呈酸性。

核酸在酸、碱或酶的作用下，可以逐步水解。核酸完全水解后得到磷酸、戊糖、含氮碱三类化合物。

核酸的组成如下所示：

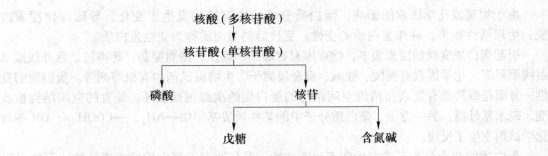

核酸中的戊糖分为D-核糖（D-ribose）和D-2-脱氧核糖（D-2-deoxyribose）两类。核酸的分类通常是根据戊糖种类不同进行的。核酸中的碱基可分为嘌呤碱及嘧啶碱两类，两种核酸在碱基组成上也有差异。两种核酸均含有磷酸，RNA与DNA在化学组成上的异同见表14-2。

表 14-2 RNA 与 DNA 在化学组成上的异同

| 类 别 | | RNA | DNA |
|---|---|---|---|
| 戊 糖 | | β-D-核糖 | β-D-2-脱氧核糖 |
| 含氮碱 | 嘧啶碱 | 尿嘧啶和胞嘧啶 | 胸腺嘧啶和胞嘧啶 |
| | 嘌呤碱 | 腺嘌呤和鸟嘌呤 | 腺嘌呤和鸟嘌呤 |
| 磷 酸 | | $H_3PO_4$ | $H_3PO_4$ |

### 14.2.2 （单）核苷酸

核酸是由单核苷酸连接而成的高分子化合物，它是核酸的基本结构单位，而单核苷酸又是由核苷和磷酸结合而成的磷酸酯。

#### 14.2.2.1 核苷

核苷是由 D-核糖或 D-2-脱氧核糖 $C_1$ 位上的 β-羟基与嘧啶碱的 1 位氮上或嘌呤碱 9 位氮上的氢原子脱水而成的氮糖苷。所以糖与碱基之间的连接键 N—C 糖苷键，其连接方式如下：

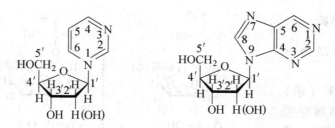

为了区别碱基和糖中原子的位置，戊糖中碳原子编号用带撇的数码表示。它们的名称与缩写见表 14-3。

表 14-3 核苷的名称及缩写

| RNA 中的核糖核苷 | | DNA 中的脱氧核糖核苷 | |
|---|---|---|---|
| 名 称 | 缩 写 | 名 称 | 缩 写 |
| 腺嘌呤核苷 | A（腺苷） | 腺嘌呤脱氧核苷 | dA（脱氧腺苷） |
| 鸟嘌呤核苷 | G（鸟苷） | 鸟嘌呤脱氧核苷 | dG（脱氧鸟苷） |
| 胞嘧啶核苷 | C（胞苷） | 胞嘧啶脱氧核苷 | dC（脱氧胞苷） |
| 尿嘧啶核苷 | U（尿苷） | 胸腺嘧啶脱氧核苷 | dT（脱氧胸苷） |

#### 14.2.2.2 （单）核苷酸

（单）核苷酸是核苷中戊糖上的 $C_5'$ 或 $C_3'$ 位上的羟基与磷酸缩合而成的酯。生物体内游离存在的多是 5'-核苷酸。它们各有四种：

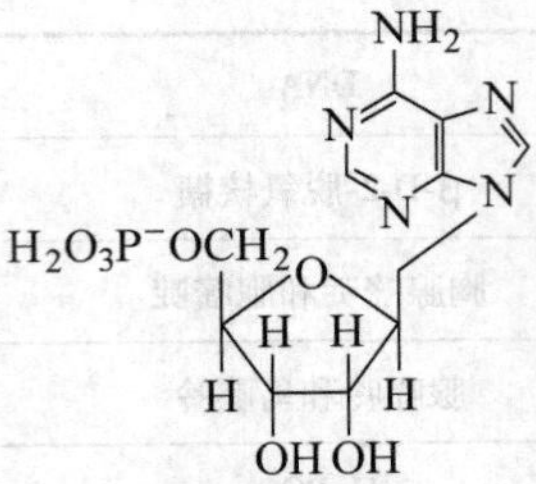

5′-磷酸腺苷
(5′-AMP)

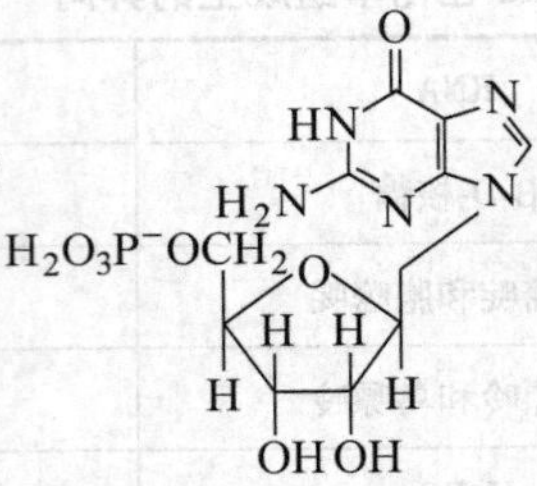

5′-磷酸鸟苷
(5′-GMP)

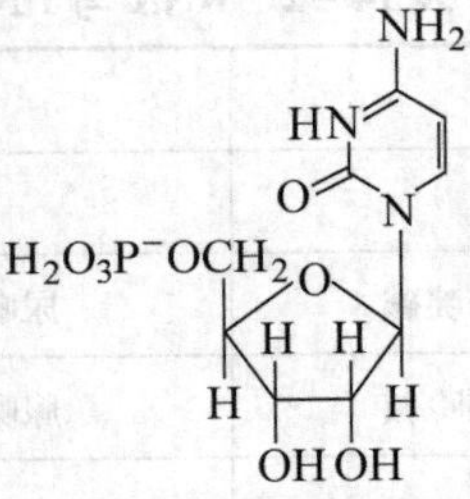

5′-磷酸胞苷
(5′-CMP)

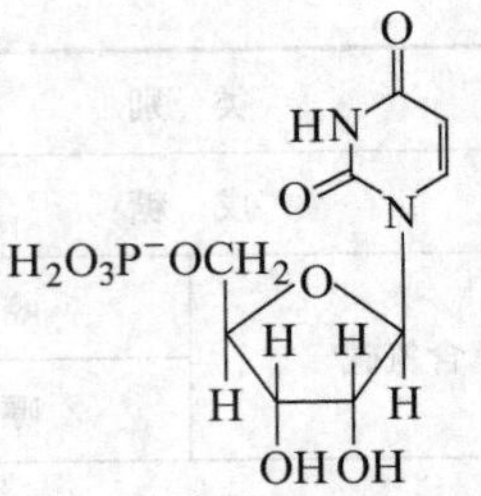

5′-磷酸尿苷
(5′-UMP)

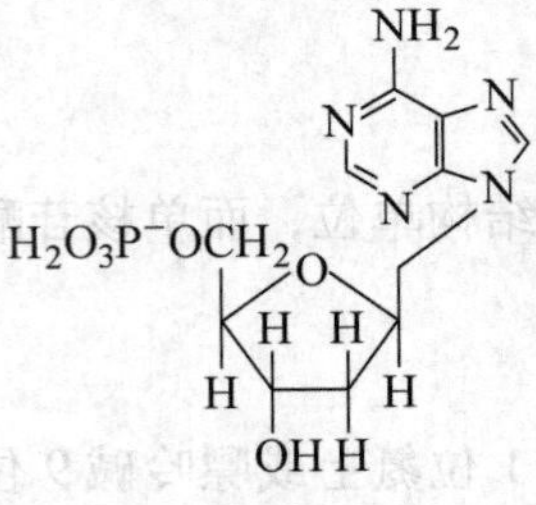

5′-磷酸脱氧腺苷
(5′-dAMP)

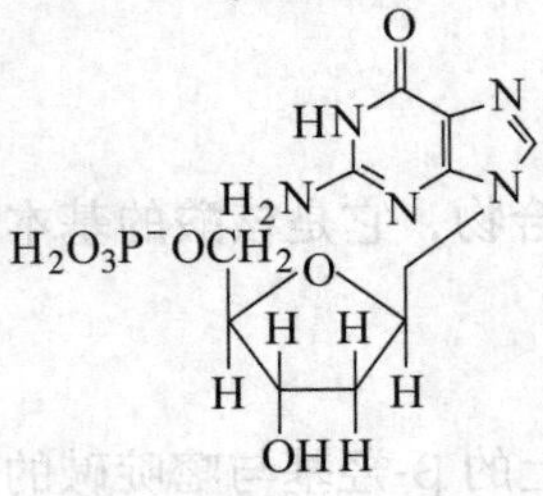

5′-磷酸脱氧鸟苷
(5′-dGMP)

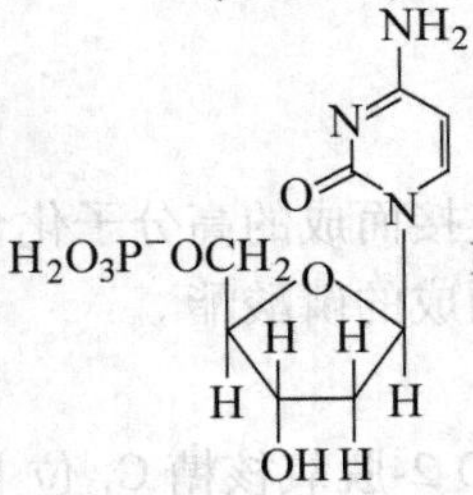

5′-磷酸脱氧胞苷
(5′-dCMP)

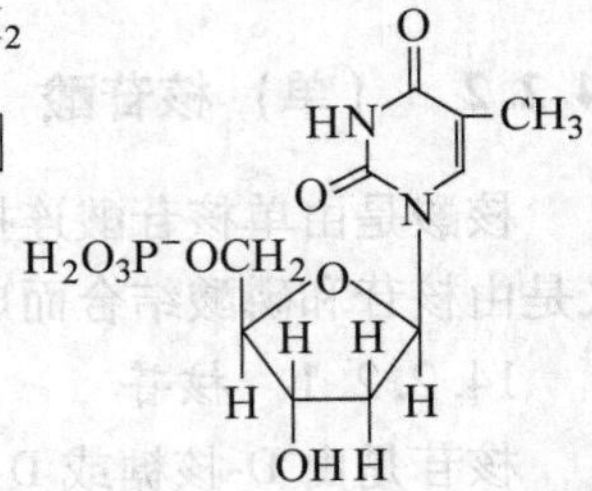

5′-磷酸脱氧胸苷
(5′-dTMP)

## 14.2.3　核酸的结构

### 14.2.3.1　核酸的一级结构

核酸是由许多（单）核苷酸所组成的多核苷酸大分子。RNA 的相对分子质量一般在 $10^4 \sim 10^6$ 之间，而 DNA 在 $10^6 \sim 10^9$ 之间。无论是 RNA 还是 DNA，都是由一个单核苷酸中戊糖的 $C_5'$ 上的磷酸与另一个单核苷酸中戊糖的 $C_3'$ 上羟基之间，通过 $3', 5'$-磷酸二酯键连接而成的长链化合物。核酸中 RNA 主要由 AMP、GMP、CMP 和 UMP 四种单核苷酸结合而成。DNA 主要由 dAMP、dGMP、dCMP 和 dTMP 四种单核苷酸结合而成。其结构如下所示：

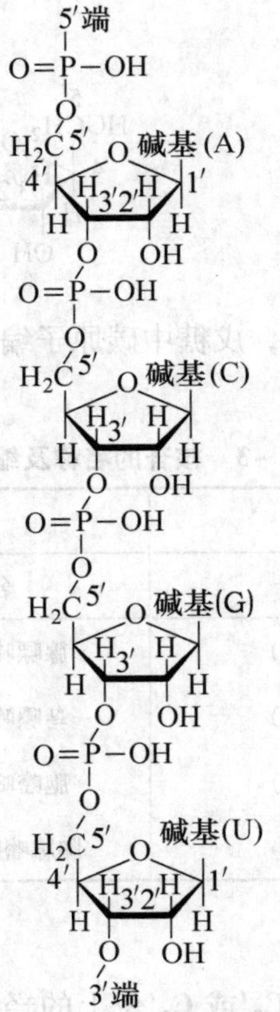

RNA 分子中的部分多核苷酸链结构

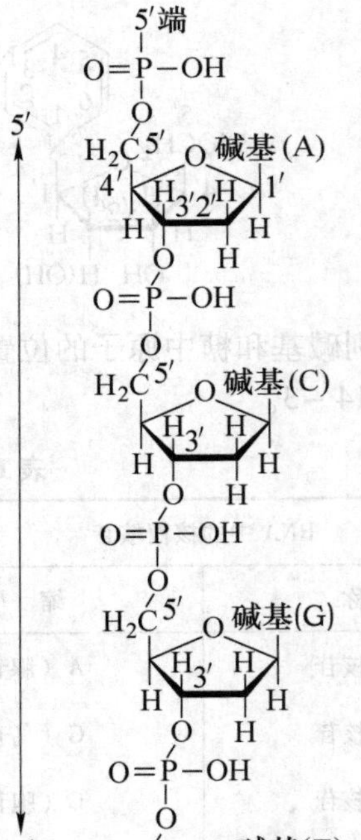

DNA 分子中的部分多核苷酸链结构

核酸的一级结构是指组成核酸的各种单核苷酸按照一定的比例和一定的顺序，通过磷酸二酯键连接而成的核苷酸长链。

### 14.2.3.2 DNA 的双螺旋结构

1953 年瓦特生（Waston）和克利格（Crick）通过对 DNA 分子的 X 衍射的研究和碱基性质的分析，提出了 DNA 的二级结构为双螺旋结构，被认为是 20 世纪自然科学的重大突破之一。DNA 双螺旋结构（图 14 - 6）的要点是：

（1）螺旋中的两条链反向平行，即其中一条链的方向为 5′→3′，而另一条链的方向为 3′→5′，两条链共同围绕一个假想的中心轴呈右手双螺旋结构。

（2）疏水的碱基位于双螺旋的内侧，亲水的磷酸和脱氧核糖基位于螺旋外侧。碱基平面与螺旋轴垂直，脱氧核糖平面与中心轴平行。由于几何形状的限制，碱基对只能由嘌呤和嘧啶配对，即 A 与 T，G 与 C。这种配对关系，称为碱基互补。

（3）由于碱基对排列的方向性，使得碱基对占据的空间是不对称的，因此，在双螺旋的表面形成大小两个凹槽，分别称为大沟和小沟，两者交替出现。

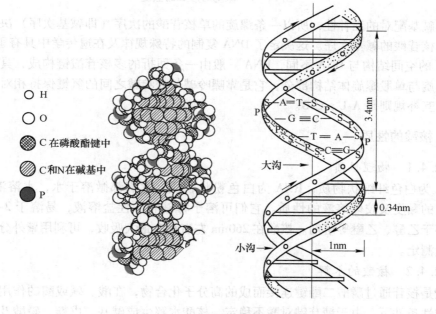

图 14 - 6 DNA 双螺旋结构模型

（4）双螺旋横截面的直径约为 2nm，相邻两个碱基平面之间的距离（轴距）为 0.34nm，旋转夹角为 36°，每 10 个核苷酸形成一个螺旋，其螺距（即螺旋旋转一圈）的高度为 3.4nm。

（5）两条链主要借碱基之间的氢键和碱基堆积力（即碱基之间的范德华力）牢固地连接起来，维持 DNA 双螺旋的三维结构。两条链是互补关系。

DNA 两条链之间碱基配对的规则是：一条链上的嘌呤碱基与另一条链上的嘧啶碱基配对。一方面，螺旋圈的直径恰好能容纳一个嘌呤碱和一个嘧啶碱配对。如两个嘌呤碱互相配对，则体积太大无法容纳；如两个嘧啶碱互相配对，则由于两链之间距离太远，不能形成氢键。另一方面，若以 A-T、G-C 配对可形成五个氢键，而以 A-C、G-T 配对只能形成四个氢键。氢键的数目越多，越有利于双螺旋结构的稳定性，因此在 DNA 双螺旋结构中，只有 A 与 T 之间或 G 与 C 之间才能配对。在 DNA 双螺旋结构中，这种 A-T 或 C-G 配对，并以氢键相连接的规律，称为碱基配对规则或碱基互补规则（图 14-7）。

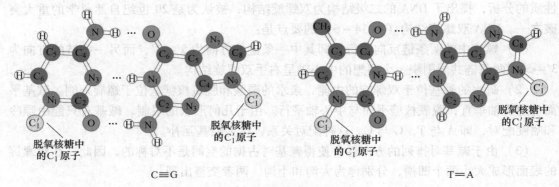

C≡G          T=A

图 14-7  碱基对形成的氢键

由于碱基配对的互补性，所以一条螺旋的单核苷酸的次序（即碱基次序）决定了另一条链的单核苷酸的碱基次序。这决定了 DNA 复制的特殊规律及在遗传学中具有重要意义。

RNA 的空间结构与 DNA 不同，RNA 一般由一条回折的多核苷酸链构成，具有间隔着的双股螺旋与单股螺旋体结构部分，它是靠嘌呤碱与嘧啶碱之间的氢键保持相对稳定的结构，碱基互补规则是 A-U、C-G。

### 14.2.4  核酸的性质

#### 14.2.4.1  物理性质

DNA 为白色纤维状物质，RNA 为白色粉状物质。它们都微溶于水，水溶液显酸性，具有一定的黏度及胶体溶液的性质。它们可溶于稀碱和中性盐溶液，易溶于 2-甲氧基乙醇，难溶于乙醇、乙醚等溶剂。核酸在 260nm 左右都有最大吸收，可利用紫外分光光度法进行定量测定。

#### 14.2.4.2  核酸的水解

核酸是核苷通过磷酸二酯键连接而成的高分子化合物，在酸、碱或酶的作用下都能水解。在酸性条件下，由于糖苷键对酸不稳定，核酸水解生成碱基、戊糖、磷酸及单核苷酸的混合物。在碱性条件下，可得单核苷酸或核苷（DNA 较 RNA 稳定）。酶催化的水解比较温和，可有选择性地断裂某些键。

#### 14.2.4.3  核酸的变性

在外来因素的影响下，核酸分子的空间结构被破坏，导致部分或全部生物活性丧失的现象，称为核酸的变性。变性过程中核苷酸之间的共价键（一级结构）不变，但碱基之间的氢键断裂。例如，DNA 的稀盐酸溶液加热到 80~100℃时，它的双螺旋结构解体，两条链分开，形成无规则的线团。核酸变性后理化性质随之改变：黏度降低，比旋光度下降，260nm 区域紫外吸收值上升等。能够引起核酸变性的因素很多，例如，加热、加入酸或碱、加入乙醇或丙酮等有机溶剂以及加入尿素、酰胺等化学试剂都能引起核酸变性。

### 14.2.4.4 颜色反应

核酸的颜色反应主要是由核酸中的磷酸及戊糖所致。

核酸在强酸中加热水解有磷酸生成,能与钼酸铵(在有还原剂如抗坏血酸等存在时)作用,生成蓝色的钼蓝,在 660nm 处有最大吸收。这是分光光度法通过测定磷的含量,粗略推算核酸含量的依据。

RNA 与盐酸共热,水解生成的戊糖转变成糠醛,在三氯化铁催化下,与苔黑酚(即 5-甲基-1,3-苯二酚)反应生成绿色物质,产物在 670nm 处有最大吸收。DNA 在酸性溶液中水解得到脱氧核糖并转变为 ω-羟基-γ-酮戊酸,与二苯胺共热,生成蓝色化合物,在 595nm 处有最大吸收。因此,可用分光光度法定量测定 RNA 和 DNA。

# 14.3 厨余垃圾的危害及处理技术

厨余垃圾是食物垃圾中最主要的一种,包括家庭、学校、食堂及餐饮行业等产生的食物加工下脚料和食用残余。其成分复杂,主要包括米和面粉类食物残余、蔬菜、植物油、动物油、肉骨、鱼刺等。其化学组分主要为淀粉、纤维素、蛋白质、脂类和无机盐等。

## 14.3.1 厨余垃圾的特性

危害性:极易变质、腐烂、发酵,滋生蚊蝇,产生大量毒素及散发恶臭气体,污染水体和大气,直接排入下水道还会引起下水道堵塞;来源复杂,含有各种细菌和病原菌,可能因食物链危害人体健康;派生的"泔水油"极易产生致癌物质——黄曲霉素,对人体健康造成严重危害。

资源性:与其他垃圾相比,有含水率、有机物含量、盐分及油脂含量高,营养元素丰富等特点,具有很大的回收利用价值。目前我国仅泔脚产生量就超过 20000t/d,如果能得到有效处理和合理利用,其将是一批可观的资源。

## 14.3.2 厨余垃圾处理处置方法

### 14.3.2.1 无害化处理技术

A 粉碎直排

由于厨房空间有限,因此就地处理是餐厨垃圾处理的基本立足点。目前一些发达国家普遍在厨房配置餐厨垃圾处理装置,将粉碎后的餐厨垃圾排入市政下水管网。但这种处理方法容易产生污水和臭气,滋生病菌、蚊蝇和疾病的传播;油污的凝结成块也会造成排水管堵塞,降低城市下水道的排水能力。另外,厨余垃圾的高油脂含量等特性更是增加了城市污水处理系统的负荷,从而大大增加了城市污水处理厂出水不达标的风险,同时还会不可避免地产生一定的二次污染。

B 填埋

我国很多地区的厨余垃圾都是与普通垃圾一起送入填埋场进行填埋处理的。填埋是大多数国家生活垃圾无害化处理的主要处理方式。但由于厨余垃圾中含水率过高势必导致渗滤液的增多,增加处理难度。此外,我国符合填埋条件土地的锐减,也会导致处理成本的增加。而且厌氧分解的厨余垃圾是填埋场中沼气和渗滤液的主要来源,会造成二次污染。

#### 14.3.2.2　肥料化处理技术

厨余垃圾的肥料化处理方法主要包括好氧堆肥和厌氧发酵两种。近几年发展起来的堆肥技术还包括蚯蚓堆肥法和集装箱堆肥法。

**A　好氧堆肥**

好氧堆肥过程是在有氧条件下，利用好氧微生物分泌的胞外酶将有机物固体分解为可溶性有机物质，再渗入到细胞中，通过微生物的新陈代谢，实现整个堆肥过程。厨余垃圾堆肥的优点是处理方法简单、堆肥产品中能保留较多的氮，可用于农业或制作动物饲料。缺点是占地大、周期长，堆肥过程中产生的污水和臭气会对周边环境造成二次污染，同时厨余垃圾的高油脂和高盐分不利于微生物的生长。

**B　厌氧发酵**

厨余垃圾的厌氧发酵处理是指在特定的厌氧条件下，微生物将有机垃圾进行分解，其中的碳、氢、氧转化为甲烷和二氧化碳，而氮、磷、钾等元素则存留于残留物中，并转化为易被动植物吸收利用的形式。采用厌氧发酵工艺处理厨余垃圾具有许多独特的优点，如：发酵前既不需加水也不需要脱水，简化了前处理，也节约了能耗；有机物碳氮比适合等。但是，厨余垃圾的厌氧处理目前还存在一系列的问题：如需将杂质分离、降低垃圾中的盐分等。

**C　蚯蚓堆肥法**

蚯蚓堆肥是近年来发展起来的一项生物处理技术。其机理是蚯蚓吞食大量有机物质，并将其与土壤混合，通过砂囊的机械研磨作用和肠道内的生物化学作用将有机物转化为自身或其他生物可以利用的营养物质。同时，蚯蚓还能提高微生物的活性，加速了有机物的分解和转化，并能有效去除或抑制堆肥过程中产生的臭味，但目前利用此项技术还存在一些问题：如如何有效地去除垃圾中的重金属等有毒物质，降低蚓粪施入土壤后可能会引发的二次污染等。

**D　集装箱堆肥法**

集装箱堆肥法特别适合于产生量不多的有机垃圾堆肥处理。集装箱堆肥法是一种环境可控的堆肥方式，其最大特点在于对周边环境的影响小（针对露天堆肥方式而言，可以减少其散发的酸臭味及滋生的蛆虫对环境的负面影响），杀灭病菌效果较好。但此装置造价相对较高，土地面积需求量大，只适合在人口相对稀少的空旷场所运行。

#### 14.3.2.3　厨余垃圾的饲料化处理技术

厨余垃圾饲料化的基本要求是实现杀毒灭菌，达到饲料卫生标准，并最大限度地保留营养成分，改善厨余垃圾的饲用价值，消除或降低不利因素的影响。目前国内生产厨余再生饲料工艺主要是生物法和物理法。生物法利用微生物菌体将厨余垃圾发酵，利用微生物的生长繁殖和新陈代谢，积累有用的菌体、酶和中间体，经过烘干后制成蛋白饲料。而物理法是直接将厨余垃圾脱水后进行干燥消毒，粉碎后制成饲料。

#### 14.3.2.4　厨余垃圾的能源化处理技术

厨余垃圾的能源化处理是在近几年迅速兴起的，主要包括焚烧法、热分解法、发酵制氢、生产生物柴油等。

**A　焚烧法**

焚烧法处理厨余垃圾效率较高。焚烧是在特制的焚烧炉中进行的，有较高的热效率，产生的热能可转换成蒸汽或电能。但厨余垃圾含水率高，热值较低，燃烧时需要添加辅助燃料。厨余垃圾的脱水也需要消耗大量的能量，焚烧尾气需经过有效处理才能达到排放标准。总而言之，采用焚烧法处理厨余垃圾存在投资大、尾气排放受限制等问题，难于广泛应用。

### B　热分解法

热分解法是将垃圾在高温下进行热解，使垃圾中所含的能量转换成燃气、油和炭的形式，然后再进行利用。同时垃圾中所含氮、硫、氯等在热解过程中保持还原状态，因而对装置的腐蚀较小。热分解法具有广阔的应用前景，但技术尚未达到实用阶段，目前应用较少。

### C　生物发酵制氢

氢作为一种高质量的清洁能源，是普遍认为的最具有吸引力的替代能源。生物发酵制氢具有反应条件温和、能耗低的特点，因而受到了大家的关注。生物发酵制氢所用的原料是城市污水、生活垃圾、动物粪便等有机废物，在获得氢气的同时净化了水质，达到保护环境的作用。因此无论从环境保护，还是从新能源开发的角度来看，生物质制氢都具有很广阔的发展前景。

### D　生产生物柴油

据统计，每吨厨余垃圾可以提炼出 20 ～ 80kg 废油脂，经过集中加工处理，则可以制成脂肪酸甲酯等低碳酯类物质，即生物柴油。但由于厨余垃圾中杂质较多，制备生物柴油时，必须采取有针对性的预处理措施和正确的工艺，才能保证转化率和产品纯度不受影响。另外，生物柴油虽然具有很大的环境效益，但经济成本相对较高，在国外是靠大量减税或免税使其价格与现有柴油相近。

由此可见，传统的无害化处理技术仅仅是将其作为废物进行处理，而没有充分利用其潜在的资源价值和回收利用价值。因此，开发厨余垃圾的资源化处理技术应是未来发展的方向。

总之，要最终解决厨余垃圾的问题，除在技术上需要有所突破之外，更重要的是从源头上减少厨余垃圾的产生，杜绝铺张浪费，同时，需要出台相关法律法规，使得厨余垃圾的分类、运输和处理更加规范化和安全化。科技人员技术水平的提高、人们日常生活意识素质的提高加上政府的良性引导和扶持，才是解决厨余垃圾社会问题的根本之道。

# 新研究进展

生物分子间的识别作用构成了众多生命活动的核心，其中糖分子和蛋白质之间的特异性相互作用作为生物识别的基础，广泛地参与到各种生命活动中，如细胞间通信、受精、炎症反应、免疫应答等。糖和蛋白质之间的相互作用，通常发生在细胞表面寡糖链和其他细胞、病毒、细菌等表面上的或细胞外基质中的蛋白质之间。

早在 1894 年，Emil Fisher 就提出了 "lock and key" 理论并用来解释糖和蛋白质之间的互补性相互作用，然而直到 20 世纪末，人们才认识到糖和蛋白质之间识别作用的重要性，并开始逐渐探索这一识别过程。对糖蛋白质复合物结构的不断调查研究，使得人们更系统性地认识与掌握了糖和蛋白质之间识别过程的各种特性。多种测试分析技术已经被用来从不同的角度分析研究这一识别过程，研究结果表明：糖和蛋白质之间的识别涉及多种非共价键弱相互作用。从结构上来看，糖分子上的极性基团，如羟基，与蛋白质分子中的氨基酸上极性残基发生一些极性相互作用，其中氢键是一种常见的极性作用，并且是糖和蛋白质之间作用亲和性的重要贡献者。含有带电荷残基的糖类，与带相反电荷的蛋白残基之间通常发生静电作用。除此之外，糖分子上的非极性基团与蛋白质分子中的非极性基团之间存在着非极性相互作用，例如，糖分子上的 CH 基团与蛋白质分子中芳环类残基之间的 CH-π 作用是一种典型的非极性相互作用，在糖与蛋白质之间的相互作用中同样扮演着重要的角色。

　　糖和蛋白质在水相中的结合是生物分子识别中一个较难理解的过程，因为在人们的常规认识中，糖分子拥有的较多羟基，使得其与溶剂水分子在结构上相差无几，所以糖分子在取代结合位点周围水分子以实现与蛋白质的结合的过程中，并不存在明显的能量优势。然而事实上，对于糖和蛋白质在水相中优秀的结合能力，除了极性相互作用（如氢键）的贡献之外，非极性相互作用也起着不可或缺的重要作用。多数单糖分子结构拥有一个由数个 CH 基团构成的非极性平面，这一非极性平面与相对应的蛋白质分子中的非极性基团，如芳环氨基酸残基中的苯环或吲哚基团平面产生堆叠相互作用。因此，这种缺电子的 CH 质子与富电子的芳环 π 电子云体系之间发生的非极性相互作用，被称之为 CH-π 作用。通常，CH-π 作用经常被认为是一种较弱的氢键，在控制晶体堆叠、维持生物分子结构、参与分子识别过程等方面起着和氢键类似的作用。尽管如此，人们在很长的一段时间内对 CH-π 作用的本质及其物理起源并不清楚。但随着科技的进步，众多研究结果表明，CH-π 作用本质上明显不同于传统的氢键，具体表现为 CH-π 作用主要来自非极性基团之间的色散力作用的贡献，来自静电力的贡献较小，然而传统的氢键则主要来自静电力作用的贡献。

　　协同性是 CH-π 作用的一个重要特性，即单糖分子上多个 CH 基团同时与芳环基团 π 电子云体系产生堆叠相互作用。另一方面，多糖复合物上多个糖分子又利用多价性与蛋白质上的多个芳环基团形成多种相互作用，这进一步导致了多糖分子与蛋白质之间产生强识别亲和性。因此，糖分子的 CH 基团与蛋白质的芳环类氨基酸残基之间的 CH-π 相互作用，依托协同性和多价性，极大地促进了糖和多肽或蛋白质在极性溶剂中的识别能力。另外，在多数情况下，蛋白质所结合的糖分子上的羟基并不是自由的，而是参与到众多的分子间氢键作用中，这一点表明大自然利用 CH-π 作用、氢键作用以及其他的各种作用在极性溶剂中协同实现糖分子的去溶剂化，共同参与完成了糖和蛋白质之间的结合。

## 习　题

14－1　氨基酸在等电点时表现为（　　）

　　A. 溶解度最大；B. 溶解度最小；C. 化学惰性；D. 向阴极移动

14－2　下列与水合茚三酮能显色的为（　　）

　　A. 葡萄糖；B. 氨基酸；C. 核糖核酸；D. 甾体化合物

14－3　氨基酸在 pH 值为其等电点的水溶液中溶解度（　　）

A. 最大；B. 最小；C. 不大也不小；D. 不能说明什么

14-4　蛋白质中的肽键是指（　　）

A. 酯键；B. 酰胺键；C. 氢键；D. 离子键

14-5　色氨酸的等电点为5.89，当其溶液的 pH = 9 时，它（　　）

A. 以负离子形式存在，在电场中向正极移动；

B. 以正离子形式存在，在电场中向阳极移动；

C. 以负离子形式存在，在电场中向阴极移动；

D. 以正离子形式存在，在电场中向负极移动

14-6　使蛋白质从水溶液中析出而又不变质的方法是（　　）

A. 渗析；B. 加饱和（$NH_4$）$_2SO_4$ 溶液；C. 加浓 $HNO_3$；D. 加 $AgNO_3$

14-7　下列化合物中既可以和盐酸又可以和氢氧化钠发生反应的是（　　）

A. $C_2H_5COOH$；B. $C_2H_5NH_2$；C. $H_2NCH_2COOH$；D. 浓 $HNO_3$

14-8　生鸡蛋煮熟是蛋白质的（　　）

A. 水解；B. 氧化；C. 变性；D. 盐析

14-9　能与水和茚三酮呈蓝紫色反应的是（　　）

A. 丙酮酸；B. 丙醛酸；C. 脯氨酸；D. 以上都不能

14-10　盐析蛋白时最常用的盐析剂是（　　）

A. NaCl；B. $Na_2SO_4$；C. $NH_4Cl$；D. （$NH_4$）$_2SO_4$

14-11　用简单化学方法鉴别下列各组化合物：

(1)　CH$_3$CHCOOH 、H$_2$NCH$_2$CH$_2$COOH和 ⟨苯环⟩—NH$_2$ ；
　　　　|
　　　NH$_2$

(2)　苏氨酸和丝氨酸 ；

(3)　乳酸和丙氨酸 。

14-12　写出下列反应的主要产物

(1)　CH$_3$CHCO$_2$C$_2$H$_5$ + H$_2$O $\xrightarrow[\triangle]{HCl}$
　　　　|
　　　NH$_2$

(2)　CH$_3$CHCO$_2$C$_2$H$_5$ + (CH$_3$CO)$_2$O $\longrightarrow$
　　　　|
　　　NH$_2$

(3)　CH$_3$CHCONH$_2$ + HNO$_2$（过量）$\longrightarrow$
　　　　|
　　　NH$_2$

(4)　CH$_3$CHCONHCHCONHCH$_2$COOH + H$_2$O $\xrightarrow{H^+}$
　　　　|　　　　　|
　　　NH$_2$　　　CH$_2$CH(CH$_3$)$_2$

(5)　CH$_3$CHCOOH + CH$_3$CH$_2$COCl $\longrightarrow$
　　　　|
　　　NH$_2$

14-13　下面的化合物是二肽、三肽还是四肽？指出其中的肽键、N-端及 C-端氨基酸，此肽可被认为是酸性的、碱性的还是中性的？

(CH$_3$)$_2$CHCH$_2$CHCONHCHCONHCH$_2$CO$_2$H
　　　　　　　|　　　　　|
　　　　　　NH$_2$　　　CH$_2$CH$_2$SCH$_3$

14 - 14　DNA 和 RNA 在结构上有什么主要差别？

14 - 15　写下列化合物在标明的 pH 时的结构式：

    （1）缬氨酸在 pH8 时；

    （2）丝氨酸在 pH1 时；

    （3）赖氨酸在 pH10 时；

    （4）谷氨酸在 pH3 时；

    （5）色氨酸在 pH12 时。

## 参 考 文 献

[1] 汪小兰. 有机化学 [M]. 第4版. 北京：高等教育出版社，2005.
[2] 聂麦茜. 有机化学 [M]. 第2版. 北京：冶金工业出版社，2014.
[3] 陈洪超. 有机化学 [M]. 第2版. 北京：高等教育出版社，2004.
[4] 高鸿宾. 有机化学 [M]. 第4版. 北京：高等教育出版社，2010.
[5] 邢其毅，裴伟伟，徐瑞秋，等. 基础有机化学 [M]. 第3版. 北京：高等教育出版社，2005.
[6] 颜朝国. 有机化学 [M]. 郑州：郑州大学出版社，2007.
[7] 赵建庄，张金桐. 有机化学 [M]. 北京：高等教育出版社，2007.
[8] 王礼琛. 有机化学 [M]. 南京：东南大学出版社，2004.
[9] 伍越寰，李伟昶，沈晓明. 有机化学 [M]. 第2版. 合肥：中国科学技术大学出版社，2002.
[10] 李红霞. 有机化学 [M]. 大连：大连理工大学出版社，2009.
[11] 李东风，李炳奇. 有机化学 [M]. 武汉：华中科技大学出版社，2007.
[12] 杨红. 有机化学 [M]. 北京：中国农业出版社，2002.
[13] 陈宏博. 有机化学 [M]. 第2版. 大连：大连理工大学出版社，2005.
[14] 李水福，张冬梅，胡守志. 石油有机化学基础 [M]. 武汉：中国地质大学出版社，2009.
[15] 常雁红，陈月芳. 生物化学 [M]. 北京：冶金工业出版社，2012.
[16] http://www.med66.com/new/56a302a2009/2009715qiji172647.shtml.
[17] 李杏茹，杜熙强，王英锋，等. 保定市大气气溶胶中正构烷烃的污染水平及来源识别 [J]. 环境科学，2013，34 (2)：441~447.
[18] 刘刚，虞爱旭，吴龙. 杭州市部分居室室内空气中烷烃、醇、酮的分布 [J]. 环境与健康杂志，2005，22 (5)：361~364.
[19] 杜娟. 北京市海淀区大气 PM10 中正构烷烃的分布研究 [J]. 安徽建筑工业学院学报（自然科学版），2007，15 (6)：32~36，59.
[20] Guo Xiaoguang，Fang Guangzong，Li Gang，et al. Direct，Nonoxidative Conversion of Methane to Ethylene，Aromatics，and Hydrogen [J]. Science，2014，344 (6184)：616~619.
[21] http://www.newskj.org/yw/2016011344356.html.
[22] http://baike.dangzhi.com/wiki/大气污染物的相互作用.
[23] 侯文华，陈静. 物理化学原理在有机化学教与学中的应用（四）——氢化热与有机分子稳定性的关系 [J]. 化学教与学，2010 (2)：4~6.
[24] http://www.kfhb.gov.cn/Html/NewsView.asp?id=381&SortID=28.
[25] 王俊，梁红姣，李翠勤，等. 乙烯齐聚合成 α-烯烃镍配合物催化剂研究进展 [J]. 化工进展，2016，35 (3)：793~800.
[26] http://www.kfhb.gov.cn/Html/NewsView.asp?id=383&SortID=28.
[27] 于萍萍，张进忠，林存刚. 多环芳烃在环境中污染的微生物降解的研究进展 [J]. 资源环境与发展，2006 (3)：35~39，14.
[28] 王晓，张天永，姜爽，等. 含铁催化剂催化苯直接羟基化制备苯酚的研究进展 [J]. 化工进展，2015，34 (2)：381~388，446.
[29] 戴荣继，王慧婷，孙维维，等. 高分子手性固定相的研究进展 [J]. 色谱，2016，34 (1)：34~43.
[30] http://www.kfhb.gov.cn/Html/NewsView.asp?id=386&SortID=28.
[31] http://www.kfhb.gov.cn/Html/NewsView.asp?id=385&SortID=28.
[32] http://www.kfhb.gov.cn/Html/NewsView.asp?id=383&SortID=28.
[33] 许后效. 卤代烃与环境问题 [J]. 环境科学丛刊，1981 (12)：45~51.

［34］吕剑，毛伟，王博，等．卤代烃选择性脱卤化氢制备含氟烯烃的方法［P］．CA201210327776.5，2012.09.06.

［35］李志涛，徐卫东，史超群，等．含聚乙烯醇废水处理技术研究进展［J］．广东化工，2012，39（4）：117～119.

［36］http：//baike.soso.com/v60148470.htm.

［37］范荣桂，高海娟，李贤，等．含酚废水综合治理新技术及其研究进展［J］．水处理技术，2013，39（4）：5～8，19.

［38］丁朋晓，张连英，陈文波．含酚废水处理技术现状及进展［J］．甘肃科技，2013，29（16）：25～27，54.

［39］http：//www.jslchb.com/article/20130702/735.html.

［40］李达，刘宏伟，仵静，等．醇类选择性催化氧化的研究进展［J］．工业催化，2014，22（11）：825～830.

［41］刘金仙，吴德武，吴舜华，等．过渡金属催化醇的空气/氧气氧化反应的研究进展［J］．长江大学学报（自科版），2015，12（31）：9～19.

［42］唐林．负载型的金属纳米催化剂在醇参与的氧化反应中的应用［D］．合肥：中国科技大学，2015.

［43］刘昆．负载型杂多酸和钯催化剂的制备、表征及其在醇氧化反应中的应用［D］．上海：华东师范大学，2015.

［44］杨丽华，李勇．浅析室内甲醛的危害及防治［J］．企业技术开发，2010，29（1）：152～153，159.

［45］纪然，卢姝，刘冰．废水中醛酮污染物的液相色谱分析方法［J］．化工环保，2009，29（增刊）：169～172.

［46］周颖超．甲醇柴油混合燃料理化性质及羰基污染物排放特性的研究［D］．天津：天津大学，2007.

［47］徐竹，庞小兵，牟玉静．北京市大气和降雨中醛酮化合物的污染研究［J］．环境科学学报，2006，26（12）：1948～1954.

［48］http：//www.aodicon.com/view.asp？id＝2801.

［49］郭晶．1，4－萘醌类化合物的致毒机制及环境安全性研究［D］．天津：天津工业大学，2012.

［50］http：//wenku.baidu.com/link？url＝_0Auq7llSUwUcDmb3Swdm4nCnDyrCK1Q0DS8q9BGWQ3f5YFRm3YpX9l6Am48ElB59khndR8SCdmphiwyRhZnl0－o7Ep5_bDAYMx0BguYl3W.

［51］刘文娟，杨水金．多金属氧酸盐催化合成缩醛的研究进展［J］．精细石油化工进展，2015，16（3）：47～51.

［52］申艳霞，江焕峰，汪朝阳．缩醛化反应研究进展［J］．有机化学，2008，28（5）：782～790.

［53］代朝猛．含脂肪酸废水处理强化［D］．郑州：郑州大学，2007.

［54］江靖．曝气生物滤池对邻苯二甲酸二正辛酯生物降解试验研究［D］．长沙：湖南大学，2011.

［55］韩光鲁．回收合成革行业废水中二甲基甲酰胺的渗透汽化膜的筛选、制备和耦合工艺开发［D］．常州：常州大学，2011.

［56］胡旸，吕树祥，邱元来．采油废水中聚丙烯酰胺降解研究进展［J］．杭州化工，2009，39（3）：15～19.

［57］宋超，何杰，李杰，等．羧酸及其衍生物的$NaBH_4$还原体系研究进展［J］．化学通报，2012，75（7）：614～620.

［58］李峰，杨仲春．羟基乙酸的合成与应用［J］．精细与专用化学品，2006，14（9）：1～6.

［59］韩红，徐明礼，王玉萍，等．羟基乙酸生产废水的资源化研究［J］．南京师范大学学报（工程技术版），2006，6（4）：45～49.

［60］王学江，张全兴，赵建夫，等．酚酸类有机化工废水处理技术［J］．环境污染治理技术与设备，

2004, 5 (6): 63~67.

[61] 刘艳蕊. 国内乙醛酸发展现状及生产工艺 [J]. 河北化工, 2012, 35 (8): 35~36.

[62] 杨林, 张蝉音. 乙醛酸生产方法及研究进展 [J]. 焦作大学学报, 2004 (7): 103~104.

[63] 王天元, 刘艳, 徐学甫, 等. 丙酮酸及其盐的应用研究进展 [J]. 哈尔滨学院学报, 2003, 24 (6): 138~140.

[64] http://baike.baidu.com/link? url = Vs3NCFklwbayHvZOZHYNxcj_ gfrulqJs9qqPEkBTyuGL6H6nTo9HR 534KYE7PQN7.

[65] http://baike.baidu.com/link? url = qLA1l4mZziHEtqqKTlWddD2j3lvgEFRe1O2_ wEj88F2tcf9cLTLDpi StH8H9gAJd.

[66] 梁莹. 用于硝基苯类化合物特异性检测的分子印迹 - 化学传感新方法研究和应用 [D]. 上海: 华东师范大学, 2011.

[67] 张海群. 丙二酸二乙酯的绿色合成工艺研究 [D]. 上海: 华东理工大学, 2013.

[68] 徐文华. 含硝基化合物废水处理技术的研究 [D]. 石家庄: 河北科技大学, 2010.

[69] 郭亮, 焦纬洲, 刘有智, 等. 含硝基苯类化合物废水处理技术研究进展 [J]. 化工环保, 2013, 33 (4): 229~303.

[70] 李刚, 叶明. 环境中苯胺类化合物及其分析方法概述 [J]. 仪器仪表学报, 2001 (S2) 267~269.

[71] 蒋晓芸, 陈松, 李国兵. 萃取法处理高含量含苯胺废水 [J]. 化学工业与工程, 2008, 25 (3): 248~250.

[72] 廉静. 树脂吸附法处理含苯胺废水的研究 [D]. 南京: 南京理工大学, 2004.

[73] 李智文, 张乐, 王丽娜. 硝酸盐、亚硝酸盐及 N - 亚硝基化合物与人类先天畸形 [J]. 环境与健康杂志, 2005, 22 (6): 491~493.

[74] 郑雯, 邵英秀. N-亚硝基化合物的危害性、来源及预防措施 [J]. 北京农业, 2011 (15): 7~8.

[75] http://www.baike.com/wiki/偶氮染料

[76] http://baike.baidu.com/link? url = MPqJlkuta3iEq6gSLxc791hx7gqWrk29GbBnIrayabKCqk - fM318KO Q0rBO2W2YtRDqEh2EBvoc3yMeF4a - 9lK.

[77] http://www.dowater.com/jishu/2012 - 04 - 23/82107.html.

[78] 孙竹梅, 吴翔, 方炯, 等. 偶氮染料印染废水预处理方法的比较研究 [J]. 工业水处理, 2013, 33 (3): 51~54.

[79] 戴日成, 张统, 郭茜, 等. 印染废水水质特征及处理技术综述 [J]. 给水排水, 2000, 26 (10): 33~37.

[80] http://www.x - mol.com/news/1077.

[81] 佘航, 尹鹏, 金鸽, 等. 表面活性剂废水无害化处理的研究进展 [J]. 天津化工, 2011, 25 (6): 6~9.

[82] 文善雄, 梁宝锋, 徐静, 等. 微电解法预处理高浓度阴离子表面活性剂废水 [J]. 工业水处理, 2011, 31 (11): 38~41.

[83] 黄兴海. 混凝吸附法处理水溶液中石油磺酸盐 [D]. 济南: 山东大学, 2012.

[84] 石磊, 李秀荣, 徐金凤, 等. 农药厂硫化氢及硫醇硫醚类恶臭工艺废气污染及治理对策 [C]. 新世纪新机遇新挑战——知识创新和高新技术产业发展 (下册). 2001: 113~116.

[85] 杨建涛. 脉冲电晕治理含硫恶臭气体研究 [D]. 杭州: 浙江大学, 2010.

[86] 程建忠, 何永亮, 张英喆, 等. 催化氧化法处理十二碳硫醇恶臭污水的研究 [J]. 南开大学学报 (自然科学版), 2001, 34 (1): 62~64.

[87] 余峰. 典型含硫氧元素有机污染物的电化学降解及应用 [D]. 杭州: 浙江大学, 2010.

[88] 邵婷, 孙振亚, 王烁, 等. 自组装纳米 ZnO 光催化二甲基亚砜废水实验研究 [J]. 环境科学与技

术, 2010, 33 (8): 145~147, 161.

[89] 王曦. 光催化降解二甲基亚砜效果及影响因子研究 [D]. 哈尔滨: 哈尔滨工业大学, 2011.

[90] 张曦乔, 刘晓坤. 有机磷农药废水的产生及处理 [J]. 环境科学与管理, 2007, 32 (1): 97~99.

[91] 张春红, 白艳红, 陈杰珞, 等. 有机磷农药废水降解方法研究新进展 [J]. 水处理技术, 2010, 36 (1): 1~5, 9.

[92] 李乐. 光合细菌的增殖培养及对有机磷农药的降解 [D]. 青岛: 中国海洋大学, 2006.

[93] 金于涛. UV/Fenton 试剂处理有机磷农药废水实验研究 [D]. 西安: 西安科技大学, 2010.

[94] 于波. 孤对电子杂环类环境污染物的微生物降解研究 [D]. 济南: 山东大学, 2006.

[95] 陶绍木, 张建华, 彭昌亚, 等. 杂环化合物的应用和发展 [J]. 中国食品添加剂, 2003 (3): 31~34.

[96] 张寅. 含氮杂环芳烃废水的生物降解及其毒性变化 [D]. 上海: 上海师范大学, 2013.

[97] 王会生, 潘志权. 有机磷阻燃剂的研究进展 [J]. 化学与生物工程, 2014, 31 (1): 13~16.

[98] 钟本和, 王辛龙, 张志业, 等. 磷系阻燃剂及其发展状况 [J]. 化肥工业, 2014, 41 (6): 86~88.

[99] 乐易林, 邵蔚蓝. 纤维素乙醇高温发酵的研究进展与展望 [J]. 生物工程学报, 2013, 29 (3): 274~284.

[100] 张明明, 蔡同锋. 试论秸秆污染及其综合利用技术进展 [J]. 北方环境, 2010, 22 (4): 79~81.

[101] 李兴平. 浅析农作物秸秆的综合利用 [J]. 洛阳理工学院学报 (自然科学版), 2010, 20 (3): 8~11.

[102] 袁正求, 龙金星, 张兴华, 等. 木质纤维素催化转化制备能源平台化合物 [J]. 化学进展, 2016, 28 (1): 103~110.

[103] 朱龙军. 废弃油脂的再生利用技术分析 [J]. 现代商贸工业, 2011, 10: 287.

[104] 曾彩明, 陈沛全, 李娴. 餐饮废油脂制备生物柴油的现状与发展 [J]. 东莞理工学院学报, 2010, 7 (3): 92~96.

[105] 姚亚光, 纪威, 张传龙, 等. 餐饮业废油脂的再生利用和回收管理 [J]. 可再生能源, 2006 (2): 62~64.

[106] 袁玉玉, 曹先艳, 牛冬杰, 等. 餐厨垃圾特性及处理技术 [J]. 环境卫生工程, 2006, 14 (6): 46~49.

[107] 张振华, 汪华林, 胥培军, 等. 厨余垃圾的现状及其处理技术综述 [J]. 再生资源研究, 2007 (5): 31~34.

[108] 徐栋, 沈东升, 冯华军. 厨余垃圾的特性及处理技术研究进展 [J]. 科技通报, 2011, 27 (1): 130~135.

[109] 李闵闵, 熊雨婷, 卿光焱, 等. 糖-蛋白质之间 CH-π 作用研究进展 [J]. 生物化学与生物物理进展, 2016, 43 (2): 115~127.